高等院校化学化工教学改革规划教材

"十二五"江苏省高等学校重点教材

编号：2013-2-051

有机化学简明教程

第二版

总主编	姚天扬　孙尔康
主　编	王　杰　赵　鑫
副主编	薛蒙伟　王　建　支三军　韩兴昊
参　编	（按姓氏笔画为序）

马洁洁　付伟伟　尼玛卓玛　次仁德吉

汤小芳　陈冬年　娄凤文　缪震元

魏怀鑫

主审　王炳祥

特配电子资源

南京大学出版社

编委会

总 主 编 姚天扬（南京大学）   孙尔康（南京大学）

副总主编 （按姓氏笔画排序）

王　杰（南京大学）   左晓兵（常熟理工学院）

石玉军（南通大学）   许兴友（淮阴工学院）

邵　荣（盐城工学院）   周诗彪（湖南文理学院）

郎建平（苏州大学）   钟　秦（南京理工大学）

赵宜江（淮阴师范学院）   赵　鑫（苏州科技大学）

姚　成（南京工业大学）   姚开安（南京大学金陵学院）

柳闽生（南京晓庄学院）   唐亚文（南京师范大学）

曹　健（盐城师范学院）

编　　委 （按姓氏笔画排序）

马宏佳	王济奎	王龙胜	王南平
许　伟	朱平华	华万森	华　平
李　琳	李心爱	李巧云	李荣清
李玉明	沈玉堂	吴　勇	汪学英
陈国松	陈景文	陆　云	张莉莉
张　进	张贤珍	罗士治	周益明
赵朴素	赵登山	宣　婕	夏昊云
陶建清	缪震元		

序

  教材建设是高等学校教学改革的重要内容,也是衡量教学质量提高的关键指标。高校化学化工基础理论课教材在近几年教学改革中取得了丰硕成果,编写了不少有特色的教材或讲义,但就其内容而言基本上大同小异,在编写形式和介绍方法以及内容的取舍等方面不尽相同,充分体现了各校化学基础理论课的改革特色,但大多数限于本校自己使用,面不广、量不大。由于各校化学基础课教师相互交流、相互讨论、相互学习、相互取长补短的机会少,各校教材建设的特色得不到有效推广,不能实施优质资源共享;又由于近几年教学经验丰富的老师纷纷退休,年轻教师走上教学第一线,特别是江苏高校广大教师迫切希望联合编写有特色的化学化工理论课教材,同时希望在编写教材的过程中,实现教师之间相互教学探讨,既能实现优质资源共享,又能加快对年轻教师的培养。

  为此,由南京大学化学化工学院姚天扬、孙尔康两位教授牵头,以地方院校为主,自愿参加为原则,组织了南京大学、南京理工大学、苏州大学、南京师范大学、南京工业大学、南京邮电大学、南通大学、苏州科技学院、南京晓庄学院、淮阴师范学院、盐城工学院、盐城师范学院、常熟理工学院、江苏海洋大学、淮阴工学院、江苏第二师范学院、南京大学金陵学院、南理工泰州科技学院等18所江苏省高等院校,同时吸收了海军军医大学、湖北工业大学、华东交通大学、湖南文理学院、衡阳师范学院、九江学院等6所省外院校,共计24所高等学校的化学专业、应用化学专业、化工专业基础理论课一线主讲教师,共同联合编写"高等院校化学化工教学改革规划教材"一套,该系列教材包括《无机化学(上、下册)》、《无机化学简明教程》、《有机化学(上、下册)》、《有机化学简明教程》、《分析化学》、《物理化学(上、下册)》、《物理化学简明教程》、《化工原理(上、下册)》、《化工原理简明教程》、《仪器分析》、《无机及分析化学》、《大学化学(上、下册)》、《普通化学》、《高分子导论》、《化学与社会》、《化学教学论》、《生物化学简明教程》、《化工导论》等18部。

  该系列教材适合于不同层次院校的化学基础理论课教学任务需求,同时适应不同教学体系改革的需求。

该系列教材体现如下几个特点：

1. 系统介绍各门基础理论课的知识点，突出重点，突出应用，删除陈旧内容，增加学科前沿内容。

2. 该系列教材将基础理论、学科前沿、学科应用有机融合，体现教材的时代性、先进性、应用性和前瞻性。

3. 教材中充分吸取各校改革特色，实现教材优质资源共享。

4. 每门教材都引入近几年相关的文献资料，特别是有关应用方面的文献资料，便于学有余力的学生自主学习。

该系列教材的编写得到了江苏省教育厅高教处、江苏省高等教育学会、相关高校化学化工系以及南京大学出版社的大力支持和帮助，在此表示感谢！

该系列教材已被评为"十二五"江苏省高等学校重点教材。

该系列教材是由高校联合编写的分层次、多元化的化学基础理论课教材，是我们工作的一项尝试。尽管经过多次讨论，在编写形式、编写大纲、内容的取舍等方面提出了统一的要求，但参编教师众多，水平不一，在教材中难免会出现一些疏漏或错误，敬请读者和专家提出批评和指正，以便我们今后修改和订正。

编委会

第二版前言

本教材是 2013 年江苏省教育厅立项的"十二五"江苏省高等学校重点教材之一,由近十所高校的有机化学一线主讲教师组成的编委会共同编写。

本教材的主要读者对象是非化学类而又需要修读有机化学课程的学生,授课学时数 60 左右。因此,本教材在编写时力求简明精练,通俗易懂,注重实用,便于教学。

教材分十六章,在系统阐明有机化学的基本概念、基本理论、基本知识和基本方法的同时,还穿插一些例题和应用实例,并在每章的末尾挑选了一定数量的习题供学生课后练习,促进对所学内容的总结和理解。书末附习题参考答案,供学生核对和复习。

本教材由编委会成员共同讨论制定编写大纲后分工编写。本次改版对第一版内容及细节进行了优化修改,同时,在各章添加了二维码电子资源,这将有利于学生的自主性、创新性学习。

参加本书编写工作的有南京大学的王杰,苏州科技大学的赵鑫、魏怀鑫,南京晓庄学院的薛蒙伟,江苏海洋大学的王建,南京大学金陵学院的马洁洁,淮阴师范学院的支三军、娄凤文,海军军医大学的缪震元,南京理工大学泰州科技学院的汤小芳、陈冬年,衡阳师范学院的付伟伟,西藏农牧学院的韩兴昊、次仁德吉、尼玛卓玛等。

全书由王杰负责修订、统稿和定稿,南京师范大学王炳祥教授主审。由于编者水平所限、时间仓促,书中缺点错误在所难免,望予指正和谅解。同时由于参考书目较多,书末未能完全列出,对所有参阅书目的作者表示感谢。对所有支持、帮助、关心本教材编写出版的有关领导、老师和编辑表示衷心的感谢!

编　者
2019 年 1 月

目　录

第1章 绪 论

§1.1 有机化合物和有机化学

有机化学作为一门学科,在19世纪初开始进入人们的视线。当时的化学家把从生物体内得到的化合物称为有机化合物,简称有机物。他们认为这些物质与矿物界得到矿石、金属及盐类化合物的结构和性质不同,提出了有机化学这个概念并断定有机化合物只有在动植物生命力的影响下才能形成,是无法通过人工方法合成的。但随后的实验事实证明了这一论断是错误的。1828年,维勒通过加热氰酸铵制备出了尿素;1845年,柯尔柏用木炭、硫磺、氯、水等无机物合成了乙酸,这说明有机化合物是可以从无机化合物转化而来的。1848年,葛美林认为有机化学是研究含碳化合物的化学,有机化合物即含碳的化合物。现在人们一般定义由碳和氢两种元素组成的烃及烃中氢元素被别的元素所取代的化合物即烃的衍生物为有机化合物。虽然人们保留了有机化合物的名词和分类方法,但已不是原来有机化合物的含义。现在关于有机化学较为严格的定义,如下所述:有机化学是研究有机化合物来源、组成、结构、性能、制备、应用,以及有关理论、变化规律和方法的科学。

1860年前后,德国化学家凯库勒和英国化学家库珀提出价键的概念,他们认为有机化合物分子是由其组成的原子通过键结合而成的,碳元素为四价,碳原子可以以单键、双键、叁键和别的元素的原子相连。碳原子与碳原子之间也可以相连。这就为解释同分异构现象和有机化合物分子的多样性奠定了基础。

1916年,美国物理化学家路易斯提出价键的电子理论。他认为原子的外层电子可以配对成键,使原子能够形成一种稳定的惰性气体的电子构型。相互作用的外层电子如从一个原子转移到另一个原子,则形成离子键;两个原子如果共用外层电子,则形成共价键。如果共用电子对由一个原子提供,这样的共价键称为配位键。

1927年以后,海特勒和伦敦用量子力学处理分子结构问题,提出了分子轨道理论。这一理论认为,在分子中,组成分子的所有原子的价电子不只属于相邻的原子,而是处于整个分子的不同能级的分子轨道中。分子轨道一般采用原子轨道线性组合的方法来建立。分子轨道理论在解释 π 轨道以及周环反应等方面发挥了重要的作用。

§1.2 共价键概念

有机化合物原子间主要以共价键相结合,掌握碳原子为中心的共价键的形成,对于学习有机化学、理解有机化合物的结构与性能的关系十分重要。

1.2.1 价键理论

碳元素位于第二周期的第四主族,价电子数为 4,当碳与碳或其他元素结合成键时,碳不能同时给出它所有的四个电子,同样,也不能同时接受外来四个价电子。碳给出电子或接受电子均不稳定,因此碳与碳或与其他元素之间通过共用电子对而相互结合,这种以共用电子对所形成的键被称为共价键。利用共用电子对来阐明共价键的本质是一种直观的描述,因为电子围绕着原子核在不停地高速运动,不可能停留在两个原子核之间。但是鉴于这种表示方法比较直观,并且不违背共价键成键的基本原则,在有机化学中仍常用它来解释一些问题。

(1)形成共价键的两个原子,必须带有自旋方向相反的未成对电子,并且它们的能量差别不大。当各有一个未成对价电子的两个原子互相接近时,如果两个电子自旋方向相反,则两个原子之间的作用是互相吸引,体系的能量逐渐降低,两个未成对电子配对形成共价键,两个原子结合为稳定的分子。由一对电子形成的共价键叫做单键,用一条短直线表示,如果有两对或者三对电子构成的共价键,称为双键或者叁键。用电子对表示共价键的结构式叫做路易斯式,书写路易斯式时要把所有的价电子都表示出来,而凯库勒的价键表示法中用来表示价键的短线"—",实际上代表了两个原子共用了一对电子。例如:

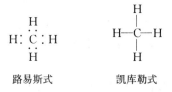

路易斯式　　　　　凯库勒式

(2)共价键的饱和性,一般来说,原子中未成对电子数,就是它的原子价键数。如果一个原子的未成对电子已经配对,它就不能再与其他原子的未成对电子配对,这就是共价键的饱和性。

(3)共价键的方向性,两原子间的电子云重叠越多,形成的键越强,因此应使原子轨道最大限度地互相重叠。例如,p 轨道在空间具有一定的取向性,只有当它以某一方向相互接近时,才能使原子轨道得到最大的重叠。两个 p_x 轨道只有在 x 轴方向上才能最大重叠,这种沿键轴方向电子云重叠而形成的键,电子云分布沿键轴呈圆柱形对称,称为 σ 键,两个原子的 p 轨道若相互平行,则在侧面才能有最大重叠,这种类型的共价键叫做 π 键,π 电子云分布在两个原子键轴平面的上方和下方。

(4)能量相近的原子轨道,可以组合成能量相等的杂化轨道,使成键能力更强,体系能量降低,成键后形成稳定的分子。

碳原子的电子构型为 $1s^2 2s^2 2p^2$,在碳原子与其他原子成键的时候,2s 轨道上的电子激发到一个空的 2p 轨道上,产生四个带单电子的轨道。一个带单电子的 2s 轨道和 1 个带单电子的 2p 轨道混合时,可以得到两个新的完全等同的轨道,这样的轨道被称为 sp 杂化轨道,各含有 50% s 轨道和 50% p 轨道的特性。两个 sp 杂化轨道的主要部分,被称为前轨道瓣,它们要离得尽可能远,因此成 180°夹角,而剩下的没有参与杂化的两个 2p 轨道则保持不变。当一个带单电子的 2s 轨道和两个带单电子的 2p 轨道混合时,可以得到三个新的完全等同的轨道,这样的轨道被称为 sp^2 杂化轨道,各含有 33% s 轨道和 67% p 轨道的特性。三个 sp^2 杂化前轨道瓣的符号相同,也要离得尽可能远,两两之间形成 120° 夹角,具有平面三角形的结构,剩下的没有参与杂化的 2p 轨道则垂直于这个平面。一个带单电子的 2s 轨道也可以和三个带单电子的 2p 轨道混合,这时得到四个新的完全等同的轨道,这样的轨道被称为 sp^3 杂化轨道,其中各含有 25% s 轨道和 75% p 轨道的特性。四个 sp^3 杂化轨道的前轨道瓣的符号相同,它们要离得尽可能远,因此两两之间形成 109°28′ 的夹角,具有正四面体构型。如图 1-1 所示。

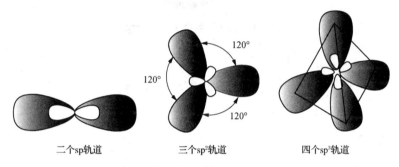

二个sp轨道　　　　三个sp^2轨道　　　　四个sp^3轨道

图 1-1　sp、sp^2 和 sp^3 杂化轨道

1.2.2　分子轨道理论

分子轨道理论是量子力学处理共价键的又一种近似方法,它和价键法互为补充。分子轨道理论是在 1932 年提出的,它从分子的整体出发去研究分子中每一个电子的运动状态,认为分子中的电子属于整个分子所有,其运动状态与整个分子有关,描述分子中电子运动的状态函数称为分子轨道。分子轨道和原子轨道一样,在容纳电子时,也遵守能量最低原理、泡利不相容原理和洪特规则。分子轨道的确定目前应用较为广泛的方法为原子轨道线性拟合的方法。其基本内容如下:① 分子中每一个电子的运动状态可以用波函数 ψ 表示,该波函数又被称为分子轨道。ψ^2 是电子出现在分子中的几率密度,称为电子云密度。② 分子轨道由原子轨道函数 φ 相加或者相减得到,有几个原子轨道就会组合产生几个分子轨道。与原子轨道一样,每个分子轨道最多只能容纳两个自旋相反的电子。③ 每个分子轨道有相应的能级,能量比孤立的原子轨道低的叫做成键轨道,能量比孤立的原子轨道高的叫做反键轨道。分子的总能量为被电子占据的分子轨道的能量的总和。④ 组成分子轨道的原子轨道应符合能量相近、对称性相同、最大重叠这三个原则,否则无法组合产生稳定存在的分子轨道。例如,两个氢原子的 1s 轨道可以线性组合成两个氢分子轨道,其中一个分子轨道是由两个原子轨道的波函数相加组成,另一个分子轨道是由两个原子轨道的波函数相减组成。两个波函数相加得到的分子轨道的能量低于原子轨道,被称为成键轨道(σ),而两个波函数相减得到的分子轨道的能量高于原子轨道,被称为反键轨道(σ^*)。从图 1-2 可以看出,氢原子形成氢分子时,两个氢原子的电子组成一对自旋相反的电子对进入能级低的成键轨道,电子云主要集中在两个原子之间,氢分子处于稳定状态,而反键轨道则相反,电子云主要分布于两个原子核外侧,不利于原子结合,所以,当电子进入反键轨道时,体系能量升高,分子不稳定。

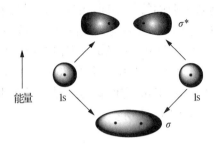

图 1-2　氢分子的分子轨道示意图

§1.3　共价键参数

1.3.1　键长

形成共价键的两原子核间的平衡距离称为共价键的键长。键长的单位通常用 nm 表示,特定的共价键的键长一般是固定的,例如,C—H 键的键长为 0.109 nm,H—H 键的键长为 0.074 nm。键长与原子的种类、成键轨道的形式等因素有关。常见的共价键的键长列于表 1-1。

表 1-1　部分共价键的键长

共价键	键长/nm	共价键	键长/nm	共价键	键长/nm
C—H	0.109	C—Br	0.194	C=O	0.122
C—C	0.154	C=C	0.134	H—H	0.074
C—N	0.147	C≡C	0.120	O—H	0.097
C—O	0.143	C≡N	0.115	N—H	0.103
C—F	0.141	C=N	0.130	S—H	0.153
C—Cl	0.176				

形成共价键的两个原子如果处在不同的化学环境中,键长会有轻微的变化。例如:

$$CH_3—CH_3 \qquad CH_3—CH=CH_2 \qquad CH_3—C≡CH$$
$$\uparrow sp^3-sp^3 \qquad \uparrow sp^3-sp^2 \qquad \uparrow sp^3-sp$$
$$0.153nm \qquad 0.150nm \qquad 0.146nm$$

1.3.2　键角

键角是指连接在同一原子上的两个共价键之间形成的夹角。例如,正四面体结构的甲烷分子中,H—C—H 键角都是 109°28′;水分子中,H—O—H 键角为 104.5°,键角的大小随着分子结构的不同有所改变,键角反映了分子的空间结构。

对于 sp^3 杂化的碳原子,其分子应当都是正四面体形,键角为 109°28′,但实际上,只有当碳上的 4 个取代基完全相同时(如甲烷、四氯化碳等),键角才是 109°28′。在多数情况下,键角略偏离 109°28′。例如:2-溴丙烷中,C—C—Br 键角为 114.2°。对于氧原子和氮原子而言,其键角并非由 2p 轨道形成,不是标准的 90°,而同样通过氧原子或者氮原子的 sp^3 或者 sp^2 杂化轨道成键。例如,水分子,H—O—H 键角为 104°27′,氨分子的 H—N—H 键角为 106°46′。

1.3.3 键能

原子通过共价键形成分子时要放出能量,这个能量被称为键能。相反地,分子中的共价键断裂形成原子和自由基时,需要吸收能量,这个能量被称为键离解能。对于双原子分子而言,键能和键离解能是相等的。例如:Cl_2 分子的键能和离解能都是 242 kJ·mol^{-1},对于多原子分子而言,键能和离解能不同。即使同一分子中的同一类共价键,其离解能并不完全相同。例如,甲烷有 4 个 C—H 键,它们的离解能分别为:

$CH_4 \longrightarrow \cdot CH_3 + H \cdot$ $DH^0(CH_3-H) = 435.1$ kJ·mol^{-1}

$\cdot CH_3 \longrightarrow \cdot \overset{\cdot}{C}H_2 + H \cdot$ $DH^0(CH_2-H) = 443.5$ kJ·mol^{-1}

$\cdot \overset{\cdot}{C}H_2 \longrightarrow \cdot \overset{\cdot}{\underset{\cdot}{C}}H + H \cdot$ $DH^0(CH-H) = 443.5$ kJ·mol^{-1}

$\cdot \overset{\cdot}{\underset{\cdot}{C}}H \longrightarrow \cdot \overset{\cdot}{\underset{\cdot}{C}} \cdot + H \cdot$ $DH^0(C-H) = 338.9$ kJ·mol^{-1}

$CH_4 \longrightarrow \cdot \overset{\cdot}{\underset{\cdot}{C}} \cdot + 4H \cdot$ $DH^0 = 1\,661$ kJ·mol^{-1}

通常我们将多原子中相同类型共价键的离解能的平均值,看作这种键的键能。甲烷分子中 C—H 键的键能,是 4 个 C—H 键的离解能的平均值,为 $1\,661/4 \approx 415.3$ kJ·mol^{-1}。一般说来,键能反映了共价键的牢固程度,键能越大,键越牢固,要离解此键越困难。部分共价键的键能见表 1-2。

表 1-2 部分共价键的键能

共价键	键能/kJ·mol^{-1}	共价键	键能/kJ·mol^{-1}	共价键	键能/kJ·mol^{-1}
C—H(平均)	415.3	C—I	217.6	S—H	347.3
C—C	345.6	C—S	272	F—H	564.8
C=C	610	C—B	372.4	Cl—H	431
C≡C	835.1	H—H	436	Br—H	368.2
C—O	358	N—H	390.8	I—H	298.7
C=O (醛)	736.4	N—N	163.2	F—F	154.8
C=O (酮)	748.9	N=N	418.4	Cl—Cl	242.5
C—F	485.3	N≡N	944.7	Br—Br	188.3
C—Cl	338.9	N—O	200.8	I—I	150.6
C—Br	284.5	O—H	462.8		

1.3.4 偶极矩

两个相同原子共用电子对形成的共价键,成键电子云对称地分布在两个原子核之间,正负电荷中心完全重叠,这种键被称为非极性共价键。例如,氢气分子中的 H—H 键和乙烷分子中的 C—C 键都属于非极性共价键。两个不同原子共用电子对形成的共价键,由于两种原子的电负性不同,成键电子云在两个原子核的周围分布不均等。电子云偏向电负性较大的一方,共价键的正负电荷中心分离,这种键被称为极性共价键。对于含有极性共价键的分子,在分析其对化学反应的影响时,电子云偏向于电负性大的原子,使其带有部分的负电荷(δ^-),而电负性比较小的原子则带有部分正电荷(δ^+)。常见元素的电负性见表 1-3。

表 1-3　常见元素的电负性

H 2.2						
Li 1.0	Be 1.6	B 2.0	C 2.6	N 3.0	O 3.4	F 4.0
Na 0.9	Mg 1.3	Al 1.6	Si 1.9	P 2.2	S 2.6	Cl 3.2
K 0.8						Br 3.0
						I 2.7

对于不同的极性共价键,其极性大小以偶极矩度量,其单位为德拜(D, Debye),$1D = 3.335\,64 \times 10^{-30}$ C·m(库仑·米)。偶极矩为一矢量,其方向用带短竖线的箭头表示,由正电荷中心指向负电荷中心。例如:一氯甲烷中 C—Cl 键的偶极矩表示为:

$$H_3C \overset{\longmapsto}{\underset{\delta^+ \quad\quad \delta^-}{}} Cl$$

共价键的偶极矩越大,表明其极性越强。但是,我们无法测量分子中单个化学键的偶极矩,只能测量整个分子的偶极矩。对于双原子分子而言,其共价键的偶极矩就是分子的偶极矩。多原子分子包含多个共价键,每一个共价键偶极矩的矢量和,就代表了整个分子极性的方向和大小,它跟分子的空间构型和每种共价键的极性有关。例如,甲醛和 CO_2 都含有 C=O 键,前者为极性分子,偶极矩为 2.3D,而后者由于整体为一直线形分子,两个 C=O 键偶极矩方向相反,大小相等,互相抵消,为非极性分子。

§1.4　有机化合物的特点

1.4.1　结构特点

与无机化合物相比,有机化合物种类和数量繁多。碳原子与其他碳原子、氢原子及其他元素的原子通过共用外层电子形成共价键产生各种各样的结构。例如,分子式为 C_2H_6O 的化合物可以代表乙醇和甲醚,由于连接方式的不同,这两种有机物有着截然不同的性质。

$$
\begin{array}{cc}
\text{乙醇} & \text{甲醚} \\
\end{array}
$$

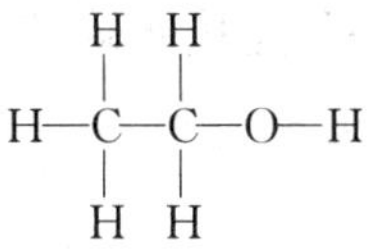

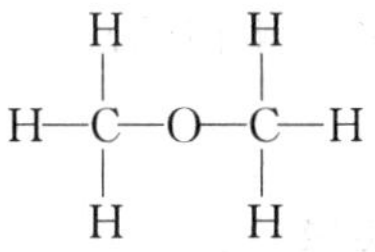

	乙醇	甲醚
沸点/℃	78.5	-23

这种具有相同的分子式而结构和性质不同的有机化合物称为同分异构体,这种现象被称为同分异构现象。同分异构现象在有机化学中非常普遍而且很重要。在有机化学中,不能仅用分子式表示某种有机化合物,必须使用结构式来表示。

1.4.2　性质特点

(1) 熔点、沸点比较低,稳定性差

无机物中很多都是离子型化合物,正负离子的静电吸引作用很强,离子排列得也比较整齐,要断裂离子键需要的能量较多,因此无机化合物的熔点、沸点较高,例如 NaCl 的熔点是 800℃,沸点是 1 413℃。而有机物大多是共价键型的化合物,分子之间的作用力为范德华力,与正负离子的静电吸引作用相比,作用力较弱,因此破坏分子间结合所需要的能量也就较少,有机物的熔点、沸点较低,一般情况下小于 400℃。同时,共价键与离子键相比,键能较低,在加热条件下,容易发生断裂,导致有机化合物的热稳定性较差,加热条件下容易发生反应,这也导致某些化合物无法确定准确的熔点和沸点。但是,测定熔点或者沸点仍不失为一种常用的鉴定有机化合物的方法。

(2) 水溶性较差

有机物可以认为是碳氢化合物的衍生物,碳氢之间的结合力为共价键,由于碳和氢电负性相差不大,这样的共价键极性较小,由这些共价键所组成的有机分子的极性一般也较小,而水属于极性较大的分子,根据相似相溶原理,极性较小的有机物分子在水中的溶解度较小,大多数有机化合物难溶或微溶于水。而无机化合物由于含有离子键,在碰到极性较强的水分子时,离子键解离,变成正负离子,容易与水分子结合,溶解性较大。但某些含有较强极性基团且碳链较短的分子,例如甲醇、乙醇、丙酮等可以溶于水。

(3) 反应速率慢,产物复杂

由于多数无机化合物易溶于水而形成离子,导致在发生反应时离子之间可以快速接触而使反应瞬间完成。有机化合物在发生反应时,即使能够溶于某些溶剂,分子内的共价键也没有发生断裂,有机反应一般需要在加热条件下,通过克服反应的势垒才能完成断键的过程,因此反应一般速率较慢。同时由于共价键的种类和数量较多,断键经常发生在分子的不同部位,副反应较多,产物也比较复杂。而且随着反应条件的不同,得到的产物往往也会有很大不同,例如乙醇在浓硫酸存在的情况下加热,140 ℃ 时会得到乙醚,而 170℃ 时会得到乙烯。

§1.5　有机化合物的分类

有机化合物种类和数量繁多,将有机物进行分类以便更好地进行学习和研究是十分有必要的。目前有机物分类的方法一般有两种,一种是按照碳骨架进行分类,另外一种是按照官能团进行分类。

1.5.1 按碳骨架分类

根据碳骨架的不同,可以分为开链化合物,碳环化合物和杂环化合物。

1. 开链化合物

开链化合物指碳原子相互连接成链状的化合物。这类化合物最初从动物脂肪中获得,也被称为脂肪族化合物。如:

$$CH_3—CH_2—CH_2—CH_3 \qquad CH_3—CH=CH_2 \qquad CH_3—CH_2—OH$$
$$\text{丁烷} \qquad\qquad\qquad \text{丙烯} \qquad\qquad\qquad \text{乙醇}$$

2. 碳环化合物

碳环化合物指碳原子相互连接形成环状结构的化合物。一类是含有饱和的碳原子,化学性质与脂肪族化合物相似,被称为脂环族碳环化合物。如:

环戊烷 环己烷 环戊醇

另一类是含有苯环的化合物,由于苯环具有芳香性,这一类化合物被称为芳香族碳环化合物。如:

苯 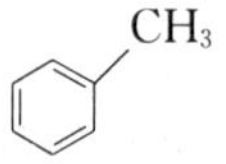 甲苯 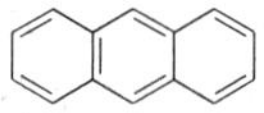 蒽

3. 杂环化合物

杂环化合物指环状结构中含有非碳原子的化合物,它包括脂肪族杂环(脂杂环)化合物和芳香族杂环化合物(芳杂环)两种。脂杂环化合物由于具有脂肪族开链化合物的性质,因此可与脂肪族化合物一起学习,如:

四氢呋喃 环氧乙烷 γ-丁内酯

平时说的杂环化合物一般指的是芳香性杂环化合物。如:

呋喃 噻吩 吡咯

1.5.2 按官能团进行分类

在有机化合物中,有些原子或者原子团具有相对较高的化学活性反应位点,称为官能团。例如:烯烃中的双键、卤代烃中的卤素原子、乙醇分子中的羟基等。由于含有相同官

能团的化合物往往能发生相似的化学反应,可以在结构和性质之间建立比较好的联系,因而目前大多采用官能团分类的方法为主,见表 1-4。

表 1-4 一些常见化合物的类别及官能团的结构

化合物类别	官能团结构	官能团名称	实例
烯 烃	$C{=}C$	碳碳双键	$H_2C{=}CH_2$
炔 烃	$—C{\equiv}C—$	碳碳叁键	$HC{\equiv}CH$
卤代烃	$—X$ (F,Cl,Br,I)	卤素	CH_3CH_2Cl
醇	$—OH$	羟基	CH_3CH_2OH
酚	$—OH$		C_6H_5OH
醚	$C—O—C$	醚键	$CH_3CH_2OCH_2CH_3$
醛	$—CHO$	醛基	$HCHO$
酮	$C{=}O$	酮羰基	CH_3COCH_3
羧酸	$—COOH$	羧基	CH_3COOH
酯	$—COOR$	酯基	CH_3COOC_2H5
胺	$—NH_2$	氨基	$CH_3CH_2NH_2$
硝基化合物	$—NO_2$	硝基	CH_3NO_2
腈	$—CN$	氰基	CH_3CN
重氮,偶氮	$N{=}N{=}N—$	重氮基,偶氮基	CH_2N_2, 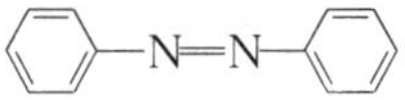 ⟨苯环⟩$—N{=}N—$⟨苯环⟩
硫醇,硫酚	$—SH$	巯基	CH_3CH_2SH, C_6H_5SH
磺酸	$—SO_3H$	磺酸基	$C_6H_5SO_3H$

§1.6 有机化合物的表示方式

有机化合物可以通过标明分子中原子相互连接的次序和方式来表示,通过显示不同的特点及书写的难易程度,可以包括路易斯结构式、凯库勒式、结构简式和键线式等几种形式。

1.6.1 凯库勒式

1860 年左右,人们对有机化合物的结构有了初步的认识。当时已经知道碳为四价元素,碳原子可以互相连接成碳链或者碳环,碳原子可以以单键、双键或者叁键互相连接或者与别的元素的原子连接。在此基础上,人们开始用图式的形式表示不同有机化合物的结构。这种用连接在各元素的原子之间的短线来表示成键的图式方式被称为凯库勒式。例如:

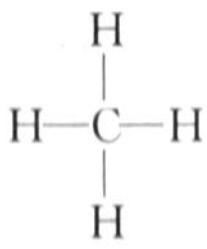

甲烷 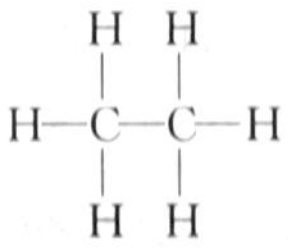　　　乙烷 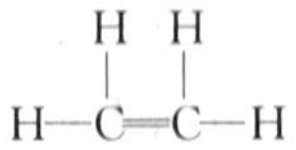　　　乙烯 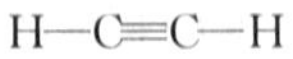　　　乙炔

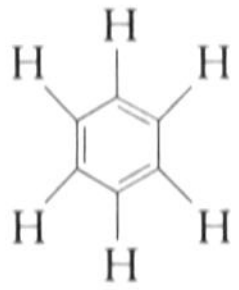

苯 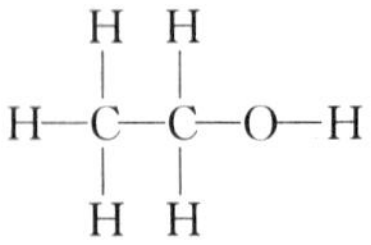　　　乙醇 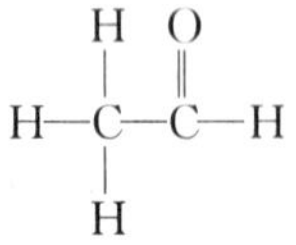　　　乙醛

1.6.2 路易斯式

在 20 世纪初诞生了原子结构学说,人们对化学键的认识有了进一步的突破。根据原子结构学说,原子是由带正电荷的原子核和带负电荷的电子组成的,电子在原子核周围各个能量不同的电子层中围绕原子核运动,原子之间通过化学键形成分子,而化学键的形成仅与最外层的价电子有关。在惰性气体元素的原子中,电子的构型是最稳定的,其他元素的原子,都有通过得到或者失去电子达到这种构型的倾向。1916 年,路易斯提出了原子的价电子可以配对共用形成共价键,使每个原子达到"八隅体"电子构型的学说。碳原子的最外层有 4 个价电子,既不容易从别的原子得到 4 个电子,也不容易自身失去这 4 个电子,只能采取和别的原子共用电子以达到满足最外层是 8 个电子的目的。例如:

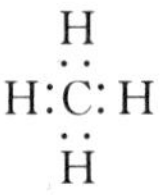

甲烷 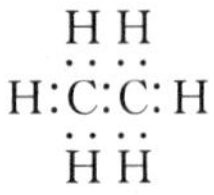　　　乙烷 　　　乙烯 　　　乙炔

1.6.3 结构简式

为了简化构造式的书写,人们常将碳氢原子之间或者碳碳单键的短线省略,这样的表示方式称为结构简式。例如:

$$CH_3CH_2CH_3 \text{ 或 } CH_3—CH_2—CH_3 \qquad CH_3—C≡CH \text{ 或 } CH_3C≡CH$$

丙烷　　　　　　　　　　　　丙炔

1.6.4 键线式

人们为了更加简单明了地表示有机化合物,还设计了一种只用键线来表示碳架,两根单键之间或者一根单键和一根双键的夹角为 120°,一根单键和一根叁键之间的夹角为 180°,而分子中碳氢键、碳原子及与碳原子相连的氢原子均省略,而其他杂原子及与杂原子相连的氢原子需保留的一种表示方式,被称为键线式。例如:

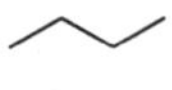

丁烷 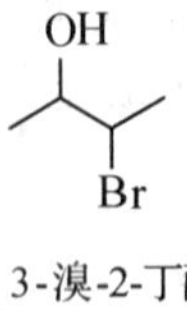　　　3-溴-2-丁醇 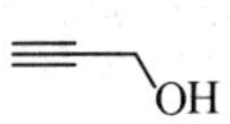　　　2-丙炔-1-醇 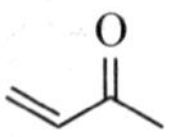　　　3-丁烯-2-酮

§1.7 有机化合物的研究方法

从天然产物中分离或者在实验室里合成出来的有机化合物中常含有杂质或者副产物，对有机物结构的准确测定通常需要以下几个步骤。

1.7.1 分离纯化

天然或者人工合成的有机化合物总是掺杂着许多其他物质，为了得到成分单一的产品，就需要纯化，去除杂质。普遍采用的纯化方法有重结晶、蒸馏、升华、萃取、色谱柱分离等。通过测定熔点和沸点等物理性质可以大致判断有机物的纯度。

1.7.2 分子式的确定

提纯后的有机化合物，可以进行元素分析，确定元素组成及含量。现在这些测试都可以在自动化仪器中进行。在求出各种元素的质量比之后，通过计算可以求出实验式。实验式表示化合物中各元素原子的相对数目。如果想确定原子的具体个数，则需要测定相对分子质量。分子质量可以通过质谱测试来得到。

1.7.3 结构的确定

确定有机化合物的结构可以采用化学法或者物理法。化学法耗时，效率低，而且可靠性也不高。目前广泛使用的是物理法。例如，采用核磁共振氢谱和核磁共振碳谱、红外光谱、紫外光谱、质谱、X-射线单晶衍射等方法可以准确快速地测定有机物的结构。

§1.8 有机化学在工农业及日常生活中的应用

有机化学发展了 200 多年，目前是化学中的一门重要基础课程。有机化合物与工农业生产及人们的生活密切相关。例如，在工业上，石油的开采、冶炼为人们带来了最稳定的动力来源，橡胶工业的发展则提供了大量优质的轮胎，使大规模的运输成为可能。在农业上，各种新型杀虫剂、除草剂及化学肥料的合成为粮食作物的生产丰收提供了保障。在医药上，无论是中药、西药大都以有机化合物作为最基本的来源和载体。食品添加剂、香料、染料、洗涤剂等这些与人们的生活密切相关的物质都是有机物。国防上，高氮含能类化合物作为炸药被广泛研究和使用。进入 21 世纪，有机化学与生命科学、材料科学、高分子化学、应用化学、能源科学、环境科学等各个方面的联系越来越密切。

1. 有机化合物有哪些分类方法?
2. 有机化合物的特点是什么?

3. 区别键的解离能和键能这两个概念。

4. 解释多数有机物与无机物相比,熔点沸点较低的原因。

5. 写出下列结构的分子各属于哪一类化合物?

(1) CH_3CN (2) ⟨SO₃H⟩   (3) $n\text{-}C_5H_{11}CHO$ (4) $C(CH_3)_4$

(5) ⟨—N=N—NH₂⟩   (6) ⟨OH⟩   (7) $CH_3COOC_2H_5$ (8) ⟨Cl⟩

(9) $CH_3CH_2NH_2$ (10) CH_3CH_2SH

6. 写出下列分子的 Lewis 结构式。

(1) CH_4 (2) $H_2C=CH_2$ (3) $HC\equiv CH$

(4) $H_2C=O$ (5) CH_3CH_2Cl (6) CH_3NO_2

7. 把下列键线式转化成结构简式。

(1)   (2)   (3)   (4)

8. 试指出下列化合物中碳原子的杂化方式。

(1) CH_4 (2) $H_2C=CH_2$ (3) $CH_3C\equiv CH$

(4) CH_3COCH_3 (5) CH_3OH (6) CH_3NO_2

9. 写出下列化合物中共价键极性的方向(用短线表示)。

(1) CH_4 (2) 溴化氢   (3) $HC\equiv CH$ (4) 乙烷

10. 用 δ^+ 和 δ^- 对下列化合物中共价键的极性做出判断。

(1) CH_3-NH_2 (2) CH_3-OH (3) $HC\equiv CH$ (4) CH_3-MgBr

11. 有 3.26 g 样品燃烧后得到了 4.74 g CO_2 和 1.92 g H_2O,实验测得相对分子质量为 60,求其分子式。

第2章 烷 烃

分子中只含有碳、氢两种元素的有机化合物称为碳氢化合物(hydrocarbon),简称烃。烃是有机化合物中组成最简单的一类化合物,其他各类有机化合物可以看作是烃的衍生物。

凡分子中碳碳之间的化学键单键相连,并为开链状,碳的其余价键全部为氢原子所饱和的烃,称为饱和脂肪烃,即烷烃(alkane)。

烷烃的天然来源主要是石油、煤和天然气。石油是动植物的遗骸在地下经过漫长的地质变化分解而成的,是烷烃的最主要来源。煤在高温、高压和催化剂的存在下,加氢可得到烃类的复杂混合物(人造石油)。天然气是蕴藏在地层内的可燃气体。它是低级烷烃的混合物,主要成分为甲烷,可作燃料和化工原料。我国政府自实施"西气东输"工程以来,天然气已经进入千家万户。近年来发现在我国东海海底大量存在一种甲烷的水合物 $CH_4 \cdot H_2O$,称为"可燃冰",它是一种对环境友好的新的绿色能源。页岩气是一种储存于页岩(属于沉积岩)中的非常规天然气,其主要成分成也是甲烷,具有分布范围广、厚度大、埋藏浅、开采寿命长等特点。目前,北美、亚太、欧洲及其他地区纷纷展开页岩气前期评估与勘探开发试验,并拟将其作为缓解能源困境的手段,全球范围内的"页岩气革命"浪潮蓄势待发。

§2.1 烷烃的同系列和同分异构

2.1.1 烷烃的同系列

最简单的烷烃是甲烷(CH_4),常见的还有乙烷(C_2H_6)、丙烷(C_3H_8)、丁烷(C_4H_{10})等。比较它们分子式可以看出,任何两个相邻的烷烃在组成上都相差同一个结构单元(CH_2),这样的一系列化合物叫做同系列(homologous series)。同系列中各个化合物互称为同系物(homolog),相邻同系物在组成上相差的同一个结构单元(CH_2)叫做同系差。按照同系列中每个烷烃分子中的碳氢比例,烷烃的通式可以用 C_nH_{2n+2} 表示,其中 n 为碳原子数目。

有机物除烷烃同系列之外,还有其他同系列,同系列是有机化学中的普遍现象。一般来讲,各同系列中的同系物(特别是高级同系物)具有相似的结构和性质。因此,在每一个同系列里,只要学习和研究典型化合物,就可以推论出同系列中其他同系物的性质。当然,同系物虽有共性,但每个具体化合物也可能有特性,特别是同系列中第一个化合物往往有较突出的特性。因此,从分子结构上的差异来理解性质上的异同,是学习有机化学的基本方法之一。

2.1.2 烷烃的同分异构

1. 烷烃的同分异构体

在烷烃的同系物中,甲烷分子中的四个氢原子是等同的,若在 C—H 之间插入一个结构单元(CH_2),得到唯一的化合物乙烷。乙烷分子的六个氢原子也是等同的,若在 C—H 之间插入一个 CH_2,也得到唯一一化合物丙烷。

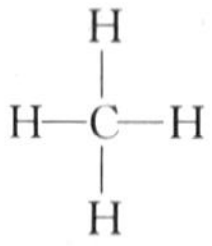

甲烷 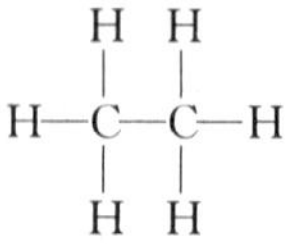　　　　　　乙烷 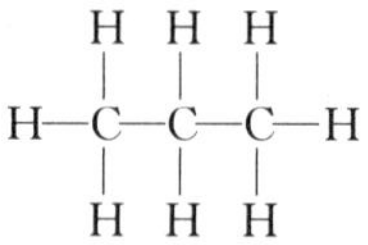　　　　　　　丙烷

依此类推,在丙烷分子中,连在两端碳原子上的六个氢原子是等同的,若在 C—H 之间再插入一个 CH_2,得四个碳原子成一直链的正丁烷;而连结在中间碳原子上的两个氢原子是等同的,若在此 C—H 之间插入一个 CH_2,则得到含有支链的异丁烷。

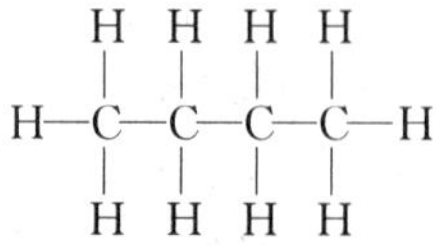

正丁烷(沸点-0.5℃) 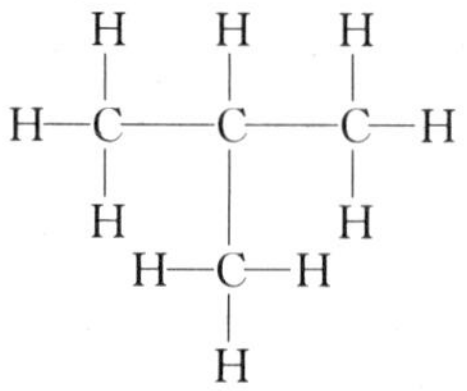　　　　　　异丁烷(沸点-10.2℃)

正丁烷和异丁烷具有相同的分子式,但属于不同结构的物质,它们彼此是同分异构体。这种分子中碳原子的连接次序和方式不同引起的异构,称为构造异构(constitutional isomerism)。烷烃的构造异构实质上是由于分子中的碳架不同而产生的,所以这种异构又称为碳架异构(或称为碳骨异构、碳链异构)。正丁烷、异丁烷就是丁烷的两个碳架异构体。同理,由丁烷的两个同分异构体可以衍生出戊烷的三个同分异构体。若将结构式中碳原子上的氢原子合并,省略碳氢之间的键,得到它们的构造简式如下:

$CH_3—CH_2—CH_2—CH_2—CH_3$　　　$CH_3—\overset{\overset{CH_3}{|}}{CH}—CH_2—CH_3$　　　$CH_3—\overset{\overset{CH_3}{|}}{\underset{\underset{CH_3}{|}}{C}}—CH_3$

正戊烷(沸点 36.1℃) 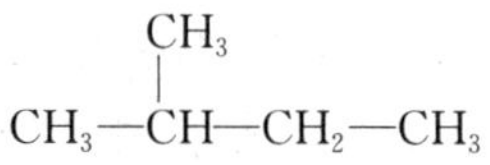　　　　异戊烷(沸点 28℃) 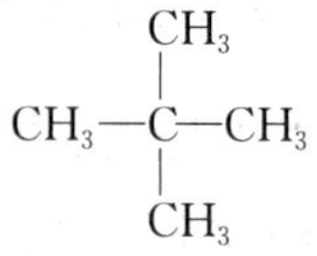　　　　新戊烷(沸点 9.5℃)

随着碳原子数目的增加,异构体的数目也增多,一些烷烃的构造异构体数目见表 2-1。

表 2-1　烷烃构造异构体的数目

分子式	异构体数	分子式	异构体数	分子式	异构体数
CH_4	1	C_6H_{14}	5	$C_{11}H_{24}$	159
C_2H_6	1	C_7H_{16}	9	$C_{12}H_{20}$	355
C_3H_8	1	C_8H_{18}	18	$C_{15}H_{32}$	4 374
C_4H_{10}	2	C_9H_{20}	35	$C_{20}H_{42}$	366 319
C_5H_{12}	3	$C_{10}H_{22}$	75	$C_{30}H_{62}$	$4.111×10^{12}$

某些高级烷烃构成一些植物的叶或果实(如烟叶、苹果等)表面防止水分蒸发的保护

层。有些烷烃是某些昆虫的信息素。例如,有一种蚁,它们分泌的传递警戒信息的物质中含有正十一烷及正十三烷。

2. 烷烃同分异构体的书写

烷烃同分异构体的书写方法——最长碳链逐个切断法。以己烷为例,其基本步骤如下:

写出这个烷烃的最长碳链(直链式):

$$C-C-C-C-C-C$$
$$(1)$$

(省略了氢,下同)

将最长碳链末端切去一个碳原子,将此碳原子依次连在除末端碳原子外的各碳原子上,写出可能的结构式,注意相互间不要重复。

$$(2) \qquad (3)$$

同理,写出最长碳链切去二个碳原子的直链式。即把两个碳原子分开(C,C),或把两个碳原子看成一个整体(C—C),依次分别连在除末端碳原子外的各碳原子上,注意相互间不要重复。

$$(4) \qquad (5) \qquad (6)同(3)$$

把写出的可能结构式进行全面复查,剔除重复者。这样己烷的同分异构体只有 5 个。

按照碳四价的原则,补充上述结构中缺少的氢原子,即得到己烷的 5 个同分异构体的结构简式:

$$CH_3-CH_2-CH_2-CH_2-CH_2-CH_3 \qquad CH_3-CH-CH_2-CH_2-CH_3$$
$$\qquad\qquad\qquad\qquad\qquad\qquad\qquad\qquad | $$
$$\qquad\qquad\qquad\qquad\qquad\qquad\qquad\qquad CH_3$$

$$CH_3-CH_2-CH-CH_2-CH_3 \qquad CH_3-CH-CH-CH_3 \qquad CH_3-\overset{\displaystyle CH_3}{\underset{\displaystyle CH_3}{\overset{|}{\underset{|}{C}}}}-CH_2-CH_3$$
$$\qquad\qquad\quad |\qquad\qquad\qquad\qquad\quad |\quad | $$
$$\qquad\qquad\quad CH_3\qquad\qquad\qquad\quad CH_3\ CH_3$$

有时为简便书写,可将结构简式中的 C—C 间键省略,并且把相同的结构单元合并,得到缩写结构。如己烷的 5 个同分异构体的缩写结构式分别为:

$CH_3CH_2CH_2CH_2CH_2CH_3$ 或 $CH_3(CH_2)_4CH_3$　　$CH_3CH(CH_3)CH_2CH_2CH_3$

$CH_3CH_2CH(CH_3)CH_2CH_3$　　$(CH_3)_2CHCH(CH_3)_2$　　$(CH_3)_3CCH_2CH_3$

进一步可以省略碳和氢原子,用最简单的键线式表示,即用锯齿形线的角和端点代表碳原子,碳原子上所连的氢原子省去。己烷的 5 个同分异构体的键线式分别为：

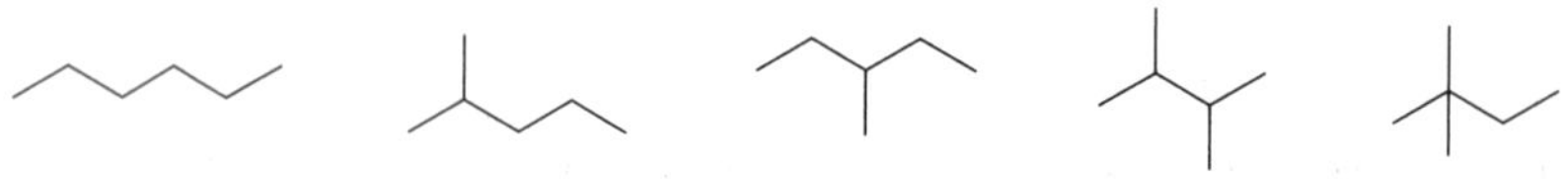

2.1.3   四种碳和三种氢

烷烃分子中的碳原子,按照其所连的碳原子数目不同,可以分为四种类型。当某碳原子分别与一个、两个、三个和四个碳原子相连时,该碳原子分别称为伯(一级)、仲(二级)、叔(三级)和季(四级)碳原子,通常用 $1°$、$2°$、$3°$ 或 $4°$ 表示。相应地,与伯、仲、叔碳原子相连的氢原子分别称为伯(一级)、仲(二级)、叔氢(三级)原子,其化学活泼性有明显差别。如：

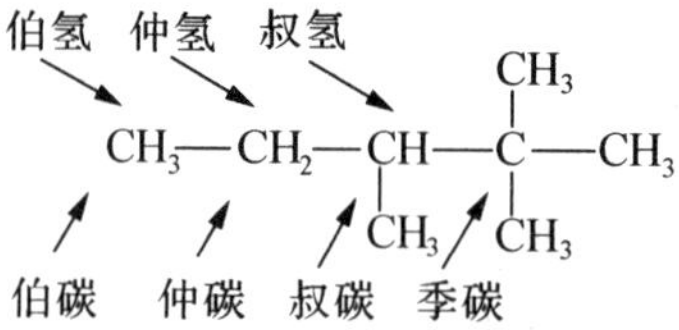

§2.2   烷烃的命名

由于碳原子具有强的成键能力以及同分异构现象,使得有机化合物数目繁多、结构复杂。为便于有机化学工作者的交流,以免造成混乱,需要统一有机物的命名方法。

烷烃常用的命名法有普通命名法和系统命名法两种。

2.2.1   普通命名法

普通命名法一般只适用于简单、含碳较少的烷烃,基本原则是：

根据分子中碳原子的数目称“某烷”。碳原子数在十以内时,用天干字甲、乙、丙、丁、戊、已、庚、辛、壬、癸表示;碳原子数在十个以上时,则以十一、十二、十三、……表示。例如：

$$CH_3CH_2CH_2CH_2CH_3 \qquad CH_3(CH_2)_{10}CH_3$$

戊烷   十二烷

为了区别异构体,直链烷烃称“正”某烷(“正”的英文名简写为“$n-$”);在链端第二个碳原子上连有一个 CH_3 且无其它支链的烷烃,称“异”某烷(“异”的英文名简写为“$i-$”);在链端第二个碳原子上连有两个 CH_3,且无其它支链的烷烃,称“新”某烷(“新”的英文词头为“$neo-$”)。例如：戊烷的三种异构体,分别称为正戊烷、异戊烷和新戊烷。

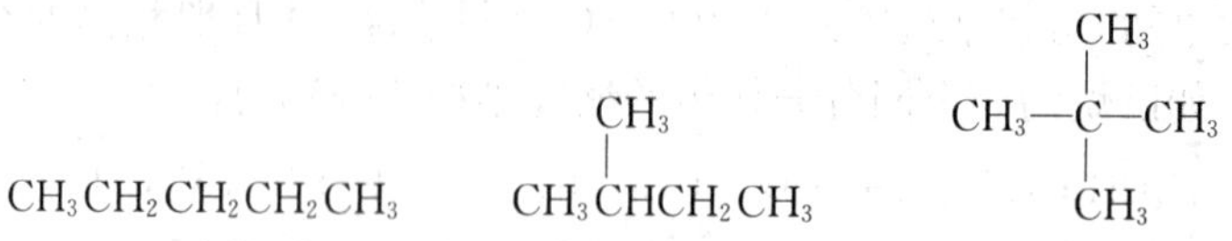

正戊烷   异戊烷   新戊烷

这种命名方法,除“正”字可用来表示所有不含支链的烷烃外,“异”和“新”二字只适用于少于七个碳原子的烷烃。

2.2.2 系统命名法

对于结构比较复杂的烷烃,应使用系统命名法命名。国际纯粹与应用化学联合会(International Union of Pure and Applied Chemistry)制定和修订的命名原则,简称 IUPAC 命名法或系统命名法。我国化学会(Chinese Chemical Society)公布的《有机化学命名原则》(1980 和 2017),采用系统命名法,简称 CCS 命名法,是根据国际上通用的原则结合我国的文字特点制定的。

1. 直链烷烃

在系统命名法中,直链烷烃的命名与普通命名法相似,只是把"正"字取消。例如:

$$CH_3(CH_2)_5CH_3 \qquad CH_3(CH_2)_{14}CH_3$$
$$\text{庚烷} \qquad\qquad \text{戊烷}$$

2. 支链烷烃

对具有支链的烷烃,其名称从直链烷烃导出:

(1) 选主链

选择分子中最长的碳链作为主链,根据主链所含的碳原子数称为某烷(母体名称)。例如 $CH_3CH_2CHCH_3$(下接 CH_2CH_3),主链为 $CH_3CH_2CH—$(下接 CH_2CH_3),母体名称为戊烷。

把支链当作取代基。烷烃(R—H)中去掉一个氢原子生成的一价原子团叫做烷基,其通式为 C_nH_{2n+1}。常用 R— 表示。

当烷烃分子中的氢原子不同时,一个烷烃可以形成几个不同的烷基。最常见的烷基有(括号中为英文简写名):

$$CH_3—\qquad CH_3—CH_2—\qquad CH_3—CH_2—CH_2—\qquad CH_3—\overset{\overset{CH_3}{|}}{CH}—\qquad CH_3—CH_2—CH_2—CH_2—$$
$$\text{甲基}(Me—)\quad \text{乙基}(Et—)\qquad \text{丙基}(n\text{-}Pr—)\qquad \text{异丙基}(i\text{-}Pr—)\qquad \text{丁基}(n\text{-}Bu—)$$

$$CH_3—CH—CH_2—CH_3\qquad CH_3—\overset{\overset{CH_3}{|}}{CH}—CH_2—\qquad CH_3—\overset{\overset{CH_3}{|}}{\underset{\underset{CH_3}{|}}{C}}—$$
$$\text{仲丁基}(s\text{-}Bu—)\qquad \text{异丁基}(i\text{-}Bu—)\qquad \text{叔丁基}(t\text{-}Bu—)$$

若同一分子中存在两条及以上等长的主链时,则应选取支链(取代基)最多的碳链作为主链。例如:对烷烃 $CH_3CH_2CH_2CH(CH_2CH_3)CH(CH_3)_2$ 进行命名时,发现有两条均含 6 个碳原子的碳链,显然,正确的主链应选择(b)而不是(a)。

(a)　　　　　　(b)

（2）编位号

给主链碳原子编号时，应从距离取代基最近的一端开始，即遵循最低系列原则。将主链上的碳原子用阿拉伯数字编号。将取代基的位置和名称写在母体名称的前面，阿拉伯数字和汉字之间必须加一短划"－"线隔开。例如：

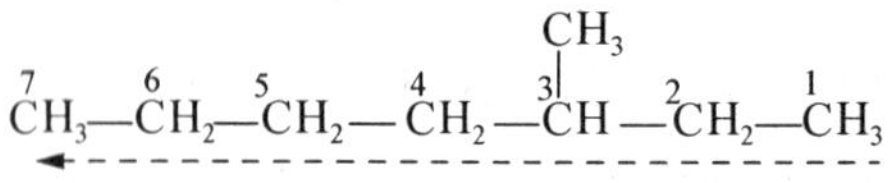

$$\overset{7}{C}H_3-\overset{6}{C}H_2-\overset{5}{C}H_2-\overset{4}{C}H_2-\overset{3}{\underset{|}{C}H}-\overset{2}{C}H_2-\overset{1}{C}H_3$$

其中3号碳上连有 CH_3。

3-甲基庚烷

（3）给命名

烷烃命名的书写格式：取代基位次→ 短划"－"线→ 取代基数量和名称→ 母体名称。如果含有几个相同的取代基时，要把它们合并起来。取代基的数目用二、三、四、……表示，写在取代基的前面，其位次必须逐个注明，位次的数字之间要用逗号隔开。例如：

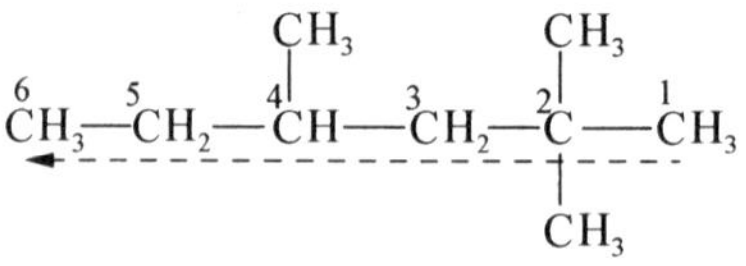

$$\overset{6}{C}H_3-\overset{5}{C}H_2-\overset{4}{\underset{|}{C}H}-\overset{3}{C}H_2-\overset{2}{\underset{|}{C}}-\overset{1}{C}H_3$$

2,2,4-三甲基己烷

如果含有几个不同取代基时，取代基排列的顺序，是将"次序规则"所定的"较优"基团列在后面。

所谓"次序规则"（sequence rule）是在立体化学中，为了确定原子或基团在空间排列的先后顺序而制定的规则。排列较优基团的方法：

① 将各取代基中与母体相连的原子按原子序数大小排列，原子序数大的，为较优基团，如 Cl—>O—>C—>H—。若两个原子为同位素，如 D 与 H，则质量数高的为较优基团，即 D—>H—。取代基也可为孤对电子，若 H 与孤对电子作比较，则 H>:。

② 如各取代基中与母体相连的第一个原子相同时，则比较与该第一个原子相连的第二个原子，仍按原子序数排列。若第二个原子也相同，则比较第三个原子，依次类推。

对于烷烃来说，在主链上连接的都是烷基。若主链上连有甲基与乙基，即与主链相连的第一个原子都是碳，则比较与第一个碳原子相连的其它原子的原子序数，在甲基中与碳相连的分别为 H、H、H，而在乙基中与碳相连的分别为 C、H、H；由于 C 的原子序数大于H，所以乙基与甲基相比，乙基为"较优"基团，即 CH_3CH_2—> CH_3—。同理，若主链上连有正丙基和异丙基，采用类推法，异丙基是"较优"基团，即：$(CH_3)_2CH$— > $CH_3CH_2CH_2$—。几种常见的烷基基团的优先次序为：$(CH_3)_3C$—（叔丁基）> $(CH_3)_2CH$—（异丙基）> $CH_3CH_2CH_2$—（丙基）> CH_3CH_2— > CH_3—。例如：

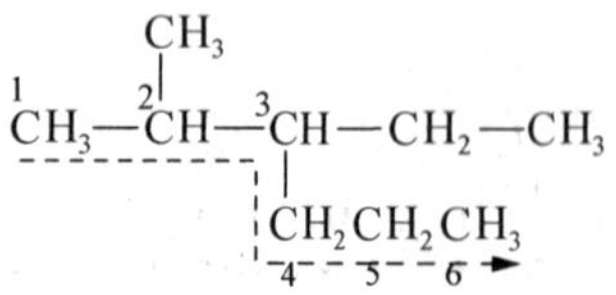

$$\overset{1}{C}H_3-\overset{2}{\underset{|}{C}H}-\overset{3}{C}H-\overset{}{C}H_2-\overset{}{C}H_3$$

2-甲基-3-乙基己烷

$$\overset{1}{C}H_3\overset{2}{C}H_2\overset{3}{C}H_2-\overset{4}{\underset{|}{C}H}-\overset{5}{C}H_2-\overset{6}{\underset{|}{C}H}-\overset{7}{C}H_2-\overset{8}{C}H_2-\overset{9}{C}H_2-\overset{10}{C}H_3$$

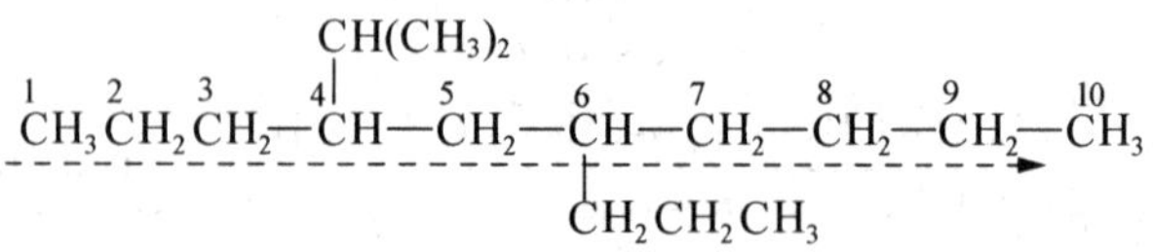

6-丙基-4-异丙基癸烷

如果主链上有几个取代基,并有几种编号的可能时,应当按照"最低系列"进行编号。所谓"最低系列"指的是主链按不同方向编号,得到两种或两种以上不同的编号系列,逐次比较各系列中取代基的位次,最先遇到的位次最小者,定为"最低系列"。例如:

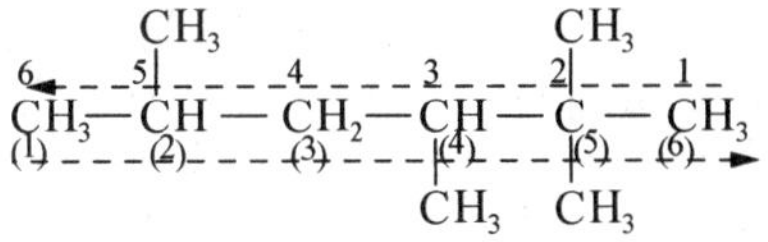

$$\begin{array}{c} \quad\ \overset{CH_3}{|}\qquad\qquad \overset{CH_3}{|} \\ \overset{6}{CH_3}-\overset{5}{CH}-\overset{4}{CH_2}-\overset{3}{CH}-\overset{2}{C}-\overset{1}{CH_3} \\ \qquad\qquad\quad\ \underset{|}{CH_3}\ \underset{|}{CH_3} \\ \qquad\qquad\quad\ CH_3\ CH_3 \end{array}$$

2,2,3,5-四甲基己烷

上述化合物有两种编号方法,从右向左编号,取代基的位次为 2,2,3,5;从左向右编号,取代基的位次为 2,4,5,5。逐个比较每个取代基的位次,第一个均为 2,第二个取代基编号分别为 2 和 4,因此选择从右向左编号,符合"最低系列"。又如:

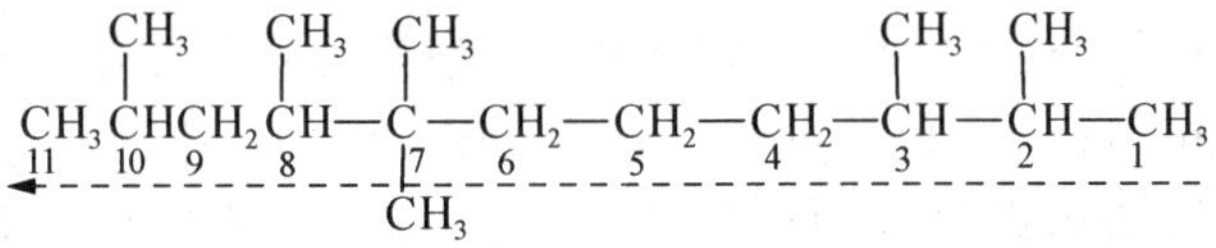

2,3,7,7,8,10-六甲基十一烷(而不是 2,4,5,5,9,10-六甲基十一烷)

如果两个不同取代基的位次都符合"最低系列"时,将"较优"基团写在后面。

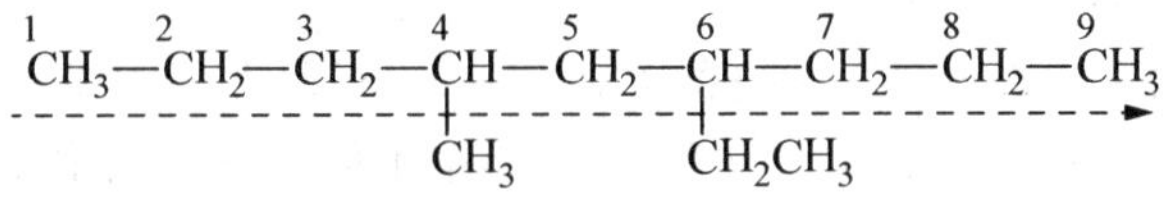

4-甲基-6-乙基壬烷

若支链上还有取代基时,则把该支链的全名放在括号中或用带撇的数字来标明取代基在该支链上的位次。例如:

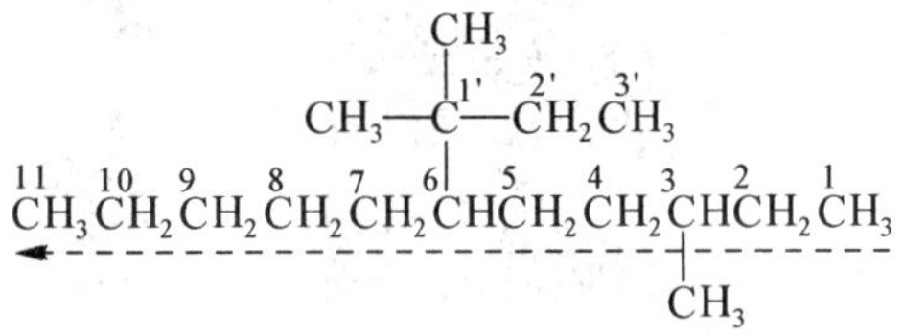

3-甲基-6-(1,1-二甲基丙基)十一烷或 3-甲基-6-(1′,1′-二甲基丙基)十一烷

在国外书刊中,有机物采用 IUPAC 命名,取代基按照其英文名称的第一个字母按英文字母顺序列出,这一点与 CCS 命名法不同。例如:

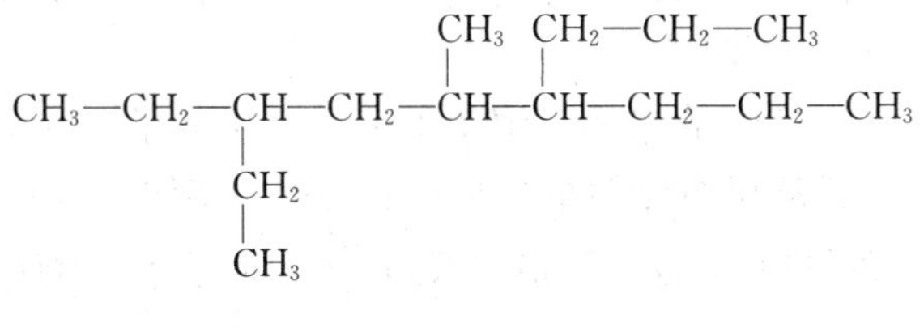

CCS 命名法:5-甲基-3-乙基-6-丙基壬烷
IUPAC 命名法:3-ethyl-5-methyl-6-propyl nonane

【例 2.1】 用系统命名法命名下列化合物。

(1) $(CH_3)_2CH—C(CH_3)_3$

(2) $CH_3—CH_2—\underset{\underset{C_2H_5}{|}}{\overset{\overset{CH_3}{|}}{CH}}—\underset{}{\overset{\overset{CH_2—CH_2—CH_3}{|}}{CH}}—CH_2—CH_2—CH_3$

答:(1) 2,2,3-三甲基丁烷;

(2) 3-甲基-4-乙基-5-丙基辛烷。

§2.3　烷烃的构型

2.3.1　饱和碳原子的正四面体构型

在具有确定结构的分子中,各原子在空间的排布称为分子的构型(configuration)。

范特霍夫(van't Hoff)和勒贝尔(Le Bel)在 1874 年提出了饱和碳原子的正四面体结构学说,他们认为饱和碳原子构型可以用正四面体模型来表示:碳原子位于正四面体的中心,它的四个价键从正四面体中心指向四个顶点,彼此互成 109.5° 的夹角。如在正四面体的四个顶点上连上氢原子,即为具有正四面体构型的甲烷分子,如图 2-1(a)所示。

甲烷分子的立体模型还常用球棍模型(Kekulé 模型)(图 2-1(b))和比例模型(Stuart 模型)(图 2-1(c))来表示。球棍模型是用不同颜色的球代表不同的原子,以小棍表示原子之间的键。比例模型是按照原子半径和键长的比例制作。由于球棍模型能很好地表明原子在空间的相对位置和几何特性,价键分布情况清晰,因此目前使用较为普遍。

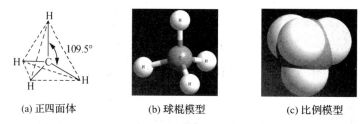

(a) 正四面体　　　　(b) 球棍模型　　　　(c) 比例模型

图 2-1　甲烷分子的立体模型

近代物理方法实验证实,甲烷(CH_4)分子为一正四面体结构,四个碳氢键的键长都为 0.109 nm,键能为 414.9 kJ·mol^{-1},所有 H—C—H 的键角都是 109.5°。

(楔形式)

图 2-2　甲烷分子的三维表示方法(透视式)

为了在平面上清楚地表示有机分子三维空间形状,常用"透视式"表示,即把两个纸平面上的键用实线(—)表示,把在纸平面前方的键用楔(音 xiē)形实线(✓)表示,在纸平面后方的键用楔形虚线(ᴵᴵᴵᴵ)表示。其中,分别使用实线、楔形实线、楔形虚线表示的三维结构式称为楔形式。甲烷的立体形状可以用透视式表示,如图 2-2。

2.3.2 饱和碳原子的 sp³ 杂化

如何解释甲烷分子的正四面体结构呢？可从碳原子的杂化轨道理论加以解释。

碳原子在基态的电子排布是 $1s^2 2s^2 2p_x^{1} 2p_y^{1} 2p_z^{0}$，其中 2p 轨道上有 2 个未成键的价电子，按照共价键理论，碳原子应当是二价。然而，甲烷分子式是 CH_4 而不是 CH_2。

原子轨道杂化理论设想：碳原子在形成烷烃时，碳原子中的 2s 轨道中的一个电子跃迁到 2p 轨道，使碳原子具有 4 个未成键的价电子。这样，碳原子就形成了四价。可是这 4 个原子轨道中 1 个是 s 轨道，3 个是 p 轨道，它们不仅在空间伸展方向上不同，而且能量也有差别，则形成的 4 个 C—H 键键长势必不会相等。因此，杂化理论又设想：在甲烷分子中，碳原子的 4 个成键轨道并不是纯粹的 $2s$、$2p_x$、$2p_y$、$2p_z$ 原子轨道，而是重新组成能量相等的 4 个新轨道。像这样重新组合成新轨道的过程称为杂化(hybridization)。

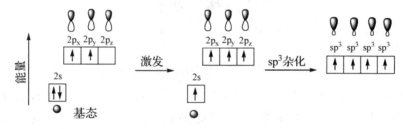

由 1 个 s 轨道和 3 个 p 轨道杂化形成的 4 个能量相等的新轨道称为 sp³ 轨道，这种杂化方式称为 sp³ 杂化。四个 sp³ 杂化轨道的轴在空间的取向相当于从正四面体的中心伸向四个顶点的方向，只有这样，价电子对间的互斥作用才最小，可更有效地与别的原子轨道重叠成键，所以各轴之间的夹角均为 109.5°，即饱和碳原子 4 个 sp³ 轨道的几何构型为正四面体。这就解释了甲烷分子的正四面体结构。

2.3.3 烷烃分子的形成

在形成甲烷分子时，四个氢原子的 1s 轨道沿着碳原子的四个 sp³ 杂化轨道的对称轴方向接近，实现最大程度的重叠，形成四个等同的 C—H 键。图 2-3 为碳与氢形成甲烷的示意图。

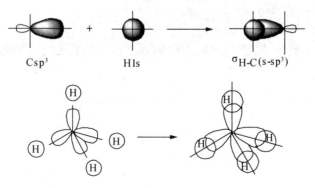

图 2-3　甲烷分子形成示意图

乙烷分子中的碳原子也是 sp^3 杂化的。C—C 键是由两个碳原子沿 sp^3 杂化轨道对称轴方向重叠形成的,而 6 个 C—H 键是由氢原子的 1s 轨道和碳原子沿 sp^3 杂化轨道对称轴方向重叠形成,如图 2-4 所示。

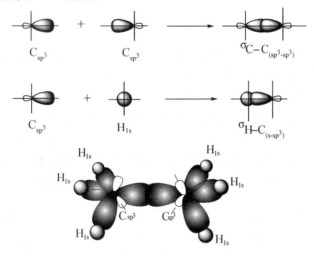

图 2-4　由 sp^3 杂化碳原子形成的乙烷分子

从上述原子轨道重叠示意图可以看出,C_{sp^3}—H_s 键或 C_{sp^3}—C_{sp^3} 键是轨道沿其对称轴方向以"头碰头"的方式重叠形成的,这样形成的键称为 σ 键。其特征是电子云呈圆柱形对称分布,因而 σ 键的特点,一是强键(C—H 键键能:415.3 kJ·mol^{-1};C—C 键键能:345.6 kJ·mol^{-1}),二是成键的两个原子可以围绕着 σ 键自由旋转。

在烷烃分子中,碳原子都是以 sp^3 杂化轨道与其他原子形成 σ 键。由于饱和碳原子的四面体构型,这就决定了在烷烃分子中,碳原子的排列不是直线形的。实验证明,气态或液态的两个碳原子以上的烷烃,由于 σ 键自由旋转而形成多种曲折形式。但在结晶状态时,烷烃的碳链排列整齐,且呈锯齿状的。所以,所谓"直链"烷烃,"直链"二字的含义仅指不带有支链。图 2-5 为丁烷分子的锯齿状结构模型。

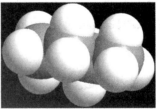

(a) 球棍模型　　　　　　　　　　　　(b) 比例模型

图 2-5　丁烷的锯齿状结构模型

§2.4 烷烃的构象

2.4.1 乙烷的构象

乙烷作为最简单的含 C—C 键的化合物,其单键是可以自由旋转的。如果使乙烷分子中一个碳原子固定不动,另一碳原子绕 C—C 键轴旋转,则一个碳原子上的三个氢相对于另一碳原子上的三个氢,可以有无数的空间排列方式,这种由于围绕单键旋转而产生的分子中的原子或基团在空间的不同排列形式叫做构象(conformation)。每一种空间上的排列方式就是一种构象式,各种构象式之间互称为构象异构体,构象异构属于立体异构。

构象可用透视式(也称锯架式)或 Newman 投影式来表示。透视式是从侧面观察分子,比较直观;Newman 投影式则是在 C—C 键的延长线上观察,前面的碳原子用一点来表示,后面的碳原子用绕着点的圆圈来表示,氢原子分别用三条实线连在点和圆圈上。图 2-6 为乙烷的两种典型构象——交叉式(staggered form)和重叠式(eclipsed form)。

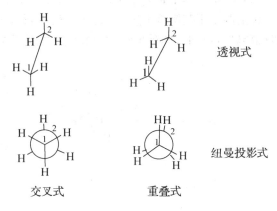

图 2-6 乙烷分子的两种典型构象

在交叉式构象中,两个碳原子上的氢原子处于交叉的位置,彼此相距最远,相互间的排斥力最小,能量最低,因而稳定性最好,这种构象称为优势构象。在重叠式构象中,两个碳原子上的氢原子两两相对重叠,相距最近,相互间的排斥力最大,因而能量最高,是一种相对不稳定的构象。

乙烷分子中 C—C 键相对旋转时,分子的构象能量变化曲线如图 2-7。可以看出,交叉式与重叠式的能量虽不同,但差别较小,约为 $12.5\ \mathrm{kJ\cdot mol^{-1}}$,交叉式很容易转变为重叠式构象。使构象之间相互转化所需要克服的能量称为旋转能垒或扭转张力。室温下,由于分子所具有的动能已经超过所要克服的能垒,使得 C—C 键可自由旋转,因而乙烷是一个以稳定的交叉式构象为主的各种构象的平衡混合体系,难以分离出构象异构体。但假若某一化合物的两种构象之间的能量差别较大,单键的自由旋转并不完全自由,则由一种构象转变为另一种构象需要逾越较大能垒时,就有可能用一定的方法分出不同的构象异构体。

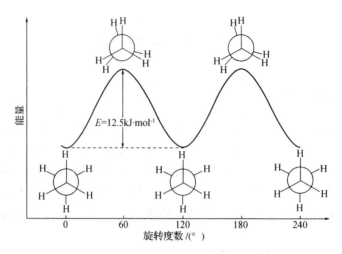

图 2-7 乙烷构象的能量变化曲线图

2.4.2 丁烷的构象

丁烷可以看成是乙烷分子中的每个碳原子上的一个氢原子被甲基取代的产物,其构象比较复杂。这里主要讨论两个甲基围绕 C_2—C_3 键轴旋转所形成的四种典型构象。当两个甲基绕 C_2—C_3 键轴旋转 $360°$ 时,四种典型构象和能量的关系分别如图 2-8、图 2-9 所示。

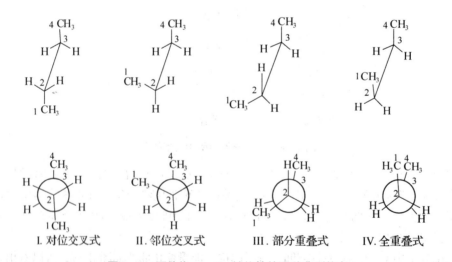

图 2-8 丁烷绕 C_2—C_3 键旋转的四种典型构象

正丁烷的四个典型构象中,对位交叉式的两个甲基处在对位,相距最远,彼此间的排斥力最小,所以能量最低,是最稳定的构象,即优势构象;邻位交叉式的两个甲基相距较近,能量比对位交叉式略高,是较稳定的构象;部分重叠式的两个甲基虽比邻位交叉式的较远一点,但因两个甲基和氢原子处在重叠的位置,彼此间也有排斥力,所以能量较高;全重叠式的两对氢原子和两个甲基都重叠,由于甲基比氢原子大得多,因而两个甲基相距最近,排斥力最大,因而能量最高,是最不稳定的构象。

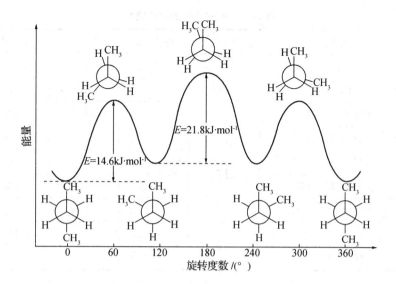

图 2-9 丁烷各种构象的能量曲线图

因此,丁烷的构象稳定性:对位交叉式 > 邻位交叉式 > 部分重叠式 > 全重叠式。

邻位交叉式和对位交叉式的能量虽然相差很小,但在室温时两者的存在量已有明显的差别:邻位交叉式约为 37 %,而对位交叉式约为 63 %,其他构象所占份额极少。不过在室温时,由于分子的热运动,正丁烷所有构象间的相互转变非常快,也不可能分离出单一的构象。

由于对位交叉式是最稳定的构象,所以三个碳以上烷烃的碳链应以锯齿形为最稳定。

【例 2.2】 分别用透视式和纽曼投影式表示 1,2-二溴乙烷的最稳定构象。

答:最稳定透视式: ;最稳定纽曼投影式: 。

§2.5 烷烃的物理性质

有机化合物的物理性质通常包括物质的状态、相对密度、沸点、熔点、折射率和溶解度等。对于一种纯净有机化合物来说,它的物理性质取决于物质的结构、分子内和分子间作用力(如氢键、偶极-偶极作用力、色散力等)。在一定条件下,这些物理常数是固定的,因此是鉴定化合物的常用数据。

从表 2-2 列出的直链烷烃的物性常数中,可以看出同系列正烷烃的物理性质是随着相对分子质量的增加而呈现一定的递变规律。

表 2 - 2　一些烷烃的物性常数

名　称	结构式	状态	沸点/℃	熔点/℃	相对密度(d_4^{20})
甲烷	CH₄		−164.0	−182.5	0.466(−164℃)
乙烷	CH₃CH₃	气态	−88.6	−183.3	0.576(−100℃)
丁烷	CH₃(CH₂)₂CH₃		−0.5	−138.4	0.601
戊烷	CH₃(CH₂)₃CH₃		36.1	−129.7	0.626
己烷	CH₃(CH₂)₄CH₃	液态	68.9	−95.0	0.660
十一烷	CH₃(CH₂)₉CH₃		195.9	−25.6	0.740
十六烷	CH₃(CH₂)₁₄CH₃		287.0	18.2	0.773
十七烷	CH₃(CH₂)₁₅CH₃	固态	301.8	22.0	0.778
二十烷	CH₃(CH₂)₁₈CH₃		343.0	36.8	0.789

2.5.1　状态

从烷烃同系物的沸点和熔点可以看出,在室温和 0.1 MPa 下,碳原子数小于 4 的(甲烷到丁烷)为气态,5～16 个碳原子的(戊烷到十六烷)为液态,17 个碳(十七烷)以上为固态。

2.5.2　沸点

如果将正烷烃的沸点与其碳原子数作图,如图 2 - 10 所示,正烷烃的沸点是随着相对分子质量的增加而升高。液体沸点的高低决定于分子间引力的大小,分子间引力愈大,使之沸腾汽化就必须提供更多的能量,所以沸点就愈高。而分子间引力的大小取决于分子结构。分子间的引力称为范德华引力,范德华引力包括了静电引力、诱导力(德拜力)和色散力。正烷烃的偶极矩几乎等于零,是非极性分子,引力主要由色散力产生。

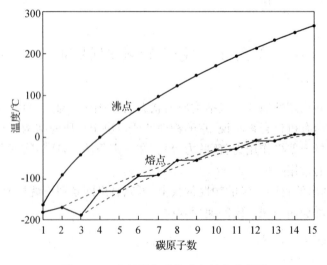

图 2 - 10　直链烷烃的沸点和熔点曲线图

正烷烃分子的相对分子质量越大即碳原子数越多,电子数也就越多,色散力当然也就越大。因此,正烷烃的沸点随着碳原子数的增多而升高。含支链的烷烃分子由于支链的阻碍,使分子间靠近的程度不如正烷烃,所以,正烷烃的沸点高于它的异构体,如:正戊烷(36.1℃)＞ 异戊烷(27.9℃) ＞ 新戊烷(9.5℃)。

2.5.3 熔点

熔点是固态到液态的相转变点。影响有机化合物熔点的高低,除了分子的大小、极性及氢键等因素外,分子的形状(对称性)也是一个非常重要的因素。对称性越强,在晶格中排列越紧密,彼此间作用力越大,熔点越高。对烷烃来说,一般偶数碳链具有较高的对称性,分子间的色散力作用也就大些,因此其熔点比相邻含奇数碳原子的烷烃熔点升高较多,构成两条熔点曲线,偶数在上,奇数在下,如图 2 - 10 所示。

例如:相对分子质量相同的同分异构体:新戊烷熔点(−16.8℃)＞ 正戊烷熔点(−130℃)。相对分子质量相近的金刚烷(⬡)熔点(270℃)＞ 正癸烷的熔点(−30℃)。可见,对称性对化合物熔点影响较大。

2.5.4 相对密度

正烷烃的相对密度也是随着碳原子的数目的增加逐渐有所增大,二十烷以下的接近于 0.78。这也与分子间引力有关。分子间引力增大,分子间的距离相应减小,所以相对密度就增大。

2.5.5 溶解度

烷烃为非极性分子,水为极性分子。因此烷烃不溶于水,易溶于非极性或极性较小的有机溶剂,如四氯化碳、乙醚等,即极性相似则相溶,此谓"相似相溶"原理。烷烃本身也是一种溶剂,如石油醚。石油醚不是"醚",它是含碳数较低的几种烷烃的混合物,是实验室常用的溶剂,通常以沸程分为石油醚 30～60 (沸点 30～60℃)、石油醚 60～90 和石油醚 90～120 等。

§2.6 烷烃的化学性质

烷烃的化学性质很不活泼。在常温下,烷烃与强酸、强碱、强氧化剂、强还原剂等都不易起反应,所以烷烃在有机化学反应中常用作溶剂。但在光照、加热、引发剂、催化剂等条件下,烷烃的共价键能断裂发生化学反应,如卤代、氧化和燃烧、催化裂解、低碳烷烃脱氢等。

2.6.1 卤代反应

在光照或高温(300℃以上)条件下,烷烃的氢原子可被卤素取代生成卤代烃,并放出卤化氢。这种取代反应称为卤代反应。卤代反应通常可以得到一卤代物、二卤代物、三卤代物、四卤代物或者它们的混合物。

$$R{-}H + X_2 \xrightarrow[\text{or 高温}]{h\nu} R{-}X + HX$$

1. 甲烷—氯代反应机理

甲烷和氯气的混合物在室温及暗处不反应,在紫外光照射下或在高温下方可反应,生成一氯甲烷、二氯甲烷、三氯甲烷、四氯甲烷或者它们的混合物。

$$CH_4 \xrightarrow[\text{$h\nu$ or 高温}]{Cl_2} CH_3Cl \xrightarrow[\text{$h\nu$ or 高温}]{Cl_2} CH_2Cl_2 \xrightarrow[\text{$h\nu$ or 高温}]{Cl_2} CHCl_3 \xrightarrow[\text{$h\nu$ or 高温}]{Cl_2} CCl_4$$

若控制反应条件 400～450℃,原料用量比甲烷:氯气= 10:1 ,则反应几乎完全限制在一氯代甲烷的反应阶段。

$$\underset{(10\,:\,1)}{CH_4} + Cl_2 \xrightarrow{400\sim450℃} CH_3Cl(主要产物) + HCl$$

上述反应中,甲烷是如何变成一个氯甲烷分子的?反应经历了一步还是几步? 光和热起了什么作用? 对这些问题的回答就需要研究反应机理。反应机理(reaction mechanism)是指化学反应所经历的途径或过程,是对反应中化学键变化的逐步描述,所以又称反应历程。反应机理是在大量实验基础上给出的一种理论假设,是有机化学理论的重要组成部分,它可以使我们认清反应的本质,从而达到控制和利用反应的目的。

实验事实表明,甲烷的氯代反应是按链反应机理进行的:

(1)链的引发(chain initiation)

$$Cl:Cl \xrightarrow[\text{or 高温}]{h\nu} 2Cl\cdot \qquad \Delta H=+242.5 \text{ kJ} \cdot \text{mol}^{-1}$$

首先是体系中键能较小氯分子吸收光和热后发生均裂(homolytic fission),产生了两个活性物种—带单电子的氯原子,也叫氯自由基(free radical),反应就开始了。

(2)链的传递(chain propagation)

$$Cl\cdot + H{-}CH_3 \longrightarrow H{-}Cl + \cdot CH_3 \qquad \Delta H=+4.1 \text{ kJ} \cdot \text{mol}^{-1} \qquad (a)$$

$$\cdot CH_3 + Cl_2 \longrightarrow CH_3{-}Cl + Cl\cdot \qquad \Delta H=-108.9 \text{ kJ} \cdot \text{mol}^{-1} \qquad (b)$$

......

氯原子很活泼,因为它的最外层电子只有 7 个,为了趋于构成最外层 8 个电子的稳定结构,它便从甲烷分子中夺取一个氢原子,结果生成了氯化氢和产生一种新的物种,叫甲基自由基。

甲基自由基与氯原子一样,非常活泼,它的碳原子为了趋于稳定结构,从氯分子中夺取一个氯原子,结果生成氯甲烷和另一个新的氯原子。这个新生成的氯原子可以再次进入链传递步骤(a)中与另一甲烷分子反应,进而进入步骤(b),周而复始,反复不断的反应。这种现象称为连锁反应。

事实上,连锁反应不可能永久传递下去,直到自由基互相结合或与惰性物种结合而失去活性时,这个连续的反应就终止了。

(3)链终止(chain termination)

$$Cl\cdot + Cl\cdot \longrightarrow Cl:Cl$$

$$\cdot CH_3 + \cdot CH_3 \longrightarrow CH_3 : CH_3$$
$$Cl \cdot + \cdot CH_3 \longrightarrow CH_3 : Cl$$

自由基反应通常以链的引发、传递和终止三个阶段来表示。

在链引发阶段,是吸收能量并产生活泼物种即自由基,反应是由光照、辐射、热或过氧化物(RO—OR)所引起的。在链传递阶段,每一步都消耗一个自由基,而且又为下一步反应产生一个新的自由基。在链终止阶段,自由基被消耗和不再产生,反应终止。

2. 过渡态与活化能

化学反应是一个由反应物逐渐变为产物的连续过程,链的传递 (a)、(b) 两步反应的能量变化通常用图 2-11 表示。图中横坐标表示反应进程,纵坐标表示反应中的能量变化。

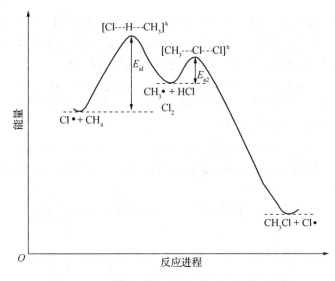

图 2-11 甲烷氯代生成氯甲烷的反应能量曲线

在链的传递反应(a)中,Cl· 与 CH_4 中的一个氢原子逐渐靠拢,H 与 Cl 间逐渐开始成键,则该 H 与 C 之间的键便被拉长,但尚未断裂,体系的能量逐渐上升,达到最高点时的结构叫做过渡态,通常以虚线表示这种键的断裂与形成的中间过程:

$$Cl \cdot + CH_4 \longrightarrow [\ Cl \cdots H \cdots CH_3\ ]^{\neq} \longrightarrow HCl + \cdot CH_3$$
过渡态

过渡态能量与反应物分子平均能量之差即反应活化能(Ea)。

在链的传递反应(b)中,同样要经过过渡态 $[\ CH_3 \cdots Cl \cdots Cl\ ]^{\neq}$,此步反应的活化能比反应(a)要低。活化能越高,这步反应越难进行,也就是反应速率越慢。显然,在一个多步反应中,反应速率最慢的一步将对整个反应速率起决定作用,所以常将这步反应叫做速率决定步骤。在 CH_4 与 Cl· 反应生成 CH_3Cl 的反应中,生成活泼中间体甲基自由基(·CH_3)的一步是慢步骤,即生成 ·CH_3 的一步是速率决定步骤。

3. 氢原子的取代活性次序

其他烷烃的氯化与甲烷相似,但产物更为复杂。除甲烷和乙烷外,其他烷烃因结构不同,氢原子所处的位置不同,氯化反应取代的位置各异,反应进行的难易程度也不相同。

以丙烷为例,分子中有六个伯氢和两个仲氢,按照统计规律,伯氢和仲氢被取代得到的产物比例应为 $3:1$,但实际产物比例约为 $1:1$。异丁烷中伯氢与叔氢数量之比为 $9:1$,而实际被取代得到的产物比例约为 $2:1$。

$$CH_3CH_2CH_3 \xrightarrow[h\nu]{Cl_2} \underset{45\%}{CH_3CH_2CH_2Cl} + \underset{\underset{55\%}{\overset{|}{Cl}}}{CH_3CHCH_3}$$

$$\underset{CH_3CHCH_3}{\overset{CH_3}{|}} \xrightarrow[h\nu]{Cl_2} \underset{63\%}{\overset{CH_3}{\underset{|}{CH_3CHCH_2Cl}}} + \underset{\underset{37\%}{\overset{|}{Cl}}}{\overset{CH_3}{\underset{|}{CH_3CCH_3}}}$$

由此可以看出,叔氢被取代的速率最快,仲氢次之,伯氢最慢。这与反应中产生的碳自由基的稳定性有关。含单电子的碳上连接的烷基越多,碳自由基越稳定,反应所需的活化能越低,反应进行得越快。不同烷基自由基的稳定性次序为:

$$\underset{\text{叔碳自由基}}{(CH_3)_3C\cdot} > \underset{\text{仲碳自由基}}{\cdot CH(CH_3)_2} > \underset{\text{伯碳自由基}}{\cdot CH_2CH_3} > \underset{\text{甲基自由基}}{\cdot CH_3}$$

4. 卤素取代活性与选择性大小

氟与烷烃反应剧烈,有大量热放出,难以控制,甚至会引起爆炸,故无实用价值。而碘的反应活性很低,很难发生反应,碘代烷必须用其他方法来制备。所以,卤素与烷烃反应的相对活性为:$F_2 > Cl_2 > Br_2 > I_2$。

虽然溴的反应活性比氯小,但溴却表现出了更高的选择性。如:

$$\underset{CH_3CHCH_3}{\overset{CH_3}{|}} \xrightarrow[h\nu]{Br_2} \underset{\text{微量}}{\overset{CH_3}{\underset{|}{CH_3CHCH_2Br}}} + \underset{\underset{>99\%}{\overset{|}{Br}}}{\overset{CH_3}{\underset{|}{CH_3CCH_3}}}$$

可见,卤素的反应活性越高,选择性越差,卤化反应选择性的大小次序为:$I_2 > Br_2 > Cl_2 > F_2$。

【例 2.3】 分子式为 C_8H_{18} 的烷烃与氯在紫外光照射下发生自由基取代反应,产物中的一氯代烷只有一种,写出该烷烃的结构式。

答:该烷烃的结构式为:$CH_3 - \overset{\overset{CH_3}{|}}{\underset{\underset{CH_3}{|}}{C}} - \overset{\overset{CH_3}{|}}{\underset{\underset{CH_3}{|}}{C}} - CH_3$

【例 2.4】 某烷烃的相对分子质量为 86,溴代反应时有五种一溴代物,试推出该烷烃的结构式。

答:$\underset{CH_3CHCH_2CH_2CH_3}{\overset{CH_3}{|}}$

提示:根据烷烃通式,得到某烷烃的分子式为 C_6H_{14};根据五种一溴代产物,说明烷烃有 5 种不同环境的氢。

2.6.2 氧化和燃烧

工业上烷烃可在一定温度下,利用金属离子或金属络合物等特殊的催化剂催化,通过控制氧气的通入量进行部分氧化,分别得到醇、醛酮或酸等。在工业上称为催化控制氧化(选择氧化)。如:

$$RCH_3 \xrightarrow{[O]} RCH_2OH \xrightarrow{[O]} RCHO \xrightarrow{[O]} RCOOH$$

$$RCH_2R \xrightarrow{[O]} \overset{OH}{\underset{RCHR}{|}} \xrightarrow{[O]} \overset{O}{\underset{RCR}{\|}}$$

具有叔氢的烷烃能发生自动氧化生成烃基过氧化物。如:

$$R_3CH + O_2 \xrightarrow{\text{自动氧化}} R_3C-O-O-H$$

烷烃在空气中完全燃烧时,生成二氧化碳和水,并放出大量的热,烷烃主要用做燃料。

$$CH_4 + 2O_2 \longrightarrow CO_2 + 2H_2O + 890 \text{ kJ} \cdot \text{mol}^{-1}$$

$$C_nH_{2n+2} + \frac{3n+1}{2}O_2 \longrightarrow nCO_2 + (n+1)H_2O + \text{热能}$$

2.6.3 催化裂解

烷烃在隔绝空气的条件下进行的热分解叫热裂反应。烷烃的热裂是一个复杂的反应,主要发生碳碳键断裂,热裂产生的自由基可以通过偶合结合生成烷烃,也可以发生碳氢键的断裂生成烯烃。烷烃热裂可生成小分子烃,也可脱氢转变为烯烃和氢气等。热裂反应主要用于生产各种燃料。

$$CH_3CH_2CH_2CH_3 \xrightarrow{\text{热裂}} \begin{cases} CH_2=CHCH_2CH_3 + CH_3CH=CHCH_3 + H_2 \\ CH_2=CHCH_3 + CH_4 \\ CH_2=CH_2 + CH_3CH_3 \end{cases}$$

近年来热裂已为催化裂化所代替,主要在催化剂的存在下,进行的热分解反应。工业上利用催化裂化把高沸点的重油转变为低沸点的汽油,从而提高石油的利用率,增加汽油的产量,提高汽油的质量。

2.6.4 低碳烷烃脱氢

丙烯是产量仅次于乙烯的重要有机石油化工基本原料之一,需求量大。丙烯除来源于乙烯裂解装置、炼厂催化裂化和催化裂解装置外,还来源于低碳烷烃如丙烷的临氢脱氢、氧化脱氢、膜反应器脱氢等丙烯增产技术的开发和利用。如:

$$CH_3CH_2CH_3 \xrightarrow{PtSnNa/ZSM-5} CH_3CH=CH_2$$

习 题

1. 用系统命名法命名下列化合物。

(1) $(CH_3)_4C$

(2) $CH_3CHCH_2CH_3$
　　　$\overset{|}{C_2H_5}$

(3) $CH_3CH_2CHCH_2CH_3$
　　　　　$\overset{|}{CH_2CH_2CH_3}$

(4) $(CH_3)_3CC(CH_2CH_3)_3$

(5) $CH_3CH_2CH-CHCH_2CH_3$
　　　　$\overset{|}{CH_3-CH}$ $\overset{|}{CH-CH_3}$
　　　　　　$\overset{|}{CH_3}$ $\overset{|}{CH_3}$

(6) 　　　$CH_3-CH-CH_3$　CH_2CH_3
　　$CH_3CH_2CHCH_2CH_2CCH_2CH_3$
　　　　　　　　　　$\overset{|}{CH_3}$

(7)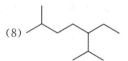

(8)

2. 写出下列化合物的结构式。

(1) 2,2,4-三甲基己烷

(2) 2-甲基-3-乙基己烷

(3) 2,2,3,3-四甲基庚烷

(4) 2,4-二甲基-4-乙基辛烷

3. 下列化合物系统命名对吗? 如有错误的话,指出错误在哪? 并写出正确名称。

(1) 　　$\overset{C_2H_5}{\overset{|}{CH_3-CH-CH_2CH_3}}$ 　　2-乙基丁烷

(2) $(CH_3)_3CCH_2CH_2CH_3$ 　1,1,1-三甲基丁烷

(3) $CH_3CHCH_2CH_2CH_3$ 　　2-异丙基戊烷
　　　　$\overset{|}{CH(CH_3)_2}$

(4) $CH_3CH_2-\overset{\overset{\displaystyle CH_3}{|}}{\underset{\underset{\displaystyle CH_3}{|}}{C}}-CH_2CH_3$ 　　3-二甲基戊烷

(5) $CH_3-\overset{\overset{\displaystyle CH_3}{|}}{\underset{\underset{\displaystyle CH_3}{|}}{C}}-CH_2CHCH_2CH_3$ 　　3,5,5-三甲基己烷
　　　　　　　　$\overset{|}{CH_3}$

(6) 　　4-丙基庚烷

4. 写出下列化合物的构造式和键线式,并用系统命名法命名之。

(1) 由1个丙基和1个异丙基组成的烷烃;

(2) 仅含有伯氢,没有仲氢和叔氢的C_5H_{12};

(3) 仅含有伯碳原子和季碳原子的C_8H_{18};

(4) 相对分子质量为100,同时含有伯、叔、季碳原子的烷烃。

5. 写出庚烷(C_7H_{16})的各种同分异构体,并用系统命名法命名。

6. 分别用透视式和纽曼投影式表示1,2-二氯乙烷的最稳定构象。

7. 将下列烷烃按其沸点由高到低排列。

(1) 2-甲基己烷　　　(2) 3,3-二甲基戊烷　　　(3) 正庚烷　　　(4) 十二烷

8. 分别写出丙烷、异丁烷、2,2-二甲基戊烷进行氯代反应可能得到的一氯代产物的数目和结构式。

9. 已知烷烃的分子式为 C_5H_{12},根据氯化反应产物的不同,试推测各烷烃的构造式。

(1) 一氯化产物只有一种　　　　　　(2) 一氯化产物可以有三种

(3) 一氯化产物可以有四种　　　　　　(4) 二氯化产物可以有两种

10. 分子式为 $C_{11}H_{24}$ 的烷烃与溴在紫外光照射下发生自由基取代反应,产物中的一溴代烷只有两种,写出该烷烃的结构式。

11. 某烷烃的相对分子质量为 100,氯代反应时有三种一氯代产物,试推出该烷烃的结构式。

第3章 烯 烃

烯烃(alkene)是一类含有碳碳双键的不饱和烃。由于烯烃比同数碳原子烷烃少两个氢原子,所以其通式为 C_nH_{2n}。含有相同碳原子数的烯烃和单环烷烃互为同分异构体。碳碳双键是烯烃的官能团。烯烃的同系列中最简单的是乙烯。

§3.1 乙烯的结构

物理方法研究表明,烯烃的结构特点是含有碳碳双键,该双键由一个 σ 键和一个 π 键组成。

乙烯的分子式为 C_2H_4,每个碳原子的价电子为 sp^2 杂化形式。形成乙烯时,两个碳原子各以一个 sp^2 杂化轨道沿键轴方向以"头碰头"方式形成 C—C σ 键,每个碳上所余的 sp^2 杂化轨道分别和氢原子的 s 轨道形成两个 C—H σ 键。这五个 σ 键位于同一平面上。碳与碳之间的第二个键是由未参与杂化的 p 轨道重叠而形成的。两个 p 轨道相互平行以"肩并肩"地侧面重叠,形成 π 键。由此可见碳碳双键的两个键并不等同,其中 σ 键的电子云呈重叠程度大,键能较高,而 π 键电子云聚集在分子平面的两侧,重叠程度较小,键能较低,所以 π 键比 σ 键弱,成为烯烃分子中的薄弱环节。由于形成 π 键的电子云暴露在分子表面,容易受到缺电子试剂的进攻,发生加成反应,使碳碳双键中的 π 键断裂变为碳碳 σ 单键,所以烯烃化合物比烷烃化合物化学性质活泼。

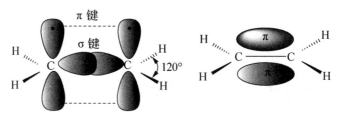

图 3-1　乙烯的结构和 σ 键、π 键

光谱及电子衍射数据证明乙烯为平面型分子,其分子中键角接近 $120°$,碳碳双键的键长为 0.134 nm,比乙烷中碳碳单键的键长(0.154 nm)短。碳碳双键的键能为 610 kJ·mol^{-1},也说明碳碳双键不等于碳碳单键,π 键的键能可近似地视为单双键键能之差,即 264.4 kJ·mol^{-1},也说明 π 键比 σ 键弱。

π 键的成键方式决定它不能像 σ 键那样可以绕键轴自由旋转,因为旋转会导致两个 p 轨道脱离平行状态,电子云重叠程度降低,从而会导致 π 键断裂。

§3.2 烯烃的异构和命名

3.2.1 烯烃的同分异构

由于烯烃中有双键的存在,使得烯烃的同分异构现象比烷烃复杂。

1. 构造异构

四个碳以上的烯烃由于碳链的不同和双键在碳链上位置的不同可以产生碳架异构和官能团位置异构。例如:

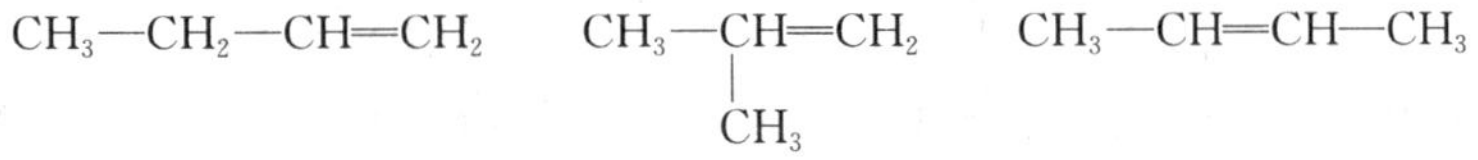

$$CH_3—CH_2—CH=CH_2 \qquad CH_3—CH=CH_2 \qquad CH_3—CH=CH—CH_3$$
$$\qquad\qquad\qquad\qquad\qquad |$$
$$\qquad\qquad\qquad\qquad\quad CH_3$$

1-丁烯   2-甲基丙烯   2-丁烯

2. 顺反异构

此外,由于碳碳双键不能自由旋转,当与双键连接的两个碳原子上分别连有不同的原子或基团时,就会产生烯烃的另一种异构现象——顺反异构。例如,2-丁烯分子中两个甲基可以在双键的同一边或各在一边,有如下两种异构体:

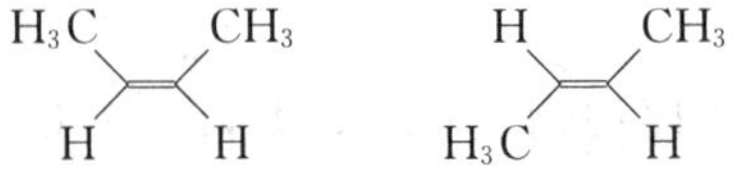

顺(*cis*)-2-丁烯   反(*trans*)-2-丁烯

顺-2-丁烯和反-2-丁烯是顺反异构体,是两个不同的物质。

顺反异构体之间在原子组成、原子连接顺序及官能团位置等都相同,只是分子中各原子或基团在空间上的排列方式不同。因此,顺反异构属于立体异构,它是由于分子中碳碳双键不能自由旋转,且双键上的两个碳原子分别连有两个不同的原子或基团时产生的。这种由分子中各原子或基团在空间上排列不同而形成的异构体又称为构型异构体。构型异构和构象异构虽然都属于立体异构,但与构象异构不同的是,构型异构体之间的相互转变必须经过键的断裂和再形成,它们之间的转变需要较高的活化能,因此不同构型的分子可以各自稳定存在。

3.2.2 烯烃的命名

烯烃一般采用 IUPAC 系统命名法,其命名原则和烷烃基本相同。命名时:

(1)选择含有双键的最长碳链为烯烃的主链,它不一定是分子中存在的最长碳链;根据主链上碳原子的数目称为"某烯";碳原子数在 11 以上称为某碳烯。

(2)由主链最接近双键的一端开始,依次将主链的碳原子编号,使双键的碳原子编号较小(环烯烃不需要加数字前缀,但构成双键的碳原子的编号是 1 和 2);将双键上第一个碳原子的号码加在烯烃名称的前面以表示双键的位置,取代基的名称和位置的表示方法与烷烃相同。1-烯烃通常称为端基烯,其他的则称为内烯。例如:

$$CH_3—CH_2—CH=CH_2 \quad CH_3—CH=CH—CH_3 \quad CH_3—\overset{\displaystyle CH_3}{\underset{}{C}}=CH_2 \quad CH_3(CH_2)_{13}CH=CH_2$$

1-丁烯	2-丁烯	2-甲基丙烯	1-十六碳烯

（3）存在顺反异构体的烯烃,在命名时需标明其构型。通常有两种表达方式:一种是顺/反命名法,另一种是 Z/E 命名法。

顺反命名法是根据烯烃分子中双键两个碳原子上连接的相同原子或基团的相对位置命名的。相同的原子或基团位于双键同侧的,称为顺式(cis-),反之称为反式(trans-)。

不是所有的烯烃都可以用顺反命名法进行命名的。当双键两侧碳原子上没有相同的原子或基团时,则无法采用上述命名方法,例如,下列两个异构体就无法用顺式或反式命名:

$$\underset{H_3C}{\overset{Cl}{\diagup}}C=C\underset{Br}{\overset{CH_2CH_3}{\diagdown}} \qquad \underset{H_3C}{\overset{Cl}{\diagup}}C=C\underset{CH_2CH_3}{\overset{Br}{\diagdown}}$$

为此,IUPAC 规定用 Z、E 来标记烯烃双键的构型,称为 Z/E 命名法。根据"次序规则"(见第 7 章)比较双键碳的同一碳原子上两个基团的先后次序,如:abC=Ccd,a > b,c > d。如果较优基团位于双键的同一侧,称为 Z 型;反之,称为 E 型。[Z、E 分别来自德文 Zusammen(共同之意)和 Entgegen(相反之意)]。

$$\underset{b}{\overset{a}{\diagup}}C=C\underset{d}{\overset{c}{\diagdown}} \qquad \underset{b}{\overset{a}{\diagup}}C=C\underset{c}{\overset{d}{\diagdown}}$$

(Z)	(E)

例如,上述两个化合物,根据次序规则,Cl > CH_3,Br > CH_2CH_3,分别命名为:(E)-2-氯-3-溴-2-戊烯、(Z)-2-氯-3-溴-2-戊烯。

相比于顺/反命名法,Z/E 命名法的使用范围更具有广泛性。

§3.3　烯烃的物理性质

由于双键的存在,烯烃与烷烃在物理性质上有很多不同。烯烃的沸点与相应的烷烃很类似。常温常压下,四个碳以下的烯烃是气体,五～十八个碳之间的烯烃是液体,高级烯烃是固体。烯烃难溶于水,可溶于戊烷、石油醚、苯、氯仿、乙醚等非极性或弱极性有机溶剂。一些常见烯烃的物理常数见表 3-1。

表 3-1　一些烯烃的物理常数

名称	结构式	熔点/℃	沸点/℃	相对密度(d_4^{20})
乙烯	$CH_2=CH_2$	-169.5	-103.7	
丙烯	$CH_3—CH=CH_2$	-185.2	-47.7	
1-丁烯	$CH_2=CHCH_2CH_3$	-184.3	-6.4	
顺 2-丁烯	$\underset{H}{\overset{H_3C}{\diagup}}C=C\underset{H}{\overset{CH_3}{\diagdown}}$	-139.3	4.0	0.621

（续表）

名称	结构式	熔点/℃	沸点/℃	相对密度（d_4^{20}）
反-2-丁烯	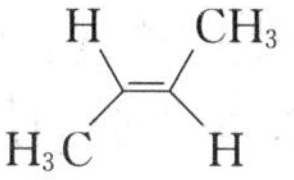 H₃C—CH=CH—CH₃（顺反式）	−105.5	0.9	0.604
异丁烯	CH₃—CH=CH₂ 中 CH₃	−140.3	−6.9	
1-戊烯	CH₂=CHCH₂CH₂CH₃	−138.0	30.1	0.643
3-甲基-1-丁烯	CH₂=CHCHCH₃ 中 CH₃	−168.5	25.0	0.648
2-甲基-1-丁烯	CH₂=CCH₂CH₃ 中 CH₃	−137.6	31.2	0.650
1-己烯	CH₂=CH(CH₂)₃CH₃	−139.8	63.5	0.673
1-十八碳烯	CH₂=CH(CH₂)₁₅CH₃	17.5	179.0	0.791
环戊烯		−98.3	44.0	0.772
环己烯		−104.0	83.0	0.810

对于烯烃的顺反异构体而言，如 2-丁烯，因为反-2-丁烯的偶极距为零，而顺-2-丁烯的偶极距不为零，分子间除了范德华力外，还有偶极与偶极间的相互作用，故顺式异构体的沸点一般比反式异构体略高。但是化合物的熔点取决于晶格中分子的堆积方式；顺式烯烃的分子弯曲成 U 形，破坏了分子的堆积，从而降低了其熔点，故顺-2-丁烯的熔点低于反-2-丁烯。植物油的熔点低于室温就是因为其中含有顺式的烯烃。

烯烃分子中含有双键，用来表示分子内存在 π 键和环的总数称为不饱和度，用 Ω 表示。不饱和度的计算公式为：

$$\Omega = C + 1 - \frac{H-N}{2}$$

C、H、N 分别代表相应原子的个数，其中 H 指的是 H 及 X 原子的总数。

§3.4　烯烃的化学性质

两个或多个分子相互作用，生成一个加成产物的反应称为加成反应（addition reaction）。烯烃的官能团是碳碳双键，该双键由一个 σ 键和一个 π 键组成。其中的 π 键是由 p 轨道在侧面重叠而形成的，电子云重叠较 σ 键少，故比 σ 键弱。在反应中易在双键两个碳原子上各加一个原子或基团从而变为 σ 键。所以烯烃最典型的反应是加成反应，从而生成饱和化合物。

3.4.1 催化加氢

双键发生的最简单的反应是与氢气反应生成单键。但烯烃与氢在单纯加热的条件下不会发生反应,在气相中,乙烯与氢气在200℃下长时间加热,没有发生可观察的变化;但是一旦加入催化剂,即使在室温条件下氢化反应也会很顺利地进行,故也被称作催化氢化(catalytic hydrogenation)。催化剂通常是不溶解的物质,如钯(分散在碳上,Pd-C)、铂(Adams催化剂,PtO$_2$,在氢气中转变成胶状铂金属)和镍(高度分散的,如兰尼镍,Raney-Ni)。

$$CH_3CH=CH_2+H_2 \xrightarrow{\text{催化剂}} CH_3CH_2CH_3$$

催化剂的主要作用是活化氢气,使之在金属表面生产与金属键合的氢。氢化反应常用的溶剂有甲醇、乙醇、乙酸和乙酸乙酯。

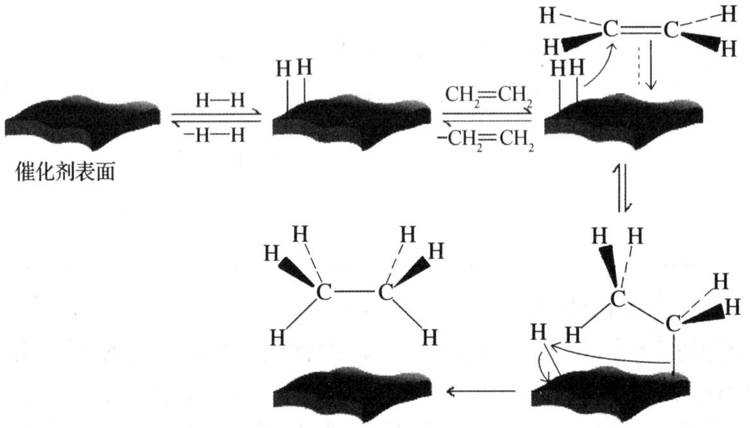

双键碳原子上所连的取代基越少,越有利于烯烃在催化剂表面的吸附。因此,烯烃的催化加氢的相对速率为乙烯>一取代乙烯>二取代乙烯>三取代乙烯>四取代乙烯。

催化氢化的一个重要特点是立体专一性。两个氢原子分别加在碳碳双键的同一侧,即为顺式加成。

3.4.2 亲电加成

烯烃分子中的π键电子云分布于双键的上方和下方,电子云暴露在外,属于富电子体系,具有亲核性,容易受到缺电子试剂(即亲电试剂,electrophilic reagent)的进攻。由亲电试剂进攻所引发的加成反应称为亲电加成反应(electrophilic addition)。下面讨论具有亲核作用的π键与不同亲电试剂之间的反应。

常见的可与烯烃发生亲电加成反应的亲电试剂有卤素、卤化氢、水、硫酸等。

1. 与卤素的加成

烯烃易与卤素发生加成反应,生成相应的邻二卤化物。烯烃与溴的四氯化碳溶液混合后,发生反应,可使溴的红棕色褪去,现象明显,实验室可用此反应来鉴别烯烃。

$$CH_3CH=CH_2+Br_2 \xrightarrow{CCl_4} CH_3\underset{Br}{CH}\underset{Br}{CH_2}$$

与卤素的加成反应中,氟与烯烃的加成反应过于剧烈,会导致碳链的断裂;碘与烯烃很难反应。所以烯烃与卤素的反应通常指的是与氯或溴的加成。卤素与烯烃加成活性顺序为 $F_2 > Br_2 > Cl_2 > I_2$。

当乙烯与溴在氯化钠水溶液中发生反应时,除了生成主要产物 1,2-二溴乙烷外,还有 1-氯-2-溴乙烷及 2-溴乙醇。

$$CH_2{=}CH_2 + Br_2 \xrightarrow{\text{NaCl}-\text{H}_2\text{O}} \underset{\substack{| \quad |\\ Br \ \ Br}}{CH_2CH_2} + \underset{\substack{| \quad |\\ Br \ \ Cl}}{CH_2CH_2} + \underset{\substack{| \quad |\\ Br \ \ OH}}{CH_2CH_2}$$

由于氯化钠或水在该实验条件下不与烯烃加成,该结果表明,烯烃和溴的加成是分步进行的,且在反应过程中首先生成的是正离子的中间体。

其反应历程为:当溴分子与烯烃分子接近时,烯烃中的 π 电子诱导溴分子的电子云发生极化,其中一个溴原子带部分正电荷(δ^+),另一个溴原子带部分负电荷(δ^-)。极化后的溴分子以 $Br^{\delta+}$ 进攻烯烃,与碳碳双键结合,形成环状溴鎓离子(bromonium ion)及溴负离子。在这个过程中,烯烃分子 π 键的断裂以及溴分子的 σ 键的断裂都需要能量,速率较慢,是整个反应的速率决定步骤。

溴鎓离子不稳定,体系中的负离子从三元环的背面进攻,从而生成反式加成产物,即产物中新加的两个原子或基团是从碳碳双键的两侧分别加到两个双键碳原子上。

因此,将乙烯通入到氯化钠的水溶液中,除了主产物 1,2,-二溴乙烷外,还生成了 1-氯-2-溴乙烷和 2-溴乙醇。因为在反应的第二步中,生成的溴鎓离子除了和溴负离子反应外,也可以与氯化钠水溶液中的氯负离子和羟基负离子反应。

2. 与卤化氢的加成

烯烃与氢卤酸的反应如下:

$$CH_2{=}CH_2 + HX \longrightarrow \underset{\substack{| \quad |\\ H \ \ X}}{CH_2CH_2}$$

烯烃和卤化氢的反应也是分两步进行的。第一步质子与烯烃的 π 电子结合,生成碳正离子(carbocation)中间体,这也是决定反应速率的一步;第二步碳正离子和氯负离子快速结合生成卤代烷。反应机理表明:烯烃双键上的电子云密度越高,氢卤酸的酸性越强,反应越易进行。所以氢卤酸的反应性为 HI>HBr>HCl。其中,碘化氢最容易加成,溴化氢次之,氯化氢需在氯化铝催化下才能反应。

$$HX \Longleftrightarrow H^+ + X^-$$

$$CH_2{=}CH_2 + H^+ \xrightarrow{\text{慢}} \underset{\text{碳正离子}}{CH_3{-}CH_2^+} \xrightarrow{X^-} CH_3{-}CH_2X$$

其中第一步为速率决定步骤。

乙烯是对称分子,当卤化氢参与加成时,无论氢加到哪一个双键碳上,所得产物都是相同的。但是对于不对称的烯烃如丙烯,与卤化氢反应时,就可能生成两种不同产物。

$$CH_3-CH=CH_2 + HX \longrightarrow \begin{cases} CH_3-CH_2-CH_2-X \\ \quad \text{1-卤代丙烷} \\ CH_3-CH-CH_3 \quad \text{(主要产物)} \\ \qquad\quad | \\ \qquad\quad X \\ \quad \text{2-卤代丙烷} \end{cases}$$

俄国化学家马尔科夫尼科夫(Markovnikov)在研究不对称烯烃的加成时,根据大量实验事实总结出一条规律:当不对称烯烃与卤化氢等极性试剂发生亲电加成时,试剂中带正电的原子或基团总是加到含氢较多的双键碳上,带负电的原子或基团总是加到含氢较少的双键碳上。这个经验规律称为马尔科夫尼科夫规则,简称马氏规则。

加成反应的取向实质是反应速率的问题。通过烯烃和卤化氢加成的反应过程可以看出,中间体碳正离子的稳定性是决定反应速率的关键性因素。碳正离子越稳定,越容易生成,反应速率越快。

一个带电体系的稳定性取决于其电荷的分布,电荷越分散,体系越稳定。碳正离子中的碳原子为 sp^2 杂化,它只带有六个电子,属于缺电子基团。当烷基与碳正离子相连时,烷基的给电子作用可以使碳正离子的正电荷密度得到分散,因此碳正离子上所连的烷基越多,正电荷分散程度越高,相应的碳正离子稳定性越高,由此可以得出一般情况下碳正离子的稳定性顺序为:叔碳正离子>仲碳正离子>伯碳正离子>甲基正离子。

丙烯与卤化氢发生加成反应时,可能产生两种碳正离子:

$$CH_3-CH=CH_2 + H^+ \longrightarrow \begin{cases} CH_3-CH_2-\overset{+}{C}H_2 \quad (1) \\ CH_3-\overset{+}{C}H-CH_3 \quad (2) \end{cases}$$

其中(1)是伯碳正离子,(2)是仲碳正离子,(2)更稳定,在反应过程中更易生成,故产物以2-卤丙烷为主。由此可知,马氏规则的实质是在反应过程中生成更加稳定的碳正离子。

由于不同碳正离子的稳定性不同,故有碳正离子作为中间体的反应往往会伴随着重排反应的发生,甚至有些反应中重排产物会成为主要产物。例如:

$$(CH_3)_2CH-CH=CH_2 + HCl \longrightarrow (CH_3)_2CH-\underset{Cl}{CHCH_3} + (CH_3)_2\underset{Cl}{C}CH_2CH_3$$
$$\text{重排产物}$$

上述重排产物的生成是由于在反应中生成的仲碳正离子,通过 H^- 的迁移,重排为更加稳定的叔碳正离子。

$$(CH_3)_2CH-CH=CH_2 + H^+ \longrightarrow (CH_3)_2\overset{H}{\underset{}{C}}\overset{+}{C}HCH_3 \xrightarrow{\text{重排}} (CH_3)_2\overset{+}{C}-CH_2CH_3 \xrightarrow{Cl^-} (CH_3)_2\underset{Cl}{C}CH_2CH_3$$

3. 与水的加成

一般情况下,水不能直接和烯烃发生加成反应,但在酸(如磷酸)催化下,烯烃可与水发生反应生成醇。第一步同样是质子进攻双键碳生成碳正离子,然后与水结合生成锌盐,最后脱去质子生成醇,产物遵循马氏规则。整个反应过程相当于加一分子水到双键上,亦称为亲电水合反应。

$$\diagdown C = C \diagup + H^+ \longrightarrow \diagdown CH - \overset{+}{C} \diagup \rightleftharpoons \overset{H_2O}{\longrightarrow} \diagdown CH - C \diagup \rightleftharpoons \overset{-H^+}{\longrightarrow} \diagdown CH - C \diagup$$

在工业上称此为烯烃的直接水合反应,这是工业上制备乙醇、异丙醇最重要的方法之一。例如乙烯、水在磷酸催化下,在 300℃,7 MPa 水合生成乙醇。

$$H_2C = CH_2 \xrightarrow{H_3PO_4} CH_4CH_2^+ \xrightarrow{H_2O} CH_3CH_2\overset{+}{O}H_2 \xrightarrow{-H^+} CH_3CH_2OH$$

由于石油工业的发展,乙烯、丙烯等来源充足,此法又比较简单;乙醇及异丙醇可用此法大规模生产。

4. 与硫酸的加成

烯烃可与浓硫酸发生加成反应生成烷基硫酸氢酯,反应历程与卤化氢的加成相同,也是亲电加成反应,且反应产物遵循马氏规则。烷基硫酸氢酯与水共热,水解生成醇。

$$CH_2 = CH_2 + HO - SO_2 - OH \longrightarrow CH_3CH_2 - O - SO_3H \xrightarrow[\triangle]{H_2O} CH_3CH_2OH$$

这也是工业上生成低级醇的方法之一,称为烯烃的间接水合法。

所得的产物烷基硫酸氢酯可溶于浓硫酸,由于烷烃、卤代烃不与浓硫酸反应且不溶于浓硫酸,故可利用上述反应除去烷烃、卤代烃中的少量烯烃。

5. 与次卤酸的加成

烯烃与卤素(氯或溴)的水溶液反应,可以生成 β-卤代醇。

$$CH_3CH = CH_2 + X_2 + H_2O \longrightarrow CH_3 - \underset{OH}{CH} - \underset{X}{CH_2}$$

从反应产物上看,相当于在烯烃分子加了一个次卤酸分子,所以该反应通常称为烯烃与次卤酸的加成反应。

该反应的第一步与卤素的加成相似,卤素首先和烯烃生成卤鎓离子中间体,然后水分子从卤鎓离子的背面进攻,继而脱去质子。从反应产物上分析,也可将反应体系内的 HOX 看成 HO^- 和 X^+,加成遵循马氏规则。

6. 硼氢化反应-氧化反应

不需要催化剂活化,烯烃就可以与硼烷(BH_3)发生加成反应生成三烷基硼烷,这个反应称为硼氢化反应(hydroboration)。

$$2RCH = CH_2 \xrightarrow{B_2H_6} 2(RCH_2CH_2)BH_2 \xrightarrow{2RCH=CH_2} 2(RCH_2CH_2)_2BH \xrightarrow{2RCH=CH_2} 2(RCH_2CH_2)_3B$$

由于甲硼烷 BH_3 中硼原子外层只有六个电子,属于缺电子体系,可作为亲电试剂;但不稳定,不能独立存在,目前尚未分离得到;实际使用的是乙硼烷 B_2H_6(甲硼烷的二聚体)

的醚溶液。与烯烃反应时能快速地转变为甲硼烷与醚的络合物,与烯烃能定量地发生反应。

在硼烷分子中,硼的电负性为 2.0,较氢(2.2)略小;在烯烃的硼氢化反应中,第一步是由带正电的硼原子加在取代基较少(即含氢较多)的双键碳上,同时氢加到含氢较少的双键碳上。产物也是遵循马氏规则的。

烷基硼在碱性条件下与过氧化氢氧化水解生成醇的反应称为烷基硼的氧化反应,该反应和烯烃的硼氢化反应结合在一起,总称为硼氢化-氧化反应,可将烯烃转化为醇。

$$(RCH_2CH_2)_3B \xrightarrow{H_2O_2, OH^-} 3RCH_2CH_2OH + B(OH)_3$$

其反应的最终结果也是在烯烃双键上加一分子水,与烯烃水合不同的是,前者加成位置是反马氏规则的,而后者是遵守马氏规则的。这是烯烃间接水合制备醇的方法之一,且反应过程没有碳正离子重排的现象,所以可以用来制备通过烯烃水合的其他方法难以得到的醇,如末端烯烃发生硼氢化-氧化反应即可制备得到伯醇,且产率较高。

$$(CH_3)_2CHCH_2CH\!=\!CH_2 \xrightarrow[\text{② } H_2O_2, H_2O]{\text{① } B_2H_6, THF} (CH_3)_2CHCH_2CH_2CH_2OH$$

3.4.3 氧化反应

烯烃容易发生氧化反应,且在不同氧化剂和氧化条件下会得到不同的产物。

1. 与高锰酸钾反应

烯烃很容易被高锰酸钾氧化,反应条件不同,氧化产物不同。

在较温和的条件下(稀的、冷的、碱性高锰酸钾溶液),烯烃被氧化成顺式邻二醇。反应现象非常明显,在紫红色的高锰酸钾褪色的同时,伴随着二氧化锰的褐色沉淀生成,这也是鉴别碳碳不饱和键的常用方法之一。

$$3 \overset{\diagdown}{\underset{\diagup}{C}}\!=\!\overset{\diagup}{\underset{\diagdown}{C}} + 2KMnO_4 + 4H_2O \xrightarrow{OH^-,\text{稀}} 3 \underset{\overset{|}{C}-\overset{|}{C}}{\overset{OH\ \ OH}{\diagdown\ \ \diagup}} + 2MnO_2 + 2KOH$$

如果在酸性或加热条件下,则第一步生成的邻二醇会继续氧化,造成碳碳双键的断裂。碳端的 $=CH_2$ 部分被氧化成二氧化碳;双键碳上连有一个氢原子的,氧化后生成羧酸;不含有氢的碳,则被氧化成酮。因为氧化产物和烯烃的结构密切相关,通过测定所得氧化产物酮和羧酸的结构,可以推测烯烃的结构。

$$CH_3CH_2CH\!=\!CH_2 \xrightarrow{KMnO_4}{H^+} CH_3CH_2COOH + CO_2 + H_2O$$

$$(CH_3)_2C\!=\!CHCH_3 \xrightarrow{KMnO_4}{H^+} CH_3\overset{O}{\overset{\|}{C}}CH_3 + CH_3COOH$$

2. 臭氧化

烯烃和臭氧定量而迅速发生臭氧化反应生成不稳定且易爆的臭氧化物(ozonide),故一般所得臭氧化物不经分离直接水解,生成醛酮,此外还有过氧化氢。

$$\underset{H}{\overset{R}{}}C=\underset{R''}{\overset{R'}{}}C\ +\ O_3\ \longrightarrow\ \underset{H}{\overset{R}{}}C\underset{O-O}{\overset{O}{}}C\underset{R''}{\overset{R'}{}}\ \longrightarrow\ \underset{H}{\overset{R}{}}C=O\ +\ O=\underset{R''}{\overset{R'}{}}C\ +\ H_2O_2$$

烯烃经臭氧化水解后,烯烃双键发生断裂,原来烯烃中的 CH_2 ═ 基变成甲醛 CH_2 ═O; RCH ═ 基变成醛, RCH ═O; $RR'C$ ═ 基变成酮, $RR'C$ ═O。为了避免将反应中生成的醛被另一水解产物过氧化氢氧化,通常在水解时向反应体系内加入锌粉等还原剂。

$$\underset{H}{\overset{H_3C}{}}C=\underset{CH_2CH_3}{\overset{CH_3}{}}C\ \xrightarrow[\ \textcircled{2}\ Zn,H_2O\ ]{\ \textcircled{1}\ O_3\ }\ \underset{H}{\overset{H_3C}{}}C=O\ +\ O=\underset{CH_2CH_3}{\overset{CH_3}{}}C$$

由于烯烃臭氧化-还原水解反应所得的产物保持了原来烯烃的双键碳上的结构,可以利用产物来推测出原来烯烃的结构。将臭氧物分解后得到的醛、酮分子中的氧去掉,剩余部分用双键连接起来,即得到原来的烯烃。

3.4.4 聚合反应

由小分子单体合成聚合物的反应称为聚合反应。烯烃在催化剂作用下,烯烃单体的不饱和中心连接成二聚体、三聚体、寡聚体以及最后的聚合物,成为在工业上有重要应用的物质。

$$n\,CH_2{=}CH_2\ \xrightarrow[\text{高温高压}]{\text{催化剂}}\ {\leftarrow}CH_2{-}CH_2{\rightarrow}_n$$
聚乙烯

$$n\,CH_2{=}CH{-}Cl\ \xrightarrow{\text{引发剂}}\ {\leftarrow}\underset{Cl}{\overset{}{CH_2{-}CH}}{\rightarrow}_n$$
聚氯乙烯

由一种小分子单体进行的聚合反应称为均聚,所形成的化合物称为均聚物,但均聚物的种类比较有限。采用两种或两种以上的单体进行聚合称为共聚,不仅可以增加聚合物的种类,还可以改变聚合物的性能。如:苯乙烯和 1,3-丁二烯通过聚合物可以合成性能优异的丁苯橡胶。

$$nCH_2{=}CH{-}CH{=}CH_2+nCH_2{=}CH\longrightarrow\ {\leftarrow}CH_2{-}CH{\rightarrow}_n{\leftarrow}CH_2{-}CH{=}CH{-}CH_2{\rightarrow}_n$$

很多烯烃都是聚合反应的适用单体。聚合反应在化学工业中是非常重要的,因为很多聚合物都有很好的性能,如耐久性、耐化学腐蚀性、弹性、透明性、电阻性及耐热性等。

虽然聚合物的产生会导致环境污染——因为很多聚合物都不是生物可降解的,但是聚合物在合成纤维、薄膜、管材、涂料以及模塑等方面具有广泛的应用。聚合物正越来越多地被用作医用植入物的覆盖层。一些聚合物的名称如聚乙烯、聚氯乙烯(PVC)、聚苯乙烯、奥纶以及有机玻璃等,已经变得家喻户晓。

聚乙烯无毒、化学稳定性好,具有绝缘和防辐射性能,易加工,可用于食品袋、塑料杯等日常用品的加工行业,在工业上可用于电工部件绝缘材料的制造等。聚氯乙烯由于其防火耐热作用,被广泛用于各行各业各式各样的产品,如电线外皮、光纤外皮、鞋、手袋、饰物、建筑装潢用品、家具、玩具、辅助医疗用品、手套、某些食物的保鲜纸、某些时装等。

3.4.5 α-氢卤代反应

烯烃分子中直接与碳碳双键相连的碳原子称为 α-碳原子,该碳原子上的氢称为 α-氢原子。碳碳双键对 α-氢有活化作用,使其容易发生取代反应。

烯烃和卤素在室温下可以发生双键的亲电加成反应,但在高温下(500～600℃)则在双键的 α-氢被卤素取代,生成 α-卤代烯烃。如:

$$CH_3-CH=CH_2 \begin{cases} \xrightarrow[r.t]{Cl_2,CCl_4} CH_3-CH-CH_2 \\ \qquad\qquad\qquad\quad |\quad\ | \\ \qquad\qquad\qquad\ Cl\ \ Cl \\ \xrightarrow[500\sim600℃]{Cl_2} ClCH_2-CH=CH_2 \end{cases}$$

其卤代历程与烷烃的卤代反应一样,也是自由基取代反应,反应中间体为烯丙基自由基。

$$Cl_2 \xrightarrow{500\sim600℃} 2Cl\cdot$$

$$CH_3-CH=CH_2+Cl\cdot \longrightarrow \overset{\cdot}{C}H_2-CH=CH_2+HCl$$

$$\overset{\cdot}{C}H_2-CH=CH_2+Cl_2 \longrightarrow ClCH_2-CH=CH_2+Cl\cdot$$

一个适于在实验室条件下进行烯烃的 α 氢卤代的常用方法是:用 N-溴代丁二酰亚胺(N-bromosuccinimide,简称 NBS)作为溴化试剂,在光照或引发剂如过氧化苯甲酰作用下,在惰性溶剂如 CCl₄ 中与烯烃作用生成 α-溴代烯烃。

（NBS）

§3.5 诱导效应

有机化学中的电子效应主要包括诱导效应(inductive effect)和共轭效应(conjugative effect)等。

在多原子分子中,由于相互结合的原子电负性不同,一个键所产生的极性将影响到分子中的其他原子的电子云分布,这些原子和产生极性影响的原子或基团既可以是直接相连的,也可以不是直接相连的。由于分子中原子或基团的极性(电负性)不同而引起的成键电子云沿原子链向某一方向移动的效应称为诱导效应,简称 I 效应。如氯代丁烷中的电子云沿 σ 键向氯原子移动,这是由于氯的电负性比碳强引起的。

$$Cl\leftarrow CH_2\leftarrow CH_2\leftarrow CH_3$$

诱导效应的传递方向是以 C—H 键的极性为标准的。比氢的电负性大的原子或基团 X 取代 C—H 键的 H 后，成键电子云向 X 偏移，则称 X 属于吸电子基团，具有吸电子的诱导效应(electron-withdrawing inductive effect)，用 $-I$ 表示。反之如果原子或取代基 Y 的电负性比氢小，则称 Y 属于给电子基团，具有给电子的诱导效应(electron-donating inductive effect)，以 $+I$ 表示。如：

$$\overset{\delta^-}{C}\longleftarrow\overset{\delta^+}{Y} \qquad C—H \qquad \overset{\delta^+}{C}\longrightarrow\overset{\delta^-}{X}$$
$$\text{Y给电子的诱导效应}+I \qquad I=0 \qquad \text{X吸电子的诱导效应}-I$$

3.5.1　诱导效应的一般规律

诱导效应的强弱可以通过测量偶极矩等得知，诱导效应的作用与取代基的性质、数目和距离等相关。其一般规律如下：

(1) 与碳原子直接相连的原子，如同一主族的原子随原子序数的增加，其电负性逐渐减低，吸电子诱导效应依次降低；位于同一周期的原子，自左向右，原子的电负性逐渐增强，则其吸电子诱导效应依次增加。

吸电子诱导效应 $-I$：

$$—F > —Cl > —Br > —I \qquad —F > —OR > —NR_2 > —CR_3 \qquad —OR > —SR$$

(2) 与碳原子直接相连的基团不饱和程度越大，吸电子能力越强，这是由于不同的杂化状态如 $sp、sp^2、sp^3$ 杂化轨道中 s 成分不同引起的，碳原子的电负性随杂化时 s 成分的增加而增大，s 成分越多，相应的碳的电负性越大，则其吸电子能力越强。

$$—C{\equiv}CR > —CH{=}CR_2 > —CH_2—CR_3$$

(3) 带正电荷的基团具有吸电子诱导效应，带负电荷的基团具有给电子诱导效应。与碳直接相连的原子上具有配位键，亦有强的吸电子诱导效应。

(4) 具有给电子诱导效应的基团主要是烷基，碳原子上所连的烷基越多，其给电子诱导效应越强。

$$—C(CH_3)_3 > —CH(CH_3)_2 > —CH_2CH_3 > —CH_3$$

(5) 诱导效应可以传递，在 σ 体系中每经过一个链上的原子，降为原来的 1/3，经过 3 个原子后可以忽略。

一些常见基团的诱导效应顺序如下：

吸电子基团：

$$—NO_2 > —CN > —F > —Cl > —Br > —I > —C{\equiv}CH >$$
$$—OCH_3 > —OH > —C_6H_5 > —CH{=}CH_2 > —H$$

给电子基团：

$$—C(CH_3)_3 > —CH(CH_3)_2 > —CH_2CH_3 > —CH_3 > —H$$

这个顺序是近似的，当这些基团连在不同的母体化合物上时，母体化合物中的其他基团不同，相互作用结果也会使它们的诱导效应有所变化。

3.5.2　诱导效应对碳正离子稳定性的影响

当不对称烯烃与卤化氢发生加成反应时，首先是亲电试剂质子进攻烯烃，会产生两种碳正离子,以丙烯为例,当丙烯与溴化氢发生反应时,首先生成(1)号碳正离子——伯碳正离子和(2)号碳正离子——仲碳正离子的中间体;由于仲碳正离子受到两个甲基的给电子诱导效应,使得碳正离子上的正电荷密度降低,从而提高了其稳定性,而伯碳正离子只受到一个烷基的给电子诱导效应,其稳定性较仲碳正离子有所降低,所以丙烯与溴化氢发生加成反应时,符合马氏规则的产物2-溴丙烷为主要产物。马氏规则是总结了很多实验事实后得出的经验规则,现在可以通过诱导效应加以解释,即卤化氢和烯烃发生加成反应时质子所加的位置与碳正离子的稳定性相关。

$$CH_3{-}CH{=}CH_2 + H^+ \begin{cases} CH_3{-}CH_2{-}\overset{+}{C}H_2 \quad (1) \\ CH_3{-}\overset{+}{C}H{-}CH_3 \quad (2) \end{cases}$$

$$CH_3{-}CH{=}CH_2 + HBr \longrightarrow CH_3CH_2CH_2Br + CH_3\underset{Br}{CH}CH_3 (主要产物)$$

也正是在诱导效应下,一般的碳正离子稳定性的顺序为叔碳正离子>仲碳正离子>伯碳正离子>甲基正离子。烯烃和卤化氢的加成反应,常常伴随有重排产物出现。如3,3-二甲基-1-丁烯与氯化氢发生亲电加成反应时,得到直接的马氏加成产物2,2-二甲基-3-氯丁烷和重排产物2,3-二甲基-2-氯丁烷。

$$CH_3{-}\underset{CH_3}{\overset{CH_3}{C}}CH{=}CH_2 + HCl \longrightarrow (CH_3)_3C\underset{\underset{17\%}{Cl}}{CH}CH_3 + (CH_3)_2C\underset{\underset{83\%}{Cl}}{CH}(CH_3)_2$$

反应过程如下:

$$CH_3{-}\underset{CH_3}{\overset{CH_3}{C}}CH{=}CH_2 + H{-}Cl \longrightarrow CH_3{-}\underset{CH_3}{\overset{CH_3}{C}}{-}\overset{+}{C}HCH_3$$

$$CH_3{-}\underset{CH_3}{\overset{CH_3}{C}}{-}\overset{+}{C}HCH_3 \longrightarrow CH_3{-}\underset{CH_3}{\overset{CH_3}{\overset{+}{C}}}{-}CHCH_3$$

重排的原因是反应经过一个碳正离子中间体;而一个较不稳定的碳正离子总是倾向于转变为一个较为稳定的碳正离子,上面例子中的仲碳正离子转变为叔碳正离子。

马氏规则的适用范围是双键碳上连有给电子基团的烯烃。当双键碳上连有吸电子基团如—CF$_3$,—NO$_2$,—CN 等时,加成反应大多为反马氏规则方向的产物,但仍符合电性规律。以三氟甲基乙烯为例,当三氟甲基乙烯与氯化氢发生加成反应时,首先经过碳正离子中间体,由于CF$_3$的吸电子诱导效应,使得仲碳正离子上的正电荷密度增加,使其更加不稳定;由于诱导效应在传递过程中,作用力逐渐缩小,中间体伯碳正离子受CF$_3$的吸电子诱导效应相对较弱,故相对仲碳正离子稳定。

$$CF_3CH{=}CH_2 + H^+ \longrightarrow CF_3CH_2\overset{+}{C}H_2 + CF_3\overset{+}{C}HCH_3$$

所以三氟甲基乙烯与氯化氢发生亲电加成反应,主要产物为反马氏规则的产物;但是反应仍符合电性规律。

$$CF_3CH=CH_2 + HCl \longrightarrow CF_3CH_2CH_2Cl$$

§3.6 重要的烯烃

3.6.1 乙烯——重要的工业原料

在化学工业中乙烯是一个重要的研究对象,这种单体是生产聚乙烯的基础。在美国,每年生产数百万吨的聚乙烯。乙烯原料的主要来源有如下几个途径:石油裂解产品、从天然气中得到的碳氢化合物(如乙烷、丙烷或其他烷烃,以及环烷烃)的裂解。

除了直接用作聚合单体,乙烯还是很多其他化学化工产品的起始原料,如乙醛就是由乙烯在钯催化剂、空气和 $CuCl_2$ 存在下制得的。

氯乙烯是由乙烯通过氯化-脱氯化氢过程得到的。在此过程中,乙烯先和加入的氯气发生加成反应,生成 1,2-二氯乙烷,再脱去 HCl 而得到预期的产物。

3.6.2 自然界中的烯烃——昆虫信息素

许多天然产物的结构中都含有 π 键,如昆虫信息素。

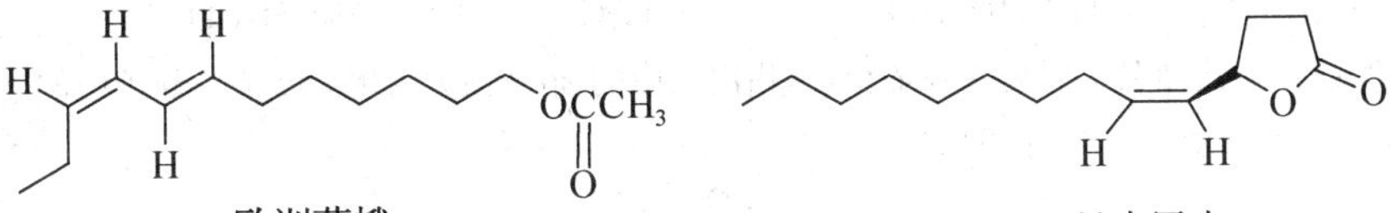

欧洲藤蛾 日本甲虫

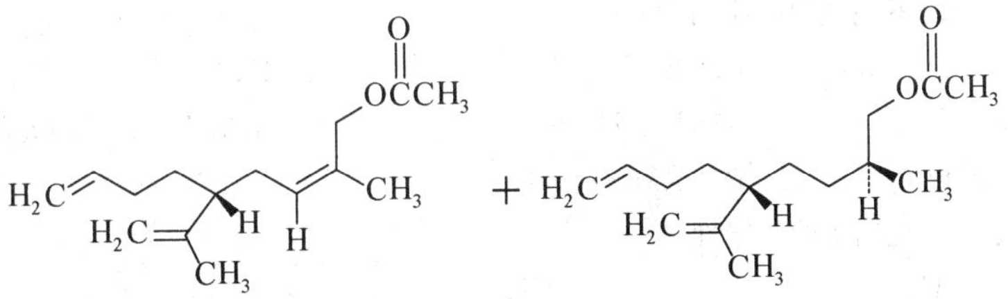

加州红介壳虫

昆虫信息素是生物物种传递信息的一种化学物质。有性的、跟踪的、警告的和防御的信息素等。许多昆虫的信息素是简单的烯烃,可以从昆虫的一些特定部位提取到,然后利用色谱技术分离得到纯净的化合物。通常通过分离得到的昆虫信息素的量非常少,因此引发了很多有机合成化学家的兴趣来全合成它们。有趣的是信息素的特定活性往往取决于双键的构型(Z/E)以及异构体混合物的组成等。例如雄性蚕蛾的性吸引激素,10-反-12-顺十六烷基二烯-1-醇(亦称蚕醇)的生物活性比 10-顺-12-反十六烷基二烯-1-醇高百亿倍,比10-反-12-反十六烷基二烯-1-醇高十万亿倍。

信息素的研究对控制害虫的生成有重要的作用。单位面积土地只需要使用极少量的性信息素就可以使雄性昆虫无法找到它们的雌性配偶。这些信息素作为引诱剂可以有效地除去昆虫,而不需要对农作物喷洒大量的化学药品。化学与昆虫学家的合作在这个领域将有很广阔的前景。

习 题

1. 用系统命名法命名下列化合物。

(1) 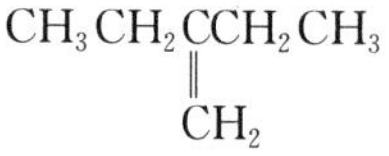 $CH_3CH_2CCH_2CH_3$
　　　　　　$\parallel$
　　　　　　CH_2

(2) $CH_3CH_2CHCHC_2C{=}C(CH_3)_2$
　　　　　$|$　　$|$
　　　　CH_3　$CH_2CH_2CH_2CH_3$

(3) $CH_3C{=}CHCHCH_2CH_3$
　　　　$|$　　　$|$
　　　CH_3　　CH_3

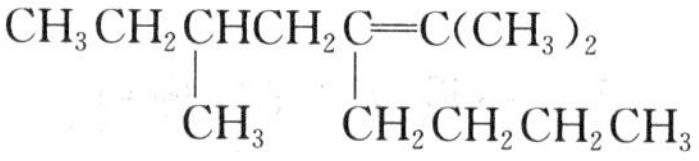

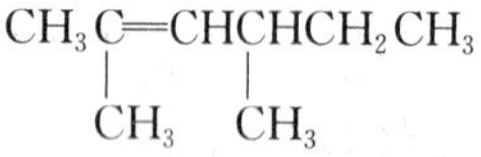

(4)

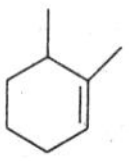

2. 写出分子式为 C_5H_{10} 的烯烃的异构体并命名(注意立体化学)。

3. 指出分子式为 C_5H_{10} 的烯烃的异构体中,哪些含有乙烯基、丙烯基、烯丙基及异丙烯基?

4. 用 Z/E 法确定下列化合物的立体构型。

(1) 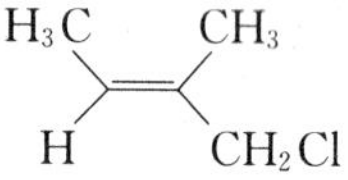
(2) 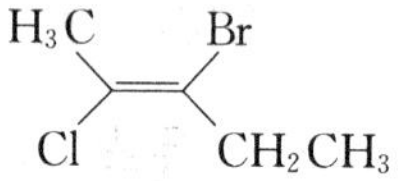
(3) 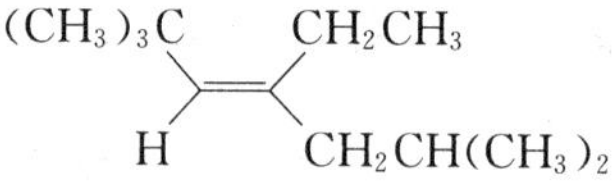
(4)

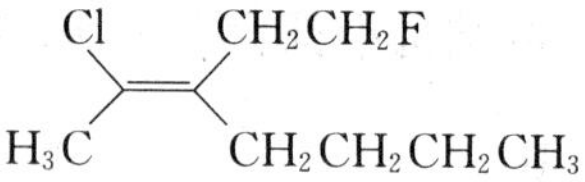

5. 用系统命名法命名下列键线式烯烃,并指出其中的 sp^2 及 sp^3 杂化碳原子。分子中的 σ 键有几个是 sp^2-sp^3 型的?几个是 sp^3-sp^3 型的?

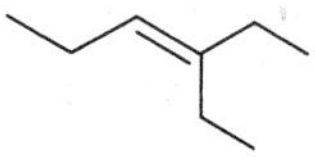

6. 写出异丁烯与下列试剂反应的主要产物。

(1) H_2/Ni
(2) Br_2/CCl_4
(3) HCl
(4) H_2O/H^+
(5) Br_2/H_2O
(6) ① B_2H_6,② H_2O_2,H_2O
(7) ① O_3,② H_2O/Zn
(8) $KMnO_4$,OH^-

7. 试比较下列碳正离子的稳定性。

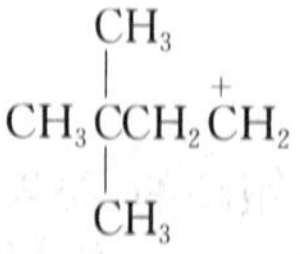

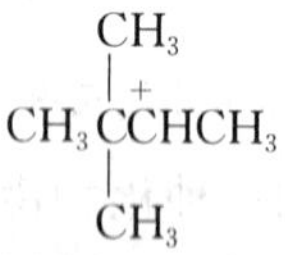

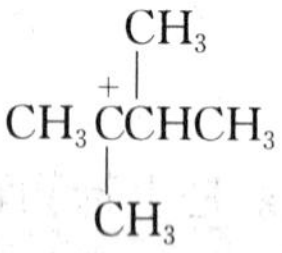

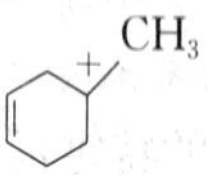

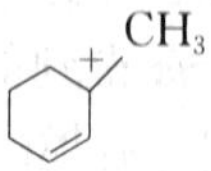

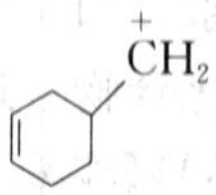

(1)
(2)

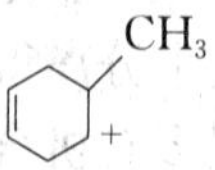

8. 试写出下列反应的主要产物。

(1) $CH_3CH_2CH{=}CH_2 \xrightarrow{H_2SO_4}$

(2) $(CH_3)_2C{=}CH_2 \xrightarrow{HBr}$

(3) 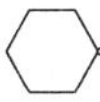 $\xrightarrow{\text{H}_2\text{O}/\text{H}^+}$

(4) $\text{CH}_2\!\!=\!\!\text{CHCCl}_3 \xrightarrow{\text{HCl}}$

(5) $\text{CH}_3\text{CH}_2\text{CH}\!\!=\!\!\text{CH}_2 \xrightarrow[\text{高温}]{\text{Br}_2}$

(6)  $\xrightarrow{\text{NBS}}$

(7) 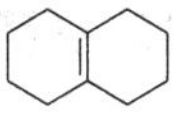 $\xrightarrow[\text{② Zn, H}_2\text{O}]{\text{① O}_3}$

(8) $(\text{CH}_3)_2\text{CHC}\!\!=\!\!\text{CHCH}_3 \xrightarrow[\text{H}^+]{\text{KMnO}_4}$
$\qquad\qquad\ \ \overset{|}{\underset{}{\text{CH}_3}}$

9. 用简单的化学方法鉴别正己烷和 1-己烯。

10. 推测下列化合物可能的反应历程。

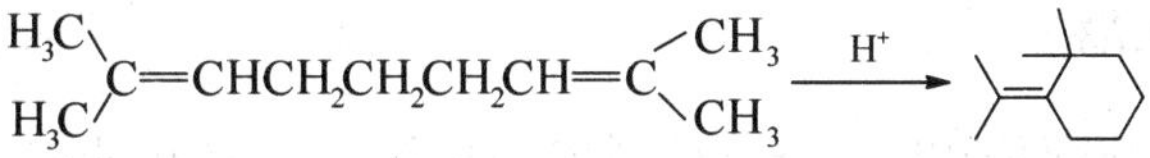

11. 化合物 A、B、C 均为庚烯的异构体。A、B、C 三者经臭氧化、锌粉还原水解,分别得到 CH_3CHO、$\text{CH}_3\text{CH}_2\text{CH}_2\text{CH}_2\text{CHO}$;$\text{CH}_3\text{COCH}_3$、$\text{CH}_3\text{CH}_2\text{COCH}_3$;$\text{CH}_3\text{CHO}$、$\text{CH}_3\text{CH}_2\text{COCH}_2\text{CH}_3$。试推断 A、B、C 的结构式。

12. 某化合物 A,分子式为 $\text{C}_{10}\text{H}_{18}$,经催化加氢得化合物 B,B 的分子式为 $\text{C}_{10}\text{H}_{22}$。化合物 A 与过量 KMnO_4 溶液作用,得到三种化合物:CH_3COCH_3、$\text{CH}_3\text{COCH}_2\text{CH}_2\text{COOH}$、$\text{CH}_3\text{COOH}$。试推断 A 的结构式。

第4章　炔烃和二烯烃

炔烃(alkyne)是含有碳碳叁键(C≡C)，二烯烃(diene)是含有两个碳碳双键(C=C)的不饱烃。两者都比碳原子数目相同的单烯烃少两个氢原子，通式 C_nH_{2n-2}。

§4.1　炔　烃

4.1.1　炔烃的结构

炔烃分子中叁键碳原子以 sp 杂化轨道参与成键。sp 杂化轨道是直线型的，每个碳上的一个 sp 轨道相互重叠形成一个碳-碳 σ 键，另一个 sp 轨道与氢原子或其他基团形成 σ 键。每个 sp 杂化的碳原子上还剩两个未杂化的 $2p_y$ 与 $2p_z$ 轨道，四个 p 轨道两两平行重叠，形成两个 π 键，所以 C≡C 叁键是由两个 π 键和一个 σ 键组成。叁键与相邻 σ 键的夹角为180°。乙炔的 σ 键与 π 键如图 4-1 所示。

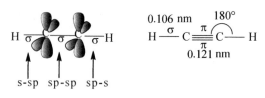

图 4-1　乙炔结构示意图

4.1.2　炔烃的命名

（1）选择含有叁键的最长碳链做主链；

（2）主链碳原子编号从靠近叁键的一端开始，使叁键位置具有最小编号；

（3）标明叁键位置：用叁键中碳原子编号较小的数字表示并写在母体名称之前，如叁键处于端位，可将编号"1"省略；

（4）若主链连有取代基，要将取代基位置、数目、名称写在前面。如取代基不止一种，则按次序规则排列，较优基后列出。例如：

$$CH_3-C{\equiv}C-CH_2CH_3 \qquad\qquad CH_3CH_2-C{\equiv}C-\underset{CH_2CH_3}{\overset{CH_3}{\underset{|}{CH}}}$$

2-戊炔　　　　　　　　5-甲基-3-庚炔

（5）当分子中同时含有双键和叁键时，应选择含有双、叁键在内的最长碳链作为主链，称为"某烯炔"。编号应先使双键或叁键位次最小，在相同情况下，给双键较小编号。主链名称排列顺序为：双键位次—某烯—叁键位次—炔。若含有侧链，将取代基位次、名称置于主链名称前。

$$CH_3-CH=CH-C\equiv CH \qquad CH_3CH=CH-C\equiv C-CH_3$$

3-戊烯-1-炔　　　　　　　　2-己烯-4-炔

4.1.3　炔烃的物理性质

简单炔烃的熔、沸点及密度,一般比碳原子数相同的烷烃和烯烃略高。这是由于炔烃分子较短小、细长,在液态和固态中,分子可彼此靠得更近,分子间力(van der Waals 作用力)较强。炔烃分子极性比烯烃强。炔烃不溶于水,而易溶于石油醚、苯、乙醚和丙酮中。一些常见炔烃的名称及物理性质见表 4-1。

表 4-1　常见炔烃的物理性质

中文名称	熔点/℃	沸点/℃	相对密度(d_4^{20})
乙炔	−81.8	−83.4	0.618
丙炔	−102.8	−23.2	0.691
1-丁炔	−125.7	8.1	0.712
1-戊炔	−105.7	40.2	0.690
2-戊炔	−109.3	56.1	0.711
3-甲基-1-丁炔	−89.8	26.4	0.666
1-己炔	−131.9	71.3	0.715
1-庚炔	−80.9	99.8	0.733

4.1.4　炔烃的化学性质

碳碳叁键是炔烃的官能团,炔烃与烯烃相似之处在于两者都含有 π 键,可发生亲电加成、催化氢化、氧化等反应,但叁键特定结构也使炔烃有不同于烯烃的特性。由于叁键碳原子是 sp 杂化态,电负性比 sp^2 杂化态的碳原子大,吸电子能力强,所以叁键 π 电子给电子能力弱,亲电加成反应活性比烯烃低。由于 sp 杂化碳原子电负性大,所以与叁键直接相连的氢原子具有一定酸性。

1. 叁键碳上氢原子的活泼性

(1) 炔氢的酸性和碱金属炔化物制备

叁键碳原子因杂化轨道含 $\frac{1}{2}$ s 轨道成分,和 sp^2 及 sp^3 杂化碳原子相比,电子云更靠近碳原子,这三种杂化碳原子电负性从大到小顺序是:

$$C_{sp} > C_{sp^2} > C_{sp^3}$$

杂化轨道不同的碳原子上连接的氢原子有不同酸性,其强度顺序为:

$$\equiv C-H > =CH-H > -CH_2-H$$

乙炔、丙炔都可与强碱性的氨基钠溶液反应,定量地生成金属炔化物——炔钠。炔钠可与伯卤代烷(RCH_2X)反应,在炔烃分子中引入烷基,统称为炔烃的烷基化反应。碱金属炔化物可应用于合成其他炔烃,是有机合成中增长碳链的方法之一。

$$R-C\equiv CH \xrightarrow{NaNH_2} R-C\equiv CNa \xrightarrow{R'X} R-C\equiv C-R'$$

$$HC\equiv CH \xrightarrow{NaNH_2} NaC\equiv CH \xrightarrow{NaNH_2} NaC\equiv CNa \xrightarrow{2RX} R-C\equiv C-R$$

(2)重金属炔化物的制备及其应用

炔氢还可被重金属如 Ag^+ 或 Cu^+ 取代,生成金属炔化物沉淀。利用此反应可鉴别乙炔和末端炔烃(炔氢)。

$$R-C\equiv C-H \begin{cases} \xrightarrow{Ag(NH_3)_2NO_3} R-C\equiv CAg\downarrow \xrightarrow{稀 HNO_3} R-C\equiv CH + Ag^+ \\ \xrightarrow{Cu(NH_3)_2Cl} R-C\equiv CCu\downarrow(鉴别端基炔) \end{cases}$$

炔银、炔亚铜潮湿时较稳定,干燥后受热或震动极易爆炸,用稀酸可将其分解。

2. 加成反应

(1)加氢

① 钯、镍等催化氢化

炔烃在催化剂存在下,可控制条件使其加上一分子或两分子氢生成烯烃或烷烃。当使用 Raney 镍、铂和钯催化时,反应不易控制在生成烯烃阶段。

$$CH_3C\equiv CCH_3 \xrightarrow[H_2]{Pt} [CH_3CH=CHCH_3] \xrightarrow[H_2]{Pt} CH_3CH_2-CH_2CH_3$$

② 林德拉(Lindlar)催化剂

Lindlar 催化剂(将钯吸附在碳酸钙上,再用醋酸铅部分毒化制得)、P-2 催化剂(硼化镍 Ni_2B)及用喹啉部分毒化过的 $Pd-BaSO_4$ 催化剂都能将炔烃还原成顺式烯烃。

$$CH_3C\equiv CCH_3 \xrightarrow[Lindlar 催化剂]{H_2} \underset{H}{\overset{H_3C}{}} C=C \underset{H}{\overset{CH_3}{}}$$

③ 金属钠在液氨中还原

金属钠溶解在液氨中所得深蓝色钠-液氨以不同于催化氢化的机理,将炔烃还原成反式烯烃。

$$CH_3C\equiv CCH_3 \xrightarrow[液氨]{Na} \underset{H_3C}{\overset{H}{}} C=C \underset{H}{\overset{CH_3}{}}$$

(2)加卤素(Cl_2 或 Br_2)

叁键上也能发生亲电加成反应,但由于叁键中 π 键比双键中 π 键强,形成的正碳离子(Ⅱ)在电负性较大的 sp^2 杂化轨道上,稳定性较双键形成的正碳离子(Ⅰ)小,使炔烃叁键的亲电加成比烯烃中双键亲电加成难。

$$\underset{X}{\overset{}{}}C-\overset{+}{C}\qquad X-\overset{}{C}=\overset{+}{C}$$

(Ⅰ)　　　　(Ⅱ)

可选择适当条件分两步加成。如丙炔和氯加成须在 $FeCl_3$ 催化下进行,得邻二卤代烯烃,氯过量情况下,可加二分子氯。

$$CH_3-C\equiv CH \xrightarrow{Cl_2} CH_3-\underset{Cl}{C}=\underset{Cl}{CH} \xrightarrow{Cl_2} CH_3-\underset{Cl}{\overset{Cl}{C}}-\underset{Cl}{\overset{Cl}{CH}}$$

（3）加卤化氢

根据所用 HX 比例,乙炔可与一分子或两分子 HX 加成。

$$HC\equiv CH \xrightarrow[150\sim160℃]{HCl,\ HgCl_2} \underset{\text{氯乙烯}}{CH_2=CHCl} \xrightarrow[150\sim160℃]{HCl,\ HgCl_2} \underset{\text{1,1-二氯乙烷}}{CH_3-CHCl_2}$$

氯乙烯继续与 HX 加成时,服从马氏规则。不对称炔烃与 HX 的加成也服从马氏规则。

$$CH_3-C\equiv CH + HBr \xrightarrow{FeBr_3} \underset{\underset{\text{2-溴丙烯}}{Br}}{CH_3-\overset{}{C}=CH_2}$$

（4）加水

炔烃在无催化剂存在时,不与水反应。如在强酸和汞盐催化下,较易和水加成,先生成烯醇,再重排成相应醛或酮。

$$HC\equiv CH + H_2O \xrightarrow[H_2SO_4]{HgSO_4} \left[\underset{\text{乙烯醇（不稳定）}}{H_2C=CH-OH}\right] \xrightarrow{\text{重排}} \underset{\text{乙醛（稳定）}}{CH_3-CHO}$$

不对称炔烃与水加成遵守马氏规则。

$$CH_3-C\equiv CH \xrightarrow[HgSO_4,\ H_2SO_4]{H_2O} \left[CH_3-\underset{OH}{C}=CH_2\right] \rightleftharpoons CH_3-\overset{O}{C}-CH_3$$

（5）亲核加成

sp 杂化碳原子电负性增大,使炔烃中叁键也能发生亲核加成反应。该反应具有一定应用价值。炔烃在催化剂作用下能与氢氰酸、醋酸和醇等发生亲核加成。

（6）自由基加成——过氧化物效应

在光或过氧化物存在下,炔烃与 HBr 加成反应,得到反马氏规则的加成物。

3. 氧化反应

（1）高锰酸钾氧化

炔烃叁键也可被氧化。将乙炔通入稀 $KMnO_4$ 中,紫色立即消失,生成 MnO_2 褐色沉淀,乙炔被氧化成 CO_2 和 H_2O。其他炔烃在酸性 $KMnO_4$ 水溶液中,$RC\equiv$ 基被氧化成 RCOOH,$\equiv CH$ 基被氧化成 CO_2。利用此反应可鉴定 $C\equiv C$ 键的存在和确定其位置。

$$RC\equiv CR' \xrightarrow[H^+]{KMnO_4,\ H_2O} RCOOH + R'COOH$$

$$RC\equiv CH \xrightarrow[H^+]{KMnO_4,\ H_2O} RCOOH + CO_2$$

(2) 臭氧氧化

炔烃经臭氧氧化,可发生碳碳叁键断裂,生成两种羧酸。

$$R{-}C{\equiv}C{-}R' \xrightarrow[\text{② } H_2O]{\text{① } O_3} RCOOH + R'COOH$$

4. 聚合反应

(1) 低聚

乙炔在氯化亚铜和氯化铵作用下,可发生链形二聚或三聚作用,而在含镍和钴的催化剂作用下生成苯。但生成苯的反应产量很低。

$$2HC{\equiv}CH \xrightarrow{CuCl - NH_4Cl} CH_2{=}CH{-}C{\equiv}CH \xrightarrow[CuCl - NH_4Cl]{HC{\equiv}CH} CH_2{=}CH{-}C{\equiv}C{-}CH{=}CH_2$$

(2) 聚乙炔

$$n\,HC{\equiv}CH \xrightarrow{TiCl_4-Al(C_2H_5)_3} \left[CH{=}CH\right]_n$$

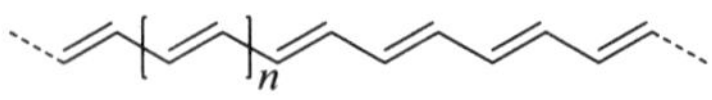

反式聚乙炔

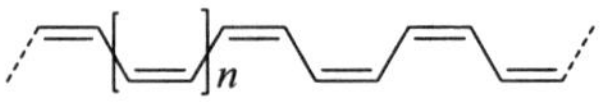

顺式聚乙炔

聚乙炔包括单双键交替的共轭结构。由于双键不可扭转的性质,聚乙炔的每个结构单元都有顺式和反式两种结构。聚乙炔用碘、溴等卤素或 BF_3、AsF_5 等路易斯酸掺杂后,其电导率可提高到金属的水平,被称为"合成金属"。如今聚乙炔已用于制备太阳能电池、半导体材料和电活性聚合物等。

§4.2 二烯烃

含有两个碳碳双键的不饱和烃叫做二烯烃,含三个或三个以上双键的叫做多烯烃。

4.2.1 二烯烃的分类和命名

1. 分类

二烯烃性质与分子中两个双键位置密切相关,根据两个双键相对位置的不同可把二烯烃分为三类。

(1) 累积二烯烃

两个双键共用一个碳原子,即双键聚集在一起。可表示为: $\diagup C{=}C{=}C \diagdown$

例如:$CH_2{=}C{=}CH_2$ $CH_3{-}CH{=}C{=}CH_2$

丙二烯   1,2-丁二烯

累积二烯烃分子不稳定,易重排成相应炔烃。具有累积二烯骨架的化合物不多,其存

在和应用均不普遍。

（2）孤立二烯烃

两个双键之间间隔两个或多个单键。可表示为：$\overset{|}{C}=\overset{|}{C}-(\overset{|}{C})_n-\overset{|}{C}=\overset{|}{C}$（$n \geqslant 1$）

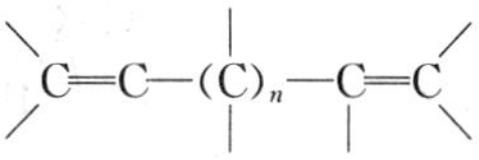

例如：$CH_2{=}CH{-}CH_2{-}CH{=}CH_2$　　　　$CH_2{=}CH{-}CH_2{-}CH_2{-}CH{=}CH_2$

     1,4-戊二烯　　　　　　　　　　　　　1,5-己二烯

由于两个双键位置相距较远，相互影响较小，其性质与单烯烃相似。

（3）共轭二烯烃

两个双键之间间隔一个单键，即单、双键交替排列。可表示为：$\overset{|}{C}=\overset{|}{C}-\overset{|}{C}=\overset{|}{C}$

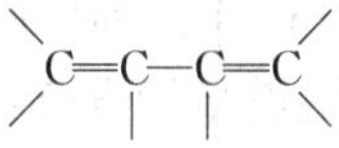

例如：

                CH_3

  $CH_2{=}CH{-}CH{=}CH_2$　　　　　　　$CH_2{=}\overset{|}{C}{-}CH{=}CH_2$

    1,3-丁二烯　　　　　　　2-甲基-1,3-丁二烯(异戊二烯)

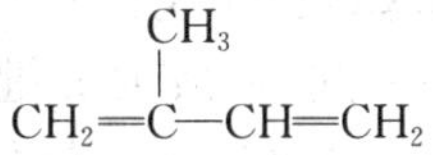

共轭二烯烃分子中两个双键相互影响，性质独特，在理论和实践上都较重要。

2. 命名

（1）选择含有两个双键在内的最长碳链为主链，根据主链碳原子数目，称为某二烯；

（2）从距双键近的一端开始编号，将双键位次置于某二烯前；

（3）若有顺反异构，用 Z,E 标明构型。

例如：　　　　　　　$CH_3{-}CH{=}CH{-}CH_2{-}CH{=}CH_2$

         1,4-己二烯

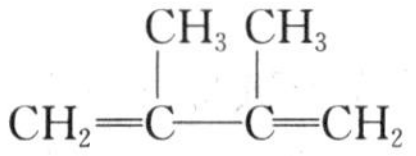

              H   H

           CH_3　\\　／

            \\　C=C

 $CH_3\ CH_3$ C=C　　＼

  | | ／　　　　CH_3

$CH_2{=}\overset{|}{C}{-}\overset{|}{C}{=}CH_2$ H　　　H

 2,3-二甲基-1,3-丁二烯　　　　　(2Z,4Z)-2,4-己二烯

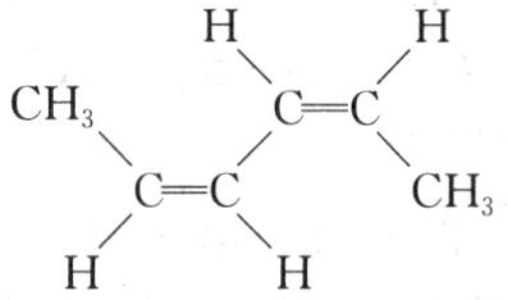

4.2.2 共轭二烯烃的结构和共轭效应

1. 1,3-丁二烯的结构

据测定 1,3-丁二烯分子中 4 个碳原子和 6 个氢原子是共平面的，其键长、键角数据为：

   键长：C＝C　　　　　0.134 nm　　　C—C　　　　　0.148 nm

   键角：∠C＝C—C　　122°　　　　　∠C＝C—H　　119.8°

1,3-丁二烯分子中碳碳单键比乙烷中碳碳单键(0.154 nm)缩短，反映出 1,3-丁二烯分子中存在键长平均化趋势，其单键有部分双键性质。这是共轭二烯烃特性之一。键角测定均接近 120°，表明分子中 4 个碳原子都是 sp^2 杂化，相互以 sp^2 杂化轨道沿键轴重叠，形成 3 个碳碳 σ 键，并与 6 个氢原子的 1s 轨道重叠，构成 6 个碳氢 σ 键。这 9 根 σ 键的键轴位于同一平面内，每个 sp^2 杂化碳原子的未参与杂化 2p 轨道垂直该平面，并彼此平行。如图 4-2所示，s-顺与 s-反是由中间"单键"旋转所产生的构象异构。

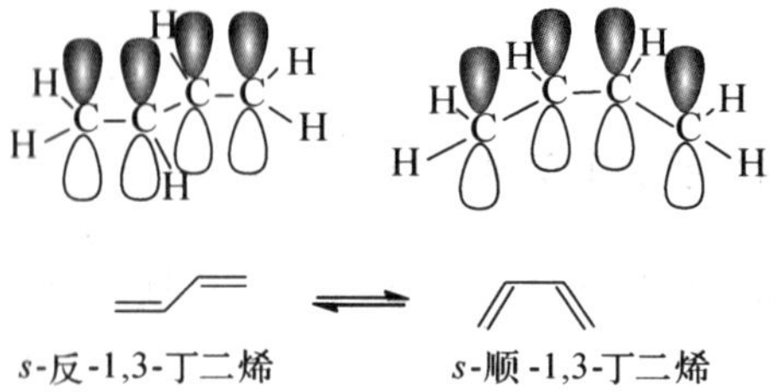

s-反-1,3-丁二烯　　⇌　　s-顺-1,3-丁二烯

图 4 - 2　1,3-丁二烯的结构

1,3-丁二烯中的四个碳原子各有一个未参与杂化的 p 轨道,垂直于 σ 键骨架所在平面,p 轨道平行重叠,在 C_1 和 C_2 及 C_3 和 C_4 之间形成两个 π 键,但 C_2 和 C_3 之间的 p 轨道也有一定程度重叠,所以 C_2 和 C_3 之间不是一个单纯 σ 键,而是具有部分双键性质。这样重叠的结果把整个 π 体系连在一起,形成大 π 键。π 键上的电子不再局限于某两个原子之间,发生所谓的离域,成键电子在整个大 π 键体系中运动,这种体系称为共轭体系。在不饱和化合物中,若与 C=C 相邻的原子上有 p 或 π 轨道,则 p 轨道或 π 轨道便可与 C=C 形成一个包含两个以上原子的大 π 键,都可以构成共轭体系。

2. 共轭效应

在共轭体系中,由于轨道相互交盖,产生电子离域,导致共轭体系中电子云密度分布发生变化,对分子结构和理化性质所产生的各种影响称为共轭效应。

关于键的定域与离域,进一步讨论如下。

有机分子中只包含 σ 键和孤立 π 键的分子称为非共轭分子。组成 σ 键的一对 σ 电子和孤立 π 键中一对 π 电子近似于成对地固定在成键原子之间,这样的键叫做定域键。例如,CH_4 分子的任一个 C—H σ 键和 CH_2=CH_2 分子的 π 键,其电子运动都局限在两个成键原子之间,都是定域键。

而参与共轭体系的所有 π 电子的运动不局限于两个碳原子之间,而是扩展到组成共轭体系的所有碳原子之间,这种现象叫做离域。共轭 π 键也叫离域键。电子的离域放出离域能,使分子能量降低,共轭体系趋于稳定。离域能大小可用测定氢化热方法测得。由于共轭 π 键的离域作用,当分子中任何一个组成共轭体系的原子受外界试剂作用时,它会立即影响到体系的其他部分。

共轭效应发生在共轭体系中,常见的共轭体系有以下几种类型:

(1) π-π 共轭体系

单双键交替存在,其 p 轨道互相重叠组成的共轭 π 键。

π-π 共轭体系:CH_2=CH—CH=CH—CH=CH_2　⬡

CH_2=CH—CH=CH—CH=O

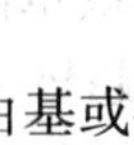

(2) p-π 共轭体系

一个 π 键和具有与此 π 键平行 p 轨道的杂原子、自由基或碳正离子等直接相连组成的共轭体系。单键一侧为 π 键,另一侧为 p 轨道。

CH_2=CH—$\ddot{C}l$　　　CH_2=CH—$\dot{C}H_2$　　　CH_2=CH—$\overset{+}{C}H_2$

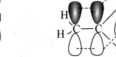 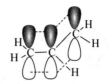

氯乙烯中的 p-π 共轭　　　烯丙基自由基中的 p-π 共轭　　　烯丙基正离子中的 p-π 共轭

图 4 - 3　几种典型 p - π 共轭体系

在图 4 - 3 中,氯乙烯中氯原子 p 轨道有未共用电子对,由 3 个原子组成的共轭体系有 4 个离域电子。凡是共轭体系中离域电子数大于原子数的叫做多电子共轭 π 键。烯丙基自由基中,3 个碳原子都是 sp^2 杂化,每个碳原子未参与杂化的 p 轨道彼此平行,并分别具有 1 个电子,由 3 个 p 轨道重叠形成共轭体系。由于离域电子数等于原子数,因此叫做等电子共轭 π 键。烯丙基正离子的碳原子杂化与烯丙基自由基相似,但与双键相连的碳原子是空的 p 轨道,所以该共轭体系中离域电子数少于原子数,叫做缺电子共轭 π 键。

（3）超共轭体系

由 α-碳氢 σ 键与相邻 π 键处于共轭状态所引起的 σ 电子与 π 电子的离域叫做 σ-π 超共轭。

例如:丙烯中 C—C 单键一侧为 π 键,另一侧为 C—H σ 键,如图 4 - 4 所示。

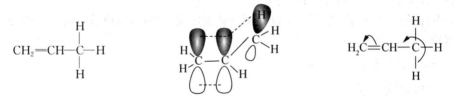

图 4 - 4　丙烯中的 σ - π 共轭体系

在丙烯分子中,甲基碳原子是 sp^3 杂化,它与氢原子所构成的 σ 键与构成 π 键的两个 p 轨道虽不平行,但它们之间仍可部分重叠形成超共轭。甲基中 3 个 α-碳氢键能绕轴旋转,都有可能与碳碳双键的 π 轨道重叠,所以丙烯中有 3 个碳氢键参与超共轭。

组成 C—H 键的 σ 轨道与相邻原子的 p 轨道之间的共轭叫做 σ-p 超共轭。自由基和正碳离子常存在这种共轭。例如:在正碳离子中,C—H σ 键与相邻碳上的空 p 轨道共轭,从而产生电子的离域现象,使体系趋向稳定,如图 4 - 5 所示。

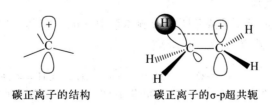

碳正离子的结构　　　　　碳正离子的 σ-p 超共轭

图 4 - 5　碳正离子的 σ - p 超共轭体系

正碳离子的稳定性也随着参加共轭的 C—H 键的增多而增大。

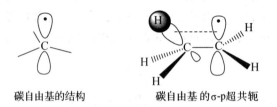

稳定性:叔正碳离子 ＞ 仲正碳离子 ＞ 伯正碳离子 ＞ 甲基正碳离子

在自由基中 C—H σ 键与相邻碳上的 p 轨道(存在一个未配对电子)共轭,从而产生电子的离域。参加共轭的 C—H 键越多,自由基也越稳定。

碳自由基的结构　　　　　　碳自由基的σ-p超共轭

图 4-6　碳自由基的 σ-p 超共轭体系

自由基的稳定顺序同样是:3° ＞ 2° ＞ 1°

超共轭效应中,由于 σ 轨道与 p 轨道或 π 轨道不完全平行,轨道重叠较少,因此比 π-π、p-π 共轭效应弱得多。

3. 共轭效应的特点与传递

(1) 共轭体系特点

① 键长平均化;② 轨道交盖电子离域,形成离域大 π 键;③ 体系内能低,稳定性高。

(2) 共轭效应产生的条件

① 构成共轭体系的原子必须在同一平面内;② p 轨道的对称轴垂直于该平面。

(3) 共轭效应的传递

① 共轭效应只存在于共轭体系内,其传递只在体系内进行;② 共轭效应在共轭链上产生电荷正负交替现象;③ 共轭效应的传递不因共轭链的增长而明显减弱,沿共轭体系传递不受距离限制。

根据电子云偏移的方向,共轭效应又分为吸电子共轭效应和给电子共轭效应。

(a) 吸电子共轭效应

共轭体系中某些组成原子或基团能影响体系中 π 电子转移方向,当其具有吸电子性质时,产生吸电子共轭效应,称为-C 效应。

$$CH_2{=}CH{-}CH{=}O \qquad CH_2{=}CH{-}\overset{\cdot}{C}H_2 \qquad CH_2{=}CH{-}\overset{+}{C}H_2$$
丙烯醛　　　　　　　烯丙基自由基　　　　　　烯丙基正离子

(b) 给电子共轭效应

具有未共用电子对的原子,如氧、氮和氯原子等与双键碳原子直接相连时,未共用电子对有推电性,在共轭体系中所引起的 2p 电子按弯箭头所指方向转移,是给电子共轭效应,称为+C 效应。

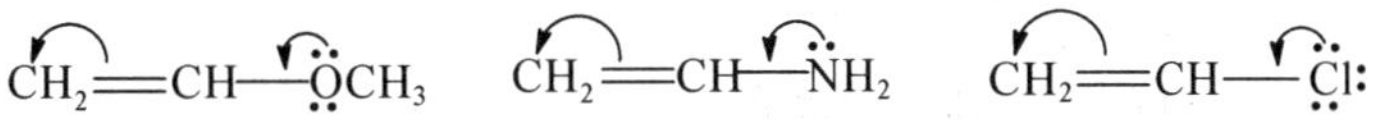

甲基乙烯基醚　　乙烯基氨　　氯乙烯

(c) p-π 和 π-π 共轭效应的相对强度

不同类型共轭体系共轭效应强度不同,其顺序为:π-π>p-π>σ-π,σ-p。

4.2.3 共轭二烯烃的性质

1. 1,4-加成反应

共轭二烯和亲电试剂加成时,有两种加成方式:一种是加在相邻的双键碳原子上,为 1,2-加成;另一种是加在共轭体系两端碳原子上,叫作 1,4-加成。实验证明 1,4-加成与 1,2-加成同时发生。

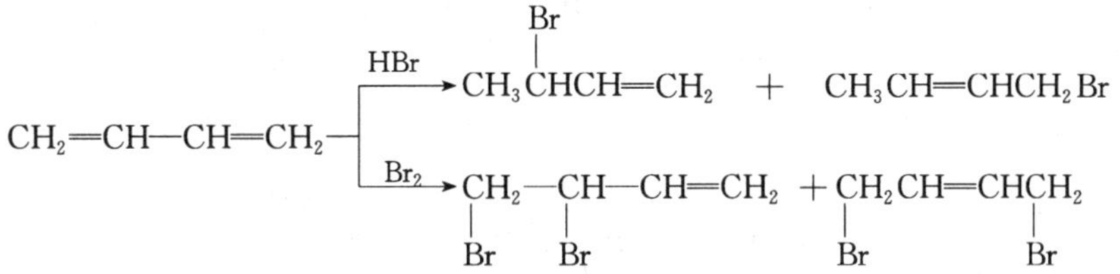

1,2-加成　　1,4-加成

反应条件的改变,如溶剂选择、温度等都能改变 1,4-加成物和 1,2-加成物的比例。如极性较大的溶剂中,产物以 1,4-加成物为主,在非极性溶剂中以 1,2-加成物为主。

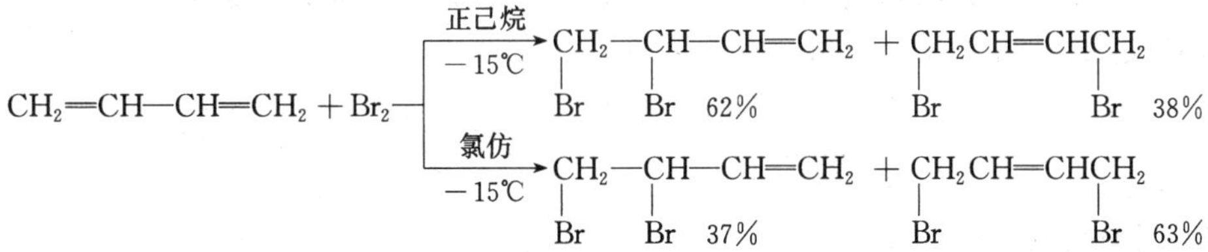

1,2-加成　　1,4-加成

当温度较低时,1,2-加成物与 1,4-加成物的量取决于反应速率。1,2-加成活化能比 1,4-加成活化能低,所以产物以 1,2-加成为主。温度较高时,1,2-加成物生成后,其逆反应活化能也较低,它比稳定的 1,4-加成物的逆反应快得多,在反应到达动态平衡时,较稳定的 1,4-加成物是主要产物。

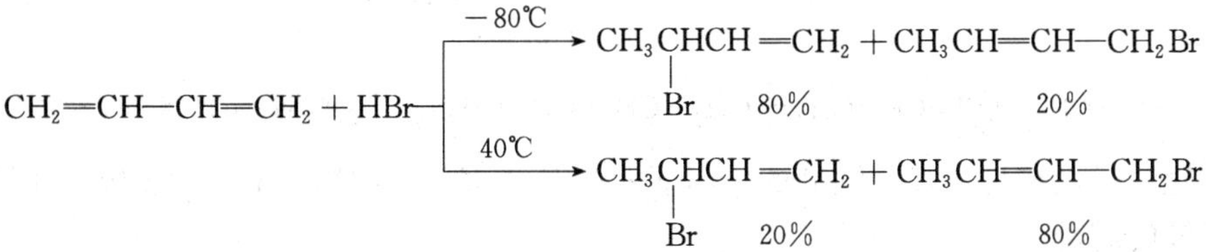

1,2-加成　　1,4-加成

将−80℃时所得反应产物混合物,再于 40℃时长时间加热,可得与 40℃反应同样产物比。

2. 双烯合成反应(Diels-Alder 反应)

共轭二烯与烯烃(或其衍生物)在加热条件下生成环己烯衍生物的反应称为 Diels-Alder 反应,也称双烯合成。共轭二烯烃叫做双烯体,烯烃等含不饱和键的化合物叫做亲双烯体。在双烯体中存在供电子基,在亲双烯体中存在吸电子基(如—CHO,—C≡N,—COOH等)时,该反应易发生。

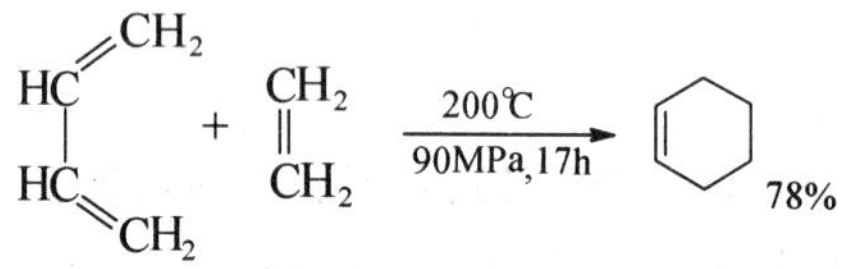

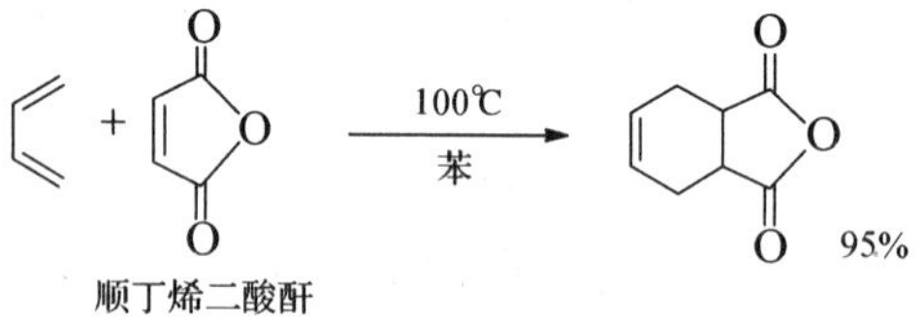

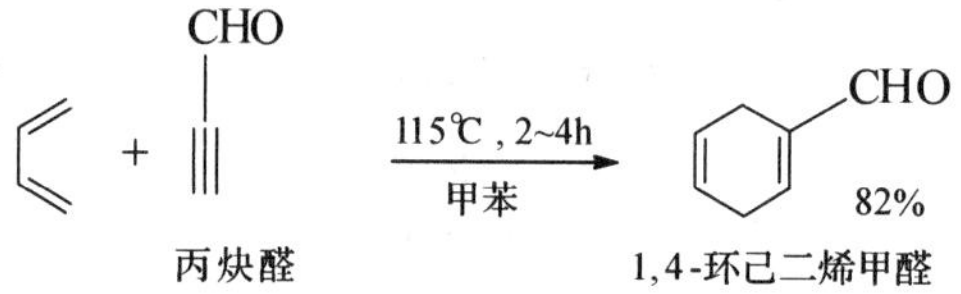

此反应是合成六元环状化合物的有效途径,在理论研究和实践上均有重要意义。共轭二烯与顺丁烯二酸酐能生成结晶状固体,可用于共轭二烯烃鉴别。

Diels-Alder 反应属协同反应,其特征是新键的生成与旧键的断裂协同进行,反应中生成环状过渡态,此类反应又叫做周环反应。

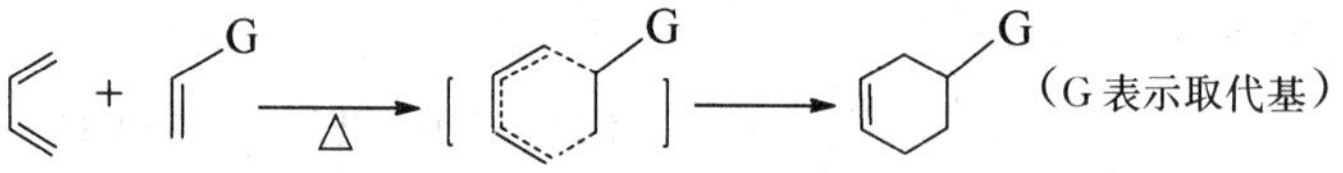

3. 聚合反应

共轭二烯烃也易发生聚合。聚合时,既可发生 1,2-加聚,也可发生 1,4-加聚,或同时进行 1,2-与 1,4-加聚。选择不同反应条件,可控制加聚方式。

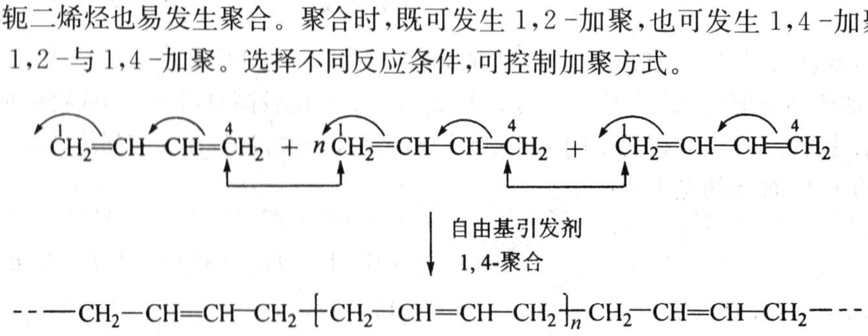

共轭二烯烃在自由基引发剂的作用下发生自身聚合,生成高分子化合物。此反应是合成橡胶的基础。

1,3-丁二烯或 2-甲基-1,3-丁二烯(异戊二烯)在 Ziegler-Natta 催化剂(如

$TiCl_4$ -$Al(C_2H_5)_3$)作用下，主要按 1,4 -加成方式进行顺式加成聚合，即定向聚合。顺丁橡胶和异戊橡胶在结构和性质上与天然橡胶类似，是天然橡胶优良替代品。

$$nCH_2=CH-CH=CH_2 \xrightarrow{TiCl_4 - Al(C_2H_5)_3} \left[\begin{array}{c} CH_2 \qquad CH_2 \\ \diagup \qquad \diagdown \\ C=C \\ \diagup \qquad \diagdown \\ H \qquad H \end{array}\right]_n$$
顺丁橡胶

$$nCH_2=CH-\underset{\underset{CH_3}{|}}{C}=CH_2 \xrightarrow{TiCl_4 - Al(C_2H_5)_3} \left[\begin{array}{c} CH_2 \qquad CH_2 \\ \diagup \qquad \diagdown \\ C=C \\ \diagup \qquad \diagdown \\ CH_3 \qquad H \end{array}\right]_n$$
异戊橡胶

$$nCH_2=CH-\underset{\underset{Cl}{|}}{C}=CH_2 \xrightarrow{聚合} \left[CH_2-CH=\underset{\underset{Cl}{|}}{C}-CH_2\right]_n$$
氯丁橡胶

除可自身加聚外，共轭二烯还可和其他化合物发生共聚。

$$nCH_2=CH-CH=CH_2 + n\underset{苯环}{\overset{CH=CH_2}{\bigcirc}} \xrightarrow{过氧化物} \left[CH_2-CH=CH-CH_2-\underset{苯环}{CH-CH_2}\right]_n$$
丁苯橡胶

丁苯橡胶是世界上产量最大的合成橡胶，主要用于制轮胎，有良好耐老化性、耐油性、耐热性和耐磨性。

习 题

1. 选择题

(1) 下列烯烃中最稳定的是(　　)。

A. 　　　　B. 　　　　C. 　　　　D.

(2) 下列碳正离子中最稳定的是(　　)。

A. $CH_2=CH\overset{+}{C}HCH_3$　　B. $CH_3\overset{+}{C}HCH_2CH_3$　　C. 　　D. $\overset{+}{C}H_2CH_3$

(3) 下列化合物最稳定的是(　　)。

A. 1,3 -戊二烯　　　　B. 1,4 -戊二烯　　　　C. 1,3 -丁二烯　　　　D. 1,2 -丁二烯

(4) 下列化合物中的碳为 sp^2 杂化的是(　　)。

A. 乙烷　　　　　　B. 乙烯　　　　　　C. 乙炔　　　　　　D. 环己烷

(5) 下列化合物中沸点最高的是(　　)。

A. 1 -己炔　　　　　　　　　　　　B. 2 -己炔

C. 3-甲基-1-戊炔   D. 3,3-二甲基-1-丁炔

(6) 下列化合物酸性最强的是( )。

A. CH_3CH_3 B. $CH_2=CH_2$ C. $CH\equiv CH$ D. $CH_3C\equiv CH$

(7) 下列化合物中,与丙烯醛发生 Diels-Alder 反应最活泼的是( )。

A. （三甲基环己二烯结构）   B. CH_3—（异戊二烯结构）   C. CH_3O—（甲氧基丁二烯结构）   D. （丁二烯结构）

(8) 下列哪种化合物能与氯化亚铜氨溶液作用产生红色沉淀? ( )

A. $CH_3CH=CHCH_3$ B. $CH_3CH_2C\equiv CH$

C. $CH_3C\equiv CCH_3$ D. $CH_3CH=CH(CH_2)_4CH=CH_2$

(9) $CH_3CH_2C\equiv CH$ 与 $CH_3CH=CHCH_3$ 可用哪种试剂鉴别? ( )

A. 硝酸银的氨溶液   B. Br_2 的 CCl_4 溶液

C. 三氯化铁溶液   D. 酸性 $KMnO_4$ 溶液

(10) 下列化合物与 HBr 发生亲电加成反应活性最高的是( )。

A. $CH_2=CH—CH=CH_2$ B. $CH_3CH=CH—CH=CH_2$

C. $CH_3CH_2CH=CH_2$ D. $CH_2=C—C=CH_2$
                 $\overset{|}{CH_3}\;\overset{|}{CH_3}$

2. 命名下列化合物。

(1) $(CH_3)_2CHC\equiv CH$ (2) $CH_3CH=CHCHC\equiv CH$
                       $\overset{|}{CH_2CH_3}$

(3) $CH_3CH=C=C(CH_3)_2$ (4) $CH_3CH=CH(CH_2)_2CH=C—CH_3$
                 $\overset{|}{CH_3}$ $\overset{|}{CH_2CH_3}$

(5) $CH_2=CH—C=CH—C=CH_2$ (6) $CH_2=CH—CH=C(CH_3)_2$
         $\overset{|}{CH_3}$ $\overset{|}{CH_3}$

(7) （甲苯环己二烯结构）   (8) （顺反二烯结构）

3. 写出 1 mol 丙炔与下列试剂作用所得产物的结构式。

(1) 1 mol H_2,Ni   (2) 2 mol H_2,Ni   (3) 稀 H_2SO_4/$HgSO_4$ (4) H_2/Lindlar 催化剂

(5) 1 mol Br_2 (6) 1 mol HCl   (7) $NaNH_2$ (8) 2 mol HBr   (9) $[Ag(NH_3)_2]NO_3$

4. 完成下列反应。

(1) $CH_3CH_2C\equiv CH+Br_2/CCl_4 \longrightarrow$

(2) $CH_3CH_2CH_2C\equiv CH+KMnO_4 \xrightarrow[\triangle]{H^+}$

(3) （环戊烯结构）$+HBr \longrightarrow$

(4) （环戊烯结构）$+O_3 \longrightarrow \xrightarrow{Zn, H_2O}$

(5) $HC\equiv CH+2NaNH_2 \longrightarrow \xrightarrow{2CH_3CH_2Br}$

(6) $CH_2=C-CH=CH_2 + HCl \longrightarrow$
　　　　 $|$
　　　　 CH_3

(7)  ⬡ $+ KMnO_4 \xrightarrow{H^+}$

(8) $HC\equiv CCH_2CH_2CH_3 \xrightarrow{Cu(NH_3)_2Cl} A \xrightarrow{HNO_3} B$

(9) $CH_3CH_2C\equiv CH + NaNH_2 \longrightarrow C \xrightarrow{CH_3CH_2Br} D \xrightarrow[HgSO_4,\ H_2SO_4]{H_2O} E$

(10) $CH_3CH=CH-CH=CHCH_3 + Br_2 \xrightarrow{-40℃}$

(11) 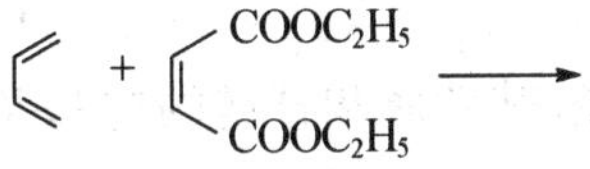 ⟨ $+$ $\overset{COOC_2H_5}{\underset{COOC_2H_5}{|}}$ $\longrightarrow$

(12) 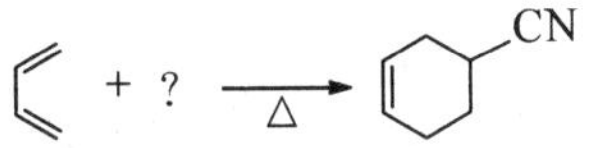 ⟨ $+ ? \xrightarrow{\triangle}$ ⬡—CN

(13) 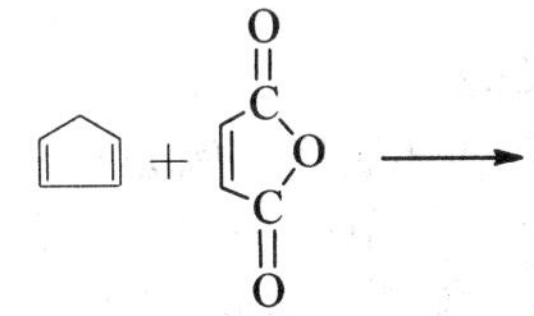 ⬠ $+$ (maleic anhydride) $\longrightarrow$

(14) 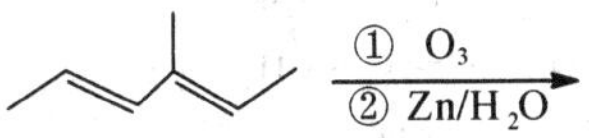 $\diagup\diagdown$ $\xrightarrow[②\ Zn/H_2O]{①\ O_3}$

5. 解释下列反应结果，说明为什么(1)的加成反应在双键上进行，而(2)的加成反应在叁键上进行。

(1) $CH_2=CH-CH_2-C\equiv CH \xrightarrow{HCl} CH_3\underset{Cl}{\overset{Cl}{CH}}CH_2C\equiv CH$

(2) $CH_2=CH-C\equiv CH \xrightarrow{HCl} CH_2=CH-\underset{Cl}{\overset{}{C}}=CH_2$
　　　　　　　　　　　　　　　　　　　　　　　$|$
　　　　　　　　　　　　　　　　　　　　　　　Cl

6. 用简便化学方法区别下列各组化合物：

(1) 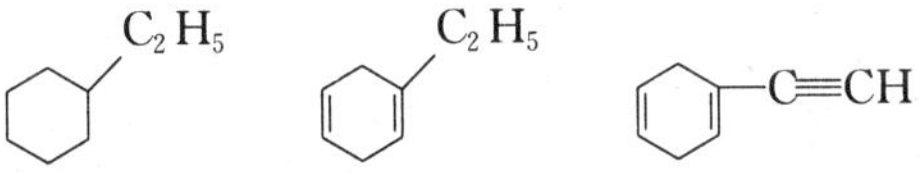 ⬡—C_2H_5　　⬡—C_2H_5　　⬡—$C\equiv CH$

(2) $CH_3CH_2C\equiv CCH_3$　　$CH_2=CH-CH_2-CH=CH_2$　　$CH_2=CH-CH=CH-CH_3$

7. 如何将乙炔转化为以下化合物，写出简要路线。

(1) 顺-2-丁烯

(2) 2-戊酮

第5章 脂环烃

§5.1 脂环烃的分类和命名

脂环烃(alicyclic hydrocarbon)是指碳原子成环的烃,其性质和开链的饱和及不饱和的烃类相似。

5.1.1 脂环烃的分类

(1) 根据环中有无不饱和键,可分为饱和与不饱和脂环烃。

饱和的脂环烃称为环烷烃,不饱和的脂环烃称为环烯烃和环炔烃。例如:

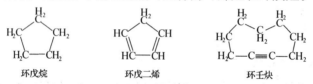

| 环戊烷 | 环戊二烯 | 环壬炔 |

用键线式可简写为:

(2) 根据所含环的数目,还可分为单环、双环和多环脂环烃。

单环脂环烃根据成环碳原子的数目分为小环($C_3 \sim C_4$)、普通环($C_5 \sim C_7$)、中环($C_8 \sim C_{11}$)及大环(C_{12}以上)。双环和多环脂环烃按环与环的结合方式又分为螺环烃和桥环烃。

脂环烃中两个碳环共有一个碳原子的称为螺环烃,例如:

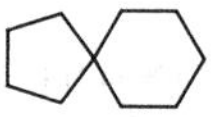

螺[4.5]癸烷

脂环烃中两个碳环共有两个或两个以上碳原子的称为桥环烃,例如:

双环[2.2.2]辛烷

5.1.2 脂环烃的命名

1. 单脂环烃的命名

脂环烃命名与相应的开链脂肪烃相同,只是在名称前加"环"。例如:

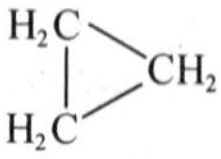

环丙烷 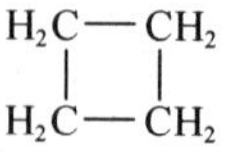　　　　　　环丁烷

环上有支链时,将其视作取代基,环上碳原子的编号也是以给取代基最小位次为原则。只有一个取代基时,其位置默认为 1 位,书写时可省略;当取代基不止一个时,用较小的数字表明较小取代基的位次。若取代基比环结构更复杂,环烷基也可作取代基对待。例如:

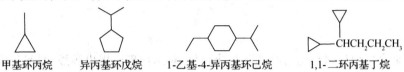

甲基环丙烷　　　异丙基环戊烷　　　1-乙基-4-异丙基环己烷　　　1,1-二环丙基丁烷

1,4-二甲基环己烷中,环的一半用粗实线给出时,表示环平面与纸平面垂直,粗线表示在纸面的前面。两个甲基可在环平面的一边,也可不在一边,可表示为:

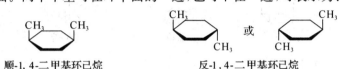

顺-1,4-二甲基环己烷　　　　　反-1,4-二甲基环己烷

顺、反异构体的互相转化会引起键的断裂,它们互为立体异构体。

取代的不饱和环烃,要从不饱和键开始编号,在此基础上使取代基有较小位次。例如:

4-甲基环庚烯　　　　　　　1,3-二甲基-1,3-环己二烯

2. 多环脂环烃的命名

(1) 桥环烃　两个环共用两个或两个以上碳原子的烃叫作桥环烃,共用碳原子称为桥头碳。

桥环烃命名时以二环(双环)为词头,其后方括号内从大到小列出每桥所含碳原子数(桥头碳原子除外),从大到小,各数字之间用圆点隔开,再根据桥环中碳原子总数称为某烃。二环烃的编号是从一个桥头碳原子开始,沿最长的桥编到另一个桥头碳原子,再沿次长桥编回到起点桥头的碳原子,最后编号最短桥,在此编号规则基础上使官能团及取代基的位次尽可能小。

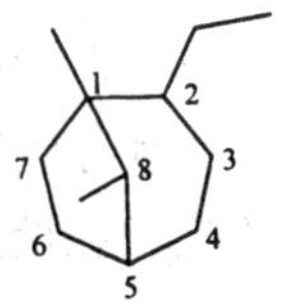

1,8-二甲基-2-乙基二环[3.2.1]辛烷 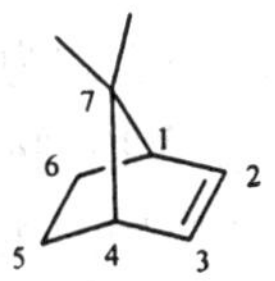　　　7,7-二甲基二环[2.2.1]-2-庚烯

(2) 螺环烃　两个环共用一个碳原子的烃叫作螺环烃。

螺环烃的命名根据螺环中碳原子总数称为螺某烃,在螺字后面的方括号内用阿拉伯数字标明每个环上除螺原子(公用原子)以外的碳原子数,小环数字排在前面,大环数字排在后,数字之间用圆点隔开。如:

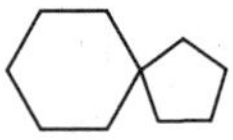

螺[4.5]癸烷 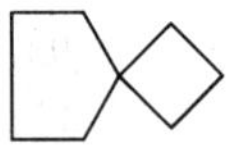　　　　　螺[3.4]辛烷

编号从螺原子旁的相邻碳原子开始,沿较小的环开始编号,然后经过螺原子沿第二个

环编号。在此编号规则基础上使官能团及取代基编号较小。例如：

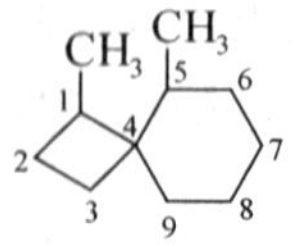

1,5-二甲基螺[3.5]壬烷

近年来合成出许多结构奇特的环状化合物,对结构理论提出挑战,引起有机化学家的极大兴趣。常用简称来称呼这些环状化合物,例如：

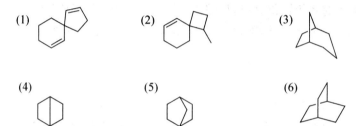

立方烷   篮烷   金刚烷

【例5.1】 命名下列化合物：

(1)   (2)   (3)

(4)   (5)   (6)

答：(1) 螺[4.5]-1,6-癸二烯　(2) 1-甲基螺[3.5]-5-壬烯　(3) 二环[3.2.1]辛烷
(4) 二环[2.2.0]己烷　(5) 二环[2.2.1]庚烷　(6) 二环[2.2.2]辛烷

§5.2 环烷烃的性质

5.2.1 物理性质

常温常压下,环丙烷、环丁烷为气体,环戊烷至环十一烷是液体,其他高级环烷烃为固体。环烷烃的熔点、沸点比含相同碳原子的直链烷烃高。因为环烷烃比直链烷烃能够更紧密地排列在晶格中。环烷烃的相对密度仍小于1。环烷烃和烷烃一样,一般不溶于水,易溶于有机溶剂。一些环烷烃的熔点和沸点见表5-1。

表5-1 环烷烃的物理常数

名　称	熔点/℃	沸点/℃	相对密度(d_4^{20})
环丙烷	−127	−34	0.689
环丁烷	−90	−12	0.689
环戊烷	−93	49	0.746
环己烷	6	80	0.778
环庚烷	8	119	0.810
环辛烷	4	148	0.830

5.2.2 化学性质

环烷烃的化学反应与烷烃相似。含三元环和四元环的小环化合物有一些特殊的性质,它们容易开环加成为开链化合物。

1. 加成反应

（1）加氢

环丙烷在较低的温度和镍催化下加氢开环生成丙烷;环丁烷在较高温度下也可以加氢开环生成丁烷;环戊烷要用活性高的催化剂在更高温度下才能开环生成烷烃。例如:

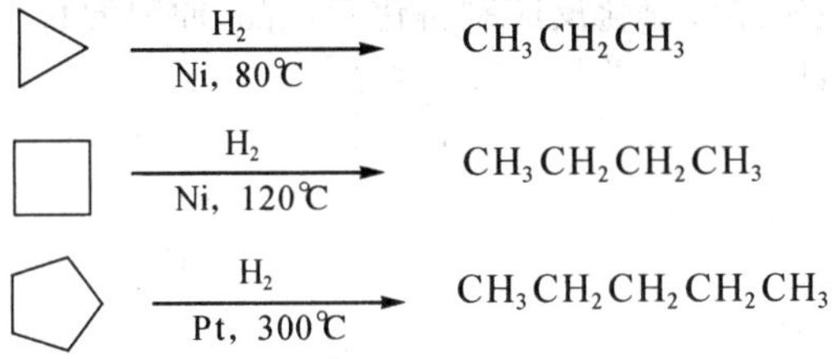

$$\triangleright \xrightarrow[\text{Ni, 80℃}]{\text{H}_2} CH_3CH_2CH_3$$

$$\square \xrightarrow[\text{Ni, 120℃}]{\text{H}_2} CH_3CH_2CH_2CH_3$$

$$\pentagon \xrightarrow[\text{Pt, 300℃}]{\text{H}_2} CH_3CH_2CH_2CH_2CH_3$$

（2）加溴

溴在室温下即能使环丙烷开环,生成 1,3-二溴丙烷,而环丁烷需在加热条件下才能开环。

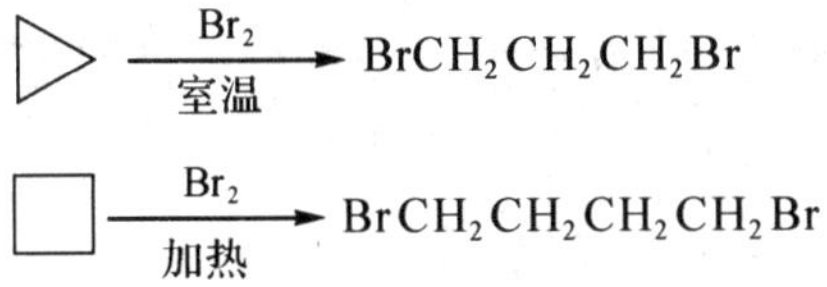

$$\triangleright \xrightarrow[\text{室温}]{\text{Br}_2} BrCH_2CH_2CH_2Br$$

$$\square \xrightarrow[\text{加热}]{\text{Br}_2} BrCH_2CH_2CH_2CH_2Br$$

（3）加溴化氢

溴化氢也能使环丙烷开环,产物为 1-溴丙烷,取代环丙烷与溴化氢的反应符合马尔科夫尼科夫规则,环的断裂在取代基最多和取代基最少的碳碳键之间发生,氢原子加在含氢较多的碳原子上,溴加在含氢较少的碳原子上;环丁烷、环戊烷等不易与溴化氢反应。

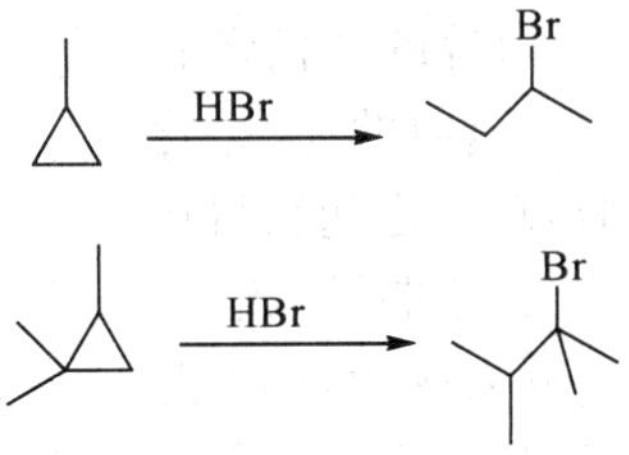

2. 取代反应

环戊烷或高级的环烷烃与卤素作用发生取代反应。环烷烃发生取代反应时所得异构体产物比开链烷烃少。例如:

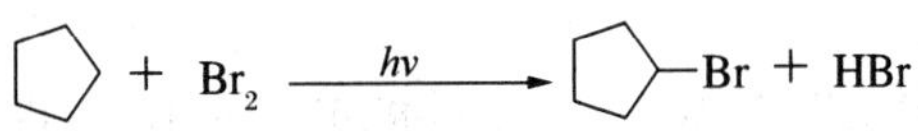

$$\pentagon + Br_2 \xrightarrow{hv} \pentagon\text{—Br} + HBr$$

3. 氧化反应

环烷烃在一般条件下与 $KMnO_4$,O_3 不起反应。环丙烷虽然易起开环加成反应,但对氧化剂是稳定的。例如,在下列反应中,双键被氧化了,环保持不变。

$$H_3C \diagdown \diagup C \diagdown CH=C \diagup CH_3 \xrightarrow{KMnO_4} H_3C \diagdown \diagup COOH + H_3C-C-CH_3$$

但在某些特殊条件下,环己烷可用空气催化氧化生成环己醇和环己酮的混合物,它们是制造己二酸的原料。

$$\bigcirc + O_2 \xrightarrow[150～160℃,0.8～1\ MPa]{钴催化剂} \bigcirc-OH + \bigcirc=O$$

环己烷   环己醇   环己酮

利用烷烃和环烷烃的部分氧化反应制备化工产品,原料便宜、易得,但产物选择性差,副产物多,分离提纯困难。

【例 5.2】 完成下列反应式。

(1) $\triangleright\!\!\triangleleft$ + HCl $\longrightarrow$ (2) 环丙基$-C(=CH_2)-CH_3 \xrightarrow[H^+]{KMnO_4}$

(3) 环戊烯 + Cl$_2$ $\xrightarrow{300℃}$ (4) 环戊烯 + Br$_2$ $\xrightarrow{CCl_4}$

答:(1) $CH_3CH_2\overset{\displaystyle Cl}{\underset{\displaystyle CH_3}{\overset{|}{\underset{|}{C}}}}-CH_3$ (2) 环丙基$-C(=O)-CH_3$ + CO$_2$ (3) 氯代环戊烯   (4) 二溴代环戊烷

§5.3 环烷烃的结构与稳定性

环丙烷的碳是 sp^3 杂化轨道成键的,只有当两个 C—C 键之间的夹角为 109.5°时,碳与碳的 sp^3 杂化轨道才能达到最大的重叠。环丙烷的几何形状要求碳原子之间的夹角必须是 60°,这时的 sp^3 杂化轨道不能沿键轴进行最大的重叠,环碳之间只得形成一个弯曲的键,形似"香蕉",称为"弯曲键"或"香蕉键",使整个分子像拉紧的弓一样有张力,具有此张力的环易开环恢复为正常键角,这种力称为角张力。如图 5-1 所示。经计算,环丙烷的 C—C—C 键角 105.5°,H—C—H 键角 114°,均偏离 109.5°。

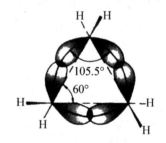

图 5-1 环丙烷分子中弯曲键的形成

可以看出,由于环丙烷结构中弯键比沿键轴重叠的正常 σ 键弱,且环内存在较大张力,因此容易发生开环反应。

环丁烷的结构与环丙烷的类似,C—C—C 键角约为 115°,也存在环张力,但其程度不及环丙烷,因此开环加成反应活性不如环丙烷明显。

近代测试结果表明,除环丙烷的碳原子为平面结构外,其余环烷烃中的成环碳原子都不在同一平面上,五碳及其以上的环烷烃中碳碳键的夹角差不多是 109.5°,这样可以很

好地克服环张力,从而形成稳定的结构。环丁烷、环戊烷和环己烷的较稳定的结构如下:

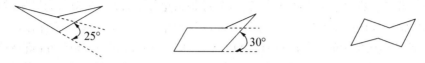

§5.4　环己烷的构象

5.4.1　椅型构象和船型构象

在环己烷中,六个碳原子不在同一个平面内,碳碳键之间的夹角为 109.5°,没有环张力,因此环很稳定。环己烷由于环的翻转可以形成多种构象,其中,椅型和船型这两种典型的构象最为重要(见图 5-2)。

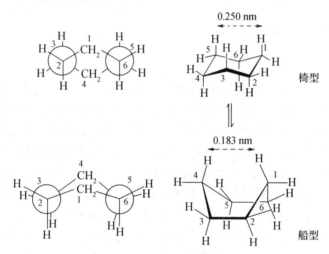

图 5-2　环己烷的两种典型构象

椅型构象(chair conformation)是环己烷最稳定的构象,其中 2,3,5,6 四个碳原子在同一平面内,C(1)和 C(4)分别位于该平面的上下方,C(1)像椅背,C(4)像椅脚。沿着碳碳键依次看过去,相邻两个碳原子上的键都处于邻交叉式的位置,所有的键角都接近正常的四面体角,非键原子间的距离(0.250 nm)都大于范氏半径之和(0.240 nm),故也不存在使键长改变的因素。椅型构象有一个三重对称轴 C_3,若以与碳原子 1,3,5 或 2,4,6 所在的平面相垂直的

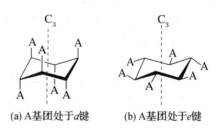

(a) A 基团处于 a 键　　(b) A 基团处于 e 键

图 5-3　环己烷椅型构象上的 a 键和 e 键

直线为轴,则旋转 120°或其倍数得到的构象和原来的完全一样(图 5-3)。

船型构象(boat conformation)是环己烷能保持正常键角的另一个构象。从船型的 Newman 式中可看出,两对碳原子 2,3 和 5,6 的构象是重叠式的,这四个碳原子几乎在同一平面内,碳原子 1,4 则处于该平面的同一侧,其氢原子间的距离只有 0.183 nm,小于范

氏半径之和(0.240 nm)。因此,船型构象中虽然没有角张力存在,但重叠的前后氢原子之间、船头船尾上的两个氢之间斥力较大,非键张力也较大,故船式构象能量相对较高,没有椅型构象稳定,在一般情况下,环己烷及其取代衍生物主要以椅型构象存在。

环己烷椅型构象中的C—H键有两种类型(见图5-3),其中六个C—H键彼此基本平行,离环平面垂直轴外偏约7°,我们称之为直立键或竖键,又叫 a 键(axial bond)。另外六个C—H键与分子的 C_3 对称轴大致垂直并伸出环外,它们近似地处于由三个间隔的碳原子组成的平面内,我们称之为平伏键或横键,又叫 e 键(equatorial bond)。a 键和 e 键之间的 H—C—H键角接近109.5°。

在同一个碳原子上的 a 键及 e 键可以经过环的翻转而相互转换,即由一种椅型转到另一种椅型,翻转的结果使原来处在 a 键的氢转为处于 e 键,同碳上的另一根 e 键同时转为 a 键取向。这种转换是一种很快速的过程,在室温下转换速率为 $10^4 \sim 10^5$ 次/s。

环己烷从一种椅型构象经翻转变换成另一种椅型构象,过程中包括各种构象异构体,这几个构象异构体之间在室温下相互转换很快,其中椅型构象占到99%以上。

5.4.2 取代环己烷的构象

1. 单取代环己烷的构象

环己烷最稳定的构象为椅型构象,取代环己烷的构象中环己烷也以椅型构象最为稳定。取代基在椅型构象中可以在 a 键的位置也可以在 e 键的位置,它们相互之间又由于两种椅型构象可以翻转而相互转变。但是,当取代基在 a 键时会产生非键作用。以甲基为例,从图5-4的Newman投影式上可以看出,a 键上的甲基与碳架处于邻位交叉式的位置,而 e 键上的甲基与碳架处于对位交叉式的位置。甲基在 a 键上时,与碳环同一边的3,5 位碳上 a 键氢原子相距较近而有排斥,即有所谓的1,3-张力存在,使位能升高。而当甲基位于 e 键时与邻近氢原子相距较远,无1,3-张力。因此,在甲基环己烷的构象异构体平衡体系中,以 e 甲基构象为稳定。据测定,甲基环己烷的 a 键型与 e 键型构象的能量差约为7.8 kJ·mol^{-1},由于数量相差不大,两者可以相互转变而达成动态平衡,动态平衡物中,e 甲基构象占95%左右。当取代基比甲基大时,它与3,5 位碳 a 键上的氢原子距离更近,产生的1,3-张力也更大,这种构象就越不稳定,在动态平衡体系中取代基占 e 键的比例也将更大。如异丙基环己烷中,e 异丙基构象在平衡体系占97%,而叔丁基环己烷则差不多完全以一种 e 键取代构象存在。

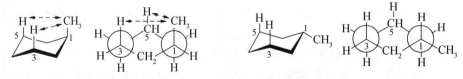

图5-4 甲基环己烷的两种构象的Newman投影式

2. 二取代和多取代环己烷的构象

二取代和多取代环己烷上的取代基之间有顺/反构型异构。位于环同侧的基团是顺式的关系,位于环异侧的基团是反式的关系。无论环怎样翻转或取何种构象,这种顺/反的构型关系是不会改变的。构型确定以后各取代基在环己烷上是位于 a 键还是 e 键则要视具体情况进行分析。

环己烷中，相邻碳原子上的两个 *a* 键氢原子总是反向的，即一个向上另一个向下，再相隔一个碳原子上的 *a* 键氢原子则又是同向的了。因此，二甲基取代环己烷中，顺-1,2-二甲基环己烷中总是一个甲基取 *a* 键，另一个甲基取 *e* 键。它们的构象是 *ae* 型，翻转后是 *ea* 型，它们是一对构象异构体，能量相同，极易相互转化，在平衡体系中含量相等。

在反-1,2-二甲基环己烷中，两个甲基都取 *a* 键或者都取 *e* 键向位，它们的构象是 *aa* 型或翻转后成为 *ee* 型，能量上前者高后者低，因此从稳定性来看，它们会以取 *ee* 型构象存在为主。因此，在顺、反两个1,2-二甲基环己烷异构体中，反式的较顺式的稳定，因为反式异构体中，它的两个甲基都在 *e* 键上，而在顺式异构体中必定有一个甲基取 *a* 键上，*a* 键甲基受到环同一侧上两个3*a*,5*a*-H的排斥而使体系的能量较高(见图5-5)。

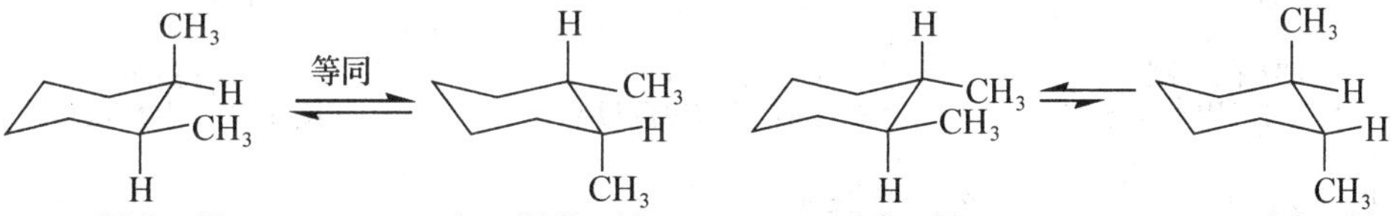

顺式*a,e*键　　顺式*e,a*键　　反式*e,e*键 稳定　　反式*a,a*键 不稳定

图5-5 1,2-二甲基环己烷的椅型构象

对于1,3-二甲基环己烷和1,4-二甲基环己烷也可类似分析。结果是1,3-二甲基环己烷是顺式异构体较反式异构体稳定，而1,4-二甲基环己烷与1,2-二甲基环己烷相同，是反式的较顺式的稳定。

再分析一下顺-1-甲基-2-叔丁基环己烷，两种构象异构体中总有一个取代基要占有 *a* 键向位。按取向规则，在这种情况下总是大的叔丁基占据空间有利和张力最小的 *e* 键，因此，下面的平衡大大偏向于右边。

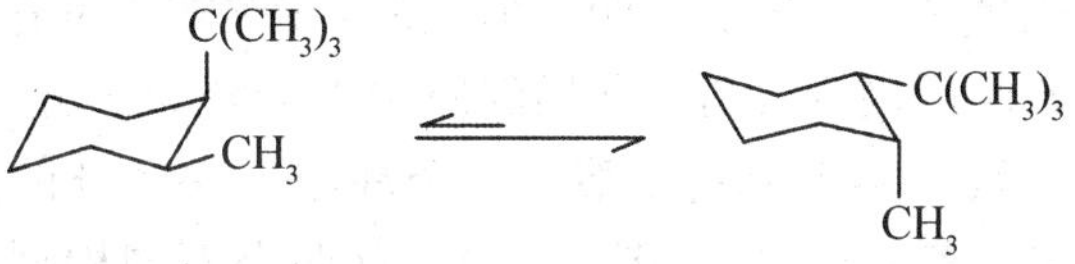

在多取代的环己烷中也总是以取代基占有较多 *e* 键相位的为优势构象，其中又以较大的基团如叔丁基优先占有 *e* 键为一般规律，这在有机化学上称为Barton规则。

【例5.3】 写出下列各对二甲基环己烷的可能的椅型构象，并比较各异构体的稳定性，说明原因。

(1) 顺-1,2-、反-1,2-　(2) 顺-1,3-、反-1,3-　(3) 顺-1,4-、反-1,4-

答：(1) 稳定性大小顺序为：

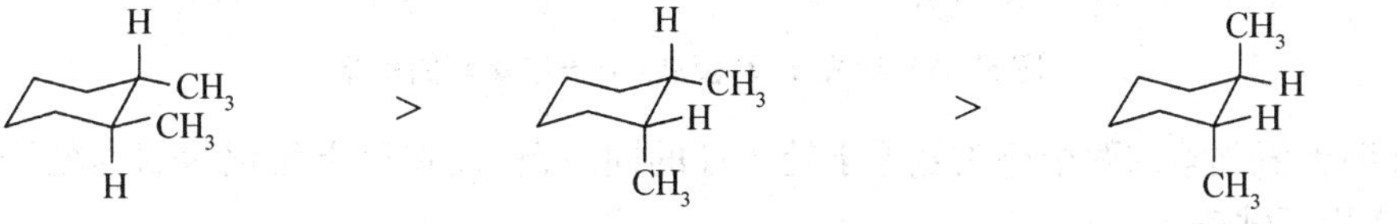

CH_3在*e,e*键 反-1,2-二甲基环己烷 ＞ CH_3在*a,e*键 顺-1,2-二甲基环己烷 ＞ CH_3在*a,a*键 反-1,2-二甲基环己烷

因为大的基团在 e 键的越多越稳定。

（2）稳定性大小顺序为：

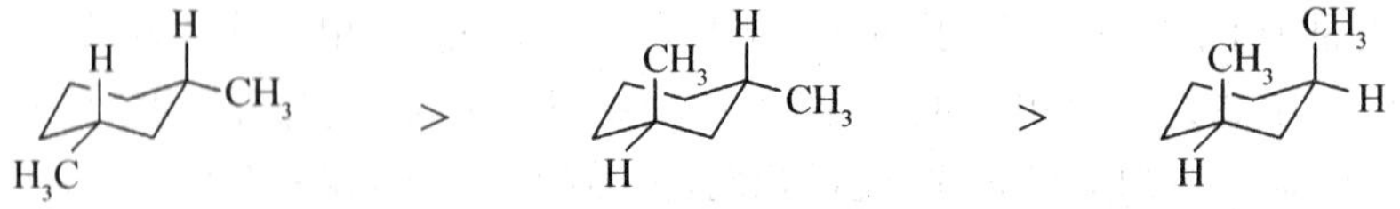

| CH$_3$在e,e键 | | CH$_3$在a,e键 | | CH$_3$在a,a键 |
| 顺-1,3二甲基环己烷 | > | 反-1,3-二甲基环己烷 | > | 顺-1,3-二甲基环己烷 |

因为大的基团在 e 键的越多越稳定。

（3）稳定性大小顺序为：

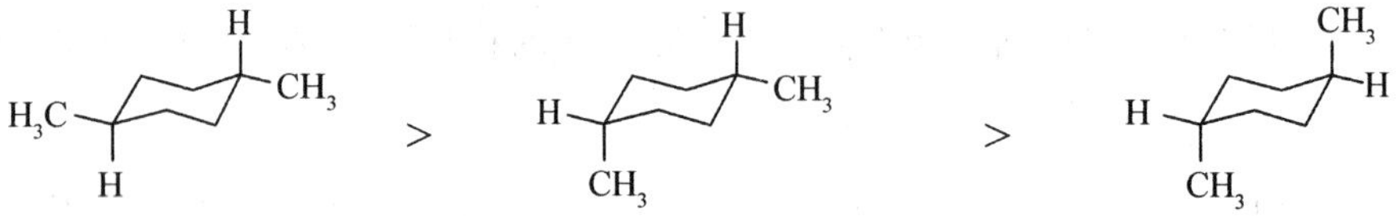

| CH$_3$在e,e键 | | CH$_3$在a,e键 | | CH$_3$在a,a键 |
| 反-1,4二甲基环己烷 | > | 顺-1,4-二甲基环己烷 | > | 反-1,4-二甲基环己烷 |

因为大的基团在 e 键的越多越稳定。

§5.5 多环烃

5.5.1 十氢化萘

双环[4.4.0]癸烷是萘彻底氢化后的产物，又称十氢化萘，有顺式和反式两种异构体，它们都是由两个环己烷稠合而成。这两个环己烷以椅型构象稠合时有两种方式可以实现，一种稠合的结果是在共用碳原子上的氢原子均处于环的一侧，我们称其为顺式十氢化萘。如果把一个环看成是另一个环上的两个取代基，在顺式十氢化萘中一个处在 e 键而另一个处在 a 键上。若两环稠合时两个共用碳原子上的氢原子分别处于环的上下两侧，这就生成了反式十氢化萘。反式十氢化萘上一个环与另一个环的关系可以全取 e 键向位，因此，它比顺式十氢化萘要稳定（见图 5-6）。这两个不同构型的顺反异构体的物理性质不同，不能通过构象转换而互变。

(a) 顺十氢化萘(沸点194℃)　　　　(b) 反十氢化萘(沸点185℃)

图 5-6　顺式(a)和反式(b)十氢化萘的构象

在顺十氢化萘的两个桥头氢原子处于环的同一侧，而在反十氢化萘的则处于环的两侧，通常用下式表示。

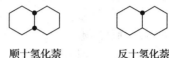

顺式　　　　　　　　反式

反式中两个取代基都是 e 型,而顺式中则一个是 e 型,另一个是 a 型,反式比较稳定。桥头上的氢可以省去,只用一个圆点表示向上方伸出的氢:

顺十氢化萘　　　　　反十氢化萘

在十氢化萘取代物中,取代基一般处于 e 键较为稳定。

在多环化合物中,以椅型最多的构象较稳定。

5.5.2　金刚烷

金刚烷最早是在石油中发现的,现从四氢化双环戊二烯在三卤化铝催化剂存在下重排得到:

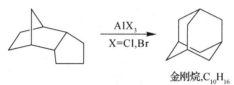

金刚烷,$C_{10}H_{16}$

金刚烷是无色晶体,熔点 268℃,分子内含有由环己烷组成体型结构的三环体系,环己烷以椅型构象存在。它的碳架正好是金刚石晶体的一部分。C—C 键的键长与金刚石相近,为 0.154 nm。金刚烷由于结构高度对称,分子接近球形,有助于在晶格中紧密堆集,因此熔点高。

习　题

1. 命名下列化合物(后三种包括英文命名)。

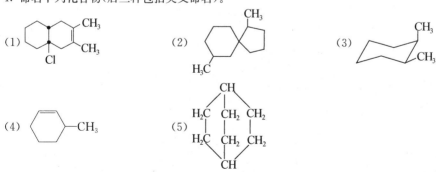

2. 写出下列化合物的最稳定的构象。

(1) 反-1-乙基-3-叔丁基环己烷

(2) 顺-4-异丙基氯代环己烷

(3) 1,1,3-三甲基环己烷

(4) 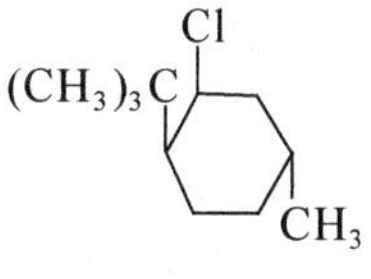 $(CH_3)_3C$　Cl　　CH$_3$

3. 完成下列反应：

(1) 环戊烯＋ Br$_2$/CCl$_4$

(2) 环戊烯＋ Br$_2$（300℃）

(3) 1-甲基环己烯＋HCl

(4) 1-甲基环己烯＋HBr(过氧化物)

(5) 环己烯＋冷碱 KMnO$_4$/H$_2$O

(6) 环戊烯＋热 KMnO$_4$/H$_2$O

(7) 环戊烯＋RCO$_3$H

(8) 1-甲基环戊烯＋冷、浓 H$_2$SO$_4$

(9) 3-甲基环戊烯＋O$_3$，后 Zn/H$_2$O

(10) 环丙烷＋Br$_2$/CCl$_4$

(11) 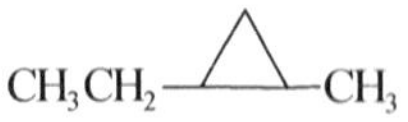 CH$_3$CH$_2$—△—CH$_3$ ＋ HBr

4. 从环己醇及其必要原料出发，合成下列化合物。

(1)

(2)

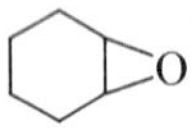

(3)

(4)

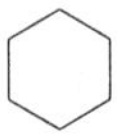

第 6 章　芳香烃

芳烃又称芳香烃(aromatic compound),通常是指苯(benzene)及其衍生物以及具有类似苯环结构和性质的一类化合物。"芳香"二字源于最初发现的具有苯环结构的化合物带有香味,然而,后来的研究表明,并非所有含有苯环结构的化合物都具有香味,但由于习惯的原因,人们仍然以芳香族化合物来泛指这类具有独特结构和性质的化合物。它们的结构具有高度的不饱和性,但化学性质又具有特殊的稳定性,如与烷、烯、炔及脂环烃相比,化学性质有很大的区别,容易进行取代反应,不易进行加成和氧化反应,这种化学性质上的特殊性曾被作为芳香性的标志。随着有机化学的发展,芳香性的概念有了新的变化,我们现在常说的芳香烃指的是分子中含有苯环的一类烃。

芳烃按其结构可以分为两大类:

1. 单环芳烃

分子中含有一个苯环,包括苯及其同系物、苯乙烯、苯乙炔等。

2. 多环芳烃

分子中含有两个以上苯环,按苯环连接方式又可以分为:

(1) 联苯　苯环各以环上的一个碳原子直接相连的。例如:

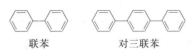

联苯　　　　　　　对三联苯

(2) 多苯代脂肪烃　可以看成是以苯环取代脂肪烃分子中的氢原子而成的。例如:

$$C_6H_5-CH_2-C_6H_5 \qquad (C_6H_5)_2C=C(C_6H_5)_2$$

二苯甲烷　　　　　　　　四苯乙烯

(3) 稠环芳烃　两个以上苯环共用两个以上相邻的碳原子稠合而成的。例如:

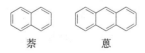

萘　　　　蒽

§6.1　苯的结构

6.1.1　苯的凯库勒结构式

苯的分子式为 C_6H_6,具有如下性质:① 易取代,不易加成;② 一取代物只有一种;③ 邻二取代物只有一种。

为了解释这些现象,1865 年,凯库勒(Kekulé)提出了苯的环状对称结构式。

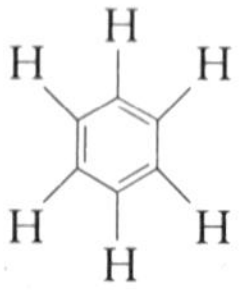

此式称为苯的凯库勒式,碳环是由三个 C=C 和三个 C—C 交替排列而成。它可以说明苯分子的组成及原子相互连接次序,并表明碳原子是四价的,六个氢原子的位置等同,因而可以解释苯的一元取代产物只有一种的实验事实。但是凯库勒式不能解释苯环在一般条件下不能发生类似烯烃的加成、氧化反应;也不能解释苯的邻位二元取代产物只有一种的实验事实。按凯库勒式推测苯的邻位二元取代产物,应有以下两种:

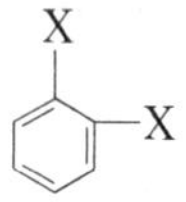

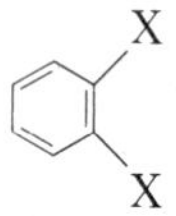

显然,凯库勒式不能表明苯的真实结构。

6.1.2 苯分子结构的近代观点

近代物理方法测定证明,苯分子中的六个碳原子和六个氢原子都在同一平面上,碳-碳键长均相等(0.1396 nm),六个碳原子组成一个正六边形,所有键角均为 120°。结构如图 6-1。

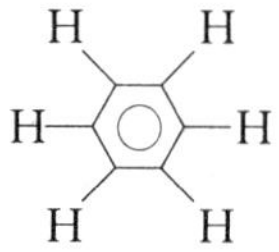

图 6-1 苯分子结构的近代观点

现代价键理论认为,苯分子中的碳原子均为 sp^2 杂化,每个碳原子的三个 sp^2 杂化轨道分别与相邻的两个碳原子的 sp^2 杂化轨道和氢原子的 s 轨道重叠形成三个 σ 键。由于三个 sp^2 杂化轨道都处在同一平面内,所以苯分子中的所有碳原子和氢原子必然都在同一平面内,六个碳原子形成一个正六边形,所有键角均为 120°。另外,每个碳原子上还有一个未参加杂化的 p 轨道,这些 p 轨道的对称轴互相平行,且垂直于苯环所在的平面。p 轨道之间彼此重叠形成一个闭合共轭大 π 键,闭合共轭大 π 键电子云呈轮胎状,对称分布在苯环平面的上方和下方,如图 6-2 所示。因此提勒(Thiele)建议用 ⬡ 来表示苯的结构。

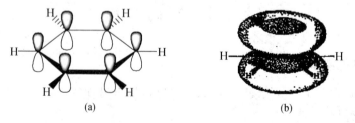

图 6-2 苯分子中的 p 轨道及 p 轨道重叠形成的闭合共轭大 π 键示意图

由于六个碳原子完全等同,所以大 π 键电子云在六个碳原子之间均匀分布,即电子云分布完全平均化,因此碳-碳键长完全相等,不存在单双键之分。由于苯环共轭大 π 键的高度离域,使分子能量大大降低,因此苯环具有高度的稳定性。

苯分子的稳定性可用热化学常数——氢化热来证明。例如,环己烯的氢化热为 $119.5\ kJ \cdot mol^{-1}$。

$$\text{环己烯} + H_2 \longrightarrow \text{环己烷} + 119.5\ kJ \cdot mol^{-1}$$

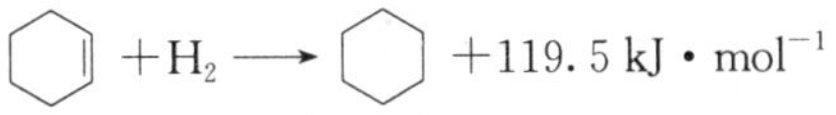

如果把苯的结构看成是凯库勒式所表示的环己三烯,它的氢化热应是环己烯的三倍,即为 $358.5\ kJ \cdot mol^{-1}$,而实际测得苯的氢化热仅为 $208\ kJ \cdot mol^{-1}$,比 $358.5\ kJ \cdot mol^{-1}$ 低 $150.5\ kJ \cdot mol^{-1}$。这充分说明苯分子不是环己三烯的结构,即分子中不存在三个典型的碳-碳双键。我们把苯和环己三烯氢化热的差值 $150.5\ kJ \cdot mol^{-1}$ 称为苯的离域能或共轭能。正是由于苯具有离域能,使苯比环己三烯稳定得多。事实上,环己三烯的结构是根本不可能稳定存在的。

§6.2　单环芳烃的异构和命名

苯是最简单的单环芳烃。单环芳烃包括苯、苯的同系物和苯基取代的不饱和烃。

1. 一元烷基苯

一元烷基苯中,当烷基碳链含有三个或三个以上碳原子时,由于碳链的不同会产生同分异构体。烷基苯的命名,一般是以苯作母体,烷基作取代基,称为"某基苯",基字可省略。例如:

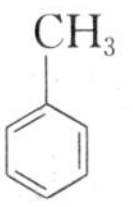

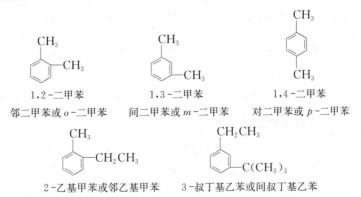

| 甲(基)苯 | 乙(基)苯 | 正丙(基)苯 | 异丙(基)苯 |

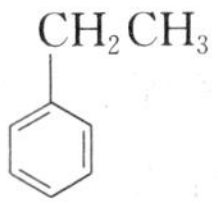

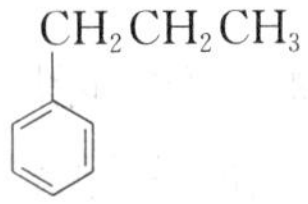

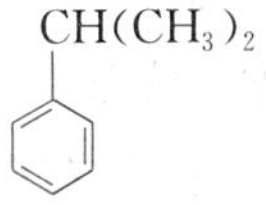

2. 二元烷基苯

二元烷基苯中,由于两个烷基在苯环上的位置不同,产生三种同分异构体。命名时,两个烷基的相对位置既可用"邻"(o-)、"间"(m-)、"对"(p-)表示,也可用数字表示。用数字表示时,若烷基不同,一般较简单的烷基所在位置编号为 1。例如:

1,2-二甲苯　　　　　1,3-二甲苯　　　　　1,4-二甲苯
邻二甲苯或 o-二甲苯　　间二甲苯或 m-二甲苯　　对二甲苯或 p-二甲苯

2-乙基甲苯或邻乙基甲苯　　3-叔丁基乙苯或间叔丁基乙苯

3. 多元烷基苯

多元烷基苯中,由于烷基的位置不同也产生多种同分异构体。如三个烷基相同的三元烷基苯有三种同分异构体,命名时,三个烷基的相对位置除可用数字表示外,还可用"连、均、偏"来表示。例如:

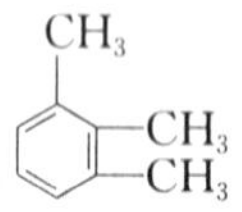

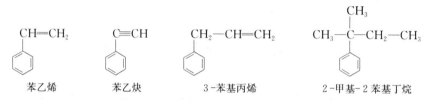

1,2,3-三甲苯或连三甲苯 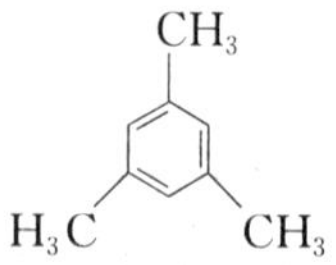   1,3,5-三甲苯或均三甲苯 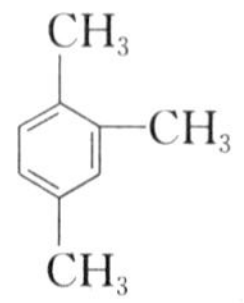   1,2,4-三甲苯或偏三甲苯

4. 不饱和烃基苯和复杂烷基苯

苯环上连有不饱和烃基或复杂烷基时,一般把苯作取代基来命名。例如:

苯乙烯   苯乙炔   3-苯基丙烯   2-甲基-2-苯基丁烷

芳烃分子中去掉一个氢原子后剩余的基团叫做芳基,以 Ar-表示。苯分子失去一个氢原子后剩余的基团叫做苯基,以 ⬡— 、C_6H_5—或 Ph—表示。甲苯分子中的甲基去掉一个氢原子后剩余的基团叫苄基或苯甲基,以 ⬡—CH_2— 或 $C_6H_5CH_2$— 表示。

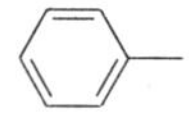

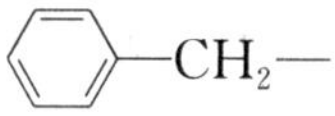

5. 单环芳烃衍生物的系统命名

当环上有多种取代基时,选取哪一个官能团为母体有一个优先次序问题。通常它们依如下次序命名(即排序在前的官能团为母体,排序在后的官能团为取代基):—SO_3H(磺酸),—COOH(羧酸),—COOR(酯),—COX(酰卤),—CONH(R)(酰胺),—CN(腈), —CHO(醛),—COR(酮),—OH(醇),—OH(酚),—OR(醚),—SH(硫醇),—NH_2(胺),—C≡C—(炔),—C=C—(烯),—R(烷),—X(卤素),—NO_2(硝基)。

将与母体官能团相连的苯环上的碳原子编号为1;将取代基的名称和位次写在母体名称之前即得全名。例如:

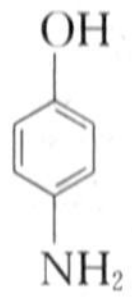

对氨基苯酚 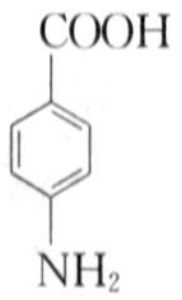   对氨基苯甲酸 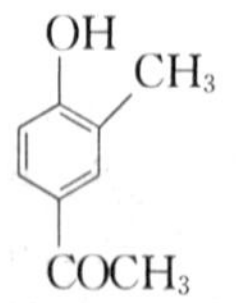   3-甲基-4-羟基苯乙酮 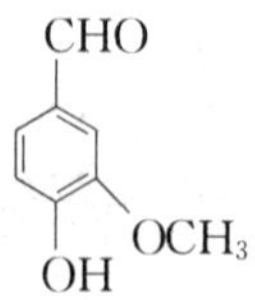   4-羟基-3-甲氧基苯甲醛

【例6.1】 命名下列各化合物或基团。

(1)

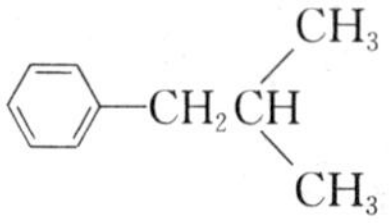

(2)

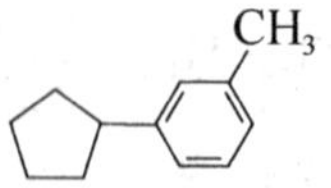

(3)

$$Ph\,\,\,\,H$$
$$\diagdown C=C \diagup$$
$$H\,\,\,\,\,\,\,\,Ph$$

(4)

$$Ph-CH_2\,\,\,\,\,\,CH_2CHCH_2CH_3$$
$$\diagdown C=C\diagup\,\,\,\,\,\,\,\,\,\,\,\,CH_3$$
$$H\,\,\,\,\,\,\,\,\,\,\,H$$

(5)

$$CH_3$$
$$|$$
$$CH$$

(6)

$$Ph-CH=CH-CH_2-$$

答:(1) 异丁苯 (2) 间甲苯基环戊烷 (3)(E)-1,2-二苯乙烯 (4) 顺-5-甲基-1-苯基-2-庚烯 (5)1,1-二苯乙烷 (6)3-苯基-2-丙烯基

§6.3 单环芳烃的性质

6.3.1 单环芳烃的物理性质

单环芳烃大多为无色液体,具有特殊气味,相对密度在 0.86~0.93 之间,不溶于水,易溶于乙醚、石油醚、乙醇等多种有机溶剂。同时它们本身也是良好的有机溶剂。液体单环芳烃与皮肤长期接触,会因脱水或脱脂而引起皮炎,使用时要避免与皮肤接触。单环芳烃具有一定的毒性,长期吸入其蒸气,能损坏造血器官及神经系统,大量使用时应注意防毒。表 6-1 列出了单环芳烃的一些物理常数。

表 6-1 单环芳烃的一些物理常数

名称	熔点/℃	沸点/℃	相对密度(d_4^{20})	名称	熔点/℃	沸点/℃	相对密度(d_4^{20})
苯	5.5	80	0.879	邻二甲苯	—25	144	0.880
甲苯	—95	111	0.866	间二甲苯	—48	139	0.864
乙苯	—95	136	0.867	对二甲苯	13	138	0.861
丙苯	—99	159	0.862	苯乙烯	—31	145	0.906
异丙苯	—96	152	0.862	苯乙炔	—45	142	0.930

分子的熔点不但与相对分子质量有关,还与分子的结构有关,分子越对称熔点越高。如:对二甲苯的熔点(13℃)比邻二甲苯的熔点(—25℃)和间二甲苯的熔点(—48℃)高出许多。苯与甲苯相比尽管甲苯的相对分子质量比苯的大,但甲苯的熔点(—95℃)却比苯的熔点(5.5℃)低近 100℃,这是因为引入甲基,破坏了苯的高度对称性。

6.3.2 单环芳烃的化学性质

苯环是一个平面结构,离域的 π 电子云分布在环平面的上方和下方,它像烯烃的 π 电子一样,能够对亲电试剂(缺电子或带正电的试剂)提供电子,但是,苯环是一个较稳定的共轭体系,难以破坏,所以苯环很难进行亲电加成,易于亲电取代。亲电取代是苯环的典型反应。

亲电试剂 E^+ 首先进攻苯环,并很快地和苯环的 π 电子形成 π 络合物。π 络合物仍然还保持着苯环的结构。然后 π 络合物中亲电试剂 E^+ 进一步与苯环的一个碳原子直接连

接形成 σ 键,这个中间体叫作 σ 络合物。

$$\bigcirc +E^+ \underset{快}{\rightleftharpoons} \text{π络合物} \underset{慢}{\overset{慢}{\rightleftharpoons}} \text{σ络合物} \overset{快}{\underset{-H^+}{\longrightarrow}} \bigcirc-E$$

σ 络合物的形成是缺电子的亲电试剂 E^+ 从苯环获得两个电子而与苯环的一个碳原子结合成 σ 键的结果。这个碳原子的 sp^2 杂化轨道也随着变成 sp^3 杂化轨道。由于碳环原有的 6 个 π 电子中给出了一对电子,因此只剩下 4 个 π 电子,而且这 4 个 π 电子只是离域分布在五个碳原子所形成的(缺电子)共轭体系中。因此这个 σ 络合物已不再是原来的苯环结构,它是环状的碳正离子中间体,用五个碳原子旁画以虚线和正号来表示 σ 络合物的结构。

σ 络合物的生成这一步反应速率比较慢,它是决定整个反应速率的一步。与烯烃加成反应不一样的是:由烯烃生成的碳正离子接着迅速地和亲核试剂(nucleophilic reagent)结合而形成加成产物;而由芳烃生成的 σ 络合物却是随即迅速失去一个质子,重新恢复为稳定的苯环结构,最后形成了取代产物,这一步是放热反应。如果 σ 络合物接着不是失去一个质子,而是和亲核试剂结合生成加成产物(环己二烯衍生物),由于加成产物不再具有稳定的苯环结构,整个反应将是吸热反应。由此可见,芳烃发生取代反应要比加成反应容易得多。事实上,芳烃并不发生上述的加成反应。显然,芳烃不易加成而容易发生亲电取代反应的特性,是由苯环的稳定性所决定的。

1. 亲电取代反应

芳烃的重要亲电取代反应有卤代、硝化、磺化和傅-克烷基化、酰基化反应等。

(1) 卤代反应

在催化剂($AlCl_3$、FeX_3、BF_3、$ZnCl_2$ 等路易斯酸)的存在下,苯较容易和氯或溴作用,生成氯苯或溴苯。这类反应称为卤代反应(halogenation)。

$$\bigcirc + Br_2 \xrightarrow[\text{或 Fe 粉}]{FeBr_3} \bigcirc-Br + HBr$$

实际反应中往往加入少量铁屑,铁屑与卤素反应产生三卤化铁,起到同样的作用。

$$Br_2 + Fe \longrightarrow FeBr_3$$

卤素的反应活性为:$Cl_2 > Br_2$,卤代仅限于氯代和溴代。碘活性不够,只有与非常活泼的芳香化合物才能发生取代反应。目前采用氧化剂,如硝酸、砷酸、醋酸银等,将碘氧化为碘正离子后直接引入苯环,如:

$$\bigcirc + I_2 \xrightarrow{HNO_3} \bigcirc-I$$

但反应较慢,实际合成中往往采用别的办法。氟太活泼,氟代反应激烈不易控制,一般不直接引入。

卤代反应历程大致可分为三步,现以溴代反应为例说明。

① 首先溴分子和三溴化铁作用,生成溴正离子和四溴化铁配离子:

$$Fe + Br_2 \longrightarrow FeBr_3 \xrightarrow{Br_2} Br^+ + [FeBr_4]^-$$

② 溴正离子是一个亲电试剂,其进攻富电子的苯环,生成一个不稳定的芳基正离子中间体(或 σ-络合物):

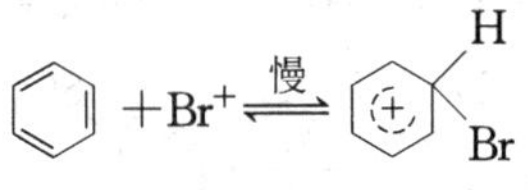

σ 络合物

这步反应很慢,是决定整个取代反应速度的步骤。在芳基正离子中间体中,原来苯环上的两个 π 电子与 Br^+ 生成了 C—Br 键,余下的四个 π 电子分布在五个碳原子组成的缺电子共轭体系中。

③ 芳基正离子非常不稳定,在四溴化铁配离子的作用下,迅速脱去一个质子生成溴苯,恢复到稳定的苯环结构。

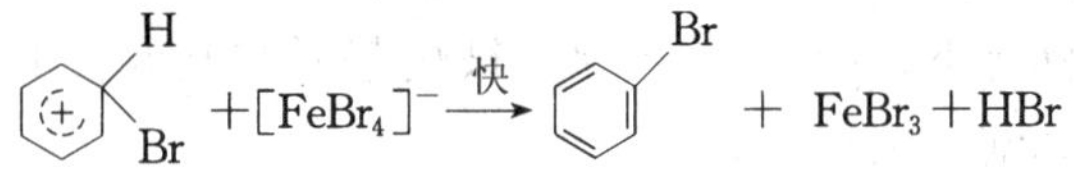

上述反应是由亲电试剂(Br^+)进攻富电子的苯环发生的,因此苯环上的取代反应属于亲电取代反应。

（2）硝化反应

苯与浓硝酸和浓硫酸的混合物共热,苯环上的氢原子被硝基($-NO_2$)取代生成硝基苯。

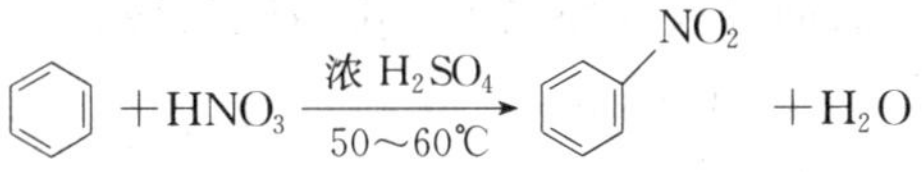

硝基苯

硝基苯为浅黄色油状液体,有苦杏仁味,其蒸气有毒。

在硝化反应中,浓硫酸不仅是脱水剂,而且它与硝酸作用产生硝基正离子(NO_2^+)。硝基正离子是一个亲电试剂,进攻苯环发生亲电取代反应。硝化反应历程如下:

$$HONO_2 + 2H_2SO_4 \rightleftharpoons NO_2^+ + H_3O^+ + 2HSO_4^-$$

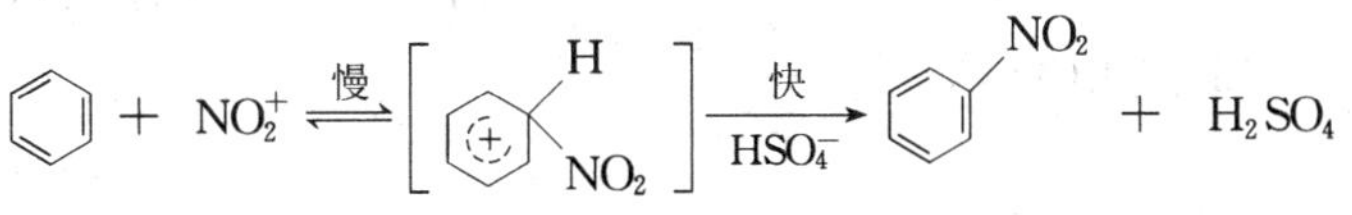

浓硫酸的酸性比硝酸的强,它作为酸提供质子(H^+),硝酸作为碱提供氢氧根(OH^-),去掉一分子水,产生硝基正离子,硝基正离子具有很强的亲电性,与苯发生亲电取代反应。若采用浓硝酸,则反应速度明显减慢,这是由于浓硝酸中仅存在少量的硝基正离子。

（3）磺化反应

苯与 98% 的浓硫酸共热,或与发烟硫酸在室温下作用,苯环上的氢原子被磺酸基($-SO_3H$)取代生成苯磺酸。

苯磺酸是一种强酸,易溶于水难溶于有机溶剂。有机化合物分子中引入磺酸基后可增加其水溶性,此性质在合成染料、药物或洗涤剂时经常应用。

磺化反应历程一般认为是由三氧化硫中带部分正电荷的硫原子进攻苯环而发生的亲电取代反应。反应历程如下：

$$2H_2SO_4 \rightleftharpoons H_3O^+ + HSO_4^- + SO_3$$

$$\text{苯} + SO_3 \overset{\text{慢}}{\rightleftharpoons} \underset{SO_3^-}{\overset{H}{[\text{环}]}} \overset{\text{快}}{\underset{HSO_4^-}{\longrightarrow}} \text{苯}-SO_3^- \overset{H_3O^+}{\rightleftharpoons} \text{苯}-SO_3H$$

磺化反应与硝化反应、卤代反应不同，是可逆反应。要使反应向某一方向进行，需采用不同的条件。苯磺酸与稀硫酸加热至 $100\,℃\sim175\,℃$ 时，转变为苯及硫酸。在反应中常通入过热水蒸气，带出挥发性的苯，使平衡移向左边。如要制备苯磺酸则需增加浓硫酸的浓度及 SO_3 含量，减少水分。磺化反应的可逆性在合成苯的衍生物中起到特殊的作用，在今后的学习中还会遇到这样的例子。

（4）傅瑞德尔-克拉夫茨（Friedel-Crafts）反应（简称傅克反应）

在无水三氯化铝催化下，苯环上的氢原子被烷基或酰基取代的反应，叫做傅克反应。傅克反应包括烷基化和酰基化反应。

傅克烷基化反应中，常用的烷基化试剂为卤代烷，有时也用醇、烯等。常用的催化剂是无水三氯化铝，此外有时还用三氯化铁、三氟化硼等。

$$\text{苯} + CH_3CH_2Cl \xrightarrow[0\sim25\,℃]{\text{无水 } AlCl_3} \text{苯}-CH_2CH_3 + HCl$$

傅克烷基化反应的历程，是无水三氯化铝等路易斯酸与卤代烷作用生成烷基正离子，然后烷基正离子作为亲电试剂进攻苯环发生亲电取代反应。

$$RCl + AlCl_3 \longrightarrow R^+ + AlCl_4^-$$

$$\text{苯} + R^+ \longrightarrow \left[\underset{R}{\overset{H}{[\text{环}]}}\right] \xrightarrow{AlCl_4^-} \text{苯}-R + AlCl_3 + HCl$$

三个碳以上的卤代烷进行烷基化反应时，常伴有异构化（重排）现象发生：

$$\text{苯} + CH_3CH_2CH_2Cl \xrightarrow{\text{无水 } AlCl_3} \underset{\underset{\text{异丙苯}}{(65\%\sim69\%)}}{\text{苯}-\overset{CH_3}{\underset{}{CHCH_3}}} + \underset{\underset{\text{正丙苯}}{(31\%\sim35\%)}}{\text{苯}-CH_2CH_2CH_3}$$

这是由于生成的一级烷基正碳离子易重排成更稳定的二级烷基正碳离子。因此，发生取代反应时，异构化产物多于非异构化产物。更高级的卤代烷在苯环上进行烷基化反应时，将会存在更为复杂的异构化现象。傅克烷基化反应通常难以停留在一元取代阶段。要想得到一元烷基苯，必须使用过量的芳烃。

傅克酰基化反应常用的酰基化试剂为酰氯或酸酐。

$$\text{苯} + CH_3-\overset{O}{\overset{\|}{C}}-Cl \xrightarrow{\text{无水 } AlCl_3} \underset{\text{苯乙酮}}{\text{苯}-\overset{O}{\overset{\|}{C}}-CH_3} + HCl$$

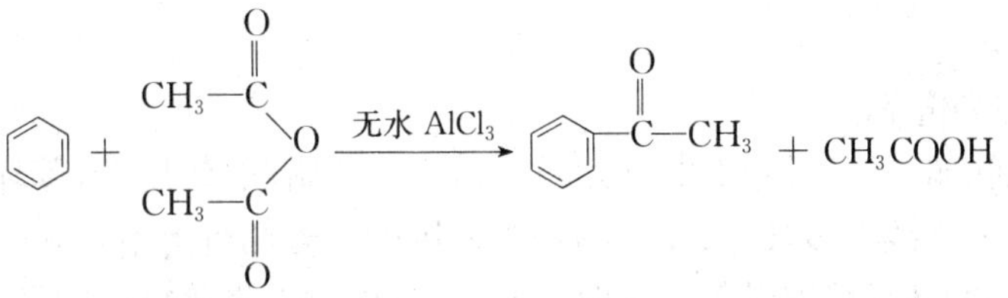

傅克酰基化反应的历程：

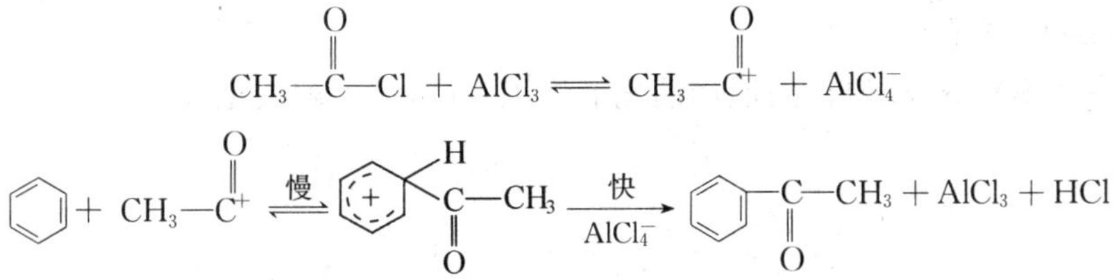

酰基化反应不发生异构化,也不会发生多元取代。当苯环上连有强吸电子基如硝基、羧基时,苯环上的电子云密度大大降低,不发生酰基化反应。

【例 6.2】 写出乙苯与下列试剂作用的反应式(括号内是催化剂)。
(1) $Cl_2(FeCl_3)$　(2) 混酸　(3) 正丁醇(BF_3)　(4) 丙烯(无水 $AlCl_3$)
(5) 丙酸酐$(CH_3CH_2CO)_2O$(无水 $AlCl_3$)　(6) 丙酰氯 CH_3CH_2COCl(无水 $AlCl_3$)

答：(1)

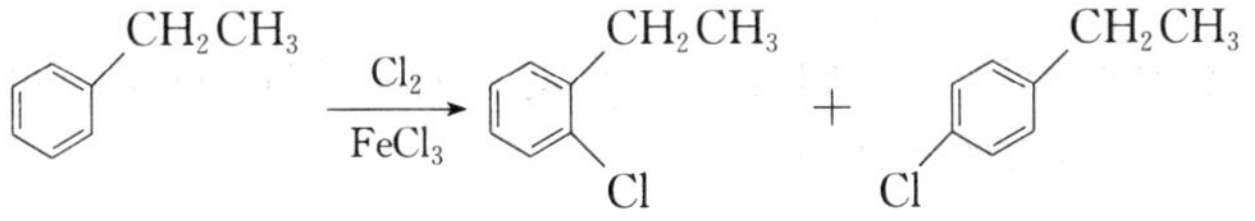

(2)

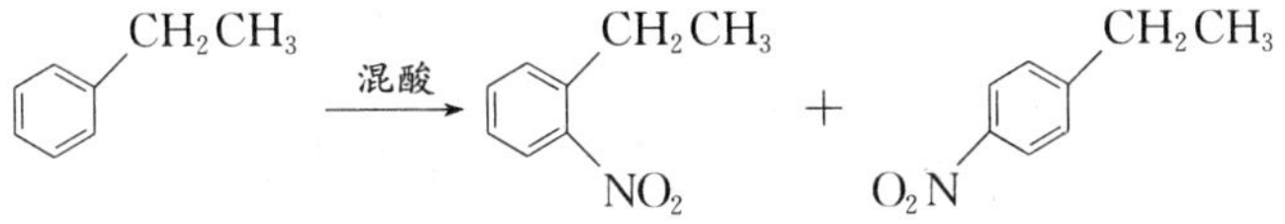

(3)

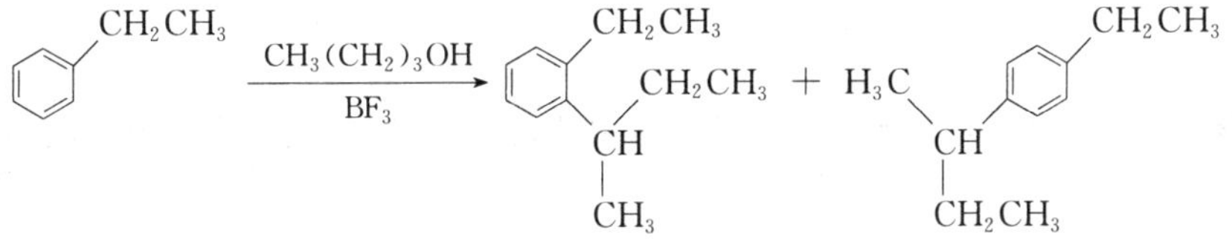

(4)

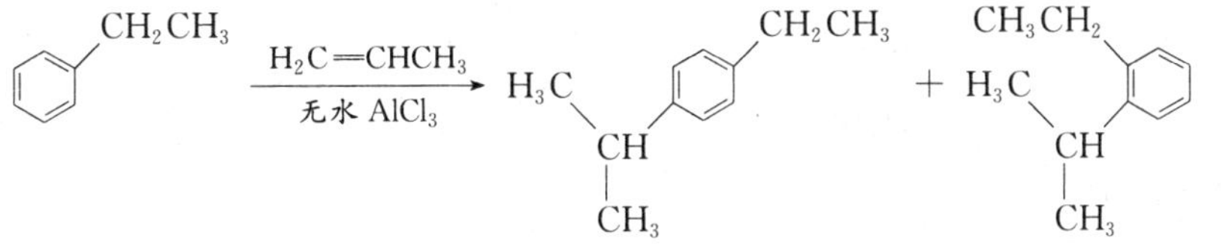

(5)

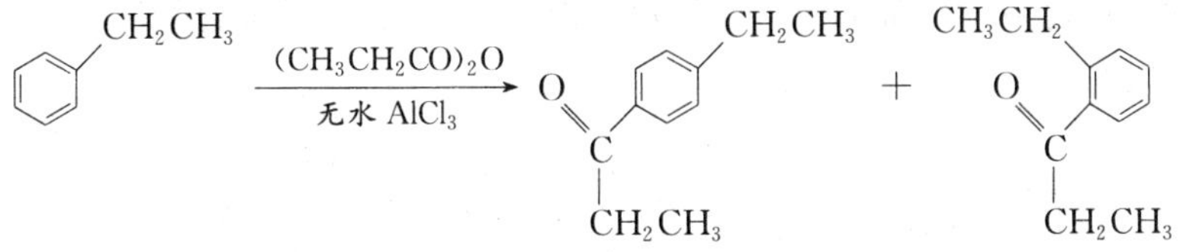

(6)

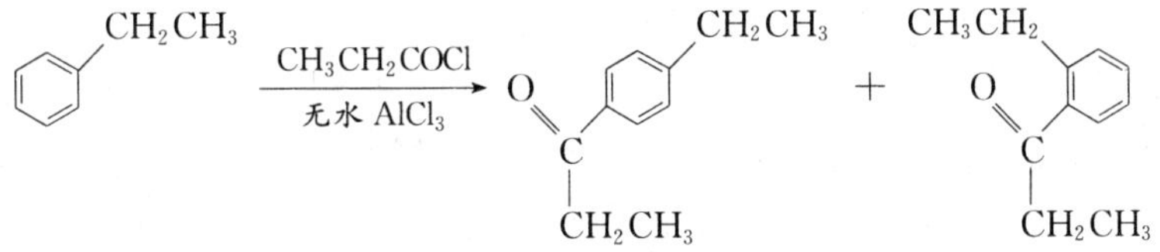

2. 氧化反应

(1) 苯环的侧链氧化

在强氧化剂(如高锰酸钾和浓硫酸、重铬酸钾和浓硫酸)作用下,苯环上含 α-H 的侧链能被氧化,不论侧链有多长,氧化产物均为苯甲酸。若侧链上不含 α-H,则不能发生氧化反应。当用酸性高锰酸钾做氧化剂时,随着苯环的侧链氧化反应的发生,高锰酸钾的颜色逐渐褪去,这可作为苯环上有无 α-H 的侧链的鉴别反应。

(2) 苯环的氧化

苯环一般不易氧化,但在高温和催化剂作用下,苯环可被氧化破裂。

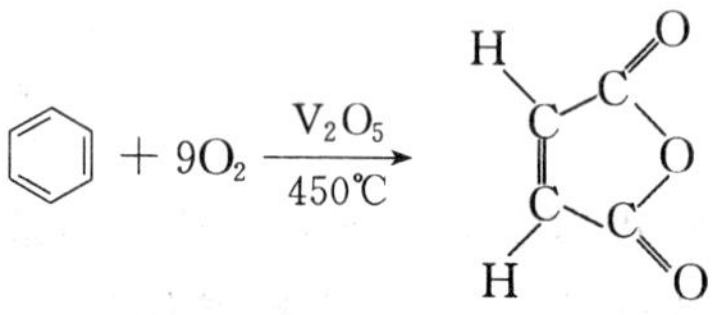

顺酐

这是工业上合成顺酐的方法。顺酐也称马来酐,它是重要的工业原料,用于合成玻璃钢、黏合剂等。

3. 加成反应

芳环易发生取代反应而难于加成,但并不是不发生加成反应,只是较难。例如:苯在高温和催化剂存在下发生气相加氢生成环己烷。

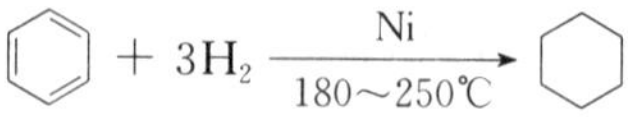

用碱金属溶于液氨中还原芳烃发生 1,4-加成称为 Birch 还原法。

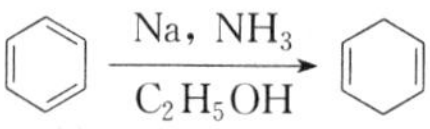

(1,4-环己二烯)

在紫外光照射下,苯与氯反应生成六氯化苯,也能与溴加成生成六溴环己烷。例如:

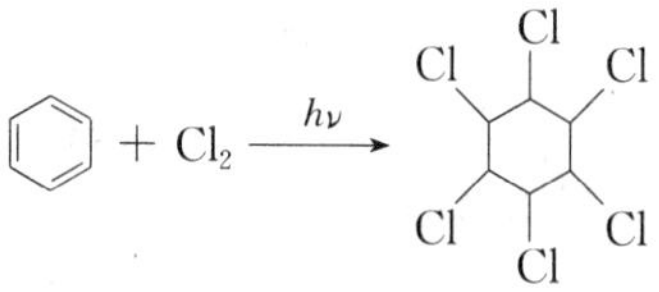

4. 侧链卤代

烷基苯的卤代可发生在苯环上,也可发生在侧链上,控制不同的条件,可得到不同的取代产物,例如:

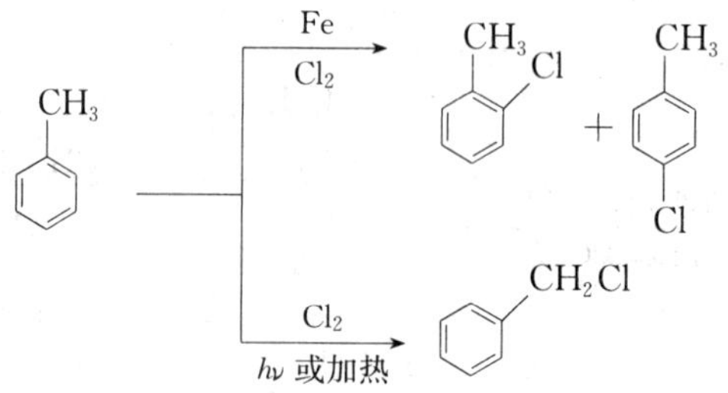

环上的取代是亲电历程,需卤化铁催化产生卤素正离子。侧链的取代是自由基历程,类似于烷烃的取代,基本历程如下:

$$Cl_2 \xrightarrow[\text{或}\triangle]{h\nu} 2\dot{C}l$$

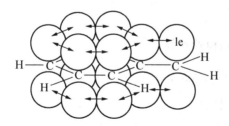

氯化苄可进一步取代,生成 α,α-二氯甲苯、α,α,α-三氯甲苯。

控制氯气用量,可使反应停留在一取代阶段。这三种卤代物是合成醇、醛、酸的重要中间体。

乙苯溴代全部生成 α 溴代产物,说明 α 位(苄位)的自由基是十分稳定的。

为什么苄位的自由基特别稳定呢? 这是因为苄位的自由基与苯环共轭,孤单电子分散到苯环上(图 6-5)。它的稳定性与烯丙基自由基类似。

图 6-5　苄基自由基中孤单电子所占据的 p 轨道与环的 π 电子云交叠

§6.4　苯环上亲电取代反应的定位规律

6.4.1　定位规律

当苯环上无取代基时,由于苯环上 6 个氢原子所处的地位相同,所以取代哪个氢原子都不产生异构体。苯环上已有一个取代基之后,再导入第二个取代基时,从理论上讲它可能有三种位置。

若按统计学处理，邻位产物为 40%，间位产物为 40%，对位产物为 20%。事实上反应不按此比例进行。大量的实验事实告诉我们：新的取代基引入时，有两种情况，一是主要进入原取代基的邻位或对位（$>60\%$），次要进入间位；二是主要进入原取代基的间位（$>40\%$），次要进入邻对位。新的取代基导入的位置，受苯环上原有取代基影响，苯环上原有取代基称为定位基。也就是说定位基分为两类：第一类定位基（邻对位定位基）和第二类定位基（间位定位基）。

1. 邻、对位定位基

邻、对位定位基也称第一类定位基，当苯环上已有这类基团时，再进行取代反应，第二个基团主要进入它的邻位和对位，产物主要是邻和对两种二元取代物。并且这类基团导入苯环后，使苯环变得更容易再进行亲电取代反应，因此它们大多属于致活基团。但卤素比较特殊，为弱钝化的第一类定位基。

这类定位基按照它们对苯环亲电取代反应的致活作用，由强到弱排列如下：

—O⁻、—N(CH₃)₂、—NH₂、—OH、—OCH₃、—NHCOCH₃、—OCOCH₃、—CH₃(—R)、—X（Cl、Br、I）等

邻、对位定位基的结构特点是，与苯环直接相连的原子带负电荷，或带有未共用电子对，或是饱和原子（—CCl₃ 和—CF₃ 除外）。

2. 间位定位基

这类定位基能使苯环钝化，即第二个取代基的进入比较困难，同时使第二个取代基主要进入它的间位。常见的间位定位基（定位能力由强到弱排列）有：

—N⁺H₃、—N⁺(CH₃)₃、—NO₂、—C≡N、—SO₃H、—CHO、—COR、—COOH、—CONH₂ 等

一般地讲，间位定位基的结构特点是，与苯环直接相连的原子带正电荷，或以重键与电负性较强的原子相连接。

6.4.2 定位基定位规律的解释

1. 定位基对苯环的活化和钝化

苯的亲电取代反应历程：

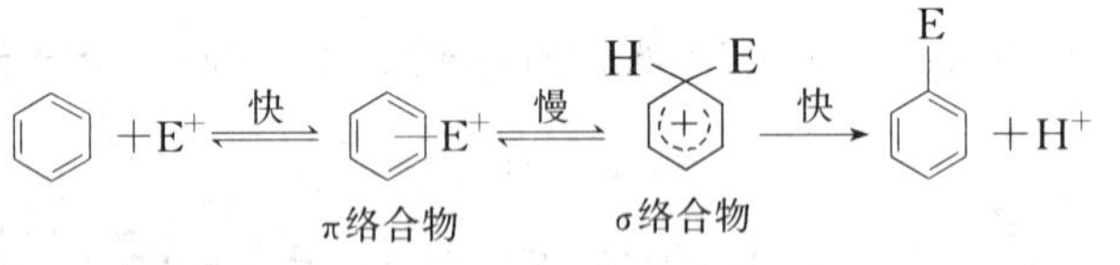

形成 σ 络合物是反应的决速步骤。当苯环上有一个取代基时，要知道它使苯环活化还是钝化就要看它的存在对取代反应中间体产物 σ 络合物（芳基正离子）的稳定性有什么影响。如果取代基使芳基正离子的稳定性增加，则反应速度加快，即取代基使苯环活化。反之，如果取代基使芳基正离子稳定性减少，则反应速度变慢，即取代基使苯环钝化。当取代基为甲基时，由于甲基是供电子基，连接甲基与苯环的一对电子偏向于苯环，这就使芳基正离子的正电荷被中和掉一部分。而甲基碳则带上部分正电荷，使得正电荷得到充

分的分散,芳基正离子的稳定性增加。因此,供电子基在亲电取代反应中使苯环活化,第一类定位基都是供电子基(卤素除外)。当取代基为—NO₂ 时,由于—NO₂ 是吸电子基,连接—NO₂ 与苯环的一对电子偏向于—NO₂ 一边,这就使得芳基正离子的正电荷更加集中,芳基正离子的稳定性降低。因此,吸电子基在亲电取代反应中使苯环钝化,第二类定位基都是吸电子基。

2. 第一类定位基的定位效应

这类定位基为什么产生邻对位的定位作用呢? 这可以从取代基所产生的电子效应来讨论。

(1) 甲基定位效应

甲基是给电子基团,甲基的给电子诱导效应可使苯环电子密度增大。另一方面,甲基与苯环还存在超共轭效应,这也会导致苯环电子密度增大。显然,这种使苯环电子密度增大的影响对于亲电取代反应是起到促进作用的,因而这类定位基团就具有致活效应。

诱导效应　　　　　　超共轭效应

另外,从苯环上发生亲电反应的历程看,当亲电试剂 E⁺ 进攻甲苯的不同位置时,可分别得到稳定性不同的芳基正离子中间体(σ 络合物)。当取代反应发生在邻位和对位时,形成的中间体芳基正离子正好是甲基与苯环上带部分正电荷的碳原子直接相连,由于甲基的给电子作用,使苯环上的正电荷得到很好的分散。电荷越分散,体系越稳定,也越易形成。当取代反应发生在甲苯的间位时,由于甲基的给电子作用恰好与苯环上富电子部位相连,因而不利于苯环上电荷的分散,从而使间位取代的中间体不稳定,因此取代产物以邻位和对位为主。

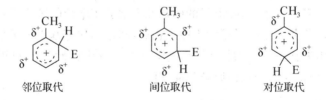

邻位取代　　　　　间位取代　　　　　对位取代

(2) 带孤对电子的原子团

氧和氮电负性比碳大,它们具有吸电子的诱导效应,如—ṄH₂、—ÖH,那么怎么解释它们对环的强烈的活化作用呢? 下面以苯胺的取代反应为例说明原因。

和甲基不同,在苯胺结构中,氨基的吸电子诱导效应使苯环电子密度减小,氨基应该起致钝作用。但事实上,苯胺在亲电取代反应中氨基却起着活化作用,原因是在氮原子 p 轨道上存在着一对孤对电子与苯环上大 π 键产生 p-π 共轭效应,其结果是 p 电子流向苯环,使苯环上的电子密度增大。显然,在这里共轭效应与诱导效应方向相反,但共轭效应起着主导作用,因此氨基仍具有致活作用。这种共轭效应特别使其邻、对位电子密度增

大,所以氨基和甲基一样,属于邻对位定位基。氨基的 p - π 共轭效应作用如下:

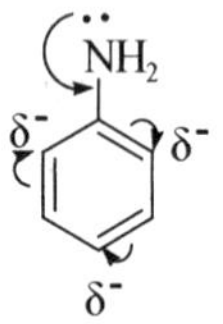

（3）卤素的定位效应

卤素比较特殊,它是起钝化作用的邻对位定位基。卤素的电负性比碳的大,它具有较强的吸电子诱导作用。卤代苯进行亲电取代时,卤素的吸电子诱导作用,使形成的芳基正离子中间体稳定性不如苯。卤素使苯环钝化。这是卤素的吸电子效应引起的。那为什么卤素不是间位定位基,却是邻对位定位基呢？这与卤素的结构特点有关,卤素 p 轨道上有孤对电子可与苯环上大 π 键产生 p - π 共轭效应,其结果是 p 电子流向苯环,使苯环上的电子密度增大,尤其使苯环的邻位和对位具有相对多的负电荷,有利于与亲电试剂 E^+ 反应形成邻对位取代产物,故卤素为邻对位定位基。

3. 第二类定位基的定位效应

第二类定位基是使苯环钝化的间位定位基。如—$\overset{+}{N}(CH_3)_3$、—CF_3、—NO_2 该类基团均使苯环钝化,但它们对苯环邻对位的钝化作用大于间位,相比之下间位亲电取代速度比邻对位快。下面结合硝基苯的反应,说明这种影响的差别。

当硝基苯再进一步硝化时,也可能生成三种芳基正离子中间体（σ络合物）：

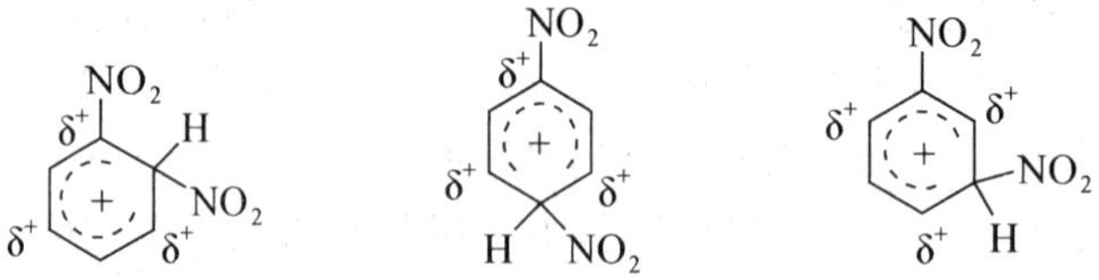

邻位硝代　　　对位硝代　　　间位硝代

与甲苯不同的是,在这三种中间体中,间位硝化的芳基正离子更稳定一些,因为在邻位和对位硝化的芳基正离子中,吸电子的硝基和带部分正电荷的碳原子直接相连,使其正电荷密度比间位硝化芳基正离子更为集中。相比,间位硝化芳基正离子相对要稳定一些,相对容易发生亲电取代反应,因此亲电取代反应主要发生在硝基苯的间位。磺酸基、羧基、羰基等其他间位定位基的定位原理与此相同。

6.4.3 二元取代苯的定位规律

如果苯环上已有两个取代基,再进行亲电取代反应时,第三个基团进入的位置取决于已有的两个定位基的性质、相对位置、空间位阻等条件,有以下几种情况。

1. 两定位基定位效应一致

若苯环上原有的两个定位基的定位效应一致时,则第三个基团进入两定位基一致指向的位置。如：

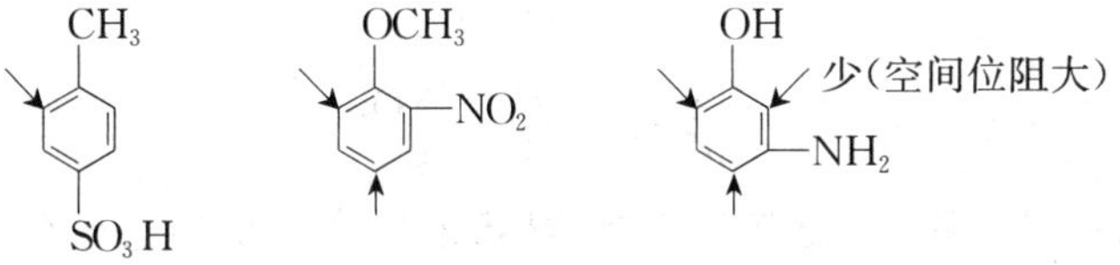

2. 两定位基定位效应不一致

若苯环上原有的两个定位基的定位效应不一致时,会出现两种情况。

(1) 两个定位基属于同一类,第三个基团进入苯环的位置由定位效应强的定位基决定。如:

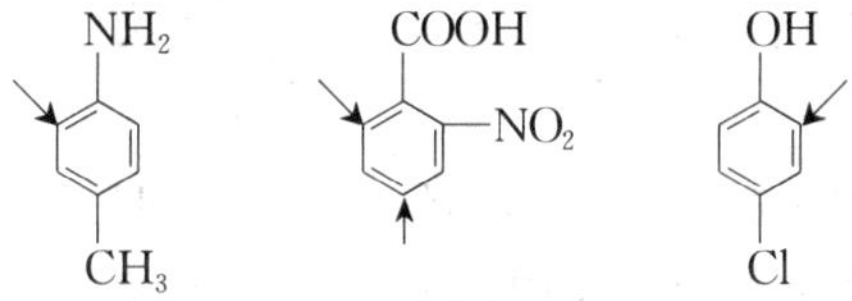

(2) 两个定位基属于不同类时,第三个基团进入苯环的位置主要由邻对位定位基决定。如:

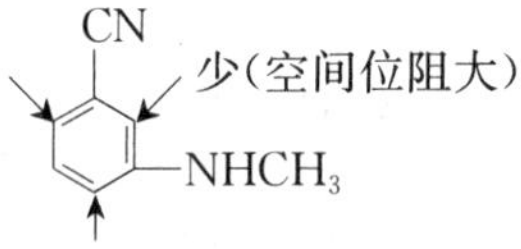

需要指出的是,用定位规律预测取代基进入的主要位置时,有时还要考虑到空间位阻的作用。如间甲基苯磺酸进行亲电取代反应时,由于空间位阻作用,使与甲基和磺酸基同处于邻位的碳原子上发生亲电取代的几率大大降低。

6.4.4　定位规律的应用

根据定位规律,可以有选择地按照合理的路线来合成目标分子。例如,以甲苯为原料要分别合成对硝基苯甲酸和间硝基苯甲酸时,先进行硝化反应,分离异构体后再进行氧化反应时可得到对硝基苯甲酸,改变反应次序将只能得到间硝基苯甲酸。

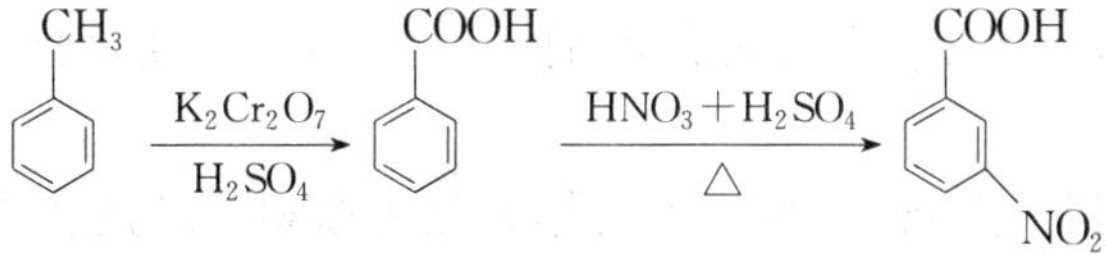

又如,以甲苯为原料合成 2-氯对硝基苯甲酸时就应先硝化再氯化,最后进行氧化反应是合理的合成路线:

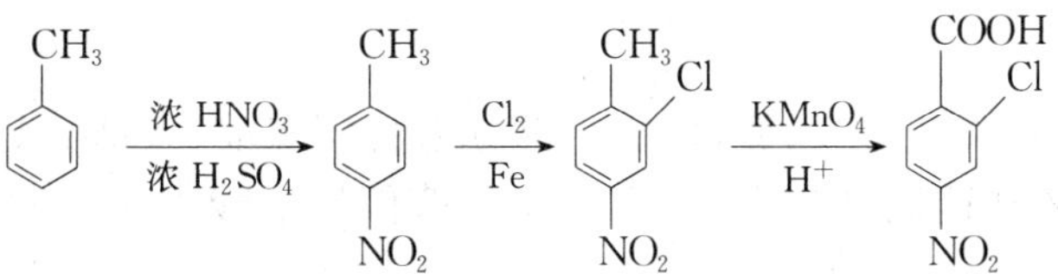

【例 6.3】　邻硝基乙苯是制备抗炎药依托吐酸的原料。试以苯为原料,设计由苯合成邻硝基乙苯的路线。即:

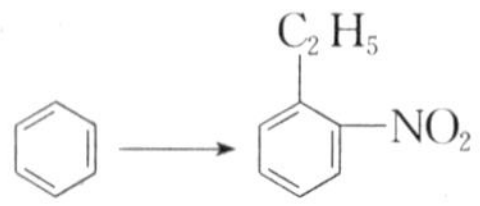

答：硝基是间位定位基，且是强钝化基，硝基苯不能发生傅克反应。而乙基是邻、对位定位基，因此合成邻硝基乙苯应先烷基化，再硝化。又因乙基是邻、对位定位基，为防止在硝化时，硝基进入乙基的对位，可在硝化前先将乙苯磺化，磺酸基的空间位阻大，主要产物为对乙基苯磺酸，再进行硝化后，水解脱去磺酸基，可得目的产物。具体合成路线如下：

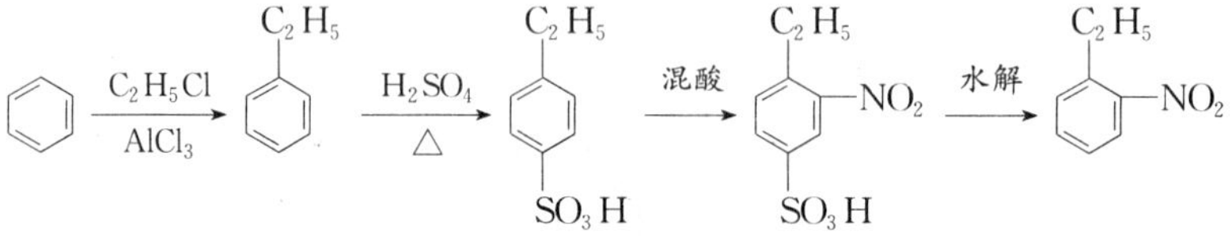

【例 6.4】 写出下列化合物一溴化的主要产物。（如箭头所示）

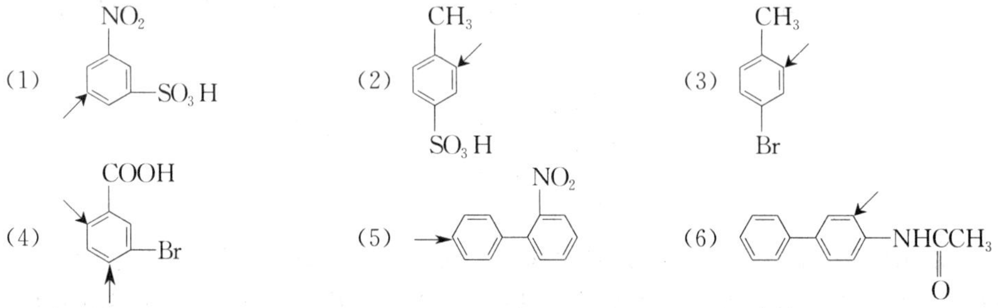

§6.5　几种重要的单环芳烃

6.5.1　苯

苯是无色液体，熔点 5.5℃，沸点 80.1℃，具有特殊（芳香）的气味，易燃，不溶于水，易溶于有机溶剂，比水轻。苯是一种很好的溶剂，蒸气有毒。长期接触苯蒸气会损害人的神经中枢和造血器官。

苯早期作为发动机的燃料，后来才主要作为化工原料。苯的主要用途为：烷基化合成乙烯苯；由异丙苯氧化成苯酚和丙酮；氢化成环己烷为合成锦纶的原料。此外，用作溶剂的消耗量也不少。

6.5.2　甲苯

甲苯是无色、易燃、易挥发的液体。一部分来自煤焦油，大部分是从石油芳构化而得。甲苯主要用来制造硝基甲苯、TNT、苯甲醛和苯甲酸等重要物质。甲苯也用作溶剂。

甲苯和混酸在较高温度下反应，则生成 2,4,6-三硝基甲苯，俗称 TNT。

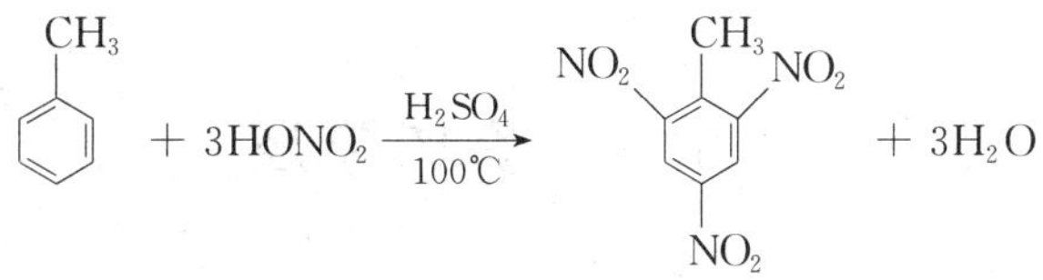

2,4,6-三硝基甲苯

TNT 为黄色结晶,是一种猛烈炸药,有毒,味苦,不溶于水,而溶于有机溶剂中。

甲苯可被高锰酸钾或重铬酸钾的酸性或碱性溶液所氧化。

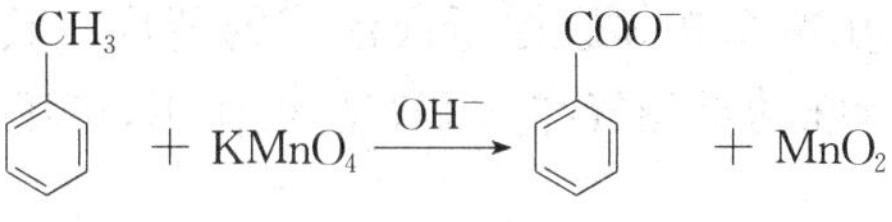

苯甲酸盐

甲苯在催化剂(主要是钼、铬、铂等)、反应温度 350～530℃、压力为 1～1.5 MPa 下,能发生歧化反应生成苯和二甲苯。

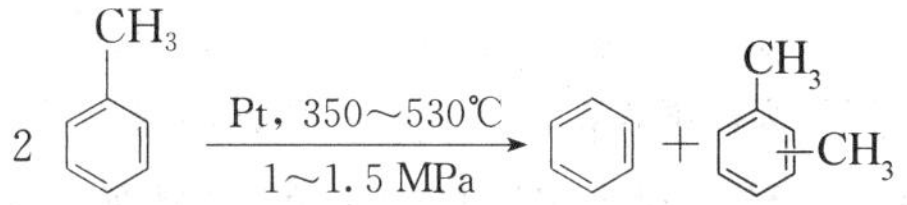

通过这个反应不仅可以得到高质量的苯,同时得到二甲苯。随着苯和二甲苯的用途的扩大,这一反应已成为甲苯的主要工业用途。

6.5.3　二甲苯

二甲苯有三种异构体,都存在于煤焦油中,大量的是从石油产品歧化而得,其中除邻二甲苯可以利用其沸点的差异分馏分离外,其余两者的沸点很接近,极难分开。工业品为三种异构体的混合物,是无色易燃的液体,常作溶剂。但是三种异构体各有其工业用途,如邻二甲苯是合成邻苯二甲酸酐的原料;间二甲苯用于染料等工业;对二甲苯是合成涤纶的原料。所以分离三种异构体是工业上的一个重要课题。目前工业上已采用冷冻结晶法、吸附法、生成络合物或用分子筛的方法来分离,但成本很高。所以除特殊需要外,一般把邻二甲苯分出后,即以间二甲苯、对二甲苯的混合物转化成对二甲苯,然后氧化成对苯二甲酸,作为制造涤纶的原料。

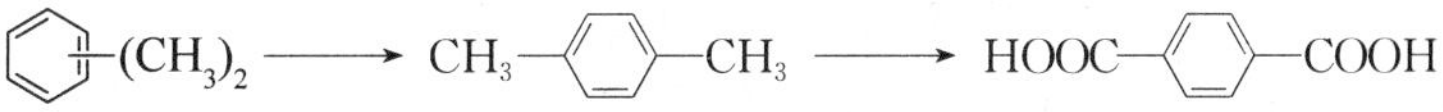

6.5.4　乙苯与苯乙烯

苯乙烯是无色带有辛辣气味的易燃液体,熔点 145.2℃,难溶于水。苯乙烯有毒,人体吸入过多的苯乙烯蒸气时会引起中毒。

苯乙烯会聚合生成聚苯乙烯,所以贮存时往往加入阻聚剂(如对苯二酚等)。

乙苯的工业制法一般以无水三氯化铝为催化剂,将乙烯通入苯中进行烷基化反应。此时苯和乙烯的物质的量之比,对生成产物的影响很大。因为苯的烷基化反应通常并不停留在生成一烷基化的阶段,而经常伴随着生成多烷基苯(二乙苯、三乙苯等)。但多乙基苯和苯反应又可生成乙苯。

§6.6　多环芳烃

6.6.1　萘

1. 萘的结构

萘是两个苯环通过共用两个相邻碳原子而形成的芳烃。其为白色的片状晶体,不溶于水而溶于有机溶剂,有特殊的难闻气味。萘有防虫作用,市场上曾经出售的卫生球就是萘的粗制品。

一取代萘的位置可用 α,β 或 1,2 表示,如:

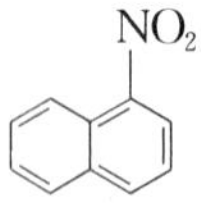

α-硝基萘(或 1-硝基萘) 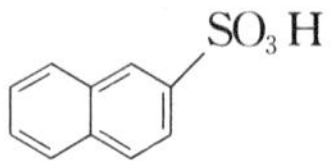　　　　β-萘磺酸(或 2-萘磺酸)

多取代萘要用数字表示取代基的位置,环固有的编号如下(1、4、5、8 均为 α 位,2、3、6、7 均为 β 位):

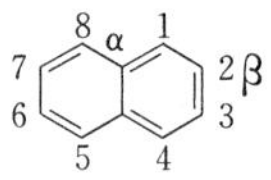

以此为基础,应使取代基编号依次最小。如有官能团,则使官能团编号尽可能小,如:

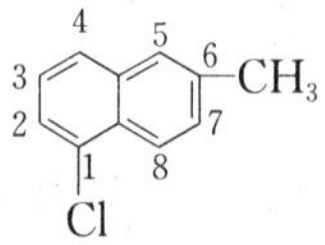

6-甲基-1-氯萘 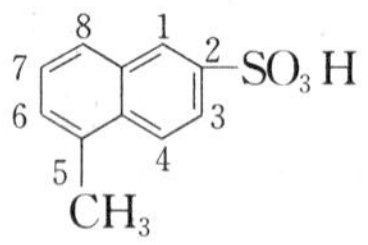　　　　5-甲基-2-萘磺酸

【例 6.5】　命名下列化合物:

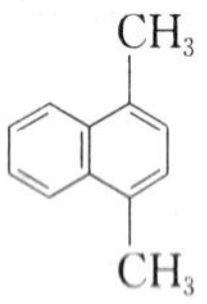

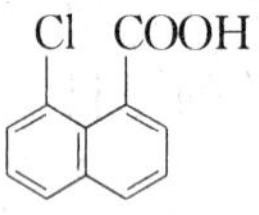

答:(1) 1,4-二甲基萘;(2) 8-氯-1-萘甲酸。

2. 萘的化学性质

(1) 取代反应

萘分子中键长平均化程度没有苯高,因此稳定性也比苯差,而反应活性比苯高,不论是取代反应或是加成、氧化反应均比苯容易。

萘可以进行一般芳香烃的亲电取代反应,由于萘分子的 α 位电子云密度比 β 位大,所以取代反应较易发生在 α 位。与苯相比,萘取代活性比苯大,取代的反应条件比苯温和。

① 卤化 萘与氯在三氯化铁的催化下可得无色液体 α-氯萘。

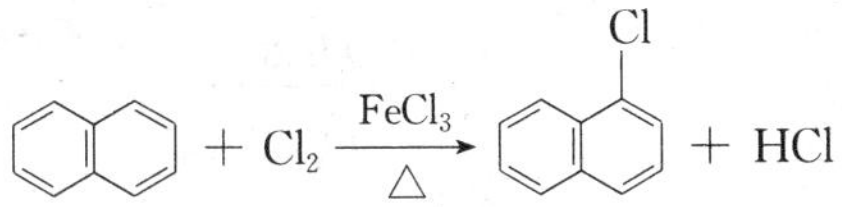

$$\text{萘} + Cl_2 \xrightarrow[\triangle]{FeCl_3} \text{α-氯萘} + HCl$$

溴代时可不用催化剂。

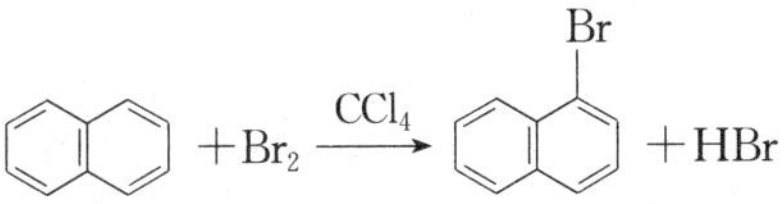

$$\text{萘} + Br_2 \xrightarrow{CCl_4} \text{α-溴萘} + HBr$$

α-溴萘(75%)

② 硝化 萘和混酸在室温就可发生硝化反应,生成 α-硝基萘。

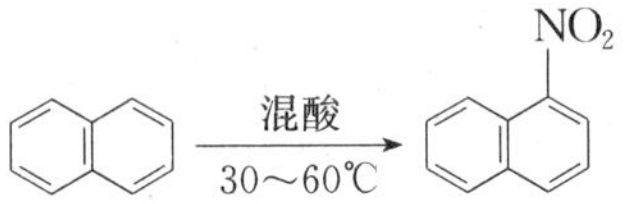

$$\text{萘} \xrightarrow[30\sim60℃]{混酸} \text{α-硝基萘}$$

③ 磺化 萘的磺化反应产物随温度的不同而不同,低温主要生成 α-萘磺酸,高温主要生成 β-萘磺酸。

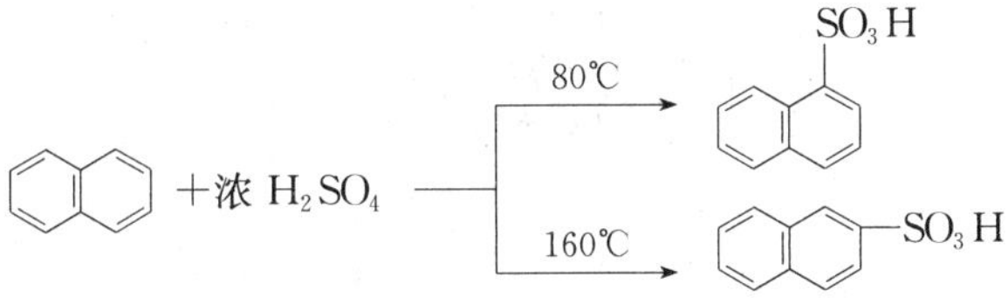

$$\text{萘} + \text{浓 } H_2SO_4 \xrightarrow{80℃} \text{α-萘磺酸(SO}_3\text{H)}$$
$$\xrightarrow{160℃} \text{β-萘磺酸(SO}_3\text{H)}$$

为什么会出现这种情况呢? 由于 α 亲电取代速度较快,低温时,主要生成 α-萘磺酸,这是动力学控制产物。但 β-萘磺酸较 α-萘磺酸稳定,在它的分子中基团间的斥力较小,去磺化的速度比 α-萘磺酸慢。

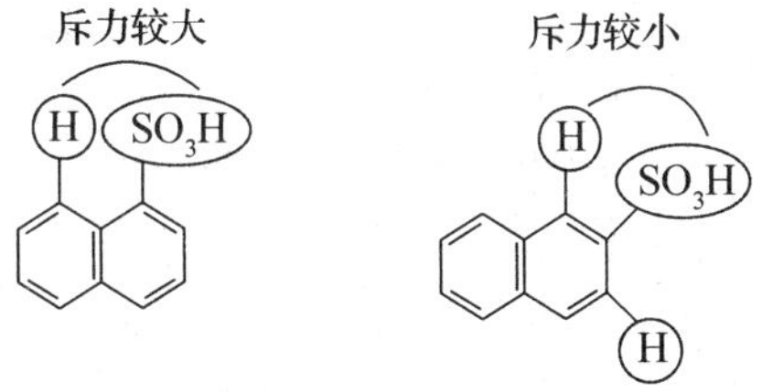

斥力较大   斥力较小

温度升高,去磺化的速度加快,α-萘磺酸逐渐转变为较稳定的 β-萘磺酸,这是热力学控制产物。

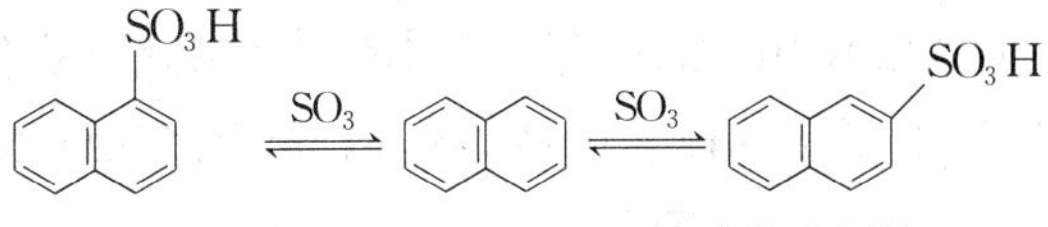

$$\text{α-萘磺酸(SO}_3\text{H)} \underset{SO_3}{\overset{SO_3}{\rightleftharpoons}} \text{萘} \underset{SO_3}{\overset{SO_3}{\rightleftharpoons}} \text{β-萘磺酸(SO}_3\text{H)}$$

去磺化速度快   去磺化速度慢

④ 傅-克酰基化反应 萘的傅克烷基化产物比较复杂,因此用处不大。萘的傅克酰基化反应产物较单一,但定位效应与溶剂有关,以 CS_2 或四氯乙烷为溶剂,主要生成 α 取代产物;以硝基苯为溶剂,主要生成 β 取代产物。

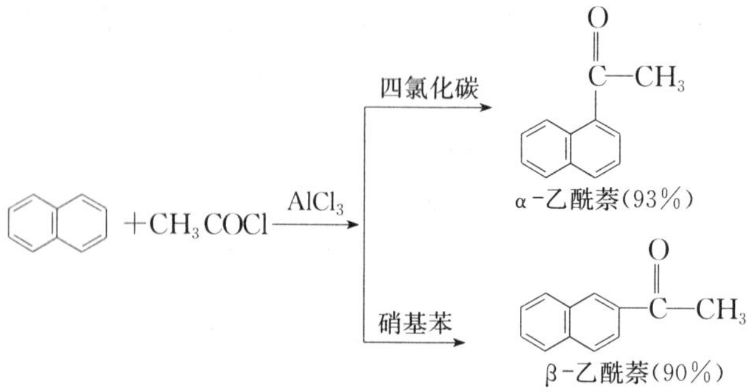

（2）氧化反应

萘比苯更容易发生氧化反应，反应主要在 α 位。在缓和条件下，萘氧化生成醌，强烈条件下，氧化生成邻苯二甲酸酐，俗名苯酐，为白色针状晶体，是染料、医药、塑料、增塑剂及合成纤维的原料。

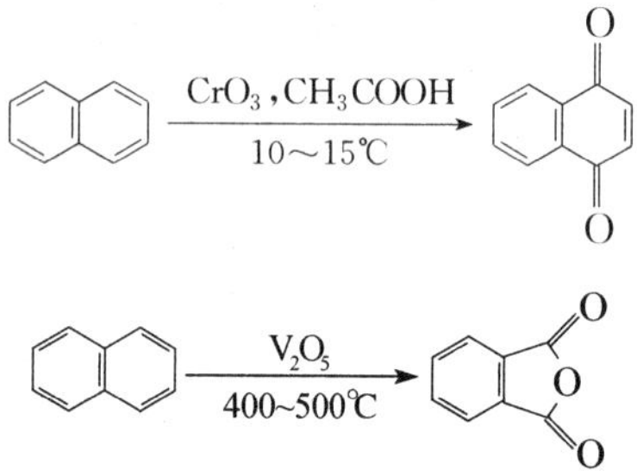

（3）还原反应

萘的还原反应可以在金属钠和醇的共同作用下实现，也可以通过催化加氢的方法实现。

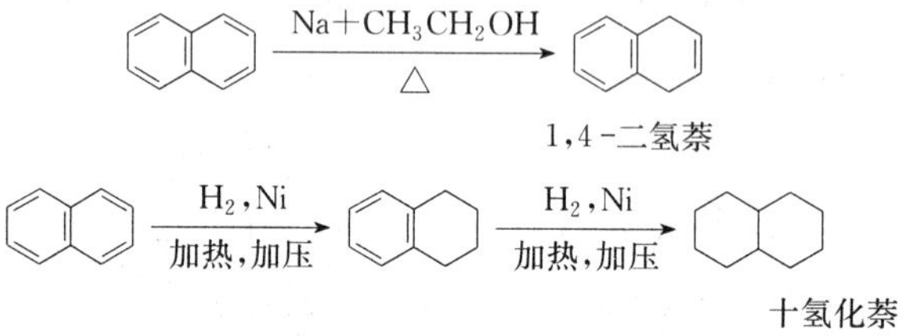

3. 一元取代萘的定位规律

萘是由两个苯环稠合而成的，因此，当萘上已有取代基时，第二个基团进入萘环的位置就比较复杂，下面介绍两种比较简单的情况。

（1）环上有邻对位定位基

由于邻对位定位基的致活作用，取代发生在同环。如果这个定位基在 1 位，则第二个基团优先进入 4 位；如果这个定位基在 2 位，则第二个基团优先进入 1 位。如：

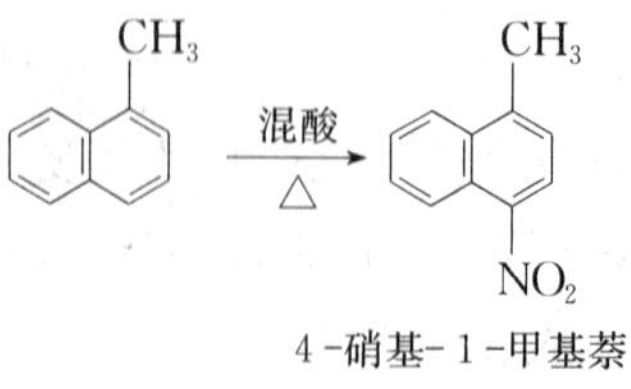

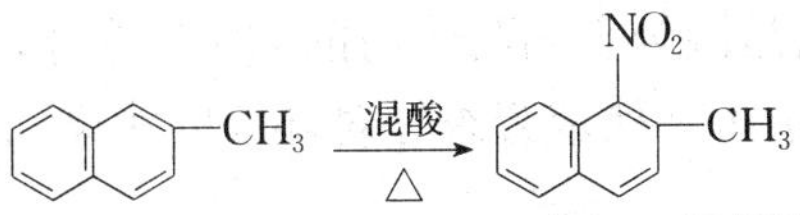

1-硝基-2-甲基萘

（2）环上有间位定位基

由于间位定位基的致钝作用，取代主要发生在另一环的 α 位。如：

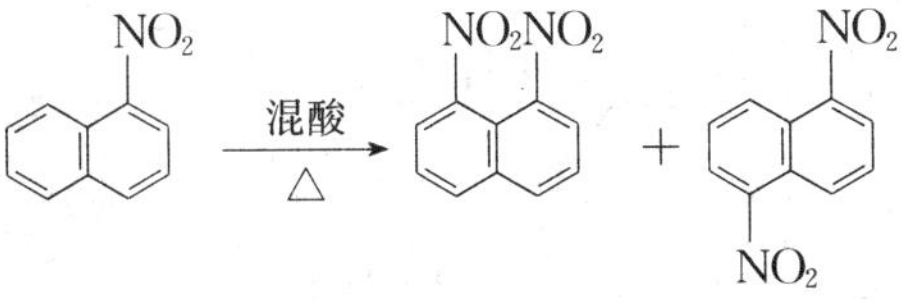

1,8-二硝基萘　1,5-二硝基萘

6.6.2　其他稠环芳烃

蒽和菲都可以从煤焦油中得到。蒽是浅蓝色有荧光的针状晶体，菲是白色有荧光的片状晶体，有毒。蒽和菲都是由三个苯环稠合而成的稠环芳烃。其中，蒽的三个苯环直线稠合排列，菲的三个苯环角式稠合排列。两者的分子式均为 $C_{14}H_{10}$，互为同分异构体。它们的构造式及分子中碳原子的编号如下：

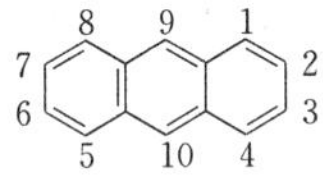

蒽 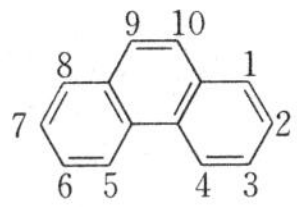　　　　　　菲

在蒽的各个碳的位置中，1，4，5，8 位等同，又称 α 位；2，3，6，7 位等同，又称 β 位；9，10 位等同，又称 γ 位。在菲的各个碳的位置中，1，8 位等同；2，7 位等同；3，6 位等同；4，5 位等同；9，10 位等同。

蒽和菲都比萘更容易发生氧化及还原反应，无论氧化或还原，反应都发生在 9，10 位，反应产物分子中都具有两个完整的苯环。

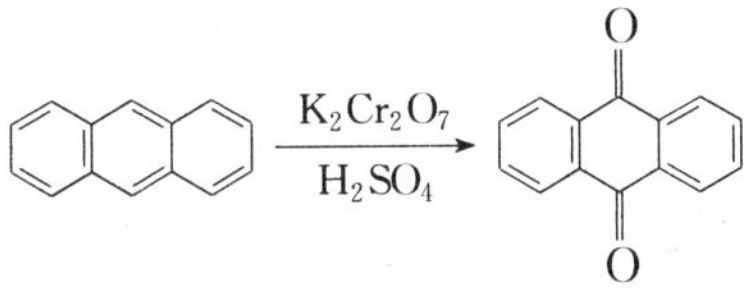

9,10-蒽醌

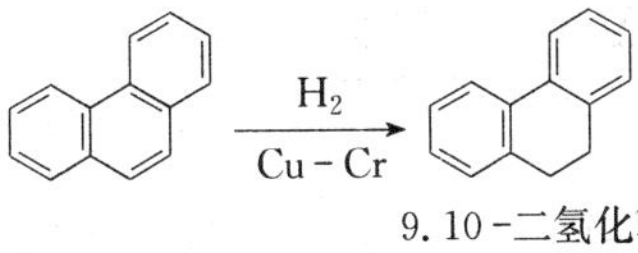

9.10-二氢化菲

蒽醌的衍生物是某些天然药物的重要原料，多氢菲的基本结构也存在于多种甾体药物中。因此，蒽和菲都是重要的医药原料。在煤焦油中除了蒽和菲外，还有许多其他的稠环芳烃，有一些有明显的致癌作用，称为致癌烃。这类化合物都含有四个或更多的苯环。如：

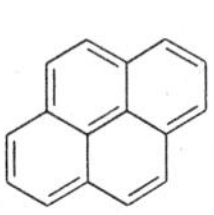

芘 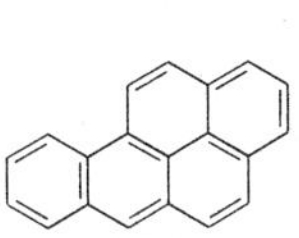　　　　3,4-苯并芘 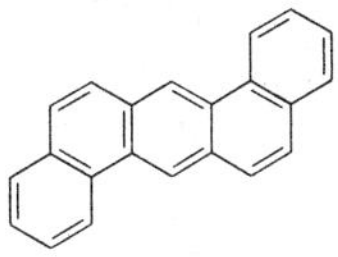　　　1,2,5,6-二苯并蒽 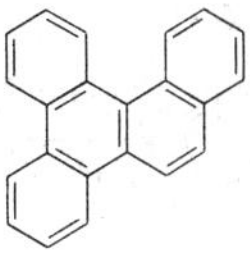　　　1,2,3,4-二苯并菲

这些致癌烃的致癌作用是因为它们与体内的 DNA 结合,引起细胞突变。因此,为了保证人民健康,我们必须防止多环稠苯芳香烃对环境的污染。

习 题

1. 命名下列化合物。

(1)

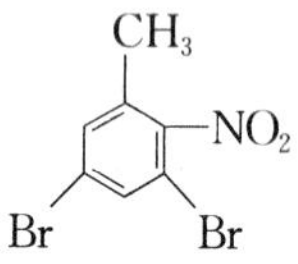

(2)

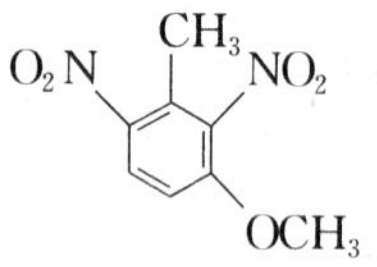

(3)

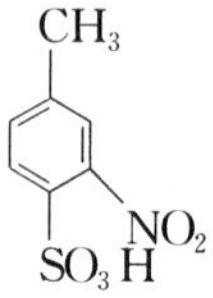

(4)

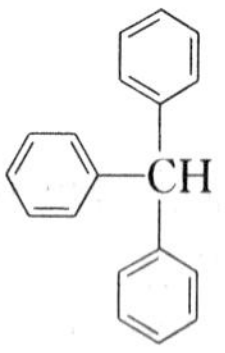

(5)

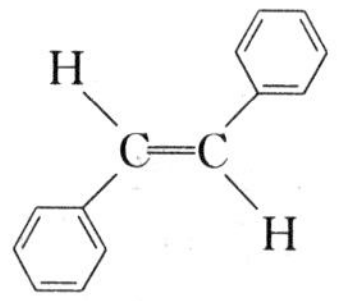

(6)

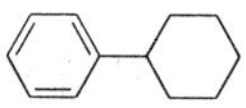

(7) $CH_3CH_2CHCH_2CH_3$

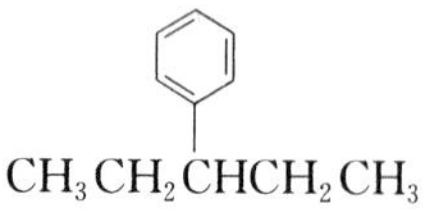

(8)

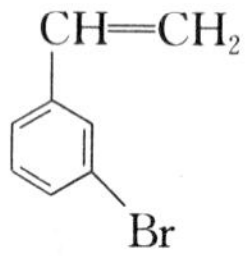

(9) Br——NH_2

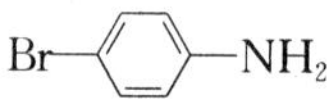

(10) $HOOC$——NH_2

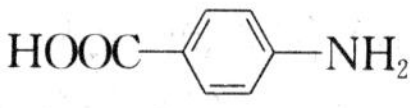

(11)

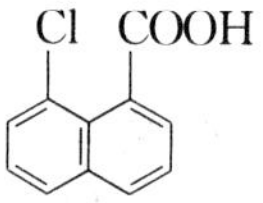

(12)

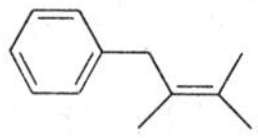

2. 完成下列反应。

(1) $+ ClCH_2CHCH_2CH_3$ (下标 CH_3) $\xrightarrow{AlCl_3}$

(2) $+ CH_2Cl_2 \xrightarrow{AlCl_3}$

(3) $\xrightarrow[0℃]{HNO_3,H_2SO_4}$

(4) $\xrightarrow{}$ (A) $\xrightarrow[AlCl_3]{C_2H_5Br}$ (B) $\xrightarrow[H_2SO_4]{K_2Cr_2O_7}$ (C)

(5) CH_2CH_2COCl $\xrightarrow{AlCl_3}$

(6) $\xrightarrow[Pt]{2H_2}$ (A) $\xrightarrow[AlCl_3]{CH_3COCl}$ (B)

(7) —C_2H_5 $\xrightarrow[H^+,\triangle]{KMnO_4}$

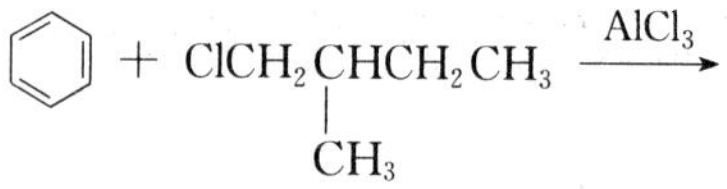

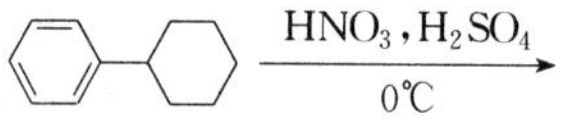

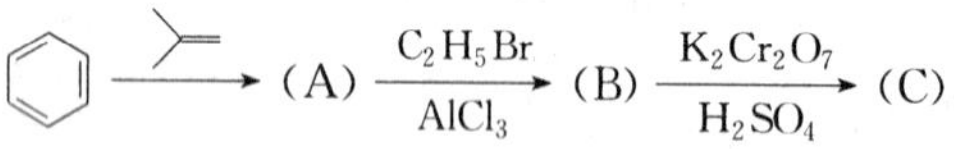

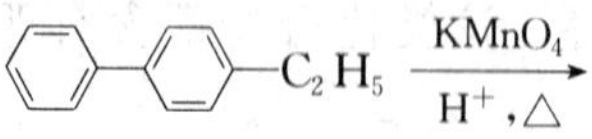

(8) $\xrightarrow{HNO_3}{H_2SO_4}$

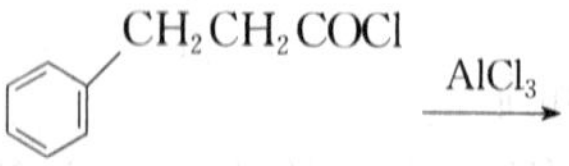

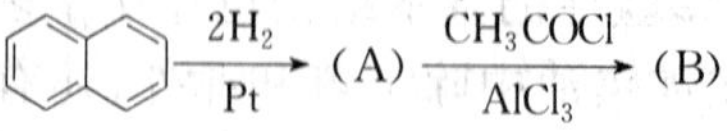

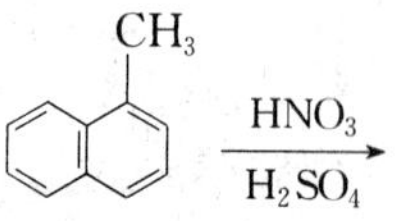

3. 将下列化合物进行一次硝化,试用箭头表示硝基进入的位置(指主要产物)。

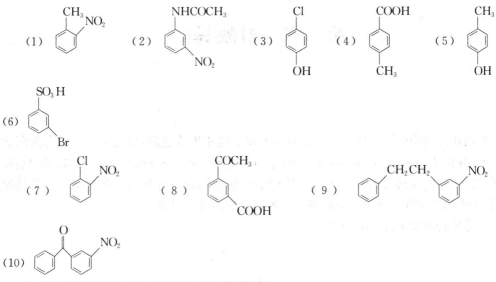

4. 比较下列各组化合物进行硝化反应时的难易。

(1) 苯、1,2,3-三甲苯、甲苯、间二甲苯

(2) 苯、硝基苯、甲苯

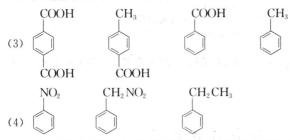

5. 以苯、甲苯或萘等有机化合物为主要原料合成下列各化合物。

(1) 对硝基苯甲酸

(2) 邻硝基苯甲酸

(3) 对硝基氯苯

(4) 4-硝基-2,6 二溴甲苯

(5) 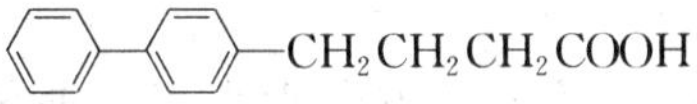 苯—⟨⟩—⟨⟩—$CH_2CH_2CH_2COOH$

(6) 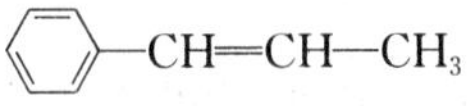 苯—$CH=CH—CH_3$

(7) 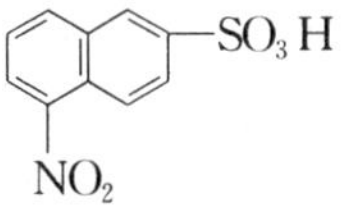 [1-硝基-5-磺酸萘]

(8) 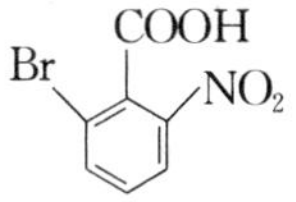 [2-溴-6-硝基苯甲酸]

(9) 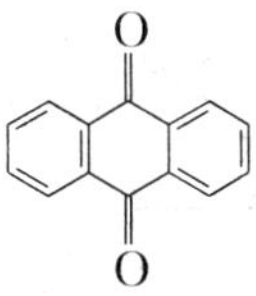 [蒽醌]

(10) 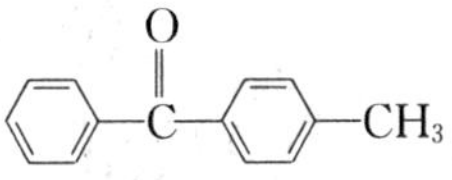 苯—$C(=O)$—⟨⟩—CH_3

6. 在氯化铝的存在下,苯和新戊基氯作用,主要产物是 2-甲基-2-苯基丁烷,而不是新戊基苯。试解释之,写出反应机理。

第7章 对映异构

有机化合物中的同分异构（isomerism）现象是相当普遍的，异构的种类可分为两大类：构造异构（constitutional isomerism）和立体异构（stereoisomerism）。构造异构是指分子中原子间的连接顺序或方式不同产生的异构现象，而立体异构是指构造一定的情况下，分子中的原子在三维空间的排列位置不同产生的异构现象。

同分异构现象可以归纳如下：

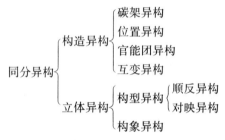

本章讨论立体异构中构型异构之一——对映异构。首先介绍与对映异构密不可分的旋光异构现象。

§7.1 旋光异构现象

7.1.1 物质的旋光性

光是一种电磁波，它以振动的形式向四周传播，它的振动方向垂直于光波传播的方向，如图 7-1 (a)所示。

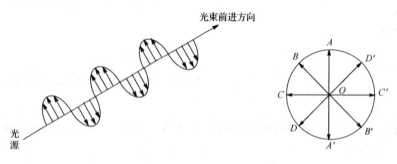

(a) 光束前进方向与振动方向垂直　　　(b) 普通光线的振动平面

图 7-1 光的传播方向

普通光含有各种波长的光波,光波在垂直于它传播方向的任何平面上振动,如图 7-1(b)所示,中心圆点 O 表示垂直于纸面的光的前进方向,双箭头如 AA'、BB'、CC'、DD' 表示光可能的振动方向。

当普通光通过一个经过方解石晶体特制的尼科尔(Nicol)棱镜时,只有和棱镜晶轴平行的平面上振动的光才能通过,而在其他方向振动的光都被阻挡。这种透过棱镜之后只在一个平面上振动的光,被称为平面偏振光,简称偏振光,如图 7-2 所示。

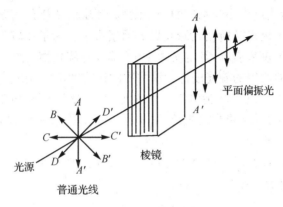

图 7-2　光的偏振

如果将偏振光通过某些物质或者它的溶液,有些物质如水、酒精等对偏振光不发生影响,偏振光仍维持原来的振动平面;而有些物质例如乳酸、葡萄糖等,能使偏振光的振动平面旋转一定的角度。这种能使偏振光的振动平面发生向左或者向右旋转的性质,叫做物质的旋光性。具有旋光性的物质,叫作旋光性物质或者光学活性物质。上面提到的乳酸和葡萄糖都是旋光性物质。

7.1.2　旋光度的测定和比旋光度

1. 旋光度的测定

旋光物质使偏振光振动平面旋转的角度称为旋光度,通常用 α 表示。用来测定物质旋光度的仪器叫作旋光仪。其原理示意图如图 7-3 所示。

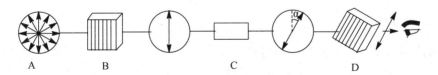

图 7-3　旋光仪构造示意图

旋光仪里面装有两个尼科尔棱镜,起偏棱镜(B)是固定不动的,其作用是把光源(A)产生的光转变成偏振光;C 为待测样品的盛液管,D 是检偏棱镜,它与回转刻度盘相连,可以转动,用以测定振动平面的旋转角。

当起偏镜和检偏镜的晶轴平行时,如果盛液管内放入非旋光性物质,例如水或者乙醇,平面偏振光可以全部通过检偏镜,观察者可检测到明亮的视野,此时刻度盘读数为 0°。如果盛液管放入旋光性物质或它的溶液,平面偏振光经过盛液管时,它的振动平面就旋转一定的角度而不能通过检测镜,观察者只有将检偏镜按顺时针方向或者反时针方向旋转一定的角度,才能使光线通过得到一个明亮的视野,此时刻度盘的读数,即为此种旋光性物质的旋光度 α。若检偏镜按顺时针方向（向右）旋转一定角度,才能观察到明亮视野,这种旋光性物质称为右旋体,用"（＋）"表示;若检偏镜按逆时针方向旋转一定角度,才能观察到明亮视野,这种旋光性物质称为左旋体,用"（－）"表示。

2. 比旋光度

旋光性物质的旋光度大小与物质的分子结构、测定时所用的溶剂、溶液的浓度、盛液管的长度、测定时的温度以及所用光源波长等因素有关。为了比较各种不同旋光性物质的旋光性,常用比旋光度来表示,其定义为 1 mL 含 1 g 旋光物质浓度的溶液,通过 10 cm（1 dm）长的盛液管时测得的旋光度称为该物质的比旋度,通常用 $[\alpha]_\lambda^t$ 表示,t 为测定时的温度,一般是室温（15～30℃）,λ 为测定时光的波长,一般采用钠光（波长为 589.3 nm,用符号 D 表示）。例如:肌肉乳酸的比旋度为 $[\alpha]_D^{20} = +3.8°$,表示肌肉乳酸在 20℃,用钠光作光源时,其比旋度为＋3.8°,（＋）表示右旋。

在实际工作中,可以在任意其他浓度 c(g/mL) 和长度 1(dm) 的盛液管中测定其旋光度 α,然后按照公式计算比旋光度 $[\alpha]_\lambda^t$:

$$[\alpha]_\lambda^t = \alpha / (1 \times c)$$

若欲测的旋光性物质是纯液体,也可以放在旋光仪中测定,计算比旋光度时,只需要把公式中的溶液浓度改成纯液体的密度即可。

在一定条件下,比旋度是旋光性物质特有的物理常数,一般可以从化学手册或文献查阅得到。通过测定旋光度,可通过上式计算该物质的比旋度,进行定性鉴定,也可对已知物质计算浓度或纯度。

§7.2 分子的手性和对称因素

为什么有些物质具有旋光性,而另外一些物质则没有旋光性? 这与分子的结构是否具有相应的联系,是人们考虑的一个重要问题。

7.2.1 手性

我们的左手和右手是互为实物与镜像的关系,相似但不能重合,物体的这种性质被称为手性。宏观物质可以产生手性,而微观的物质如有机分子也可以产生手性。例如,乳酸分子,见图 7 - 4,它们构造相同,连有相同的取代基,但是无论怎么摆放,都无法做到完全重合。它们也是互为实物与镜像的关系,和双手一样,因此是手性分子。

乳酸的两种分子,互为实物与镜像而不能重叠,构造相同而构型不同,这样的异构现象被称为对映异构现象,这样的异构体被称为对映异构体,也称光学异构体,其中必有一个使偏光发生右旋,为右旋体;另一个使偏光发生左旋,为左旋体。

自然界中确实存在两种光学活性的乳酸:一种是从肌肉运动产生的有机物中分离得到的右旋体,即（＋）-乳酸,$[\alpha]_D^{15} = +3.8°$(H$_2$O);另一种是从糖发酵液中分离得到的左

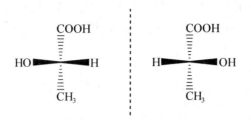

图7-4 乳酸的对映异构体

旋体,即(一)-乳酸,$[\alpha]_D^{15} = -3.8°(H_2O)$。这两种乳酸的比旋光度数值相等而符号相反。

7.2.2 对称性因素

判断某一物质分子是否具有手性,最根本的办法是判断实物是否与其镜像能完全重叠。但是通过镜像进行判断往往是十分不方便的。由于手性是由分子内部缺少对称因素导致的,通过判断分子内部是否具有某些对称性因素可以方便地判断分子是否具有手性。

对称面是一个假设的平面,它把分子分为两部分,这两部分之间互为实物和镜像的关系,用σ表示。通过观察,人们发现,凡是具有对称面的分子,都是非手性分子。例如:

三氯甲烷
(有三个对称面)

顺-1,2-二氯乙烯
(有两个对称面)

苯
(有七个对称面)

假设在分子中有一个点,从分子中的任何一个原子或基团向该点连线,并延长至等距离处,如果在此处也有一个相同的原子或基团,则该点被称为该分子的对称中心,用 i 来表示。一个分子只有一个对称中心。通过观察,人们发现,凡是具有对称中心的分子,都是非手性分子。例如,反-1,3-二溴-2,4-二氯环丁烷。

反-1,3-二溴-2,4-二氯环丁烷
(有一个对称中心)

当分子以某一直线为轴旋转 $360°/n$ 时,与原来的分子重合,这条直线称为分子的 n 重对称轴,用 C_n 来表示。例如,水分子具有二重对称轴,三氯甲烷具有三重对称轴,反-1,2-二氯环丙烷具有二重对称轴,也有对映异构体,对称轴不能用来作为判断分子是否具有手性的标准。

三氯甲烷
(有三重对称轴)

反-1,2-二氯环丙烷
(有二重对称轴)

如果一个分子有一个 C_4 轴,且当分子绕轴转 90° 之后再用垂直于此轴的平面作为镜面进行一次反映操作,得到的镜像与实物重合,则称此轴为四重倒反轴(用 S_4 表示)。例如:

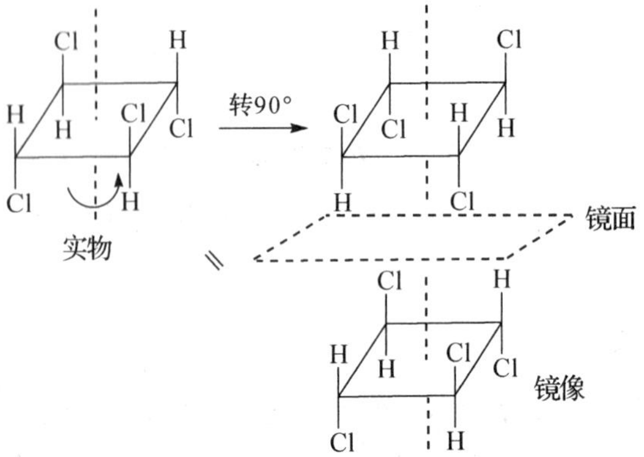

这个化合物的实物能与其镜像重合,该分子不具有手性。

一个分子如果具有对称面,对称中心,或者 S_4 轴,则该分子不具有手性。反之,如果一个分子既无对称面,又无对称中心,也无 S_4 轴,则该分子具有手性。一般情况下,S_4 轴往往和对称面、对称中心同时存在,而且在化合物分子中,只具有四重倒反轴的情况是极少见的,因此要判断一个分子是不是具有手性,只判断其是否具有对称面和对称中心即可。

§7.3 含有一个手性碳原子的化合物

人们发现,如果分子中只有一个碳原子连接了四个不同的原子或者基团,该分子必然没有对称面和对称中心,这个连接了四个不同原子或者基团的碳原子则被称为不对称碳原子或手性碳原子,用 * 标记。每个手性碳的构型有两种,含一个手性碳的分子在空间有两种不同的排列方式,即存在两种不同的构型异构体,且互为镜像,互称为对映异构体,简称对映体。

在对映体中,围绕着不对称碳原子的四个原子或者基团间的距离是相同的,即几何尺寸完全相等,因而它们的物理性质和化学性质一般也相同。例如,右旋和左旋的乳酸熔点都是 53℃,pK_a 值都是 3.79 等。

但是在手性环境的条件下,如手性试剂、手性溶剂、手性催化剂存在下会表现出某些不同的性质,尤其是生理效应明显不同。如氯霉素是左旋的有抗菌作用,其对映体则无疗效。又如(+)葡萄糖在动物代谢中有独特作用,具有营养价值,但其对映体(-)葡萄糖则不能被动物代谢。对映体的等量混合物,旋光度变为零,被称作外消旋体,用(±)或(dl)表示。由于左旋体和右旋体分子之间亲和力不同,外消旋体的物理性质例如熔点、沸点、溶解度等与纯净的左旋体或者右旋体是有差异的。例如,左旋和右旋乳酸的熔点均为 53℃,但是外消旋体的熔点为 18℃,而化学性质基本相同。

7.3.1 对映异构体的表示方法

表示分子空间构型的常见方式有两种：一是透视式，二是投影式。如乳酸 $CH_3CH(OH)COOH$ 的两个对映体透视式表示如下：

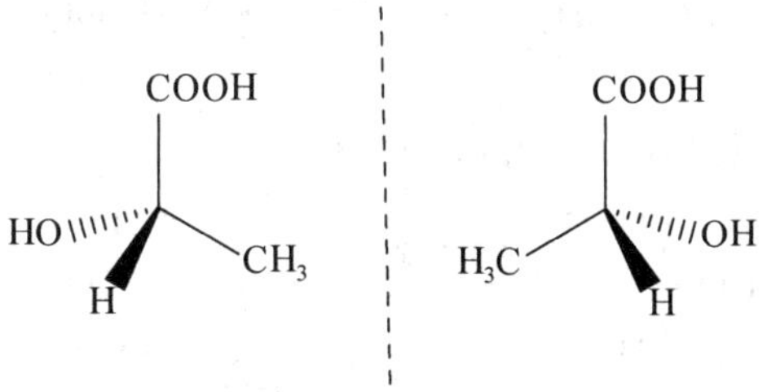

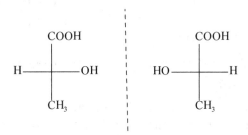

乳酸对映体的透视式

透视式中，实线键表示在纸面上，虚线键表示伸向纸平面里面，楔形键表示伸向纸平面外面。这种表示方法比较直观，但写起来相对麻烦一些。一般多采用费歇尔（Fischer）投影式表示对映体的构型。它用一个十字形"＋"来连接四个不同的基团，而用交叉点来表示手性碳原子，碳链通常放在垂直位置。

乳酸对映体的费歇尔投影式

由于费歇尔投影式要在二维的平面上表示出三维的立体结构，代表一个三维空间模型。因为乳酸的四个不同基团并不在同一平面。这种表示法规定：水平方向的键伸向纸平面前，垂直方向的键伸向纸平面后。

费歇尔投影式相当于用一个立体模型放在幕前，用光照射模型，在幕上得到的平面投影。

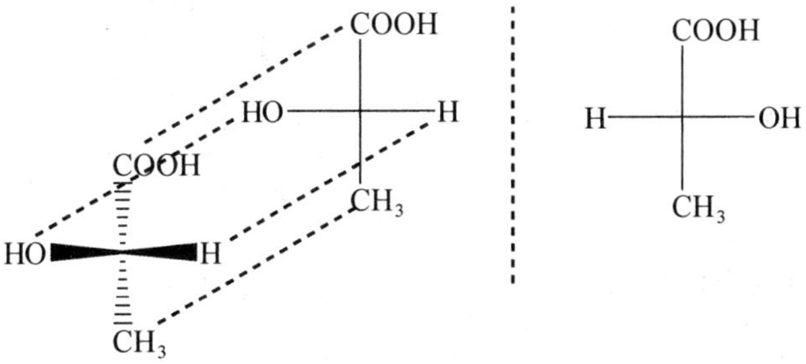

乳酸对映体的投影式

费歇尔投影式的书写要遵循以下规则：① 用横竖交叉的两条线的交叉点表示手性碳原子；② 碳链要尽可能放在竖直方向上，并且按照系统命名法把编号较小的碳原子放在竖线上端;③ 垂直方向的碳链伸向纸面后方,水平方向的基团指向纸面前方。

使用费歇尔投影式时,还应该注意以下几点:

(1) 投影式在纸面上旋转 180°仍为原来的构型。

$$\begin{array}{c} \text{COOH} \\ \text{HO}\!\!-\!\!\!\!\!-\!\!\!\!\!-\!\!\text{H} \\ \text{CH}_3 \end{array} \xrightarrow{\text{纸面上旋转 }180°} \begin{array}{c} \text{CH}_3 \\ \text{H}\!\!-\!\!\!\!\!-\!\!\!\!\!-\!\!\text{OH} \\ \text{COOH} \end{array}$$

(2) 投影式在纸面上旋转 90°变为其对映体。

$$\begin{array}{c} \text{COOH} \\ \text{HO}\!\!-\!\!\!\!\!-\!\!\!\!\!-\!\!\text{H} \\ \text{CH}_3 \end{array} \xrightarrow{\text{纸面上旋转 }90°} \begin{array}{c} \text{OH} \\ \text{H}_3\text{C}\!\!-\!\!\!\!\!-\!\!\!\!\!-\!\!\text{COOH} \\ \text{H} \end{array}$$

(3) 投影式在纸面上旋转 270°变为其对映体。

$$\begin{array}{c} \text{COOH} \\ \text{HO}\!\!-\!\!\!\!\!-\!\!\!\!\!-\!\!\text{H} \\ \text{CH}_3 \end{array} \xrightarrow{\text{纸面上旋转 }270°} \begin{array}{c} \text{H} \\ \text{HOOC}\!\!-\!\!\!\!\!-\!\!\!\!\!-\!\!\text{CH}_3 \\ \text{OH} \end{array}$$

(4) 投影式离开纸面翻转 180°变为其对映体。

$$\begin{array}{c} \text{COOH} \\ \text{HO}\!\!-\!\!\!\!\!-\!\!\!\!\!-\!\!\text{H} \\ \text{CH}_3 \end{array} \xrightarrow{\text{纸面上旋转 }180°} \begin{array}{c} \text{COOH} \\ \text{H}\!\!-\!\!\!\!\!-\!\!\!\!\!-\!\!\text{OH} \\ \text{CH}_3 \end{array}$$

(5) 保持投影式中的一个基团,把另外三个基团按照顺时针或者逆时针依次调换位置,不会改变原化合物的构型。

$$\begin{array}{c} \text{COOH} \\ \text{HO}\!\!-\!\!\!\!\!-\!\!\!\!\!-\!\!\text{H} \\ \text{CH}_3 \end{array} = \begin{array}{c} \text{COOH} \\ \text{H}_3\text{C}\!\!-\!\!\!\!\!-\!\!\!\!\!-\!\!\text{OH} \\ \text{H} \end{array} = \begin{array}{c} \text{COOH} \\ \text{H}\!\!-\!\!\!\!\!-\!\!\!\!\!-\!\!\text{CH}_3 \\ \text{OH} \end{array} = \begin{array}{c} \text{OH} \\ \text{H}\!\!-\!\!\!\!\!-\!\!\!\!\!-\!\!\text{COOH} \\ \text{CH}_3 \end{array} \cdots\cdots$$

(6) 把投影式中手性碳原子所连接的任意两个原子或者原子团互相交换偶数次位置,得到的投影式与原来的投影式是同一构型,交换奇数次得到其对映体。

$$\begin{array}{c} \text{COOH} \\ \text{HO}\!\!-\!\!\!\!\!-\!\!\!\!\!-\!\!\text{H} \\ \text{CH}_3 \end{array} \xrightarrow{\text{交换1次}} \begin{array}{c} \text{COOH} \\ \text{H}\!\!-\!\!\!\!\!-\!\!\!\!\!-\!\!\text{OH} \\ \text{CH}_3 \end{array}$$

$$\Big\downarrow \text{交换1次}$$

$$\begin{array}{c} \text{COOH} \\ \text{H}\!\!-\!\!\!\!\!-\!\!\!\!\!-\!\!\text{CH}_3 \\ \text{OH} \end{array}$$

7.3.2 对映异构体的命名

1. D, L 标记法

有机化合物中各原子或者原子团在空间的实际排列情况在很长的时间里没有办法完全确定,而关于旋光性物质的研究却开始得很早,如何将左、右旋体和分子的构型之间划上等号,就成了人们重点思考的一个问题。罗沙诺夫(Rosanoff)选了甘油醛为标

准化合物,指定右旋甘油醛为 D 构型,左旋甘油醛为 L 构型。它们的费歇尔投影式如下:

$$
\begin{array}{c}
\text{CHO} \\
\text{H} \!-\!\!\!\!-\!\!\!\!-\! \text{OH} \\
\text{CH}_2\text{OH}
\end{array}
\qquad
\begin{array}{c}
\text{CHO} \\
\text{HO} \!-\!\!\!\!-\!\!\!\!-\! \text{H} \\
\text{CH}_2\text{OH}
\end{array}
$$

D-(＋)-甘油醛　　　　　　L-(－)-甘油醛

其他化合物的构型与甘油醛进行关联,关联新化合物之后,其余化合物又可以与这些新化合物相关联。依靠这种方法,成千上万的化合物间接地与 D 或者 L 型甘油醛建立了联系。例如:

$$
\begin{array}{c}
\text{CHO} \\
\text{H} \!-\!\!\!\!-\!\!\!\!-\! \text{OH} \\
\text{CH}_2\text{OH}
\end{array}
\xrightarrow[\text{选择性氧化}]{[\text{O}]}
\begin{array}{c}
\text{COOH} \\
\text{H} \!-\!\!\!\!-\!\!\!\!-\! \text{OH} \\
\text{CH}_2\text{OH}
\end{array}
$$

D-(＋)-甘油醛　　　　　　　　D-(－)-甘油酸

值得注意的是,D 和 L 只是代表了构型的不同,在甘油醛和甘油酸中,D 代表了羟基在费歇尔投影式的右方,但是物质的旋光方向却与 D、L 无关,必须通过实验事实确定,D-(＋)甘油醛和 D-(－)甘油酸一个是右旋体,一个是左旋体。

1951 年,贝伊富特(Bijvoet)观察到了酒石酸钠铷的结构,发现当初所做的假设是正确的,即 D-甘油醛是右旋的,L-甘油醛是左旋的。这样与甘油醛相关的相对构型,就是绝对构型了。尽管在早期人们普遍使用 D、L 标记的方法,但是这个方法具有较大的缺陷,尤其当分子中含有数个手性中心的时候。

2. R, S 标记法

1970 年对映异构体的命名根据 IUPAC 的建议采用了 R, S 构型系统命名法。根据化合物的实际构型或投影式运用次序规则来命名,该法可以准确判断每一个手性碳原子的构型。其基本内容如下所述:

(1) 如果取代基为单原子,则认为原子序数越大的原子大于原子序数小的原子。若原子序数相同,即同位素,则质量数大的原子较大。例如:

$$\text{I} > \text{Br} > \text{Cl} > \text{S} > \text{P} > \text{F} > \text{O} > \text{N} > \text{C} > \text{D} > \text{H}$$

(2) 如果取代基为多原子取代基,则先比较第一个原子的原子序数,原子序数大的较大。若第一个原子的原子序数相同,则依次比较与第一个原子相连原子的原子序数,以此类推,直到能分辨出大小为止。例如:

$$-\text{OR} > \text{OH};\ -\text{CH}_2\text{Cl} > -\text{CH}_3;\ -\text{NR}_2 > -\text{NHR} > -\text{NH}_2;\ -\text{CH}(\text{CH}_3)_2 > -\text{CH}_2\text{CH}_2\text{CH}_3$$

(3) 含有双键或者叁键的基团,则当成两个或者三个单键看待,即认为其连有两个或者三个相同的原子。例如:

$$
-\!\!\overset{\text{O}}{\underset{}{\text{C}}}\!\!-\text{H}
\ \text{相当于}\
-\!\!\overset{\text{O}-\text{C}}{\underset{\text{O}-\text{C}}{\text{C}}}\!\!-\text{H}
\qquad
-\text{CH}\!=\!\text{CH}_2
\ \text{相当于}\
-\!\!\overset{\text{H H}}{\underset{\text{C C}}{\text{C}-\text{C}}}\!\!-\text{H}
\qquad
-\text{C}\!\equiv\!\text{CH}
\ \text{相当}\
-\!\!\overset{\text{C C}}{\underset{\text{C C}}{\text{C}-\text{C}}}\!\!-\text{H}
$$

对含有一个手性碳原子化合物的命名，先把手性碳原子所连的四个原子或者原子团（a,b,c,d）按照次序规则先后排列（如 a＞b＞c＞d），然后将上述排列次序最小的原子或原子团（d）放在离观察者最远的地方，其他三个原子或原子团（a,b,c）指向观察者，像汽车驾驶员面向方向盘，d 在方向盘的连杆上，然后排列其顺序，如果三个基团（a,b,c）按照顺时针排序，叫作 R 构型。如果按照逆时针排序，叫作 S 构型。

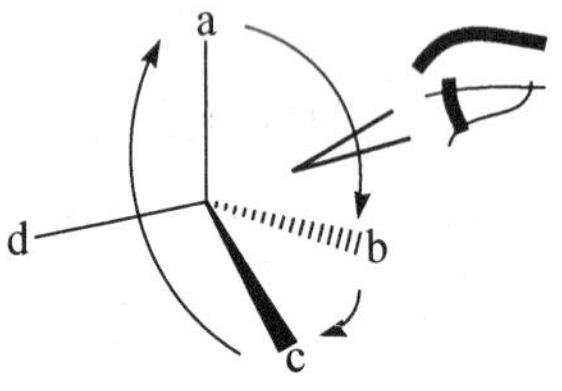

a→b→c
顺时针＝R 型

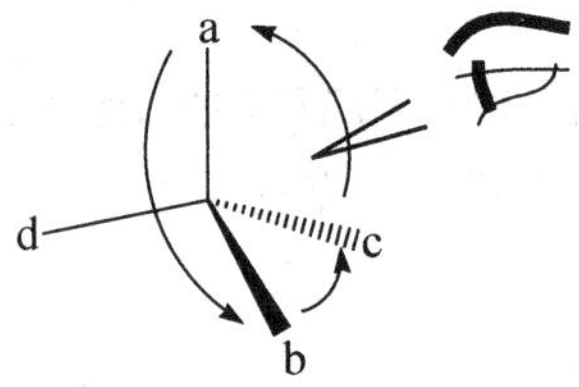

a→b→c
逆时针＝S 型

例如：

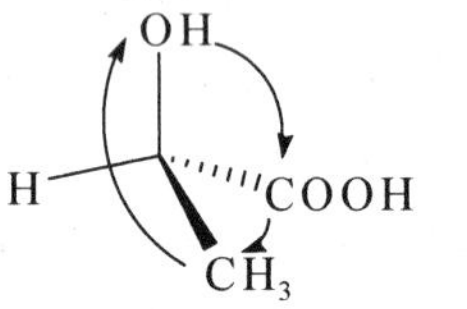

OH→COOH→CH₃
顺时针＝R 型

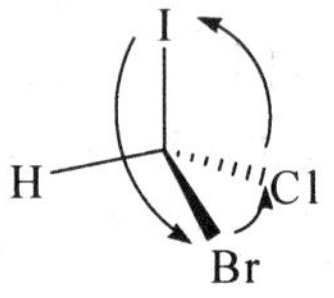

I→Br→Cl
逆时针＝S 型

如果用投影式表示分子构型，同样可以确定 R、S 构型。例如：

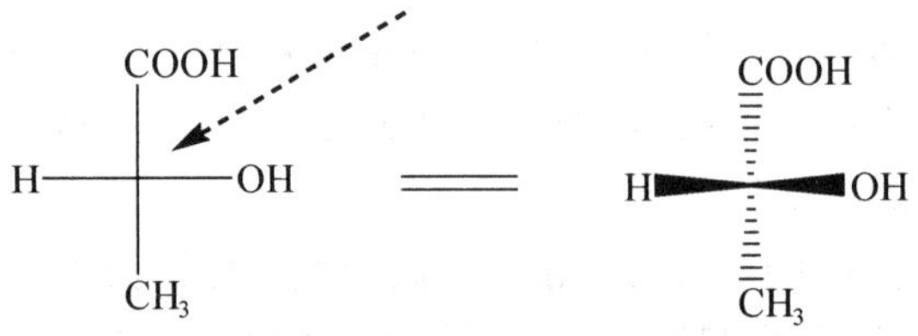

我们可以从 H—C 键的延长线，即从平面的右后方向左观察 OH→COOH→CH₃ 的次序，其排列为顺时针方向，故为 R 构型，命名为 R-（－）-乳酸。再如：

从 H—C 键的延长线，即从平面的左前方向右后方观察 Br→Cl→CH₃ 的次序，其排列为逆时针方向，故为 S 构型。

由于费歇尔投影式规定水平方向的键伸向纸平面前，垂直方向的键伸向纸平面后，在乳酸中，H 是最后一个基团，当 H 在横键上时，H 指向纸平面前方，观察者应从纸平面后方往前看，因此，当从正面观察另外三个基团判断为 R 时，实际应为 S；反之亦然。如果按次序规则排在最后的原子或原子团在竖键上，即在纸平面后方时，直接根据另外三个基团判断。例如：

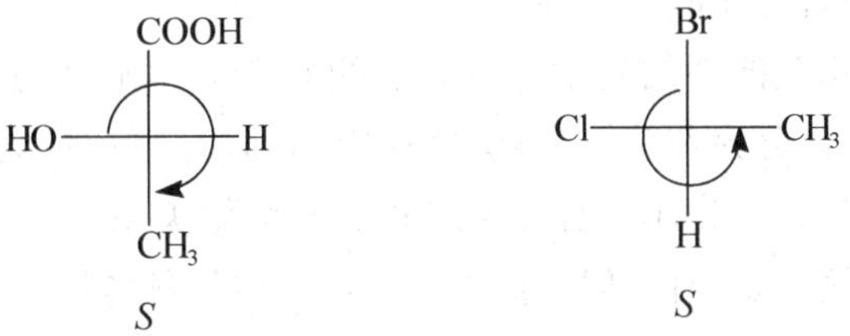

S *S*

§7.4 含有两个手性碳原子的化合物

7.4.1 含两个不相同的手性碳原子的化合物

化合物中两个手性碳原子所连的四个原子或基团不完全相同。例如化合物 $CH_3CH(OH)CHClCOOH$，2-氯-3-羟基丁酸，有两个手性碳 C2 和 C3，由于每个手性碳都有两种可能构型 *R* 或 *S*，因此整个分子有四种可能构型：(2*R*，3*R*)，(2*S*，3*S*)，(2*R*，3*S*)，(2*S*，3*R*)。这些构型可用费歇尔投影式表示如下：

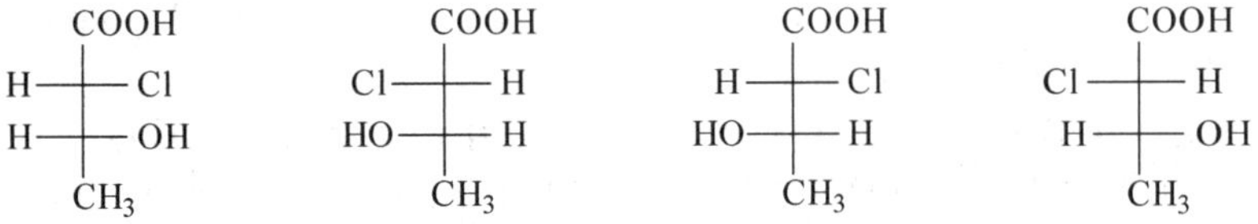

Ⅰ：2*R*,3*R*　Ⅱ：2*S*,3*S*　Ⅲ：2*R*,3*S*　Ⅳ：2*S*,3*R*

从构型（Ⅰ）—（Ⅳ）可以看出，（Ⅰ）和（Ⅱ）、（Ⅲ）和（Ⅳ）呈物体与镜像关系，它们的旋光度数值相等，方向相反，互为对映异构体。然而，（Ⅰ）和（Ⅲ）（Ⅳ）、（Ⅱ）和（Ⅲ）（Ⅳ），每对化合物中的手性碳既不完全相同，又不完全相反，因此既不能重叠，又不是对映体，这样的立体异构体被称为非对映异构体。非对映体的比旋光度大小和方向都无规律性联系，其他物理常数如熔点、沸点、折光率、标准自由能等都可能不同。

7.4.2 含有两个相同手性碳原子的化合物

两个手性碳原子所连的四个原子或原子团相同，例如，酒石酸、2,3-二氯丁烷等。酒石酸的异构体构型为：

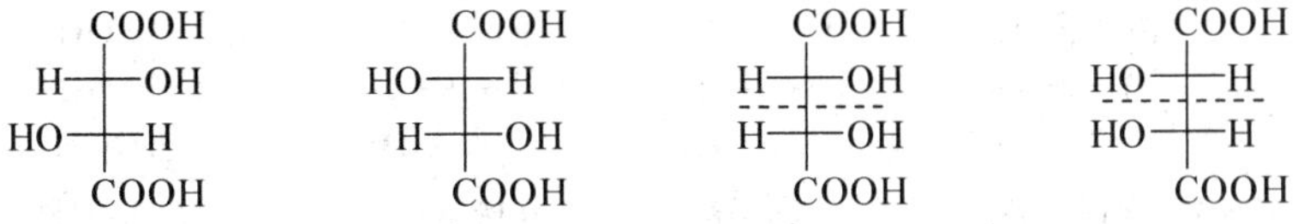

Ⅰ：2*R*,3*R*　Ⅱ：2*S*,3*S*　Ⅲ：2*R*,3*S*　Ⅳ：2*S*,3*R*

其中，（Ⅰ）和（Ⅱ）是对映体，其等量混合物为外消旋体。将（Ⅳ）在纸面上旋转 180°

之后,(Ⅲ)与(Ⅳ)完全重叠,因此(Ⅲ)与(Ⅳ)是同一化合物。由于分子中两个相同的手性碳原子构型相反,旋光能力互相抵消,分子中有对称面,因此(Ⅲ)无旋光性,不是手性分子,像这种由于分子内含有相同的手性碳原子,一半分子与另一半分子互为镜像关系,从而使分子内部旋光性相互抵消的光学活性化合物称为内消旋体,用 meso 表示。由此可见,酒石酸的三种异构体分为左旋体、右旋体和内消旋体。左、右旋体的等量混合组成外消旋体。内消旋酒石酸和左旋体及右旋体之间并非镜像关系,属于非对映异构体。内消旋体和外消旋体都不显示旋光性,但它们本质不同。内消旋体属于单一纯物质,而外消旋体属于混合物,可以通过拆分得到两种旋光方向不同的对映体。

§7.5　含有三个手性碳原子的化合物

含有三个不相同的手性碳原子的化合物有 $2^3 = 8$ 种异构体。

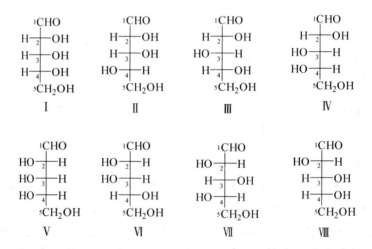

在上述立体异构体中,如果只有一个不对称碳原子的构型不同,则这两个异构体称为差向异构体。例如:Ⅰ和Ⅱ,Ⅰ和Ⅲ,Ⅰ和Ⅷ。如果构型不同的不对称碳原子在链端,称为端基差向异构体。例如:Ⅰ和Ⅱ,Ⅴ和Ⅵ。根据碳原子的位置,还可以定义 C_n 差向异构体。例如,Ⅱ和Ⅳ属于 C_3 差向异构体。含多个手性碳原子的情况与此类似。

如果三个手性碳中的两个相同,则只有四种异构体。例如:

可以看出,分子Ⅰ和Ⅱ中,2,4位的碳原子所连的基团相同,且手性一致,因此3位的碳原子为非手性碳原子,整个分子由于既无对称面,也无对称中心,属于手性分子。在分子Ⅲ和Ⅳ中,2,4位的碳原子所连的基团相同,但一个是R型的手性碳,另一个是S型的手性碳,这样3位的碳就是手性碳原子(人为定义$R > S$)。由于分子整体具有对称性,Ⅲ和Ⅳ不显示旋光性,为内消旋体。3位的这种碳原子被定义为假不对称碳原子或者是假手性碳。

§7.6 环状化合物

环状化合物的立体异构比较复杂,往往顺反异构和对映异构同时存在。

1,2-二氯环丙烷分子中的两个氯原子可以在环的同侧,也可以在环的两侧,会形成顺反异构体。1,2位的两个碳原子为手性碳原子,因此1,2-二氯环丙烷可能存在对映异构体。顺-1,2-二氯环丙烷中由于含有一个对称面,相当于内消旋体,没有旋光性。反-1,2-二氯环丙烷中由于没有对称面,也没有对称中心,因而具有手性。

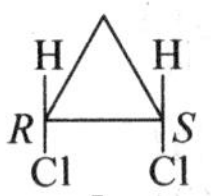

顺-1,2-二氯环丙烷   反-1,2-二氯环丙烷

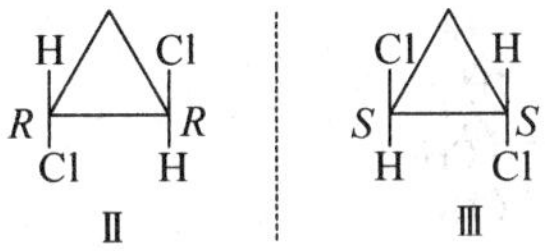

对于具有手性的环状化合物,仅用顺、反标记已不能表明其构型,必须采用R,S标记。反-1,2-二氯环丙烷的命名并不能区分两个对映体,应采用R,S标记法,Ⅱ命名为$(1R,2R)$-1,2-二氯环丙烷,Ⅲ命名为$(1S,2S)$-1,2-二氯环丙烷。顺式和反式异构体互为非对映异构体,属于非对映异构体中的一个特殊类别。

当环碳原子数增多时,环不再以平面的形式出现。以环己烷为例,六个碳原子并不在同一个平面上,一般以椅式构象存在。顺-1,2-二甲基环己烷分子Ⅰ没有对称面和对称中心,是具有手性的,其镜像为Ⅱ,但Ⅰ经过翻转之后可以转变成Ⅲ,Ⅲ以通过环中心并与a键平行的直线为轴,旋转120°之后可以得到Ⅳ,而Ⅳ与Ⅱ在构象上是等同的。由于环的翻转在室温下可以快速完成,不能拆分,它们对偏光的影响相互抵消,因此,顺-1,2-二甲基环己烷没有旋光性。

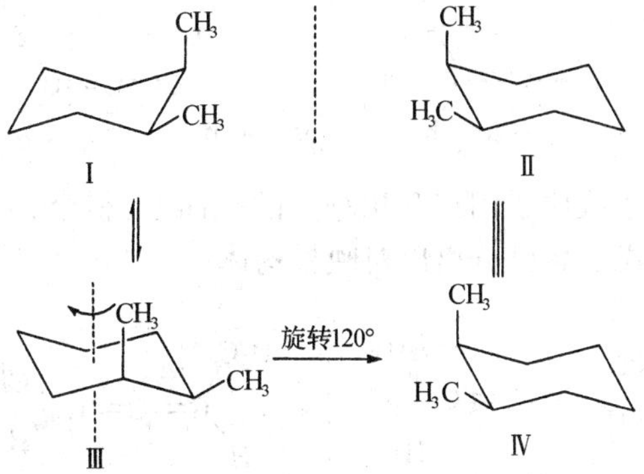

反-1,2-二甲基环己烷分子中没有对称面和对称中心,且不能通过环的翻转转变成其对映体,是有手性的。

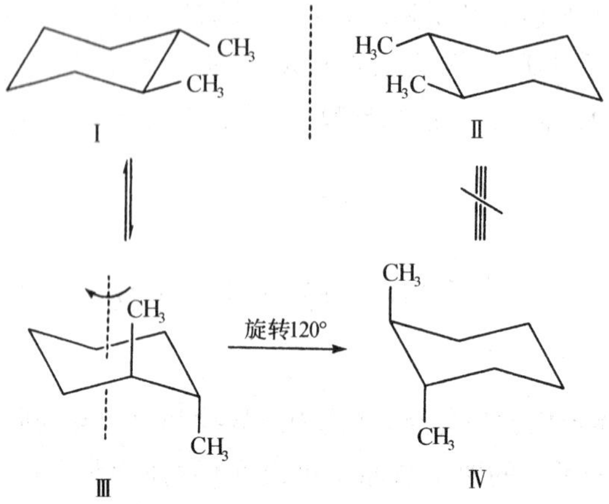

环己烷一般处于椅式构象,而且可以和它翻转的椅式构象相互转变,但不引起化学键的断裂,并不影响分子的构型。因此在研究环己烷化合物的立体异构时,常将环己烷作为一平面结构来考虑。

顺-1,2-二甲基环己烷   反-1,2-二甲基环己烷

由于顺-1,2-二甲基环己烷中存在对称面,因此不具有手性,而反-1,2-二甲基环己烷,本身不具有对称面和对称中心,出现了两个互为镜面的对映异构体,这与前面得到的结论是一致的。

§7.7 不含手性碳原子的化合物

7.7.1 丙二烯型化合物

如果丙二烯两端双键碳原子上分别连接不同的原子或者原子团,如 a ≠ b, c ≠ d。

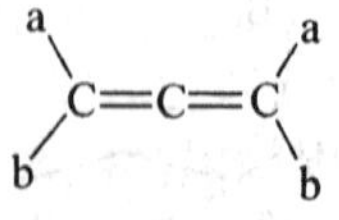

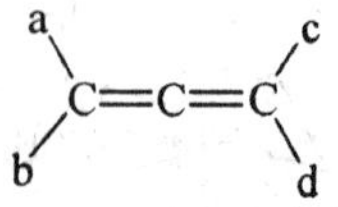

由于所连的四个原子或原子团在互相垂直的平面上,整个分子没有对称面和对称中心,具有手性。如2,3-戊二烯已分离出对映异构体。

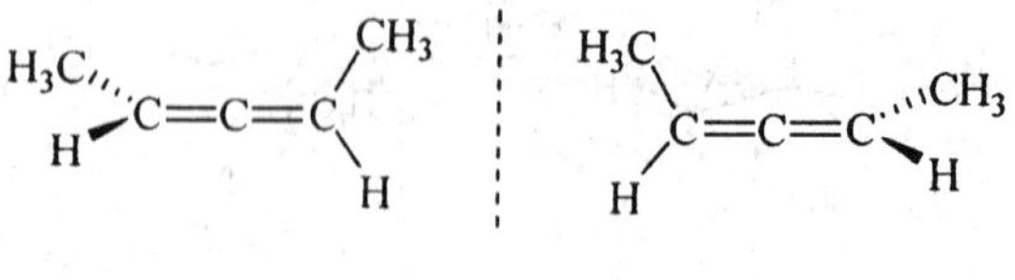

如果在任何一端或者两端的碳原子上所连的原子或者基团相同,如:

或

则化合物具有对称面,不具有旋光性。

7.7.2 联苯型化合物

在联苯分子中,两个苯环通过单键连接,且可以围绕着单键自由旋转。但是如果 2,2′ 和 6,6′ 位上的氢被较大的基团取代时,两个苯环围绕单键的自由旋转就会受到阻碍,致使两个苯环不能处在同一平面上。如果同一个苯环上所连的两个取代基不一样,整个分子既没有对称面也没有对称中心,就会具有旋光性,因而有对映异构体存在。例如,6,6′-二硝基联苯- 2,2′-二甲酸的对映异构体:

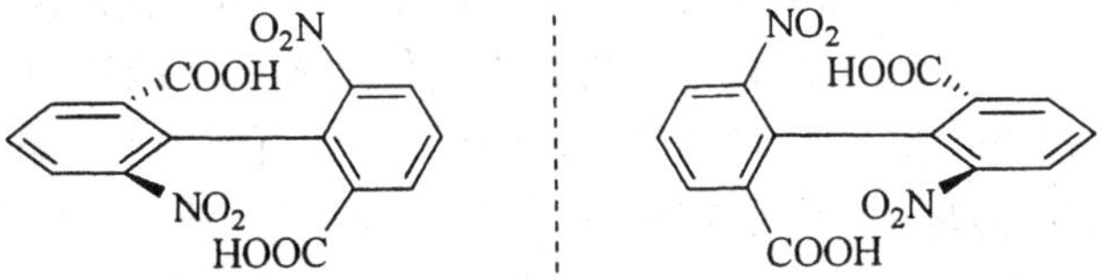

丙二烯型化合物和联苯型化合物又被称为含手性轴的化合物。

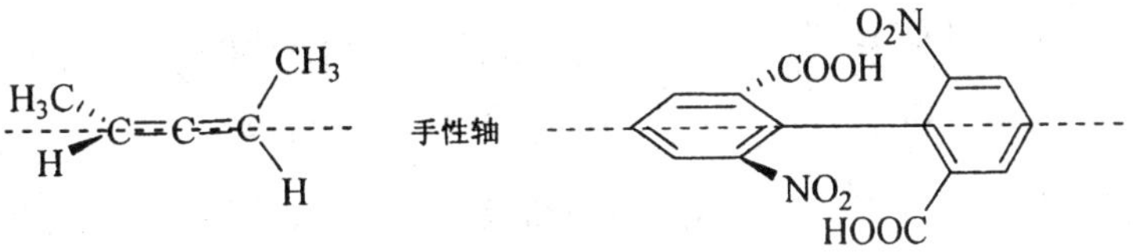

§7.8 外消旋体的拆分

在实验室中,从非手性物质来合成旋光性物质,得到的通常是外消旋体。如果想获得其中的一个对映体,需要将外消旋体分开为左旋体和右旋体,这一过程被称为外消旋体的拆分。外消旋体的拆分方法包括化学法、手性色谱法、酶解法和晶种结晶法等几种。

外消旋体由于在非手性环境下物理、化学性质相同,普通的分离方法如蒸馏、重结晶在这种情况下是无效的。通过化学反应将一对对映体转变成非对映体,然后利用非对映体的溶解度、沸点、蒸气压、吸附等物理性质的不同将它们拆分开来,再通过化学反应使其恢复到原来的对映体,这种方法被称为化学法。

例如,3-丁炔-2-胺可以通过自然界中自然存在的(+)-2,3-二羟基丁二酸,即(+)-(R,R)-酒石酸来分离。

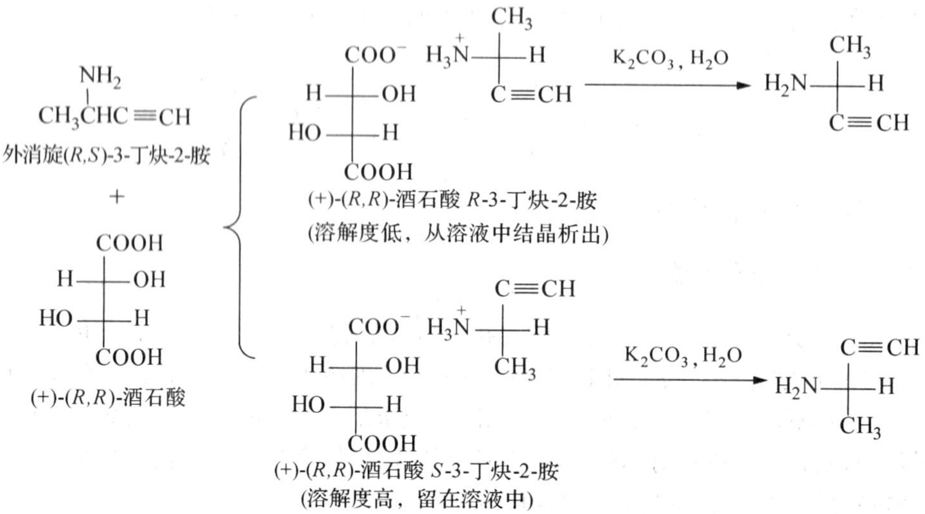

多数的酶都具有手性,对底物具有严格的立体选择性,可以使外消旋体中的一个对映体发生反应而另外一个对映体保持不变,再根据它们性质的不同达到分离的目的。1858年,巴斯德（Pasteur）就已经发现,当青霉菌在外消旋酒石酸中生长和繁殖时,右旋酒石酸会通过反应而消耗掉,剩下的只有左旋酒石酸。另外一个例子如下所示,外消旋的酯在某种水解酶的作用下只有左旋体发生了酯的水解反应,而右旋体保持不变,这就可以通过它们极性的不同加以分离。

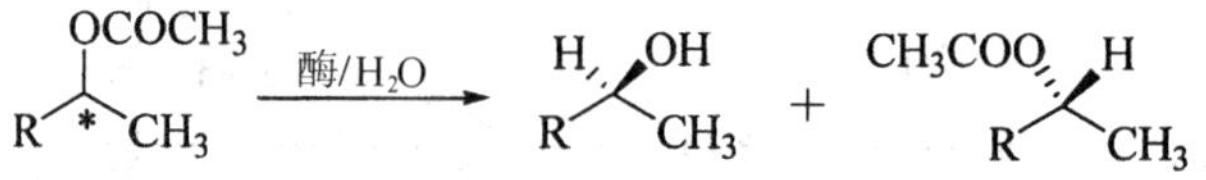

结晶拆分法是指在某些外消旋体热的饱和溶液中,加入某种纯对映体的晶种,以促使这种对映体析出结晶而实现分离操作的一种方法。根据所加晶体的方式和种类,可以分为有择结晶和同时结晶两种方法。有择结晶是指先加入一种异构体的晶种,待其结晶过滤分离后再处理母液并加入另外一种异构体的晶种,再次结晶,分步处理。同时结晶是指在过饱和溶液的两个区域分别加入相反手性的晶种,同时得到两种对映体。

另外一个经常用到的分离外消旋体的方法是手性色谱法。该法通过将手性吸附剂固定在固定相例如硅胶、氧化铝上并填充色谱柱,然后让外消旋体的溶液通过柱子,由于手性吸附剂对对映异构体的反应活性或者吸附性能大小不同,不同的对映体以不同的速度通过柱子,就可以达到拆分对映体的目的。

多数情况下,即使通过各种手段对外消旋体进行了拆分,往往也很难得到单一的纯的光学异构体。如何确定左、右旋体的含量呢？如果已经知道了纯的左旋体或者右旋体的比旋光度$[\alpha]_{纯品}$,通过测量拆分之后的样品的旋光度,计算其比旋光度,并与纯品进行对比,即可获得相关信息。人们经常用光学纯度（op）,对映体过量（ee）来表示。

光学纯度（optical purity）是指混合物的比旋度（观察值）与纯对映体的比旋度的比率,即

$$op=\frac{[\alpha]_{观察}}{[\alpha]_{纯品}}\times100\%$$

对映体过量即一个对映体超过另一个对映体的百分数,用 ee 表示(enantiomeric excess),[R]和[S]分别表示过量对映体的数量及其对映体的数量。

$$ee = \frac{[R]-[S]}{[R]+[S]} \times 100\% = [R]\% - [S]\%$$

如谷氨酸单钠盐,$[\alpha]_D^{25} = +24°$,是调味剂,假设已经知道其商业样品的$[\alpha]_D^{25} = +6°$,其光学纯度通过计算为:6/24 = 25%,即右旋体相对于左旋体过量 25%,即其中含有 62.5% 的右旋体,含有 37.5% 的左旋体,其 ee 值同样为 62.5%—37.5% = 25%。

§7.9 不对称合成

具有旋光性的化合物分子除了可以通过外消旋体的拆分而获得外,还可以通过化学反应直接合成。具有旋光性的化合物不可能在非手性环境下获得,即反应的底物、试剂、催化剂或者溶剂等至少有一样是手性的,否则会得到外消旋体。例如,丁烷的氯代反应得到 2-氯丁烷,总是含有 50% 的 R 构型和 50% 的 S 构型的异构体,两者的比例是一样的,属于外消旋体。

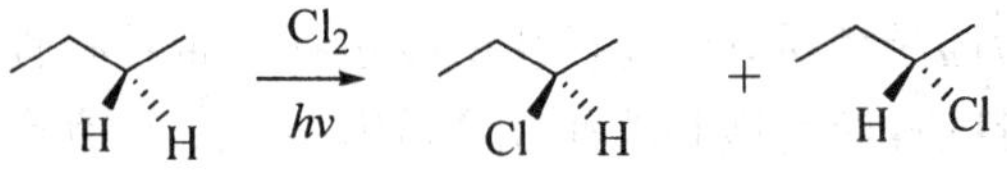

通过化学反应得到单一的具有旋光性的化合物或者得到不等量的对映异构体的混合物的合成被称为不对称合成或者手性合成。不对称合成的种类较多,包括有手性原料、手性试剂、手性催化剂和在非手性分子中引入手性中心等方法。

如果反应物本身具有手性,例如连接有大(L)、中(M)、小(S)三个体积不等基团的手性碳原子的羰基化合物在发生亲核加成反应时,亲核试剂从位阻小的一方进攻的可能性比从位阻大的一方进攻的可能性高(Cram 规则),这时就会得到两种不同产率的手性化合物。

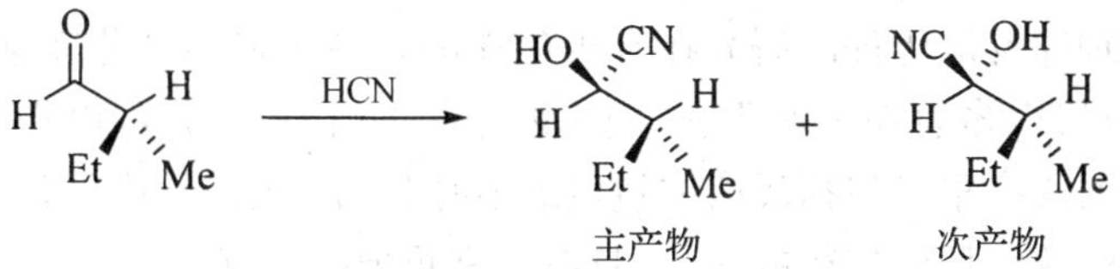

烯烃可以在手性催化剂的作用下,选择性地到左旋体或者右旋体,例如:

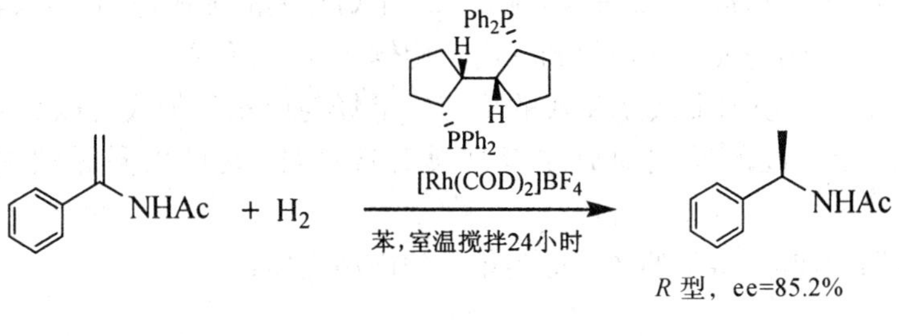

R 型,ee=85.2%

除了上述方法,还可以通过引入手性基团,将一个非手性的化合物转变成手性化合物。例如,将非手性的 3-戊酮转化为手性的 4-甲基-3-酮。通过引入一个手性的试剂,破坏原分子的平面对称性,使其发生了不对称合成,产物中 99% 以上都是 S 对映体。

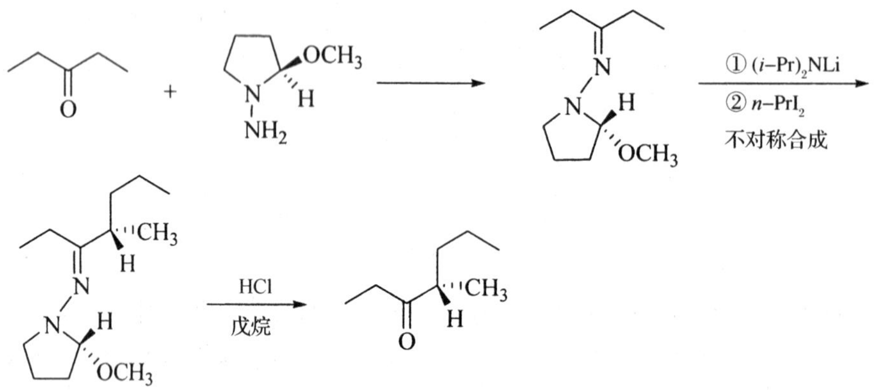

从前述的例子可以看出,当分子本身的基团对参与反应的官能团有影响,使用手性催化剂或者在具有对称性的分子中引入新的手性中心,都会导致新产生的旋光性化合物中的某一种对映体的产量显著高于另一种。这种某一个底物反应后能给出众多产物中某一种产物为主的反应称为选择性反应。选择性反应包括位置选择性,如二烯烃中仅有一个双键参与反应;化学选择性,如不饱和醛酮用 $NaBH_4$ 还原,只有羰基参与反应;立体选择性,即得到的光学异构体中某种构型的异构体的产量明显高于另一种。在某些特殊的反应中,可以 100% 的得到左旋体或者右旋体,有人将这种高度立体选择性的反应称为立体专一性反应。立体专一性反应属于立体选择性反应,而立体选择性反应不一定是立体专一性反应。

§7.10 亲电加成反应中的立体化学

关于反应机理即反应历程的研究在有机化学的学习中起着非常重要的作用,通过反应历程,人们可以将很多表面上联系不多的反应串联到一起,并可以指导合成新的化合物。对反应机理的研究重点包括反应的过渡态及中间体,尤其是中间体的构造和构型的确定对于人们正确认识反应进行的途径,具有非常重要的意义。

通过前面的学习,我们已经知道烯烃与卤素的加成属于亲电的、分步的、反式的过程。人们在研究中发现了这样的实验事实:顺式-2-丁烯与溴的加成得到了外消旋体 2,3-二溴丁烷,反式-2-丁烯与溴的加成得到了内消旋体 2,3-二溴丁烷。

如何确定烯烃与溴的加成是反式的反应?烯烃与卤素的加成可以是立体专一性的顺式加成、立体专一性的反式加成或者是没有选择性,既可以同时顺式加成和反式加成。

假设其为顺式加成,得到的产物应为单一的内消旋体:

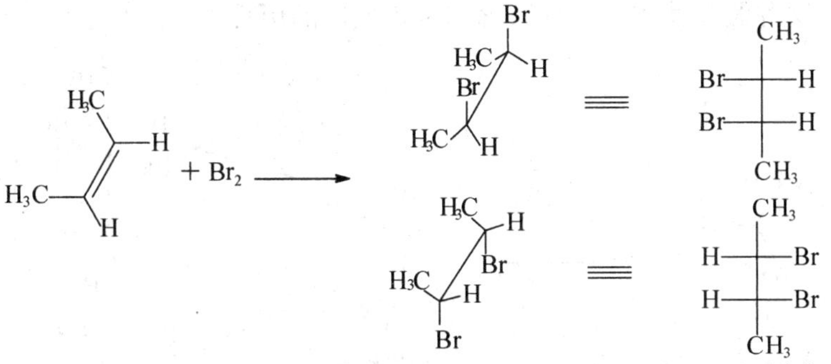

(2*R*,3*S*)-2,3-二溴丁烷　　内消旋体

假设其为反式加成，得到的产物应为含有相同含量左、右旋体的外消旋体：

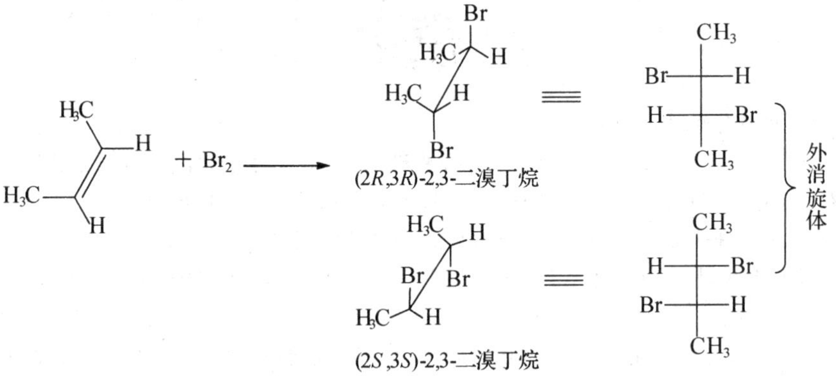

如果反应不具有立体专一性，得到的产物应含有相同量的左、右旋体及内消旋体三种产物。从顺式-2-丁烯和溴加成仅得到外消旋体来看，其反应历程应为反式加成。

反式-2-丁烯运用同样的思路也可以分析出其为反式加成。

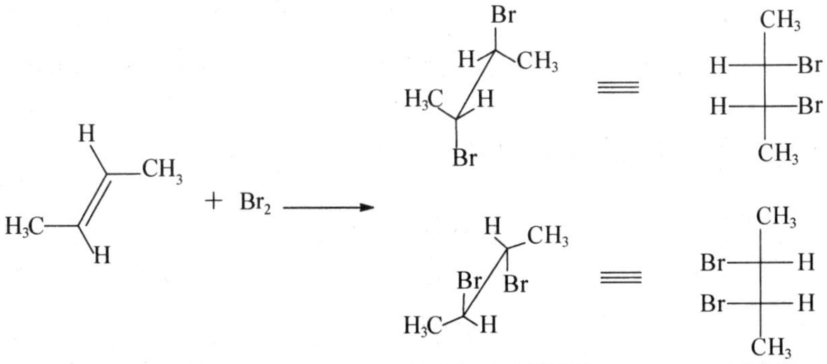

(2*R*,3*S*)-2,3-二溴丁烷　　内消旋体

大量研究表明，烯烃和溴的亲电加成反应是分步的，首先一个 Br^+ 加成到一个不饱和的碳上，正电荷出现在另一个不饱和的碳上，产生碳正离子，而我们知道碳碳单键是可以自由旋转的，这样的加成就不会出现立体选择性。为了解决这个问题，有人提出，反应的中间体不是碳正离子，而是环状的溴鎓离子，溴鎓离子的存在阻止了碳碳单键的旋转，同时，由于溴在原来双键的一侧，阻碍了第二个溴从这一侧的进攻，Br^- 只能从双键的另一侧进行亲核取代，这也解释了为什么烯烃和溴的加成是反式加成。环状的溴鎓离子最初只是人们的提供的一种假设，后来人们在一些实验中已经可以分离出溴鎓

离子中间体，这种假设就成了一种正确的有机反应的历程。

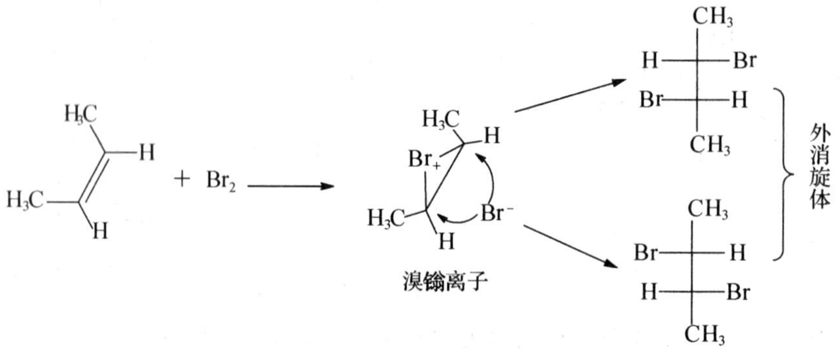

习　题

1. 解释下列概念并举例说明。

(1) 旋光度　(2) 比旋度　(3) 手性　(4) 手性碳原子　(5) 内消旋体　(6) 外消旋体　(7) 左旋　(8) 右旋　(9) 对映体　(10) 非对映体　(11) 构造异构　(12) 立体异构

2. 判断下列化合物是否为手性分子，如有可能，找出手性碳原子。

(1) $C_2H_5CH=CH-CH(CH_3)CH=CHC_2H_5$　　　　(2) $CH_3CHDCH(CH_3)CH_2CH_3$

(3) 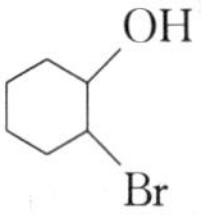 　　　(4) 1,3-二氯丙二烯　　(5) 溴代环己烷　　(6) 2-甲基庚烷

(7) 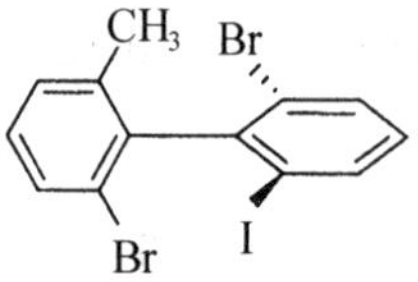 　(8) 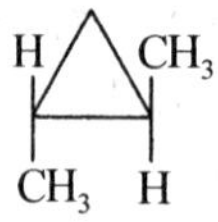 　(9)

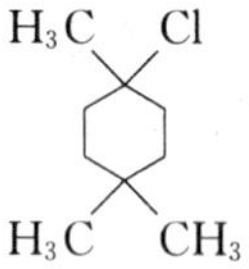

3. 写出分子式为 C_3H_4DCl 所有构造异构体的构造式，并指出在这些异构体中，哪些具有手性？用透视式表示其对映异构体。

4. 命名下列化合物（包括用 R, S 标明手性碳原子的构型）。

(1) 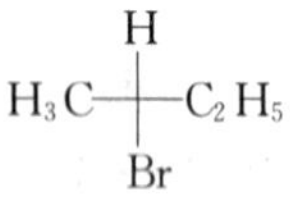 　　　(2) 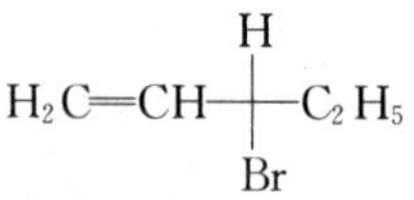 　　　(3)

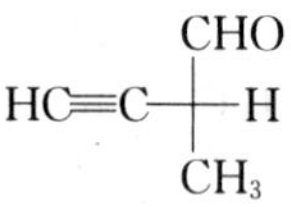

(4) 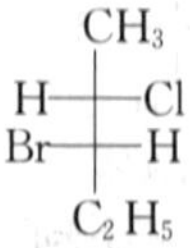 　　　(5) 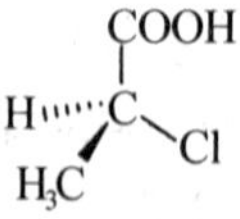 　　　(6)

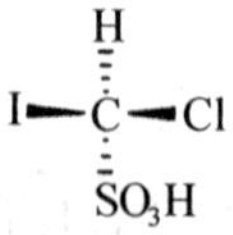

5. 写出下列四式的关系，并表明分子中不对称碳原子的构型。

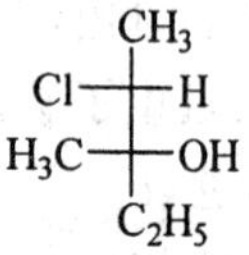

Ⅰ 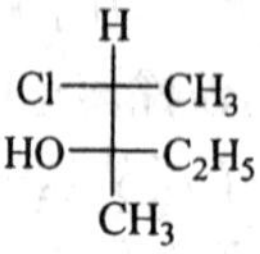　　　　　　Ⅱ 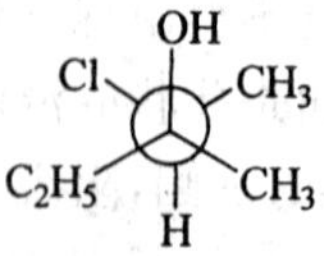　　　　　　Ⅲ 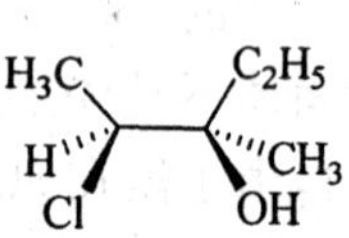　　　　　　Ⅳ

6. 写出下列化合物的费歇尔投影式。

(1) (S)-2-羟基丁醛　　　(2) (R)-1-苯基乙醇　　　(3) (2R,3S)-2,3-二溴戊烷

(4) (R)-3-溴-3-甲基己烯　　(5) 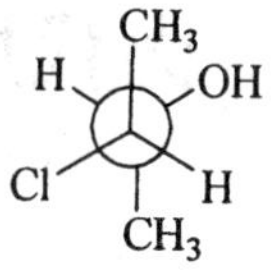 　　(6)

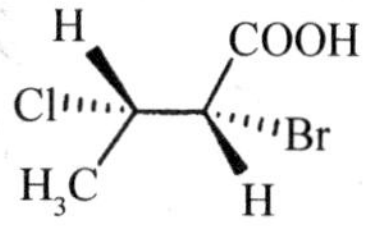

7. 下列环状化合物是否具有手性?

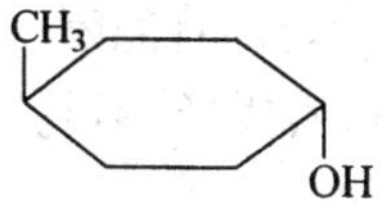

I

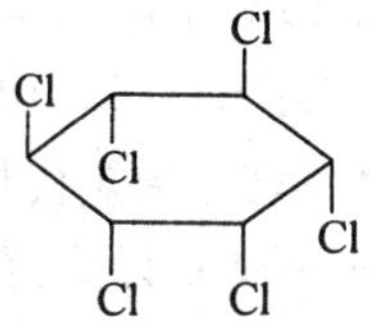

II

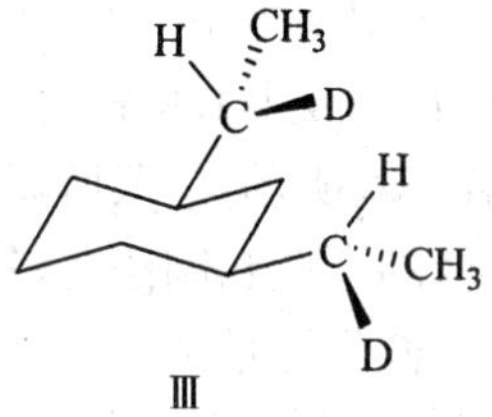

III

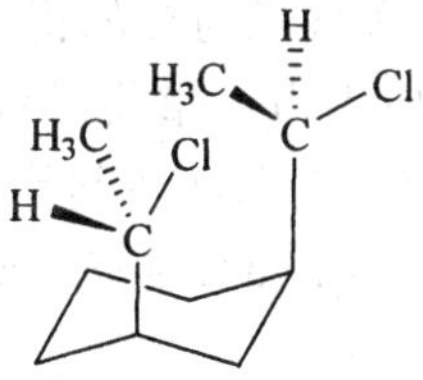

IV

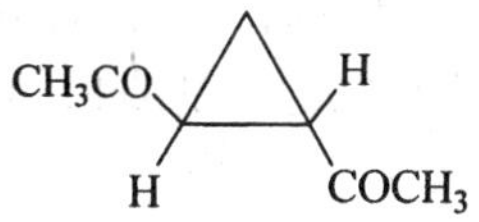

V

8. 指出下列化合物是否具有手性。

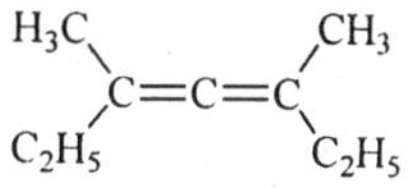

I

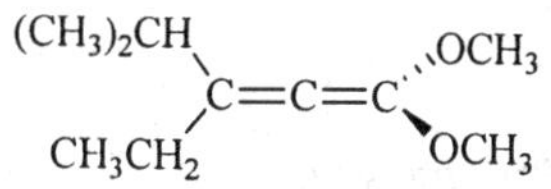

II

III

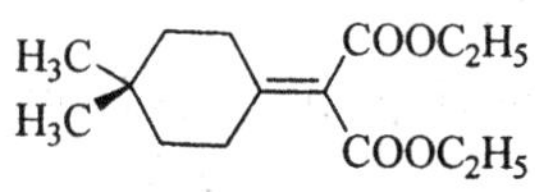

IV

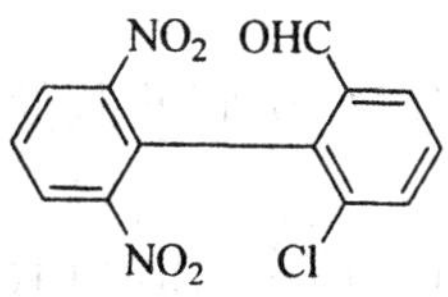

V

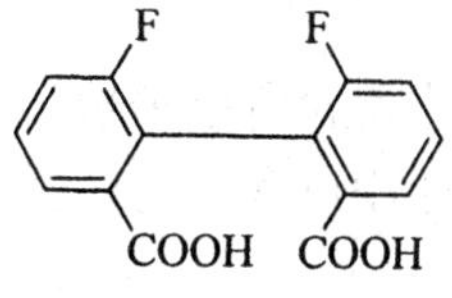

VI

9. 天然肾上腺素的 $[\alpha]_D^{25} = -50°$,可以作为药用,而它的对映异构体却不仅没有药用价值,而且有一定的毒性。假设你是一个药剂师,拿到了一个据称含有 1 g 肾上腺素的 20 mL 液体,但是光学纯度未确定。你将它放入一个旋光仪中(10 cm 旋光管),读数为 $-2.5°$,样品的光学纯度如何,药用是否安全?

10. 化合物 A 分子式为 C_6H_{10},有光学活性,与银氨络离子反应产生沉淀。A 经催化氢化后的产物分子式为 C_6H_{14},写出 A 的结构式。

第8章 卤代烃

卤代烃(alkyl halides)可以看成是烃分子中的一个或多个氢原子被卤素取代后所生成的化合物,一般用 RX 表示(X＝F,Cl,Br,I),其中卤原子是卤代烃的官能团。虽然卤素包括氟、氯、溴、碘,但一般所说的卤代烃只是指氯代烃、溴代烃和碘代烃,不包括氟代烃,因为氟代烃的性质和制法比较特殊,不在本章讨论范围。

大多数卤代烃是由人工合成的,由于碳卤键(C—X)是极性共价键,卤代烃的化学性质比较活泼,能发生多种化学反应生成重要的有机化合物,是联系烃与烃的衍生物的桥梁,因此卤代烃是一类非常重要的有机合成中间体,在有机合成中占有重要位置。同时,卤代烃也可用作溶剂、杀虫剂、制冷剂、阻燃剂、灭火剂、吸入式麻醉剂、防腐剂等。在超市货架上经常能见到纯度为 99% 以上的对二氯苯的身影,它是一种防霉驱虫剂,被称为"毒樟脑丸"。

§8.1 分类和命名

8.1.1 卤代烃的分类

根据分子组成和结构特点,可从不同角度对卤代烃进行分类。

1. 按卤原子种类

根据卤原子的不同,可分为氟代烃、氯代烃、溴代烃和碘代烃。

$$CH_3Cl \qquad CH_3Br \qquad CH_3I$$
氯甲烷 溴甲烷 碘甲烷

2. 按所含卤原子数目

根据卤代烃中所含卤原子数目多少,卤代烃可分为一(元)卤代烃和多(元)卤代烃。其中多(元)卤代烃中可含不同种卤原子。

$$CH_3CH_2CH—CHCH_2CH_3$$
$$\qquad\qquad\qquad\quad |\qquad\ |$$
$$\qquad\qquad\qquad\ Cl\quad Br$$

$$CH_3Cl \qquad F_2C＝CF_2$$
一氯甲烷 四氟乙烯 3-氯-4-溴己烷

3. 按烃基结构

根据烃基结构的不同,可分为饱和卤代烃、不饱和卤代烃和卤代芳烃。

$$CH_3CH_2CH_2Cl \qquad CH_3CH＝CHBr$$
饱和卤代烃 不饱和卤代烃 卤代芳烃
(卤代烷烃) (卤代烯烃)

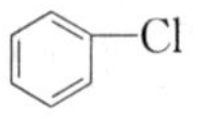

其中卤代烯烃及卤代芳烃,根据卤原子与 π 键的相对位置不同,又分为乙烯式、烯丙式和孤立式卤代烃三类。

(1) 乙烯式卤代烃

包括乙烯型和卤苯型卤代烃,其结构特点是卤原子直接与双键或苯环碳原子相连,其通式分别为:

$$RCH{=}CHX \qquad \text{（苯环）}X$$

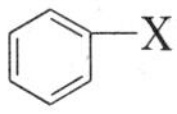

如:$CH_2{=}CHCl$,（苯环）Cl。

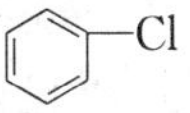

(2) 烯丙式卤代烃

包括烯丙型和苄基型卤代烃,其结构特点是卤原子与双键或苯环相隔一个饱和碳原子,其通式分别为:

$$RCH{=}CHCH_2X \qquad \text{（苯环）}CH_2X$$

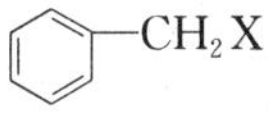

如:$CH_2{=}CHCH_2Cl$,（苯环）CH_2Br。

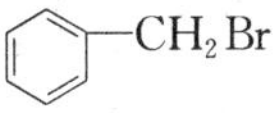

(3) 孤立式卤代烃

卤原子与双键或苯环相隔两个或多个饱和碳原子的卤代烯烃和卤代芳烃,其通式分别为:

$$RCH{=}CH(CH_2)_nX \qquad \text{（苯环）}(CH_2)_nX \qquad (n{\geqslant}2)$$

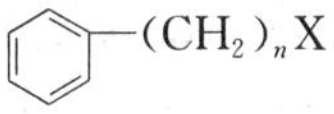

如:$CH_2{=}CHCH_2CH_2Cl$,（苯环）CH_2CH_2Cl。

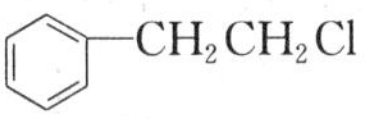

由于乙烯式卤代烃和烯丙式卤代烃的特殊结构,使它们在化学性质上表现出明显的差异,因而此种分类方法对学习卤代烃的化学性质十分有益。

4. 根据与卤素相连的饱和碳原子类型不同

根据与卤素相连的碳原子级数不同,分为一级(伯)卤代烃、二级(仲)卤代烃和三级(叔)卤代烃。

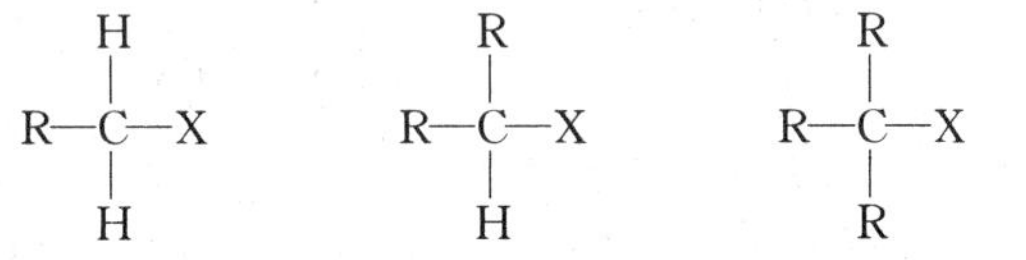

一级卤代烃(1°) 伯卤代烃　二级卤代烃(2°) 仲卤代烃　三级卤代烃(3°) 叔卤代烃

8.1.2　卤代烃的命名

1. 普通命名法

对于简单的卤代烃可按与卤素相连的烃基名称来命名,称为"某基卤"。例如:

$$CH_3CH_2CH_2CH_2Cl \qquad CH_2{=}CHCH_2Cl \qquad \text{（苯环）}CH_2Br$$
正丁基氯　　　　烯丙基氯　　　　苄基溴

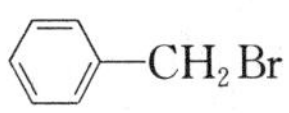

也可在母体烃名称前面加上"卤代",称为"卤代某烃",代字常省略。例如:

$$CH_3CHCH_3$$
$$|$$
$$Br$$
溴代异丙烷　　　　　$CH_2=CHCl$　　氯乙烯　　　　　　C_6H_5-Br　溴苯

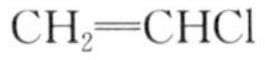

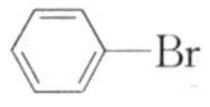

2. 系统命名法

对于较复杂的卤代烃,以相应烃为母体,把卤原子作为取代基,命名过程分为三步:

第一步:找出最长碳链,将其作为母体命名。如果有重键,必须包含在母体当中,将卤原子和支链均当作取代基。如有两条一样长的碳链,则选择支链最多的作为主链。

第二步:从离取代基最近的一端开始给母体碳原子编号,不论这个取代基是烃基还是卤原子。如果取代基与母体两端的距离相等,则将取代基按"次序规则"进行排序,从优先级最低的取代基一端开始编号。

第三步:根据"次序规则",将取代基按优先级别由低到高的次序列出。如果含多个相同取代基,则在取代基名称前加"二"、"三"等表示。最后按照主链中所含碳原子数目称作"某烷"或"某烯"等。

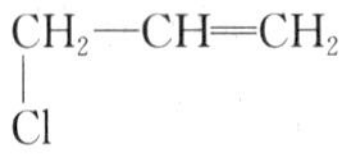

$$CH_2-CH=CH_2$$
$$|$$
$$Cl$$
3-氯丙烯 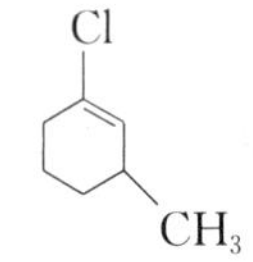　　　　　3-甲基-1-氯环己烯 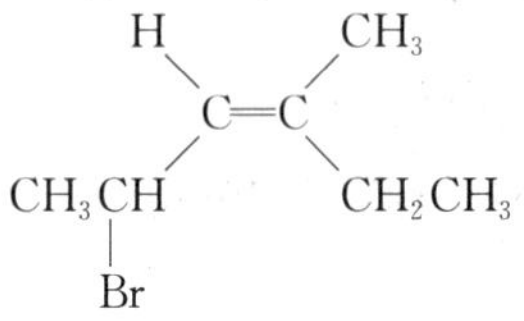　　　　(Z)-4-甲基-2-溴-3-己烯

此外,当卤代烃分子中有两个或多个不相同卤原子时,卤原子的排列次序是:氟、氯、溴、碘。例如:

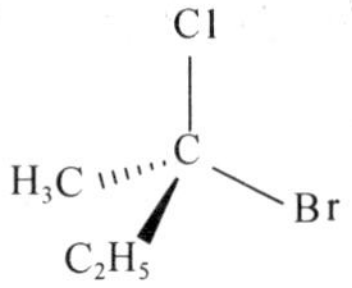

(S)-2-氯-2-溴丁烷　　　　$BrCH_2CHFCHCH_2I$ 2-甲基-3-氟-4-溴-1-碘丁烷

在卤代芳烃中,以苯环为母体。例如:

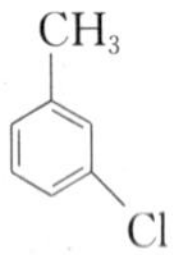

3-氯甲苯 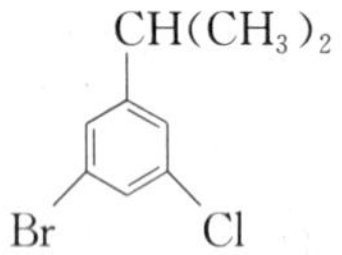　　　　3-氯-5-溴异丙苯

当卤原子不在苯环而在烃基侧链上时,以烃作母体,苯基和卤原子均作为取代基。例如:

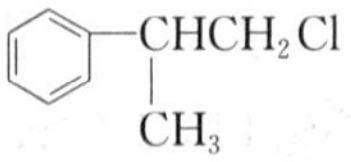

2-苯基-1-氯丙烷

3. 俗名

某些卤代烃常使用俗名。例如,三氯甲烷($CHCl_3$)称为氯仿;三溴甲烷($CHBr_3$)称为

溴仿；三碘甲烷（CHI_3）称为碘仿；六氯环己烷（$C_6H_6Cl_6$）称为六六六等。

【例 8.1】 命名下列化合物。

(1) 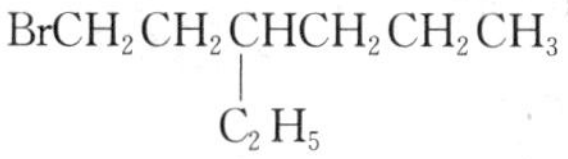 $BrCH_2CH_2\underset{\underset{C_2H_5}{|}}{C}HCH_2CH_2CH_3$

(2)

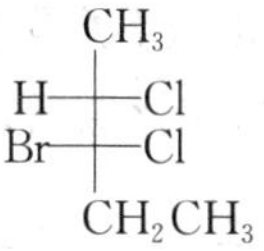

(3)

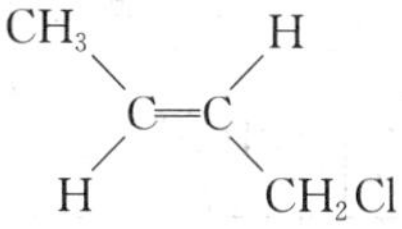

(4)

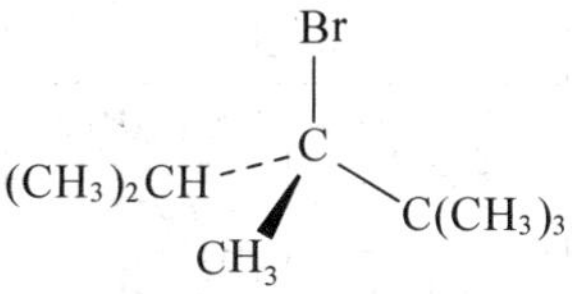

(5)

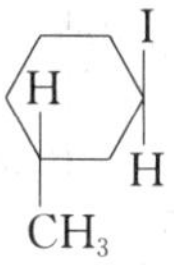

(6)

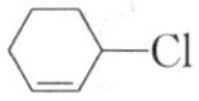

答：(1) 3-乙基-1-溴己烷；

(2) (2S,3S)-2,3-二氯-3-溴戊烷；

(3) (E)-1-氯-2-丁烯；

(4) (S)-2,2,3,4-四甲基-3-溴戊烷；

(5) (1R,3R)-1-甲基-3-碘环己烷；

(6) 3-氯环己烯。

§8.2 卤代烃的物理性质

纯净的卤代烃一般都是无色的，但是碘代烷易受光、热的作用而分解产生游离的碘，久置后逐渐变为红棕色，因而碘代烃应保存在棕色瓶中，且使用前需重新蒸馏。某些久置的溴代烃也因分解而带有一定的颜色。很多卤烷带有香味，但其蒸气有毒，尤其是碘烷，如甲基化试剂碘甲烷，应避免吸入。

1. 沸点

一般当有机化合物分子中引入卤素后，均会使沸点升高。卤代烃的沸点比相应烷烃的高。一元卤烷的沸点随着碳原子数的增加而增加。烃基相同时，碘代物的沸点最高，其次是溴代物、氯代物，氟代烃的沸点最低。在卤代物的同分异构体中，直链异构体的沸点最高，支链越多，沸点越低。室温下，除氟甲烷、氟乙烷、氟丙烷、氯甲烷、氯乙烷、溴甲烷是气体外，其他常见的卤代烃均为液体，C_{15} 以上的卤烷是固体。

2. 相对密度

一般当有机化合物分子中引入卤素后，均会使密度增大。一卤代烃的密度大于同碳数的烷烃，随着碳原子数的增加，这种差异逐渐减小。一氯代烷的相对密度小于1，一溴代烷、一碘代烷及多氯代烷的相对密度大于1。同一烃基的卤烷（氟烷除外），氯烷的相对密度最小，碘烷的相对密度最大。

如果卤素相同，其相对密度随烃基的相对分子质量增加而降低，这是由于卤素在分子中所占的比例逐渐减少的缘故。分子中卤原子增多，密度增大。一些卤代烃的沸点和密度见表 8-1。

3. 溶解度

虽然卤代烃有一定极性,但卤代烃不溶于水,这可能是由于它们不能和水分子形成氢键的缘故。卤代烃可溶于醇、醚、烃类等有机溶剂,也能溶解磷、硫、碘等无机单质,某些卤代烃如二氯甲烷、三氯甲烷、四氯化碳等本身就是良好的溶剂。

表 8 - 1　一些卤代烃的沸点和密度

烷基或 卤烷名称	氯化物		溴化物		碘化物	
	沸点/℃	相对密度 (d_4^{20})	沸点/℃	相对密度 (d_4^{20})	沸点/℃	相对密度 (d_4^{20})
甲基	−24.2	0.916	3.5	1.676	42.4	2.279
乙基	12.3	0.898	38.4	1.460	72.3	1.936
正丙基	46.6	0.891	71.0	1.354	102.5	1.749
异丙基	35.7	0.862	59.4	1.314	89.5	1.703
正丁基	78.5	0.886	101.6	1.276	130.5	1.615
仲丁基	68.3	0.873	91.2	1.259	120	1.592
异丁基	68.9	0.875	91.5	1.264	120.4	1.605
叔丁基	52.0	0.842	73.3	1.221	分解	1.545
二卤甲烷	40.0	1.335	97.0	2.492	分解	3.325
三卤甲烷	61.2	1.492	149.5	2.890	升华	4.008

§8.3　卤代烃的化学性质

8.3.1　构-性分析

由于卤原子的电负性大于碳原子,因此 C—X 键是极性共价键,C—X 键上的电子云偏向卤原子一边,卤原子带部分负电荷,而碳原子则带部分正电荷,此结构特征决定了卤代烃的化学性质。

$$\delta^{-}X$$
$$\delta^{+}C \quad (X=F,Cl,Br,I)$$

另外,相对于 C—C 键和 C—H 键,C—X 键在化学反应过程中具有更大的可极化度。同时,C—X 键的键能较小,这些都决定了卤代烃的化学性质比较活泼,可以与多种物质反应,且反应都发生在 C—X 键上。本章主要讨论一卤代烃的化学反应:一方面,卤代烃与多种试剂作用时,C—X 键断裂,X 被其他基团取代而发生取代反应;另一方面,由于受卤原子吸电子诱导效应的影响,卤代烃 β-位上碳氢键的极性增大,导致 β-H 有较明显的缺电子性,其酸性增强。表现在化学性质上,在强碱性试剂的作用下,易脱去 β-H 和卤原子,而发生消除反应。

$$\underset{(\beta\text{-消除反应})}{\overset{}{\diagup}C=C\diagdown} \xleftarrow[(-HX)]{B^{\bar{\cdot}}} \overset{\overset{\delta^+}{H}}{\underset{}{-\overset{|}{\underset{|}{C}}-\overset{\delta^+}{\underset{}{C}}\overset{\delta^-}{\underset{}{X}}}} \xrightarrow[(-X^-)]{:N\bar{u}} \underset{(\alpha\text{-C上的亲核取代})}{-\overset{H}{\underset{|}{C}}-\overset{|}{\underset{|}{C}}-Nu}$$

此外,卤代烃还可与某些金属反应,生成金属有机化合物。

卤代烃的相对反应活性主要受以下两方面因素的影响。

1. 不同种类卤素的影响

在卤代烃发生化学反应时,C—X 键发生异裂,这种异裂断键的难易决定于键的极性和可极化度。在外电场作用下,共价键发生电子云重新分布,引起分子中电子云变形,把分子中电子云变形的难易程度称为共价键的可极化度。可极化度大的共价键,电子云易于发生变形,相反,可极化度小的共价键,电子云就不易发生变形。原子半径越大,电负性越小,对外层电子吸引力就越小,可极化度相应就越大。共价键的可极化度只有在分子进行反应时才表现出来,对分子的反应性能起着重要作用。

卤素电负性大小的顺序是:Cl>Br>I,所以 C—X 键的极性大小顺序为:C—Cl>C—Br>C—I。实验测得的卤代烃偶极矩也证实了这一点,即 C—I 键极性最小,似乎最难断裂。但另一方面,由于碘的原子半径大,C—I 键的可极化度高,在外界电场(与某种试剂反应所提供)作用下,C—I 键易发生变形而导致最终断裂。这是一种动态诱导效应,其效果与键的极性(静态诱导效应)相比更加突出。

由此可见,C—X 键的极性影响使其活性顺序为:C—Cl>C—Br>C—I,而可极化度的影响效果恰恰相反:C—Cl<C—Br<C—I。实际情况是,RX 的相对活性是这两种因素共同影响的结果。由于键的可极化度起主导作用,所以三种卤代烃的相对活性大小为:RI>RBr>RCl。

2. 烃基结构的影响

RX 中烃基结构对反应活性有明显影响。根据烃基结构的不同,通常把卤代烃分为乙烯式、烯丙式和一般式(即除乙烯式和烯丙式以外的卤代烃)三类。其相对活性顺序为:烯丙式>一般式≫乙烯式。

乙烯式卤代烃因受双键或芳环的影响,卤原子很不活泼,在一般条件下不发生取代反应。同时,受卤原子吸电子效应的影响,双键或芳环的活泼性也降低,即双键的亲电加成反应或芳环的亲电取代反应活性比相应的未被卤原子取代的烯烃或芳烃要低。

烯丙式卤代烃中的卤原子非常活泼,很容易进行亲核取代反应。

8.3.2　亲核取代反应

卤代烃可以和多种试剂作用,分子中的卤原子被其他基团所取代。取代是卤代烃的基本反应之一,它不仅在理论研究中占有重要地位,而且在合成上有着广泛的应用。

由于卤素的电负性较强,C—X 键的一对电子偏向卤原子,使碳原子上带部分正电荷,成为一个缺电子中心。在负离子(如 HO^-、RO^-、NO_3^-、CN^- 等)或带有未共用电子对的试剂(如 $\overset{\cdot\cdot}{N}H_3$、$R\overset{\cdot\cdot}{N}H_2$、$H_2\overset{\cdot\cdot}{O}$)的电场影响下,C—X 键极性增大。这些试剂就会进攻带部分正电荷的中心碳原子使 C—X 键发生异裂,并提供未共用电子对与中心碳原子成键,卤素则带着电子对以负离子形式离去。

由于上述试剂都具有向带正电荷的碳原子亲近的性质,即具有亲核性,因此称为亲核试剂,常用 Nu：或 Nu⁻ 表示。卤原子被其他基团取代而以卤负离子离去,称为离去基团(leaving group),常用 L 表示。

由亲核试剂进攻而引起的取代反应称为亲核取代反应(nucleophilic substitution),用 S_N 表示。反应可用下列通式表示:

$$Nu⁻ \ + \ R—X \longrightarrow R—Nu \ + \ X⁻$$

$$\text{亲核试剂} \qquad \text{底物} \qquad\qquad \text{产物} \qquad\qquad \text{离去基团}$$

反应中,卤代烃是试剂进攻的对象,称为底物(substrate)。与卤原子相连的碳原子称为 α-碳原子,是反应的中心,称为中心碳原子(central carbon)。

亲核取代反应中,亲核试剂的一对电子与 α-碳原子形成新的共价键,而离去基团是能够稳定存在的弱碱性分子或离子。

卤代烃可与多种亲核试剂反应,常见的亲核取代反应如下:

1. 水解

活泼卤代烃与水共热,卤原子被羟基取代,生成相应的醇。例如:

$$CH_3X + H_2O \stackrel{\triangle}{\rightleftharpoons} ROH + HX$$

该反应称为卤代烃的水解。为加快反应速率和使反应进行完全,通常都用氢氧化钠、氢氧化钾等强碱水溶液代替水,这样生成的 HX 可被强碱中和而加快反应并提高醇的产率。实际上在 NaOH 水溶液中,直接进攻 RX 分子的不是 H_2O,而是亲核性比水强的 OH⁻。

$$HO⁻ \ + \ R—X \longrightarrow ROH \ + \ X⁻$$

一般卤代烃都可由相应的醇制得,因此这个反应似乎没有什么合成价值。但实际上在一些比较复杂的分子中要引入一个羟基常比引入一个卤原子困难。因此,在合成上,往往可以先引入卤原子,然后通过水解转变为羟基。

与水解类似,卤代烃与硫氢化钠、硫氢化钾等反应则生成硫醇。

$$HS⁻ \ + \ R—X \longrightarrow RSH \ + \ X⁻$$

不活泼的乙烯式卤代烃水解比较困难,欲发生反应,必须提供强烈条件,例如:

$$\text{⬡—Cl} \xrightarrow[\text{300℃, 20 MPa}]{\text{NaOH, } H_2O} \text{⬡—OH}$$

卤代烃水解反应的速率与卤代烃的结构、所用溶剂及反应温度等条件都有关。

2. 醇解

伯卤代烃与醇钠在相应醇为溶剂的条件下反应,卤原子被烷氧基取代,生成相应的醚,该反应称为醇解,是制备混醚的重要方法(威廉姆逊合成法,参见醚的制备)。

$$R'O⁻ \ + \ R—X \longrightarrow R'OR \ + \ X⁻$$

该反应中,由于醇钠为强碱,如采用叔卤代烃,主要发生消除反应得到烯烃。同样原因,如采用仲卤代烃,取代反应产率较低。

与醇解类似,伯卤代烃与硫醇钠或硫醇钾反应则生成硫醚。

$$R'S^- + R—X \longrightarrow R'SR + X^-$$

同理,与酚钠反应,则生成芳基醚。

$$ArO^- + R—X \longrightarrow ArOR + X^-$$

3. 氰解

卤代烃与氰化钠(或氰化钾)在乙醇溶液中加热回流,卤原子被氰基(—CN)取代而生成腈,该反应称为卤代烃的氰解。该反应不适用于叔卤代烃,因其主要得到消除产物。

$$CN^- + R—X \longrightarrow RCN + X^-$$

氰基(—CN)是腈类化合物的官能团,通过该反应可得到增加一个碳原子的产物,在有机合成中常作为增长碳链的方法之一。腈可进一步转化为其他官能团,如通过水解等方法转变为羧基(—COOH)、酰胺基(—CONH$_2$)等,通过加氢还原转变为胺(—CH$_2$NH$_2$)等。因此,该反应在有机合成中常用来制备腈、羧酸和增长碳链。

4. 氨解

氨比水或醇具有更强的亲核性,卤代烃与过量氨(NH$_3$)作用,卤原子被氨基(—NH$_2$)取代生成有机伯胺,常称为氨解反应。

$$H—\ddot{N}H_2 + R—X \longrightarrow RNH_2 + HX \qquad 伯胺$$

因为胺具有碱性,它可与同时生成的 HX 形成铵盐。在这里氨解反应还可按如下形式继续进行:

$$R—\ddot{N}H_2 + R—X \longrightarrow R_2NH + HX \qquad 仲胺$$
$$\xrightarrow{RX} R_3N + HX \qquad 叔胺$$
$$\xrightarrow{RX} R_4N^+X^- \qquad 季铵盐$$

所以在氨解反应中,往往得到伯、仲、叔胺及季铵盐的混合物,可通过调整原料比例而得到某种较多的产物,如当 NH$_3$ 大大过量时,则主要生成伯胺。

5. 酸解

卤代烃与羧酸钠反应生成酯,卤原子被羧酸根(RCOO$^-$)取代,称为酸解。

$$R'COO^- + R—X \longrightarrow R'COOR + X^-$$

类似具有较强亲核性的亚硫酸根(如 NaHSO$_3$ 等)也可与卤代烃反应生成烷基磺酸。

$$HSO_3^- + R—X \longrightarrow RSO_3H + X^-$$

卤代烃的这些取代反应被广泛应用于有机合成。通过水解、醇解、氰解、氨解、酸解反应,分别可以制得相应的醇(硫醇)、醚(硫醚)、腈、羧酸、胺和酯。但要注意,所用原料 RX 最好是伯卤代烃或活泼的烯丙式卤代烃,若使用叔卤代烃,则在强碱存在下主要得到消除反应产物。

此外,乙烯式卤代烃活性低,一般不发生上述各种取代反应。

6. 与炔钠反应

卤代烃与炔钠反应生成炔烃,称为炔解。

$$R'C \equiv C^- Na^+ \; + \; R{-}X \longrightarrow R'C \equiv CR \; + \; NaX$$

这是由低级炔烃制备高级炔烃的重要方法。此处所用的 RX 也最好是伯卤代烃或活泼的烯丙式卤代烃,叔卤代烃与强碱炔钠反应主要得到相应的消除产物。

乙烯型卤代烃同样也不与炔钠反应。

7. 卤素交换反应

氯代烃和碘化钠在丙酮中反应,可以生成相应的碘代烃和氯化钠。

$$NaI \; + \; R{-}Cl \xrightarrow{\text{丙酮}} RI \; + \; NaCl \downarrow$$

在这里氯原子被碘原子取代,发生了两种卤原子的交换,因此称为卤素交换反应。卤素交换是可逆反应,选用丙酮作溶剂,可以使反应向右进行到底。NaI 在丙酮中溶解度较大,而产物 NaCl 因不溶于丙酮而沉淀析出。NaBr 和 NaCl 一样,也不溶于丙酮,所以溴代烃也可进行类似的卤素交换反应。

$$NaI \; + \; R{-}Br \xrightarrow{\text{丙酮}} RI \; + \; NaBr \downarrow$$

卤素交换是使用比较便宜的氯代烃或溴代烃制备碘代烃的常用方法,操作方便,产率高。在这个反应体系中,卤代烃的反应活性为:$1° > 2° > 3° \gg$ 乙烯式。

8. 与硝酸银反应

卤代烃与 $AgNO_3$ 乙醇溶液作用,生成硝酸酯和卤化银沉淀。

$$Ag^+{-}ONO_2 \; + \; R{-}X \xrightarrow{C_2H_5OH} RONO_2 \; + \; AgX \downarrow$$

该反应可用于卤代烃的鉴定:烯丙式卤代烃和叔卤代烃室温下立即反应,迅速生成卤化银沉淀;仲卤代烃室温下几分钟后反应,缓慢生成卤化银沉淀;伯卤代烃需要加热才能反应,生成卤化银沉淀的速率最慢;而乙烯式卤代烃(含卤苯)即使加热也不发生反应。各种卤代烃的反应活性为:烯丙式 $\approx 3° > 2° > 1° \gg$ 乙烯式。

此外,也可根据卤化银沉淀的颜色和反应速率鉴别卤原子的种类,生成白色沉淀的为氯代烃;生成浅黄色沉淀的为溴代烃;生成黄色沉淀的为碘代烃。烃基相同时,氯代烃反应速率最慢,碘代烃反应速率最快,即活性顺序为:$RI > RBr > RCl$。所以用 $AgNO_3$ 乙醇溶液可鉴别活性不同的卤代烃。

将上述各种取代反应归纳起来,见表 8-2。

表 8-2　取代反应的产物

试剂		取代产物	
	Na^+ ^-OH	ROH	醇
	Na^+ ^-SH	RSH	硫醇
	Na^+ $^-OR'$	ROR'	醚
	Na^+ $^-SR'$	RSR'	硫醚
	Na^+ ^-CN	RCN	腈
RX +	$H\!-\!\overset{..}{N}H_2$	RNH_2	胺
	Na^+ $^-OOCR'$	$ROOCR'$	酯
	Na^+ $^-C\equiv CR'$	$RC\equiv CR'$	炔
	Ag^+ $^-ONO_2$	$RONO_2$($AgX\downarrow$)	硝酸酯
	Na^+ I^-(丙酮)	RI	碘代烃

8.3.3　消除反应

消除是卤代烃的另一类重要反应。根据卤代烃的结构和反应条件,可以从卤代烃分子中脱去卤化氢。

在脱卤化氢的反应中有两种消除方式:β-消除和 α-消除。前者是卤原子与 β-碳原子上的氢(称 β-H)一起脱掉生成烯烃和炔烃,后者是卤原子与 α-碳原子上的氢一起脱掉生成卡宾(carbene)。β-消除是最常见的消除反应。

1. β-消除

$$R\!-\!\underset{\underset{H}{|}}{\overset{\beta}{C}H}\!-\!\underset{\underset{X}{|}}{\overset{\alpha}{C}H_2} \xrightarrow[\text{乙醇}\triangle]{NaOH} \underset{\text{烯烃}}{RCH\!=\!CH_2} + HX$$

这是由卤代烃制备烯烃的重要方法之一。反应一般在强碱条件下(如 NaOH/乙醇或者 KOH/乙醇)进行。当卤代烃有多种 β-H 时,其消除方向遵循查依采夫(Saytzeff)规律,即卤原子总是优先与含氢较少的 β-碳上的氢一起消除,主要生成双键碳上取代基较多的稳定烯烃产物。例如:

$$\underset{\underset{Br}{|}}{CH_3CH_2CHCH_3} \xrightarrow[\text{乙醇}]{KOH} \underset{81\%}{CH_3CH\!=\!CHCH_3} + \underset{19\%}{CH_3CH_2CH\!=\!CH_2}$$

卤代烯烃脱卤化氢时,消除方向总是倾向于生成稳定的共轭二烯。例如:

$$H_2C\!=\!CHCH_2\underset{\underset{Br}{|}}{CH}\underset{\underset{CH_3}{|}}{CH}CHCH_3 \begin{array}{l} \xrightarrow{-HBr} H_2C\!=\!CHCH\!=\!CHCHCH_3 \;(CH_3) \\ \\ \xrightarrow{\times} H_2C\!=\!CHCH_2CH\!=\!C(CH_3)_2 \end{array}$$

邻二卤代物或胞二卤代物在 KOH 乙醇溶液中加热可以脱掉两分子卤化氢,生成炔烃。

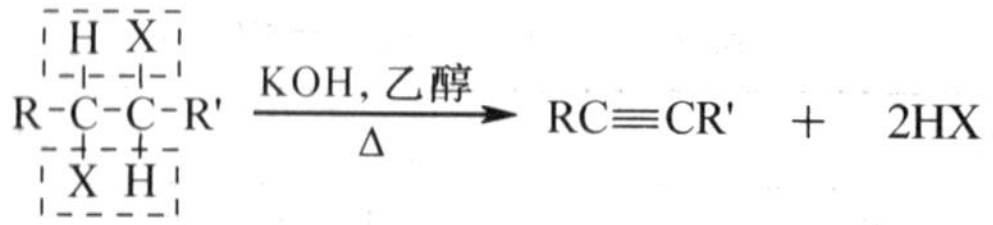

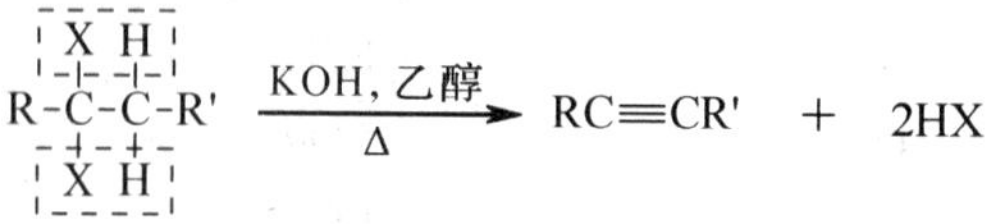

$$\underset{\underset{X\;H}{\overset{H\;X}{|\;\;|}}}{R-C-C-R'} \xrightarrow[\Delta]{KOH,乙醇} RC{\equiv}CR' \;+\; 2HX$$

$$\underset{\underset{X\;H}{\overset{X\;H}{|\;\;|}}}{R-C-C-R'} \xrightarrow[\Delta]{KOH,乙醇} RC{\equiv}CR' \;+\; 2HX$$

脂环二卤代烃脱卤化氢则主要生成共轭双烯。

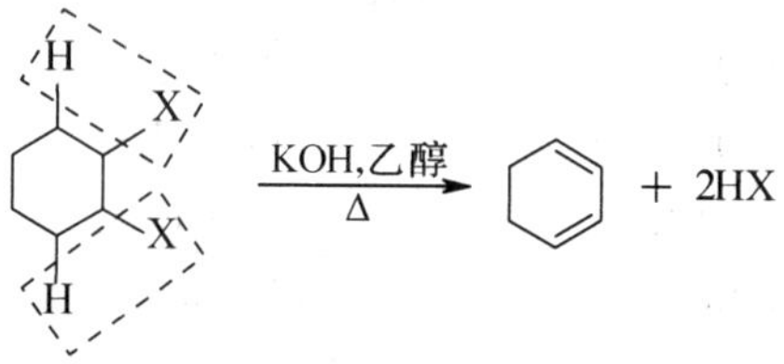

$$\xrightarrow[\Delta]{KOH,乙醇}$$ + 2HX

乙烯式卤代烃脱卤化氢比较困难,如果用更强的碱(如 $NaNH_2$),则效果较好。

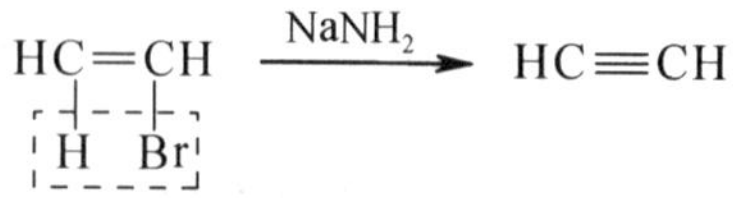

$$\underset{\underset{H\;\;Br}{|\;\;\;|}}{HC{=}CH} \xrightarrow{NaNH_2} HC{\equiv}CH$$

叔卤代烃的消除活性很高,非常容易发生消除。在弱碱或上述取代条件下主要生成消除产物。例如:

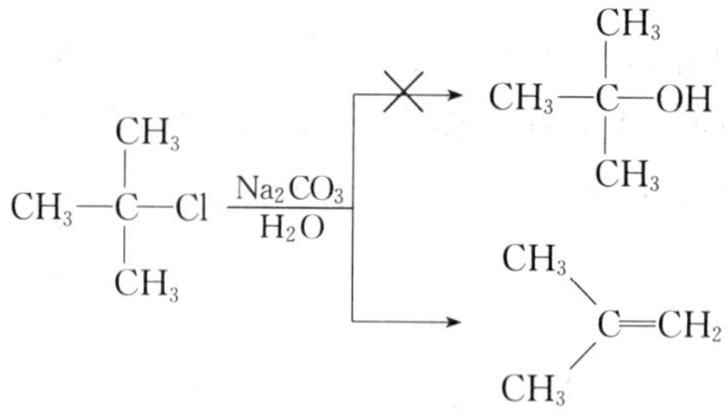

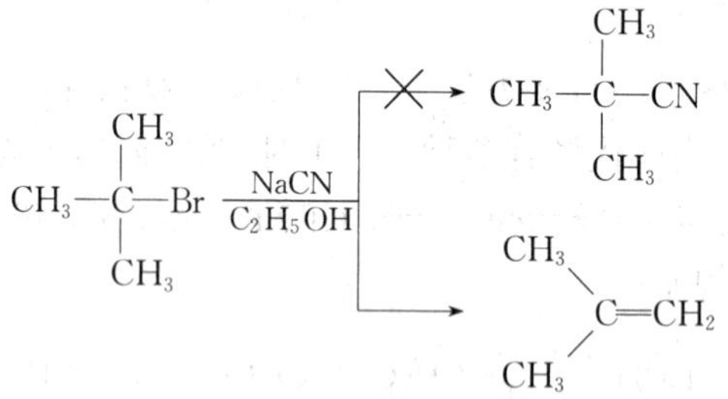

2. α-消除

氯仿($CHCl_3$)在 NaOH 作用下生成二氯卡宾是卤代烃 α-消除的典型实例。

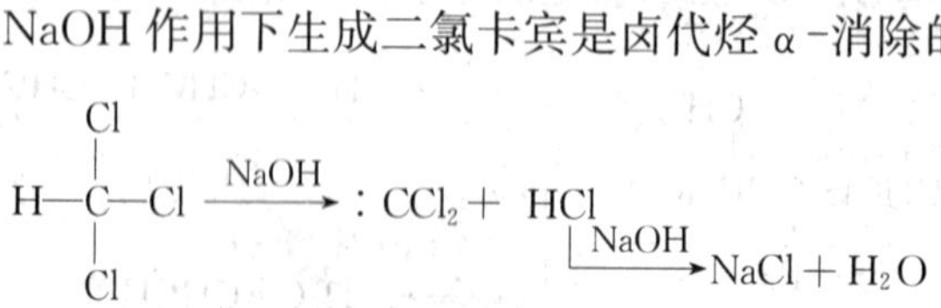

$$\underset{\underset{Cl}{|}}{\overset{\overset{Cl}{|}}{H-C-Cl}} \xrightarrow{NaOH} :CCl_2 + HCl \xrightarrow{NaOH} NaCl + H_2O$$

α-消除并不多见,因为只有当 α-H 有足够的活性(酸性)时才发生这种消除。在这里,由于氯仿分子中三个氯原子的吸电子作用,使氢原子具有较强的酸性。在碱的作用下,氯仿先脱掉质子生成碳负离子$^-CCl_3$,后者再失去 Cl^- 而得到二氯卡宾 $:CCl_2$(dichlorocarbene)。

$$HO^- \quad H\!\!\frown\!\!CCl_3 \xrightarrow{-H_2O} {}^-CCl_3 \xrightarrow{-Cl^-} :CCl_2$$

卡宾是一种重要的活泼中间体,除二氯卡宾外,还有 $H_2C:$、$ClHC:$、$R_2C:$ 等。卡宾虽然是中性粒子,但中心碳原子外层只有六个电子,处于缺电子状态,具有亲电性。卡宾可以发生多种反应,其中比较重要的是对烯烃的插入,生成三元环化合物。例如:

$$\text{C}_6\text{H}_5\text{—CH}=\text{CH}_2 + :CCl_2 \longrightarrow \underset{\underset{Cl\quad Cl}{\diagdown\diagup}{C}}{\text{C}_6\text{H}_5\text{—CH—CH}_2}$$

8.3.4　金属有机化合物的生成

卤代烃的另一重要性质是与 Li、Na、Mg、Al、Zn、Cd、Cu 等金属反应,生成金属有机化合物。

在金属有机化合物中,含有碳—金属键 $C^{\delta-}\!—\!M^{\delta+}$(M 为金属),反应时总是 C 带着一对电子转移到其他分子上去。金属元素越活泼,生成的 C—M 键的极性就越强,碳上所带的负电荷就越多,反应时其碱性和亲核性就越强。

卤代烃的反应活性顺序为:RI>RBr>RCl,RX>PhX。

此处 R=1°,2°,3°烃基或芳基、烯基,X=Cl,Br 或 I。

本节简要介绍几种活泼金属有机化合物的制备和性质。

1. 有机镁化合物

(1) 有机镁化合物的生成

卤代烃与金属镁在无水乙醚中反应生成金属镁有机化合物(RMgX)。

$$RX + Mg \xrightarrow[\text{烃基卤化镁}]{\text{无水乙醚}} RMgX$$

法国著名化学家格林雅(Grignard),首先发现这种制备有机镁化合物的方法,并成功应用于有机合成,后人称烃基卤化镁(RMgX)为格林雅试剂(简称格氏试剂)。1912 年他获诺贝尔化学奖。

格氏试剂的结构至今仍不是很清楚,一般认为它是烃基卤化镁、卤化镁的平衡混合物。

$$2RMgX \rightleftharpoons R_2Mg + MgX_2$$

在多数情况下,烃基卤化镁的形成占优势,因而一般用 RMgX 来表示格氏试剂。

格氏试剂非常活泼,但在乙醚等醚溶液中可稳定存在,这是由于溶剂醚可以与 RMgX 中的 Lewis 酸中心形成络合物,并溶于醚中,不需分离即可直接用于各种合成反应。

$$\begin{array}{ccc} C_2H_5 & R & C_2H_5 \\ \diagdown & | & \diagup \\ O:&Mg&:O \\ \diagup & | & \diagdown \\ C_2H_5 & X & C_2H_5 \end{array}$$

此外,四氢呋喃、苯和其他醚类也可作为该反应的溶剂。

卤代烃中 C—X 键的离解能的大小对反应能否顺利进行具有直接的决定性作用。因此,用于制备格氏试剂的卤代烃中卤素的种类、烃基结构对其活性均有影响。

对于饱和卤代烃而言,制备格氏试剂的活性顺序为:$RI>RBr>RCl$。就烃基结构的影响而言,伯卤代烃最适宜制备格氏试剂,叔卤代烃在金属镁的作用下,主要发生消除反应而很难得到格氏试剂。烯丙式卤代烃反应很容易,甚至为了避免副反应的发生而需在低温(约 0℃)下进行反应。而不活泼的乙烯式卤代烃必须选择沸点更高的溶剂如丁醚、戊醚或四氢呋喃(THF)等在较高的温度下才能反应。

$$\text{(Br-苯-Cl)} + Mg \xrightarrow[\triangle]{THF} \text{(MgBr-苯-MgCl)}$$

这里要特别指出的是,制备格氏试剂并不是卤代烃的活性越高越好,因为 RMgX 与活泼的 RX 之间还会发生偶联反应:

$$R{-}MgX + X{-}R \longrightarrow R{-}R + MgX_2$$

卤代烃活性越高,这种偶联副反应的倾向越大。所以制备格氏试剂一般都选择活性适中,比较便宜的溴代烃和氯代烃。制备甲基格氏试剂常用 CH_3I,因为 CH_3Br、CH_3Cl 都是气体,在实验室使用不太方便。此外,为了防止偶联副反应,在实验中都是将卤代烃慢慢滴入镁的乙醚溶液中,这样可以减少生成的 RMgX 与 RX 接触的机会。

(2) 有机镁化合物的反应

格氏试剂中含碳—金属键($C^{\delta-}{-}M^{\delta+}$),由于碳富电子,使格氏试剂既是强碱又是强亲核试剂,可以与酸和亲电试剂反应。例如格氏试剂与水的反应:

$$R{-}MgX + HO{-}H \longrightarrow RH + HOMgX$$

因此,制备格氏试剂必须用无水无醇的乙醚,仪器绝对干燥,反应最好在氮气保护下进行。这是因为格氏试剂容易被水分解,还可与氧、二氧化碳等发生作用,水解后分别生成醇和多一个碳原子的羧酸。

$$RMgX + O_2 \longrightarrow 2ROMgX \xrightarrow{H_2O} 2ROH + Mg(OH)X$$

$$RMgX + CO_2 \longrightarrow R{-}\overset{\overset{\textstyle O}{\|}}{C}{-}OMgX \xrightarrow{H_2O} RCOOH + Mg(OH)X$$

格氏试剂被水分解可以看成是一种酸碱复分解反应,即强酸(或较强酸)把弱酸(或较弱酸)从它的盐中置换出来。

$$\underset{\text{盐(较强碱)}}{R{-}MgX} + \underset{\text{较强酸}}{HOH} \longrightarrow \underset{\text{较弱酸}}{RH} + \underset{\text{盐(较弱碱)}}{Mg\begin{smallmatrix}X\\OH\end{smallmatrix}}$$

一般认为凡是比 RH 酸性强的化合物(除 H_2O 外,还有 ROH,$RC{\equiv}CH$,NH_3,HX等含有活泼氢的化合物),都能分解格氏试剂。

表 8－3　格氏试剂的反应产物

试剂	反应产物
H┼OR′	MgX(OR′)
H┼OH	MgX(OH)
H┼C≡CR′	R′C≡CMgX
RMgX ＋ H┼NH$_2$ ──→	MgX(NH$_2$) ＋ RH
H┼X	MgX$_2$
H┼OCR′ (O=)	R′COMgX (O=)

即凡是含有活泼氢的化合物(酸性比 RH 强)都能分解格氏试剂。值得指出的是：RMgX 与末端炔烃的反应是制备新型炔基格氏试剂的好方法。如：

$$CH_3MgI ＋ HC≡CCH_3 \longrightarrow CH_3C≡CMgI ＋ CH_4 \uparrow$$

因为格氏试剂与含活泼氢的化合物的反应几乎是定量的,在有机分析中,常用含活泼氢的化合物与 CH_3MgI 作用生成甲烷的体积来计算活泼氢的个数(一个甲烷分子相当于一个活泼氢)。

格氏试剂可以和多种化合物发生反应,广泛用于有机合成。例如,可以与有机物中的缺电子碳如环氧化合物、不饱和极性键(醛、酮、酯、腈、硝基化合物等多种试剂)等发生亲核性加成反应,得到增加碳链长度的各种醇及其他化合物,后续章节中将作详细介绍。

$$\text{C}_6\text{H}_5\text{—CH}_2\text{MgBr} ＋ \triangle\text{O} \longrightarrow \text{C}_6\text{H}_5\text{—CH}_2\text{CH}_2\text{CH}_2\text{OMgBr} \xrightarrow[\text{H}_2\text{O}]{\text{H}^+} \text{C}_6\text{H}_5\text{—CH}_2\text{CH}_2\text{CH}_2\text{OH}$$

$$CH_3CH_2MgCl ＋ CH_3\overset{O}{\underset{}{C}}CH_3 \longrightarrow CH_3CH_2\underset{CH_3}{\overset{CH_3}{\underset{|}{\overset{|}{C}}}}—OMgCl \xrightarrow[\text{H}_2\text{O}]{\text{H}^+} CH_3CH_2\underset{CH_3}{\overset{CH_3}{\underset{|}{\overset{|}{C}}}}—OH$$

2. 有机锂化合物

(1) 有机锂化合物的生成

卤代烃与金属锂作用生成锂有机化合物。例如：

$$CH_3CH_2CH_2CH_2Br ＋ 2Li \xrightarrow[-10℃]{乙醚} \underset{80\%～90\%}{CH_3CH_2CH_2CH_2Li} ＋ LiBr$$

$$\text{C}_6\text{H}_5\text{—Cl} ＋ 2Li \xrightarrow{乙醚} \text{C}_6\text{H}_5\text{—Li} ＋ LiCl$$

(2) 有机锂化合物的反应

有机锂是一种重要的金属有机试剂,其制法、性质与格氏试剂十分相似,反应性能更为活泼,且溶解性比格氏试剂好,除溶于醚外,还可溶于苯。在无水醚或四氢呋喃等溶剂中,有机锂还可与卤化亚铜作用生成另一种重要的试剂二烷基铜锂(R_2CuLi)。

$$2RLi ＋ CuI \xrightarrow[0℃]{醚} R_2CuLi ＋ LiI$$

二烷基铜锂是一种很好的烷基化试剂,可与卤代烃反应生成烷烃。

$$R_2CuLi + R'X \longrightarrow R-R' + RCu + LiX$$

在这里,虽然 R'X 仅限于用伯卤,但 R_2CuLi 分子中的 R 可以为仲烷基或伯烷基,而且 R、R' 都可为乙烯式烃基。因此可用二烃基铜锂试剂来合成各种结构的高级烷烃、烯烃或芳烃。例如:

$$(CH_3)_2CuLi + CH_3CH_2CH_2CH_2CH_2I \longrightarrow CH_3CH_2CH_2CH_2CH_2CH_3 \quad 98\%$$

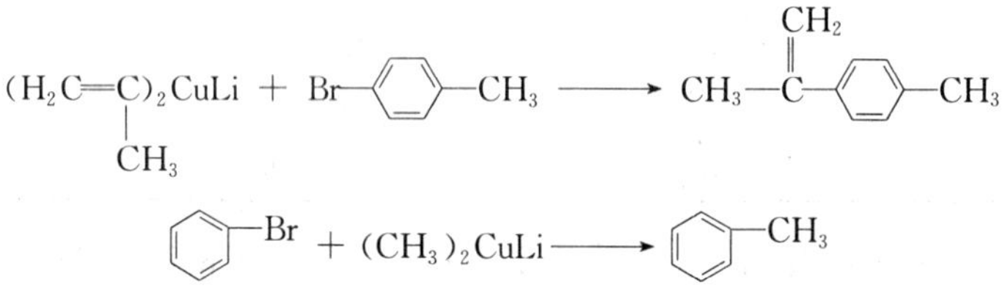

这个方法俗称考雷-豪斯(Corey-House)烷烃合成法。其优点是反应物分子上带有的 $\overset{O}{\overset{\|}{—C—}}$,—COOH,—COOR,—CONHR 等基团不受影响,且产率高,因而广泛用于有机合成。另一优点是当乙烯式卤代烃与 R_2CuLi 反应时,R 取代 X 位置并保持构型不变。如:

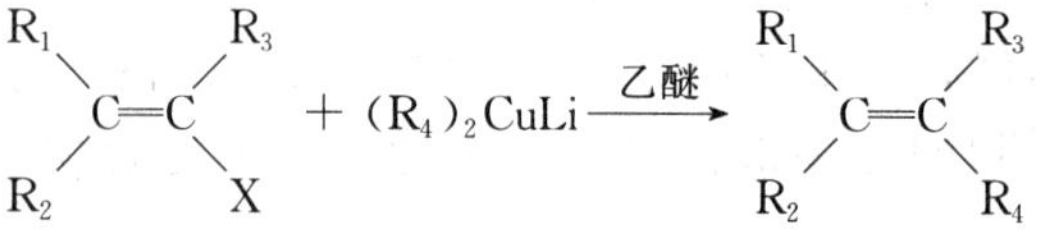

如前所述,格氏试剂和 RX 的偶联一般都作为副反应来加以防止。但在某些情况下也可用于合成,例如活泼烯丙式卤代烃和 RMgX 偶联产率较高,可以作为制备烃的方法。

$$RMgCl + ClCH_2CH{=}CH_2 \longrightarrow R-CH_2CH{=}CH_2$$

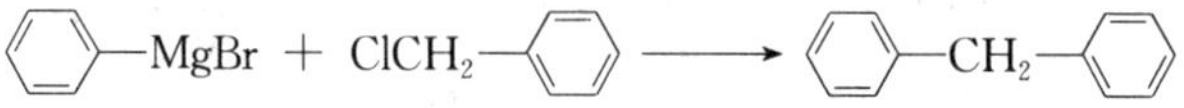

但需注意的是,与格氏试剂发生偶联的仅限于活泼卤代烃。对一般卤代烃而言,因产率较低,不宜用于制备。

8.3.5 还原反应

卤代烃可被多种试剂还原,生成烷烃。

$$RX \xrightarrow{\text{还原剂}} RH$$

还原剂:$LiAlH_4$、$Na/NH_3(l)$、Zn/HCl、H_2/Pd。

卤代烃还原成烷烃作为一种合成方法并不重要,因为原料卤代烃往往比相应烷烃还贵,但必须了解卤代烃能够被多种试剂还原的性质,以便在涉及卤代烃的还原反应中注意卤素对反应的干扰。如果采用某种合成路线时,在还原步骤中有卤素干扰,则必须改换路线。

以上介绍了卤代烃的主要化学反应,通过这些反应可以把卤代烃中的卤原子转化成其他多种官能团。在有机合成中,卤代烃往往起到承上启下的纽带作用,是原料和目标化合物之间的重要桥梁。

【例 8.2】 下列卤代烃与 NaOH 水溶液反应,速率最快的是哪个?

A. （Cl 苯环） B. （CH₂Cl 苯环） C. （CH₂CH₂Cl 苯环） D. （CH₂CH₃, Cl 苯环）

答:B

【例 8.3】 完成下列反应式。

(1) （苯环）—CH=CHBr，邻位 CH₂Cl $\xrightarrow{\text{NaCN}}$

(2) Br—（苯环）—CH₂Br $\xrightarrow[\text{乙醇}]{\text{AgNO}_3}$

(3) （苯环 CH₂Cl） $\xrightarrow[\triangle]{\text{CH}_3\text{CH}_2\text{ONa}}$

(4) $CH_3CH_2CH(CH_3)CHCH_3$，带 Br $\xrightarrow{\text{NaOH/H}_2\text{O}}$

(5) （苯环 CH₂Br） $\xrightarrow[\text{③ H}_3\text{O}^+]{\text{① Mg,乙醚;② } \triangle\text{O}}$

(6) $CH_3CH_2CH_2Cl \xrightarrow[\triangle]{\text{KOH,醇}}$

答:(1) （苯环）—CH=CHBr，邻位 CH₂CN

(2) Br—（苯环）—CH₂ONO₂

(3) （苯环 CH₂OCH₂CH₃）

(4) $CH_3CH_2CH(CH_3)CHCH_3$，带 OH

(5) （苯环 CH₂CH₂OH）

(6) $CH_3—CH=CH_2$

【例 8.4】 化合物 A 的分子式为 $C_9H_{11}Cl$,硝化后生成分子式为 $C_9H_{10}ClNO_2$ 的两种异构体 B 和 C,B 和 C 与 $AgNO_3$ 醇溶液作用立即产生白色沉淀,与 $NaOH/H_2O$ 作用则生成分子式为 $C_9H_{11}NO_3$ 的两种醇 D 和 E。B 和 C 分别与 $NaOH$ 醇溶液作用,则生成分子式为 $C_9H_9NO_2$ 的两种产物 F 和 G。F 和 G 均可使 Br_2/CCl_4 褪色。用 $KMnO_4/H^+$ 处理 F 和 G,都生成分子式为 $C_8H_5NO_6$ 的酸 H,试推测 A 至 H 的结构。

答:

A. CH_3—（苯环）—CH CH₃，带 Cl

B. CH_3—（苯环，邻 O₂N）—CH CH₃，带 Cl

C. CH_3—（苯环，带 NO₂）—C(Cl)HCH₃

D. CH_3—（苯环，邻 O₂N）—CH CH₃

E. CH_3—（苯环，邻 NO₂）—C(OH)HCH₃

F. CH_3—（苯环，邻 O₂N）—CH=CH₂

G. 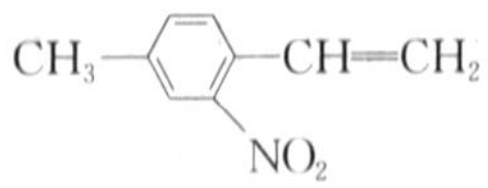 CH_3—⟨⟩—$CH=CH_2$, NO_2 位于环上

H. 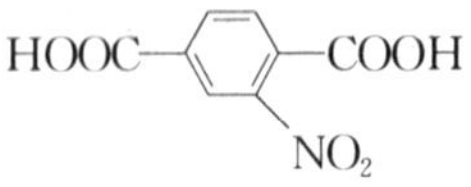 $HOOC$—⟨⟩—$COOH$, NO_2 位于环上

§8.4　卤代烃的制备

卤代烃在有机合成上有广泛应用,是一类重要的化工原料。这里介绍几种常见的卤代烃合成方法。

8.4.1　由烃卤代

1. 一般式氢(烷氢)卤代

烷烃在光照或加热条件下直接卤代得到混合产物,如烷烃氯代一般都生成各种异构体的混合物,只在少数情况下可以用氯代方法制得较纯的一氯代物。例如:

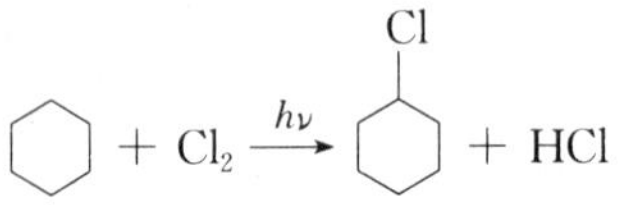

$$⟨⟩ + Cl_2 \xrightarrow{h\nu} ⟨⟩-Cl + HCl$$

工业上常通过烷烃氯代反应得到各种异构体的混合物,不经分离而直接将其作为溶剂使用。

在烷烃卤代反应中,溴代的选择性比氯代高,以适当烷烃为原料可以得到一种主要的溴代物。例如:

$$CH_3CH_2CH_3 + Cl_2 \xrightarrow{300℃} \underset{48\%}{CH_3CH_2CH_2Cl} + \underset{52\%}{CH_3\overset{Cl}{\underset{|}{C}}HCH_3}$$

$$CH_3CH_2CH_3 + Br_2 \xrightarrow{330℃} \underset{92\%}{CH_3\overset{Br}{\underset{|}{C}}HCH_3} + \underset{8\%}{CH_3CH_2CH_2Br}$$

因此在制备较纯的卤代烃方面,溴代比氯代更具有实用价值。

2. α-氢卤代

以烯烃为原料,在高温或光照条件下可以优先在 α-碳上进行卤代。例如:

$$CH_3CH_2CH=CH_2 + Cl_2 \xrightarrow{500℃} CH_3\underset{Cl}{\underset{|}{C}}HCH=CH_2$$

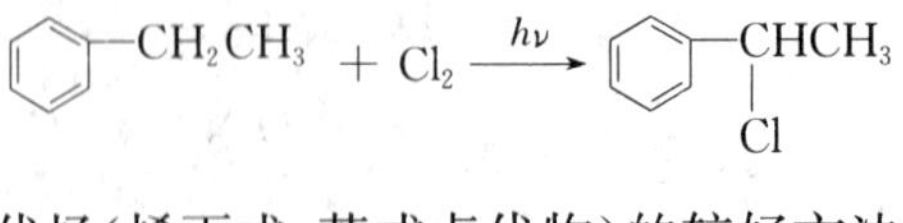

$$⟨⟩-CH_2CH_3 + Cl_2 \xrightarrow{h\nu} ⟨⟩-\underset{Cl}{\underset{|}{C}}HCH_3$$

这是制备烯丙式卤代烃(烯丙式、苄式卤代物)的较好方法。实验室常用 N-溴代丁二酰亚胺(简称 NBS)作溴化剂,在较低温度下进行反应,非常方便地制备烯丙式、苄式溴代烃。例如:

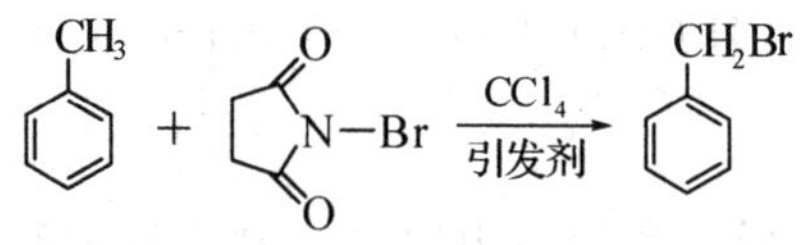

3. 芳环上氢卤代

利用苯的亲电取代反应,可在苯环上引入卤素。

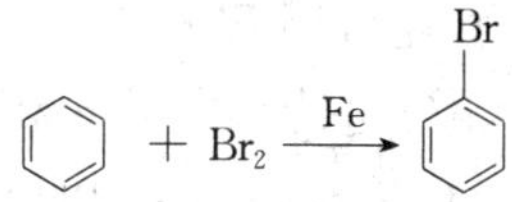

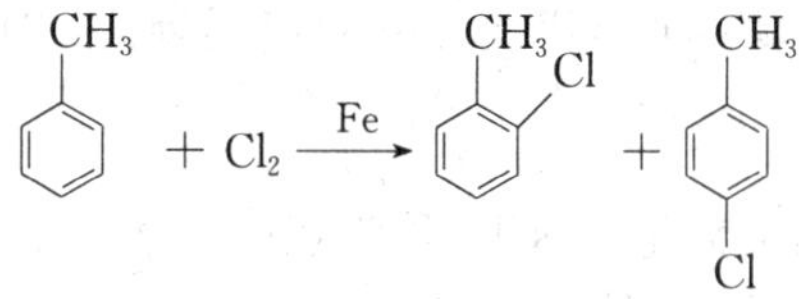

8.4.2 由烯烃及炔烃加成

不饱和烃与 HX 或 X_2 加成,可方便地制得一卤代烃或多卤代烃。

$$RCH{=\!\!=}CH_2 + HX \longrightarrow \underset{\underset{X}{|}}{RCHCH_3}$$

$$RCH{=\!\!=}CH_2 + HBr \xrightarrow{\text{过氧化物}} RCH_2CH_2Br$$

$$RCH{=\!\!=}CH_2 + X_2 \longrightarrow \underset{\underset{X}{|}\;\;\underset{X}{|}}{RCH{-}CH_2}$$

$$RC{\equiv}CH + HX \xrightarrow{Hg^{2+}} \underset{\underset{X}{|}}{RC{=\!\!=}CH_2}$$

8.4.3 由醇制备

醇羟基用卤原子置换可制得相应的卤代烃。常用的卤化剂有 HX、PX_3、PX_5、$SOCl_2$ 等。详见醇的化学性质。

1. 醇与氢卤酸作用

制备氯代烃往往是在无水氯化锌存在下,用浓盐酸与醇作用。氯化锌可以除去反应中生成的水,以利于提高反应产率。

$$ROH + HCl(\text{浓}) \xrightarrow{ZnCl_2} RCl + H_2O$$

制备溴代烃一般用 NaBr 和 H_2SO_4 产生的 HBr 与醇作用。

$$NaBr + H_2SO_4 \longrightarrow HBr + Na_2SO_4$$

$$CH_3CH_2CH_2CH_2OH + HBr \xrightarrow{\triangle} CH_3CH_2CH_2CH_2Br$$

制备碘代烃可以将醇和浓 HI 溶液(57%)一起回流加热。

$$CH_3OH + HI \longrightarrow CH_3I + H_2O$$

2. 醇与卤化磷作用

醇与三卤化磷反应可生成卤代烃。用伯醇与 PCl_3 作用时,常因副反应生成亚磷酸酯而导致产率不高,通常不超过 50%。一般用 PCl_5 与伯醇反应制卤代烃。

$$ROH + PCl_5 \longrightarrow RCl + POCl_3 + HCl$$

在实验室制备溴代烃、碘代烃时,还可用 PBr_3、PI_3、PBr_5、PI_5。通常原料 PBr_3、PI_3 不必事先制备,只要将溴或碘与红磷加入醇中共热即可产生相应的 PX_3,并立即与醇发生反应。

$$2P + 3I_2 \longrightarrow 2PI_3$$
$$3C_2H_5OH + PI_3 \longrightarrow 3C_2H_5I + P(OH)_3$$

3. 醇与亚硫酰氯作用

制备氯代烃时最常用的试剂是 $SOCl_2$(称为亚硫酰氯、二氯亚砜或氯化亚砜),该制备方法速率快、产率高,副产物均为气体,易于分离。

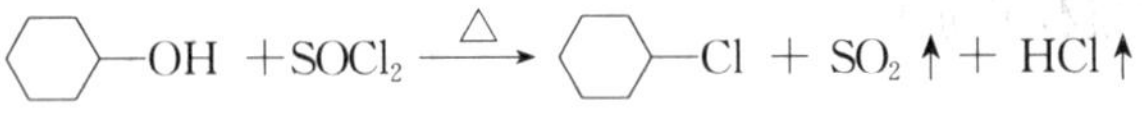

8.4.4　氯甲基化反应

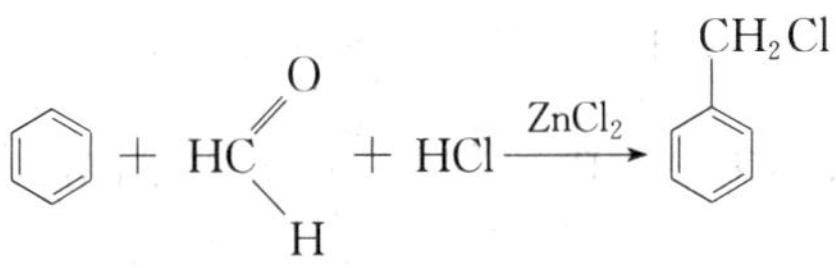

向芳环上直接导入一个氯甲基的反应,称为氯甲基化反应。利用苯的氯甲基化反应可制备苄氯,也可将该反应看作一类特殊的傅-克反应。

和普通的亲电取代反应一样,当芳环上有第一类取代基(给电子基团)时,反应易于进行,氯甲基主要进入对位。例如:

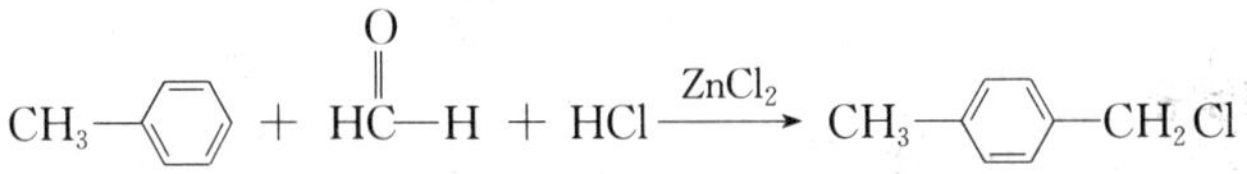

当芳环上有第二类取代基(吸电子基团)时,反应难以进行,一般不发生氯甲基化。但如果用 $CH_3—O—CH_2Cl$ 作氯甲基化试剂,反应也可以进行。

萘可以发生类似的反应,氯甲基主要进入萘环 α-位。

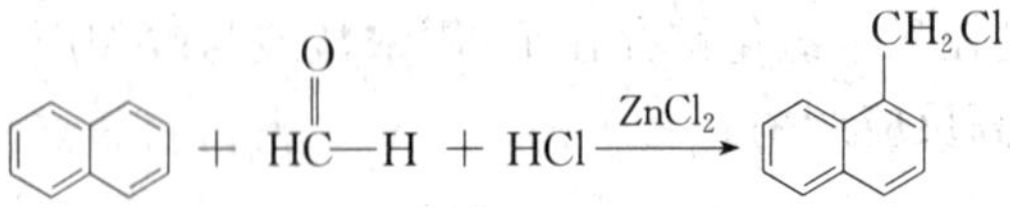

8.4.5　卤素交换反应

用前述有关方法制备碘代烃比较困难,而卤素交换反应是由氯代烃或溴代烃制备碘代烃的好方法。

$$RCl(Br) + NaI \xrightarrow{\text{丙酮}} RI + NaCl(Br)\downarrow$$

习 题

1. 命名下列化合物或写出结构式。

(1) $CH_2\!-\!\underset{\underset{Br}{|}}{\overset{\overset{Br}{|}}{C}}\!-\!CH_3$
 $\quad\ \ \, Br$

(2) $CH_3\underset{\underset{CH_3}{|}}{\overset{}{C}}HCH_2\underset{\underset{CH_3}{|}}{\overset{\overset{CH_3}{|}}{C}}\!-\!\underset{\underset{Cl}{|}}{\overset{}{C}}HCH_3$

(3)

(4) $\underset{\overset{|}{Cl}}{\overset{\overset{CH_3CH_2}{|}}{H\!-\!\Large{\diagdown}}}$

(5) $CH_3\underset{\underset{CH_3}{|}}{\overset{}{C}}HCH_2MgBr$

(6) ⬡—Br

(7) $CH_3C\!\equiv\!C\underset{\underset{CH_3}{|}}{\overset{}{C}}HCH_2Cl$

(8) $HC\!=\!CH_2$
 $Cl\!-\!|\!-\!H$
 $H\!-\!|\!-\!Br$
 $\quad\ \, CH_3$

(9) ⬠ (CH₃, Br)

(10) 环己基溴甲烷　　　(11) 4-甲基-5-溴-1-己烯　　　(12) 3,4-二氯乙苯

(13) (Z)-3-乙基-2,5-二溴-2-戊烯

2. 按要求对下列化合物进行排序。

(1) 下列卤代烃发生消去反应的速率大小顺序是（　　　）

A. ⟩—Cl　　B. ⤳—Cl　　C. ⌇Cl

(2) 下列卤代烃与硝酸银-乙醇溶液反应的速率顺序是（　　　）

A. ⬡—CH₂CH₂Br　　B. ⬡—CH=CHBr　　C. ⬡=CHCH₂Br　　D. ⬡—CH(CH₃)（Br）

3. 完成下列反应式。

(1) ⬠(CH₃)(Br) $\xrightarrow{\text{Mg}}{\text{乙醚}}$ $\xrightarrow{\textcircled{1}\ CO_2}{\textcircled{2}\ H_2O/H^+}$

(2) $(CH_3)_2C\!=\!CH_2 \xrightarrow{\text{HBr}} \xrightarrow{\text{NaCN}}$

(3) ⌇ $\xrightarrow{\text{HBr}}{\text{ROOR}} \xrightarrow{\text{NaCN}} \xrightarrow{H_2O/H^+}$

(4) ⌇(OH) $\xrightarrow{\text{SOCl}_2}$

(5) ⬡(Cl)(CH₃) $\xrightarrow{\text{KOH/乙醇}}{\triangle}$

(6) ⬡—CH₂Cl $\xrightarrow{CH_3CH_2CH_2C\equiv CNa}$

(7) ⬡—CH₂CHCH₂CH₃ $\xrightarrow{\text{KOH/乙醇}}{\triangle}$
 $\qquad\quad\ \ \overset{|}{Br}$

(8) ⬡(CH₂Cl)(ONa)

4. 完成下列转化。

(1)

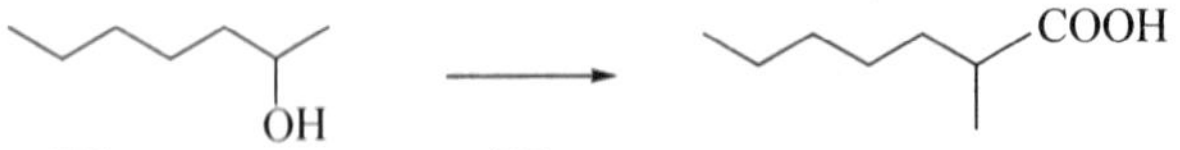

(2)

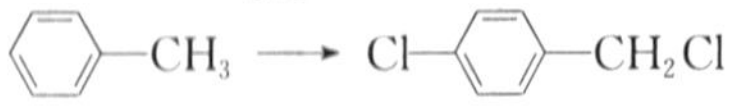

(3) 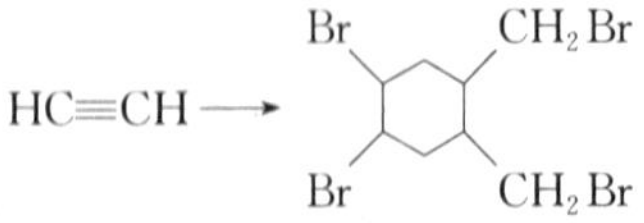 $HC\equiv CH \longrightarrow$

(4) $CH_3CH_2CH_2Cl \longrightarrow$

(5)

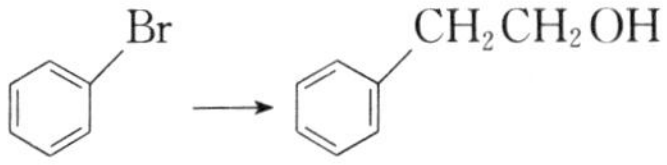

5. 化合物 A 分子式为 C_3H_7Cl,经氢氧化钾-乙醇溶液共热生成 B,B 的分子式为 C_3H_6,B 与 HCl 反应得到 A 的同分异构体。试写出 A、B、C 的结构式,并写出相关反应式。

6. 化合物 A 的分子式为 C_5H_{10},它不能被高锰酸钾氧化,但可与 HBr 反应生成化合物 B,B 的分子式为 $C_5H_{11}Br$。B 可与 KOH 醇溶液发生反应,生成与 A 具有相同分子式的 C,C 既可以与 HBr 反应,又可与高锰酸钾反应,且后者的产物中有丙酮。试写出 A、B、C 的可能结构式,并写出相关反应式。

7. 化合物 A 分子式为 C_8H_{10},在铁的存在下与 1 mol 溴作用,只生成一种化合物 B,B 在光照下与 1 mol 氯作用,生成两种产物 C 和 D,试推测 A、B、C、D 的结构。

8. 某氯代烃 A 与 KOH 醇溶液加热后生成的主要产物为 B,B 经臭氧化及进一步还原水解后生成甲醛和异丁醛($(CH_3)_2CHCHO$)。试写出 A 和 B 的结构式及相关反应式。

9. 化合物 A 具有旋光性,能与 Br_2/CCl_4 反应生成三溴化物 B,B 也具有旋光性。A 在热碱的醇溶液中生成化合物 C,C 能与丙烯醛反应生成 ,试写出 A、B、C 的结构式。

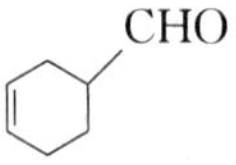

10. 分子式为 $C_7H_{11}Br$ 的五元环化合物 A,构型为 R,在过氧化合物存在下,A 和溴化氢反应生成异构体 B($C_7H_{12}Br_2$)和 C($C_7H_{12}Br_2$)。B 具有光学活性,而 C 没有光学活性。用 1 mol 叔丁醇钾[$KOC(CH_3)_3$]处理 B,则又生成 A,用 1 mol 叔丁醇钾处理 C 得到 A 和它的对映体。用叔丁醇钾处理 A 得到 D(C_7H_{10}),D 经臭氧化-还原水解可得 2 mol 甲醛和 1 mol 1,3-环戊二酮 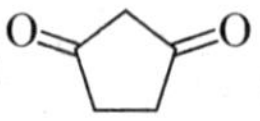 。试推测 A、B、C 和 D 的构型式或构造式。

第9章 有机化合物的波谱分析

不论是人工合成还是从自然界分离得到的有机化合物,都需要测定它的结构,确定有机化合物的结构是有机化学的重要任务。早期用化学方法确定一个未知化合物的结构,非常繁杂、费时费事,有时甚至很难完成。20世纪50年代出现的一些现代分析仪器和技术为有机物结构的快速确定提供了有力的工具和极大的便利。有机化合物结构测定常用的有核磁共振谱、红外光谱、质谱和紫外光谱。紫外光谱在其他课程中已有较多介绍,本章仅对前三种测定方法的原理和应用作简要介绍。

§9.1 核磁共振谱

20世纪60年代随着傅里叶变换技术的应用,核磁共振(nuclear magnetic resonance,NMR)获得迅速发展,核磁共振谱尤其是氢谱(^{1}H NMR)现已成为测定有机化合物结构最有效最常用的方法之一。

9.1.1 核磁共振氢谱的基本原理

原子核是带正电荷的粒子,有自旋,形成磁矩。原子核的自旋状态用自旋量子数 I 表示,从原理上说,凡是自旋量子数 I 不等于零的原子核,如 ^{1}H、^{13}C、^{15}N、^{19}F、^{31}P 等,都可以发生核磁共振,质子(氢核,^{1}H)有自旋量子数分别为 $+1/2$ 和 $-1/2$ 的两个自旋态,在没有外磁场作用时,这两个自旋态的能量相等。原子核自旋运动也会产生磁场,因而具有磁偶极矩,简称磁矩。在外加磁场 B_0 中,两种自旋态的能量不再相等,自旋产生的磁矩会有与 B_0 同向平行和反向平行两种取向,前者的能级低($I=+1/2$),后者的能级高($I=-1/2$),见图 9-1。

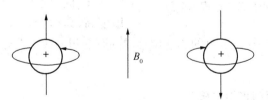

(a) 磁矩与B_0同向平行, 能级较低　　　　(b) 磁矩与B_0反向平行, 能级较高

图 9-1　在外加磁场 B_0 中,质子的两种自旋态

两种自旋态的能量差 ΔE 与外加磁场的强度成正比:

$$\Delta E = \gamma \frac{h}{2\pi} B_0$$

(9-1)

式中：γ 为磁旋比，是原子核的特征常数；h 为普朗克常数；B_0 为外加磁场的磁感应强度，单位为 T(telsla)。

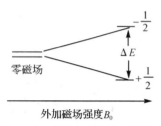

图 9-2　在外加磁场内，质子的两种自旋能级的裂分示意图

由式(9-1)可以看出，能量差 ΔE 与外加磁场强度 B_0 成正比，可以用图 9-2 表示。

若用一定频率 ν 的电磁波照射质子，并且照射所提供的能量恰好等于自旋原子核两种不同取向的能量差，即 $\Delta E = h\nu$ 时，处于低能级的自旋核就吸收电磁波的辐射能跃迁至高能级，这种现象称为核磁共振。显然，核磁共振现象发生的条件为：

$$h\nu = \Delta E = \gamma \frac{h}{2\pi} B_0 \qquad (9-2)$$

即 $\nu = \dfrac{\gamma}{2\pi} B_0$，可见，当发生核磁共振现象时，吸收的电磁波的辐射频率取决于原子核的类别和外加磁场的磁感应强度。B_0 为 7.046 T 时，^{1}H 发生共振的射频约为 300 MHz(兆赫)，如果外磁场的磁感应强度为 14.092 T，则需要工作频率为 600 MHz 的核磁共振仪。

实际测定时，可采用两种方式使上述关系式匹配，达到共振的目的：一种是固定外磁场强度，逐渐改变电磁波的扫描频率，称为扫频；另一种则是固定电磁波的辐射频率，逐渐改变外磁场强度，称为扫场。大多数核磁共振仪采用扫场的方式。目前常用的有 90 MHz、200 MHz、300 MHz、400 MHz、500 MHz、600 MHz 等不同型号的核磁共振仪。

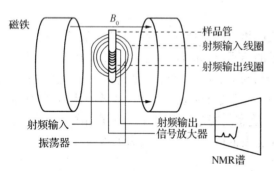

图 9-3　核磁共振仪工作原理示意图

图 9-3 为核磁共振仪工作原理示意图，其核心部件是一个强度很大的永久磁铁或电磁铁。测试样品放在磁铁两极之间能绕轴旋转的细长样品管内，样品为液体或溶液，样品管周围为射频线圈。发生核磁共振现象的核将产生一个无线电射频的吸收信号，信号经放大后记录在核磁共振谱图上，其外形为一个吸收峰。

^{1}H 同位素的自然丰度大，磁性强，灵敏度高，易检测，^{1}H NMR 是有机化学中应用最广的。氢谱主要提供了氢的化学位移、峰面积(积分线)、自旋裂分和偶合常数等重要的结构信息。

9.1.2　屏蔽效应和化学位移

按照公式 $\nu = \dfrac{\gamma}{2\pi} B_0$，无论扫频或扫场，似乎所有的氢核都会在同一照射频率或外磁场强度下发生共振，产生吸收峰。若果真如此，有机化合物中各种不同类型的氢都将只有一个吸收峰，那么，核磁共振谱对有机化合物结构的测定将失去意义。事实上，有机化合物中的氢核与独立的质子不同，它的周围还有电子，而且核外的电子密度随着氢核所处的环境不同而不同,这些运动着的核外电子在外磁场作用下会产生一个与外磁场方向相反的感应磁场 B',因此 ^1H 实际感受到的磁场强度 B 通常比 B_0 小(百万分之几),即

$$B = B_0 - B'$$

核外电子对核产生的这种作用称为屏蔽效应(shielding effect)。质子周围电子云密度越大,屏蔽效应也越大,这时只有增加外磁场强度,以补偿感应磁场的影响,才能使该质子发生共振,因此吸收峰将出现在高场。

由于有机化合物中的氢所处的化学环境(周围的电子云密度)不同,氢核感受到的屏蔽效应不同,产生不同的共振频率,造成它们在核磁共振谱上的吸收峰出现的位置也不同,这种原子核(如质子)由于化学环境所引起的核磁共振信号位置的变化称为化学位移(chemical shift)。

由于核外电子产生的感应磁场比外磁场小得多,只有外磁场的百万分之几,直接精确测量不同质子的核磁共振吸收信号频率之差是相当困难的。通常选用四甲基硅烷 $(CH_3)_4Si$ (TMS)为标准物质,以 TMS 的化学位移为零点,测定待测质子相对于标准物的吸收频率,即采用相对数值表示法较为方便。标准物一般混在待测样品的溶液中,即所谓"内标法"。内标法的优点是可以抵消由溶剂等测试环境引起的误差。

共振吸收频率是与外磁场强度相关的,例如,苯分子中的六个氢都一样,在 ^1H NMR 谱中只有一个峰,用 60 MHz 的核磁共振仪测定时,吸收峰出现在 436 Hz 处;若用 300 MHz 的仪器测量,吸收峰将出现在 2 181 Hz 处。为了使不同型号的仪器上测定的化学位移相一致,通常采用 δ 来表示,规定化学位移的计算方法为:

$$\text{化学位移}(\delta) = \frac{\nu_{样品} - \nu_{标准}}{\nu_{仪器}} \times 10^6 \qquad (9-3)$$

式中:$\nu_{样品}$ 为被测样品吸收峰的频率;$\nu_{标准}$ 为 TMS 的吸收峰的频率;$\nu_{仪器}$ 为核磁共振仪所用频率。

通过对核磁共振仪进行调试,使 TMS 的信号正好置于零点,即,设定标准物质 TMS 的化学位移值 $\delta = 0$。

据此计算苯分子中质子的化学位移为:

$$\delta = \frac{436\ Hz - 0\ Hz}{60 \times 10^6\ Hz} \times 10^6 \approx \frac{2\ 181\ Hz - 0\ Hz}{300 \times 10^6\ Hz} \times 10^6 = 7.27$$

选用 TMS 为标准物质,是因为 TMS 中硅的电负性比碳小,TMS 中质子所经受的屏蔽效应大于绝大多数有机化合物中的质子,其核磁共振信号在高场,如在有机化合物样品中加入少量 TMS,则样品中几乎所有质子的信号都在 TMS 信号的左边(低场)出现,即在零点的左边。并且规定质子吸收信号出现在零点左侧的 δ 值为正值,在右侧为负值。

9.1.3　分子结构对化学位移的影响

质子的化学位移与其所处的结构环境密切相关。结构环境不同,质子经受的屏蔽效应不同,其化学位移也不同,反过来,根据质子的化学位移可以推测其结构环境。因此,核磁共振是测定有机化合物结构的有效手段。

凡能使质子经受的屏蔽效应减小的因素会使质子的化学位移向低场移,δ 变大。例

如：在 CH_3X 型化合物中，X 的电负性越大，甲基碳原子上的电子密度越小，甲基上质子所经受的屏蔽效应也越小，质子的信号在低磁场出现。

$$\xrightarrow{\text{X 的电负性增大，甲基质子经受的屏蔽效应减小}}$$

	CH_3I	CH_3Br	CH_3Cl	CH_3F
δ	2.2	2.7	3.1	4.3

$$\xrightarrow{\text{信号移向低场，化学位移增大}}$$

$$\xrightarrow{\text{与甲基相连的原子的电负性增大，甲基质子经受的屏蔽效应减小}}$$

	CH_3CH_3	$(CH_3)_3N$	CH_3OCH_3	CH_3F
δ	0.9	2.2	3.2	4.3

$$\xrightarrow{\text{信号移向低场，化学位移增大}}$$

诱导效应随着碳链传递时减弱，δ 值随着氢与吸电子基团距离的增加而减小：

$$\xrightarrow{\text{甲基质子经受的屏蔽效应减小}}$$

	$CH_3(CH_2)_5Br$	$CH_3CH_2CH_2Br$	CH_3CH_2Br	CH_3Br
δ	0.9	1.04	1.65	2.7

诱导电子效应有叠加性，因而对屏蔽效应的影响也有叠加性。例如：

	CH_3Cl	CH_2Cl_2	CH_3Cl_3
δ	3.1	5.3	7.3

炔烃叁键碳（sp）上的质子、烯烃双键碳（sp^2）上的质子和芳烃中芳环碳（sp^2）上的质子所经受的屏蔽效应比烷烃（sp^3）中的质子弱得多，它们的质子信号在低磁场出现：

	H_3CCH_3	$H—C≡C—H$	(乙烯结构)	(苯结构)
δ	0.9	2.8	5.3	7.3

烯烃和芳烃中 π 电子在外磁场中产生环流，π 电子环流所产生的感应磁场，在空间分为两个区域：感应磁场的方向与外加磁场相反（屏蔽区），但由于磁力线是闭合的，双键或芳环上的质子正好处在感应磁场与外加磁场方向一致的区域（去屏蔽区），使质子所经受的屏蔽效应减小，处在这个区域的质子在外磁场强度还没有达到 B_0 时就可以发生共振吸收，称作去屏蔽作用。炔烃也有 π 电子环流，但炔氢所处的位置正好是对抗外磁场的屏蔽区，δ 值小。如图 9-4 所示。

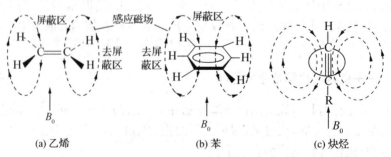

(a) 乙烯   (b) 苯   (c) 炔烃

图 9-4 π 电子所产生的感生磁场

　　了解不同氢的化学位移值,对推断有机物的分子结构十分有用。表 9 - 1 中是有机化合物中不同结构环境的常见质子的化学位移值。

表 9 - 1　不同类型的质子的 δ 值

质子类型	δ 值	质子类型	δ 值	质子类型	δ 值
RCH_3	~0.9	$H\!-\!\overset{\shortmid}{\underset{\shortmid}{C}}\!-\!Ar$	2.3~2.8	$H\!-\!\overset{\shortmid}{\underset{\shortmid}{C}}\!-\!Br$	2.7~4.1
RCH_2R	~1.25	$H\!-\!\overset{\shortmid}{C}\!=\!C\!-$	4.5~6.5	$H\!-\!\overset{\shortmid}{\underset{\shortmid}{C}}\!-\!O$	3.3~3.7
R_3CH	~1.50	$H\!-\!Ar$	6.5~8.5	$H\!-\!NR$	1~3*
$H\!-\!\overset{\shortmid}{\underset{\shortmid}{C}}\!-\!C\!\equiv\!C$	1.6~2.6	$\overset{\displaystyle O}{\overset{\|}{H\!-\!C}}$	9~10	$H\!-\!OR$	0.5~5*
$H\!-\!\overset{\shortmid}{\underset{\shortmid}{C}}\!-\!C\!=\!O$	2.1~2.5	$H\!-\!\overset{\shortmid}{\underset{\shortmid}{C}}\!-\!NR_2$	2.2~2.9	$H\!-\!OAr$	4.5~9*
$H\!-\!C\!\equiv\!C\!-$	2.5	$H\!-\!\overset{\shortmid}{\underset{\shortmid}{C}}\!-\!Cl$	3.1~4.1	$\overset{\displaystyle O}{\overset{\|}{H\!-\!O\!-\!C}}$	10~13*

　　* 与氧和氮相连的质子的化学位移与温度和溶液浓度有关。

9.1.4　化学等价质子和化学不等价质子

　　分子中化学环境相同的质子称为化学等价质子,具有相同的化学位移,化学位移不同的质子则称为化学不等价质子。因此分子中有多少组化学不等价质子就会在[1]H NMR 谱图中出现多少组吸收峰。因而化学等价或不等价质子的判断对利用[1]H NMR 谱图解析分子的结构具有重大价值。判断化合物分子中的质子是否化学等价的方法是将它们分别用一个试验基团替代,如被试验质子各自被替代后得到同一结构,则它们是等价的。例如,将丙烷分子中两个甲基上的六个氢分别用氯原子替代,都得到 1 - 氯丙烷,因此,丙烷分子中六个甲基质子都是等价的。同样,用氯分别替代丙烷分子中亚甲基上的两个氢,都得到 2 - 氯丙烷,因此,这两个质子也是等价的。由此,在丙烷的[1]H NMR 谱图中就会出现两组峰,一组是属于六个甲基质子的,另一组是属于两个亚甲基质子的。

$CH_3CH_2CH_3$　　　　$ClCH_2CH_2CH_3$　　　　$\underset{Cl}{CH_3\overset{\shortmid}{C}HCH_3}$
丙烷　　　　　　　　1 - 氯丙烷　　　　　　2 - 氯丙烷

　　再如,分别用氯原子替代 2 - 溴丙烯分子中双键碳原子上的两个氢,得到两个非对映异构体:(Z) - 1 - 氯 - 2 - 溴丙烯和(E) - 1 - 氯 - 2 - 溴丙烯,所以,2 - 溴丙烯分子中双键碳原子上的两个质子是不等价的。

$\delta = 5.3 \, \text{ppm}$

$\delta = 5.5 \, \text{ppm}$

2-溴丙烯 $\qquad$ (Z)-1-氯-2-溴丙烯 $\qquad$ (E)-1-氯-2-溴丙烯

由于两个质子的结构环境相似,它们的化学位移差别不大。

如分子中两个质子分别用试验基团替代后得到两个对映体,它们在非手性溶剂中具有相同的化学位移。

9.1.5　峰面积和氢原子数目

在^{1}H NMR谱图中有几组峰表示样品中有几种化学不等价的质子,每一组峰的强度,即峰面积,与产生该吸收峰的质子的数目成正比,因此,根据各组吸收峰的面积比,可以推测出各种质子的数目比。现在使用的核磁共振仪均具有自动积分功能,可直接在谱图上给出代表质子数目比的阶梯曲线,也就是峰面积的积分曲线。积分曲线的高度比表示不同化学位移的质子数之比。例如,乙醇的^{1}H NMR谱图如图9-5所示。

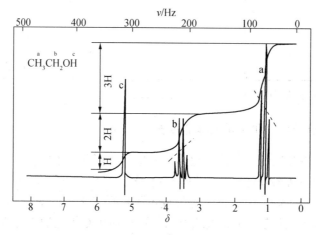

图 9-5　乙醇的^{1}H NMR谱图

现在的核磁共振仪所出的谱图中每个峰的化学位移和相对面积都用数字标出。

9.1.6　自旋偶合和峰的裂分

从乙醇的^{1}H NMR谱图中不仅能够直观地看到三组不同氢核的化学位移和积分线,而且还发现代表甲基和亚甲基的吸收峰不是单峰,而是分别由一个三重峰和一个四重峰构成的,这种现象称为峰的裂分。吸收峰为什么会发生裂分?有什么规律?能为结构解析提供哪些信息?

裂分是由于受邻近质子的自旋的影响产生的。假定某个碳上有质子H_a,相邻碳上有一个与H_a化学不等价的质子H_b,质子具有磁矩,在外加磁场强度B_0作用下,H_b自旋会产生很小的磁场,其取向可以与外加磁场同向平行或反向平行,出现这两种情况的机会相等。这种小磁场会影响邻近质子所感受到的外磁场强度。和外磁场叠加后同时作用于H_a,当H_b的小磁场与外加磁场同向平行时,H_a周围的磁场强度略大于外加磁场,因此,当外加磁场的强度略小于 B_0 时,H_a 就可发生能级跃迁,在谱图上得到一个吸收峰。当 H_b 的小磁场与外加磁场反向平行时,H_a 周围的磁场强度略小于外加磁场,外加磁场的强度要略大于 B_0 抵消小磁场的作用时,H_a 才发生能级跃迁,在谱图上得到另一个吸收峰。由此,H_b 使相邻的 H_a 裂分为双重峰,这两个峰的面积比约为 1:1。进一步,假定 H_a 相邻碳上有两个与 H_a 化学不等价的质子 H_b,则两个 H_b 自旋产生的小磁场与外加磁场就有三种取向组合,使 H_a 裂分为三重峰,面积比约为 1:2:1。同理,三个 H_b 使相邻碳上的 H_a 裂分为四重峰,面积比约为 1:3:3:1。裂分峰中点近似为 H_a 的化学位移值,如图 9-6。

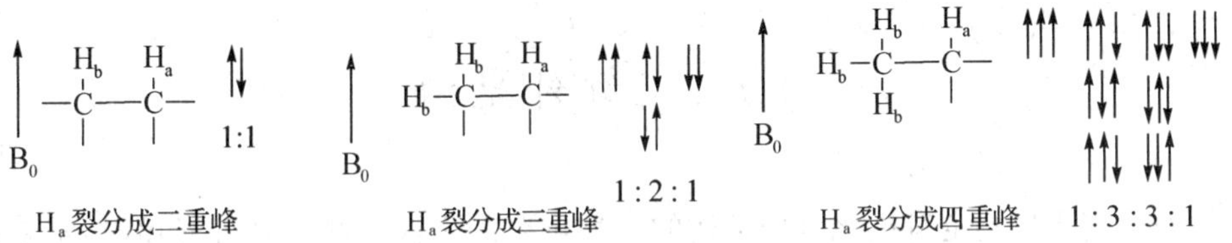

图 9-6　相邻氢核吸收峰裂分示意图

H_b 对 H_a 的影响如此,H_a 对 H_b 的影响也一样。分子中位置邻近的质子之间自旋的相互影响称为自旋-自旋偶合(spin-spin coupling),自旋偶合使核磁共振信号分裂为多重峰,称为自旋裂分(spin-spin splitting)。相邻两个峰之间的距离称为偶合常数(coupling constant),用字母 J 表示,其单位为赫(Hz),用来表示两个质子间相互偶合作用的强弱,相互偶合的质子,其偶合常数必然相等($J_{ab}=J_{ba}$)。反之,根据偶合常数是否相等也可以判断哪些质子之间有偶合关系、是否有邻近关系。偶合常数的大小与核磁共振仪所用的频率无关。

显然,峰的裂分数与邻近的质子数有关。当邻近的质子数为 n 时,核磁共振信号裂分为 $n+1$ 重峰,其强度比符合二项展开式 $(a+b)^n$ 的各项系数比,见表 9-2。

表 9-2　峰的裂分数及其峰的相对强度比

引起裂分的等价质子数目 n	峰裂分数	裂分峰的强度比
0	单峰(s)	1
1	双峰(d)	1:1
2	三重峰(t)	1:2:1
3	四重峰(q)	1:3:3:1
4	五重峰	1:4:6:4:1
5	六重峰	1:5:10:10:5:1
6	七重峰	1:6:15:20:15:6:1

五重峰以上一般称为多重峰(m)。

化学不等价的两个质子之间相隔三个共价键时,自旋偶合最强,这种偶合称为叁键偶合。

化学位移相同的质子彼此不产生自旋裂分。例如:1,2-二氯乙烷的 ^1H NMR 谱图中只有一个单峰,因为两个亚甲基是化学等价的,化学位移相同,彼此不产生自旋裂分。对二甲苯分子中苯环上的质子也不产生自旋裂分。当两个质子 H_a 和 H_b 化学位移之差

（$\Delta\nu$）与偶合常数（J_{ab}）之比（$\Delta\nu/J_{ab}$）大于 6 以上时,可以用上面叙述的简化方法分析它们信号的自旋裂分。当 $\Delta\nu$ 接近或小于 J_{ab} 时,出现复杂的多重峰。

与氧、氮、硫原子直接相连的氢称为活性氢,如醇、酚、酸中的羟基氢以及氨基氮上的氢等。活性氢可以形成氢键,也可以与水或其他分子发生氢的交换,通过氢键发生缔合的能力和氢交换的速率与样品纯度、浓度、温度、溶剂等密切相关,使得活性氢的化学位移出现在一个比较宽的范围内,如醇羟基中质子的 δ 值在 0.5～5.5 之间,脂肪族氨基质子的 δ 值在 1.5～4.0 之间,羧基中质子的 δ 值在 10～12 左右。

§9.2　红外光谱

红外光谱法是鉴定有机化合物结构的一种重要的手段。测定红外光谱时,常采用频率（σ）为 4 000～650 cm^{-1}（σ 称为波数,为波长 λ 的倒数,$\sigma=1/\lambda$,即单位长度内波的数目）的红外光照射有机化合物的样品,从而引起分子中振动能级的跃迁,产生红外吸收峰,由此测得的谱图称为红外光谱（infrared spectroscopy,简称 IR）。

9.2.1　红外光谱的基本原理

由各种原子以化学键连接而成的分子是不断振动着的。若用不同质量的小球代表原子,以不同强度的弹簧代表各种化学键,将它们以一定的次序连接起来,就成为分子的近似的机械模型。这样就可以根据力学定理来处理分子的振动。

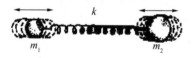

以最简单的双原子分子为例,它们的机械模型是以力常数为 k 的弹簧连接起来的质量为 m_1、m_2 的两个小球（见图 9 - 7）。

图 9 - 7　双原子分子的振动

双原子分子的伸缩振动可以近似地看作是简谐运动,按照胡克（Hooke）定律,其振动频率如以波数表示为:

$$\sigma = \frac{1}{2\pi c}\sqrt{k\left(\frac{1}{m_1}+\frac{1}{m_2}\right)} = \frac{1}{2\pi c}\sqrt{\frac{k}{\mu}} \qquad \mu = \frac{m_1 m_2}{m_1 + m_2} \tag{9-4}$$

式中: c 为光速;k 为键的力常数;m_1、m_2 为原子的质量;μ 为折合质量。

由式(9-4)可知,振动频率主要取决于相连两个原子的质量和化学键的强度。化学键的键长越短,键能越大,力常数越大,振动频率越高,吸收峰将出现在高波数区（即短波长区,或称高频区）;原子质量越小,即折合质量越小,振动频率也越高。反之亦然。单键的 k 值在 4～6 N・cm^{-1},双键在 8～12 N・cm^{-1},叁键在 12～18 N・cm^{-1}。

当化合物分子用一定频率的红外光辐射,辐射光的频率与分子振动频率相等时,光的能量被吸收,分子从低的振动能级跃迁至高能级,从而产生红外吸收光谱。由于不同类型化学键的分子振动需要的能量不同,因而每个基团都会有各自不同的吸收频率,但同一种基团吸收频率基本上总是出现在某一范围内,称为特征吸收频率。例如,C—H 的伸缩振动,在 2 870～3 300 cm^{-1} 间出现吸收峰;O—H 的伸缩振动,在 2 500～3 650 cm^{-1} 间出现吸收峰;又如,RNH_2 中 N—H 的伸缩振动,在 3 371～3 372 cm^{-1} 间出现吸收峰,R 变化时,对 N—H 吸收峰的位置没有大的影响。因此可以利用红外光谱来鉴定有机分子存在的特征基团。

有机化合物中的某些化学键可以近似地看成双原子分子,利用上述原理来理解化学键的振动。当同一原子上有几个化学键时,还需考虑键与键之间振动的相互影响。例如,H—C—H中两个 C—H 键的振动方式可以有对称伸缩振动和不对称伸缩振动,还有改变键角的弯曲振动,如图 9-8 所示。

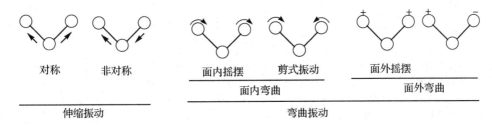

图 9-8　CH_2 的伸缩振动和弯曲振动示意图

"+"号表示原子向纸面前方运动,"一"号表示向纸面后方运动。

需要说明的是:① 真实分子的振动不是严格的简谐运动,光谱中观察到的情况要比上面所叙述的复杂些;② 分子的振动是量子化的,能量变化也是量子化的,符合一定规律的跃迁,才能吸收红外光产生吸收带;③ 分子振动时,偶极矩的大小或方向必须有一定的变化,才能产生红外吸收带。

9.2.2　红外光谱图与有机化合物的特征频率

图 9-9 为己烷的红外光谱图。图中横坐标为吸收峰的位置,通常用波数(σ/cm^{-1})或波长($\lambda/\mu m$)表示,纵坐标为透射百分数($T\%$)或吸光百分数($A\%$)表示吸收强度。

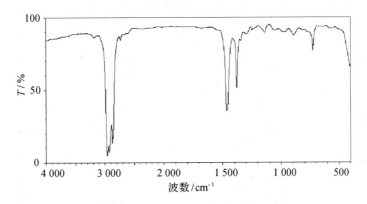

图 9-9　己烷($CH_3CH_2CH_2CH_2CH_2CH_3$)的红外光谱

红外光谱图中的吸收带是由于键的振动(包括伸缩振动和弯曲振动)产生的。利用红外光谱鉴定有机物就是确定各种键与振动频率的关系。虽然有机物的振动方式很多,红外光谱也很复杂,但通过大量研究总结,大体可以确定一定频率范围内出现的吸收峰是由哪种类型的键(或基团)的振动产生的。见表 9-3。

表 9-3 一些基团的特征频率

基　　团	频率/cm^{-1}	强　　度
A. 烷基		
C—H(伸缩)	2 853～2 962	(m—s)
—CH(CH$_3$)$_2$	1 380～1 385	(s)
	及　1 365～1 370	(s)
—C(CH$_3$)$_3$	1 385～1 395	(m)
	及　　～1 365	(s)
B. 烯烃基		
C—H(伸缩)	3 010～3 095	(m)
C＝C(伸缩)	1 620～1 680	(v)
R—CH＝CH$_2$	985～1 000	(s)
	及　905～920	
R$_2$C＝CH$_2$ ┃C—H 面外弯曲	880～900	(s)
Z—RCH＝CHR	675～730	(s)
E—R—CH＝CHR ┃	960～975	(s)
C. 炔烃基		
≡C—H(伸缩)	～3 300	(s)
C≡C(伸缩)	2 100～2 260	(v)
D. 芳烃基		
Ar—H(伸缩)	～3 030	(v)
芳环取代类型(C—H 面外弯曲)		
一取代	690～710	(v, s)
	及　730～770	(v, s)
邻二取代	735～770	(s)
间二取代	680～725	(s)
	及　750～810	(s)
对二取代	790～840	(s)
E. 醇酚和羧酸		
OH(醇、酚)	3 200～3 600	(宽，s)
OH(羧酸)	2 500～3 600	(宽，s)
F. 醛酮、酯和羧酸		
C＝O(伸缩)	1 690～1 750	(s)
G. 胺		
N—H(伸缩)	3 300～3 500	(m)
H. 腈		
C≡N	2 200～2 600	(m)

s=强，m=中，v=不定，～=约

　　通常把红外光谱图分为两个区：官能团区和指纹区。频率 4 000～1 400 cm^{-1} 之间是由有机化学中重要的官能团 X—H，X≡Y，X＝Y 等键的伸缩振动引起的吸收带，在比较狭窄的范围内出现，彼此之间极少重叠，信号也比较强，在解析时有很大价值，称为官能团区。频率范围在 1 400～650 cm^{-1} 内的吸收带是由于键的弯曲振动所产生的($k<1$，低频区)，吸收带的位置和强度随化合物而异，每一个化合物都有它自己的特点，因此叫做指纹区。

9.2.3 有机化合物红外光谱图解析举例

以下举两个简单的例子来说明解析红外光谱图的一般方法。

【例9.1】 推测化合物 C_6H_{12} 的结构,其红外光谱图见图9-10。

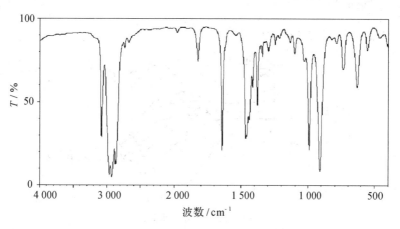

图9-10 化合物 C_6H_{12} 的红外光谱

答:化合物 $C_6H_{12} = C_nH_{2n}$,有一个不饱和度,可能是烯烃或单环环烷烃。红外光谱图中 $3\,095\ cm^{-1}$ 处有吸收峰,说明化合物可能为烯烃,$1\,640\ cm^{-1}$ 处的吸收峰在 $C = C$ 键伸缩振动的频率范围内,$1\,000\ cm^{-1}$ 和 $900\ cm^{-1}$ 处的吸收峰是双键碳原子的 $C—H$ 吸收峰,对照表9-3,化合物可能为1-己烯。

【例9.2】 推测化合物 $C_{10}H_{14}$ 的结构,其红外光谱图见图9-11。

答:化合物 $C_{10}H_{14} = C_nH_{2n-6}$,有四个不饱和度,提示分子中可能含有苯环,$3\,000\ cm^{-1}$ 以上有吸收峰,$1\,600\ cm^{-1}$ 和 $1\,500\ cm^{-1}$ 处有吸收峰,都说明分子中有苯环,$650\ cm^{-1} \sim 800\ cm^{-1}$ 间的两个强吸收峰提示化合物为一取代苯,$1\,360 \sim 1\,400\ cm^{-1}$ 间的两个吸收峰提示化合物中可能含有 $—C(CH_3)_3$ 基,因此,化合物可能为叔丁基苯。

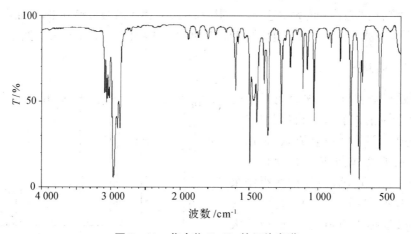

图9-11 化合物 $C_{10}H_{14}$ 的红外光谱

§9.3 质 谱

9.3.1 质谱的基本原理

图 9-12 为质谱仪的结构示意图。

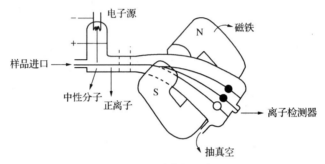

图 9-12 质谱仪示意图

有机化合物的蒸气在高真空下受到能量很高的电子束的轰击,失去一个电子变成分子离子(molecular ion):

$$M + e^- \longrightarrow M^+ + 2e^-$$
$$\text{分子 电子} \quad \text{分子离子} \quad \text{电子}$$

分子离子实际上是正离子自由基,由于电子的质量很小,分子离子的质量等于化合物的相对分子质量。

电子束的能量约 10 eV(等于 965 kJ·mol^{-1})就可以使分子变成分子离子,而在质谱仪中使用的电于束的能量远高于这个数值,如为 70 eV,多余的能量传给分子离子,处于激发态的分子离子迅速裂解成各种带正电的、带负电的、自由基或中性的碎片。质谱中出现的离子的主要类型有:分子离子、同位素离子、碎片离子和重排离子等。带正电的碎片受到电场的加速,在强磁场的作用下,沿着弧形轨道前进。质荷比(m/z)大的正离子,其轨道的弯曲程度小;质荷比小的正离子,其轨道的弯曲程度大。这样,不同质荷比的正离子就被分离开来,正如白光通过棱镜分成各种单色光一样。不带正电荷的其他各种碎片不能到达收集器,被真空抽走。

9.3.2 质谱图

改变磁场的强度,使被分离开来的不同质荷比的正离子依次到达收集器,通过电子放大器放大成电流以后,用记录装置记录下来,就形成了质谱图。现代的质谱仪带有电脑,可以把所得结果直接打印出来,如图 9-13 所示。

图中横坐标为质荷比 m/z,由于大多数碎片只带单位正电荷,因此,m/z 等

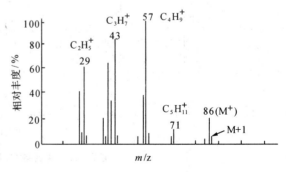

图 9-13 己烷的质谱图

于碎片的质量。纵坐标为相对丰度，以丰度最大的碎片的丰度为 100，每一条直线代表某一质荷比的碎片的相对丰度。这种谱图又叫做柱状图(bar graph)。在己烷的质谱图中分子离子峰的质荷比为 86，即己烷的相对分子质量，丰度为 100 的峰称为基峰(base peak)，己烷基峰的质荷比为 57。

质谱图中在分子离子的右边还有质荷比大于分子离子、丰度较小的峰 M+1，M+2 等。这是由于有同位素存在所引起的，叫做同位素离子峰。同位素离子峰的强度与同位素的丰度有关。有机化合物中常见元素的同位素及其相对丰度见表 9-4。

表 9-4 常见元素的同位素及相对丰度

元 素	丰 度 /%		
碳	^{12}C 100	^{13}C 1.08	
氢	^{1}H 100	^{2}H 0.016	
氮	^{14}N 100	^{15}N 0.38	
氧	^{16}O 100	^{17}O 0.04	^{18}O 0.20
氟	^{19}F 100		
硫	^{32}S 100	^{33}S 0.78	^{34}S 4.40
氯	^{35}Cl 100	^{37}Cl 32.5	
溴	^{79}Br 100	^{81}Br 98.0	
碘	^{127}I 100		

例如，自然界中 ^{37}Cl 的丰度相当于 ^{35}Cl 的 32.5%，因此当质谱图中分子离子峰右边出现 M+2 峰，且峰强度约为分子离子峰强度的 1/3 时，可推测分子中可能含有一个氯原子。同样，由于 ^{81}Br 的丰度相当于 ^{79}Br 的 98.0%，因此当质谱图中分子离子峰右边出现 M+2 峰，且峰强度与分子离子峰强度差不多相等时，可推测分子中可能含有一个溴原子。同位素离子峰对判断分子中的氯原子和溴原子是十分有用的。

质谱图中，碎片离子峰与分子的结构和裂解的方式有关。不同类型的分子有其自身的裂解规律，利用碎片离子和峰与峰之间的关系，就可以为测定的分子的结构分析提供十分有用的信息，根据裂解碎片可以推测有机化合物的结构。例如，在图 9-13 中，71 峰与分子离子峰 86 相差 15，相当于分子离子峰失去一个甲基。

$$CH_3-CH_2-CH_2-CH_2-CH_2-CH_3]^{\overset{+}{\cdot}} \longrightarrow CH_3-CH_2-CH_2-CH_2-CH_2^+ + \cdot CH_3$$
$$86 \qquad\qquad\qquad 71$$
$$CH_3-CH_2-CH_2-CH_2-CH_2^+ \longrightarrow CH_3-CH_2-CH_2^+ + CH_2=CH_2$$
$$43$$

许多有机化合物的质谱已经测定，将未知样品的谱图与标准谱图对照还可以鉴定样品是哪一种化合物。

习 题

1. 下列化合物的 ^1H NMR 谱图中各有几组吸收峰？

(1) 1-溴丁烷　　　　　　　(2) 丁烷　　　　　　　(3) 1,4-二溴丁烷

(4) 2,2-二溴丁烷　　　　　　(5) 2,2,3,3-四溴丁烷　　　　　(7) 1,1,4-三溴丁烷

(7) 溴乙烯　　　　　　　　　(8) 1,1-二溴丁烷　　　　　　　(9) 顺-1,2-二溴乙烯

(10) 反-1,2-二溴乙烯　　　　(11) 溴丙基烯　　　　　　　　　(12) 2-甲基-2-丁烯

2. 下列化合物的 ^1H NMR 谱图中都只有一个单峰,试推测它们的结构。

(1) C_8H_{18},$\delta_H=0.9$　　　　(2) C_5H_{10},$\delta_H=1.5$　　　　(3) C_8H_8,$\delta_H=5.8$

(4) C_4H_9Br,$\delta_H=1.8$　　　(5) $C_2H_4Cl_2$,$\delta_H=3.7$　　　(6) $C_2H_3Cl_3$,$\delta_H=2.7$

(7) $C_5H_8Cl_4$,$\delta_H=3.7$

3. 下列官能团在 IR 中吸收峰频率最高的是(　　　)。

A. 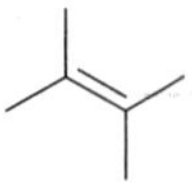　　　　　　　B. 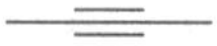　　　　　　　C. 　NH　　　　　D. —OH

4. 说明下图所示 2,3-二甲基-1,3-丁二烯的红外光谱,用阿拉伯字母所标的吸收峰分别对应的是什么键或基团的吸收峰

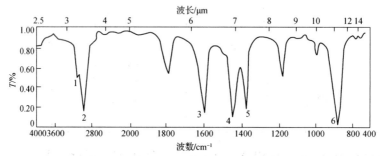

5. 推测 C_4H_9Cl 的几种异构体的结构。

(1) ^1H NMR 谱图中有几组峰,其中在 $\delta_H=3.4$ 处有双重峰。

(2) 有几组峰,其中在 $\delta_H=3.5$ 处有三重峰。

(3) 有几组峰,在 $\delta_H=1.0$ 处有三重峰,在 $\delta_H=1.5$ 处有双重峰,各相当于 3 个质子。

6. 某化合物的分子式为 $C_4H_8Br_2$,其 ^1H NMR 谱如下,试推断该化合物的结构。

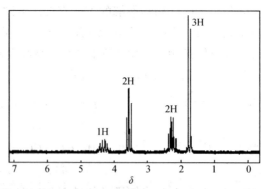

7. 推测下列化合物的结构。

(1) m/z：134(M^+),119(B),105;δ_H: 1.1(t,6H),2.5(q,4H),7.0(s,4H)。

(2) 2,3-二甲基-2-溴丁烷与 $(CH_3)_3CO^-K^+$ 反应后生成两个化合物；A：δ_H: 1.66(s)；B：δ_H: 1.1(d,6H),1.7(s,3H),2.3(h,1H),5.7(d,2H)。

(3) m/z：166(M^+),168(M+2),170(M+4),131,133,135,83,85,87;δ_H：6.0(s)。

(4) $C_6H_4BrNO_2$,m/z：201(M^+),203(M+2);δ_H：7.6(d,2H),8.1(d,2H)。

8. 化合物 A,分子式 C_9H_{10},能使 Br_2/CCl_4 褪色,其光谱数据 ^1H NMR δ：3.1(d,2H),4.8(m,1H),

5. 1(m,1H),5. 8(m,1H),7. 5(m,5H)。IR σ/cm^{-1}: 3 035(m),3 020(m),2 925(m),2 853(w),1 640(m),990(s),915(s),740(s),695(s)。推测化合物 A 的结构,并给出 ^{1}H NMR 的归属。

9. 根据红外光谱和核磁共振光谱,推测化合物 C_8H_{16} 的结构。

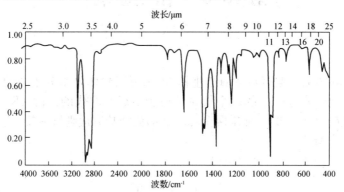

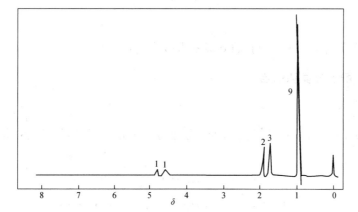

10. 化合物的元素分析表明 C 62.0%,H 10.4%,O 27.6%。请根据如下 IR 和 MS 谱图推出化合物的结构。

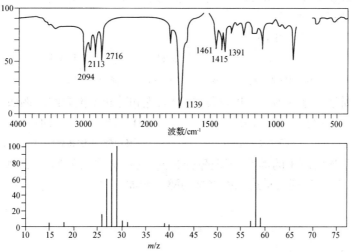

第 10 章　醇、酚、醚

　　醇、酚、醚都可以看作是烃的含氧衍生物,也都可以看作是水分子中的氢原子被烃基取代而成的衍生物。水分子中的一个氢原子被脂肪烃基取代的是醇（R—OH）,被芳香烃基取代的叫做酚（Ar—OH）,如果两个氢原子都被烃基取代则形成醚（R—O—R′、Ar—O—R 或 Ar—O—Ar′）。

§ 10.1　醇

　　一般来说,羟基（—OH）与脂肪族烃基直接相连者为醇。

10.1.1　醇的分类和命名

1. 醇 的 分 类

根据醇分子中所含羟基数目的不同,可分为一元醇、二元醇和三元醇等。例如：

$$CH_3—OH \qquad \begin{array}{c} CH_2—OH \\ | \\ CH_2—OH \end{array} \qquad \begin{array}{c} CH_2—OH \\ | \\ CH—OH \\ | \\ CH_2—OH \end{array}$$

甲醇（一元醇）　　　乙二醇（二元醇）　　　丙三醇（三元醇）

　　醇还可按羟基所连接烃基的不同,分为脂肪醇、脂环醇和芳香醇（芳烃侧链上的氢被羟基取代的才是醇）。例如：

$$\begin{array}{c} CH_3CHCH_3 \\ | \\ OH \end{array} \qquad\qquad \bigcirc—OH \qquad\qquad \bigcirc—CH_2OH$$

异丙醇（脂肪醇）　　　环己醇（脂环醇） 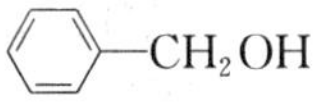　　　苯甲醇（芳香醇）

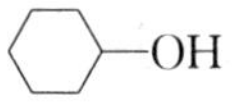

根据羟基所连烃基的饱和程度,可把醇分为饱和醇和不饱和醇。例如：

$$CH_3—CH_2—CH_2—OH \qquad\qquad CH_2=CH—CH_2—OH$$

丙醇（饱和醇）　　　　　　　烯丙醇（不饱和醇）

　　根据羟基所连碳原子的类型,可把醇分为伯醇（一级醇）、仲醇（二级醇）和叔醇（三级醇）,有时用 $1°$、$2°$、$3°$分别表示这三种类型的醇。例如：

$$RCH_2OH \qquad\qquad \begin{array}{c} RCHR' \\ | \\ OH \end{array} \qquad\qquad \begin{array}{c} R^1 \\ | \\ R—C—R^2 \\ | \\ OH \end{array}$$

伯醇（1°醇）　　　　　仲醇（2°醇）　　　　　叔醇（3°醇）

2. 醇的命名

（1）一元醇的命名

有些一元醇有俗名。例如：

CH₃OH　　　CH₃CH₂OH　　　〈benzene〉—CH=CH—CH₂OH

木醇　　　　酒精　　　　　　　肉桂醇

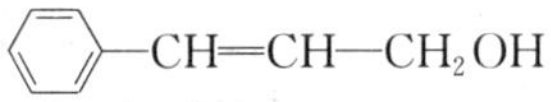

简单的一元醇可采用普通命名法，一般根据和羟基相连的烃基名称命名，在"醇"字前面加上烃基的名称即可，"基"字一般可以省去。例如：

$$CH_3CH_2CH_2CH_2OH$$

正丁醇

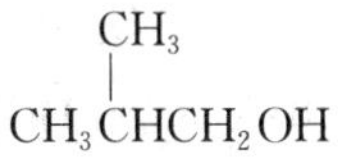

$$CH_3CHCH_2OH \ | \ CH_3$$

异丁醇

$$CH_3CH_2CHOH \ | \ CH_3$$

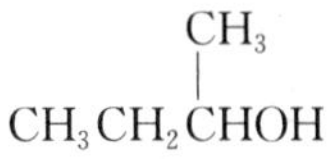

仲丁醇

有时也可把其他醇看成是甲醇的烷基衍生物来命名。例如：

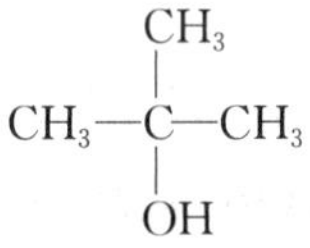

$$CH_3-\underset{\underset{OH}{|}}{\overset{\overset{CH_3}{|}}{C}}-CH_3$$

三甲基甲醇（叔丁醇）

结构比较复杂的醇采用系统命名法命名。首先选择连有羟基的最长碳链为主链，从距羟基最近的一端给主链编号，按主链所含碳原子的数目称为"某醇"，取代基的位次、数目、名称以及羟基的位次分别注于母体名称前。例如：

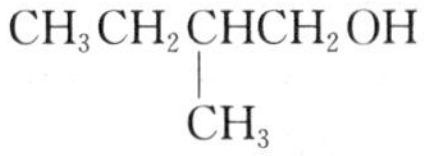

$$CH_3CH_2CHCH_2OH \ | \ CH_3$$

2-甲基-1-丁醇

$$CH_3CH_2CHCHCH_2CH_3 \ | \qquad | \ CH_2OH \quad CH_2Cl$$

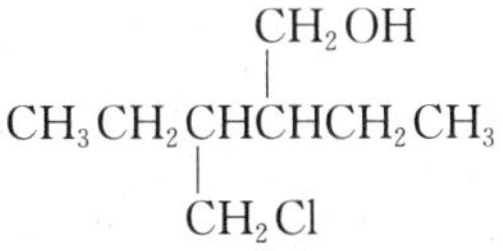

2-乙基-3-氯甲基-1-戊醇

命名不饱和醇时，主链应是连有羟基并且含不饱和键的最长碳链，从距羟基最近的一端给主链编号，按主链所含碳原子的数目称为"某烯醇"或"某炔醇"，羟基的位次注于"醇"字前。例如：

$$CH_2=CH-\underset{\underset{CH_3}{|}}{C}H-CH_2OH$$

2-甲基-3-丁烯-1-醇

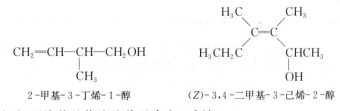

(Z)-3,4-二甲基-3-己烯-2-醇

命名芳香醇时，可将芳基作为取代基命名。例如：

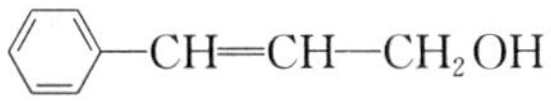

〈benzene〉—CH=CH—CH₂OH

3-苯基-2-丙烯醇

〈benzene〉—CHCH₂OH　| 　CH₃

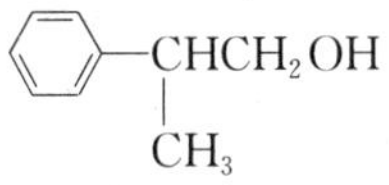

2-苯基-1-丙醇

（2）多元醇的命名

有些多元醇有俗名。例如：

$$
\begin{array}{l}
CH_2{-}OH \\
| \\
CH{-}OH \\
| \\
CH_2{-}OH
\end{array}
$$

甘油

结构比较复杂的多元醇采用系统命名法命名。命名时,主链应选连有尽可能多的羟基的碳链,按主链所含碳原子和羟基的数目称为"某二醇"、"某三醇"等,并在名称前标明羟基的位次。例如:

$$
\begin{array}{c}
CH_3 \\
| \\
CH_3CHCHCHCH_3 \\
| \quad | \\
OH \quad OH
\end{array}
$$

3-甲基-2,4-戊二醇

10.1.2 醇的物理性质

低级一元饱和醇为无色有酒味的液体,较高级的醇是黏稠的油状液体,高级醇(C_{12}以上)为无臭无味的蜡状固体。表 10-1 列出了一些醇的物理常数。

表 10-1 一些醇的物理常数

化合物	熔点/℃	沸点/℃	相对密度(d_4^{20})	水溶性/%(质量,25℃)
甲醇	-97.7	64.7	0.787	∞
乙醇	-114.1	78.3	0.785	∞
丙醇	-126.4	97.2	0.799	∞
异丙醇	-88.0	82.3	0.781	∞
丁醇	-88.6	117.7	0.806	7.5
异丁醇	-108.0	107.7	0.798	10
叔丁醇	25.8	82.4	0.781	∞
正十二醇	26.0	259.0	—	不溶
环己醇	25.2	161.1	0.968	3.8

低级醇的沸点比相对分子质量相近的烷烃高得多,比如甲醇(相对分子质量:32)的沸点为 64.7℃,而乙烷(相对分子质量:30)的沸点为 -88.6℃。这是因为低级醇在液态时与水相似,分子之间能通过形成氢键而缔合。

$$
\begin{array}{ccccc}
& R & & R & \\
& | & & | & \\
& O & & O & \\
& \diagup \diagdown & & \diagup \diagdown & \\
H & & H \cdots & & H \cdots \quad H \\
| & & | & & | \\
O \cdots & & O & & O \\
| & & | & & | \\
R & & R & & R
\end{array}
$$

使液态醇气化时,不仅要破坏醇分子间的范德华力,而且还需要额外的能量来破坏醇分子间的氢键,因而低级醇的沸点比相对分子质量相近的烷烃高。多元醇分子中含有两个以上的羟基,分子间能形成更多的氢键,沸点也就更高。例如,丙醇与乙二醇相对分子质量相近,但沸点相差却又约 100℃。直链一元醇的沸点随着碳原子数的增加而升高,每增加一个 CH_2,沸点升高约 18～20℃。碳原子数相同的醇,支链越多沸点越低。例如,正丁醇的沸点为 117.8℃,异丁醇的沸点为 108℃,叔丁醇的沸点为 82℃。

直链饱和一元醇的密度除甲醇、乙醇、丙醇外,其余醇均随相对分子质量的增加而升高,且相对密度比水小,比烷烃大。

醇分子中羟基能与水形成氢键,是亲水基团,而烃基是不溶于水的疏水基团,亲水性越强则水溶性越好。C_1～C_3 的一元醇,由于羟基在分子中所占的比例较大,亲水性很强,可与水任意混溶。C_4～C_9 的一元醇,由于疏水基团所占比例越来越大,在水中的溶解度迅速降低。C_{10} 以上的一元醇则难溶于水。

一些低级醇,如甲醇、乙醇等,能和某些无机盐($MgCl_2$、$CaCl_2$、$CuSO_4$ 等)形成结晶状的化合物,称为结晶醇,如 $MgCl_2 \cdot 6CH_3OH$、$CaCl_2 \cdot 4CH_3OH$、$CaCl_2 \cdot 4C_2H_5OH$ 等。结晶醇溶于水而不溶于有机溶剂,所以不能用无水 $CaCl_2$ 来除去甲醇、乙醇中的水分。但利用这一性质,可将醇与其他有机物分离开来。例如:乙醚中含有少量乙醇,可加入 $CaCl_2$ 使乙醇从乙醚中沉淀出来。

10.1.3　醇的光谱性质

1. 红外光谱性质

醇的游离羟基伸缩振动吸收峰出现在 3 650～3 610 cm^{-1} 处,峰尖,强度不定。缔合羟基吸收峰则向低频率区移动,分子内缔合,约位于 3 500～3 000 cm^{-1} 处;分子间二聚,约位于 3 600～3 500 cm^{-1} 处;分子间多聚,约位于 3 400～3 200 cm^{-1} 处(如图 10-1)。缔合体的吸收峰较宽。当醇分子间形成氢键较多时,高频区几乎不出现羟基吸收峰,只在低频区出现羟基吸收峰;当外界因素不利于醇分子间形成氢键时,比如将醇溶解于非极性的四氯化碳溶剂中形成稀溶液时,高频区会出现游离羟基的吸收峰(如图 10-2)。

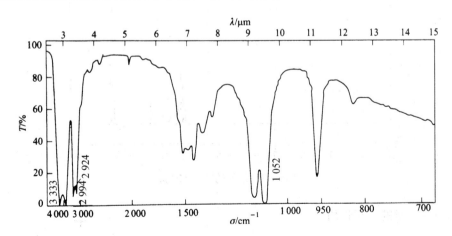

图 10-1　乙醇的红外光谱(液膜法)

除了羟基的 O—H 伸缩振动吸收峰外,在 1 200～1 100 cm^{-1}(±5 cm^{-1})处还会出现醇羟基的 C—O 伸缩振动吸收峰,这也是分子中含有羟基的一个特征吸收峰。有时可根据该吸收峰确定一级、二级或三级醇。各类醇的伸缩振动吸收范围如下:三级醇在

1 200~1 125 cm⁻¹处,二级醇、烯丙基型三级醇、环三级醇在1 125~1 085 cm⁻¹处,一级醇、烯丙基型二级醇、环二级醇在1 085~1 050 cm⁻¹处。

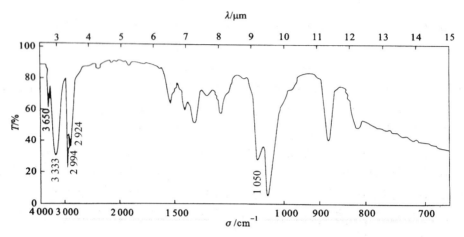

图 10 - 2　1%乙醇四氯化碳溶液的红外光谱图

2. 核磁共振谱性质

醇羟基活泼氢的化学位移受溶剂、温度、浓度和氢键的影响很大,因而在一个比较宽的范围内变化,δ值一般在0.5~5.5范围内。由于氧的电负性较大,羟基所连碳原子上质子的化学位移一般在3.4~4.0之间。图10-3是乙醇的¹H NMR谱图。

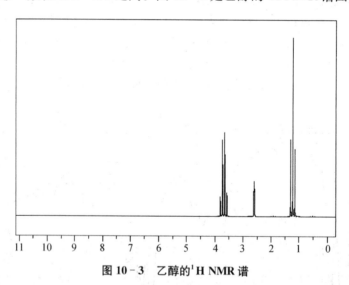

图 10 - 3　乙醇的¹H NMR谱

10.1.4　醇的化学性质

醇分子中的碳氧键和氧氢键均为较强的极性键,在一定条件下易发生键的断裂,它们对醇的化学性质起决定性作用。此外,由于羟基吸电子诱导效应的影响,羟基α位和β位碳原子上所连的氢原子也有一定的活性。因此,醇的化学反应主要发生在以下几个部位:O—H键断裂,羟基氢表现出酸性;C—O键断裂,羟基被取代;α-H的氧化和β-H的消除。

1. 与活泼金属反应

醇可与活泼金属如 Na、K、Mg、Al 等反应放出氢气,醇羟基上的氢被活泼金属离子取代。例如:

$$2CH_3CH_2OH + 2Na \longrightarrow 2C_2H_5ONa + H_2\uparrow$$

$$6CH_3(CH_2)_2OH + 2Al \xrightarrow{\triangle} 2[CH_3(CH_2)_2O]_3Al + 3H_2\uparrow$$

这是由于 O—H 键中氧的电负性大于氢的电负性,氧和氢共用的电子对偏向于氧,氢表现出一定的酸性。醇与活泼金属的反应和水与活泼金属的反应相似,但前者比后者要缓和得多,这表明醇的酸性比水弱。

不同结构的醇与同一种金属反应,活性不同。通常,醇与金属钠反应的活性规律为:

$$甲醇 > 伯醇 > 仲醇 > 叔醇$$

这是由于随着羟基 α-碳上的烷基增多,氧氢键的极性相应地减弱,醇的酸性也越来越弱。

醇钠具有强碱性,其碱性甚至比氢氧化钠还要强,遇水时会水解成相应的醇和氢氧化钠。

$$RCH_2ONa + H_2O \rightleftharpoons RCH_2OH + NaOH$$

在有机合成中,醇钠常用作碱试剂,有时也用作向其他分子中引入烷氧基(RO^-)的亲核试剂。

2. 与氢卤酸反应

醇与氢卤酸反应,分子中的碳氧键断裂,羟基被卤素取代生成卤代烃和水。

$$ROH + HX \longrightarrow RX + H_2O$$

这是卤代烃水解的逆反应。

醇与氢卤酸反应有如下一些规律:

(1) 向体系中加入硫酸、无水氯化锌等强酸催化剂,往往能加快反应的进行。

(2) 各类醇的反应活性顺序为:烯丙醇、苯甲醇>叔醇>仲醇>伯醇。

(3) 部分醇在与氢卤酸反应过程中会发生碳链重排。例如:

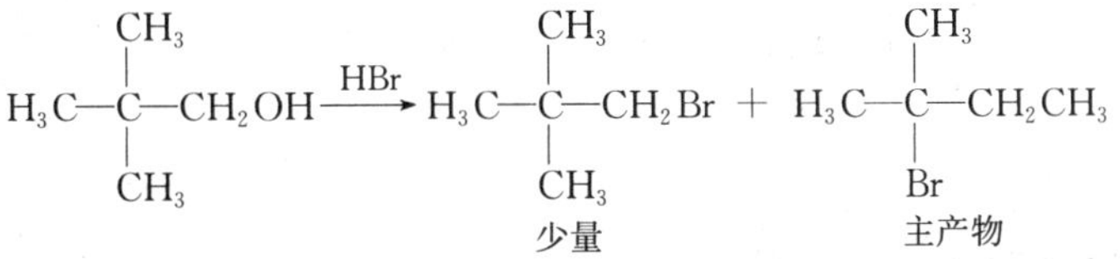

(4) 与相同的醇反应,不同的氢卤酸活性不同,一般次序为 HI>HBr>HCl。例如,同样的一级醇,与氢碘酸一起加热就可以生成碘代烃;与氢溴酸作用时,必须在硫酸的存在下加热才能生成溴代烃;与浓盐酸作用,必须在氯化锌存在下加热,才能生成氯代烃。

浓盐酸与无水氯化锌配成的溶液称为卢卡斯(Lucas)试剂。由于六个碳原子以下的一元醇可溶于卢卡斯试剂,生成的卤代烃不溶而出现浑浊或分层现象,根据出现浑浊或分层现象的快慢便可鉴别六碳以下一元醇的结构。三级醇与卢卡斯试剂很快发生反应,生成的氯代烷立即分层;二级醇与卢卡斯试剂作用较慢,静置片刻才变浑浊,最后分成两层;一级醇在常温下不发生作用。在使用卢卡斯试剂时须注意,有些一级醇如烯丙醇及苯甲醇,也可很快与之发生反应。

以上的一些规律可通过醇与氢卤酸的反应是亲核取代反应机理得到解释。

叔醇与氢卤酸的反应,先是质子和羟基氧作用,生成锌盐,生成的锌盐解离成水和碳正离子,碳正离子再和卤素负离子结合生成卤代烷。

$$
\underset{\underset{CH_3}{|}}{\overset{\overset{CH_3}{|}}{R-C-OH}}+H^+ \rightleftharpoons \underset{\underset{CH_3}{|}}{\overset{\overset{CH_3}{|}}{R-C-\overset{+}{O}\overset{H}{\underset{H}{}}}} \overset{慢}{\rightleftharpoons} \underset{\underset{CH_3}{|}}{\overset{\overset{CH_3}{|}}{R-\overset{+}{C}}} + H_2O
$$

$$
\underset{\underset{CH_3}{|}}{\overset{\overset{CH_3}{|}}{R-\overset{+}{C}}} + X^- \overset{快}{\longrightarrow} \underset{\underset{CH_3}{|}}{\overset{\overset{CH_3}{|}}{R-C-X}}
$$

苯甲醇、烯丙醇、仲醇以及少数空间位阻大的伯醇也易按此方式进行反应。仲醇、空间位阻大的伯醇等反应时,碳正离子中间体有可能会发生重排而形成另一个相对稳定的碳正离子,最终得到重排产物。例如:

$$
\underset{\underset{CH_3}{|}}{\overset{\overset{CH_3}{|}}{CH_3-C-CH_2OH}}+H^+ \longrightarrow \underset{\underset{CH_3}{|}}{\overset{\overset{CH_3}{|}}{CH_3-C-CH_2\overset{+}{O}H_2}} \longrightarrow \underset{\underset{CH_3}{|}}{\overset{\overset{CH_3}{|}}{CH_3-C-\overset{+}{C}H_2}}
$$

$$
\underset{\underset{CH_3}{|}}{\overset{\overset{CH_3}{|}}{CH_3-\overset{+}{C}-CH_2}} \overset{甲基重排}{\longrightarrow} \underset{\underset{CH_3}{|}}{\overset{\overset{+}{}}{CH_3-\overset{+}{C}-CH_2CH_3}}
$$

$$
\underset{\underset{CH_3}{|}}{\overset{}{CH_3-\overset{+}{C}-CH_2CH_3}} + Br^- \longrightarrow \underset{\underset{CH_3}{|}}{\overset{\overset{Br}{|}}{CH_3-C-CH_2CH_3}}
$$

多数伯醇与氢卤酸的反应,先是质子和羟基氧作用出成锌盐,生成的锌盐解离成水,同时卤素负离子结合上去,生成卤代烷。

$$
RCH_2OH + H^+ \longrightarrow RCH_2-\overset{+}{O}\overset{H}{\underset{H}{}}
$$

$$
X^- + RCH_2-\overset{+}{\underset{\underset{H}{}}{O}}\overset{H}{} \overset{慢}{\longrightarrow} \left[X\cdots\overset{\overset{R}{|}}{CH_2}\cdots\overset{+}{\underset{\underset{H}{}}{O}}\overset{H}{} \right] \overset{快}{\longrightarrow} RCH_2X + H_2O
$$

此时,一般不会产生重排产物。

醇与氢卤酸反应,碳氧键发生异裂,碳氧原子共用的一对电子完全被氧夺取,羟基带着一个负电荷而离去。但羟基不是好的离去基团,醇羟基与酸作用形成锌盐,可促进羟基的离去,所以在反应体系中加入硫酸等强酸可加快反应的进行。与醇羟基相连的碳原子上连有斥电子基也能促进羟基的离去,所以叔醇比伯醇反应活性高。

3. 与卤化磷反应

醇与三溴化磷反应生成溴代烷。例如:

$$3CH_3CH_2OH + PBr_3 \longrightarrow 3CH_3CH_2Br + H_3PO_3$$

该法常用于一级醇、二级醇制备相应的溴代烷,在用二级醇及 β 位有支链的、易发生重排反应的一级醇时,温度须低于 0℃,以避免重排。

碘代烷可由三碘化磷与醇反应制备,但通常三碘化磷是用红磷与碘代替,将醇、红磷和碘放在一起加热,先生成三碘化磷,再与醇进行反应。该法常用于一级醇制相应的碘代烷。例如:

$$CH_3CH_2OH \xrightarrow{P+I_2} CH_3CH_2I$$

氯代烷常用五氯化磷与醇反应制备。例如:

$$CH_3CH_2OH + PCl_5 \longrightarrow CH_3CH_2Cl + HCl + POCl_3$$

4. 与亚硫酰氯反应

醇和亚硫酰氯反应,可以得到氯代烃:

$$ROH + SOCl_2 \longrightarrow RCl + SO_2\uparrow + HCl\uparrow$$

生成的二氧化硫和氯化氢两种副产物是气体,在反应过程中这些气体都离开反应体系,有利于反应向生成氯代烃方向进行,不仅反应速率快,反应条件温和,产率高,而且只生成气体副产物,便于产物的分离纯化,是一个很好的制备氯代烃的方法。

5. 与无机含氧酸反应

醇与无机含氧酸反应,失去一分子水,而生成无机酸酯。例如:

$$CH_3CH_2OH + HOSO_2OH \longrightarrow \underset{\text{硫酸氢乙酯}}{CH_3CH_2OSO_2OH} + H_2O$$

$$CH_3CH_2OH + HONO_2 \xrightarrow{H^+} \underset{\text{硝酸乙酯}}{CH_3CH_2ONO_2} + H_2O$$

$$CH_3CH_2OH + HONO \xrightarrow{H^+} \underset{\text{亚硝酸乙酯}}{CH_3CH_2ONO} + H_2O$$

该类反应主要用于无机酸一级醇酯的制备。因三级醇与无机酸反应时易发生消除反应,无机酸三级醇酯的制备一般不采用此法。

硫酸氢酯是酸性酯,可以和碱作用生成盐。把硫酸氢甲酯或硫酸氢乙酯在减压条件下蒸馏,可以得到硫酸二甲酯或硫酸二乙酯。硫酸二甲酯和硫酸二乙酯是有机合成中常用的烷基化试剂,可以向其他化合物分子中引入甲基或乙基,但它们具有剧毒性,使用时应加以注意。

硝酸酯大多因受热猛烈分解而爆炸,常用作炸药。有些硝酸酯,如三硝酸甘油酯、二硝酸乙二醇酯和亚硝酸异戊酯可作心脑血管扩张剂。

醇和无机含氧酸的酰氯或酸酐反应,也能生成无机酸酯。例如:

$$CH_3OH + HOSO_2Cl \longrightarrow CH_3OSO_2OH + HCl$$

醇和有机含氧酸或其酰卤反应生成有机酸酯,这将在 12 章中讨论。

6. 脱水反应

醇在酸性催化剂作用下,加热容易脱水,分子间脱水生成醚,分子内脱水则生成烯烃。

（1）分子间脱水

醇在较低温度下加热，常发生分子间的脱水反应，产物为醚。例如：

$$CH_3CH_2OH + HOCH_2CH_3 \xrightarrow[\text{浓 } H_2SO_4]{140℃} CH_3CH_2OCH_2CH_3 + H_2O$$

用两种不同的醇进行分子间的脱水反应时，则得到三种醚的混合物，无制备价值：

$$ROH + R'OH \longrightarrow ROR + ROR' + R'OR'$$

（2）分子内脱水

醇在较高温度有浓硫酸等酸催化剂存在下加热，会发生分子内的脱水反应，产物是烯烃。

$$\overset{|}{\underset{H}{-C}}\overset{|}{\underset{OH}{-C}}- \xrightarrow{H^+} -\overset{|}{C}=\overset{|}{C}- + H_2O$$

例如：

$$CH_3CH_2OH \xrightarrow[160\sim180℃]{\text{浓 } H_2SO_4} CH_2=CH_2 + H_2O$$

不同结构的醇的反应难易程度有较大差别，反应活性大小次序为：叔醇＞仲醇＞伯醇。仲醇、叔醇分子内脱水，若有两种不同的取向，则遵循查依采夫（Saytzeff）规律，醇脱水时优先脱去含氢较少的 β 碳原子上的氢，主要生成较稳定的烯烃。

$$CH_3CH_2CH_2\underset{\underset{OH}{|}}{CH}CH_3 \xrightarrow[87℃]{62\% H_2SO_4} \underset{80\%}{CH_3CH_2CH=CHCH_3} + \underset{20\%}{CH_3CH_2CH_2CH=CH_2} + H_2O$$

$$CH_3CH_2\underset{\underset{OH}{|}}{\overset{\overset{CH_3}{|}}{C}}CH_3 \xrightarrow[81℃]{46\% H_2SO_4} CH_3CH=\overset{\overset{CH_3}{|}}{\underset{\underset{CH_3}{|}}{C}} + CH_3CH_2\overset{\overset{CH_3}{|}}{C}=CH_2 + H_2O$$
$$\underset{84\%}{} \qquad \underset{16\%}{}$$

醇在强酸作用下进行分子内脱水反应。例如：

$$CH_3CH_2OH \xrightarrow{H^+} CH_3CH_2\overset{+}{O}H_2 \xrightarrow{-H_2O} CH_3\overset{+}{C}H_2 \xrightarrow{-H^+} CH_2=CH_2$$

因为中间体是高活性的碳正离子，所以某些醇进行分子内脱水时发生重排，主要得到重排的烯烃。例如：

$$CH_3\overset{\overset{CH_3}{|}}{\underset{\underset{CH_3}{|}}{C}}\overset{\overset{H}{|}}{\underset{\underset{OH}{|}}{C}}CH_3 \xrightarrow[-H_2O]{H^+} CH_3\overset{\overset{CH_3}{|}}{\underset{\underset{CH_3}{|}}{C}}\overset{+}{C}HCH_3 \xrightarrow{\text{重排}} CH_3\overset{\overset{CH_3}{|}}{C}\overset{+}{\underset{\underset{CH_3}{|}}{C}H}CH_3$$

$$\downarrow -H^+ \qquad\qquad\qquad\qquad \downarrow -H^+$$

$$CH_3\overset{\overset{CH_3}{|}}{\underset{\underset{CH_3}{|}}{C}}CH=CH_2 \qquad CH_3\overset{\overset{CH_3}{|}}{C}=\overset{\overset{CH_3}{|}}{C}CH_3$$
$$\underset{30\%}{} \qquad\qquad \underset{70\%}{}$$

需要注意的是醇分子间脱水成醚和分子内脱水成烯烃是一对竞争反应，较低温度有利于成醚,较高温度有利于成烯。因为分子内脱水属消除反应,要破坏 β 位的碳氢键,需要较高的能量,所以升高温度对成烯有利。

7. 氧化反应

有机化学中的氧化反应一般指有机化合物分子中加入氧或者脱去氢的反应。由于氧原子的电负性大于碳原子,所以醇羟基 α 碳原子上所连接的氢也有一定活性,在一定条件下可以和羟基上的氢一同脱去而发生氧化反应。醇的氧化反应可分为化学氧化和催化氧化。

(1) 化学氧化

醇的化学氧化是指用氧以外的氧化剂使醇氧化的方法,常用的氧化剂有高锰酸钾、二氧化锰、重铬酸钾或重铬酸钠、硝酸等。

① 用高锰酸钾或二氧化锰氧化

醇不被冷、稀、中性的高锰酸钾水溶液氧化,但可被热的酸性或碱性高锰酸钾水溶液氧化。

一级醇被高锰酸钾氧化先生成醛,而生成的醛又很容易被进一步氧化成羧酸。例如:

$$CH_3CH_2OH \xrightarrow[H^+]{KMnO_4} CH_3CHO \xrightarrow[H^+]{KMnO_4} CH_3COOH$$

醛的沸点比同级的醇低得多,如果在反应时将生成的醛立即蒸馏出来,脱离反应体系,则不被继续氧化,可以得到较高产率的醛。

二级醇可被高锰酸钾氧化成酮,因为生成的酮在此条件下可能进一步发生碳碳键断裂,故很少用本法合成酮。

新制得的二氧化锰具有选择性氧化的能力,能将烯丙式的一级醇、二级醇氧化为相应的醛和酮,不饱和键可不受影响。例如:

$$CH_2{=}CHCH_2OH \xrightarrow{MnO_2} CH_2{=}CHCHO$$

② 用铬酸氧化

铬酸可作为氧化剂的形式有:重铬酸钠与 $40\%{\sim}50\%$ 硫酸混合溶液、三氧化铬与吡啶的络合物(沙瑞特试剂)、三氧化铬的稀硫酸溶液(琼斯试剂)等。

重铬酸钠与 $40\%{\sim}50\%$ 硫酸混合溶液氧化性能与高锰酸钾相似。

三氧化铬-双吡啶络合物为吸潮性红色晶体,称为沙瑞特(Sarrett)试剂,可对醇进行选择性氧化。在二氯甲烷介质中于 25℃ 左右,沙瑞特试剂可使伯醇氧化为醛而不进一步氧化为羧酸,可使仲醇氧化为酮而不进一步发生碳碳键的断裂,并且醇分子中原有的碳碳重键不受影响、产率很高。例如:

$$CH_3(CH_2)_4C{\equiv}CCH_2OH \xrightarrow[CH_2Cl_2,25℃]{CrO_3 \cdot Py} CH_3(CH_2)_4C{\equiv}CCHO$$
$$84\%$$

三氧化铬可溶于稀硫酸中形成琼斯(Jones)试剂,可对不饱和的仲醇进行选择性氧化,形成相应的酮,但双键不受影响。反应一般在丙酮介质中于 $15{\sim}20℃$ 进行,产率较高。例如:

③ 欧芬脑尔氧化反应

在三级丁醇铝或异丙醇铝的存在下,二级醇和丙酮(或甲乙酮、环己酮)反应,醇把两个氢原子转移给丙酮,醇变成酮,丙酮被还原成异丙醇,这一反应称为欧芬脑尔(Oppenauer)氧化反应。该反应的特点是只在醇和酮之间发生氢原子的转移,不涉及分子的其他部分,所以在分子中含有碳碳双键或其他对酸不稳定基团时,利用此法较为适宜。该方法也是由不饱和二级醇制不饱和酮的有效方法之一。欧芬脑尔氧化反应是可逆反应,为使醇转化成酮,需加入过量的丙酮。例如:

$$CH_3CH_2CH_2CH=CHCH\underset{\underset{\text{OH}}{|}}{}CH_3 \xrightarrow[\text{CH}_3\text{COCH}_3]{\text{Al}[\text{OC}(\text{CH}_3)_3]_3} CH_3CH_2CH_2CH=CH\underset{\overset{\text{O}}{||}}{C}CH_3$$

（2）催化氧化

醇的催化氧化是指在催化剂作用下,伯醇、仲醇直接脱氢形成醛或酮,另一产物为氢气;或者,在有氧气作氧化剂并在催化剂作用条件下,伯醇、仲醇进行氧化脱氢形成醛或酮,另一产物为水。例如:

$$CH_3CH_2OH \xrightarrow{Pd} CH_3CHO + H_2$$

$$CH_3CH_2OH + O_2 \xrightarrow[550℃]{Cu} CH_3CHO + H_2O$$

7. 多元醇的反应

多元醇具有羟基的一般反应,邻位二醇的两个羟基之间相互影响而有一些不同于一元醇的特殊反应。

（1）和金属反应生成螯合物

乙二醇、甘油等相邻碳原子各自都连有一个羟基,它们能和许多金属氢氧化物形成螯合物。例如,在甘油的水溶液中加入新制的氢氧化铜沉淀,就生成蓝色的可溶性的甘油铜:

$$\begin{array}{l} H_2C-OH \\ | \\ HC-OH + Cu(OH)_2 \\ | \\ H_2C-OH \end{array} \longrightarrow \begin{array}{l} H_2C-O \\ | \quad\quad Cu \\ HC-O \\ | \\ H_2C-OH \end{array} + 2H_2O$$

这一反应可用来区别一元醇和多元醇。

（2）氧化反应

邻二醇可被高碘酸、高碘酸钾、高碘酸钠或四醋酸铅氧化,邻羟基之间的碳碳键发生断裂,生成醛或酮。例如:

$$\begin{array}{l} R \\ | \\ R-C-OH \\ | \\ R-C-OH \\ | \\ H \end{array} + HIO_4 \longrightarrow \begin{array}{l} R \\ | \\ R-C=O \end{array} + \begin{array}{l} H \\ | \\ R-C=O \end{array} + HIO_3 + H_2O$$

$$CH_3CHCH_2 \xrightarrow[C_6H_6]{Pb(OAc)_4} CH_3CHO + HCHO$$
$$\underset{OH\,OH}{|\quad|}$$

以上反应都是定量反应,可用于邻二醇的定量分析。

（3）邻二醇的重排

邻二醇在酸作用下发生重排,生成酮。

$$(CH_3)_2C-C(CH_3)_2 \xrightarrow{H^+} (CH_3)_3C-C-CH_3$$
$$\underset{OH\,\,OH}{|\qquad\quad|}$$
$$\underset{频哪醇}{}\qquad\qquad\qquad\underset{频哪酮}{}$$

10.1.5 醇的制备

在石油工业尚未兴起之前,有些醇是用发酵的方法进行工业生产的。现在,除甲醇外,多数常用的简单醇和一元醇是由烯烃为原料进行工业生产的。实验室制备醇的方法则相对较多。

1. 由烯烃制备

（1）烯烃水合法

烯烃水合制备醇有间接法和直接法两种。以乙烯为例,间接水合法是把乙烯在100℃吸收于浓硫酸中,然后水解。反应如下：

$$CH_2{=}CH_2 + HOSO_3H \longrightarrow CH_3CH_2OSO_3H \xrightarrow{CH_2{=}CH_2} (CH_3CH_2O)_2SO_2$$
$$CH_3CH_2OSO_3H + H_2O \longrightarrow CH_3CH_2OH + H_2SO_4$$
$$(CH_3CH_2O)_2SO_2 + 2H_2O \longrightarrow 2CH_3CH_2OH + H_2SO_4$$

直接法是用磷酸作催化剂,在300℃和7 MPa 压力下,把水蒸气通入乙烯中,直接进行加成。反应如下：

$$CH_2{=}CH_2 + H_2O \xrightarrow{H_3PO_4} CH_3CH_2OH$$

（2）硼氢化-氧化法

首先是 BH_3 对双键加成,生成的烷基硼不经分离直接在碱存在下通过 H_2O_2 氧化,其中硼原子被羟基取代而生成醇。例如：

$$CH_3CH{=}CH_2 \xrightarrow{BH_3} \xrightarrow[HO^-]{H_2O_2} CH_3CH_2CH_2OH$$

因为步骤简单、副反应少、生成醇的产率高,所以该过程是实验室制备醇的方法之一。

（3）羟汞化-还原脱汞法

烯烃与醋酸汞在水存在下反应,先生成羟烷基汞盐,然后用硼氢化钠还原,脱汞生成醇,该方法称为羟汞化-还原脱汞反应。例如：

$$CH_3CH_2CH_2CH{=}CH_2 \xrightarrow[H_2O]{Hg(OAc)_2} CH_3CH_2CH_2CH{-}CH_2 \xrightarrow{NaBH_4} CH_3CH_2CH_2CH{-}CH_3$$
$$\qquad\qquad\qquad\qquad\qquad\qquad\quad\underset{OH\ \ HgOAc}{|\qquad\ |}\qquad\qquad\qquad\qquad\underset{OH}{|}$$

此反应相当于烯烃与水按马氏规则进行加成,并有高度的位置选择性。而且,此方法反应快,条件温和,无重排产物,产率高,因此是实验室制备醇的一种有效方法。

2. 由卤代烃制备

卤代烃在碱性条件下水解可以得到醇类:

$$RX + NaOH \longrightarrow ROH + NaX$$

为避免仲卤代烃和叔卤代烃在碱性条件下发生消除反应脱去卤化氢而生成烯烃,在水解时常用碳酸钠、氧化银等温和的碱性试剂。

卤代烃一般由醇制备,所以只有在卤代烃比相应的醇容易得到时采用此法。例如,烯丙基氯很容易由丙烯高温氯化得到,所以可用烯丙基氯来制备烯丙醇:

$$CH_2=CHCH_2Cl \xrightarrow[Na_2CO_3]{H_2O} CH_2=CHCH_2OH$$

3. 由羰基化合物还原制备

醛、酮、羧酸和酯的分子中都含有羰基,可经催化加氢还原或化学还原生成醇。常用的催化剂有 Ni、Pt、Pd 等过渡金属,常用的化学还原剂有 $LiAlH_4$、$NaBH_4$ 等。一般地,醛和羧酸还原得到伯醇,酮还原得到仲醇,酯还原得到两分子的醇。例如:

$$CH_3CH_2CH_2CHO \xrightarrow[② H_2O]{① NaBH_4} CH_3CH_2CH_2CH_2OH$$

$$CH_3CH_2CH_2COOC_2H_5 \xrightarrow[C_2H_5OH]{Na} CH_3CH_2CH_2CH_2OH + C_2H_5OH$$

4. 由格氏试剂制备

(1) 格氏试剂与环氧乙烷及其衍生物反应

格氏试剂与环氧乙烷反应生成比格氏试剂烃基多两个碳原子的一级醇的盐,酸化后生成伯醇。反应时,格氏试剂中的烃基作为亲核试剂进攻环氧乙烷带部分正电荷的碳原子,如环上连有取代基,则优先进攻空间位阻小的环碳原子。例如:

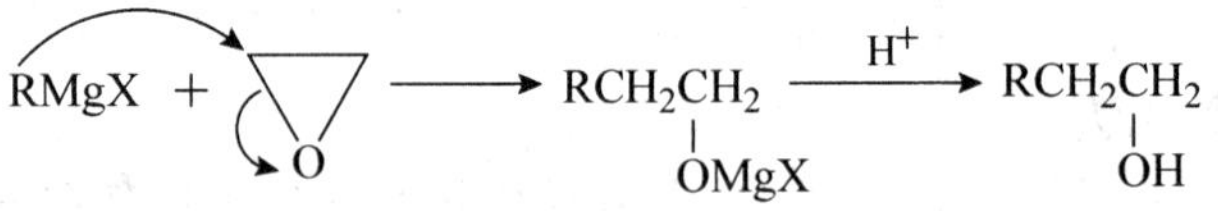

(2) 格氏试剂与醛、酮反应

格氏试剂与甲醛反应,最终得到比格氏试剂的烃基多一个碳的伯醇;与多于一个碳的醛反应生成仲醇;与酮反应,生成叔醇。例如:

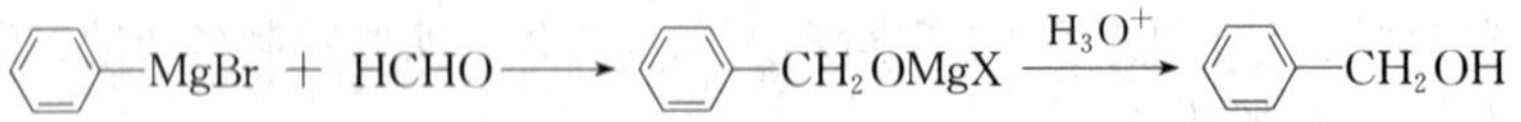

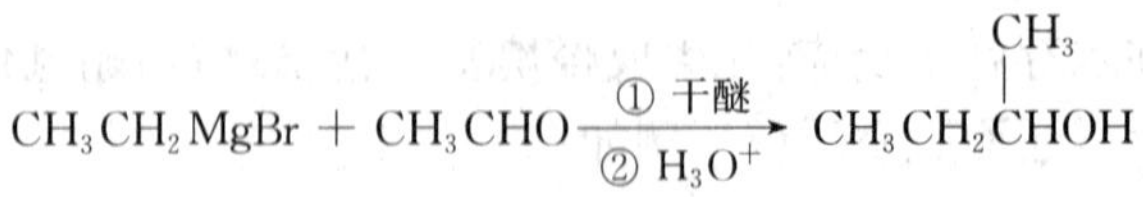

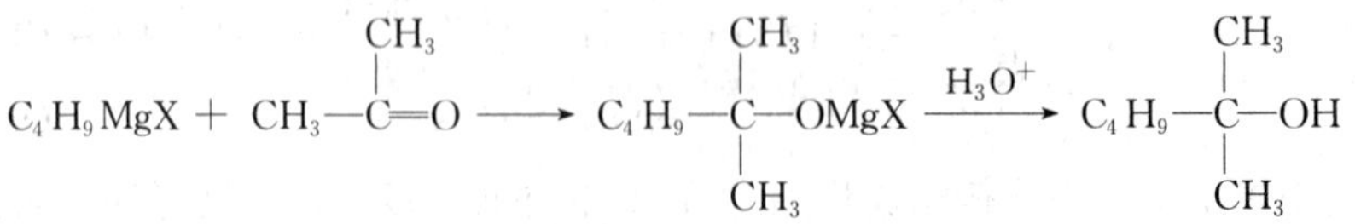

$$CH_3CH_2MgBr + CH_3CHO \xrightarrow[② H_3O^+]{① 干醚} CH_3CH_2\overset{\underset{|}{CH_3}}{C}HOH$$

（3）格氏试剂与羧酸衍生物反应

格氏试剂与酯或酰卤反应得到的醇具有两个相同的烃基，它们都来自于格氏试剂。例如：

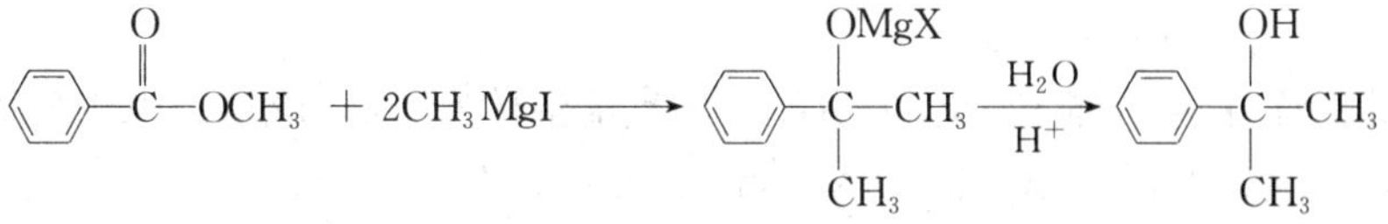

10.1.6 重要的醇

1. 甲醇

甲醇最初是通过木材干馏制得，故也叫木醇、木酸、木精。现在甲醇是用合成气在加热、加压和催化剂存在下生产出来的：

$$CO + 2H_2 \xrightarrow[\text{20 MPa, 300℃}]{ZnO-Cr_2O_3-CuO} CH_3OH$$

甲醇为无色可燃液体，沸点 65℃，可与水混合。甲醇有毒，服入或吸入 10 mL 可以致毒，30 mL 可以致死。

甲醇是重要的化工原料，用途广泛，主要用于制甲醛，用作溶剂，用作甲基化试剂，也可将其混入汽油中作为汽车或飞机的燃料。

2. 乙醇

乙醇俗名酒精，是目前应用最广的一种醇。最早使用发酵法酿造；现在工业上以乙烯为原料，用直接水合法或间接水合法进行大量生产。

乙醇是无色、透明、易挥发的液体，具有特殊气味，易燃，火焰呈淡蓝色，与水可以混溶，也是非常好的有机溶剂。乙醇是酒的主要成分可以饮用，少量乙醇有兴奋神经的作用，大量乙醇有麻醉作用，可使人体中毒，甚至死亡。

乙醇可以和水形成共沸物，其中含乙醇 95.6%，含水 4.4%，它是通过普通精馏得到的工业酒精的最高浓度，所以不能通过普通精馏的方法从工业酒精制得无水乙醇。工业上通常是向工业酒精中加入一定量的苯，通过先蒸出苯、乙醇和水形成的三元共沸物将其中的一部分水带出，然后蒸出苯和少量乙醇的二元共沸物，待苯全部蒸出后，最后在 78.5℃蒸出的是无水乙醇。

乙醇在染料、香料、医药等工业中应用广泛，可用作溶剂、防腐剂、消毒剂（70%～75%的乙醇）、燃料等。

3. 乙二醇

乙二醇，俗名甘醇，是最简单和最重要的二元醇。工业上，乙二醇是由乙烯合成，乙烯在银催化剂作用下经空气氧化生成环氧乙烷，环氧乙烷水合得乙二醇。

乙二醇是具有甜味的无色黏稠液体，由于分子中有羟基，分子间能以氢键缔合，因此其溶沸点比一般相对分子质量相近的化合物要高。它可与水、乙醇、丙酮混溶，微溶于乙醚。

乙二醇的一个重要作用是用于降低冰点，例：40%乙二醇的水溶液，冰点为 −25℃；

60％乙二醇的水溶液,冰点为－49℃。因此,乙二醇是液体防冻剂的原料,常用于汽车发动机的防冻剂,飞机发动机的制冷剂。另外,乙二醇还是合成涤纶等高分子化合物的重要原料。

4. 丙三醇

丙三醇俗称甘油,是无色、无臭、有甜味的黏稠液体,可与水混溶。由于分子中羟基数目更多,其熔、沸点也更高,熔点20℃,沸点290℃(分解)。

甘油可以吸收空气中的水分,起到吸湿作用,在化妆品、皮革、烟草、食品以及纺织品中用作吸湿剂;也可在印刷、化妆品等工业上用作润湿剂。甘油与浓硝酸、浓硫酸作用得到硝化甘油。硝化甘油进行加热或撞击,即猛烈分解,瞬间产生大量气体而引起爆炸,因此硝化甘油可以用做炸药。硝化甘油有扩张冠状动脉的作用,在医药上用来治疗心绞痛。

动植物油脂水解制肥皂可得副产物甘油。工业上合成甘油是以丙烯为原料生成的,丙烯在高温下与氯气发生反应生成烯丙基氯,烯丙基氯与次氯酸发生加成生成二氯丙醇,二氯丙醇经石灰乳作用生成环氧氯丙烷,环氧氯丙烷水解即得到甘油。

§ 10.2 酚

羟基直接与芳环相连的化合物叫做酚。

10.2.1 酚的分类和命名

根据羟基所连接芳环的不同,酚类可分为苯酚、萘酚、蒽酚等。根据羟基的数目,酚类又可分为一元酚、二元酚和多元酚等。

酚的命名是根据羟基所连芳环的名称叫做"某酚",以此为母体,而芳环上的烷基、烷氧基、卤原子、氨基、硝基等作为取代基,其位次和名称写在母体名称的前面。但是,若芳环上连有羧基、磺酸基、羰基、氰基等,则酚羟基作为取代基。例如:

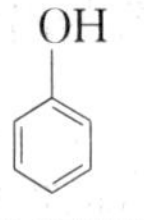

苯酚(石炭酸) 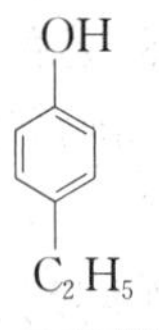   4-乙基苯酚 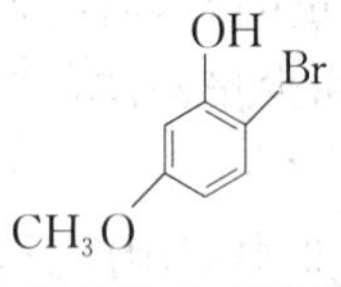   5-甲氧基-2-溴苯酚 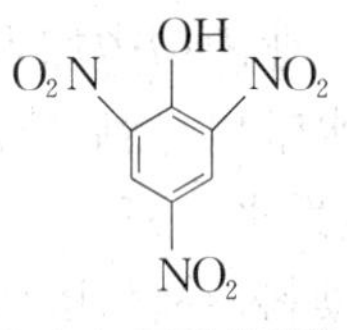   2,4,6-三硝基苯酚

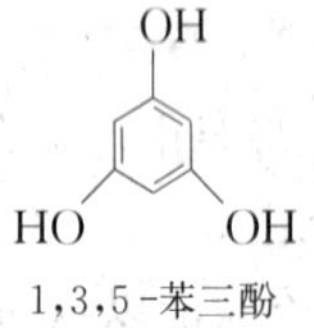

1,3,5-苯三酚 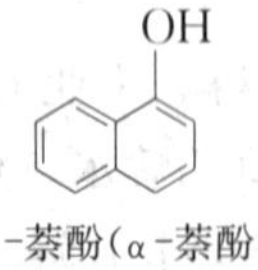   1-萘酚(α-萘酚) 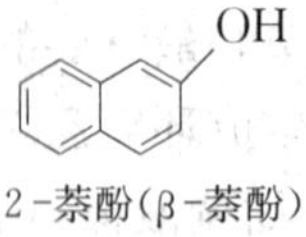   2-萘酚(β-萘酚) 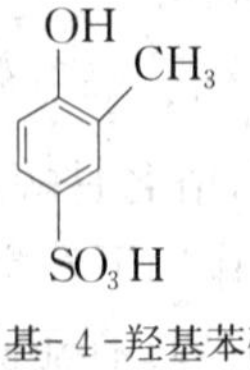   3-甲基-4-羟基苯磺酸

10.2.2 酚的物理性质

常温下,除了少数烷基酚为液体外,大多数酚为固体。酚含有羟基,能在分子间形成

氢键,因此酚的熔点和沸点都比相对分子质量相近的芳烃或芳基卤化物高。邻位上有氟、羟基或硝基的酚,分子内可形成氢键,但分子间不能发生缔合,它们的沸点低于其间位和对位异构体。

纯净的酚一般是无色的,但因容易被空气中的氧氧化,而略呈红色。酚在常温下微溶于水,加热则溶解度增加。随着羟基数目增多,酚在水中的溶解度增大。酚能溶于乙醇、乙醚、苯等有机溶剂。一些酚的物理常数见表 10 - 2。

表 10 - 2　一些酚的物理常数

化合物	熔点/℃	沸点/℃	溶解度/$g \cdot (100 \, mL \, H_2O)^{-1}$
苯酚	43	181.8	8.2
邻甲苯酚	30.9	191	2.5
间甲苯酚	11.3	203	0.5
对甲苯酚	34.8	202	1.8
邻硝基苯酚	46	216	0.2
间硝基苯酚	97		1.3
对硝基苯酚	115	279	1.6
1-萘酚	96	279	
2-萘酚	122	285	0.1
邻苯二酚	105	246	45.1
间苯二酚	110	276	147.3
对苯二酚	170	285	6

10.2.3　酚的光谱性质

酚的红外光谱与醇相似,有羟基的特征吸收峰。在极稀溶液中,未缔合羟基在 3 640～3 600 cm^{-1} 有一吸收峰,峰形尖锐;酚羟基缔合时,其伸缩振动吸收峰移向 3 500～3 200 cm^{-1},峰形较宽。

简单的酚及其衍生物的核磁共振也与醇相似,酚羟基氢的化学位移值受温度、浓度、溶剂的影响很大。将酚溶液稀释,羟基缔合作用减弱,酚羟基氢的化学位移值偏向高场,此时 δ 值一般为 4.5 左右;发生分子内缔合的酚羟基氢的 δ 值一般在 10.5～16 范围内。

10.2.4　酚的化学性质

苯酚是羟基与苯环上的 sp^2 杂化碳原子直接相连,其结构可用图 10 - 4 表示。

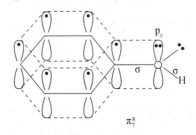

图10 - 4　苯酚中 p - π 共轭示意图

羟基和苯环直接相连,两者相互影响,使酚的性质与醇不同。

1. 酚羟基的反应

(1) 酸碱反应

多数酚的酸性较醇强,能和氢氧化钠反应形成钠盐。例如:

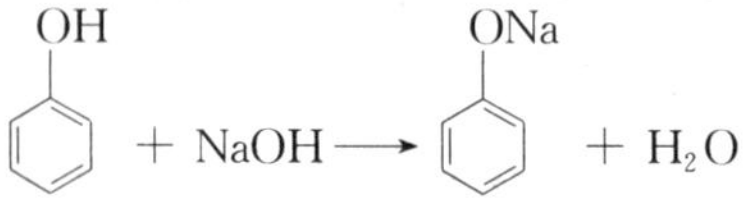

多数酚的 pK_a 都在 10 左右,介于水(15.7)和碳酸(6.4)之间。向澄清的酚钠盐的水溶液中通入二氧化碳,溶液变浑浊,酚重新游离出来。

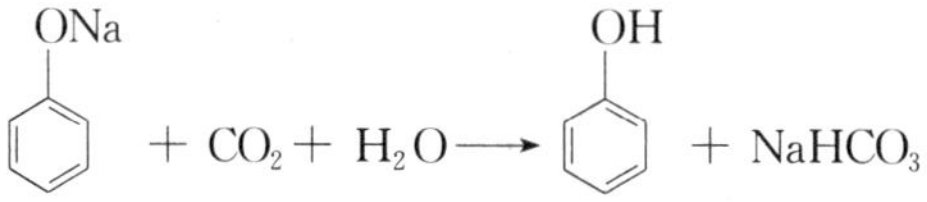

酚的酸性强于醇,一方面是由于酚羟基的氧原子处于 sp^2 杂化状态,氧上有两对孤对电子,一对占据 sp^2 杂化轨道,另一对占据 p 杂化轨道,p 轨道与芳环的 π 轨道形成 p-π 共轭体系,结果增加了芳环上的电子云密度,氧原子的电子云密度降低,碳氧键的极性减弱而不易断裂,氧氢键极性进一步增加而更易发生断裂。另一方面,酚解离出质子,形成酚氧负离子,由于 p-π 共轭,负电荷可分散到整个芳环上,所以较醇形成的烷氧负离子更为稳定。

因此,苯环上连有吸电子基时,酚的酸性增强;若连有给电子基时,酚的酸性减弱。例如:

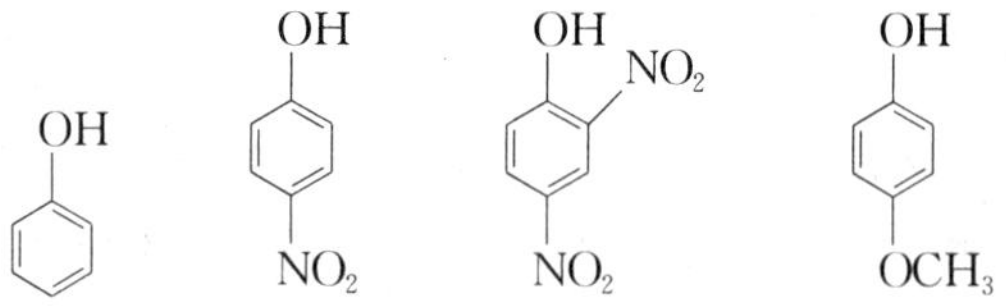

pK_a	9.94	7.15	4.09	10.21

当酚的邻位有体积很大的取代基时,由于酚氧负离子的溶剂化受阻,其酸性特别弱。例如,2,4,6-三新戊基苯酚的酸性很弱,甚至不能与强碱 Na/NH_3 溶液反应。

(2) 与三氯化铁的显色反应

大多数的酚类化合物能与三氯化铁溶液发生显色反应,不同的酚所产生的颜色也不同,常见的有紫色、蓝色、绿色、棕色等。一般认为是生成了配合物,如苯酚与三氯化铁溶液反应呈蓝紫色:

$$6C_6H_5OH + FeCl_3 \longrightarrow H_3[Fe(OC_6H_5)_6] + 3HCl$$

与三氯化铁溶液起颜色反应的并不仅限于酚,具有烯醇结构的脂肪族化合物也有这个反应。

(3) 酚醚和酚酯的生成

由于酚羟基与苯环形成 p-π 共轭体系,酚不能直接进行分子间的脱水反应生成醚,也不能直接与羧酸反应生成酯。通常是用酚盐与卤代烃反应来制备醚,用酚与活性更高的酰卤或酸酐反应来制备酯。例如:

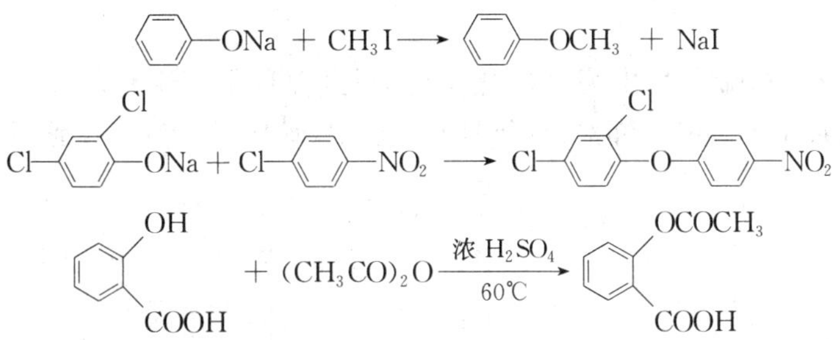

$$\text{C}_6\text{H}_5\text{—ONa} + \text{CH}_3\text{I} \longrightarrow \text{C}_6\text{H}_5\text{—OCH}_3 + \text{NaI}$$

2. 芳环上的亲电取代反应

由于羟基氧原子与苯环形成 p-π 共轭体系,总的电子效应是使苯环上电子密度增加,所以酚比苯更容易进行亲电取代反应。常见的亲电取代有卤代、硝化、磺化等。

（1）卤化

酚比较容易发生卤化反应。例如：苯酚与溴水反应非常快,室温下立刻反应得到 2,4,6-三溴苯酚白色沉淀：

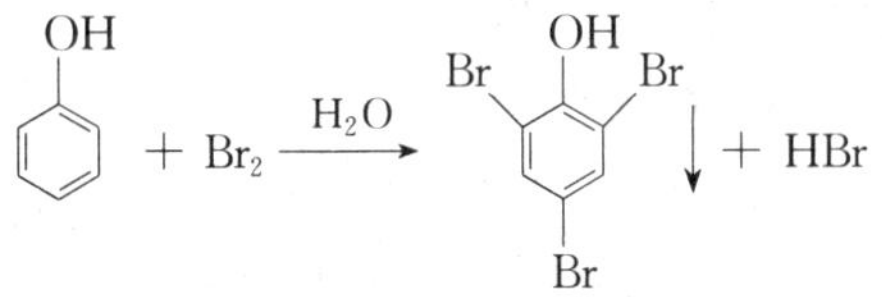

该反应非常灵敏,现象明显,极稀的苯酚溶液（$10\ \mu\text{g/g}$）也能与溴水生成沉淀,此反应可用于苯酚的定性鉴别和定量测定。如溴水过量,则生成黄色的四溴苯酚衍生物沉淀。

酚在酸性条件下或在 CS_2、CCl_4 等非极性溶剂中,在较低温度下进行氯化或溴化,可以得到一卤代产物。例如：

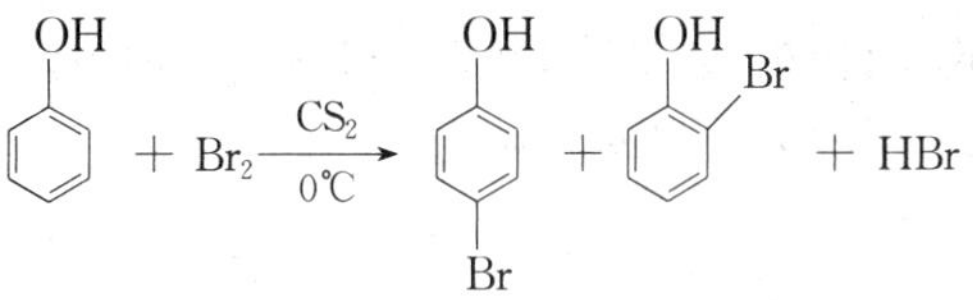

（2）硝化和亚硝化

苯酚在室温下与稀硝酸反应,生成邻硝基苯酚和对硝基苯酚混合物：

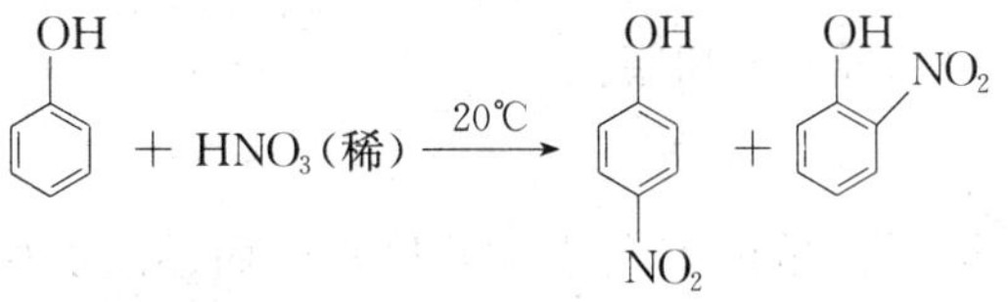

反应所得邻位产物能形成分子内氢键,分子间不会缔合,故沸点较低,且在水中溶解度较小;而对位产物可形成分子间氢键,故沸点较高,也可与水发生缔合。因此可利用沸点差异,用水蒸气蒸馏的方法使邻对位异构体得到分离。

苯酚和亚硝酸作用生成对亚硝基苯酚：

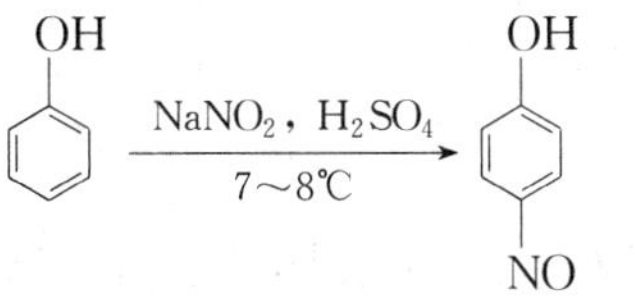

（3）磺化

室温下苯酚与浓硫酸作用，发生磺化反应，得到邻羟基苯磺酸；升高温度到 100℃ 反应，主要得到对羟基苯磺酸。邻对位产物均可进一步磺化，生成 4-羟基-1,3-苯二磺酸。

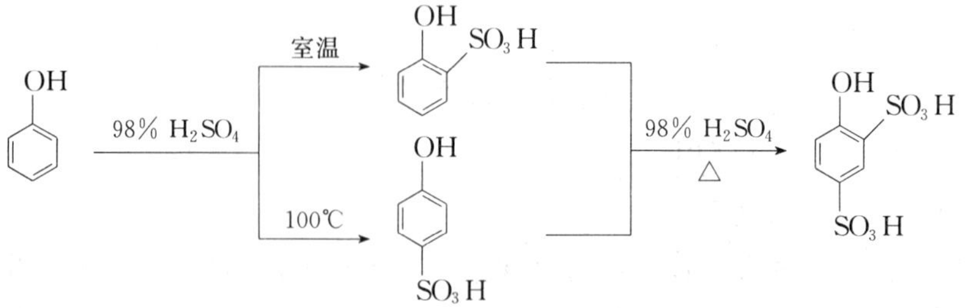

（4）傅克反应

受羟基影响，酚的芳环上很容易进行傅-克烷基化和酰基化反应，常用催化剂有 HF、H_3PO_4、BF_3 等。例如：

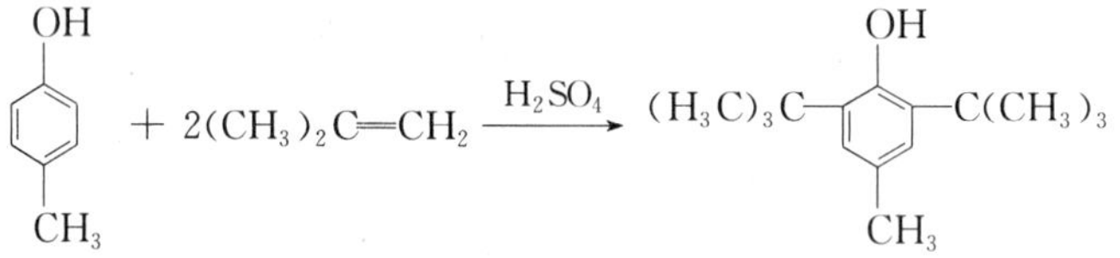

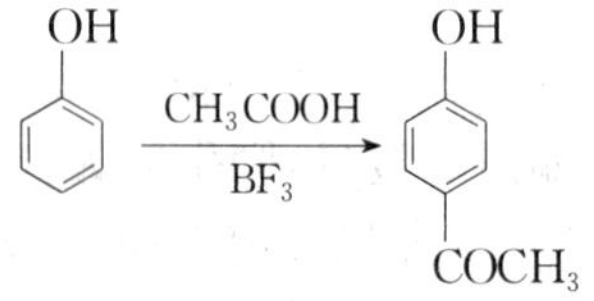

（5）缩合

酚羟基邻、对位上的氢具有一定活性，能和羰基化合物发生缩合反应。例如，苯酚和甲醛反应可生成邻羟基苯甲醇或对羟基苯甲醇：

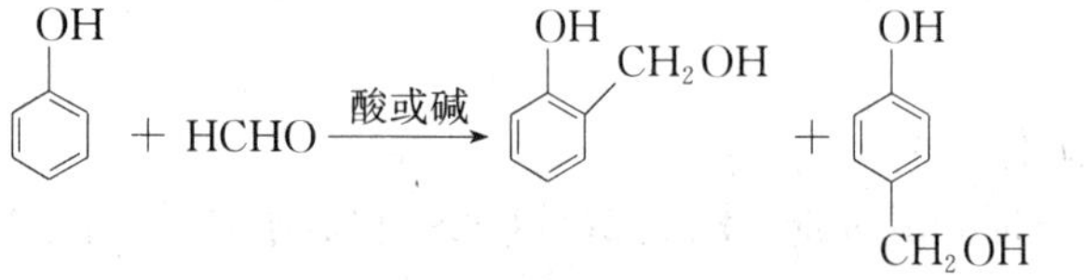

生成的产物进一步缩合可形成酚醛树脂。

3. 氧化反应

酚很容易被氧化，其氧化物的颜色随氧化程度加深而逐渐加深，由无色变成粉红色，再变成红色甚至深褐色。在进行磺化、硝化等反应时，应用到氧化性物质，必须控制反应条件，以减少酚的氧化。苯酚可被铬酸氧化成黄色的对苯醌：

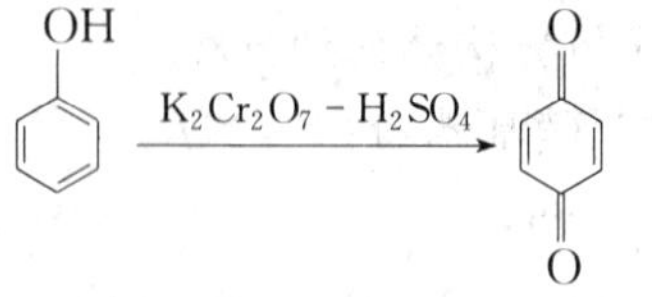

4. 还原反应

酚可通过催化氢化使苯环被还原，生成环己烷衍生物。例如：

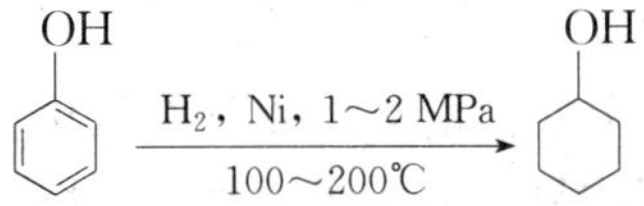

10.2.5　重要的酚

1. 苯酚

苯酚是最简单的酚,俗名石炭酸。苯酚为无色固体,有特殊的刺激性气味。易被氧化,空气中放置即可被氧化而变成红色。室温时稍溶于水,65℃以上可与水混溶,易溶于乙醇、乙醚、苯等有机溶剂。

苯酚可使蛋白质变性,有杀菌效力,曾用作消毒剂和防腐剂。苯酚有毒,可通过皮肤吸收进入人体引起中毒,现已不用作消毒剂。

苯酚是有机合成的重要原料,用于制造塑料、药物、农药、染料等。

苯酚可从煤焦油中分离得到,但此法产量有限,不能满足工业发展的需要。现在,苯酚主要通过合成的方法进行工业生产,主要有苯磺酸盐碱熔法和异丙苯氧化法。

苯磺酸盐碱熔法的主要工艺过程:亚硫酸钠中和苯磺酸生成苯磺酸钠,苯磺酸钠与氢氧化钠一起加热碱熔生成苯酚钠,苯酚钠酸化生成苯酚。该法产率较高,但也有操作工序多、生产不易连续化、同时消耗大量的硫酸和烧碱等缺点。

异丙苯氧化法的主要工艺过程:异丙苯中通入空气,在催化剂作用下生成过氧化异丙苯,过氧化异丙苯在稀硫酸或酸性离子交换树脂作用下,分解生成苯酚和丙酮。

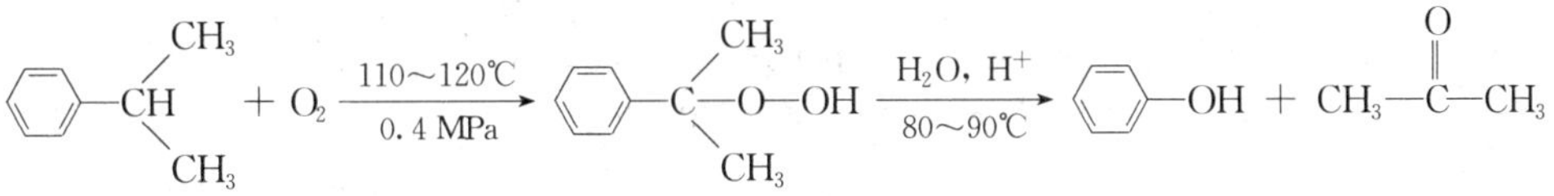

该法是目前生产苯酚最主要的方法,原料价廉易得,可连续化生成,而且副产物丙酮也是重要的化工原料。

2. 甲苯酚

甲苯酚俗称煤酚,有邻、间、对三种异构体。煤焦油和城市煤气生产的副产物煤焦油酚为含邻、间、对三种甲苯酚的混合物,由于这三种异构体的沸点相近,不易分离,所以工业上应用的往往是三种异构体的混合物。甲苯酚的杀菌能力比苯酚强。它的 $47\% \sim 53\%$ 的肥皂水溶液在医药上用作消毒剂——莱苏尔(Lysol)。

3. 苯二酚

苯二酚有邻、间、对三种异构体,均为无色结晶体,溶于乙醇、乙醚中。

间苯二酚用于合成染料、酚醛树脂、胶粘剂、药物等,医药上用作消毒剂。

邻苯二酚俗名儿茶酚,常以结合态存在于自然界中。邻苯二酚的一个重要衍生物为肾上腺素。它既有氨基又有酚羟基,显两性,即溶于酸也溶于碱,微溶于水及乙醇,不溶于乙醚、氯仿等,在中性、碱性条件下不稳定,医药上用其盐酸盐,有加速心脏跳动,收缩血管,增加血压,放大瞳孔的作用,也有使肝糖分解增加血糖的含量以及使支气管平滑肌松弛的作用。一般用于支气管哮喘、过敏性休克及其他过敏性反应的急救。在人体代谢中从蛋白质得到的有邻苯二酚结构的物质,氧化得到黑色素,它是赋予皮肤、眼睛、头发、以黑色的物质。

对苯二酚,又叫氢醌,具有还原性,能被弱氧化剂氧化。比如,对苯二酚能把感光后的溴化银还原成金属银,因此可用作显影剂。再比如,一些物质在自动氧化过程中,会首先产生一些过氧化物中间物,加入少量对苯二酚可抑制过氧化物的形成,因而能抑制自动氧化过程,所以对苯二酚可用作抗氧剂。

4. 萘酚

萘酚有两种异构体:α-萘酚和β-萘酚,两者都少量存在于煤焦油中。α-萘酚为针状晶体,β-萘酚为片状晶体,两者都能升华。萘酚的化学性质与苯酚相似,易发生硝化、磺化等芳环上的亲电取代。萘酚的羟基比苯酚的羟基活泼,易生成醚和酯。α-萘酚与三氯化铁起颜色反应呈紫色,β-萘酚与三氯化铁起颜色反应呈绿色。

两种萘酚都是重要的染料中间体,α-萘酚可用于生产杀虫剂,β-萘酚可用作杀菌剂和抗氧剂。

工业上,两种萘酚都可用萘磺酸碱熔法生产,α-萘酚还可由α-萘胺水解得到。

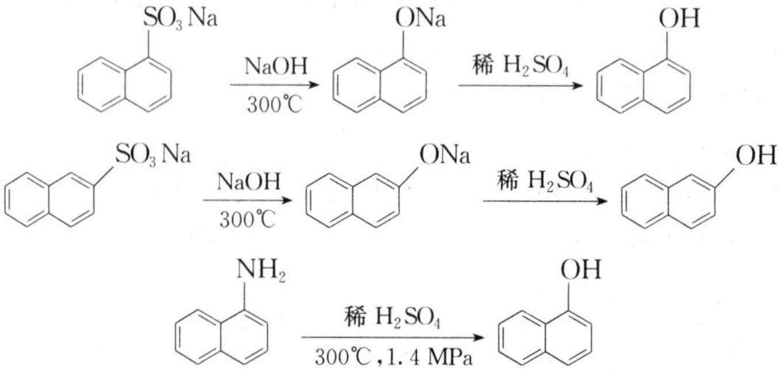

§10.3 醚

醚是两个烃基通过氧原子相连而成的化合物,也可以看作是水分子中两个氢原子被烃基取代而形成的化合物。可用通式表示为:R—O—R′、R—O—Ar、Ar—O—Ar′,其中—O—称为醚键,是醚的官能团。饱和一元醚和饱和一元醇互为官能团异构体,具有相同的通式:$C_nH_{2n+2}O$。

10.3.1 醚的分类和命名

1. 醚的分类

根据与氧原子相连的两个烃基结构是否相同可分为:简单醚和混合醚。两个烃基相同的醚称为简单醚;两个烃基不同则称为混合醚。

根据烃基的结构不同可分为:二烷基醚、二芳基醚、烷芳混合醚、乙烯基醚、烯丙基醚等。

根据醚氧原子是否为环的一部分可分为:开链醚和环醚。

2. 醚的命名

（1）普通命名法

以醚作为母体，简单醚的命名是在相应的烷基前加"二"，后面加"醚"，"二"可以省略不写；混合醚名称是将小的烃基写在前，大的烃基写在后，最后加上"醚"，"基"字可以省略。烃基中有一个芳香烃基时，芳香烃基写在前。例如：

$$CH_3CH_2-O-CH_2CH_3$$
（二）乙醚

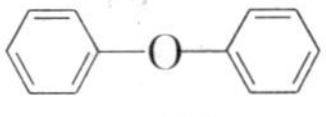

二苯醚

$$CH_3CH_2-O-CH_3$$
甲乙醚

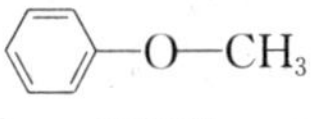

苯甲醚

$$CH_2=CH-O-CH=CH_2$$
二乙烯醚

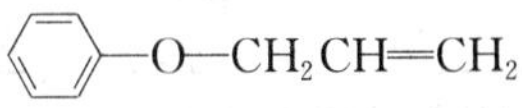

苯烯丙醚

$$CH_2=CH-O-C_4H_9$$
丁基乙烯基醚

含三元环的环醚，以"环氧"为词头，烃作为母体，称为环氧某烷。其他环醚多采用杂环化合物命名法。例如：

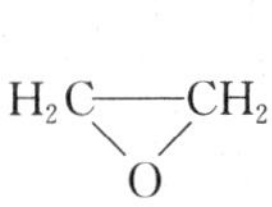

环氧乙烷

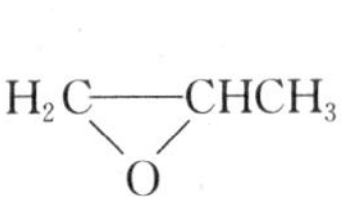

1,2-环氧丙烷

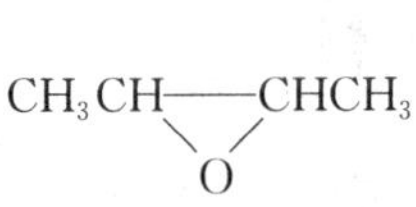

2,3-环氧丁烷

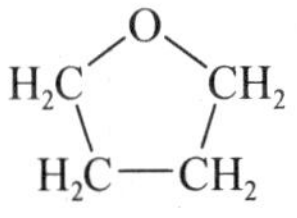

四氢呋喃

（2）系统命名法

结构复杂的醚可采用系统命名法，以烃为母体命名。脂肪醚是以较长的碳链作为母体烃，将含碳数较少的烃基与氧原子一起看作取代基，叫做烷氧基（RO—）。有不饱和烃基时，选择不饱和度较大的烃基为母体。烃基中有一个是芳香环的，则以芳香环为母体。例如：

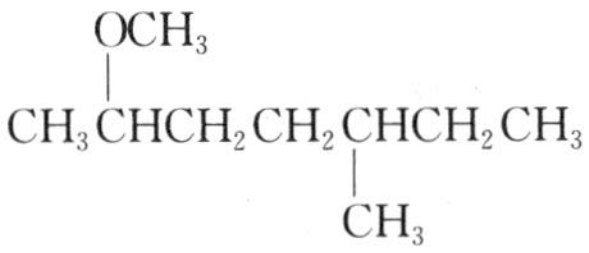

5-甲基-2-甲氧基庚烷

$$CH_3OCH_2CH_2OCH_3$$
1,2-二甲氧基乙烷

$$CH_3CH=CHCH_2OCH_3$$
1-甲氧基-2-丁烯

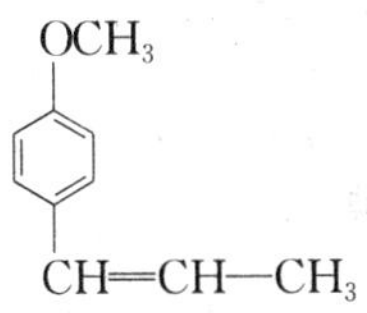

4-甲氧基丙烯苯

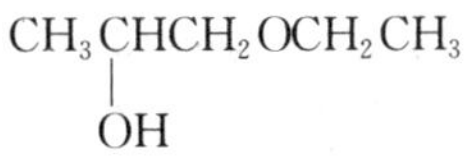

$$CH_3CHCH_2OCH_2CH_3$$
1-乙氧基-2-丙醇

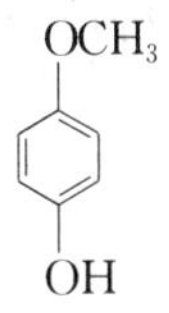

4-甲氧基苯酚

10.3.2 醚的物理性质和光谱性质

常温下，甲醚、甲乙醚、环氧乙烷等为气体，多数醚为易燃液体。因为氧原子上未连有氢，所以醚不能在分子间生成氢键，其沸点比同碳数的醇低得多，而与相对分子质量相近的烷烃相当。例如，甲醚的沸点为 $-24.9℃$，而乙醇的沸点为 $78.4℃$；乙醚的沸点为 $34.6℃$，而正丁醇的沸点为 $117.8℃$。

多数醚在水中溶解度都不高，但甲醚、1,4-二氧六环、四氢呋喃等都可与水互溶，这是因为后三者都易于和水形成氢键。四氢呋喃和乙醚的碳原子数相同，但后者在水中的溶解度为每 100 g 水只能溶解约 7 g。在四氢呋喃分子中氧和碳共同形成环,氧原子突出在环外,容易和水形成氢键;乙醚分子中的氧原子"被包围"在分子中,难以和水形成氢键,所以它们在水中溶解度有很大差异。

乙醚能溶于许多有机溶剂,本身也是一种良好的溶剂。乙醚有麻醉作用,极易着火,与空气混合到一定比例能爆炸,所以使用乙醚时要十分小心。

醚的红外光谱特征吸收峰为 $1\,300\sim1\,000\ \text{cm}^{-1}$ 的 C—O 键伸缩振动吸收峰。一般脂肪醚在 $1\,150\sim1\,060\ \text{cm}^{-1}$ 有一强吸收峰,如图 10-5。

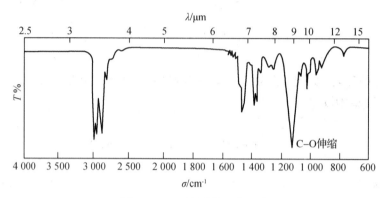

图 10-5 正丙醚的红外光谱

醚的 ^{1}H NMR 谱:醚中饱和碳上 α-H 的化学位移一般在 3.5 ppm 左右,如图 10-6。

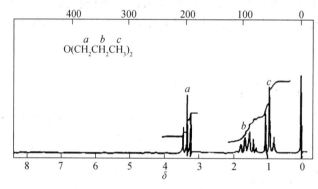

图 10-6 正丙醚的 ^{1}H NMR 图谱

10.3.3 醚的化学性质

除某些环醚外,醚是一类很稳定的化合物,其化学稳定性仅次于烷烃。常温下,醚对于活泼金属、碱、氧化剂、还原剂等十分稳定。但醚仍可发生一些特殊的反应。

1. 自动氧化

许多烷基醚在空气中长时间接触或光照下,会缓慢地被氧化生成不易挥发的过氧化物,氧化通常在 α-碳氢键上进行。例如:

$$CH_3CH_2OCH_2CH_3 \xrightarrow{O_2} CH_3CH_2OCHCH_3$$
$$\underset{OOH}{|}$$

过氧化醚不稳定,受热时容易分解而发生猛烈爆炸,因此在蒸馏或使用前必须检验醚中是否含有过氧化物。常用的检验方法是用碘化钾的淀粉溶液,或硫酸亚铁与硫氰化钾溶液,若前者呈深蓝色,或后者呈血红色,则表示有过氧化物存在。除去过氧化物的方法是向醚中加入还原剂(如 $FeSO_4$ 或 Na_2SO_3),使过氧化物分解。为了防止过氧化物生成,醚应用棕色瓶避光贮存,并可在醚中加入微量铁屑或对苯二酚阻止过氧化物生成。

2. 形成䥽盐

醚中氧原子有未共用电子对,可以看作是路易斯碱,可与浓硫酸、氯化氢等质子酸反应或与三氟化硼等路易斯酸反应形成二级䥽盐:

$$ROR + H_2SO_4 \rightleftharpoons R_2\overset{+}{O}H + HSO_4^-$$

$$ROR + HCl \rightleftharpoons R_2\overset{+}{O}H + Cl^-$$

$$ROR + BF_3 \longrightarrow R_2\overset{+}{O} \cdot \overset{-}{B}F_3$$

如将醚与三氟化硼形成的二级䥽盐与氟代烷反应,还可形成三级䥽盐:

$$\begin{matrix} R \\ \diagdown \\ \overset{+}{O} - \overset{-}{B}F_3 + R'F \\ \diagup \\ R \end{matrix} \longrightarrow \begin{matrix} R \\ \diagdown \\ \overset{+}{O} - R' \overset{-}{B}F_4 \\ \diagup \\ R \end{matrix}$$

这种三级䥽盐极易分解出烷基正离子,并与亲核试剂反应,所以是一种有效的烷基化试剂。

3. 醚的碳氧键断裂反应

在较高温度下,氢碘酸能使醚键断裂,生成卤代烃和醇或酚。若使用过量的氢碘酸,则生成的醇将进一步与氢碘酸反应生成碘代烃。

$$R-O-R+HI \longrightarrow RI + \underset{\underset{\displaystyle RI + H_2O}{\big\downarrow HI}}{ROH}$$

氢溴酸和盐酸也能进行上述反应,但这两种酸不如氢碘酸活泼,需要用浓酸和较高的反应温度。

醚链断裂过程:醚先和酸作用形成䥽盐,与氧相连的碳原子电子云密度降低,易受亲核 X^- 试剂攻击,导致碳氧键断裂而形成产物。

对于混合醚,碳氧键断裂的活性随与氧原子相连的烃基的结构不同而不同,一般活性规律为:三级烷基>二级烷基>一级烷基>芳香烃基。断裂后三级烷基形成正碳离子,容易发生亲核取代反应。芳基与氧的未共用电子对共轭,具有一些双键的性质,芳基碳和氧原子键的化学键难以断裂,因此芳基烷基醚与氢卤酸反应总是生成酚和卤代烷,而二芳基醚对酸比较稳定。以下是混合醚与氢卤酸反应的实例:

$$\underset{\underset{CH_3}{\big|}}{\overset{\overset{CH_3}{\big|}}{CH_3-C}}-O-CH_2CH_3 + HBr \xrightarrow{\triangle} \underset{\underset{CH_3}{\big|}}{\overset{\overset{CH_3}{\big|}}{CH_3-C}}-Br + CH_3CH_2OH$$

$$\text{\Large\textcircled{}}\!-\!O\!-\!CH_3 + HI \xrightarrow{\triangle} \text{\Large\textcircled{}}\!-\!OH + CH_3I$$

环醚与氢卤酸反应,使醚环打开,生成卤代醇,例如:

$$\overset{O}{\underset{\triangle}{\text{\Large\textpentagon}}} + HBr \longrightarrow BrCH_2CH_2CH_2CH_2OH$$

不对称的醚与氢卤酸反应,生成两种卤代醇的混合物。例如:

$$\underset{\underset{O\!-\!CH_2}{|}}{R\!-\!CH\!-\!CH_2} + HBr \longrightarrow \underset{\underset{Br}{|}}{RCHCH_2CH_2OH} + \underset{\underset{OH}{|}}{RCHCH_2CH_2Br}$$

4. 1,2-环氧化合物的开环反应

一般的醚比较稳定,与碱不反应,故常用作溶剂。但环氧乙烷类化合物与一般的醚不同,不仅可以与酸反应,还能与各种碱反应。原因是环氧乙烷类化合物的三元环是原子间以弯曲键连接而成,存在较大的环张力,易与多种试剂反应后开环。利用该反应可制备多种化合物。

(1) 酸催化的开环反应

1,2-环氧化合物的环碳原子受亲核试剂的攻击会导致三元环开环。若试剂的亲核能力不强,则需酸催化剂来帮助开环。例如:

$$\underset{O}{CH_3CH\!-\!CH_2} + H_2O \xrightarrow{H^+} \underset{\underset{CH_3\ OH}{|\ \ \ \ |}}{HOCH\!-\!CH_2}$$

$$\underset{O}{CH_3CH\!-\!CH_2} + CH_3OH \xrightarrow{H^+} \underset{\underset{CH_3\ OH}{|\ \ \ \ |}}{CH_3OCH\!-\!CH_2}$$

$$\underset{O}{CH_3CH\!-\!CH_2} + \text{\Large\textcircled{}}\!-\!OH \xrightarrow{H^+} \text{\Large\textcircled{}}\!-\!O\underset{\underset{CH_3\ OH}{|\ \ \ \ |}}{CH\!-\!CH_2}$$

$$\underset{O}{CH_3CH\!-\!CH_2} + HBr \longrightarrow \underset{\underset{CH_3\ OH}{|\ \ \ \ |}}{BrCH\!-\!CH_2}$$

酸的作用是使环氧化合物的氧原子质子化,氧上带部分正电荷,进而吸引相邻的环碳原子的电子,使环碳原子上带部分正电荷,削弱了 C—O 键,与亲核试剂的结合能力也得到增强。亲核试剂向 C—O 键的碳原子的背后进攻,发生亲核取代反应。酸性条件下,亲核试剂一般进攻烷基较多的环碳原子,该环碳原子的 C—O 键断裂,形成相应的产物。

(2) 与碱反应

1,2-环氧化合物可直接与碱反应,很多碱的亲核能力很强,往往选择性进攻取代基较少的环碳原子,发生亲核取代反应,而生成产物,因为该环碳原子空间位阻较小。例如:

$$\underset{O}{CH_3CH\!-\!CH_2} + OH^- \longrightarrow \underset{\underset{OH}{|}}{CH_3CH\!-\!\overset{\overset{OH}{|}}{CH_2}}$$

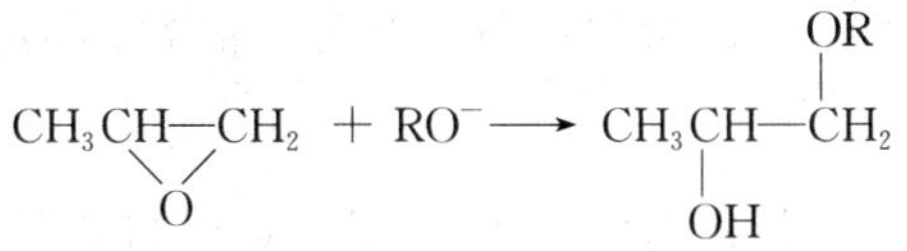

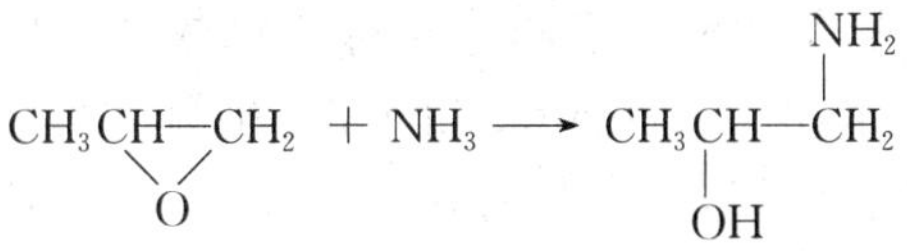

$$CH_3CH-CH_2 + RO^- \longrightarrow CH_3CH-CH_2$$

$$CH_3CH-CH_2 + NH_3 \longrightarrow CH_3CH-CH_2$$

10.3.4　醚的制备

1. 醇分子间脱水

在浓硫酸作用下,两分子醇之间可脱去一分子水而生成简单醚(对称醚):

$$2ROH \xrightarrow{\text{浓 } H_2SO_4} ROR + H_2O$$

应注意控制反应条件,防止生成烯烃。该法只适合制备简单醚,用一级醇时产量较高,用二级醇时产量很低,用三级醇只能得到烯烃。混合醚与芳香醚需用威廉穆逊法合成。

2. 威廉穆逊合成法

威廉穆逊合成法是在无水条件下用卤代烃与醇钠或酚钠作用生成醚的方法,可用于制备简单醚也可用于制备混合醚。例如:

$$(CH_3)_3CONa + CH_3I \longrightarrow (CH_3)_3COCH_3 + NaI$$

如欲制备含叔烷基的混合醚,一般用叔醇钠与伯卤代烷反应,而不用叔卤代烃与伯醇钠反应,因为在此条件下叔卤代烷易发生消除反应而生成烯烃。

除卤代烷外,磺酸酯、硫酸酯也可用于合成醚。例如:

$$(CH_3)_3CCH_2ONa + \bigcirc -SO_2OCH_3 \longrightarrow (CH_3)_3CCH_2OCH_3 + \bigcirc -SO_2ONa$$

用卤代苯和酚钠盐反应制备二苯醚时,需加入铜粉作催化剂,该类反应称为乌尔曼反应。例如:

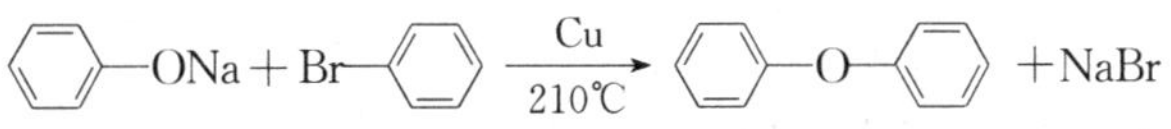

$$\bigcirc -ONa + Br-\bigcirc \xrightarrow[210℃]{Cu} \bigcirc -O-\bigcirc + NaBr$$

10.3.5　重要的醚

1. 乙醚

乙醚也叫二乙基醚,是无色、易挥发液体。微溶于水,能与多种有机溶剂混溶。易燃,遇火星、高温、氧化剂、过氯酸、氯气、氧气、臭氧等有发生燃烧爆炸的危险,在空气中爆炸极限 $2.34\% \sim 6.15\%$。容易形成爆炸过氧化物,所以必须用亚硫酸钠等还原剂处理才能蒸馏。对人有麻醉性,曾用作麻醉剂。

乙醚是油类、染料、生物碱、脂肪、天然树脂、合成树脂、硝化纤维、碳氢化合物、亚麻油、松香脂、香料、非硫化橡胶等的优良溶剂。医药工业用作药物生产的萃取剂和医疗上的麻醉剂。毛纺、棉纺工业用作油污洁净剂。火药工业用于制造无烟火药。

2. 环氧乙烷

环氧乙烷也叫氧化乙烯,是最简单的环醚。熔点$-111℃$,沸点$10.7℃$。常温时为无色气体,低温时为无色易流动液体,一般将它保存于钢瓶中。与空气形成爆炸性混合物,爆炸极限为$3.6\%\sim78\%$(体积)。溶于水、乙醇和乙醚等。

环氧乙烷化学性质非常活泼,是重要的有机合成中间体,能与水、醇、氨、氢卤酸及格氏试剂等亲核试剂起加成反应,生成开环产物。用于制乙二醇、抗冻剂、合成洗涤剂、乳化剂、塑料等和用作仓库熏蒸剂。

工业上,环氧乙烷是用乙烯在银催化剂作用下用空气氧化而制得。

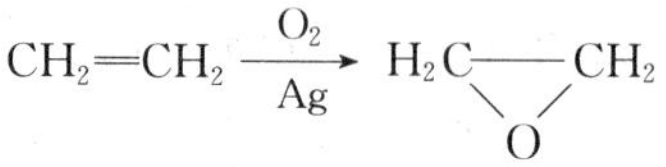

$$CH_2{=}CH_2 \xrightarrow[Ag]{O_2} H_2C{-}\!\!-\!\!{-}CH_2$$
$$\diagdown O \diagup$$

3. 环氧丙烷

环氧丙烷,又名氧化丙烯、甲基环氧乙烷,是重要的化工原料。环氧丙烷为无色、低沸点、易燃液体。有手性,工业品一般为两种对映体的外消旋混合物。在水中有一定溶解度,与乙醇、乙醚混溶。有毒,对黏膜和皮肤有刺激性,可损伤眼角膜和结膜,引起呼吸系统疼痛,皮肤灼伤和肿胀,甚至组织坏死。

环氧丙烷主要用于生产聚醚多元醇、丙二醇。它也是第四代洗涤剂非离子表面活性剂、油田破乳剂、农药乳化剂等的主要原料。

环氧丙烷的主要生产方法是用丙烯与次氯酸加成生成氯丙醇,后者经氢氧化钙处理、凝缩、蒸馏,得到环氧丙烷。

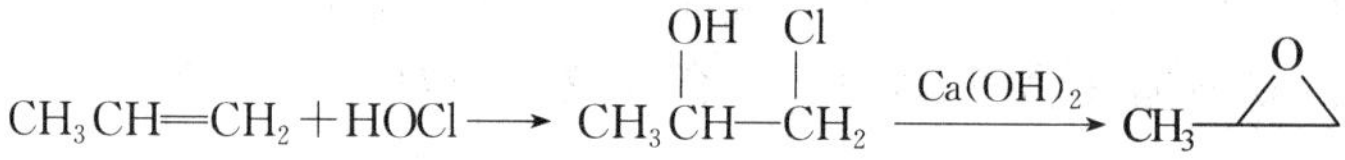

$$CH_3CH{=}CH_2 + HOCl \longrightarrow CH_3\underset{\underset{OH}{|}}{C}H{-}\underset{\underset{Cl}{|}}{C}H_2 \xrightarrow{Ca(OH)_2} CH_3$$

4. 四氢呋喃

四氢呋喃是一类杂环有机化合物。无色易挥发液体,有类似乙醚的气味。溶于水、乙醇、乙醚、丙酮、苯等多数有机溶剂。在空气中能形成可爆的过氧化物,遇明火、高温、氧化剂易燃。

四氢呋喃的基本用途是用来制造弹性聚氨酯纤维,比如氨纶。它的另一个主要用途是在PVC和漆的生产中作工业溶剂。

目前四氢呋喃最主要的工业生成方法是1,4-丁二醇在酸催化条件下脱水。

§10.4 硫醇、硫酚和硫醚

10.4.1 硫醇

醇分子中的氧原子被硫原子取代而形成的化合物叫做硫醇,也可以看成是烃分子中

的氢原子被巯基—SH 取代的产物。硫醇的命名与醇相似,只需在"醇"前面加上"硫"字。例如:

$$CH_3SH \qquad\qquad CH_3CH_2CH_2CH_2SH$$

甲硫醇　　　　　　　　　　正丁硫醇

1. 硫醇的物理性质

硫醇是具有特殊臭味的化合物,低级硫醇有毒。乙硫醇在空气中浓度为 5×10^{-10} g/L 时就能为人所察觉。黄鼠狼散发出来的防护气体中就含有丁硫醇。燃气中加入极少量的三级丁硫醇,若密封不严发生泄露,就可闻到臭味起到预警作用。随着硫醇相对分子质量的增大,嗅味逐渐变弱。

硫原子的电负性比氧原子小,而且外层电子距核较远,硫醇分子间不能通过巯基形成氢键,也难与水分子形成氢键,与相应的醇、酚相比,其沸点和在水中的溶解度都低得多。例如,甲醇的沸点为 65℃,而甲硫醇沸点只有 6℃;乙醇能与水任意比例混溶,而乙硫醇在 100 g 水中只能溶解 1.5 g。

2. 硫醇的化学性质

(1) 弱酸性

硫醇具有明显的酸性,它们的酸性比相应的醇强。醇不能与氢氧化钠溶液反应,而硫醇能溶于氢氧化钠溶液生成硫醇钠。例如:

$$CH_3CH_2SH + NaOH \longrightarrow CH_3CH_2SNa + H_2O$$

硫醇还能与砷、汞、铅、铜等重金属离子形成难溶于水的硫醇盐。例如:

$$2RSH + (CH_2COO)_2Pb \longrightarrow (RS)_2Pb\downarrow + 2CH_3COOH$$

(2) 氧化反应

硫醇中的硫有空的 d 轨道,而且硫氢键容易断裂,所以硫醇比醇更易被氧化。但是醇的氧化是发生在碳原子上,而硫醇的氧化是发生在硫原子上。强氧化剂,如过氧化氢、硝酸、高锰酸钾等会把硫醇先氧化成次磺酸、亚磺酸等中间物,最终氧化成磺酸。

$$RSH \xrightarrow{\text{强氧化剂}} R-\overset{\overset{\displaystyle O}{\|}}{S}-OH \xrightarrow{\text{强氧化剂}} R-\overset{\overset{\displaystyle O}{\|}}{\underset{\underset{\displaystyle O}{\|}}{S}}-OH$$

弱氧化剂,如三氧化铁、氧气、二氧化锰等可把硫醇氧化成二硫化物。例如:

$$4RSH + O_2 \longrightarrow 2RSSR + 2H_2O$$

10.4.2　硫酚

硫酚可以看成是酚中的 O 被 S 替换形成的化合物。一般由芳磺酰氯经还原制备。

1. 硫酚的物理性质

与硫醇类似,硫酚也具有强烈的令人讨厌的气味。

硫的电负性比氧小,又由于外层电子距核较远,所以硫酚巯基间相互作用弱,难以形成氢键,故其沸点比相应的酚低。例如,苯硫酚的沸点为 168℃,而苯酚沸点为 181.4℃。

硫酚中 S—H 的伸缩振动吸收峰在 $2\,600\ \mathrm{cm}^{-1}\sim2\,500\ \mathrm{cm}^{-1}$。

2. 硫酚的化学性质

硫酚的化学性质主要是 -SH 的化学反应。

硫酚的酸性比相应的酚强。例如：苯硫酚的 $pK_a=7.8$，而苯酚的 $pK_a=10$。

硫酚易与重金属盐反应，生成水中不溶的硫酚盐。例如：

$$2C_6H_5SH + HgCl_2 \longrightarrow (C_6H_5S)_2Hg + 2HCl$$

硫酚能被弱氧化剂氧化成二硫化物；能被高锰酸钾等强氧化剂氧化成芳磺酸。

$$2ArSH \xrightarrow{\text{弱氧化剂}} ArSSAr + H_2O$$

$$ArSH \xrightarrow{\text{强氧化剂}} ArSO_3H$$

硫酚在催化加氢的条件下失去硫原子生成相应的烃。

$$ArSH + H_2 \xrightarrow{\text{催化剂}} ArH + H_2S$$

10.4.3 硫醚

硫醚的结构类似于醚，只是硫原子替换了氧原子。硫醚的沸点比相应的醚高，不溶于水，低级硫醚有令人不愉快的气味。

1. 硫醚的制备

卤代烷和硫化钠反应，可用于制对称硫醚。

$$2RX + Na_2S \longrightarrow R—S—R + 2NaX$$

硫醇在碱性溶液中与卤代烷等烃化剂反应，可用于制不对称醚。

$$RS^- + R'X \longrightarrow RSR' + X^-$$

在过氧化物存在下，硫醇或硫酚与烯烃进行自由基加成，也可用于制备醚。

$$C_2H_5SH + C_6H_{13}CH{=}CH_2 \longrightarrow C_8H_{17}SC_2H_5$$

2. 硫醚的化学性质

（1）亲核反应

硫醚分子中的硫有较强的亲核性，可以作为亲核试剂与其他化合物反应。硫醚在适当的溶剂中与有机卤化物的亲核取代反应可用来制备锍盐，例如：

$$CH_3SCH_3 + ClCH_2CH{=}CH_2 \xrightarrow[\text{室温}]{H_2O} \underset{\text{锍盐}}{(CH_3)_2S^+CH_2CH{=}CH_2\,Cl^-}$$

（2）氧化反应

硫醚用适当的氧化剂氧化，可分别生成亚砜和砜。

$$CH_3SCH_3 \xrightarrow{H_2O_2} \underset{\text{亚砜}}{CH_3\overset{O}{\overset{\|}{S}}CH_3} \xrightarrow{RCOOH} \underset{\text{砜}}{CH_3\overset{O}{\underset{O}{\overset{\|}{\underset{\|}{S}}}}CH_3}$$

用高碘酸作氧化剂可以使硫醚的氧化停留在生成亚砜的阶段。

$$C_6H_5SCH_3 + NaIO_4 \xrightarrow[0℃]{H_2O} C_6H_5\overset{\overset{\displaystyle O}{\|}}{S}CH_3$$

习 题

1. 选择题。

(1) 下列化合物中哪一个沸点最高？（ ）

A. 3-己醇　　　　　B. 正己烷　　　　　C. 正己醇　　　　　D. 二甲基正丙基甲烷

(2) 下列化合物中哪一个与金属钠反应的活性最高？（ ）

A. 1-丁醇　　　　　B. 2-丁醇　　　　　C. 2-甲基-2-丙醇

(3) 下列化合物中哪一个与 lucas 试剂反应最先变浑浊？（ ）

A. 苯甲醇　　　　　B. α-苯基乙醇　　　　　C. β-苯基乙醇

(4) 下列化合物中哪一个酸性最强？（ ）

A. 间溴苯酚　　　　　B. 间甲苯酚　　　　　C. 间硝基苯酚　　　　　D. 苯酚

2. 用系统命名法命名下列化合物。

(1) Cl—⟨苯环⟩—CH₂CH₂OH　　(2) (CH₃)₂CHCHCHCH₂OH（下标 Cl F）　　(3) ⟨环己烯⟩—OH

(4) CH₂=CHCH₂CH₂CH=CH₂（OH 在中间碳上）

(5) CH₃C≡C—C(CH₃)₂—CH₂OH

(6) ⟨苯环，取代 O₂N、Cl、OH、OH⟩

(7) C₂H₅OCH₂CH(CH₃)₂

(8) CH₃C(OH)(CH₃)CH₂CH₂OCH₃

(9) ⟨CH₂OCH₃ / CHOCH₃ / CH₂OCH₃⟩

(10) H₂C—CHCH₂CH₃（环氧，O）

3. 写出下列化合物相应的结构式。

(1) 2-丁烯-1-醇　　　　　(2) 3-甲基-1-氯-3-戊烯-2-醇　　　　　(3) 2,4,6-三硝基苯酚

(4) 烯丙基正丁基醚　　　(5) 2-乙氧基-1-乙醇　　　　　　　　(6) 2,3-环氧戊烷

4. 写出异丙醇与下列试剂作用的反应式。

(1) Na　　　　　　　　　　　　(2) 冷浓硫酸　　　　　　　　(3) 浓硫酸,反应温度高于 160℃

(4) 浓硫酸,反应温度低于 140℃　(5) NaBr+H₂SO₄　　　　　　(6) 红磷+碘

5. 完成下列反应。

(1) ⟨CH₂OH / CH₂OH⟩ + 2HNO₃ $\xrightarrow[\triangle]{H_2SO_4}$ (   )

(2) (CH₃)₂CHOCH₃ + HI(过量) $\xrightarrow{\triangle}$ (   )

(3) ⟨环戊醇，OH⟩ $\xrightarrow{H^+}$ (   )

(4) CH₃CH₂CH—CH₂（环氧，O） + HBr $\longrightarrow$ (   )

(5) (   ) + HCHO $\xrightarrow{H_3O^+}$ ⟨苯环⟩—CH₂CH₂CH₂OH

6. 请用适当的方法将下列混合物中的少量杂质除去。

（1）乙醚中含少量乙醇 　　　　　　　　　　　　　（2）环己醇中含少量苯酚

7. 化合物 A 的分子式为 $C_6H_{10}O$，A 能与 Lucas 试剂较快地反应，能被 $KMnO_4$ 氧化，能吸收等物质的量的溴，经催化加氢得到 B。将 B 氧化得到 C（分子式为 $C_6H_{10}O$），将 B 在加热条件下与浓硫酸作用得到 D。D 还原可得到环己烷。试推测 A、B、C、D 的可能结构。

8. 化合物 A 的分子式为 $C_6H_{14}O$，A 能与 Na 反应，A 在酸催化作用下脱水生成 B。以冷 $KMnO_4$ 溶液氧化 B 可得到 C（分子式为 $C_6H_{14}O_2$）。C 与 HIO_4 反应只能生成丙酮。试推测 A、B、C 的可能结构。

第 11 章　醛、酮和醌

醛（aldehyde）和酮（ketone）都是含有羰基（$-\overset{\text{O}}{\overset{\|}{\text{C}}}-$，carbonyl group）的化合物，羰基是醛、酮的官能团。羰基两端都与烃基相连的化合物称为酮，通式为 $R-\overset{\text{O}}{\overset{\|}{\text{C}}}-R'$，$-\overset{\text{O}}{\overset{\|}{\text{C}}}-$ 称为酮羰基；羰基至少与一个氢原子相连的化合物称为醛，通式为 $R-\overset{\text{O}}{\overset{\|}{\text{C}}}-H$，$-\overset{\text{O}}{\overset{\|}{\text{C}}}-H$ 称为醛基。

醌分子中也含有羰基，是一类含有 α,β-不饱和双羰基环状结构的化合物，例如 $O=\bigodot=O$ 或 $\bigodot\overset{\text{O}}{\underset{\text{O}}{}}$ 。醛、酮和醌广泛存在于自然界，在工业和日常生活中有重要的应用，同时也是动植物体内代谢过程中十分重要的中间体。羰基化合物很活泼，可发生很多化学反应，在有机合成中占有特殊的位置。

醛、酮根据与羰基相连的结构不同，可分为脂肪族醛（酮）、脂环族醛（酮）和芳香族醛（酮）；根据烃基的饱和度可分为饱和醛（酮）和不饱和醛（酮）；根据分子中所含羰基的数目分为一元醛（酮）、二元醛（酮）、多元醛（酮）等。

§11.1　醛、酮的结构和命名

11.1.1　醛、酮的结构

醛酮的官能团羰基（C=O）与碳碳双键相似，羰基双键中一个是 σ 键、一个是 π 键。羰基碳原子为 sp^2 杂化，它的三个 sp^2 杂化轨道可与其他原子形成三个 σ 键，这三个 σ 键在同一平面上，键角接近 $120°$，羰基碳原子和氧原子上各自的一个 p 轨道侧面重叠形成 π 键，该 π 键垂直于三个 σ 键所在的平面（图 11-1）。

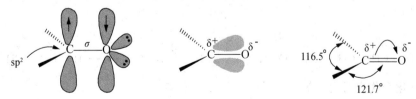

图 11-1　羰基的结构

羰基的特征在于其氧原子的电负性比碳大，氧原子周围的电子云密度大于碳原子周围的电子云密度，因此羰基是一个极性基团，醛酮是一类极性化合物，它们都有较大的偶极矩。

11.1.2　醛、酮的命名

1. 普通命名法

简单的醛和酮可采用普通命名法,其命名方法类似于醇。例如:

$$CH_3CH_2CH_2—CHO$$
正丁醛

$$CH_3CHCH_2—C—H$$（含CH_3、O）
异戊醛

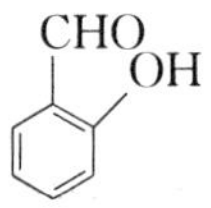

CHO / OH
邻羟基苯甲醛

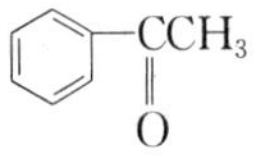

苯乙酮

甲基乙烯基酮

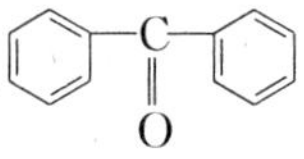

二苯甲酮

2. 系统命名法

醛、酮的系统命名法是选择含有羰基的最长碳链为主链,从靠近羰基的一端开始编号,酮的羰基位于碳链之中,命名时要将羰基的位置注明。例如:

$$CH_3CH_2CHO$$
丙醛

$$CH_3CHCHO$$（含CH_3）
2-甲基丙醛

$$CH_3—C—CH_2CH_3$$（含O）
2-丁酮

命名不饱和醛、酮时,根据主碳链的碳数称为某烯(炔)醛(酮),并要注明不饱和键和酮羰基的位置。例如:

$$CH\equiv CCH_2CH_2CH_2CHCHO$$（含CH_3）
2-甲基-6-庚炔醛

$$CH_3CH\equiv CHCHO$$
2-丁烯醛

$$—COCH\equiv CH_2$$
1-环己基丙烯酮

多元醛、酮命名时,把羰基作为取代基,也可用氧代表示酮羰基,用甲酰基表示醛基。例如:

$$CH_3—C—CH_2CH_2—CHO$$（含O）
4-氧代戊醛

$$OHC—CH_2—CH—CH_2—CHO$$（含CHO）
3-甲酰基戊二醛

碳原子的位置有时也可用希腊字母表示,紧连官能团的碳原子为 α-碳原子,依次为 β,γ,…。例如:

$$\overset{\delta}{CH_3}—\overset{\gamma}{CH_2}—\overset{\beta}{CH_2}—\overset{\alpha}{CH_2}—\overset{O}{C}—H$$

$$\overset{\gamma}{CH_3}—\overset{\beta}{CH_2}—\overset{\alpha}{CH_2}—\overset{O}{C}—\overset{\alpha'}{CH_2}—\overset{\beta'}{CH_2}—\overset{\gamma'}{CH_3}$$

所以,下列化合物也可命名为:

$$CH_3CH_2C—CCH_3$$（含O O）
α-戊二酮(2,3-戊二酮)

$$CH_3C—CH_2—CCH_3$$（含O O）
β-戊二酮(2,4-戊二酮)

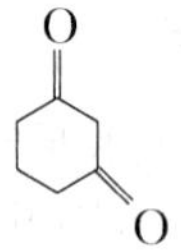

β-环己二酮(1,3-环己二酮)

§11.2 醛、酮的物理性质和光谱性质

11.2.1 醛、酮的物理性质

常温下,除甲醛是气体外,C_{12} 以下醛、酮都是液体,高级的醛、酮是固体。低级醛具有强烈的刺激味,中级醛具有果香味,所以含九、十个碳的醛可应用于香料工业中。

醛、酮分子间不能形成氢键,但羰基是极性键,分子间的引力大于烷烃和醚,故其沸点比相应的醇低,但高于相对分子质量相近的烷烃和醚。例如:

	$CH_3CH_2CH_2CH_3$	$CH_3OC_2H_5$	CH_3CH_2CHO	CH_3COCH_3	$CH_3CH_2CH_2OH$
	丁烷	甲乙醚	丙醛	丙酮	1-丙醇
沸点/℃	−0.5	10.8	49	56.1	97.2

因为醛、酮的羰基能与水分子中的氢原子形成氢键,所以低级的醛、酮可溶于水,如甲醛、乙醛、丙酮能与水互溶,其他的醛、酮随相对分子质量的增加在水中的溶解度逐渐减小,六个碳以上的醛、酮基本不溶于水。醛、酮一般都能溶于有机溶剂。常见一元醛、酮的物理性质列于表 11-1。

表 11-1 常见一元醛、酮的物理性质

名 称	熔点/℃	沸点/℃	相对密度(d_4^{20})	名 称	熔点/℃	沸点/℃	相对密度(d_4^{20})
甲醛	−92.0	−21.0	0.815(−20℃)	2-丁酮	−86.9	79.6	0.805
乙醛	−123.5	20.2	0.795(10℃)	2-戊酮	−77.8	102.0	0.812
丙醛	−81.0	49.5	0.807	环己酮	−155.0	155.0	0.948
苯甲醛	−26.0	170.0	1.046	苯乙酮	202.0	202.0	1.024
丙酮	−94.8	56.2	0.790				

11.2.2 醛、酮的光谱性质

IR:羰基化合物的红外光谱在 1 850~1 680 cm^{-1} 处有一个强的羰基伸缩振动吸收峰,这是羰基化合物的特征吸收峰,对鉴别羰基的存在非常有效。醛基氢在 2 720 cm^{-1} 处有一个中等强度或偏弱且尖锐的特征吸收峰,可用来鉴别醛基的存在。羰基与双键共轭,特征吸收向低频方向位移。例如:

$$(CH_3)_2CHCH_2-\overset{O}{\overset{\|}{C}}-CH_3 \qquad \qquad (CH_3)_2=CH-\overset{O}{\overset{\|}{C}}-CH_3 \qquad \qquad$$

| σ/cm^{-1} | 1717 | 1715 | 1690 | 1700 |

图 11-2 和图 11-3 分别是正辛醛和苯乙酮的红外光谱图。

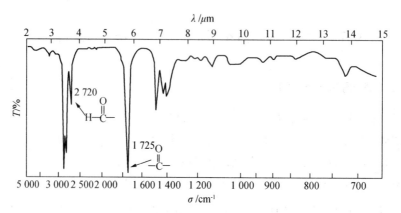

图 11-2 正辛醛的红外光谱图

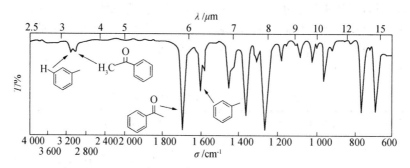

图 11-3 苯乙酮的红外光谱图

^{1}H NMR：醛基氢因受羰基的去屏蔽效应的影响，其化学位移在 9～10 之间，可利用这个特征吸收峰鉴别醛基的存在。羰基的 α-氢也会受羰基的去屏蔽效应的影响，其化学位移通常在 2～3 之间。

图 11-4 和图 11-5 分别是丁酮和正丁醛的核磁共振谱图。

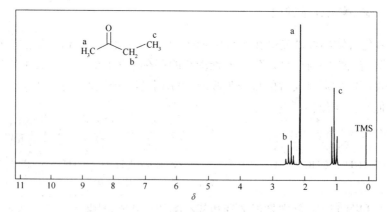

图 11-4 丁酮的核磁共振谱图

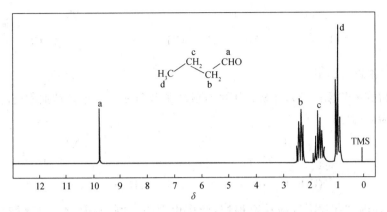

图 11 - 5 正丁醛的核磁共振谱图

§11.3 醛、酮的化学性质

醛、酮的反应是由其结构来决定的,通常可描述如下:

Nu⁻进攻缺电子碳发生亲核加成反应

发生α-H的反应包括卤代、羟醛缩合等

碳氧不饱和键的还原反应

发生氧化反应

11.3.1 亲核加成反应

羰基上的碳-氧双键和碳-碳双键一样,也是由一个 σ 键和一个 π 键组成,但又不同于碳-碳双键。由于羰基氧原子的电负性比碳原子大,π 电子云不是对称分布在碳和氧之间,而是靠近氧的一端,因此氧原子上带部分负电荷,碳原子上带部分正电荷。醛、酮发生加成反应时,带部分正电荷的羰基碳(碳原子属第Ⅳ主族)的活性要高于带部分负电荷的羰基氧(氧原子属第Ⅵ主族),因此,容易受到带负电荷的基团(亲核试剂)的进攻,使碳-氧双键发生亲核加成反应。

醛、酮亲核加成(nucleophilic addition)反应的难易取决于羰基上所连原子(基团)的电子效应和空间效应以及亲核试剂亲核性的强弱,羰基碳上所连的烃基越多,羰基碳上的电正性越弱,空间位阻越大,反应就越不容易进行。从醛、酮的结构来看,醛的亲核加成要比酮更易进行,因为酮羰基与两个烷基相连,空间位阻大于醛;同时两个烷基的给电子效应使酮羰基碳原子上的电正性小于只有一个烷基的醛羰基上的碳原子,电子效应和空间效应的共同作用,使得醛比酮更易发生亲核加成反应。

芳香族醛、酮的活性小于脂肪族醛、酮,这是因为羰基与芳环相连时,可以产生 π - π 共轭,削弱了羰基碳原子的电正性,同时体积较大的芳环的位阻也要大于脂肪族的醛、酮。通常,不同结构的醛、酮进行亲核加成时的活性顺序如下:

$$H-\overset{\overset{\text{O}}{\|}}{C}-H > R-\overset{\overset{\text{O}}{\|}}{C}-H > Ar-\overset{\overset{\text{O}}{\|}}{C}-H > CH_3-\overset{\overset{\text{O}}{\|}}{C}-CH_3 > \overset{\overset{\text{O}}{\|}}{\bigcirc} > CH_3-\overset{\overset{\text{O}}{\|}}{C}-R$$

1. 与氢氰酸的加成

醛、脂肪族甲基酮以及八个碳以下的环酮均能与氢氰酸发生亲核加成反应生成 α-羟基腈,也称为 α-氰醇。例如:

$$\underset{(CH_3)H}{\overset{R}{\diagdown}}C=O + HCN \rightleftharpoons \underset{(CH_3)H}{\overset{R}{\diagdown}}\overset{OH}{\underset{CN}{C}}$$

该反应在碱的催化下反应速率很快,产率也很高。例如,丙酮与氢氰酸在无碱催化时,3~4 小时 只有一半原料反应,若加一滴氢氧化钾溶液,则 2 分钟即可完成反应。如果加入酸,则几天也不能反应。原因是在此反应中,关键的亲核试剂是 CN^-,碱的存在增加了 CN^- 的浓度,利于亲核反应的进行,而酸的存在降低了 CN^- 的浓度,不利于亲核反应的进行。

$$HCN \rightleftharpoons H^+ + CN^- \qquad HCN + OH^- \longrightarrow H_2O + CN^-$$

其反应机理如下:

$$\underset{(CH_3)H}{\overset{R}{\diagdown}}C=O + CN^- \overset{慢}{\rightleftharpoons} \underset{(CH_3)H}{\overset{R}{\diagdown}}\overset{O^-}{\underset{CN}{C}} \overset{HCN}{\underset{快}{\rightleftharpoons}} \underset{(CH_3)H}{\overset{R}{\diagdown}}\overset{OH}{\underset{CN}{C}} + CN^-$$

由于氢氰酸有剧毒,且易于挥发(沸点为 26.5 ℃),在实际工作中,通常是将氰化钠或氰化钾的水溶液与醛、酮混合,再滴加硫酸或盐酸,使生成的 HCN 立即与醛、酮作用。羰基与氢氰酸的加成,是增长碳链的方法之一。其加成产物 α-羟基腈水解可制备 α-羟基酸,后者可进一步脱水生成 α,β-不饱和酸。

$$CH_3CH_2-\overset{\overset{\text{O}}{\|}}{C}-CH_3 \xrightarrow{HCN} CH_3CH_2-\overset{\overset{OH}{|}}{\underset{\underset{CH_3}{|}}{C}}-CN \begin{array}{l} \xrightarrow{HCl} CH_3CH_2-\overset{\overset{OH}{|}}{\underset{\underset{CH_3}{|}}{C}}-COOH \\ \\ \xrightarrow{H_2SO_4} CH_3CH=\overset{\overset{}{}}{\underset{\underset{CH_3}{|}}{C}}-COOH \end{array}$$

丙酮与氢氰酸加成生成丙酮氰醇,后者在硫酸存在下与甲醇作用,即发生醇解、脱水反应,生成甲基丙烯酸甲酯,甲基丙烯酸甲酯是制备有机玻璃(聚甲基丙烯酸甲酯)的单体。

$$\underset{H_3C}{\overset{H_3C}{\diagdown}}C=O \xrightarrow{HCN} \underset{H_3C}{\overset{H_3C}{\diagdown}}\overset{OH}{\underset{CN}{C}} \xrightarrow[H_2SO_4]{CH_3OH} CH_2=\overset{\overset{CH_3}{|}}{C}-COOCH_3$$

2. 与亚硫酸氢钠的加成

醛、脂肪族甲基酮以及八个碳以下的环酮均能与亚硫酸氢钠的饱和溶液发生亲核加成,得到 α-羟基磺酸钠的晶体。在该反应中,亚硫酸氢钠分子中的具有未共用电子对的

硫原子进攻羰基碳原子发生亲核加成,反应如下:

$$\underset{(H)CH_3}{\overset{R}{>}}C=O + \overset{HO}{\underset{O}{\overset{\cdot\cdot}{S}}}\overset{\bar{O}Na^+}{\longrightarrow} \quad \underset{(H)CH_3}{\overset{R}{\underset{OH}{\overset{SO_3^-}{\longrightarrow}}}} \xrightarrow{Na^+} \underset{(H)CH_3}{\overset{R}{\underset{OH}{\overset{SO_3Na}{\longrightarrow}}}}$$

α-羟基磺酸钠为白色固体,不溶于饱和的亚硫酸氢钠溶液,常会结晶析出。因此可用来鉴别醛、脂肪族甲基酮以及八个碳以下的环酮。

α-羟基磺酸钠与酸或碱共热,又可得到原来的醛、酮。利用此性质可用来分离或提纯醛、脂肪族甲基酮以及八个碳以下的环酮。

$$\underset{H}{\overset{R}{\underset{OH}{\overset{SO_3Na}{C}}}}\begin{cases} \xrightarrow{\text{稀 } Na_2CO_3} RCHO + Na_2SO_3 + CO_2\uparrow + H_2O \\ \xrightarrow{HCl} RCHO + NaCl + SO_2\uparrow + H_2O \end{cases}$$

将 α-羟基磺酸钠与 NaCN 作用,磺酸基可被氢氰根取代,生成 α-羟基腈,此方法可避免使用有毒的氰化氢,而且产率较高。

$$PhCHO \xrightarrow[H_2O]{NaHSO_3} \underset{OH}{PhCHSO_3Na} \xrightarrow[H_2O]{NaCN} \underset{OH}{PhCHCN} \xrightarrow[\text{回流}]{HCl} \underset{OH}{PhCHCOOH} \quad (67\%)$$

3. 与醇加成

在干燥的氯化氢或浓硫酸作用下,醇可与醛、酮发生亲核加成反应,生成半缩醛或半缩酮。半缩醛(酮)不稳定,易分解为原来的醛(酮),因此不易分离出来,但半缩醛(酮)与另一分子的醇继续反应,可生成稳定的产物——缩醛或缩酮。

$$\underset{(R')H}{\overset{R}{>}}C=O \xrightarrow{R''OH} \underset{H(R')}{\overset{OR''}{\underset{|}{R\!-\!\!\!-\!\!\!-OH}}} \xrightarrow{R''OH} \underset{H(R')}{\overset{OR''}{\underset{|}{R\!-\!\!\!-\!\!\!-OR''}}} + H_2O$$

半缩醛(不稳定)　　　　缩醛(较稳定)

反应机理如下:

$$\overset{\diagdown}{\diagup}C=O \rightleftharpoons \overset{\diagdown}{\diagup}C=\overset{+}{O}H \overset{ROH}{\rightleftharpoons} \underset{\overset{+}{O}R}{\overset{OH}{\underset{|}{\overset{|}{C}}}}H \overset{-H^+}{\rightleftharpoons} \underset{OR}{\overset{OH}{\underset{|}{\overset{|}{C}}}} \overset{H^+}{\rightleftharpoons}$$

$$\underset{OR}{\overset{\overset{+}{O}H_2}{\underset{|}{\overset{|}{C}}}} \overset{-H_2O}{\rightleftharpoons} \overset{\diagdown}{\diagup}C=\overset{+}{O}R \overset{ROH}{\rightleftharpoons} \underset{\overset{+}{O}R}{\overset{OR}{\underset{|}{\overset{|}{C}}}}H \overset{-H^+}{\rightleftharpoons} \underset{OR}{\overset{OR}{\underset{|}{\overset{|}{C}}}}$$

酮与一元醇在氯化氢气体催化下很难形成缩酮,但可与过量的 1,2-二元醇在痕量酸的催化下作用生成缩酮,反应中要设法除水。

$$\underset{R'}{\overset{R}{>}}C=O + \underset{CH_2OH}{\overset{CH_2OH}{|}} \xrightarrow[H^+]{HCl(g)} \underset{R}{\overset{R'}{\underset{O-CH_2}{\overset{O-CH_2}{C<}}}} + H_2O$$

另一种制备缩酮的方法是用原甲酸酯与酮在酸的催化作用下进行反应,产率较高。

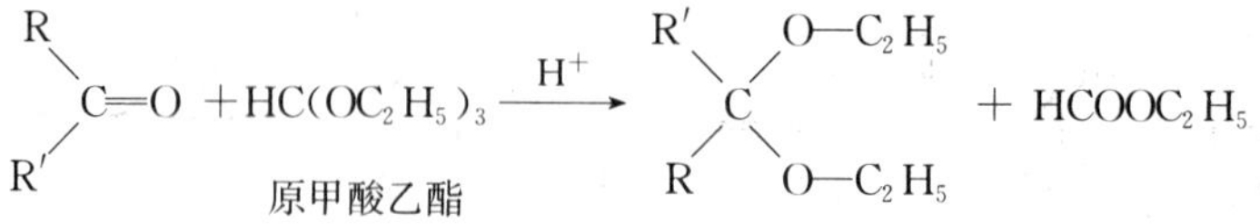

$$\begin{matrix} R \\ \diagdown \\ \diagup C{=}O \\ R' \end{matrix} + HC(OC_2H_5)_3 \xrightarrow{H^+} \begin{matrix} R' & O{-}C_2H_5 \\ \diagdown | \diagup \\ C \\ \diagup | \diagdown \\ R & O{-}C_2H_5 \end{matrix} + HCOOC_2H_5$$

原甲酸乙酯

缩醛(酮)可以看成是同碳二元醇的醚,性质也与醚相似,对酸不稳定,但对碱、氧化剂、还原剂都很稳定,所以在有机合成中可以利用形成缩醛(酮)来保护醛基或酮羰基。

4. 与金属有机试剂的加成

醛、酮与格氏试剂加成,加成产物不必分离,直接水解可生成醇。不同的醛、酮与格氏试剂加成可以制备结构不同的伯醇、仲醇、叔醇。

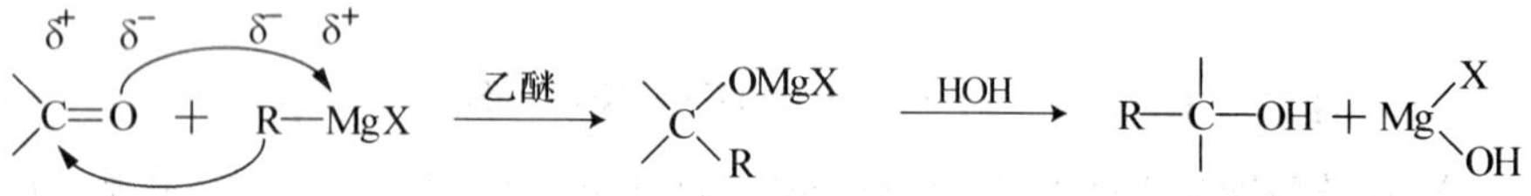

例如:

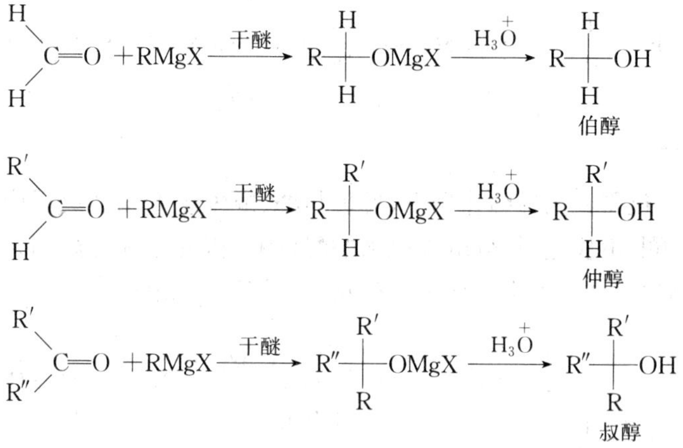

伯醇

仲醇

叔醇

除格氏试剂以外,其他一些有机金属试剂,如有机锂、炔化钠等也可以对羰基化合物进行类似加成反应生成醇,但有机锂的活性比格氏试剂大。例如:

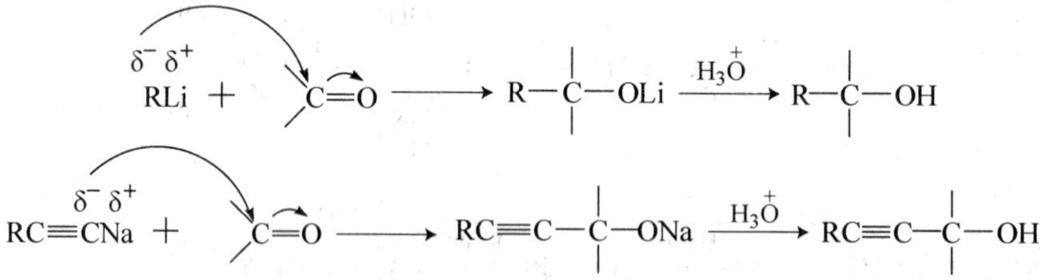

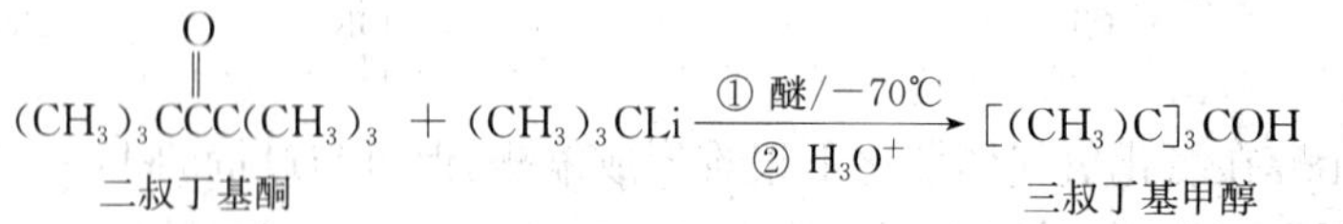

$$(CH_3)_3CCC(CH_3)_3 + (CH_3)_3CLi \xrightarrow[\textcircled{2} H_3O^+]{\textcircled{1} \; 醚/-70℃} [(CH_3)C]_3COH$$

二叔丁基酮　　　　　　　　　　　三叔丁基甲醇

5. 与氨的衍生物的加成

羟氨、肼、苯肼、2,4-二硝基苯肼、氨基脲都是氨的衍生物,都可以与醛、酮在弱酸性条件下发生反应,分别生成肟、腙、苯腙、2,4-二硝基苯腙和缩氨脲,反应通式如下:

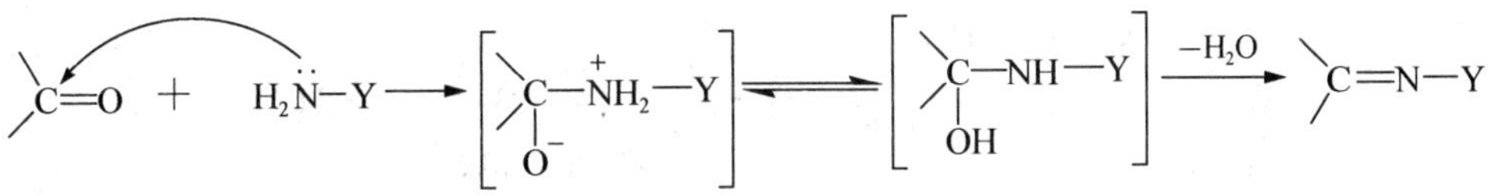

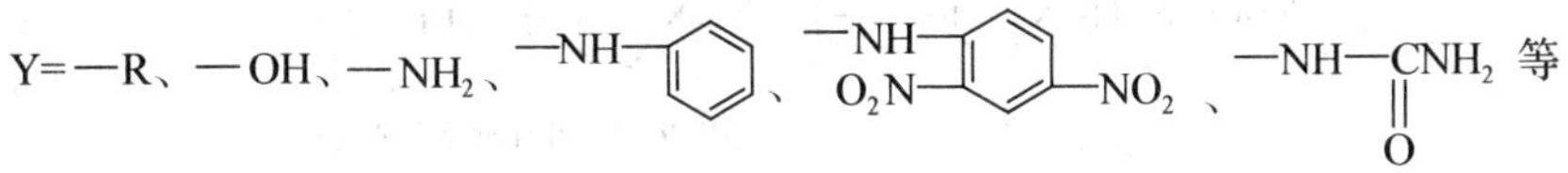

$$\overset{}{\underset{}{\diagdown}}C{=}O \;+\; H_2\ddot{N}{-}Y \;\longrightarrow\; \left[\;\overset{}{\underset{O^-}{\overset{+}{\diagup}}}C{-}\overset{+}{N}H_2{-}Y\;\right] \;\rightleftharpoons\; \left[\;\overset{}{\underset{OH}{\diagup}}C{-}NH{-}Y\;\right] \;\xrightarrow{-H_2O}\; \overset{}{\diagdown}C{=}N{-}Y$$

$Y={-}R$、${-}OH$、${-}NH_2$、${-}NH{-}\bigcirc$、${-}NH$（带O_2N、NO_2的苯环）、${-}NH{-}\underset{O}{C}NH_2$ 等

具体反应如下：

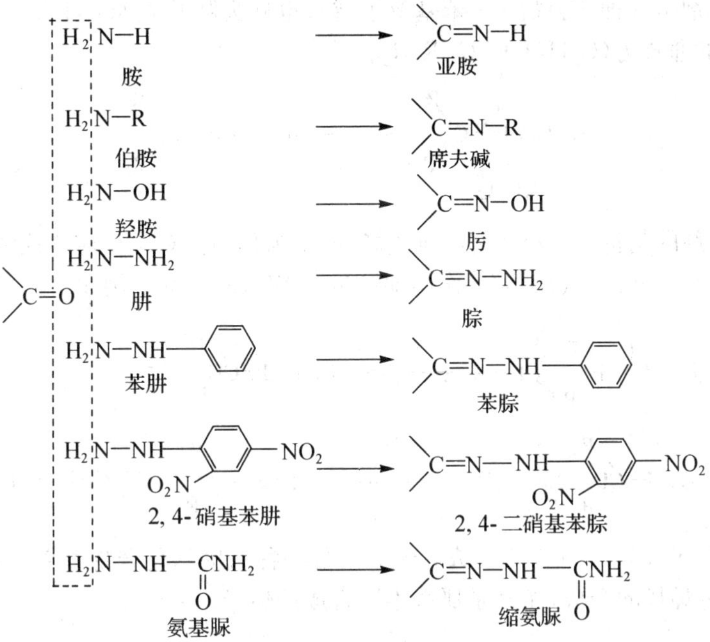

产物肟、腙、苯腙、2,4-二硝基苯腙都是易于分离的固体,通过测定它们的熔点,就可以推测出原料醛、酮的结构。特别是 2,4-二硝基苯腙为黄色或红色晶体,更加易于观察。其中,生成亚胺的反应 pH 为 4～5 时,效果最好,酸性太强反应速率反而减慢。反应机理如下所示,反应的关键步骤是质子化的醇脱去水分子的一步,只有在酸的催化下才能使离去基团 OH 转化为离去基团 H_2O,当然如果酸的浓度太大,则有可能使亲核试剂 $H_2N{-}R$ 质子化。

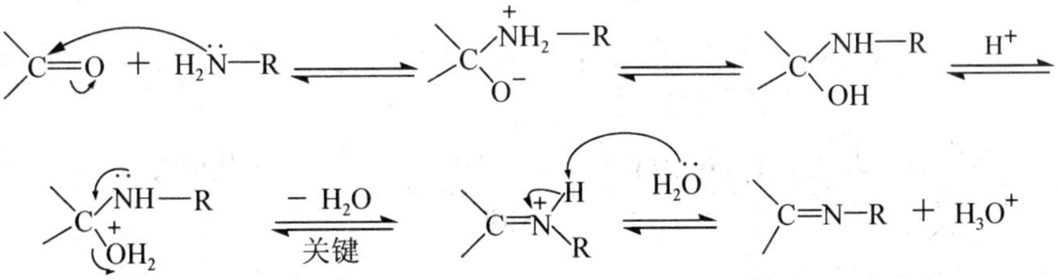

醛或酮与氨反应生成的亚胺非常不稳定。如用伯胺或仲胺替代氨,反应生成的是取代亚胺(又名 Schiff 碱)或烯胺(详见第 13 章),取代亚胺也不太稳定,但芳香醛和芳香族伯胺反应生成的席夫碱是稳定的化合物。例如:

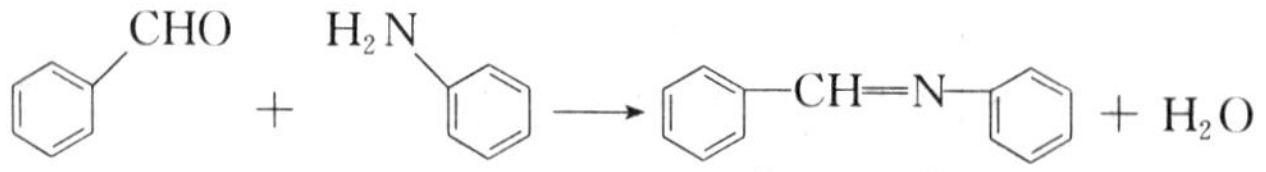

苯亚甲基苯胺

N-(1-环戊烯基)四氢吡咯(烯胺)

6. 与 Wittig 试剂加成

Wittig 试剂是一种内鏻盐（三苯基亚甲膦），也称为膦叶立德（ylide），是一种重要的合成试剂，它的通式为 $(C_6H_5)_3P^+C^-R_1R_2$。

内鎓盐

Wittig 试剂的制备：三苯基膦与卤代烃(通常为伯、仲 RCl)反应生成**鏻盐**，**鏻盐**再与强碱(如丁基锂、苯基锂、氢化钠等)作用即可生成 Wittig 试剂。例如：

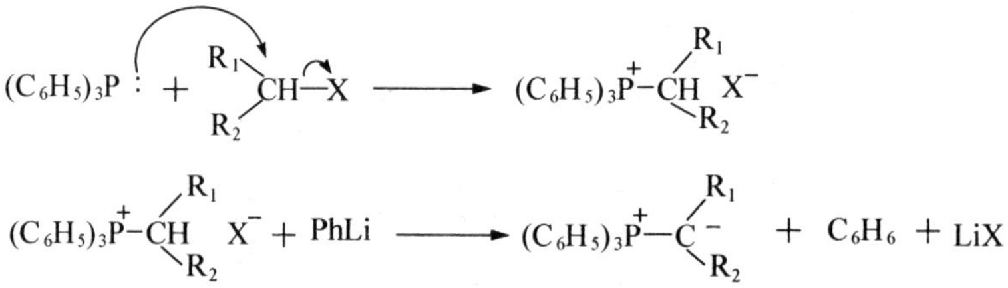

醛、酮可与 Wittig 试剂作用生成烯烃。这是一种从羰基化合物直接合成烯烃的好方法，可用于各种烯烃的合成，尤其是那些难以合成的烯烃。

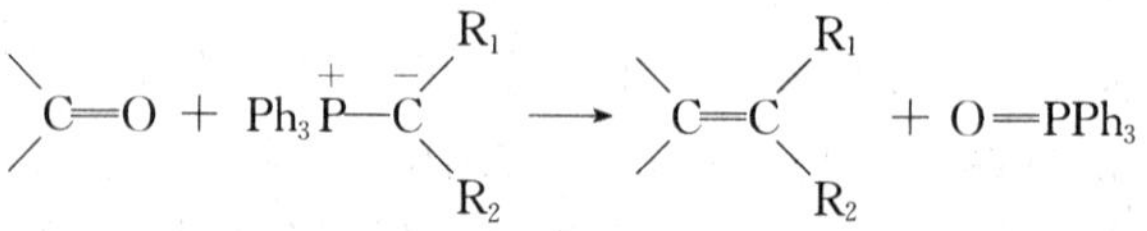

例如：

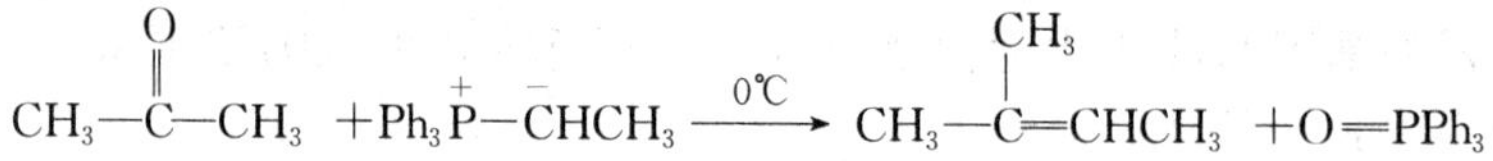

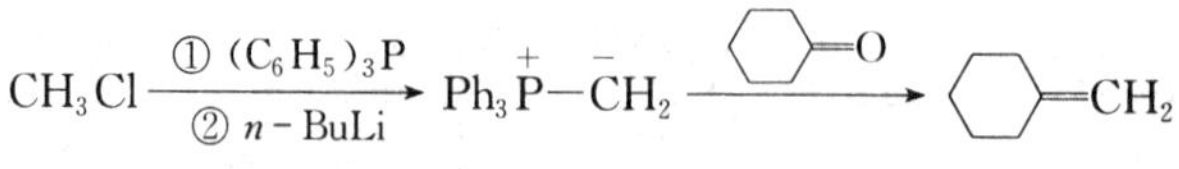

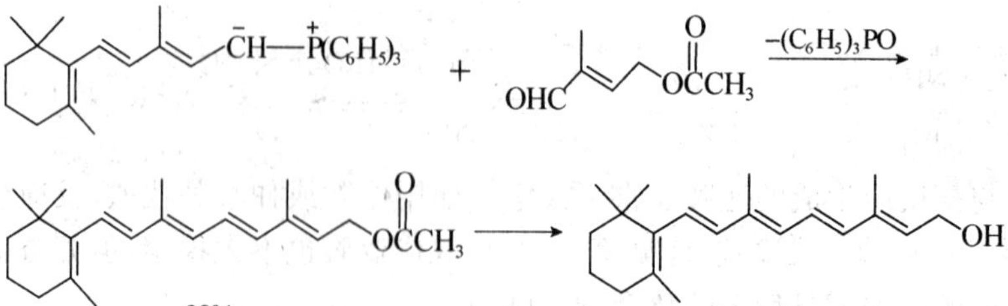

98%　　　　　　　　　　　　　　　维生素A

11.3.2 α-氢的反应

羰基吸电子效应使醛、酮的 α-氢原子较为活泼,具有一定的酸性,容易在强碱的存在下作为质子离去。简单醛、酮的 pK_a 约为 $17\sim20$,比乙炔的酸性还大(乙炔的 pK_a 为 25)。如乙醛的 pK_a 为 17,丙酮、环己酮的 pK_a 分别为 20、17。

醛、酮 α-氢原子的酸性表现在它可以 H^+ 的形式离解,形成烯醇负离子:

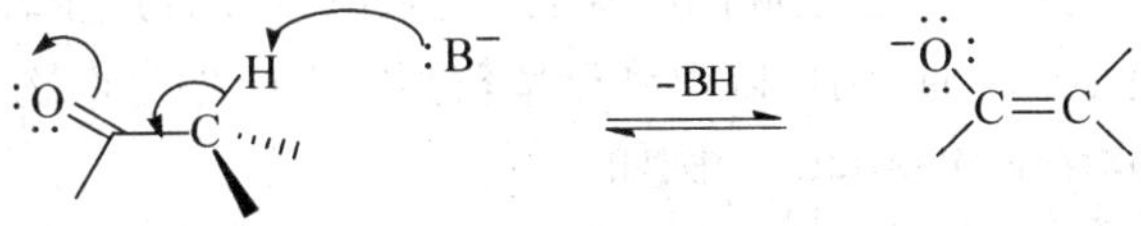

烯醇负离子的氧接受质子,就形成烯醇(enol)。上述酮式结构与烯醇式结构是构造异构体,在碱或酸的作用下可以互相转化,并能很快达到平衡,这种异构现象称为酮—烯醇互变异构。

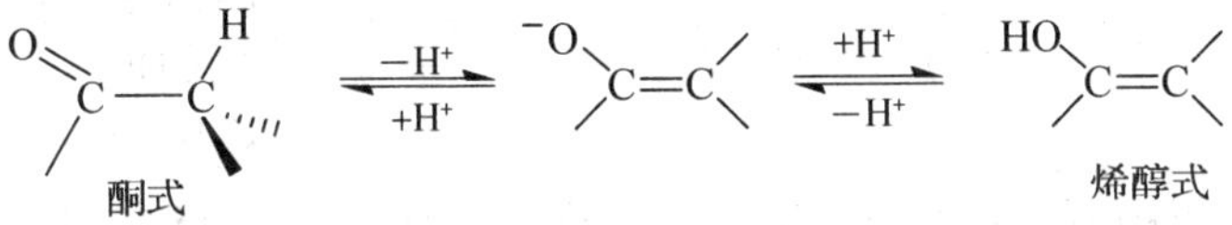

在单羰基化合物中,烯醇式在互变异构混合物中的比例很少,酮式结构占主导地位。例如,对丙酮而言,烯醇式结构的比例小于 1%。

1. 羟醛缩合

在稀碱存在下,一分子含 α-H 的醛与另一分子醛相互作用生成 β-羟基醛的反应称为羟醛缩合,又称醇醛缩合(aldol condensation)。例如:

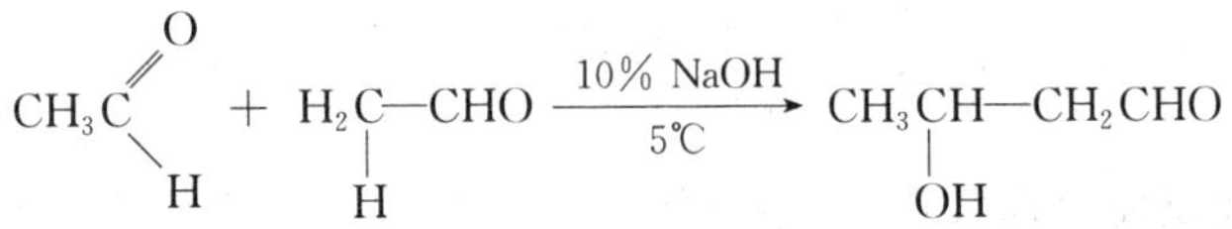

反应机理为:一分子醛在碱的作用下,失去 α-H 形成烯醇负离子。

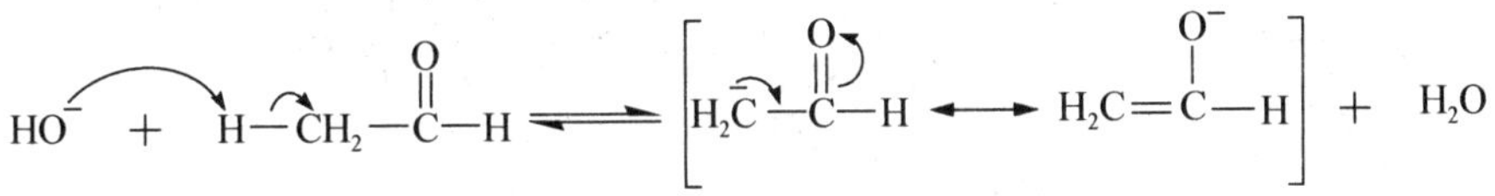

该负离子再作为亲核试剂进攻另一分子醛的羰基碳原子发生亲核加成反应。

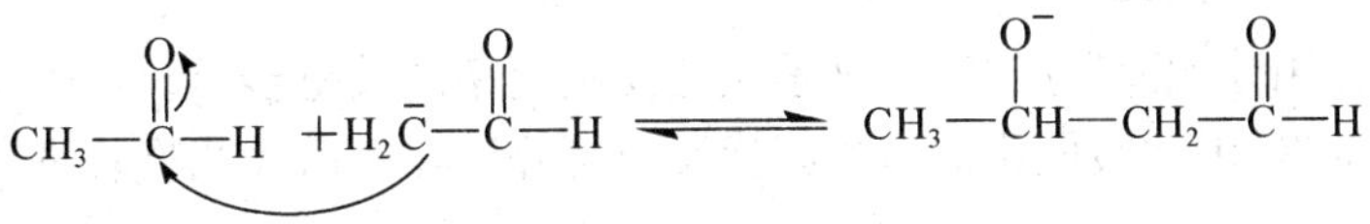

最后,形成的氧负离子作为强碱再夺取水分子中的一个质子,形成羟醛缩合产物。

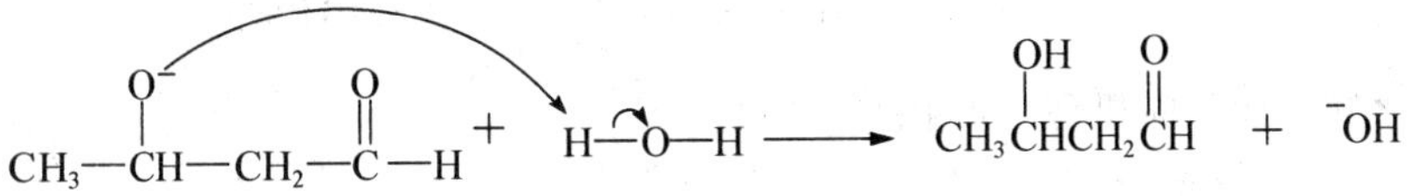

β-羟基醛受热容易脱水生成 α,β-不饱和醛,通过官能团的转换可合成多种化合物,在合成上有重要应用。例如:

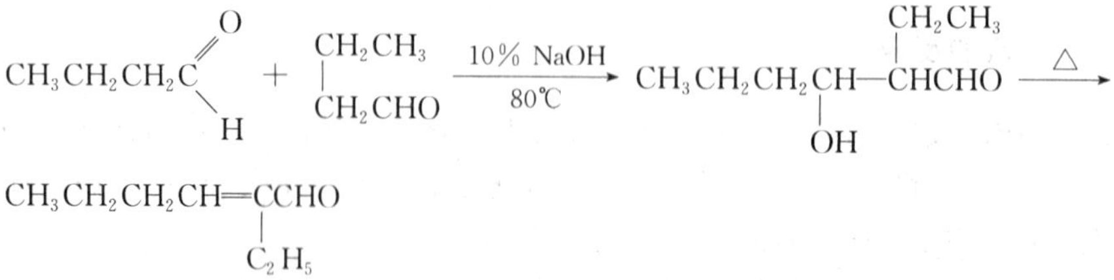

$$CH_3CH_2CH_2\overset{\displaystyle O}{\overset{\|}{C}}{\overset{}{\underset{H}{}}} + \overset{CH_2CH_3}{\underset{CH_2CHO}{|}} \xrightarrow[80℃]{10\% \ NaOH} CH_3CH_2CH_2\overset{}{\underset{OH}{\overset{CH_2CH_3}{\overset{|}{CH}}}}\overset{|}{CHCHO} \xrightarrow{\triangle}$$

$$CH_3CH_2CH_2CH=\overset{}{\underset{C_2H_5}{\overset{|}{C}}}CHO$$

不同醛分子间的羟醛缩合会生成四种缩合产物,所以在合成上没有实际意义。但当两种醛中有一种没有 α-H 时,则可以得到产率较高的定向缩合产物,这种缩合称为交叉羟醛缩合(cross aldol condensation)。例如:

$$PhCHO + CH_3CH_2CHO \xrightarrow{\triangle} PhCH=\overset{CH_3}{\underset{68\%}{\overset{|}{C}}}CHO$$

$$HCHO + CH_3CH_2CHO \xrightarrow[40℃]{稀 \ Na_2CO_3} H_3C\overset{CH_2OH}{\underset{CH_2OH}{\overset{|}{\underset{|}{C}}}}CHO$$

含有 α-H 的酮也能发生类似的羟醛缩合反应,但因平衡常数较小,最后只能生成少量的 β-羟基酮。要想得到较高的产率,常须采用特殊的方法来实现。

2. α-卤代反应

醛、酮分子中的 α-氢原子容易被卤素取代,生成 α-单卤代或多卤代醛、酮。此反应可被酸或碱催化。

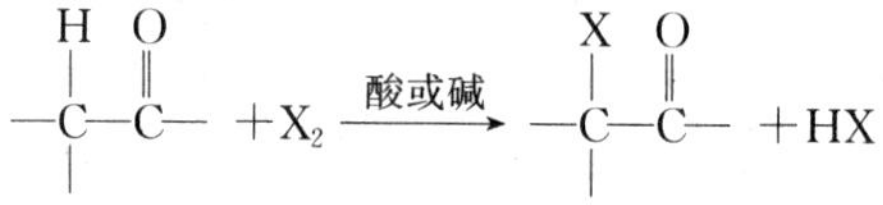

$$\overset{H}{\underset{|}{\overset{|}{C}}}\overset{O}{\overset{\|}{\underset{|}{C}}} + X_2 \xrightarrow{酸或碱} \overset{X}{\underset{|}{\overset{|}{C}}}\overset{O}{\overset{\|}{\underset{|}{C}}} + HX$$

酸催化的卤代反应机理(以苯乙酮为例)是:

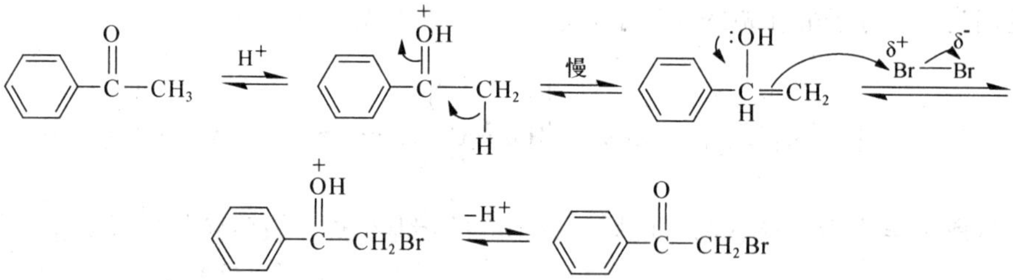

酸的催化作用是加速形成烯醇,这是决定反应速率的关键步骤。α-卤代后使形成烯醇的反应速率变慢,因此酸催化的醛酮卤代反应可停留在一卤代产物阶段,例如:

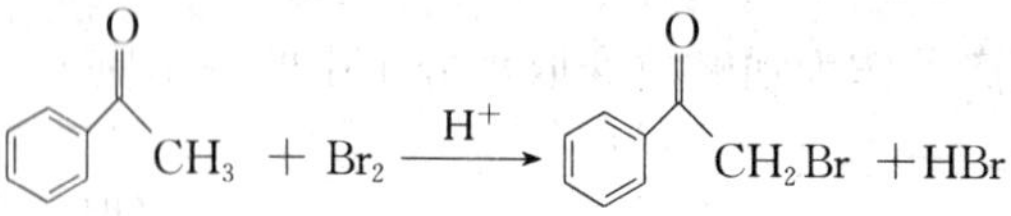

碱催化的卤代反应机理(以丙酮为例)是:

$$CH_3-\overset{\overset{\displaystyle O}{\|}}{C}-CH_2-H + \bar{O}H \underset{\text{慢}}{\overset{-H_2O}{\rightleftharpoons}} \left[CH_3-\overset{\overset{\displaystyle O}{\|}}{C}-\bar{C}H_2 \longleftrightarrow CH_3-\overset{\overset{\displaystyle \bar{O}}{|}}{C}=CH_2 \right]$$

$$CH_3-\overset{\overset{\displaystyle O}{\|}}{C}-\bar{C}H_2 + Br-Br \overset{\text{快}}{\longrightarrow} CH_3-\overset{\overset{\displaystyle O}{\|}}{C}-CH_2Br + Br^-$$

碱催化条件下,丙酮先失去一个 α-氢原子生成烯醇负离子,然后烯醇负离子很快地与卤素反应,生成 α-卤代丙酮和卤素负离子。

对于酮羰基两侧的氢原子而言,酸性强的易被 OH⁻ 夺取,因此不对称酮的反应活性为:

$$-\overset{\overset{\displaystyle O}{\|}}{C}-CH_3 > -\overset{\overset{\displaystyle O}{\|}}{C}-CH_2- > -\overset{\overset{\displaystyle O}{\|}}{C}-CH-$$

醛、酮的一个 α-氢原子被取代后,由于卤原子的吸电子性能,剩余的 α-氢原子的酸性更强,在碱的作用下更易离去,因此第二个、第三个 α-氢原子会陆续被取代,最终生成同碳三卤代物。同碳三卤代物不稳定,在碱的作用下,三卤甲基和羰基碳之间的键容易断裂,生成羧酸盐和三卤甲烷(俗称卤仿),所以该反应也称为卤仿反应(haloform reaction)。

$$\underset{R(H)}{\overset{\displaystyle O}{\overset{\|}{C}}}CH_3 + 3NaOX \longrightarrow \underset{R(H)}{\overset{\displaystyle O}{\overset{\|}{C}}}CX_3 + 3NaOH$$

$$\underset{R(H)}{\overset{\displaystyle O}{\overset{\|}{C}}}CX_3 + NaOH \longrightarrow \underset{R(H)}{\overset{\displaystyle O}{\overset{\|}{C}}}ONa + CHX_3$$

如果用次碘酸钠(碘加氢氧化钠)作试剂,就会产生相应的少一个碳的羧酸盐和不溶于水的具有特殊气味的亮黄色结晶碘仿(CHI_3),因现象明显,可用于鉴别。该反应称为碘仿反应。

具有 $CH_3-\overset{\overset{\displaystyle OH}{|}}{CH}-$ 结构的化合物也能发生碘仿反应,因为次碘酸钠具有氧化性,能将含有 $CH_3-\overset{\overset{\displaystyle OH}{|}}{CH}-$ 结构的化合物氧化为含有 $CH_3-\overset{\overset{\displaystyle O}{\|}}{C}-$ 基团的醛、酮而发生碘仿反应。因此可通过碘仿反应鉴别具有 $CH_3-\overset{\overset{\displaystyle O}{\|}}{C}-$ 结构的乙醛、甲基酮以及含有 $CH_3-\overset{\overset{\displaystyle OH}{|}}{CH}-$ 结构的醇。

$$R-\overset{\overset{\displaystyle}{|}}{\underset{\underset{\displaystyle OH}{|}}{CH}}-CH_3 \overset{I_2}{\underset{NaOH}{\longrightarrow}} R-\overset{\overset{\displaystyle O}{\|}}{C}-CH_3 \overset{I_2}{\underset{NaOH}{\longrightarrow}} R-\overset{\overset{\displaystyle O}{\|}}{C}-Cl_3 \overset{NaOH}{\longrightarrow} R-\overset{\overset{\displaystyle O}{\|}}{C}-O^- + CHI_3 \downarrow$$

$$CH_3CH_2OH \overset{I_2}{\underset{NaOH}{\longrightarrow}} CH_3\overset{\overset{\displaystyle O}{\|}}{C}H \overset{I_2}{\underset{NaOH}{\longrightarrow}} Cl_3-\overset{\overset{\displaystyle O}{\|}}{C}-H \overset{NaOH}{\longrightarrow} HCO^- + CHI_3 \downarrow$$

$$\text{(COCH}_3\text{)} \xrightarrow[\text{NaOH}]{\text{Cl}_2} \text{(COOH)} + \text{CHCl}_3$$

卤仿反应还可用于制备一些其他方法难以制备的羧酸。例如：

$$(CH_3)_3C-\underset{\underset{O}{\|}}{C}-CH_3 \xrightarrow{Br_2,\ NaOH,\ H_2O} (CH_3)_3CCOONa + CHBr_3$$

3. 曼尼希(Mannich)反应

含有活泼 α-H 原子的化合物(如醛、酮等)，与醛和氨(或伯胺、仲胺)之间的缩合反应称为曼尼希(Mannich)反应。产物 β-氨基酮容易分解为氨(或胺)和 α,β-不饱和酮，所以曼尼希反应提供了一个间接合成 α,β-不饱和酮的方法。例如：

$$\underset{\underset{O}{\|}}{C}-CH_3 + HCHO + HN(CH_3)_2 \xrightarrow[70\%]{HCl} \underset{\underset{O}{\|}}{C}-CH_2-CH_2-N(CH_3)_2 \cdot HCl + H_2O$$

$$\downarrow \text{减压蒸馏}$$

$$\underset{\underset{O}{\|}}{C}-CH=CH_2$$

曼尼希反应通常在酸性溶液中进行(也可碱催化)。除醛、酮外，其他含有活泼 α-H 原子的化合物如酯、腈等也可发生该反应。

11.3.3　氧化和还原

1. 氧化反应

醛的羰基碳原子上连有一个氢原子，与酮相比醛非常容易被氧化，比较弱的氧化剂即可使醛氧化为含有同数碳原子的羧酸，而弱氧化剂不能使酮氧化，因此可应用弱氧化法来区别醛和酮。常用的弱氧化剂有托伦(Tollens)试剂和费林(Fehling)试剂。

托伦试剂是氢氧化银的氨溶液，它与醛的反应可表示如下：

$$RCHO + 2Ag(NH_3)_2OH \xrightarrow{\triangle} RCOONH_4 + 2Ag\downarrow + H_2O + 3NH_3$$

醛被氧化为羧酸(实际上得到的是羧酸的铵盐)的同时，托伦试剂被还原成金属银，沉积在干净的容器壁上，形成银镜，所以该反应也称为银镜反应。酮在此条件下不发生反应，因此可用托伦试剂区别醛与酮。

费林试剂是由硫酸铜、氢氧化钠和酒石酸钾钠组成的混合液，作为氧化剂的是二价铜离子。脂肪醛与费林试剂反应被氧化为羧酸，二价铜离子则被还原为砖红色的氧化亚铜沉淀。例如：

$$RCHO + 2Cu^{2+} + NaOH + H_2O \xrightarrow{\triangle} RCOONa + Cu_2O\downarrow + 4H^+$$

但芳醛和酮均不能与费林试剂作用。因此该反应既可用来区别脂肪醛和酮，也可用来区别脂肪醛和芳香醛。

弱氧化剂托伦试剂和费林试剂两者均只能氧化醛基，不会破坏分子中的碳-碳双键或叁键，有较强的选择性，而用强氧化剂如高锰酸钾，则碳-碳不饱和键等也被氧化。例如：

$$CH_3CH=CHCHO \xrightarrow[\text{KMnO}_4, \text{NaOH}]{\text{Ag}^+ \text{ 或 Cu}^{2+}} \begin{array}{l} CH_3CH=CHCOOH \\ CH_3COOH + CO_2\uparrow \end{array}$$

此外,醛也很容易被 H_2O_2、RCO_3H、高锰酸钾、重铬酸钾等氧化剂氧化,迅速生成酸。

酮一般情况下不易被氧化,但遇强氧化剂如高锰酸钾、硝酸等可被氧化而发生碳链断裂,生成羧酸的混合物,在合成上实际意义不大。例如:

$$CH_3COCH_2CH_3 \xrightarrow[\triangle]{HNO_3} CH_3CH_2COOH + CH_3COOH + CO_2 + H_2O$$

但对称的环酮的强氧化具有一定的应用价值,因为其氧化产物单一。例如,环己酮的硝酸氧化生成己二酸,是工业上制备己二酸的方法。己二酸是合成纤维尼龙-66 的重要原料。

$$\xrightarrow[\quad]{HNO_3, V_2O_5} HOOC(CH_2)_4COOH$$

2. 还原反应

醛、酮的羰基在不同条件下可以被还原为羟基或亚甲基。

（1）还原为羟基的反应

① 催化加氢　催化加氢可将醛、酮还原为相应的伯醇或仲醇,常用的催化剂为铂、钯、镍等。

$$\begin{array}{c} R \\ | \\ (R')\,H \end{array}\!C=O + H_2 \xrightarrow[\triangle]{\text{Pt, Pd 或 Ni}} \begin{array}{c} R\ \ OH \\ | \ \ \ | \\ C \\ | \ \ \ | \\ (R')H\ \ H \end{array}$$

催化加氢一般没有选择性,若分子中还有其他可被还原的基团,如碳-碳双键、碳-碳叁键等,也能同时被还原。例如

$$CH_3CH=CHCHO \xrightarrow{H_2}_{Ni} CH_3CH_2CH_2CH_2OH$$

② 用金属氢化物还原　常用的金属氢化物是硼氢化钠（$NaBH_4$）和氢化铝锂（$LiAlH_4$）等。氢化铝锂的还原性比硼氢化钠强,它不仅能还原醛、酮,还能还原羧酸、酯、酰胺、腈等,反应产率很高;而硼氢化钠还原性缓和,仅能还原醛和酮和酰氯,具有较强的选择性。氢化铝锂在水中分解,在醚中稳定,所以反应一般在醚或四氢呋喃中进行;硼氢化钠则必须在质子性溶剂存在下才能促进反应,一般用醇或水作溶剂。但两者对碳-碳双键、碳-碳叁键均没有还原作用。

$$CH_3CH=CHCH_2CH_2CHO \xrightarrow[(C_2H_5)_2O]{LiAlH_4} \xrightarrow{H_3O^+} CH_3CH=CHCH_2CH_2CH_2OH$$

$$CH_2=CH-CH=CH-CHO \xrightarrow[CH_3CH_2OH]{NaBH_4} \xrightarrow{H_3O^+} CH_2=CH-CH=CH-CH_2OH$$

反应中,硼氢化钠和氢化铝锂提供负氢离子（H^-）作为亲核试剂加到羰基碳原子上,剩余的金属基团与氧原子结合,加成产物经水解后得到相应的醇。

（2）还原为亚甲基的反应

① 克莱门森（Clemmensen）还原　醛、酮与锌汞齐和浓盐酸共同回流，醛、酮分子中的羰基可被还原为亚甲基，称为克莱门森还原。常用于合成直链烷基苯，例如：

$$\text{（苯基）COCH}_2\text{CH}_2\text{CH}_3 \xrightarrow[\triangle,\text{回流}]{\text{Zn-Hg, HCl}} \text{（苯基）CH}_2\text{CH}_2\text{CH}_2\text{CH}_3$$

$$\text{（芳环）} \xrightarrow[\triangle,\text{回流}]{\text{Zn-Hg, HCl}} \text{（芳环）}$$

② 沃尔夫-凯惜纳（Wolff-Kishner）-黄鸣龙还原　对酸不稳定而对碱稳定的醛、酮可用沃尔夫-凯惜纳-黄鸣龙法还原。沃尔夫-凯惜纳方法是将醛、酮与无水肼作用生成腙，再与乙醇钠或钾在高温（约 200℃）、高压釜中高压反应使腙分解，放出 N_2 生成烷烃。

$$\text{C=O} \xrightarrow[\text{加碱,脱水}]{\text{H}_2\text{N-NH}_2} \text{C=N-NH}_2 \xrightarrow[\triangle,\text{加压}]{\text{NaOC}_2\text{H}_5} \text{CH}_2 + \text{N}_2\uparrow$$

我国化学家黄鸣龙的改进在于不用高压釜，而是选用了高沸点的溶剂，如一缩二乙二醇（$HOCH_2CH_2OCH_2CH_2OH$，沸点 245℃），同时用氢氧化钠或氢氧化钾代替了醇钠或醇钾，反应式为：

$$\text{RCOR}' + \text{NH}_2\text{NH}_2 \xrightarrow[180℃]{\text{KOH, (HOCH}_2\text{CH}_2)_2\text{O}} \text{RCH}_2\text{R}'$$

例如：

$$\text{（环壬酮）} \xrightarrow[\text{(HOCH}_2\text{CH}_2)_2\text{O},\triangle]{\text{NH}_2\text{NH}_2, \text{NaOH}} \text{（环壬酮腙）} \xrightarrow{-\text{N}_2} \text{（环壬烷）}$$

环壬烷, 47%

此法是在碱性条件下进行的，可用来还原对酸敏感的醛、酮，因此可以和克莱门森还原法相互补充。

3. 歧化反应

不含 α-氢原子的醛在浓碱作用下，发生自身氧化还原反应，一分子醛被氧化成酸，另一分子的醛被还原成醇，这个反应称为歧化反应，也称为坎尼扎罗（Cannizzaro）反应。例如：

$$2 \text{ HCHO} + \text{NaOH} \longrightarrow \text{HCOONa} + \text{CH}_3\text{OH}$$

$$2\text{O}_2\text{N}-\text{（苯环）}-\text{CHO} \xrightarrow{50\%\text{NaOH}} \text{O}_2\text{N}-\text{（苯环）}-\text{CH}_2\text{OH} + \text{O}_2\text{N}-\text{（苯环）}-\text{COONa}$$

一般甲醛与另一不含 α-H 的醛在强碱中共热，发生交叉坎尼扎罗歧化反应，甲醛被氧化，另一种醛被还原。例如：

$$\text{ArCHO} + \text{HCHO} \xrightarrow[\triangle]{\text{NaOH}} \text{ArCH}_2\text{OH} + \text{HCOONa}$$

又如，工业制备季戊四醇的反应，首先三分子的甲醛与乙醛在氢氧化钙或氢氧化钠中发生交叉羟醛缩合，生成三羟甲基乙醛。

$$3\text{HCHO} + \text{CH}_3\text{CHO} \xrightarrow[55\sim56℃]{\text{Ca(OH)}_2} (\text{HOCH}_2)_3\text{CCHO}$$

三羟甲基乙醛

三羟甲基乙醛与甲醛都是不含 α-H 的醛,在碱的继续催化下,发生歧化反应。由于甲醛的还原性强,因此反应结果是三羟甲基乙醛被还原为季戊四醇,甲醛被氧化为甲酸盐。

$$(HOCH_2)_3CCHO + HCHO \xrightarrow[55\sim56℃]{Ca(OH)_2} \underset{\text{季戊四醇}}{C(CH_2OH)_4} + HCOO^-$$

§11.4　α,β-不饱和醛、酮

α,β-不饱和醛、酮不仅具有烯键和羰基两种官能团的化学性质,而且由于碳碳双键与碳氧双键之间是共轭的,它还具有一些独特的性质。

11.4.1　亲电加成反应

亲电试剂(如卤素、次卤酸等)与 α,β-不饱和醛、酮不发生共轭加成,只对碳-碳双键加成。例如:

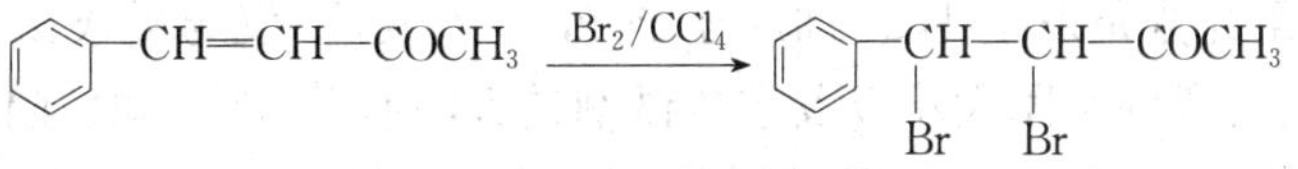

但不对称的亲电试剂(如 HCl)与 α,β-不饱和醛、酮加成时,则发生共轭加成。例如:

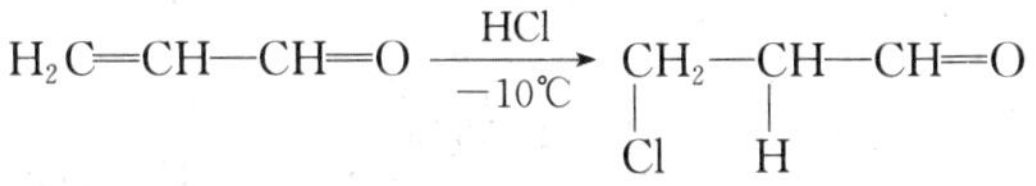

反应机理如下:

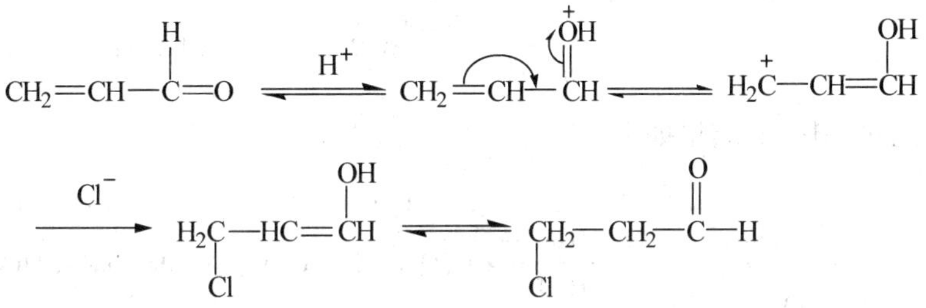

11.4.2　亲核加成反应

任何能与羰基化合物发生亲核加成的试剂,均可与 α,β-不饱和醛、酮加成。在此既可以发生对羰基的简单加成,也可能发生共轭加成。

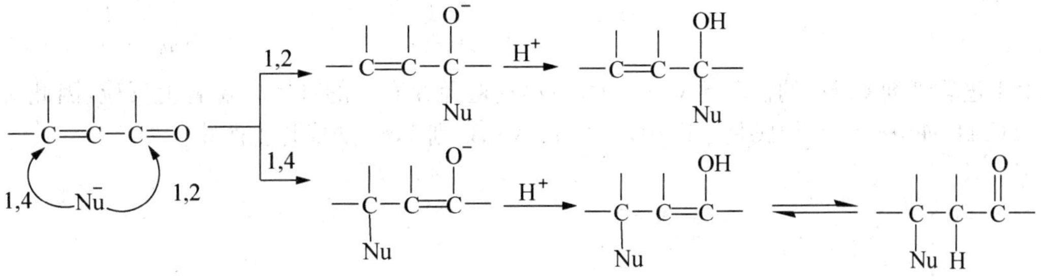

α,β-不饱和醛、酮与强碱性亲核试剂(如 RLi 或 RMgX)加成,主要进攻羰基,生成 1,2-加成产物。例如:

$$(CH_3)_2C=CHCCH_3 + C_6H_5Li \xrightarrow[②\ H_2O]{①\ Et_2O} (CH_3)_2C=CH-CCH_3$$
$$\underset{C_6H_5(67\%)}{\overset{OH}{|}}$$

α,β-不饱和醛、酮与弱碱性亲核试剂(如 CN⁻ 或 RNH₂)加成,主要进攻碳碳双键,生成 1,4-加成产物。例如:

$$PhCH=CH-\overset{O}{\overset{||}{C}}-Ph + CN^- \xrightarrow[CH_3CHOOH]{C_2H_5OH} PhCH-CH_2-\overset{O}{\overset{||}{C}}-Ph$$
$$1,4\text{-加成 }(95\%)$$

$$CH_3\overset{CH_3}{\overset{|}{C}}=CH-\overset{O}{\overset{||}{C}}-CH_3 + CH_3NH_2 \xrightarrow{H_2O} CH_3\overset{CH_3}{\overset{|}{C}}-CH_2-\overset{O}{\overset{||}{C}}-CH_3$$
$$\underset{NHCH_3}{}$$
$$1,4\text{-加成 }(75\%)$$

一个共轭体系究竟是发生 1,2-加成还是 1,4-加成,不仅与进攻试剂的亲核性强弱有关,而且与羰基两旁的基团大小以及进攻试剂的大小有关,即空间位阻对两种加成的选择性也有一定的作用。例如,3-苯基丙烯醛与格氏试剂加成时,由于醛基较小,因此主要发生 1,2-加成。

$$C_6H_5CH=CHCH\overset{①\ C_6H_5MgBr}{\underset{②\ H_3O^+}{}} C_6H_5CH=CHCHC_6H_5 \overset{OH}{\overset{|}{}}$$
$$\overset{①\ C_2H_5MgBr}{\underset{②\ H_3O^+}{}} C_6H_5CH=CHCHC_2H_5 \overset{OH}{\overset{|}{}}$$

但用酮与上述试剂作用,结果如下:

$$C_6H_5CH=CHCCH_3 \overset{①\ C_6H_5MgBr}{\underset{②\ H_3O^+}{}} C_6H_5\overset{C_6H_5}{\overset{|}{C}}HCH_2\overset{O}{\overset{||}{C}}CH_3 + C_6H_5CH=CHCCH_3 \overset{OH}{\overset{|}{}}$$
$$\underset{C_6H_5}{}$$
$$1,4\text{-加成 }(12\%) \qquad 1,2\text{-加成 }(88\%)$$

$$\overset{①\ C_2H_5MgBr}{\underset{②\ H_3O^+}{}} C_6H_5\overset{C_2H_5}{\overset{|}{C}}HCH_2\overset{O}{\overset{||}{C}}CH_3 + C_6H_5CH=CHCCH_3 \overset{OH}{\overset{|}{}}$$
$$\underset{C_2H_5}{}$$
$$1,4\text{-加成 }(60\%) \qquad 1,2\text{-加成 }(40\%)$$

由于进攻试剂 C_6H_5 的位阻比 C_2H_5 大,应尽量避免在有大的基团的位置上反应,因此对于 C_6H_5MgBr,1,2-加成是主产物,而 C_2H_5MgBr 则 1,4-加成是主产物。

§11.5　醛、酮的制备

醛、酮是处于醇与羧酸之间的中间产物，制备醛、酮主要的两个方法就是通过羟基的氧化或羧基的还原。此外，不饱和烃的加成或氧化，以及芳香烃的酰化也是制备醛、酮的重要方法。

11.5.1　醇的氧化和脱氢

伯醇和仲醇可用三氧化铬等氧化剂氧化生成醛和酮。例如：

$$CH_3(CH_2)_5CH_2OH \xrightarrow[CH_2Cl_2]{C_6H_5NH^+CrO_3Cl^-\ (PCC)} CH_3(CH_2)_5CHO$$

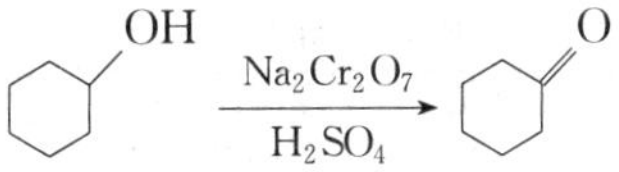

工业上是将伯醇或仲醇的蒸气通过加热的催化剂（铜、银或镍等），则伯醇脱氢生成醛，仲醇脱氢生成酮。例如：

$$CH_3CH_2OH \underset{275\sim300℃}{\overset{Cu}{\rightleftharpoons}} CH_2CHO + H_2\uparrow$$

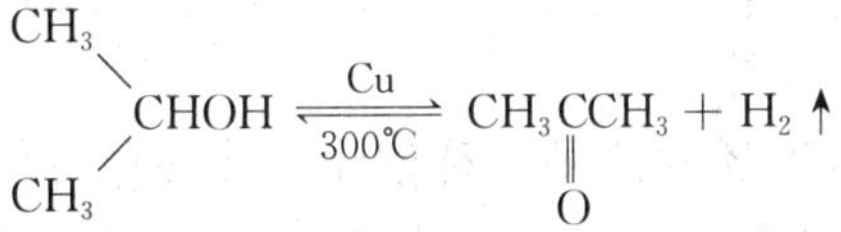

11.5.2　用芳烃氧化

烷基苯在温和氧化剂的氧化下可以转化成芳醛。例如：

$$C_6H_5CH_3 \xrightarrow{MnO_2} C_6H_5CHO$$

$$C_6H_5CH_2CH_3 \xrightarrow[MgSO_4,\ H_2O]{MnO_2} C_6H_5\overset{\overset{\displaystyle O}{\|}}{C}CH_3$$

使用以上氧化剂，芳环上有硝基、氯、溴等吸电子基时，芳环较稳定；有氨基、羟基等给电子基时，芳环本身易被氧化。

芳醛或芳酮还可由偕二卤代物水解制备。例如：

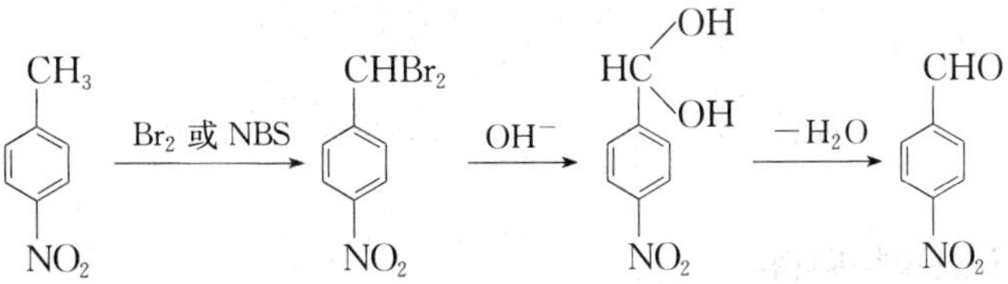

11.5.3　由羧酸衍生物还原到醛

羧酸直接还原很难生成醛，一般直接还原到醇。

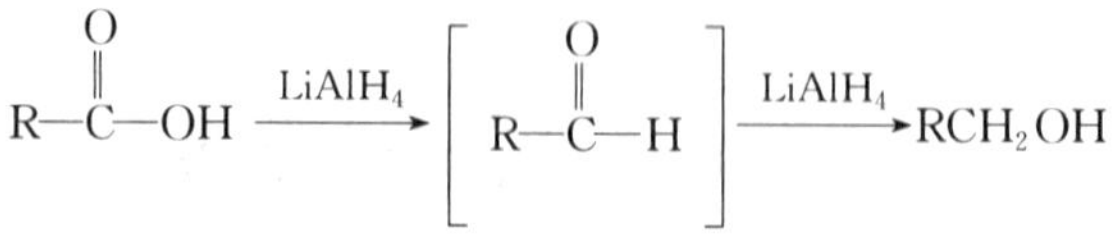

$$R-\overset{O}{\underset{}{C}}-OH \xrightarrow{LiAlH_4} \left[R-\overset{O}{\underset{}{C}}-H\right] \xrightarrow{LiAlH_4} RCH_2OH$$

一般采用羧酸衍生物(如酰氯、酯或腈)来还原制备醛,所用还原剂的活性也要稍弱于 $LiAlH_4$,常见的两种还原剂为:

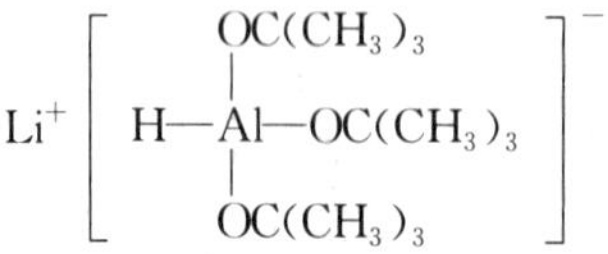

$$Li^+ \left[H-Al\begin{matrix}OC(CH_3)_3\\OC(CH_3)_3\\OC(CH_3)_3\end{matrix}\right]^-$$

三叔丁氧基氢化铝锂

$$CH_3CHCH_2-Al-CH_2CHCH_3$$

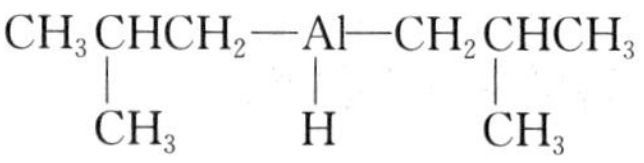

二异丁基铝氢(DIBAL-H)

还原反应如下:

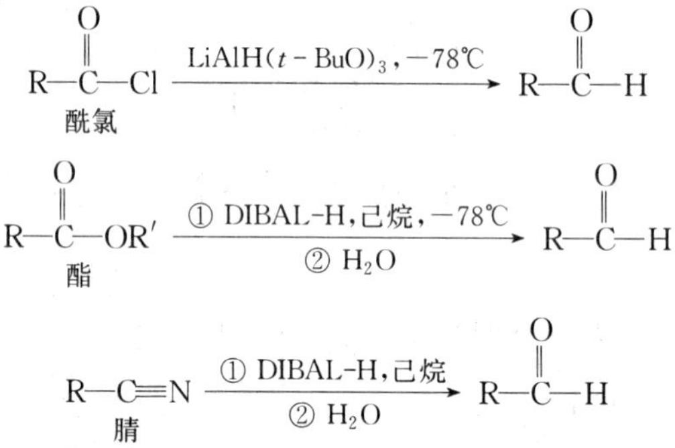

$$R-\overset{O}{\underset{}{C}}-Cl \xrightarrow[-78℃]{LiAlH(t-BuO)_3} R-\overset{O}{\underset{}{C}}-H$$
酰氯

$$R-\overset{O}{\underset{}{C}}-OR' \xrightarrow[②H_2O]{①DIBAL-H,己烷,-78℃} R-\overset{O}{\underset{}{C}}-H$$
酯

$$R-C≡N \xrightarrow[②H_2O]{①DIBAL-H,己烷} R-\overset{O}{\underset{}{C}}-H$$
腈

罗森蒙德(Rosenmund)还原法是一种催化氢化还原反应,是将酰氯还原为醛的较为有效的方法,它是在钯催化剂中加入少量的硫-喹啉,使催化剂部分中毒,降低其还原活性。例如:

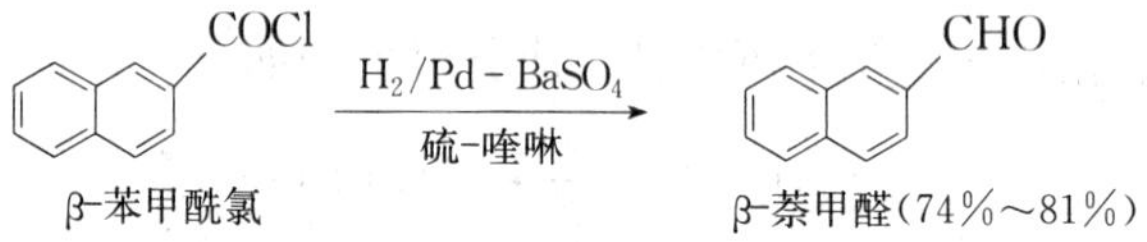

β-苯甲酰氯 $\xrightarrow[硫-喹啉]{H_2/Pd-BaSO_4}$ β-萘甲醛(74%~81%)

11.5.4　芳烃酰化

芳烃的酰基化反应是制备芳香族醛、酮常用的一种方法(参见第6章芳烃的反应部分)。例如:

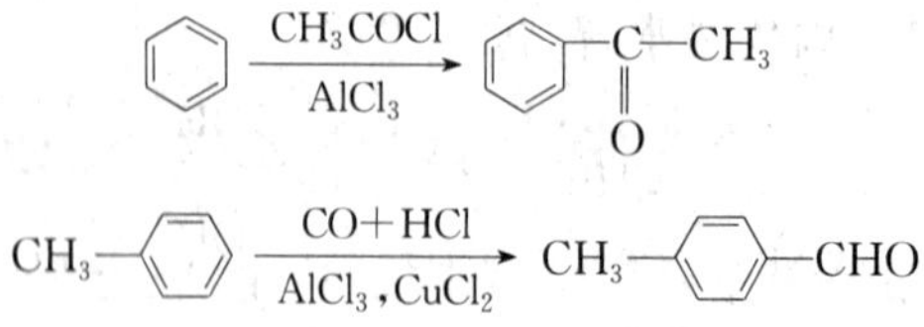

$$苯 \xrightarrow[AlCl_3]{CH_3COCl} 苯乙酮$$

$$CH_3-苯 \xrightarrow[AlCl_3,CuCl_2]{CO+HCl} CH_3-苯-CHO$$

11.5.5　由不饱和烃制备

1. 由烯烃制备

烯烃臭氧化制备醛、酮:

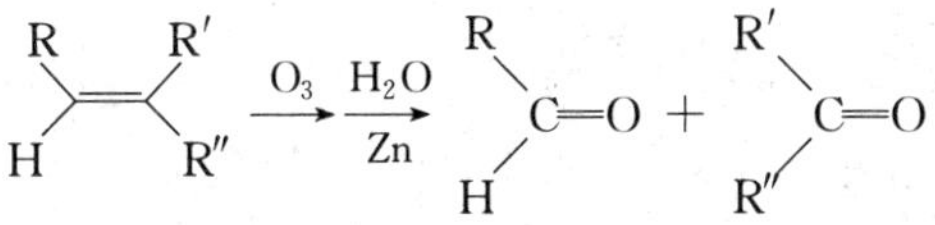

工业上还在高压和钴的催化作用下，烯烃与氢及一氧化碳作用，在双键处加入一个醛基，称为羰基合成。

$$RCH{=}CH_2 \xrightarrow[15\sim30\ MPa,\ 125℃]{CO,\ H_2} \underset{主}{RCH_2CH_2CHO} + \underset{次}{CH_3\overset{R}{\overset{|}{C}}HCHO}$$

2. 炔烃水合法

炔烃加水制备醛、酮是很有价值的方法。乙炔水合制备乙醛，丙炔加水制备丙酮，在工业上已得到应用。

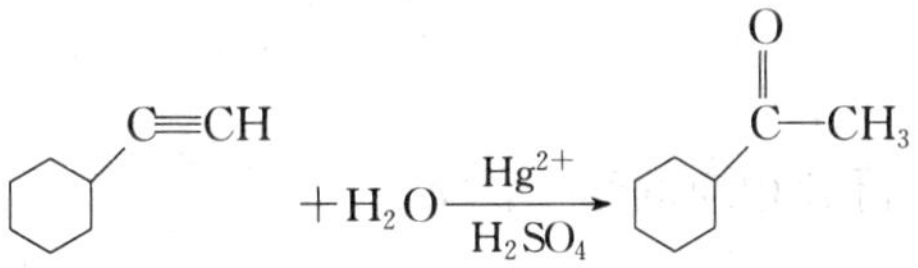

§11.6　醌

环己二烯二酮及分子中具有 或 结构单元的化合物统称为醌。醌已不具有芳环的构造，因而不具有芳香性。有机化合物分子中的 和 构造单元叫做“醌型”构造，它们常与颜色有关。

醌是作为相应芳烃的衍生物来命名的。由苯得到的醌称为苯醌，由萘得到的醌称为萘醌，等等。例如：

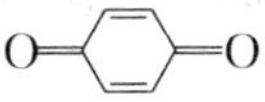

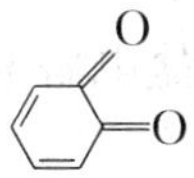

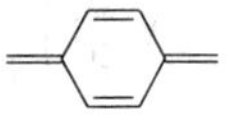

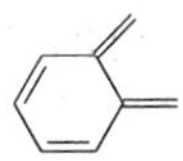

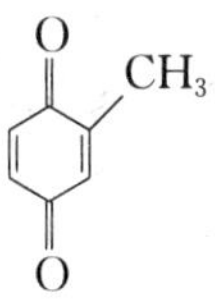

2-甲基-1,4-苯醌

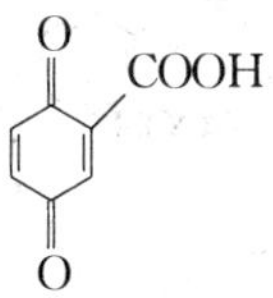

1,4-苯醌-2-甲酸

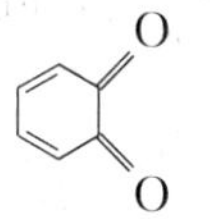

邻苯醌(1,2-苯醌)

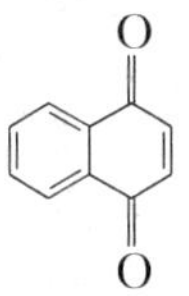

1,4-萘醌

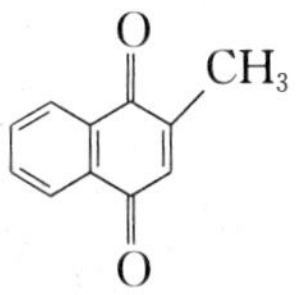

2-甲基-1,4-苯醌

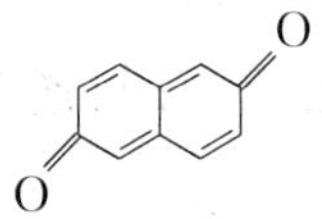

2,6-萘醌

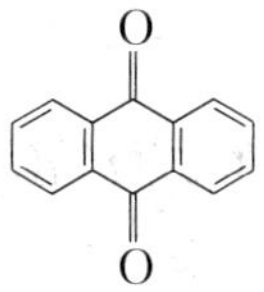

9,10-蒽醌

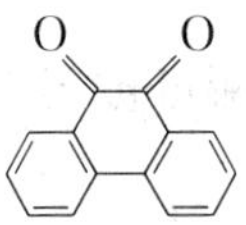

9,10-菲醌

11.6.1 醌的制法

1. 由酚或芳胺氧化制备

酚或芳胺都易被氧化成醌,这是制备醌的一个方便的方法。其中对苯醌更容易得到。例如:

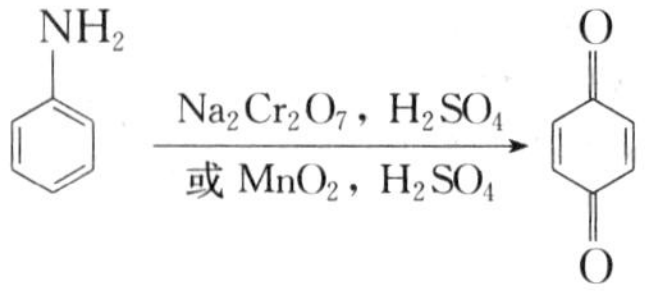

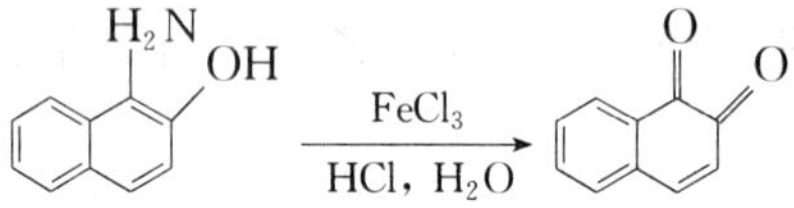

2. 由芳烃氧化制备

某些芳烃经氧化后可得到相应的醌。例如:

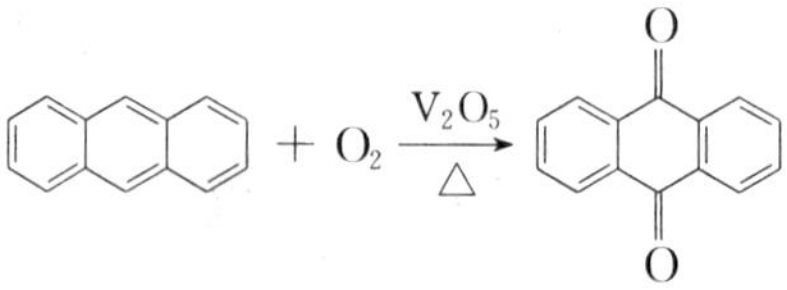

这是工业上制备蒽醌的方法之一。蒽醌也可由蒽间接电氧化法制备,其方法是在浓硫酸溶液中将硫酸铈[Ce(Ⅲ)]盐电解氧化成 Ce(Ⅳ),然后用 Ce(Ⅳ)将蒽氧化成蒽醌。该方法在工业生产中已得到应用。

3. 由其他方法制备

蒽醌也可由苯和邻苯二甲酸酐经傅克酰基化反应及闭环脱水反应制备,这是目前工业上制备蒽醌及其衍生物的主要方法。

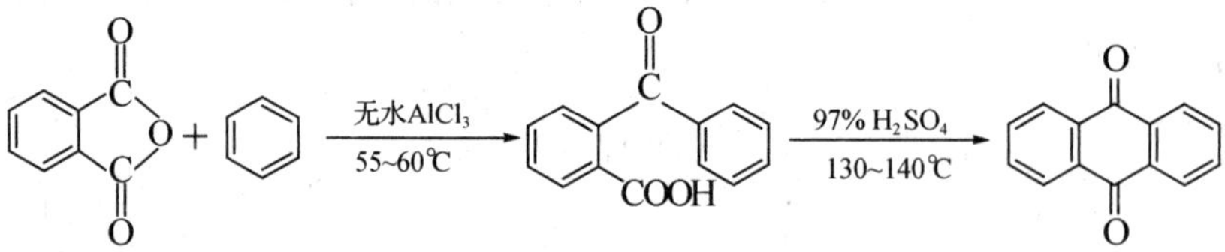

11.6.2 醌的化学性质

1. 还原

对苯醌可被还原成对苯二酚(氢醌),这是一个可逆反应。

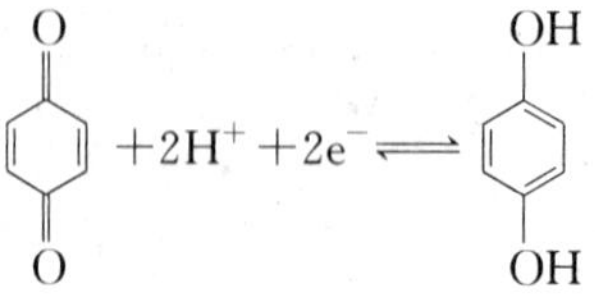

该反应是经两步电子转移完成的,中间经过一个负离子自由基中间体(半醌),其反应机理为:

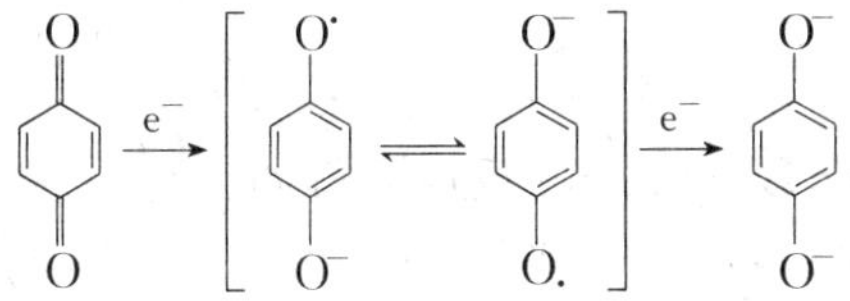

半醌负离子

在对苯醌被还原成氢醌或氢醌被氧化成对苯醌的反应过程中,生成一种稳定的中间产物——醌氢醌。醌氢醌为深绿色晶体,熔点 171℃,是由氢醌作为电子给体,醌作为电子受体,经静电吸引结合的电荷转移络合物。

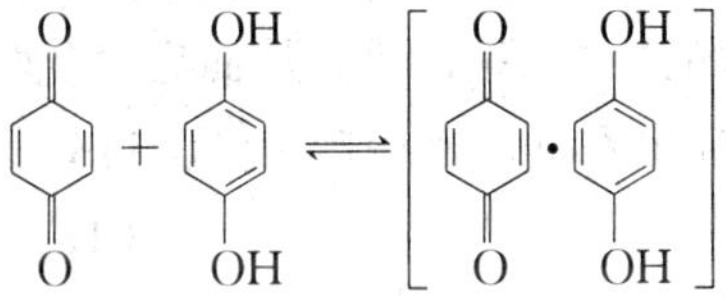

醌氢醌难溶于冷水,易溶于热水,同时解离成醌和氢醌。

苯醌分子中有强的吸电基时,可作为脱氢试剂(氧化剂)使用。其中最常用的是二氰二氯对苯醌(dichlorodicynoquinone,简称 DDQ)及四氯对苯醌等,它们可用于芳构化反应。例如:

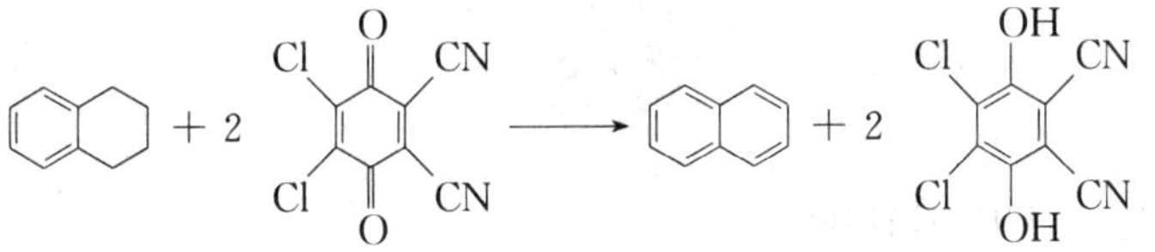

具有醌型构造的辅酶 Q 在生命过程中起着重要作用,它广泛存在于细胞中(在哺乳动物细胞中 $n=10$)。辅酶 Q 参与生命过程中电荷转移,其长异戊烯侧链的作用是促进脂肪溶解。

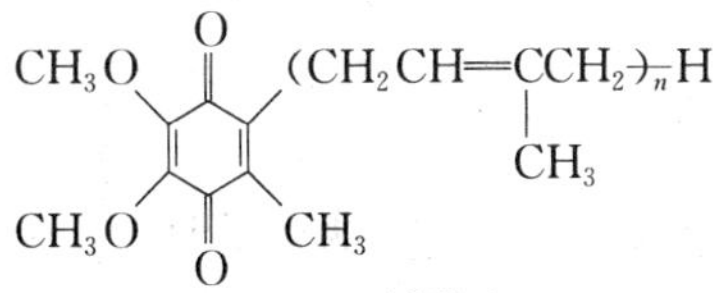

辅酶 Q

2. 加成反应

醌分子具有 α,β-不饱和羰基化合物的构造,既可以发生亲核加成,也可以发生亲电加成。醌可以进行 1,4-加成反应,四氯对苯醌及其 DDQ 的合成就是典型的例子。

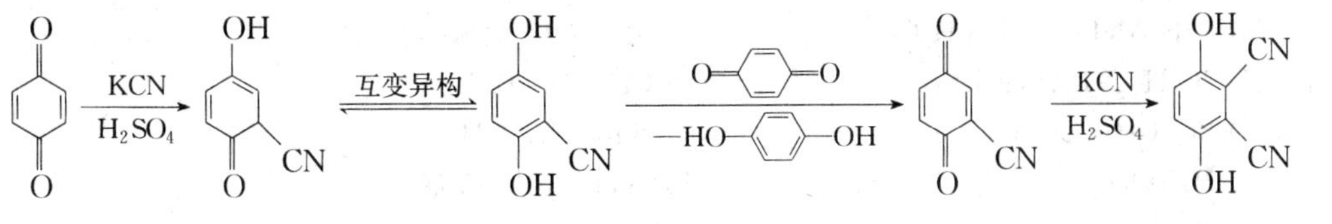

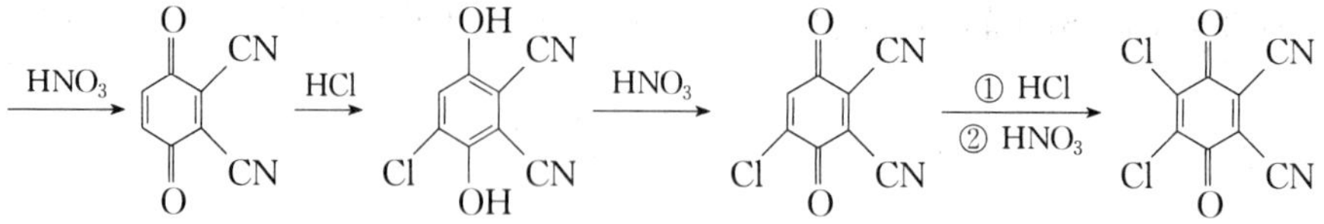

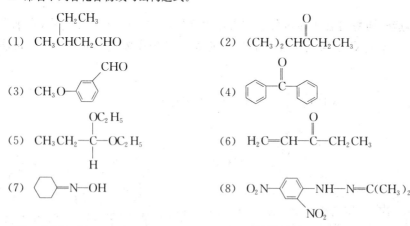

对苯醌可作为亲双烯体进行 Diels-Alder 反应。例如：

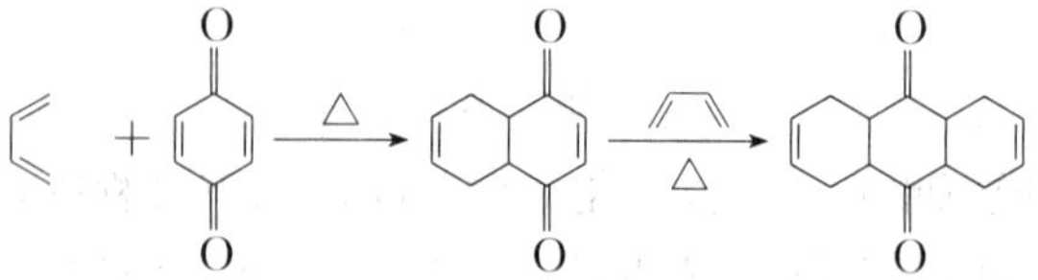

这是合成多环化合物进而合成芳烃衍生物的一种较简便的方法。

自然界中有许多有用的醌类化合物。例如,茜素是一种从茜草中分离出的很古老的红色染料,后来发现它是蒽醌的二羟基衍生物,从而启发化学家合成了一大类性能优异的蒽醌类染料。作为凝血剂的维生素 K_1 分子中也含有 1,4 -萘醌的结构。

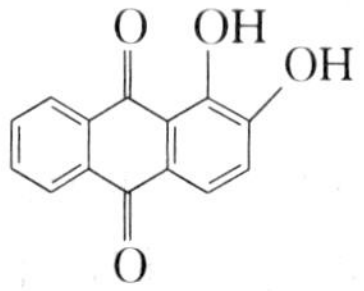

茜素(1,2 -二羟基蒽醌) 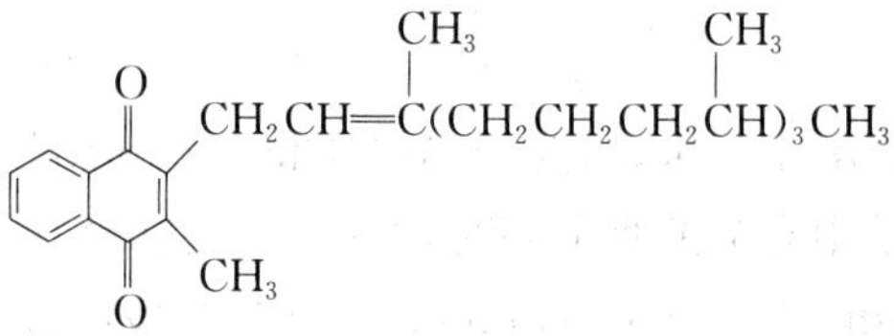　　　　　　维生素 K_1

习　题

1. 命名下列各化合物或写出构造式。

(1) CH_3CHCH_2CHO （含 CH_2CH_3 支链）

(2) $(CH_3)_2CHCCH_2CH_3$ （含 O）

(3) $CH_3O-\bigcirc-CHO$

(4) $\bigcirc-C(=O)-\bigcirc$

(5) $CH_3CH_2-\overset{OC_2H_5}{\underset{H}{C}}-OC_2H_5$

(6) $H_2C=CH-C(=O)-CH_2CH_3$

(7) $\bigcirc=N-OH$

(8) $O_2N-\bigcirc-NH-N=C(CH_3)_2$ （含 NO_2）

(9) β-环己二酮

(10) 丙酮缩氨脲

2. 写出丙醛与下列试剂反应的主要产物。

(1) HCN

(2) 饱和 $NaHSO_3$ 溶液

(3) C_6H_5MgBr,然后加 H_3O^+

(4) 稀 NaOH,加热

(5) $2C_2H_5OH$,干 HCl

(6) $CH_3CH=PPh_3$

(7) Br_2,CH_3COOH

(8) $Ag(NH_3)_2OH$

(9) H_2NOH

(10) 2,4 -二硝基苯肼

(11) $HOCH_2CH_2OH$,干 HCl　　　(12) $NaBH_4$,然后 NaOH 水解

3. 完成下列反应。

(1) $C_6H_5COCHO \xrightarrow{HCN}$

(2) $C_6H_5CHO + CH_3CH_2CH_2CHO \xrightarrow[\quad]{稀\ OH^-} \quad \triangle$

(3) $(CH_3)_3CCHO \xrightarrow{NaOH}$

(4) ⬡—$COCH_3 \xrightarrow{I_2,\ NaOH}$

(5) ⬠—$CHO +$ ⬡—$NHNH_2 \longrightarrow$

(6) $2CH_3CH_2OH +$ ⬠=O $\longrightarrow$

(7) $HOCH_2CH_2CH_2CH_2CHO \xrightarrow{干\ HCl}$

(8) ⬡—CH=$PPh_3 +$ ⬠=O $\longrightarrow$

(9) 环己烯酮 $+ HBr \longrightarrow$

(10) 环己烯酮 $\xrightarrow[H_3O^+]{CH_3MgI}$

(11) 环己烯酮 $\xrightarrow{LiAlH_4}$

(12) $CH_3CH_2CH_2CHO \xrightarrow[\triangle]{稀\ OH^-} \xrightarrow{LiAlH_4}$

(13) 环己酮 $\xrightarrow[干醚]{CH_3MgBr} \xrightarrow[\triangle]{H_3O^+}$ ①? ②?　2-甲基环己醇

4. 下列化合物中哪些能发生碘仿反应? 哪些能和饱和 $NaHSO_3$ 水溶液加成?

(1) $CH_3COCH_2CH_3$　　　(2) $CH_3CH_2CH_2CHO$　　　(3) CH_3CH_2OH

(4) $CH_3CH_2COCH_2CH_3$　　(5) $CH_3CHOHCH_2CH_3$　　(6) $CH_2=CHCOCH_3$

(7) ⬡—CHO　　　(8) ⬡—$COCH_3$　　　(9) 环己酮

5. 用化学方法鉴别下列化合物。

(1) 1-苯基乙醇和 2-苯基乙醇　　　(2) 2-己醇、2-己酮和环己酮

(3) 丙醛、丙酮、丙醇、异丙醇　　　(4) 戊醛、2-戊酮、3-戊酮、环戊酮

6. 将下列各组化合物按其羰基亲核加成反应的活性大小排序。

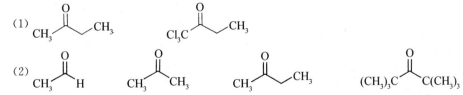

7. 以指定的化合物为原料，合成目标化合物。

(1) $CH_3CH{=}CH_2$，$HC{\equiv}CH \longrightarrow CH_3CH_2CH_2\overset{\overset{\displaystyle O}{\|}}{C}CH_2CH_2CH_3$

(2) $H_2C{=}CH_2$，$BrCH_2CH_2CHO \longrightarrow CH_3\overset{\overset{\displaystyle OH}{|}}{CH}CHCH_2CH_2CHO$

(3) $CH_3{-}\langle\bigcirc\rangle \longrightarrow CH_3{-}\langle\bigcirc\rangle{-}CH{=}CH{-}CHO$

(4) $\langle\hexagon\rangle{=}O \longrightarrow \langle\hexagon\rangle{-}CH_2CH_2CH_2CH_3$

(5) 见图 $\longrightarrow$ 见图

8. 化合物 A 分子式为 $C_6H_{12}O$，可与 2,4 -二硝基苯肼反应，但与 $NaHSO_3$ 不产生加成物，A 催化加氢得 B，分子式为 $C_6H_{14}O$，B 与浓 H_2SO_4 加热得 C，分子式为 C_6H_{12}，C 与 O_3 反应后用 $Zn + H_2O$ 处理，得到两个化合物 D 和 E，分子式均为 C_3H_6O，D 可使 $H_2Cr_2O_7$ 变绿，而 E 不能。请写出 A~E 的构造式及反应式。

9. 化合物 A($C_9H_{10}O$)不能起碘仿反应，其 IR 表明在 1 690 cm^{-1} 处有一强吸收峰。^1H NMR 数据如下：δ 1.2(3H,t)，3.0(2H,q)，7.7(5H,m)。化合物 B 为 A 的异构体，能起碘仿反应，其 IR 表明在 1 705 cm^{-1} 处有一强吸收峰。^1H NMR 数据如下：δ 2.0(3H,s)，3.5(2H,s)，7.1(5H,m)。写出 A 和 B 的结构式。

10. 化合物 A 的分子式为 $C_6H_{12}O_3$，在 1 710 cm^{-1} 处有强吸收峰。A 和 $I_2/NaOH$ 溶液作用得到黄色沉淀，与托伦试剂作用无银镜产生。但若 A 用稀 H_2SO_4 处理后，所生成的化合物与土伦试剂作用有银镜作用。A 的 ^1H NMR 数据如下：δ 2.1(3H,s)，2.6(2H,d)，3.2(6H,s)，4.6(1H,t)。写出 A 的结构式及相关反应式。

第12章　羧酸和羧酸衍生物

分子中仅含有烃基（或氢原子）和羧基的化合物称为羧酸。羧酸常以盐和酯的形式广泛存在于自然界，是许多有机化合物氧化的最终产物，也是重要的化工原料和有机合成中间体。羧酸对于人们的日常生活非常重要，许多羧酸在生物体代谢过程中也起着重要作用。

羧基（—COOH）是羧酸的官能团。羧酸分子中，羧基的羟基被其他原子或基团取代后生成的化合物称其为羧酸衍生物，重要的羧酸衍生物有：酰卤、酸酐、酯和酰胺。

$$\underset{\text{羧酸}}{\overset{\displaystyle O}{\underset{R}{\overset{\|}{C}}-OH}} \quad \underset{\text{羧基}}{\overset{\displaystyle O}{\overset{\|}{C}-OH}} \quad \underset{\text{酰卤}}{\overset{\displaystyle O}{\underset{R}{\overset{\|}{C}}-X}} \quad \underset{\text{酸酐}}{\overset{\displaystyle O \quad O}{\underset{R}{\overset{\|}{C}}-\underset{}{\overset{\|}{C}}-R}} \quad \underset{\text{酯}}{\overset{\displaystyle O}{\underset{R}{\overset{\|}{C}}-OR'}} \quad \underset{\text{酰胺}}{\overset{\displaystyle O}{\underset{R}{\overset{\|}{C}}-NH_2}}$$

§12.1　羧　酸

12.1.1　羧酸的结构、分类和命名

1. 羧酸的结构

羧酸分子中都含有羧基官能团。羧基的碳原子是 sp^2 杂化，与相邻的三个原子以 σ 键相结合，剩下的一个 p 轨道与羰基的氧原子的 p 轨道互相交盖形成一个 π 键，如图 12-1 所示。

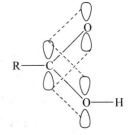

图 12-1　羧酸分子的结构

2. 羧酸的分类

按羧酸分子中烃基的种类，可将羧酸分为脂肪族羧酸和芳香族羧酸；按羧酸分子中烃基的饱和程度，可将羧酸分为饱和羧酸和不饱和羧酸；按羧酸分子中所含羧基的数目，可将羧酸分为一元酸、二元酸和多元酸。

3. 羧酸的系统命名

（1）脂肪族羧酸

脂肪族羧酸的系统命名规则与醛相似，即选择含有羧基的最长碳链作主链，从羧基的碳原子开始给主链上的碳原子进行编号。取代基的位次用阿拉伯数字标明。有时也用希腊字母来表示取代基的位次，从与羧基相邻的碳原子开始，依次为 α、β、γ 等。如：

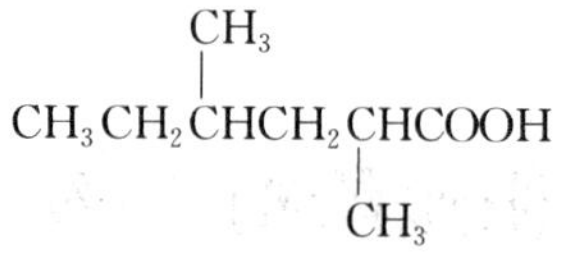

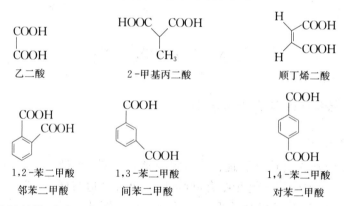

$$CH_3CH_2CHCH_2\underset{\underset{CH_3}{|}}{CH}COOH$$

2,4-二甲基己酸

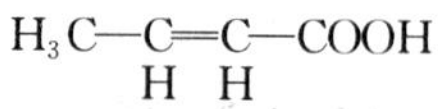

$$H_3C\overset{H}{\underset{}{C}}=\overset{H}{\underset{}{C}}-COOH$$

2-丁烯酸

α-丁烯酸(巴豆酸)

（2）芳香族羧酸

芳香族羧酸的系统命名可分为两种情况：羧基与苯环直接相连、羧基与苯环间隔一个或几个碳原子。前者的命名可用苯甲酸为母体，环上的其他基团作为取代基；后者的命名可用脂肪酸为母体，芳基作为取代基。如：

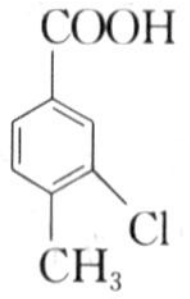

4-甲基-3-氯苯甲酸

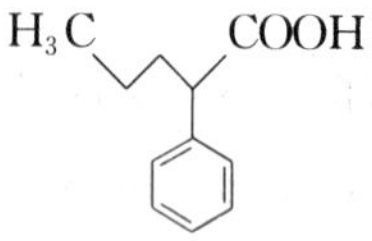

2-苯基丁酸

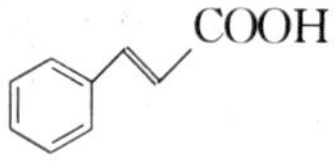

3-苯基丙烯酸

（3）二元羧酸

脂肪族二元羧酸的命名，选择包含两个羧基的最长碳链作主链，叫某二酸。芳香族二元羧酸可以作为脂肪族羧酸的芳基取代衍生物来命名。如：

乙二酸

2-甲基丙二酸

顺丁烯二酸

1,2-苯二甲酸
邻苯二甲酸

1,3-苯二甲酸
间苯二甲酸

1,4-苯二甲酸
对苯二甲酸

此外，一些常见的羧酸多用俗名，主要是根据它们的来源命名的。如：

$HCOOH$

蚁酸

CH_3COOH

醋酸

$HOOC-COOH$

草酸

12.1.2　羧酸的物理性质

1. 状态

甲酸、乙酸、丙酸是具有刺激性气味的液体，含 4～9 个碳原子的羧酸是有腐败恶臭气味的油状液体，含 10 个碳原子以上的羧酸为无味石蜡状固体。脂肪族二元酸和芳香酸都是结晶形固体。

2. 沸点

羧酸的沸点比相对分子质量相近的醇高。这是由于羧酸分子间可以形成两个氢键而缔合成较稳定的二聚体。

3. 水溶性

羧酸分子可与水形成氢键，所以低级羧酸能与水混溶，随着相对分子质量的增加，非极性的烃基愈来愈大，使羧酸的溶解度逐渐减小，6 个碳原子以上的羧酸则难溶于水而易溶于有机溶剂。

12.1.3　羧酸的光谱性质

1. 红外光谱(IR)

羧酸、酰卤、酸酐、酯和酰胺都含有羰基，因此，在 IR 图谱上都有 $C=O$ 的强吸收峰。羧酸及其衍生物的羰基在 $1\,850 \sim 1\,630\ cm^{-1}$ 之间有强的特征吸收峰，属于 $C=O$ 伸缩振动吸收。表 12-1 中列出了羧酸及其衍生物的 $C=O$ 伸缩振动吸收范围。酰氯中由于氯原子的吸电子诱导效应，使羰基的伸缩振动吸收频率加大，约在 $1\,800\ cm^{-1}$ 处。酸酐通常有两个羰基伸缩振动吸收峰。酯羰基伸缩振动吸收与醛相似。酰胺中羰基与氮的共轭程度大，因而 $C=O$ 伸缩振动吸收频率降低。

表 12-1　羧酸及其衍生物的 $C=O$ 伸缩振动吸收范围

化合物	$C=O$ 伸缩振动吸收频率/cm^{-1}	化合物	$C=O$ 伸缩振动吸收频率/cm^{-1}
$RCOCl$	$1\,815 \sim 1\,770$	RCO_2H	$1\,725 \sim 1\,680$
$(RCO)_2O$	$1\,850 \sim 1\,800$ 和 $1\,790 \sim 1\,740$	$RCONR^1R^2$	$1\,680 \sim 1\,630$
RCO_2R	$1\,755 \sim 1\,717$		

除了 $C=O$ 伸缩振动吸收外，羧酸在 $3\,000 \sim 2\,500\ cm^{-1}$ 处有一宽峰，属于 $O-H$ 伸缩振动吸收峰，是羧酸的另一特征吸收；羧酸、酯和酸酐在 $1\,320 \sim 1\,050\ cm^{-1}$ 处有 $C-O$ 伸缩振动吸收；伯酰胺和仲酰胺在 $3\,500 \sim 3\,200\ cm^{-1}$ 处有 $N-H$ 伸缩振动吸收，伯酰胺 $N-H$ 为两个峰，仲酰胺 $N-H$ 为一个尖峰；$N-H$ 弯曲振动吸收在 $1\,640\ cm^{-1}$ 和 $1\,600\ cm^{-1}$ 处，是伯酰胺的另一特征吸收。

2. 核磁共振谱(^1H NMR)

羧基的质子因受去屏蔽效应以及氧电负性的影响，其化学位移出现在低场 $\delta = 10 \sim 12$ 处。伯酰胺和仲酰胺氮上的质子出现在 $\delta = 5 \sim 8$ 处(通常是一个宽峰)。羧酸及其衍生物的 α-碳原子上的质子因受羰基的吸电子效应影响，化学位移稍向低场移动，一般出现在 $\delta = 2 \sim 3$ 处。

12.1.4　羧酸的化学性质

1. 酸性

羧酸具有酸性，因为羧基能离解出氢离子。

$$RCOOH \Longrightarrow RCOO^- + H^+$$

因此，羧酸能与氢氧化钠反应生成羧酸钠和水。

$$RCOOH + NaOH \longrightarrow RCOONa + H_2O$$

羧酸的酸性比苯酚和碳酸的酸性强，因此羧酸能与碳酸钠、碳酸氢钠反应生成羧酸钠。

$$RCOOH + NaHCO_3(Na_2CO_3) \longrightarrow RCOONa + H_2O + CO_2\uparrow$$

羧酸的酸性通常比无机酸弱，在羧酸盐中加入无机酸时，羧酸又游离出来。利用这一性质，既可以鉴别羧酸和苯酚，也可以进行有关化合物的分离提纯。

当羧酸的烃基上（特别是 α-碳原子上）连有电负性大的基团时，由于它们的吸电子诱导效应，使羟基的氢氧间电子云偏向氧原子，氢氧键的极性增强，促进解离，使酸性增大。基团的电负性愈大，取代基的数目愈多，距羧基的位置愈近，吸电子诱导效应愈强，则使羧酸的酸性更强。如：

	三氯乙酸	二氯乙酸	氯乙酸	乙酸
pK_a	0.028	1.29	2.81	4.76

相对分子质量较低的二元酸的酸性比饱和一元酸的酸性强，特别是乙二酸，它是由两个电负性大的羧基直接相连而成的，由于两个羧基的相互影响，使酸性显著增强，乙二酸的 $pK_{a_1}=1.46$，其酸性比磷酸（$pK_{a_1}=1.59$）还强。

取代基对芳香族羧酸酸性的影响也有同样的规律。当羧基的对位取代基为硝基、卤素原子等吸电子基团时，酸性增强；当对位取代基为甲基、甲氧基等斥电子基团时，酸性减弱。邻位取代基对羧酸酸性的影响，因受其位阻等因素影响，结果比较复杂。间位取代基的影响不能在共轭体系内传递，间位取代基的性质对酸性影响较小。

	对硝基苯甲酸	对氯苯甲酸	对甲氧基苯甲酸	对甲基苯甲酸
pK_a	3.42	3.97	4.47	4.38

2. 羧基中羟基的取代反应

羧酸分子中，羧基中羟基（—OH）可以被卤素原子（—X）、酰氧基（—OOCR）、烷氧基（—OR）、氨基（—NH_2）等取代，生成一系列的羧酸衍生物。

（1）酰卤的生成

羧酸与三氯化磷、五氯化磷、氯化亚砜等作用，生成酰氯。

$$RCOOH + PCl_3(PCl_5/SOCl_2) \longrightarrow RCOCl$$

（2）酸酐的生成

在脱水剂作用下，羧酸加热脱水，生成酸酐。常用的脱水剂有五氧化二磷等。

$$RCOOH + RCOOH \xrightarrow[\triangle]{P_2O_5} RCOOOCR$$

（3）酯化反应

羧酸与醇在酸的催化下生成酯的反应，称为酯化反应。酯化反应是可逆反应，为了提高酯的产率，可增加某种反应物的浓度，或及时蒸出反应生成的酯或水，使平衡向生成物方向移动。

$$RCOOH + R'OH \underset{}{\overset{H^+}{\rightleftharpoons}} RCOOR' + H_2O$$

酯化反应可按两种方式进行：

$$方式一：RCO{+}OH+H{+}OR' \xrightarrow{H^+} RCOOR'+H_2O$$

$$方式二：RCOO{+}H+HO{+}R' \xrightarrow{H^+} RCOOR'+H_2O$$

实验证明,大多数情况下,酯化反应是按方式一进行的。如用含有示踪原子^{18}O 的甲醇与苯甲酸反应,结果发现^{18}O 在生成的酯中。当醇为叔醇时,主要按方式二进行。

（4）酰胺的生成

在羧酸中通入氨气或加入碳酸铵,首先生成羧酸的铵盐,铵盐受热脱水生成酰胺。

$$RCOOH+NH_3 \longrightarrow RCOONH_4 \xrightarrow{-H_2O} RCONH_2$$

3. 脱羧反应

羧酸分子脱去羧基放出二氧化碳的反应叫脱羧反应。相对分子质量较低的羧酸的钠盐及芳香族羧酸的钠盐在碱石灰（NaOH-CaO）存在下加热,可脱羧生成烃。如实验室常用加热乙酸钠和碱石灰混合物的方法制取纯甲烷。

$$CH_3COONa \xrightarrow[\triangle]{NaOH-CaO} CH_4 + Na_2CO_3$$

通常,一元羧酸的脱羧反应比较困难,但当一元羧酸的 α-碳上连有吸电子基团时,脱羧反应较容易进行。如:

$$CCl_3COOH \xrightarrow{\triangle} CHCl_3 + CO_2 \uparrow$$

4. α-H 卤代反应

羧基和羰基一样,能使 α-H 活化。但羧基的致活效应比羰基小,所以羧酸的 α-H 卤代反应需在红磷等催化剂存在下才能顺利进行。

$$CH_3COOH \xrightarrow[Cl_2]{P} CH_2ClCOOH \xrightarrow[Cl_2]{P} CHCl_2COOH \xrightarrow[Cl_2]{P} CCl_3COOH$$

5. 还原反应

一般情况下,羧酸和大多数还原剂不反应,但能被氢化锂铝等强还原剂还原成醇。用氢化铝锂还原羧酸时,不但产率高,而且分子中的碳碳不饱和键不受影响,只还原羧基而生成不饱和醇。

$$RCH_2CH=CHCOOH \xrightarrow{LiAlH_4} RCH_2CH=CHCH_2OH$$

12.1.5 羧酸的制备方法

1. 氧化法

在催化剂存在下,高级脂肪烃（如石蜡）在加热至 120℃～150℃时通入空气,可被氧化生成多种脂肪酸的混合物。

$$RCH_2CH_2R' \xrightarrow[\triangle]{[O]} RCOOH+R'COOH$$

伯醇氧化成醛,醛易氧化成羧酸,因此伯醇可作为氧化法制羧酸的原料。含 α-氢的烷基苯用高锰酸钾氧化时,产物均为苯甲酸。如:

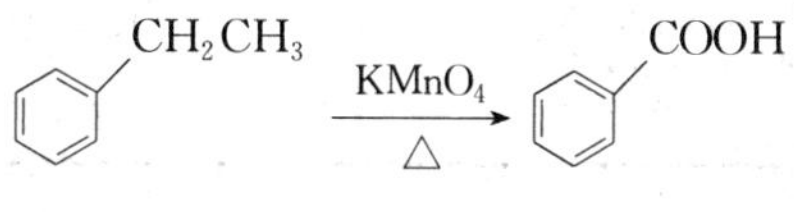

2. 格氏试剂法

格氏试剂与二氧化碳反应,再将产物用酸水解可制得相应的羧酸。

$$RX \xrightarrow[\text{无水乙醚}]{Mg} RMgX \xrightarrow{CO_2} RCOOMgX \xrightarrow{\text{水解}} RCOOH$$

3. 水解法

在酸或碱的催化下,腈水解可制得羧酸。

$$RCN + H_2O + HCl \longrightarrow RCOOH + NH_4Cl$$

$$RCN + H_2O + NaOH \longrightarrow RCOONa + NH_3$$

三个卤原子在同一个碳原子上的卤代烃的水解,也可制得羧酸。如:

$$\bigcirc\!\!\!\!-CH_3 \xrightarrow[h\nu]{Cl_2} \bigcirc\!\!\!\!-CCl_3 \xrightarrow[H_2O]{H_2SO_4} \bigcirc\!\!\!\!-COOH$$

4. 一氧化碳水合法

常压下,烯烃或炔烃在 $Ni(CO)_4$ 催化下与 CO 及 H_2O 反应生成羧酸。

$$RCH{=}CH_2 + CO + H_2O \xrightarrow{Ni(CO)_4} \underset{\underset{CH_3}{|}}{R}CHCOOH$$

$$HC{\equiv}CH + CO + H_2O \xrightarrow{Ni(CO)_4} CH_2{=}CH{-}COOH$$

§12.2 二元羧酸

12.2.1 二元羧酸的物理性质

二元羧酸都是固态晶体,分子的两端都含有羧基,极性增强,在水中溶解度增加,易溶于水,难溶于乙醚等其他有机溶剂。由于分子间引力增大,熔点比相近相对分子质量的一元羧酸高得多。与一元羧酸相似,偶数碳原子的二元羧酸的熔点比相邻的两个奇数碳原子的二元羧酸的熔点高。

表 12－2 某些二元羧酸的物理常数

名称	熔点/℃	pK_{a_1}（25℃）	pK_{a_2}（25℃）
乙二酸	189.5	1.46	4.40
丙二酸	135.6	2.83	5.69
丁二酸	188.0	4.16	5.61
戊二酸	97.5	4.34	5.42
己二酸	151.0	4.42	5.41
顺丁烯二酸	130.5	1.82	6.07
反丁烯二酸	287.0	3.03	4.44

12.2.2　二元羧酸的化学性质

二元羧酸具有一元羧酸的一般化学性质,但因分子中增加了一个羧基,它们还具有一些特殊的性质,这些特性会随着两个羧基间的距离不同而变化。

1. 酸性

二元羧酸含有两个可离解的氢质子,有两个离解常数 K_{a_1} 和 K_{a_2}。

$$\underset{COOH}{\overset{COOH}{(CH_2)_n}} \overset{K_{a_1}}{\rightleftharpoons} \underset{COOH}{\overset{COO^-}{(CH_2)_n}} \overset{K_{a_2}}{\rightleftharpoons} \underset{COO^-}{\overset{COO^-}{(CH_2)_n}}$$

由于羧基是吸电子基团,二元羧酸分子中其中一个羧基的吸电子诱导效应使另一个羧基容易电离,因此,增加了第一个羧基的酸性,第一个羧基电离的 K_{a_1} 一般比一元羧酸的 K_a 值大。当第一个羧基离解后生成羧酸根负离子,该负离子是一个供电子基团,由于它的影响,第二个羧基的电离变得困难,所以,二元羧酸的 K_{a_2} 一般比一元羧酸 K_a 的要小。这种影响会随着两个羧基间的距离增大而逐步消失。

2. 受热反应

各种二元羧酸受热后,由于羧基间的距离不同,会发生脱羧反应或脱水反应。

(1) 乙二酸、丙二酸受热脱羧生成一元酸。

$$\underset{COOH}{\overset{COOH}{|}} \xrightarrow{\triangle} HCOOH + CO_2$$

$$\underset{COOH}{\overset{COOH}{CH_2}} \xrightarrow{\triangle} CH_3COOH + CO_2$$

(2) 丁二酸、戊二酸受热脱水(不脱羧)生成具有五元环或六元环结构的酸酐。

$$\underset{CH_2-COOH}{\overset{CH_2-COOH}{|}} \xrightarrow{\triangle} \text{(酸酐)} + H_2O$$

$$\underset{CH_2-COOH}{\overset{CH_2-COOH}{CH_2}} \xrightarrow{\triangle} \text{(酸酐)} + H_2O$$

(3) 己二酸、庚二酸受热既脱水又脱羧生成具有五元环或六元环结构的环酮。

$$\underset{CH_2-CH_2-COOH}{\overset{CH_2-CH_2-COOH}{|}} \xrightarrow{\triangle} \text{(环酮)} + CO_2 + H_2O$$

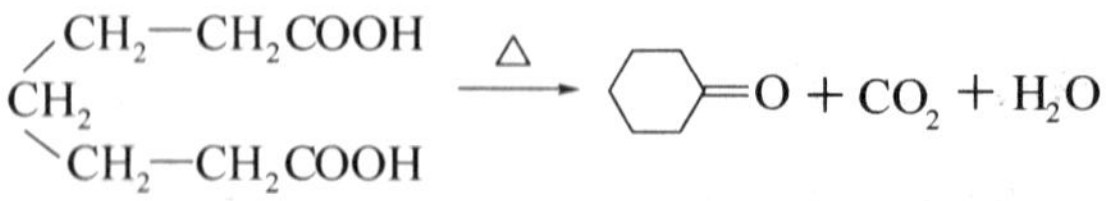

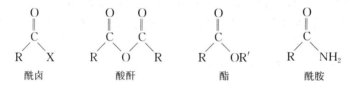

§12.3 羧酸衍生物

12.3.1 羧酸衍生物的分类和命名

1. 羧酸衍生物的分类

羧酸衍生物主要是指羧酸分子中羧基上的羟基被其他原子或基团取代后所生成的化合物。重要的羧酸衍生物有酰卤、酸酐、酯和酰胺。

酰卤　　酸酐　　酯　　酰胺

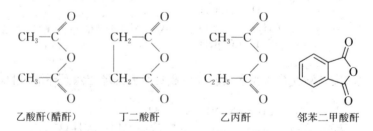

2. 羧酸衍生物的命名

(1) 酰卤和酰胺

酰基是羧酸分子去掉一个羟基以后所剩余的部分。某酸所形成的酰基叫某酰基。

某酰基

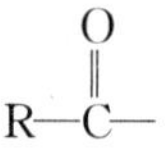

酰卤和酰胺的命名由酰基名称加卤素原子或胺，如酰胺的氮原子上有取代基，则在名称前面加“*N*-某基”。如：

乙酰氯　　苯甲酰氯　　乙酰胺　　*N*-甲基苯甲酰胺

(2) 酸酐

某酸所形成的酸酐叫某酸酐。如：

乙酸酐(醋酐)　　丁二酸酐　　乙丙酐　　邻苯二甲酸酐

(3) 酯

酯的命名为“某酸某酯”。如：

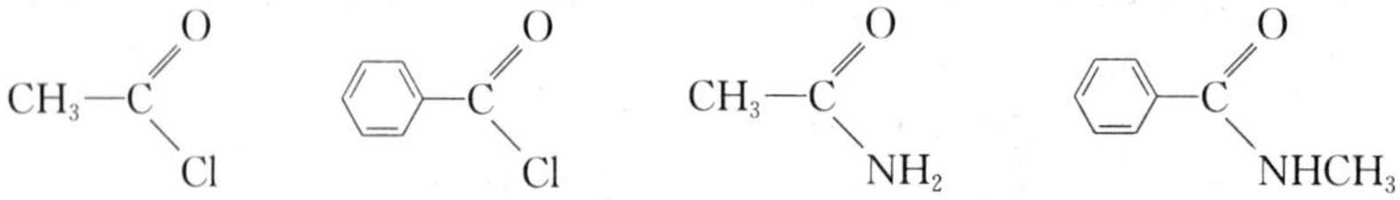

$$CH_3-\overset{O}{\underset{\Vert}{C}}-OCH_2CH_3 \qquad CH_3CH_2-\overset{O}{\underset{\Vert}{C}}-OCH_3 \qquad \overset{\overset{O}{\Vert}}{\underset{\underset{O}{\overset{\Vert}{C}}-OCH_2CH_3}{CH_2}}\overset{C-OCH_2CH_3}{} \qquad$$

乙酸乙酯　　　　　　　丙酸甲酯　　　　　　丙二酸二乙酯　　　　　苯甲酸乙酯

12.3.2　羧酸衍生物的物理性质

低级的酰卤和酸酐都是具有刺激性气味的液体,高级的为固体。许多酯具有芳香气味,广泛分布于花和果实中,低级和中级的饱和一元羧酸酯是香精油的成分,可以用作香料。乙酸异戊酯有香蕉的香味,戊酸异戊酯有苹果香味。十四碳酸以下的甲酯和乙酯都为液体。酰胺除甲酰胺为液体外,其余都为固体,没有气味。

酰卤和酯的沸点比相应的羧酸要低;酸酐的沸点比相应的羧酸高。酰胺由于分子间可通过氨基上的氢原子形成氢键而缔合,所以其熔点和沸点都比相应的羧酸高,但是当酰胺的氨基上的氢原子被烷基逐步取代后,则氢键缔合减少,因此熔点和沸点都降低。

酰卤、酸酐不溶于水,但低级的酰卤、酸酐遇水即分解。酯在水中溶解度较小。低级的酰胺可溶于水,N,N-二甲基甲酰胺(DMF)、N,N-二甲基乙酰胺都是很好的非质子性溶剂,能与水无限混溶。酰卤、酸酐、酯、酰胺一般都溶于有机溶剂如乙醚、氯仿、苯等。乙酸的乙酯、丁酯、戊酯等大量用作溶剂。

12.3.3　羧酸衍生物的化学性质及其相互转化

1. 羧酸衍生物的亲核取代反应(加成-消去)

羧酸衍生物的水解、醇解、氨解等反应都属于亲核取代反应,其反应历程是通过加成-消除历程来完成的。反应可以在碱催化或酸催化下进行。

碱催化的反应历程:

$$R-\overset{O}{\underset{\Vert}{C}}-L \ + \ :Nu^- \ \overset{慢}{\rightleftharpoons} \ R-\overset{O^-}{\underset{\underset{Nu}{|}}{\overset{|}{C}}}-L \qquad 亲核加成$$

$$R-\overset{\overset{O^-}{|}}{\underset{\underset{Nu}{|}}{C}}-L \ \overset{快}{\rightleftharpoons} \ R-\overset{O}{\underset{\Vert}{C}}-Nu \ +L^- \qquad 消除反应$$

:Nu 为进攻的亲核试剂,即 H_2O、ROH、NH_3 等;L 为离去基因,即—X、—OR、—OCOR、—NH_2 等。

碱催化的反应历程中,亲核试剂首先向酰基碳进攻,发生亲核加成,形成四面体结构的带负电荷的中间体,然后,中间体再消除一个负离子,得到的产物为另一种羧酸的衍生物。

酸催化的反应历程:

$$R-\overset{\overset{\displaystyle O}{\|}}{C}-L \underset{}{\overset{H^+}{\rightleftharpoons}} R-\overset{\overset{\displaystyle OH^+}{\|}}{C}-L \overset{:Nu^-}{\rightleftharpoons} R-\overset{\overset{\displaystyle OH}{|}}{\underset{\underset{\displaystyle Nu}{|}}{C}}-L$$

$$R-\overset{\overset{\displaystyle OH}{|}}{\underset{\underset{\displaystyle Nu}{|}}{C}}-L \overset{-L^-}{\rightleftharpoons} R-\overset{\overset{\displaystyle OH^+}{\|}}{C}-Nu \overset{-H^+}{\rightleftharpoons} R-\overset{\overset{\displaystyle O}{\|}}{C}-Nu$$

在酸催化的反应历程中,酸催化使羰基的氧质子化,氧上带正电荷,从而吸引羰基碳上的电子,增加了羰基碳的正电性,因此较弱的亲核试剂也能发生加成反应形成四面体中间体,之后再发生消除反应。

（1）水解

羧酸衍生物都能水解,生成相应的羧酸,水解反应进行的难易次序为：酰氯＞酸酐＞酯＞酰胺。乙酰氯与水发生猛烈的放热反应;乙酸酐易与热水反应;酯的水解在没有催化剂时进行得很慢;而酰胺的水解常常要在酸或碱的催化下,经长时间的回流才可以完成。

$$R-\overset{\overset{\displaystyle O}{\|}}{C}-X + H_2O \longrightarrow R-\overset{\overset{\displaystyle O}{\|}}{C}-OH + HX$$

$$\overset{\overset{\displaystyle R-\overset{O}{\overset{\|}{C}}}{}}{\underset{\displaystyle R-\underset{\underset{\displaystyle O}{\|}}{C}}{}} O + H_2O \longrightarrow R-\overset{\overset{\displaystyle O}{\|}}{C}-OH + R-\overset{\overset{\displaystyle O}{\|}}{C}-OH$$

$$R-\overset{\overset{\displaystyle O}{\|}}{C}-OR' + H_2O \longrightarrow R-\overset{\overset{\displaystyle O}{\|}}{C}-OH + R'-OH$$

$$R-\overset{\overset{\displaystyle O}{\|}}{C}-NH_2 + H_2O \longrightarrow R-\overset{\overset{\displaystyle O}{\|}}{C}-OH + NH_3$$

（2）醇解和氨解

酰氯、酸酐和酯都能与醇作用,生成酯。

$$R-\overset{\overset{\displaystyle O}{\|}}{C}-X + R'-OH \longrightarrow R-\overset{\overset{\displaystyle O}{\|}}{C}-OR' + HX$$

$$\overset{\overset{\displaystyle R-\overset{O}{\overset{\|}{C}}}{}}{\underset{\displaystyle R-\underset{\underset{\displaystyle O}{\|}}{C}}{}} O + R'-OH \longrightarrow R-\overset{\overset{\displaystyle O}{\|}}{C}-OR' + R-\overset{\overset{\displaystyle O}{\|}}{C}-OH$$

$$R-\overset{\overset{\displaystyle O}{\|}}{C}-OR' + R''-OH \longrightarrow R-\overset{\overset{\displaystyle O}{\|}}{C}-OR'' + R'-OH$$

酰氯、酸酐和酯都能与氨作用,生成酰胺。

$$R\overset{\text{O}}{\underset{}{C}}-X + NH_3 \longrightarrow R\overset{\text{O}}{\underset{}{C}}-NH_2 + HX$$

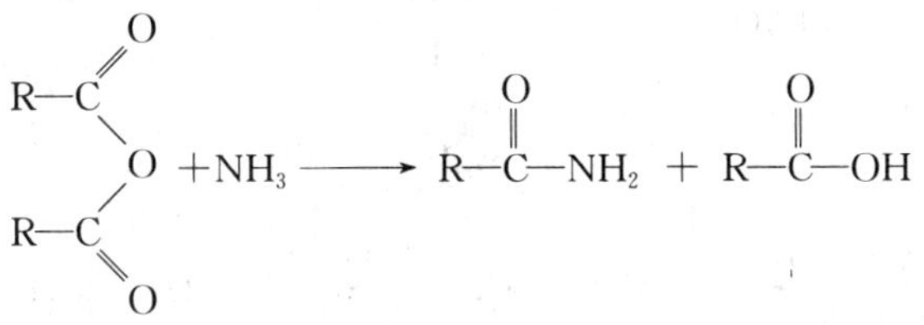

$$\begin{array}{c}R-\overset{\text{O}}{\underset{}{C}}\\[-2pt] \quad O\\[-2pt] R-\overset{\text{O}}{\underset{}{C}}\end{array} + NH_3 \longrightarrow R\overset{\text{O}}{\underset{}{C}}-NH_2 + R\overset{\text{O}}{\underset{}{C}}-OH$$

$$R\overset{\text{O}}{\underset{}{C}}-OR' + NH_3 \longrightarrow R\overset{\text{O}}{\underset{}{C}}-NH_2 + R'-OH$$

2. 羧酸衍生物与格氏试剂的反应

酰卤与格氏试剂作用生成酮,但酮又很容易和格氏试剂反应生成叔醇。

$$R\overset{\text{O}}{\underset{}{C}}-Cl + R'MgCl \longrightarrow R\overset{\text{O}}{\underset{}{C}}-R' + MgCl_2$$

$$R\overset{\text{O}}{\underset{}{C}}-R' + R''MgCl \longrightarrow R-\overset{OMgCl}{\underset{R''}{C}}-R' \xrightarrow{H_2O} R-\overset{OH}{\underset{R''}{C}}-R'$$

控制格氏试剂的用量,并且在低温下反应,可提高酮的产率。如:

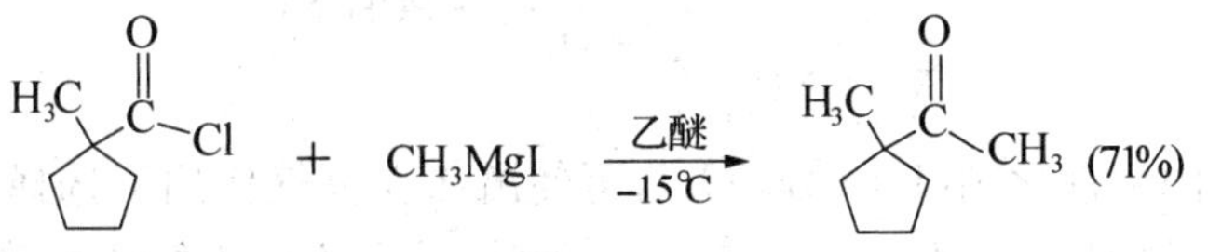

(71%)

酸酐与格氏试剂在低温作用下也能得到酮。如:

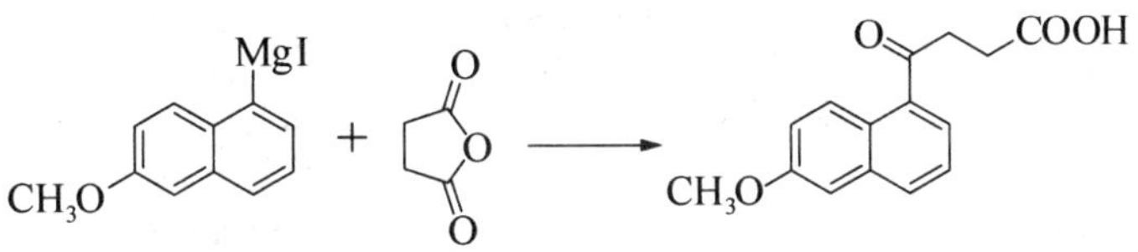

酯与格氏试剂作用生成叔醇,这是制备叔醇的方法之一。当酯与格氏试剂发生反应时,格氏试剂中亲核的烷基或芳基加到酯的缺电子羰基碳上,生成的加成物失去烷氧基卤化镁生成酮,在某些特殊情况下,确实能从这个反应中分离出酮。但是,因为酮本身很容易与格氏试剂作用生成叔醇,反应所得到的酮会立即再与一分子的格氏试剂加成,最后经水解即得到叔醇。

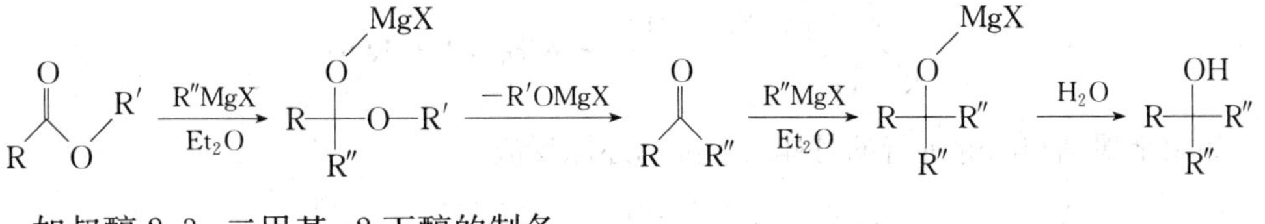

$$R\overset{\text{O}}{\underset{}{C}}-O-R' \xrightarrow[Et_2O]{R''MgX} R-\overset{OMgX}{\underset{R''}{C}}-O-R' \xrightarrow{-R'OMgX} R-\overset{\text{O}}{\underset{}{C}}-R'' \xrightarrow[Et_2O]{R''MgX} R-\overset{OMgX}{\underset{R''}{C}}-R'' \xrightarrow{H_2O} R-\overset{OH}{\underset{R''}{C}}-R''$$

如叔醇 2,3-二甲基-2-丁醇的制备:

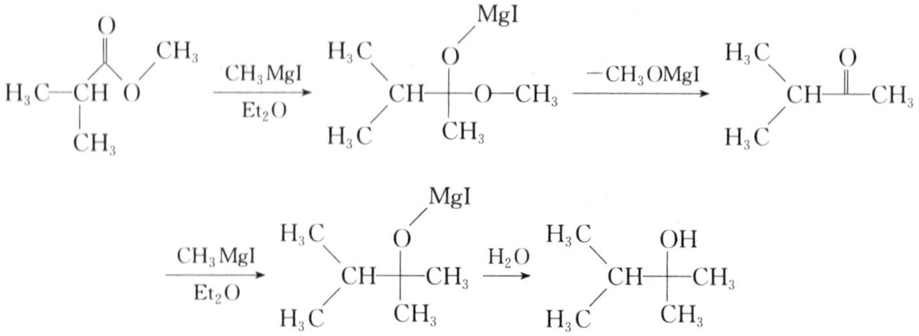

3. 羧酸衍生物的还原反应

羧酸衍生物一般比羧酸容易还原,用氢化铝锂可还原酰氯、酸酐、酯、羧酸成为伯醇,还原酰胺、腈成为胺。

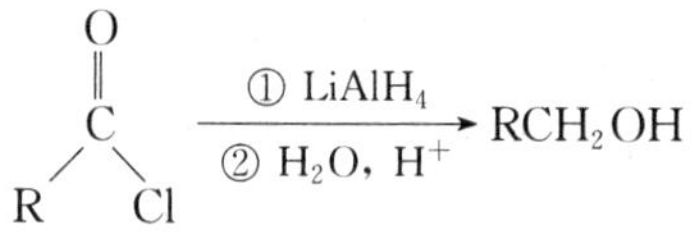

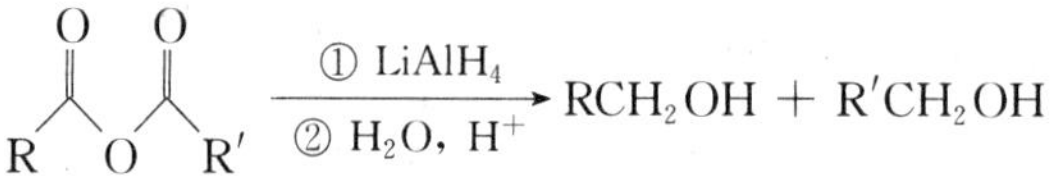

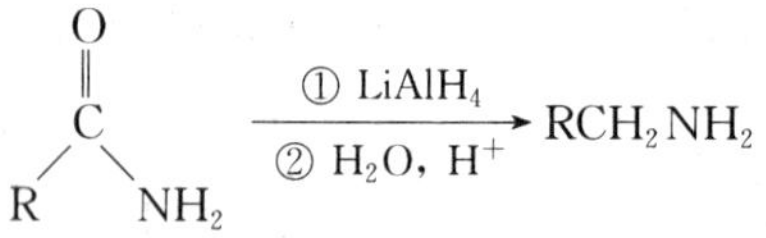

用活性较低的钯催化剂($Pd-BaSO_4$),可使酰氯在氢气作用下选择性地还原成相应的醛,这种方法叫做罗森孟德(Rosenmund)还原法,这种方法不能还原硝基、卤素及酯基。

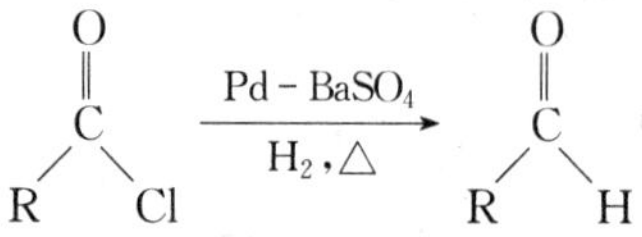

例如:

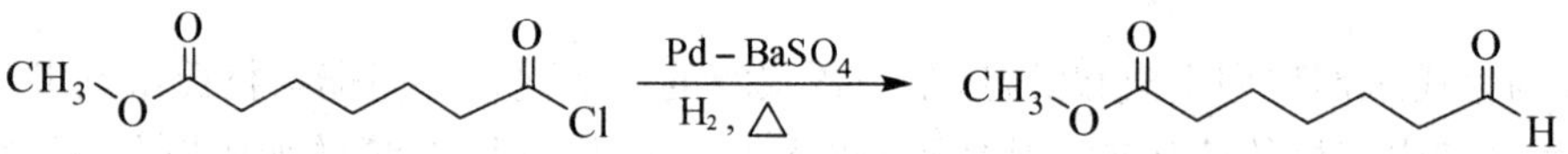

酯可用多种方法还原,但不论用哪种方法还原,其产物都为两种醇,一种是原来酯化时所用的醇,另一种是与原来酯化时所用的酸相对应的伯醇。常用的还原剂是金属钠和醇。当需要更高的反应温度时,可用其他醇代替乙醇为溶剂。

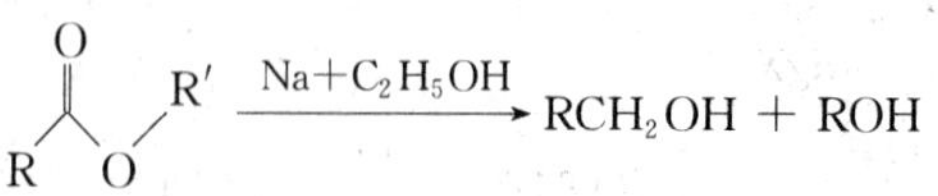

如用金属钠和乙醇进行的月桂酸甲酯的还原反应:

$$CH_3(CH_2)_{10}COOCH_3 \xrightarrow{Na+C_2H_5OH} CH_3(CH_2)_{10}CH_2OH + CH_3OH$$

月桂酸甲酯　　　　　　　　　　　　　月桂醇

氢化铝锂及金属和醇为还原剂时,都不影响碳碳双键或叁键。如:

$$\text{肉桂酸甲酯} \xrightarrow[\text{或 LiAlH}_4]{\text{Na, C}_2\text{H}_5\text{OH}} \text{肉桂醇} + CH_3OH$$

酰胺用 $LiAlH_4$ 还原而生成胺,用 N,N-二烷基酰胺和过量的 $LiAlH_4$ 还原生成叔胺。如:

$$CH_3CH_2CH_2-\overset{\overset{O}{\|}}{C}-NH_2 \xrightarrow[\text{② H}_2\text{O, H}^+]{\text{① LiAlH}_4} CH_3CH_2CH_2CH_2NH_2$$

$$\text{(苯甲酰二甲胺)} \xrightarrow[\text{② H}_2\text{O, H}^+]{\text{① LiAlH}_4} \text{(苄基二甲胺)}$$

4. 酰胺的特殊反应

酰胺与次氯酸钠或次溴酸钠的碱溶液作用时,脱去羰基生成伯胺,在反应中使碳链减少一个碳原子,这是霍夫曼(Hofmann)所发现的一个制备伯胺的方法,通常称为霍夫曼降解反应。

$$R-\overset{\overset{O}{\|}}{C}-NH_2 + NaOX + NaOH \longrightarrow R-NH_2 + NaX + H_2O$$

这个反应的过程比较复杂,其历程如下:

$$(1)\quad R-\overset{\overset{O}{\|}}{C}-NH_2 + OCl^- \longrightarrow R-\overset{\overset{O}{\|}}{C}-\overset{\overset{H}{|}}{N}-Cl + OH^-$$

N-氯代酰胺

$$(2)\quad R-\overset{\overset{O}{\|}}{C}-\overset{\overset{H}{|}}{N}-Cl + OH^- \longrightarrow \left[R-\overset{\overset{O}{\|}}{C}-\overset{..}{N}: \right] + Cl^- + H_2O$$

酰基氮烯

$$(3)\quad R-\overset{\overset{O}{\|}}{C}-\overset{..}{N}: \longrightarrow R-N=C=O$$

异氰酸酯

$$(4)\quad R-N=C=O \xrightarrow{\text{NaOH}} R-NH_2 + Na_2CO_3$$

步骤(1)是酰胺的卤代,即氮原子上的氢被卤素取代,得到 N-卤代酰胺的中间体。第(2)步是在碱作用下,脱去卤化氢,得到一个缺电子的氮原子(氮原子最外层只有六个电子)的中间体酰基氮烯。酰基氮烯很不稳定,容易发生重排。第(3)步是烷基带着一对电子转移到缺电子的氮原子上,生成异氰酸酯。第(4)步是异氰酸酯的水解反应,即异氰酸酯在碱性水溶液中很容易脱去 CO_2 而生成伯胺和碳酸根离子。

在反应过程中由于发生了重排,所以又称为霍夫曼重排反应。该反应过程虽然很复杂,但其反应产率较高。如:

$$\underset{\underset{CH_3}{|}}{\overset{\overset{CH_3}{|}}{CH_3-C-CH_2-CONH_2}} \xrightarrow{NaOBr} \underset{\underset{CH_3}{|}}{\overset{\overset{CH_3}{|}}{CH_3-C-CH_2-NH_2}} \quad (94\%)$$

还可用邻苯二甲酰亚胺制取邻氨基苯甲酸。

$$\text{(邻苯二甲酰亚胺)} \xrightarrow{NaOBr} \text{(邻氨基苯甲酸)}$$

5. 酯缩合反应

酯分子中的 α-氢和醛、酮分子中的 α-氢相似,比较活泼而显示弱酸性,在醇钠的作用下两分子酯缩合生成 β-酮酸酯,这个反应称为酯缩合反应或称为克莱森(Claisen)酯缩合反应。乙酸乙酯在乙醇钠的作用下,发生酯缩合反应生成乙酰乙酸乙酯。

$$CH_3\overset{O}{\overset{||}{C}}-OC_2H_5 + H-CH_2\overset{O}{\overset{||}{C}}-OC_2H_5 \underset{}{\overset{NaOC_2H_5}{\rightleftharpoons}} CH_3\overset{O}{\overset{||}{C}}CH_2\overset{O}{\overset{||}{C}}-OC_2H_5 + C_2H_5OH$$

反应是按下列历程进行的:首先是碱($C_2H_5O^-$)进攻乙酸乙酯夺取 α-氢,生成一个负碳离子:

$$C_2H_5O^- + H-CH_2\overset{O}{\overset{||}{C}}-OC_2H_5 \longrightarrow C_2H_5OH + {}^-CH_2\overset{O}{\overset{||}{C}}-OC_2H_5$$

然后,强亲核的负碳离子和另一分子的乙酸乙酯的羰基发生亲核加成反应,生成四面体负离子中间体:

$$CH_3\overset{O}{\overset{||}{C}}-OC_2H_5 + {}^-CH_2\overset{O}{\overset{||}{C}}-OC_2H_5 \longrightarrow CH_3\underset{\underset{OC_2H_5}{|}}{\overset{\overset{O^-}{|}}{C}}CH_2\overset{O}{\overset{||}{C}}-OC_2H_5$$

形成的中间产物失去一个 $C_2H_5O^-$,生成乙酰乙酸乙酯:

$$CH_3\underset{\underset{OC_2H_5}{|}}{\overset{\overset{O^-}{|}}{C}}CH_2\overset{O}{\overset{||}{C}}-OC_2H_5 \xrightarrow{-C_2H_5O^-} CH_3\overset{O}{\overset{||}{C}}CH_2\overset{O}{\overset{||}{C}}-OC_2H_5$$

在乙酰乙酸乙酯分子中,亚甲基的 α-氢位于两个羰基的 α-位置,受到两个羰基的影响,所以乙酰乙酸乙酯的酸性($pK_a=11$)较乙醇($pK_a=17$)强,事实上是一个较强的酸,因此醇钠可以夺取乙酰乙酸乙酯分子中亚甲基的氢,形成较稳定的负碳离子,最后酸化生成乙酰乙酸乙酯。

$$CH_3\overset{O}{\overset{||}{C}}-CH_2-\overset{O}{\overset{||}{C}}-OC_2H_5 \xrightarrow{C_2H_5O^-} CH_3\overset{O}{\overset{||}{C}}-\overset{-}{CH}-\overset{O}{\overset{||}{C}}-OC_2H_5 \xrightarrow{H^+} CH_3\overset{O}{\overset{||}{C}}-CH_2-\overset{O}{\overset{||}{C}}-OC_2H_5$$

酯缩合反应相当于一个酯的 α-氢被另一个酯的酰基所取代,凡是含有 α-氢的酯都有类似的反应。因此,酯缩合反应本质是活泼 α-氢的一个反应类型。

假如是两种不同而都含有 α-氢的酯进行酯缩合反应时,除了每种酯本身发生酯缩合外，两种酯还会交叉地进行缩合，得到四种不同的β-酮酸酯的混合物，这在合成上的应用价值不大。若两种不同的酯，其中有一个是不含α-氢的酯，进行交叉的酯缩合反应时，因为不含α-氢的酯不进行自身的酯缩合反应，可以控制条件主要只得到一种混合酯的缩合产物。这种交叉酯缩合反应在合成上是有用的。不含α-氢的酯有苯甲酸酯、草酸酯、甲酸酯与碳酸酯，它们都可以和含有α-氢的酯进行交叉缩合。如：

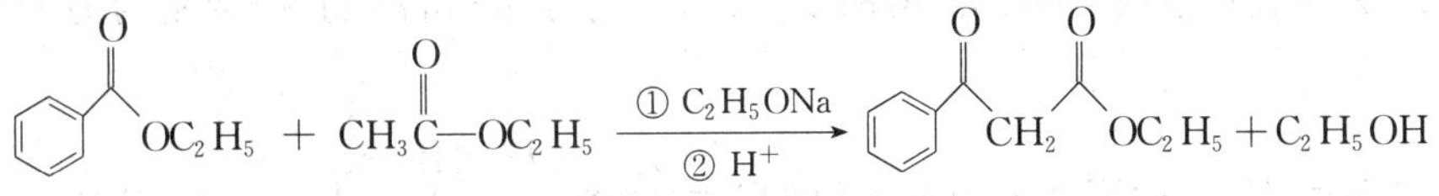

酯缩合反应与醛、酮的羟醛缩合十分相似，都是负碳离子对缺电子羰基的亲核进攻，但羟醛缩合是加成反应，为醛、酮的典型反应；而酯缩合反应总的结果是取代，是羧酸衍生物的典型反应。

§12.4　取代羧酸

12.4.1　羟基酸

1. 羟基酸的分类和命名

羟基酸可以分为醇酸和酚酸两类。羟基酸的命名是以相应的羧酸作为母体，把羟基作为取代基来命名的。自然界存在的羟基酸常按其来源而采用俗名。如：

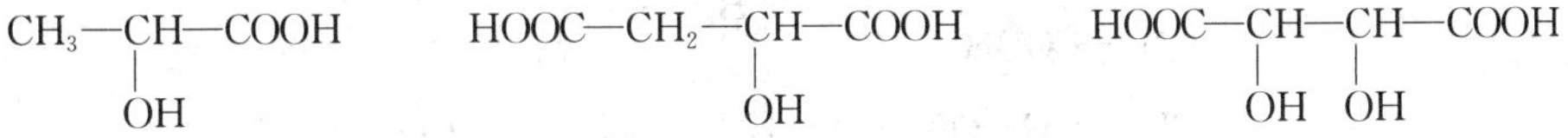

2-羟基丙酸（乳酸）　　羟基丁二酸（苹果酸）　　2,3-二羟基丁二酸（酒石酸）

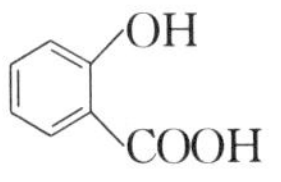

2-羟基苯甲酸（水杨酸）

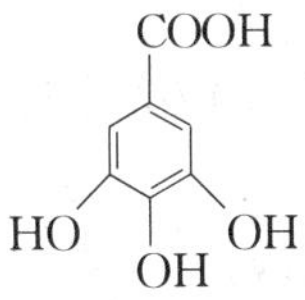

3,4,5-三羟基苯甲酸（没食子酸）

2. 羟基酸的物理性质

酚酸大多数为晶体，有的微溶于水（如水杨酸），有的易溶于水（如没食子酸）。

3. 羟基酸的化学性质

醇酸既具有醇和羧酸的一般性质，如醇羟基可以氧化、酰化、酯化，羧基可以成盐、成酯等；又由于羟基和羧基的相互影响，而具有一些特殊的性质。

(1) 酸性

在醇酸分子中，羟基的吸电子诱导效应沿着碳链传递到羧基上，降低了羧基碳的电子云密度，羧基中氧氢键之间的电子云偏向于氧原子，促进了氢原子的解离。由于诱导效应随传递距离的增长而减弱，醇酸的酸性随着羟基与羧基距离的增加而减弱。如：

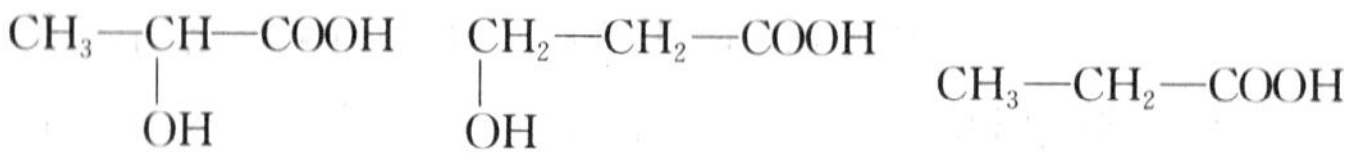

$$CH_3-\underset{\underset{OH}{|}}{CH}-COOH \qquad \underset{\underset{OH}{|}}{CH_2}-CH_2-COOH \qquad CH_3-CH_2-COOH$$

pK_a	3.87	4.51	4.88

（2）脱水反应

① α-醇酸脱水生成交酯：α-醇酸受热时，一分子 α-醇酸的 α-羟基与另一分子 α-

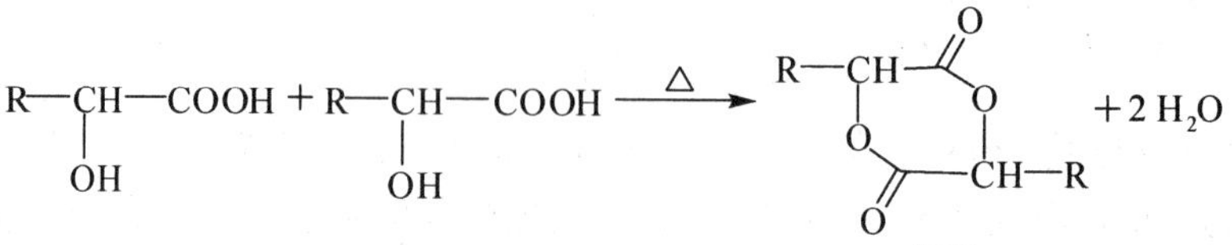

$$R-\underset{\underset{OH}{|}}{CH}-COOH + R-\underset{\underset{OH}{|}}{CH}-COOH \xrightarrow{\triangle} \text{交酯} + 2H_2O$$

醇酸的羧基相互脱水，生成六元环的交酯。② β-醇酸脱水生成 α,β-不饱和羧酸：β-醇酸中的 α-氢原子同时受到羟基和羧基的影响，比较活泼，受热时容易与 β-碳原子上的羟基结合，发生分子内脱水生成 α,β-不饱和羧酸。

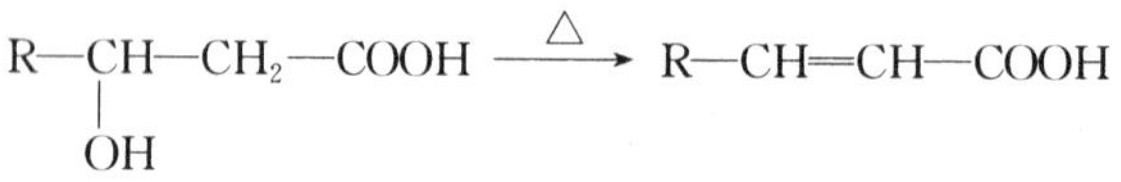

$$R-\underset{\underset{OH}{|}}{CH}-CH_2-COOH \xrightarrow{\triangle} R-CH=CH-COOH$$

③ γ-和 δ-醇酸生成物为内酯：γ-和 δ-醇酸在室温时分子内的羟基和羧基就自动脱去一分子水，生成稳定的 γ-和 δ-内酯。

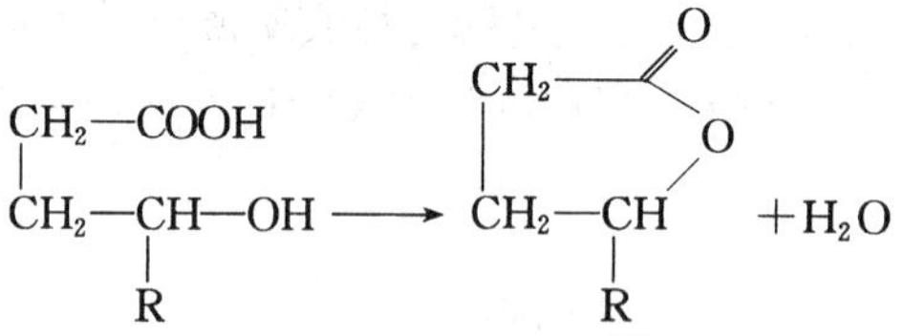

$$\begin{array}{c} CH_2-COOH \\ | \\ CH_2-CH-OH \\ | \\ R \end{array} \longrightarrow \text{γ-内酯} + H_2O$$

④ 羟基与羧基相隔 5 个或 5 个以上碳原子的醇酸受热，发生多分子间的脱水，生成链状的聚酯。

（3）α-醇酸的分解反应

由于羟基和羧基都有吸电子诱导效应，使羧基与 α-碳原子之间的电子云密度降低，有利于两者之间键的断裂，所以当 α-醇酸与稀硫酸共热时，分解成比原来少一个碳原子的醛或酮和甲酸。

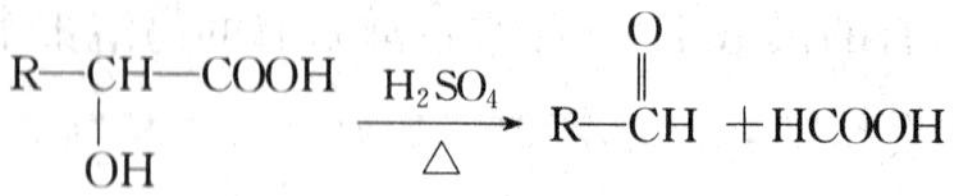

$$R-\underset{\underset{OH}{|}}{CH}-COOH \xrightarrow[\triangle]{H_2SO_4} R-\overset{\overset{O}{\|}}{CH} + HCOOH$$

（4）酚酸的性质

羟基处于邻或对位的酚酸，对热不稳定，当加热至熔点以上时，则脱去羧基生成相应的酚。如：

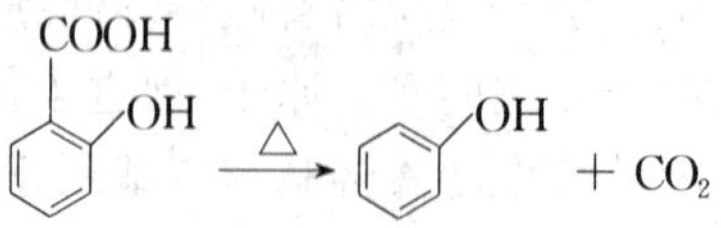

$$\text{(邻羟基苯甲酸)} \xrightarrow{\triangle} \text{(苯酚)} + CO_2$$

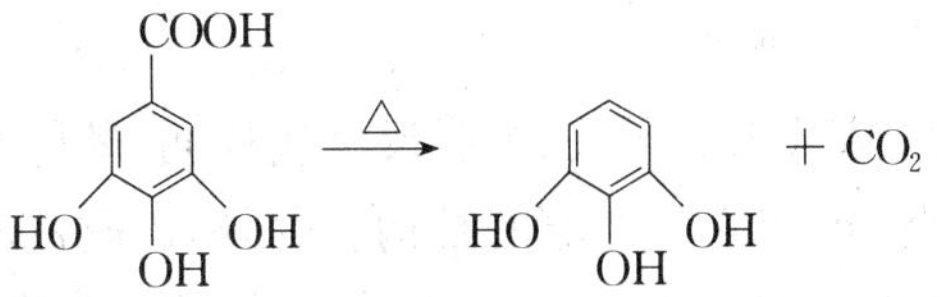

$$\text{(图示：3,4,5-三羟基苯甲酸)} \xrightarrow{\triangle} \text{(图示：邻苯二酚衍生物)} + CO_2$$

12.4.2　羰基酸

1. 羰基酸的分类和命名

分子中既含有羰基又含有羧基的化合物称为羰基酸。根据所含的是醛基还是酮基，将其分为醛酸和酮酸。羰基酸的命名与醇酸相似，也是以羧酸为母体，羰基的位次用阿拉伯数字或用希腊字母表示。如：

$$OHC—COOH \qquad CH_3—\overset{O}{\underset{}{C}}—COOH \qquad CH_3—\overset{O}{\underset{}{C}}—CH_2COOH$$
　　乙醛酸　　　　　　　　丙酮酸　　　　　　3-丁酮酸(β-丁酮酸)

2. 羰基酸的化学性质

酮酸具有酮和羧酸的一般性质，如与亚硫酸氢钠加成、与羟胺生成肟、成盐和酰化等。由于两种官能团的相互影响，α-酮酸和β-酮酸又有一些特殊的性质。

（1）α-酮酸的性质

在α-酮酸分子中，羰基与羧基直接相连，由于羰基和羧基的氧原子都具有较强的吸电子能力，使羰基碳与羧基碳原子之间的电子云密度降低，碳碳键容易断裂，所以在一定条件下可发生脱羧和脱羰反应。α-酮酸与稀硫酸或浓硫酸共热，分别发生脱羧和脱羰反应生成醛或羧酸。

$$R—\overset{O}{\underset{}{C}}—COOH \xrightarrow[\triangle]{稀 H_2SO_4} R—\overset{O}{\underset{}{C}}H + CO_2$$

$$R—\overset{O}{\underset{}{C}}—COOH \xrightarrow[\triangle]{浓 H_2SO_4} R—COOH + CO$$

（2）β-酮酸的性质

在β-酮酸分子中，由于羰基和羧基的吸电子诱导效应的影响，使α-位的亚甲基碳原子电子云密度降低，亚甲基与相邻两个碳原子间的键容易断裂，在不同的反应条件下，能发生酮式和酸式分解反应。

① 酮式分解　β-酮酸在高于室温的情况下，即脱去羧基生成酮，称为酮式分解。

$$R—\overset{O}{\underset{}{C}}—CH_2—COOH \xrightarrow{\triangle} R—\overset{O}{\underset{}{C}}—CH_3 + CO_2$$

② 酸式分解　β-酮酸与浓碱共热时，α-和β-碳原子间的键发生断裂，生成两分子羧酸盐，称为酸式分解。

$$R—\overset{O}{\underset{}{C}}—CH_2—COOH \xrightarrow[\triangle]{40\% \ NaOH} R—\overset{O}{\underset{}{C}}—ONa + CH_3—\overset{O}{\underset{}{C}}—ONa$$

3. 酮式-烯醇式互变异构现象

乙酰乙酸乙酯能与羰基试剂如羟胺、苯肼反应生成肟、苯腙等,能与氢氰酸、亚硫酸氢钠等发生加成反应。由此,证明它具有酮的结构。另外,乙酰乙酸乙酯还能与金属钠作用放出氢气,能使溴的四氯化碳溶液褪色,与三氯化铁作用产生紫红色。由此,又证明它也具有烯醇式的结构。之所以产生这种现象,是因为室温下乙酰乙酸乙酯通常是由酮式和烯醇式两种异构体共同组成的混合物,它们之间在不断地相互转变,并以一定比例呈动态平衡。像这样两种异构体之间所发生的一种可逆异构化现象,叫做互变异构现象。乙酰乙酸乙酯分子中烯醇式异构体存在的比例较一般羰基化合物要高。

$$
\underset{\text{酮式}}{CH_3\overset{O}{\overset{\|}{C}}{-}CH_2{-}\overset{O}{\overset{\|}{C}}{-}OC_2H_5} \rightleftharpoons \underset{\text{烯醇式}}{CH_3\overset{OH}{\overset{|}{C}}{=}CH{-}\overset{O}{\overset{\|}{C}}{-}OC_2H_5}
$$

§12.5 乙酰乙酸乙酯和丙二酸二乙酯在有机合成上的应用

12.5.1 乙酰乙酸乙酯

由于乙酰乙酸乙酯分子中的亚甲基受羰基和酯基的吸电子诱导效应的影响,氢的酸性较强,容易以质子形式解离。形成的碳负离子与羰基和酯基共轭,发生电子离域而比较稳定。

乙酰乙酸乙酯亚甲基上的氢原子很活泼,与醇钠等强碱作用时,生成乙酰乙酸乙酯的钠盐,再与活泼的卤烃或酰卤作用,生成乙酰乙酸乙酯的一烃基、二烃基或酰基衍生物。乙酰乙酸乙酯的钠盐还可与卤代酸酯、卤代丙酮等反应,引入相应的酯基和酮羰基。

$$
CH_3\overset{O}{\overset{\|}{C}}{-}CH_2{-}\overset{O}{\overset{\|}{C}}{-}OC_2H_5 \xrightarrow[\text{② R'X}]{\text{① } C_2H_5ONa} CH_3\overset{O}{\overset{\|}{C}}{-}\underset{R'}{\overset{}{\underset{|}{CH}}}{-}\overset{O}{\overset{\|}{C}}{-}OC_2H_5 \xrightarrow[\text{② R''X}]{\text{① } C_2H_5ONa} CH_3\overset{O}{\overset{\|}{C}}{-}\underset{R'}{\overset{R''}{\underset{|}{\overset{|}{C}}}}{-}\overset{O}{\overset{\|}{C}}{-}OC_2H_5
$$

$$
CH_3\overset{O}{\overset{\|}{C}}{-}CH_2{-}\overset{O}{\overset{\|}{C}}{-}OC_2H_5 \xrightarrow[\text{② RCOCl}]{\text{① } C_2H_5ONa} CH_3\overset{O}{\overset{\|}{C}}{-}\underset{\underset{O}{\overset{\|}{\underset{R}{C}}}}{\overset{}{\underset{|}{CH}}}{-}\overset{O}{\overset{\|}{C}}{-}OC_2H_5
$$

乙酰乙酸乙酯的一烃基、二烃基或酰基衍生物,经酮式分解或酸式分解反应,可以制取甲基酮、二酮、一元羧酸、二元羧酸、酮酸等化合物,称为乙酰乙酸乙酯合成法。

$$
CH_3\overset{O}{\overset{\|}{C}}{-}\underset{R'}{\overset{}{\underset{|}{CH}}}{-}\overset{O}{\overset{\|}{C}}{-}OC_2H_5 \xrightarrow{5\% \text{ NaOH}} CH_3\overset{O}{\overset{\|}{C}}{-}\underset{R'}{\overset{}{\underset{|}{CH_2}}} + CO_2 + C_2H_5OH
$$

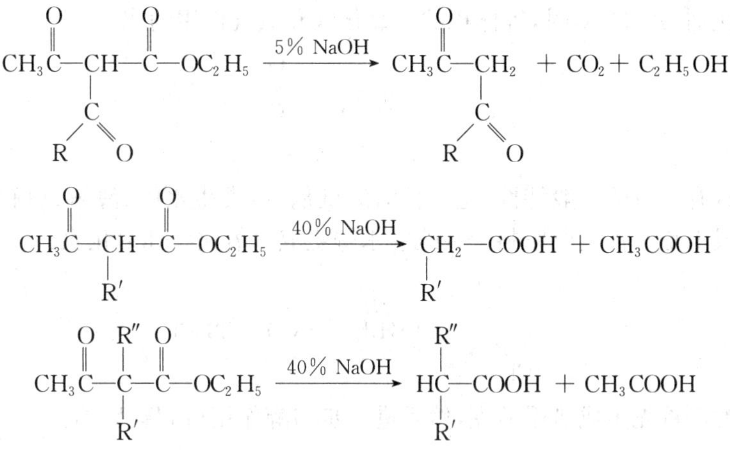

$$CH_3C(=O)CH(C(=O)R)C(=O)OC_2H_5 \xrightarrow{5\% \text{ NaOH}} CH_3C(=O)CH_2C(=O)R + CO_2 + C_2H_5OH$$

$$CH_3C(=O)CH(R')C(=O)OC_2H_5 \xrightarrow{40\% \text{ NaOH}} CH_2(R')COOH + CH_3COOH$$

$$CH_3C(=O)C(R')(R'')C(=O)OC_2H_5 \xrightarrow{40\% \text{ NaOH}} HC(R'')(R')COOH + CH_3COOH$$

12.5.2　丙二酸二乙酯

丙二酸二乙酯,简称丙二酸酯,为无色有香味的液体,微溶于水,易溶于乙醇、乙醚等有机溶剂。常用下面的方法来制取丙二酸酯:

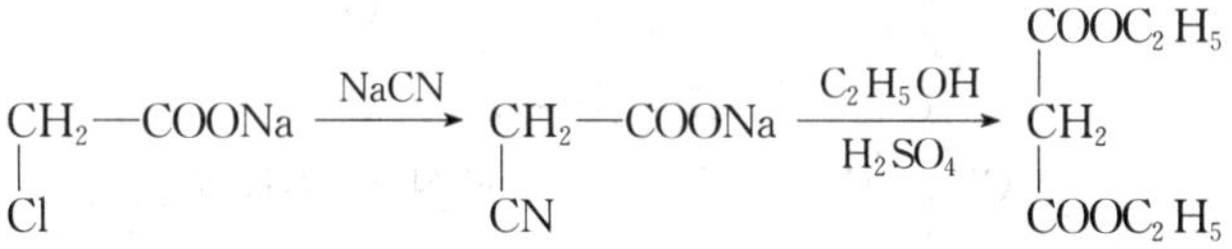

$$CH_2(Cl)COONa \xrightarrow{NaCN} CH_2(CN)COONa \xrightarrow[H_2SO_4]{C_2H_5OH} CH_2(COOC_2H_5)_2$$

由于丙二酸酯分子中亚甲基上的氢原子受相邻两个酯基的影响,比较活泼,能在乙醇钠的催化下与卤代烃或酰氯反应,生成一元取代丙二酸酯和二元取代丙二酸酯。烃基或酰基取代的丙二酸酯经碱性水解、酸化和脱羧后,可制得相应的羧酸。这是合成各种类型羧酸的重要方法,称为丙二酸酯合成法。

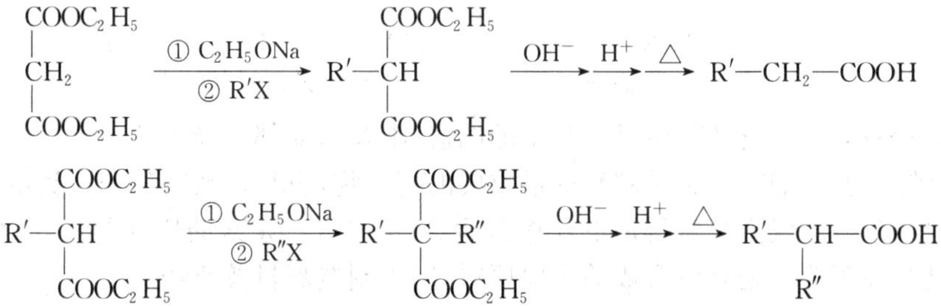

$$CH_2(COOC_2H_5)_2 \xrightarrow[\text{② } R'X]{\text{① } C_2H_5ONa} R'CH(COOC_2H_5)_2 \xrightarrow[]{OH^- \quad H^+ \quad \triangle} R'-CH_2-COOH$$

$$R'CH(COOC_2H_5)_2 \xrightarrow[\text{② } R''X]{\text{① } C_2H_5ONa} R'C(R'')(COOC_2H_5)_2 \xrightarrow[]{OH^- \quad H^+ \quad \triangle} R'CH(R'')COOH$$

§12.6　碳酸衍生物

12.6.1　碳酰氯(光气)

碳酰氯在室温时为带有甜味的无色气体,沸点 8.2℃,熔点 −118℃,易溶于苯及甲苯。碳酰氯毒性很强,对人和动物的黏膜及呼吸道有强烈刺激作用,具有窒息性,侵入组织则产生盐酸。在第一次世界大战时曾被用作毒气。

碳酰氯又叫光气,最初是由一氧化碳和氯气在日光照射下作用而得,目前工业上是用活性炭作催化剂,在200℃时,等体积的一氧化碳和氯气作用制取。

$$CO+Cl_2 \xrightarrow{\text{日光}} \underset{\underset{Cl}{}}{\overset{\overset{O}{\|}}{C}}\!\!-\!\!Cl$$

碳酰氯具有酰氯的一般特性,是一种活泼试剂,可发生水解、醇解、氨解的反应,因此它在有机合成上是一种重要原料。碳酰氯水解生成二氧化碳和氯化氢:

$$\underset{Cl\quad Cl}{\overset{O}{\|}}{C} + H_2O \longrightarrow CO_2 + 2HCl$$

碳酰氯醇解首先生成氯甲酸酯,然后进一步与醇作用得到碳酸酯:

$$\underset{Cl\quad Cl}{\overset{O}{\|}}{C} \xrightarrow[-HCl]{C_2H_5OH} \underset{Cl\quad OC_2H_5}{\overset{O}{\|}}{C} \xrightarrow[-HCl]{C_2H_5OH} \underset{C_2H_5O\quad OC_2H_5}{\overset{O}{\|}}{C}$$

碳酰氯氨解生成尿素:

$$\underset{Cl\quad Cl}{\overset{O}{\|}}{C} + 2NH_3 \longrightarrow \underset{H_2N\quad NH_2}{\overset{O}{\|}}{C}$$

12.6.2 碳酸的酰胺

碳酸能形成两种酰胺:氨基甲酸和尿素。

$$\underset{H_2N\quad OH}{\overset{O}{\|}}{C} \qquad\qquad \underset{H_2N\quad NH_2}{\overset{O}{\|}}{C}$$

氨基甲酸 　　　　　　脲(尿素)

氨基甲酸本身很不稳定,可是氨基甲酸的盐、酯及酰氯都是稳定的。

脲是碳酸的二元酰胺,它是碳酸的最重要的衍生物,也是多数动物和人类蛋白质的新陈代谢的最终产物,成人每日排泄的尿中约含 30 g 尿素。尿素的用途很广,在农业上是重要的氮肥,在工业上是有机合成的重要原料,用于制造塑料及药物。

12.6.3 氨基甲酸酯

氨基甲酸酯是一类较重要的化合物,在医药上是一类具有镇静和轻度催眠作用的化合物。例如:

$$\underset{H_2N\quad OC_2H_5}{\overset{O}{\|}}{C}$$

氨基甲酸乙酯
（乌拉坦）

$$\begin{array}{c} CH_3 \quad CH_2O\!\!-\!\!\overset{\overset{O}{\|}}{C}\!\!-\!\!NH_2 \\ C \\ CH_3CH_2CH_2 \quad CH_2O\!\!-\!\!\overset{\overset{O}{\|}}{C}\!\!-\!\!NH_2 \end{array}$$

2-甲基-2-丙基-1,3-丙二醇-双氨基甲酸酯
（甲丙氨酯）

§12.7　有机合成路线

从较简单的化合物或单质经化学反应合成有机物的过程,称之为有机合成,有时也包括从复杂原料降解为较简单化合物的过程。按照某一有机化合物的分子结构,从简单、易得的原料合成出所需要的目标有机化合物,这是学习有机化学的重要目的和任务,其重要性是不言而喻的。从某种意义上讲,每一个有机化学反应都是有机合成反应。

有机合成是一件艰难而又非常有趣的工作,它需要正确的合成路线和熟练的实验技能。

合成路线的设计是以各类有机合成反应的知识为基础,要善于运用这些知识,还包含很多技巧问题。

12.7.1　有机合成反应

在有机合成中,合成路线的选择是多样的,一般是根据一些决定总产率的经济因素来选择,这些经济因素包括原材料的价格和易得性,各步反应的产率和选择性,以及操作的容易性等。设计的技巧取决于设计者对有机化学反应的知识掌握的熟练程度。有机化学反应众多,这里仅对碳碳键的形成和官能团的引入反应作归纳介绍。

1. 碳胳的形成

在有机合成中,如何建造分子骨架,即如何形成新的碳碳键,往往是关键的步骤。碳胳的形成包括碳链的增长、碳链的缩短和碳环的形成。

对于增加一个碳原子的反应,可以利用卤代烃的取代反应接上一个氰基,醛酮的加成反应形成氰醇,或者利用格氏试剂与碘甲烷、甲醛或二氧化碳反应。对于增加两个碳原子的反应,可以利用卤代烃的取代反应接上乙炔基,或者利用格氏试剂与环氧乙烷反应。傅克反应、羟醛缩合反应、Wittig 反应、丙二酸酯或乙酰乙酸乙酯与卤代烷的反应等均可用于碳碳键的增长。

(1) 卤代烷烃与氰化物的反应

$$R{-}CH_2{-}Cl + NaCN \longrightarrow R{-}CH_2{-}CN$$

(2) 醛、酮与 HCN 的加成反应

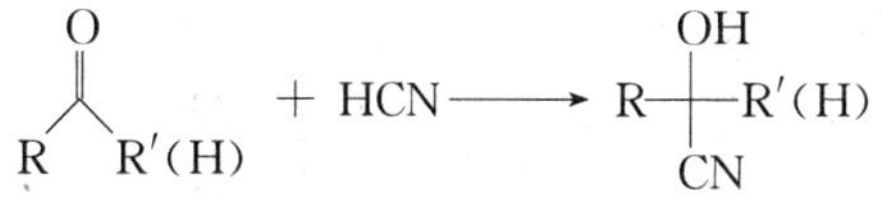

$$\underset{R \quad R'(H)}{\overset{O}{\|}}C + HCN \longrightarrow R\underset{CN}{\overset{OH}{|}}R'(H)$$

(3) 格氏试剂与碘甲烷的反应

$$R{-}CH_2{-}MgCl \xrightarrow{CH_3I} R{-}CH_2{-}CH_3$$

(4) 格氏试剂与甲醛的反应

$$R{-}CH_2{-}MgCl \xrightarrow{HCHO \quad H^+} R{-}CH_2{-}CH_2OH$$

（5）格氏试剂与二氧化碳的反应

$$R-CH_2-MgCl \xrightarrow{CO_2} \xrightarrow{H^+} R-CH_2-COOH$$

（6）卤代烷烃与乙炔钠的反应

$$R-CH_2-Cl + HC\equiv CNa \longrightarrow R-CH_2-C\equiv CH$$

（7）格氏试剂与环氧乙烷的反应

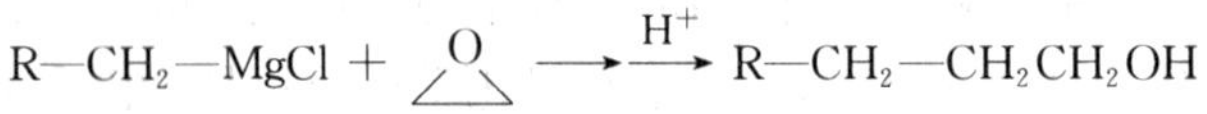

$$R-CH_2-MgCl + \triangle\!\!\!\!O \xrightarrow{H^+} R-CH_2-CH_2CH_2OH$$

（8）傅克反应

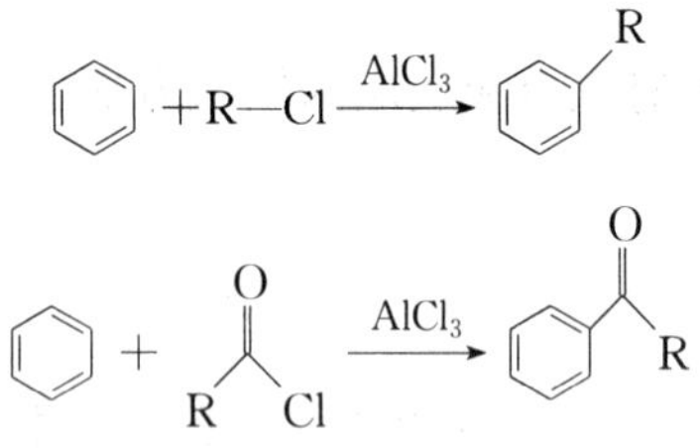

（9）羟醛缩合反应

$$CH_3CHO + CH_3CHO \xrightarrow{NaOH} CH_3\overset{\overset{\displaystyle OH}{|}}{CH}-CH_2CHO$$

（10）Wittig 反应

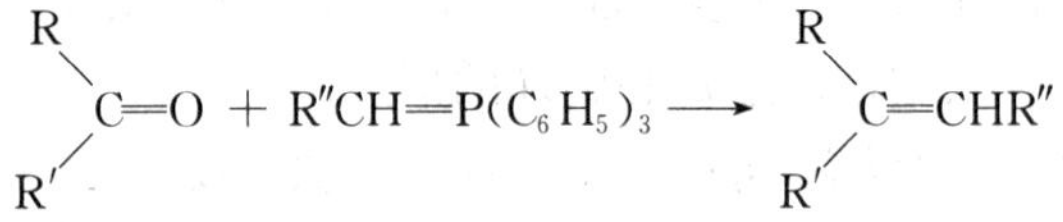

（11）丙二酸酯或乙酰乙酸乙酯与卤代烷的反应

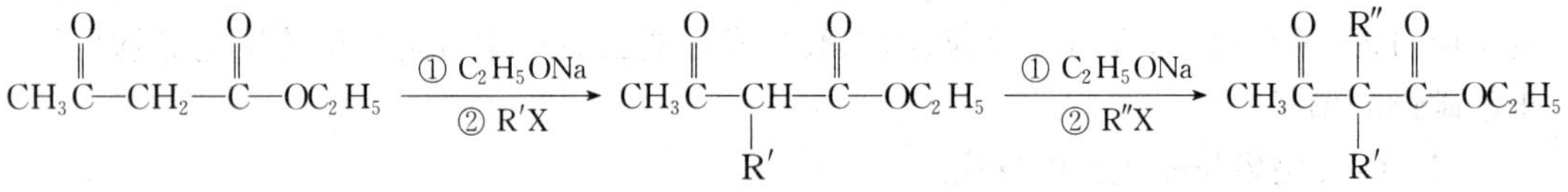

对于减少一个碳原子的办法,可以利用甲基酮的卤仿反应或酰胺的霍夫曼降解反应等。利用不饱和烃的碳碳键的断裂也可以得到碳原子数减少的化合物。

（12）卤仿反应

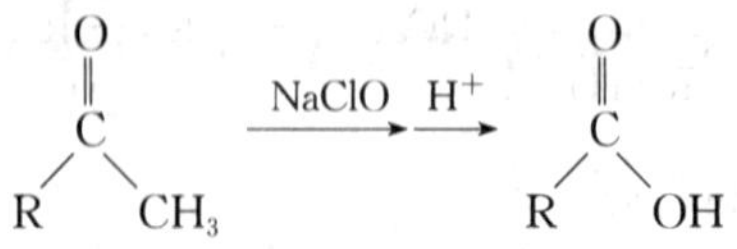

（13）霍夫曼降解反应

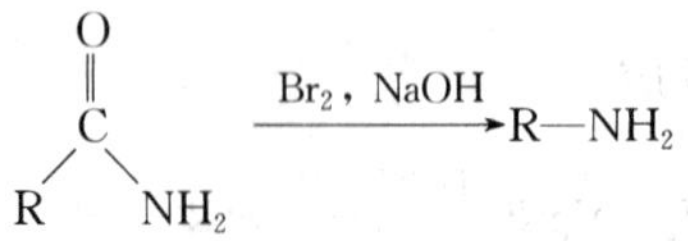

形成碳环的反应主要有：乙酰乙酸乙酯与二卤代烷的反应、狄尔斯-阿尔德反应、卡宾与双键的加成反应和狄克曼反应等。

（14）乙酰乙酸乙酯与二卤代烷的反应

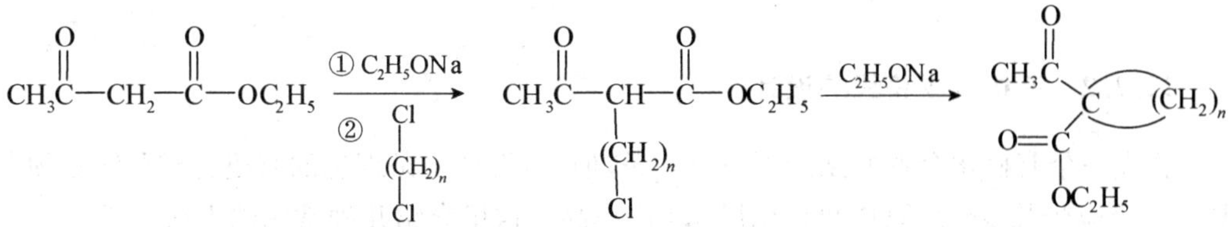

（15）狄尔斯-阿尔德反应

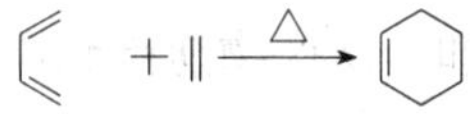

（16）卡宾与双键的加成反应

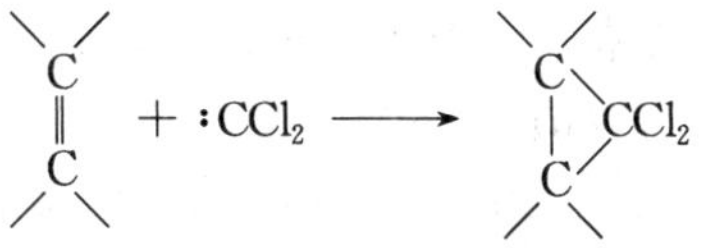

（17）狄克曼反应

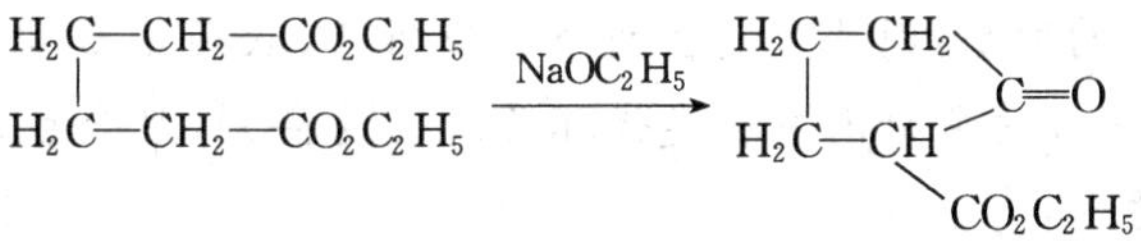

2. 官能团的引入

在有机合成中除了要构建分子骨架，还要形成一定的官能团。引入官能团的反应有：烷烃的卤代反应、烯烃的加成反应、烯烃的取代反应、芳烃的取代反应、醛酮的加成反应等。

（1）烷烃的卤代反应

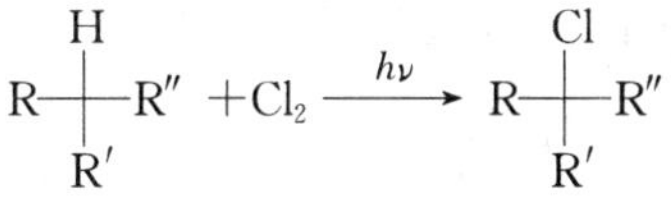

（2）烯烃的加成反应

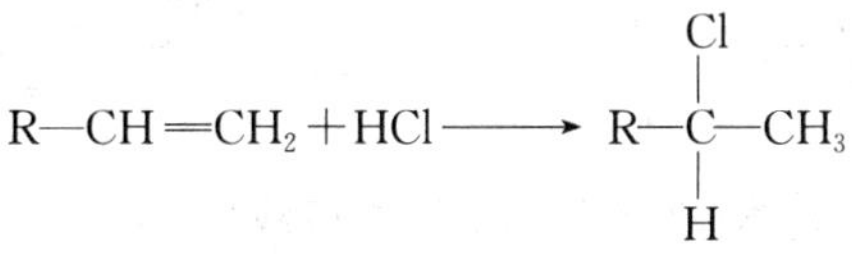

（3）芳烃的取代反应

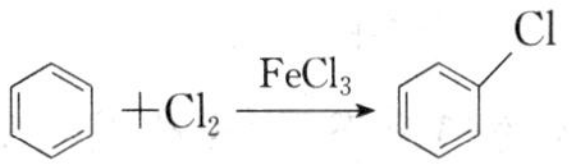

（4）醛酮的加成反应

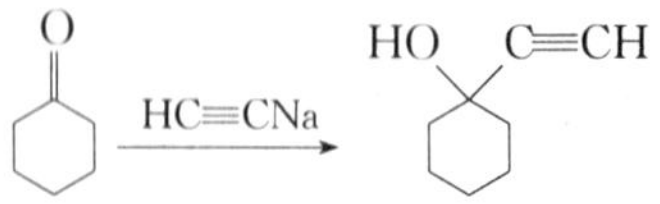

12.7.2　有机合成路线的设计

合成一个有机化合物的路线不只是一条,但是,设计一条理想的有机合成路线必须考虑：① 反应步骤少；② 原料便宜易得；③ 产率高。这里介绍几种常用的方法。

1. 逆合成法

逆合成法是指在设计合成路线时,从产物逆推到原料。使用逆合成法,能在逆推的过程中,将复杂的有机分子结构逐渐简化,最终知道需要用什么原料。只要每步逆推是合理的,就可以得出合理的合成路线。

【例 12.1】　试设计 2-环己基-2-丙醇的合成路线。

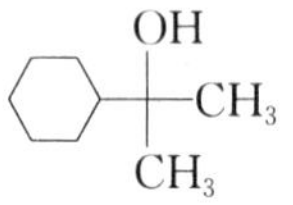

答：对于叔醇的合成,最常用的方法就是用格氏试剂和酮反应。2-环己基-2-丙醇的分子中有两个相同的甲基,因此只能在两个部位拆开,从而导出两个不同的合成路线。相比较而言,合成路线 a 的原料丙酮和溴代环己烷容易得到,且合成路线也短,因此选择合成路线 a 较为合适。

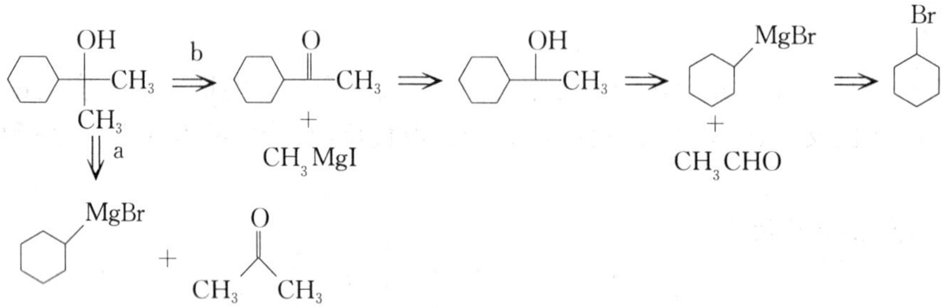

较好的合成步骤如下：

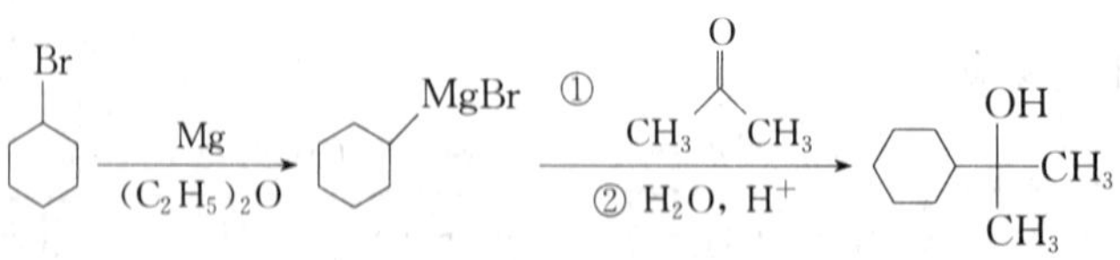

【例 12.2】　试设计 2-苯基-2-丁烯的合成路线。

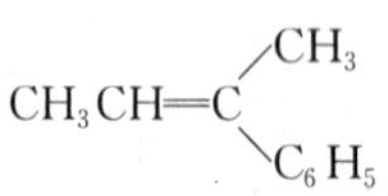

$$CH_3CH=\!\!\!\!\!\!\begin{array}{c} CH_3 \\ \\ C_6H_5 \end{array} \qquad （2\text{-}苯基\text{-}2\text{-}丁烯）$$

答：烯烃的制备方法有：炔烃的部分还原、卤代烷的脱卤化氢、醇的脱水。

$$C_6H_5\overset{\overset{\displaystyle O}{\|}}{C}-CH_3 + CH_3CH_2MgBr$$

$$\Uparrow a$$

$$CH_3CH=\overset{\overset{\displaystyle CH_3}{|}}{\underset{\underset{\displaystyle C_6H_5}{|}}{C}} \Longrightarrow CH_3CH_2-\overset{\overset{\displaystyle OH}{|}}{\underset{\underset{\displaystyle C_6H_5}{|}}{C}}-CH_3 \overset{b}{\Longrightarrow} C_6H_5\overset{\overset{\displaystyle O}{\|}}{C}-CH_2CH_3 + CH_3MgI$$

$$\Downarrow c$$

$$CH_3\overset{\overset{\displaystyle O}{\|}}{C}-CH_2CH_3 + C_6H_5MgBr$$

较好的合成步骤如下:

$$CH_3\overset{\overset{\displaystyle O}{\|}}{C}-CH_2CH_3 \xrightarrow[\text{② } H_2O]{\text{① } C_6H_5MgBr} CH_3CH_2-\overset{\overset{\displaystyle OH}{|}}{\underset{\underset{\displaystyle C_6H_5}{|}}{C}}-CH_3 \xrightarrow[-H_2O]{H_2SO_4} CH_3CH=\overset{\overset{\displaystyle CH_3}{|}}{\underset{\underset{\displaystyle C_6H_5}{|}}{C}}$$

【例 12.3】 试设计由 3 个碳原子以下的化合物合成 2,2-二甲基戊酸的合成路线。

$$CH_3CH_2CH_2-\overset{\overset{\displaystyle CH_3}{|}}{\underset{\underset{\displaystyle CH_3}{|}}{C}}-COOH \quad (2,2\text{-二甲基戊酸})$$

答:合成羧酸的方法有:格氏试剂和二氧化碳反应、卤代烃和氰化钠反应。但合成 2,2-二甲基戊酸,只能用格氏试剂和二氧化碳反应的方法,因为在氰化物的作用下叔卤代烷容易发生消去反应。利用的卤代烷含有六个碳原子,而要求的原料是三个碳原子以下的化合物,因此,还需进一步合成六个碳原子的卤代烷。

较好的合成步骤如下:

$$CH_3CH_2CH_2Br \xrightarrow[Et_2O]{Mg} CH_3CH_2CH_2MgBr \xrightarrow[\text{② } H_2O]{\text{① } CH_3COCH_3} CH_3CH_2CH_2-\overset{\overset{\displaystyle CH_3}{|}}{\underset{\underset{\displaystyle CH_3}{|}}{C}}-OH \xrightarrow{PBr_3}$$

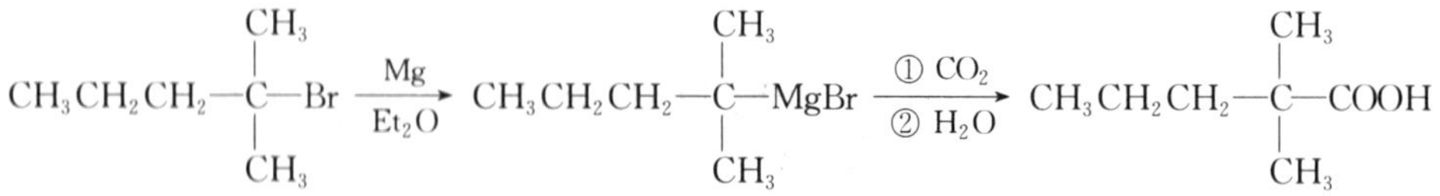

2. 导向基团的引入

在逆推合成设计的过程中,假如缺乏一个可靠的官能团时,通常采用的办法是先在该分子内引入一个官能团(此基团为特殊的导向基团),再提出适当的合成路线,最后把引入的官能团去掉。

【例 12.4】 试设计由氯苯合成 2,6-二硝基苯胺的合成路线。

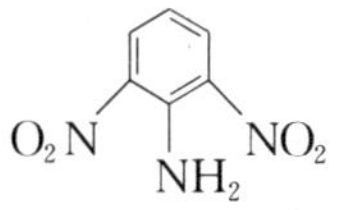

(2,6-二硝基苯胺)

答:从产物结构来看,氨基的两个邻位都有硝基,氨基可以由氯原子氨解得到,2,6-二硝基氯苯可以由氯苯硝化得到,为保护氯苯在硝化时对位不被硝化,先用保护基团磺酸基占据,硝化完毕后再水解去除磺酸基。

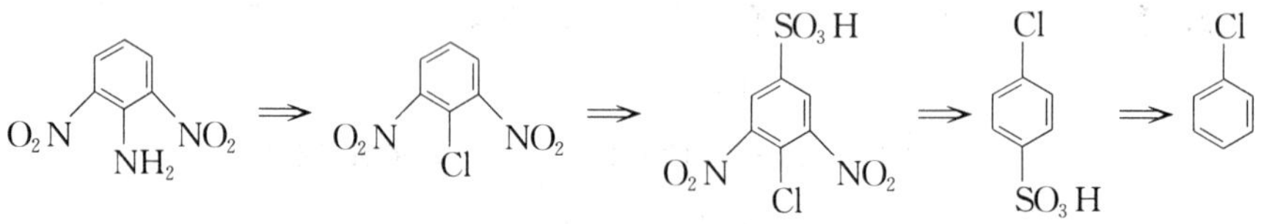

较好的合成步骤如下:

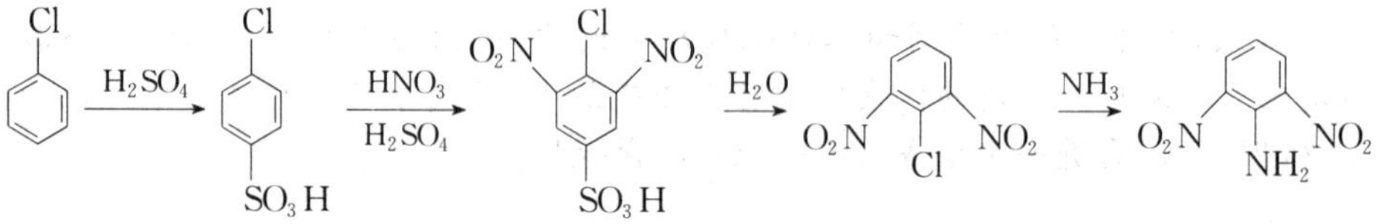

3. 保护基的应用

【例 12.5】 试设计由苯胺合成 4-硝基苯胺的合成路线。

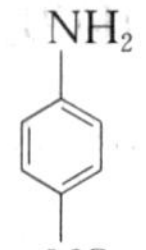

4-硝基苯胺

答:如果用苯胺直接硝化合成 4-硝基苯胺,因氨基的活化作用芳环会被硝酸氧化,不是一种满意的合成路线。为此,可先将氨基乙酰化,乙酰氨基对苯环的活化作用相对较小。乙酰苯胺硝化可制得 4-硝基乙酰苯胺,经水解可得到 4-硝基苯胺。

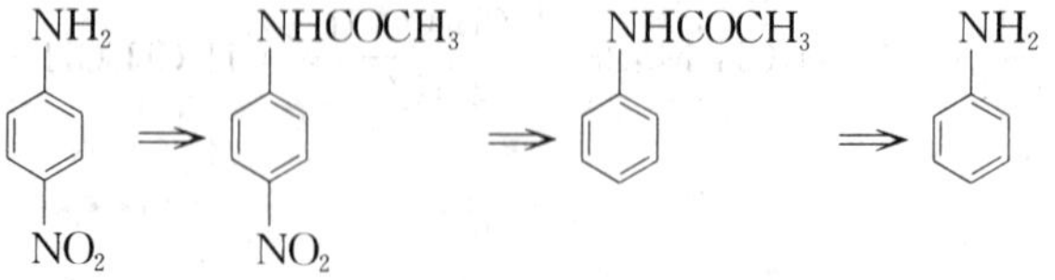

较好的合成步骤如下:

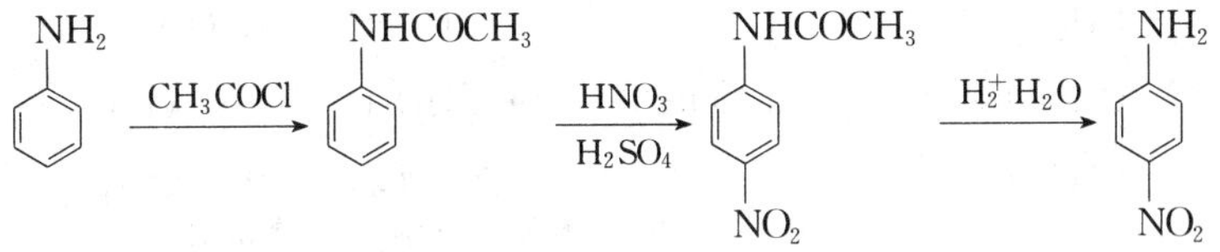

§12.8　油脂、合成洗涤剂和磷脂

12.8.1　油脂

油脂是油和脂(肪)的总称，习惯上把常温下为液态的称为油，例如花生油、大豆油、菜籽油、棉籽油、蓖麻油、桐油等；常温下为固体的称为脂(肪)，例如猪油、牛油。油脂是生活中不可缺少的营养成分，在工业上也有广泛的用途。

1. 油脂的组成和结构

天然油脂普遍存在于动物的脂肪组织中，因其来源不同组成也不尽相同。油脂的主要成分是直链高级脂肪酸和甘油生成的脂。甘油是三元醇，可以与三个相同的脂肪酸(R═R′═R″)生成单纯甘油酯，也可以与不同的脂肪酸(R，R′，R″不同)形成混合甘油酯。

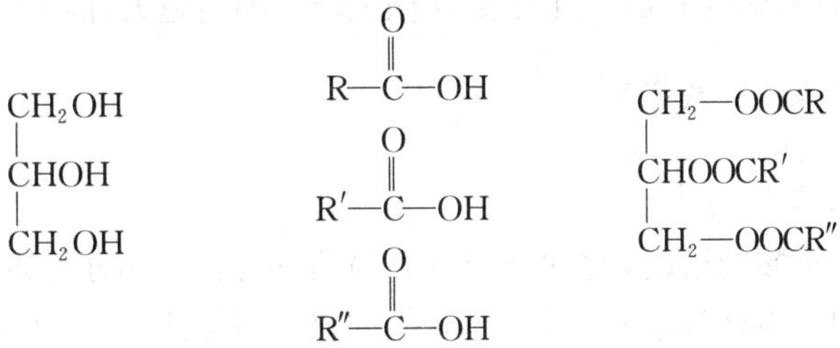

甘油　　脂肪酸　　脂肪/油

一般情况下，油中含有不饱和酸的甘油酯多，脂中含有饱和酸的甘油酯多。天然油脂多为多种不同脂肪酸混合甘油酯的混合物，除甘油酯外，还含少量的游离脂肪酸、高级醇、高级烃、维生素和色素等。

2. 油脂的性质

(1) 物理性质

常温下呈液态为油，呈固态和半固态为脂。油脂比水轻，15℃时，相对密度在 0.9～0.98 之间；不溶于水，易溶于有机溶剂；无固定的沸点和熔点。

(2) 化学性质

① 水解

在油脂和氢氧化钠水溶液或硫酸介质中，可水解成甘油和高级脂肪酸。酸性条件下的水解为可逆反应；碱性条件下的水解为不可逆反应。

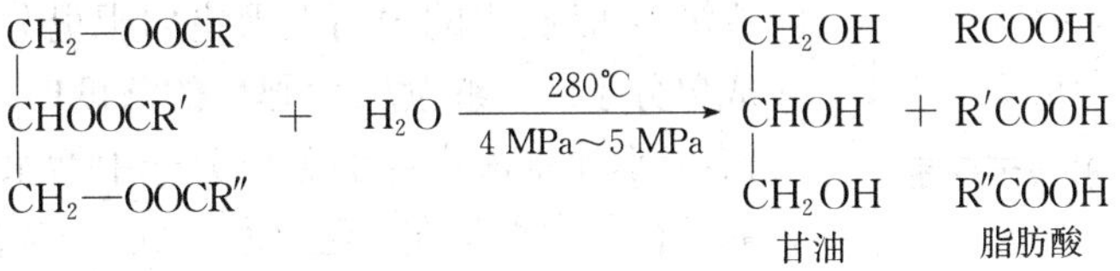

甘油　　脂肪酸

$$
\begin{array}{c}
\text{CH}_2\!-\!\text{OOCR} \\
|\\
\text{CHOOCR}' \quad + \quad 3\text{NaOH} \xrightarrow{\triangle} \\
|\\
\text{CH}_2\!-\!\text{OOCR}''
\end{array}
\qquad
\begin{array}{cc}
\text{CH}_2\text{OH} & \text{RCOONa} \\
|\\
\text{CHOH} & + \; \text{R}'\text{COONa} \\
|\\
\text{CH}_2\text{OH} & \text{R}''\text{COONa} \\
\text{甘油} & \text{羧酸钠(肥皂)}
\end{array}
$$

生成的高级脂肪酸钠经加工成型即成肥皂。因而,把油脂的碱性水解称为皂化,后来推广到将酯的碱性水解都称为皂化。

工业上把 1 g 油脂完全皂化所需的氢氧化钾的质量(单位：mg)称为皂化值。皂化值可以反映油脂的平均相对分子质量,皂化值越大,油脂的平均分子质量越小。

② 加成反应

含有不饱和酸的油脂,分子中的碳碳双键可与氢气或卤素发生加成反应。例如,在 200℃左右,0.1 MPa~0.3 MPa,镍催化下,可将含有不饱和酸的油脂进行催化氢化,生成固体或半固体脂肪,称为油脂的氢化或油脂的硬化。

$$
\begin{array}{c}
\text{CH}_2\!-\!\text{OOCC}_{17}\text{H}_{33} \\
|\\
\text{CH}\!-\!\text{OOCC}_{17}\text{H}_{33} \quad + \text{H}_2 \\
|\\
\text{CH}_2\!-\!\text{OOCC}_{17}\text{H}_{33}
\end{array}
\xrightarrow[\substack{175\sim190℃ \\ 0.15\,\text{MPa}\sim0.25\,\text{MPa}}]{\text{Ni}}
\begin{array}{c}
\text{CH}_2\text{OOCC}_{17}\text{H}_{35} \\
|\\
\text{CHOOCC}_{17}\text{H}_{35} \\
|\\
\text{CH}_2\text{OOCC}_{17}\text{H}_{35}
\end{array}
$$

用含有不饱和酸的油脂和卤素加成,可以通过"碘值"来衡量油脂的不饱和度。工业上把 100 g 油脂所吸收的碘的质量(单位：g)叫做碘值。碘值越大,油脂的不饱和程度也越大。

12.8.2 肥皂和合成洗涤剂

1. 肥皂的去污原理

肥皂是高级脂肪酸的钠盐,它的分子可分为两部分：一部分是极性的羧基,它易溶于水,是亲水而憎油的,叫做亲水基;另一部分是非极性的烃基,它不溶于水而溶于油,是亲油而憎水的,叫做憎水基。例如：

$$
\underbrace{}_{\text{憎水部分}}\;\underbrace{\begin{array}{c}\text{O}\\\|\\\text{C}\!-\!\text{O}^-\text{Na}^+\end{array}}_{\text{亲水部分}}
$$

当肥皂溶于水时,在水面上,肥皂分子中亲水的羧基部分倾向于进入水分子中,而憎水的烃基部分则被排斥在水的外面,形成定向排列的肥皂分子。这种高级脂肪酸盐层的

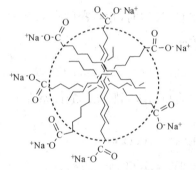

图 12-2 胶束示意图

存在,削弱了水表面上水分子与水分子之间的引力,所以肥皂可以强烈地降低水的表面张力,因而是一种表面活性剂。

当肥皂在水中的浓度较低时,肥皂分子是以单分子形式存在的,这些分子聚集在水的表面,即亲水基团进入水中,憎水基团被排斥在水的外面。当水中肥皂的浓度逐渐增大时,水的表面上聚集的肥皂分子逐渐增多而形成单分子层。继续增大肥皂的浓度时,由于水的表面已被占满,水溶液内部的肥皂分子中憎水的烃基开始彼此靠范德华力聚集在一起,而亲水的羧基包裹在外面,形成

胶体大小的聚集粒子,称为胶束。肥皂的胶束呈球形,如图 12 - 2。形成胶束的最低浓度称为临界胶束浓度。达到临界胶束浓度时,水的表面已被占满,水的表面张力降至最低。超过了临界胶束浓度,再增大水中肥皂的浓度,只能增加溶液中胶束的数量。

在洗涤衣物时,肥皂分子中憎水的烃基部分就溶解进入油污内,而亲水的羧基部分则伸在油污外面的水中,油污被肥皂分子包围形成稳定的乳浊液。通过机械搓揉和水的冲刷,油污等污物就脱离附着物分散成更小的乳浊液滴进入水中,随水漂洗而离去。这就是肥皂的洗涤去污原理,图 12 - 3。

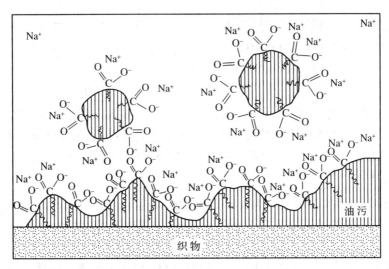

图 12 - 3 肥皂的洗涤去污示意图

为了增加去污效果及适应各种洗涤需要,还加入多种填料,如松香、水玻璃、陶土、香精、着色剂、消毒剂、漂白剂等。

肥皂主要用作民用或工业用的洗涤剂,它在软水中有良好的去污作用,但在硬水中洗涤效果很差,在酸性介质中会完全失去洗涤能力。

2. 合成洗涤剂

洗涤剂的产品种类很多,基本上可分为肥皂、合成洗衣粉、液体洗涤剂、固体状洗涤剂及膏状洗涤剂几大类。常用洗涤剂的主要成分是表面活性剂,如肥皂中的高级脂肪酸钠、家用洗衣粉中的烷基苯磺酸钠等。表面活性剂是分子结构中含有亲水基和亲油基两部分的有机化合物。一般是根据表面活性剂在水溶液中能否分解为离子,又将其分为离子型表面活性剂和非离子型表面活性剂两大类。离子型表面活性剂又可分为阳离子表面活性剂、阴离子表面活性剂和两性离子表面活性剂三种。

洗涤剂要具备良好的润湿性、渗透性、乳化性、分散性、增溶性及发泡与消泡等性能,这些性能的综合就是洗涤剂的洗涤性能。合成洗涤剂中的表面活性剂,多数是用石油化工产品为原料制成,再配以各种助剂(如三聚磷酸钠、硅酸钠、碳酸钠、硫酸钠等)和填料(如增白剂、酶化剂、颜料、香料等),即可得到商品合成洗涤剂。合成洗涤剂的去污作用不受硬水的影响,有的还适用于含盐或酸的水溶液。

12.8.3 磷脂和生物膜

1. 磷脂

磷脂,也称磷脂类、磷脂质,是含有磷酸的脂类,属于复合脂。磷脂是组成生物膜的主要成分,分为甘油磷脂与鞘磷脂两大类,分别由甘油和鞘氨醇构成。磷脂为两性分子,一端为亲水的含氮或磷的尾,另一端为疏水(亲油)的长烃基链。

$$
\begin{array}{cc}
\underset{(\text{Ⅰ})}{
\begin{array}{l}
O\quad CH_2{-}O{-}\overset{\displaystyle O}{\underset{\displaystyle OH}{P}}{-}OH \\
R'{-}C{-}O{-}CH \\
CH_2{-}OCR''
\end{array}}
&
\underset{(\text{Ⅱ})}{
\begin{array}{l}
O\quad CH_2{-}O{-}\overset{\displaystyle O}{\underset{\displaystyle OR}{P}}{-}OH \\
R'{-}C{-}O{-}CH \\
CH_2{-}OCR''
\end{array}}
\end{array}
$$

磷脂分子亲水端相互靠近,疏水端相互靠近,常与蛋白质、糖脂、胆固醇等其他分子共同构成脂双分子层,即细胞膜的结构。磷脂在细胞膜中以双分子层的形式存在,具有选择透过性,在细胞吸收外界物质和分泌代谢产物的过程中起着重要的作用。

2. 生物膜

许多生命现象都直接或间接地依赖于生物膜,如运动、生长、繁殖、代谢等,生物膜是一个脂双分子层,蛋白质就在脂双分子层中流动,膜蛋白在很大程度上决定了膜的生物功能。

当两亲分子悬浮于水中后,它们会立即重排成有序结构,疏水基团埋在核心以排出水分,同时,亲水基因向外暴露在水中。当磷脂和其他两亲脂分子的浓度足够时就会形成双分子层,这是膜结构的基础。

习 题

1. 用系统命名法命名(如有俗名请注出)或写出结构式。

(1) $(CH_3)_2CHCOOH$

(2) 邻位苯环带 $COOH$ 和 OH

(3) $CH_3CH{=}CHCOOH$

(4) $CH_3CH_2CH_2COCl$

(5) $(CH_3CH_2CH_2CO)_2O$

(6) $CH_3CH_2COOC_2H_5$

(7) CH_3CHCH_2COOH（含 Br 取代基）
$\qquad\quad|$
$\qquad\quad Br$

(8) 苯环带 $CONH_2$

(9) 邻苯二甲酸二甲酯

(10) 甲酸异丙酯

(11) N-甲基丙酰胺

(12) 苯甲酰基

2. 选择题。

(1) 下面哪种化合物不能用 $LiAlH_4$ 还原(   )。

A. CH_3CO_2H B. $CH_3CO_2C_2H_5$ C. $CH_3\overset{\displaystyle O}{C}N(CH_3)_2$ D. $CH_3CH{=}CHCH_3$

(2) 如何鉴别邻苯二甲酸与水杨酸?(   )

A. 加 Na 放出 H_2 气   B. 用 $FeCl_3$ 颜色反应

C. 加热放出 CO_2　　　　　　　　　　D. 用 $LiAlH_4$ 还原

(3) 丁酰胺与 Br_2/OH^- 反应产物为(　　)。

A. 丙胺　　　　　　B. 丁胺　　　　　　C. α-溴代丁酰胺　　　D. β-溴代丁酰胺

(4) 化合物 ⟨图⟩ 用 $LiAlH_4$ 还原,产物为(　　)。

A. $CH_3(CH_2)_3COOH$　　　　　　　　B. $CH_3(CH_2)_3CH_2OH$

C. $HOCH_2(CH_2)_3CH_2OH$　　　　　　D. ⟨图⟩

(5) 下面哪种试剂可方便地区分甲酸乙酯和乙酸甲酯?(　　)

A. NaOH　　　　　B. X_2,NaOH　　　C. $Ag(NH_3)_2^+$　　　D. NH_2OH

(6) 下面哪个反应不易进行,需加强热?(　　)

A. $CH_3COCl + H_2O \longrightarrow CH_3CO_2H + HCl$

B. $CH_3CO_2H + NH_3 \longrightarrow CH_3CONH_2 + H_2O$

C. $(CH_3CO)_2O + NaOH \longrightarrow CH_3CO_2H + CH_3CO_2Na$

D. $CH_3COBr + C_2H_5OH \longrightarrow CH_3CO_2C_2H_5 + HBr$

3. 乙酰氯与下列化合物作用将得到哪些主要产物?

(1) H_2O　　　　　(2) CH_3NH_2　　　　(3) CH_3COONa　　　　(4) $CH_3(CH_2)_3OH$

4. 丙酸乙酯与下列化合物作用将得到哪些主要产物?

(1) H_2O,H^+　　　　(2) H_2O,OH^-　　　　(3) NH_3　　　　(4) 1-辛醇,H^+

5. 分别写出 $CH_3\overset{O}{\overset{\|}{C}}{-}^{18}OC_2H_5$ 的反应产物:(1) 酸水解;(2) 碱水解。

6. 写出下列反应的主要产物。

(1) $CH_3COCl +$ ⟨甲苯⟩ $\xrightarrow{\text{无水 } AlCl_3}$

(2) $(CH_3CO)_2O +$ ⟨苯酚⟩$-OH \longrightarrow$

(3) $CH_3CH_2COOC_2H_5 \xrightarrow{NaOC_2H_5}$

(4) ⟨邻苯二乙酸⟩ $\xrightarrow[Ba(OH)_2]{\triangle}$

(5) $HOCH_2CH_2COOH \xrightarrow{LiAlH_4}$

(6) $NCCH_2CH_2CN + H_2O \xrightarrow{NaOH} \xrightarrow{H^+}$

7. 用什么试剂可完成下列转变?

(1) $CH_3CH_2CH_2COCl \xrightarrow{?} CH_3CH_2CH_2CHO$

(2) ⟨戊二酸酐⟩ $\xrightarrow{?}$ ⟨CH_2OH/CH_2OH⟩

(3) $CH_3CH_2CH_2COOC_2H_5 \xrightarrow{?} CH_3CH_2CH_2CH_2OH$

(4) $CH_3CH_2CH_2CONH_2 \xrightarrow{?} CH_3CH_2CH_2CH_2NH_2$

8. 完成下列转化。

(1)

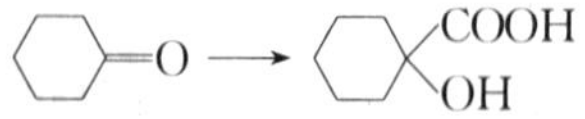

(2) $CH_3CH_2CH_2Br \longrightarrow CH_3CH_2CH_2COOH$

(3) $(CH_3)_2C=CH_2 \longrightarrow (CH_3)_3CCOOH$

(4)

9. 合成题。

(1) 如何由对甲苯胺合成对氨基苯甲酸?

(2) 如何由对正丁酸合成丙酸?

10. 某二元酸 A,经加热转化为非酸化合物 B($C_7H_{12}O$),B 用浓 HNO_3 氧化得二元酸 C($C_7H_{12}O_4$),C 经加热形成一酸酐 D($C_7H_{10}O_3$)。A 经 $LiAlH_4$ 还原,转化为 E($C_8H_{18}O_2$),E 能脱水形成 3,4-二甲基-1,5-己二烯。试写出 A～E 的结构式。

11. 化合物 A,分子式为 $C_4H_6O_4$,加热后得到分子式为 $C_4H_4O_3$ 的 B,将 A 与过量甲醇及少量硫酸一起加热得分子式为 $C_6H_{10}O_4$ 的 C。B 与过量甲醇作用也得到 C。A 与 $LiAlH_4$ 作用后得分子式为 $C_4H_{10}O_2$ 的 D。写出 A,B,C,D 的结构式。

12. 某化合物 A($C_9H_{10}O_3$)不溶于水、稀 HCl 溶液和稀 $NaHCO_3$ 水溶液,但它能溶于稀 NaOH 水溶液。将 A 在稀 NaOH 溶液煮沸蒸馏,收集馏出液于 NaOI 溶液中,有黄色沉淀生成。将蒸馏瓶中的残液酸化后过滤出来,B 具有 $C_7H_6O_3$ 的分子式,它溶于 $NaHCO_3$ 水溶液,溶解时释放出气体。试写出 A,B 的结构式。

第 13 章　含氮有机化合物

地球的大气中单质氮体积约占 78%，但是，众所周知，自然界的植物体一般不能直接摄取空气中的惰性 N_2 作为自身的养分，而主要是通过根部吸收土壤中水溶性的铵盐等，再经过特殊的生理作用将它们转化为高级含氮有机化合物。氮作为重要的生理活性物质蛋白质、核酸以及生物碱等的组分，它对生命化学而言是不可或缺的。以尿素为标志，人们已创造合成了大量的含氮有机物，广泛地应用到医药、农药、化肥、染料等领域。元素氮的利用对人类衣、食、住、行产生了巨大的影响和作用，我们的学习先从小分子含氮有机物开始。含氮有机化合物是指分子中含有 C—N 键的化合物，如前述的腈、酰胺以及后续的含氮杂环化合物等含氮的化合物。本章重点学习硝基化合物、胺、重氮和偶氮化合物等含氮化合物。

§13.1　硝基化合物

13.1.1　硝基化合物的分类、命名和结构

1. 分类

硝基化合物可看作是烃分子中的一个或多个氢原子被硝基取代的产物，可分为脂肪族硝基化合物和芳香族硝基化合物，前者又可分为伯、仲、叔硝基化合物。也可根据硝基的数目分为一硝基化合物和多硝基化合物。硝基化合物一般写为 R—NO_2，不能写成 R—ONO（R—ONO 表示亚硝酸酯）。

2. 命名

硝基化合物的命名与卤代烃相似，命名时以烃为母体，硝基为取代基。例如：

CH_3NO_2　　　　$CH_3\overset{\displaystyle NO_2}{\underset{}{C}}HCH_3$　　　　$CH_3\overset{\displaystyle NO_2}{\underset{\displaystyle CH_3}{C}}CH_3$

硝基甲烷　　　　2-硝基丙烷　　　　2-甲基-2-硝基丙烷
（伯硝基化合物）　（仲硝基化合物）　（叔硝基化合物）

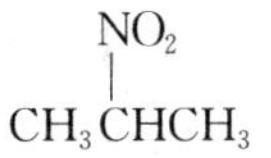

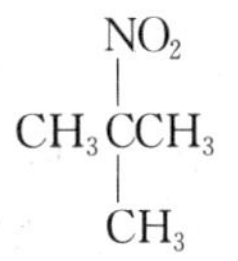

$H_3C\!-\!\langle\;\rangle\!-\!NO_2$　　　　$O_2N\!-\!\langle\;\rangle\!-\!NO_2$

对硝基甲苯 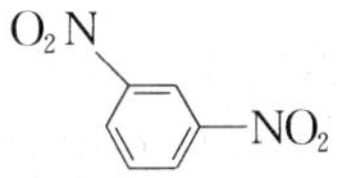　　　　间二硝基苯

3. 结构

现代有机理论认为，硝基中的氮原子是 sp^2 杂化的，由此形成的分子轨道中发生了 π

电子的离域、氮氧键的键长平均化。例如硝基甲烷（CH_3NO_2）的偶极矩为 3.4D，键长均为 0.121 nm。硝基上的负电荷平均地分配在两个氧原子上。电子衍射实验亦表明，硝基具有对称的结构，一般表示为：

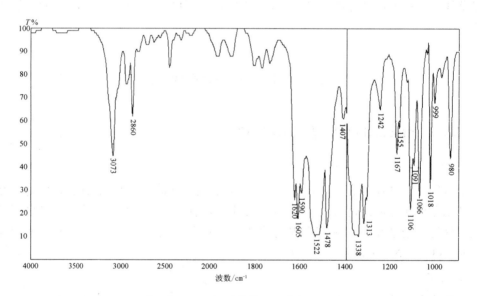

13.1.2 硝基化合物的性质

1. 物理性质和光谱性质

脂肪族硝基化合物为无色而具有香味的液体，芳香族硝基化合物大多为淡黄色固体，有些一硝基化合物为液体，具有苦杏仁气味。硝基化合物的相对密度都大于 1，不溶于水，而溶于有机溶剂。多硝基化合物在受热时一般易分解而发生爆炸。芳香族硝基化合物都有毒性。

图 13-1 硝基苯红外谱图

在硝基化合物的红外光谱中，硝基的 N—O 不对称和对称伸缩振动吸收峰分别出现在 1 660~1 500 cm^{-1} 和 1 390~1 260 cm^{-1} 区域。这是硝基化合物的特征谱带。脂肪族伯和仲硝基化合物的 N—O 伸缩振动在 1 565~1 545 cm^{-1} 和 1 385~1 360 cm^{-1}，叔硝基化合物的 N—O 伸缩振动在 1 545~1 530 cm^{-1} 和 1 360~1 340 cm^{-1}。芳香族硝基化合物的 N—O 伸缩振动在 1 550~1 510 cm^{-1} 和 1 365~1 335 cm^{-1}。

在 ^1H NMR 谱中，硝基的吸电子作用使邻近的质子的化学位移向低场移动。芳香族硝基化合物中硝基使邻位氢的化学位移值增加 0.95，间位氢增加 0.17，对位氢增加约 0.33。脂肪族硝基化合物中，α - H 的化学位移值为 4.3~4.6，β - H 的化学位移值为 1.3~1.4。

在质谱图中，芳香族硝基化合物有较强的分子离子峰，且出现有判断价值的

$[M—NO]^+$ 和 $[M—NO_2]^+$ 离子峰。脂肪族硝基化合物的分子离子峰很弱。

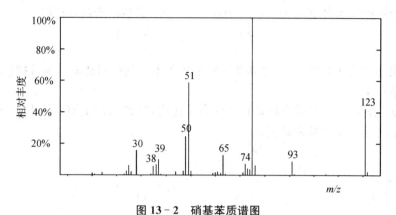

图 13 - 2　硝基苯质谱图

2. 化学性质

硝基是强吸电子基团,使具有 α-H 的硝基化合物表现为一定的酸性,容易与强碱反应。同时,α-H 失去后又能形成较稳定的碳负离子,进而发生碳负离子的一些反应。

(1) 与碱反应(酸性)

一些硝基化合物的 pK_a 值如下:

	CH_3NO_2	$CH_3CH_2NO_2$	$CH_3CH_2CH_2NO_2$
pK_a	10.2	8.5	7.8

因此,这些硝基化合物能与 NaOH 作用生成盐:

$$RCH_2NO_2 + NaOH \longrightarrow [R\overline{C}HNO_2]Na^+ + H_2O$$

硝基烷烃的盐酸化后,生成一种不稳定的硝基烷烃异构体,具有强的酸性,称为氮酸(nitronic acid)。硝基化合物在溶液中与氮酸形成动态平衡,故硝基化合物称为假酸式:

$$\left[RCHN \begin{matrix} O \\ O \end{matrix} \right] \overset{H^+}{\rightleftharpoons} RCH=N \begin{matrix} OH \\ O \end{matrix} \rightleftharpoons RCH_2—N \begin{matrix} O \\ O \end{matrix}$$

酸式　　　　假酸式(硝基化合物)

(2) 与羰基化合物的缩合反应

具有 α-H 的伯、仲硝基化合物在碱存在下,能与某些羰基化合物起缩合反应:

$$CH_3NO_2 \xrightarrow{^-OH} {}^-CH_2NO_2 \xrightarrow{HCHO} O_2N—CH_2CH_2OH \xrightarrow[2HCHO]{^-OH} O_2N—C(CH_2OH)_3$$

$$\text{⟨ ⟩—CHO} + CH_3NO_2 \xrightarrow{NaOH} \text{⟨ ⟩—CH=CH—NO_2} \quad (75\%)$$

$$(CH_3)_2CHNO_2 + H_2C=CH—CO_2CH_3 \xrightarrow{PhCH_2\overset{+}{N}(CH_3)_3\overset{-}{O}H} (CH_3)_2\underset{\underset{80\%\sim86\%}{\overset{|}{NO_2}}}{C}CH_2CH_2CO_2CH_3$$

（3）芳香族硝基化合物还原反应

硝基苯在酸性条件下用 Zn 或 Fe 为还原剂还原，其最终产物是伯胺。

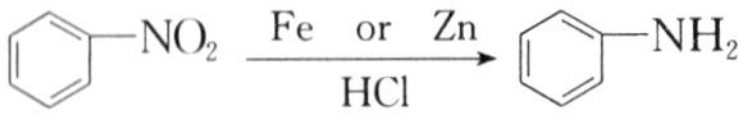

若选用适当的还原剂，可使硝基苯还原成各种不同的中间还原产物，这些中间产物又在一定的条件下互相转化。

二硝基化合物可以被碱金属硫化物或多硫化物，$NaSH$、NH_4SH、$(NH_4)_2S$ 或多硫化铵选择性地还原一个硝基为氨基。

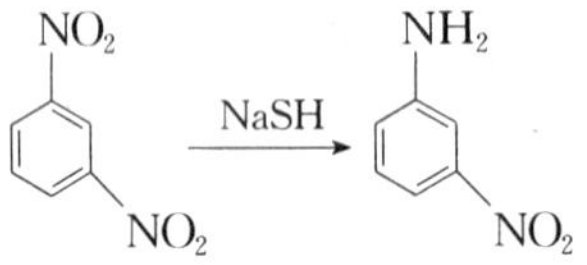

（4）硝基对芳环上邻、对位取代基的影响

硝基与苯环相连后，使苯环呈现出较强的吸电子诱导效应和吸电子共轭效应，导致苯环上的电子云密度大为降低，亲电取代反应变得困难，但硝基可以使邻、对位上基团的亲核反应活性增强。

① 使邻、对位上卤原子的活性增强

卤素直接连接在苯环上很难被羟基、氨基、烷氧基取代。例如：氯苯的水解需高温高压。

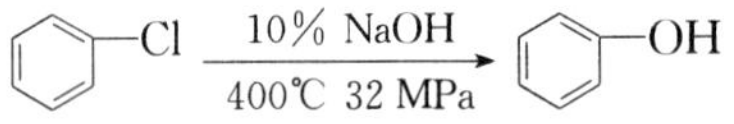

但当邻、对位上有硝基存在时，则卤代苯的水解、氨化、烷基化在没有催化剂条件下即可发生。例如：

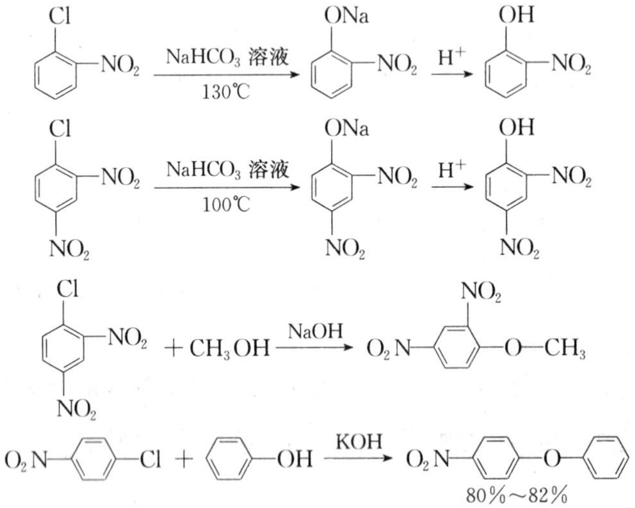

氟代烷不容易起亲核取代反应，但对硝基氟苯中的氟容易被亲核试剂所取代。

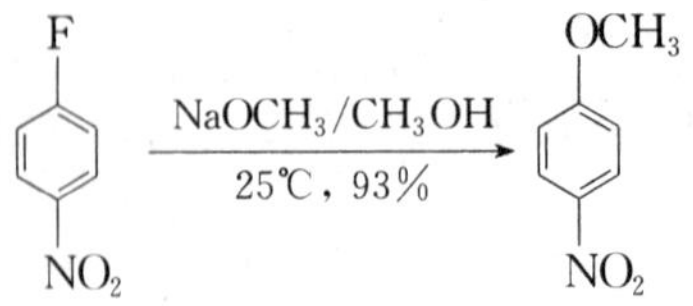

离去基团不只限于卤原子,也可以是—OR,—NO$_2$,—CN 等离去基团。因此,这类反应可用下列反应式表示:

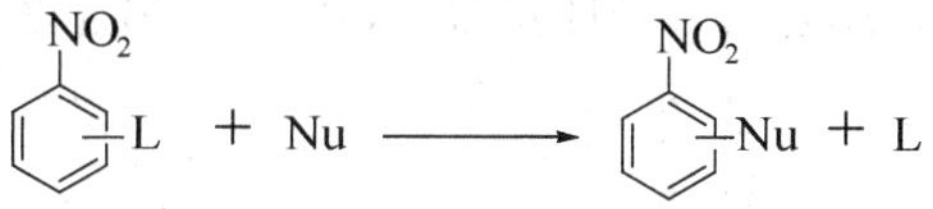

$$\underset{}{} NO_2\text{—L} + Nu \longrightarrow NO_2\text{—Nu} + L$$

式中 —L,—Nu 在硝基的邻对位;—L 为—X,—OR,—NO$_2$ 等;—Nu 为—OH,—SH,ROH,RONa,胺,碳负离子等。

② 使酚的酸性增强

在苯酚的苯环上引入硝基,吸电子的硝基通过诱导效应和共轭效应的传递,增加了羟基中的氢解离成质子的能力,使酚的酸性增强。例如:

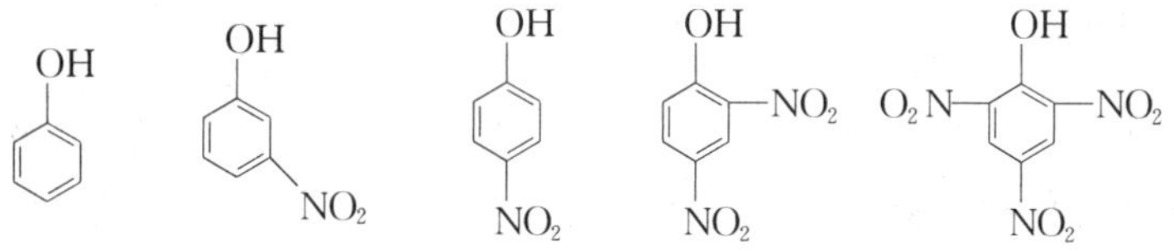

	OH	OH	OH	OH	OH
pK_a	9.89	8.28	7.15	3.96	0.38

§13.2　胺

胺是氨的有机衍生物,分子中有一个或多个烃基或芳基与氮原子成键。胺作为有机化合物的一种类型,它包括一些重要的生物活性化合物。胺类在生物活体组织中具有很多功能,如生物调节、神经传递以及防御天敌。因它们具有高的生物活性,许多胺被用作药物。

13.2.1　胺的分类、命名和结构

1. 分类

胺可以看作氨的烃基衍生物。氨分子中的一个、两个或三个氢原子被烃基取代的产物分别称为一级胺(1°)、二级胺(2°)和三级胺(3°),或称为伯胺、仲胺、叔胺。应该注意:伯、仲、叔胺和伯、仲、叔醇的涵义不同。伯、仲、叔胺是按氮原子所连的烃基的数目而言,伯、仲、叔醇是根据羟基所连的碳原子的不同而定。铵盐或氢氧化铵中的四个氢原子都被烃基取代,称为季铵盐或季铵碱。

NH$_3$	RNH$_2$	RR′NH	RR′R″N	R$_4\overset{+}{N}$Cl$^-$	R$_4\overset{+}{N}$OH$^-$
氨	伯胺	仲胺	叔胺	季铵盐	季铵碱

胺分子中的氮原子与脂肪烃基相连的称为脂肪胺;与芳香烃基相连的称为芳香胺。

CH$_3$CH$_2$NH$_2$　　　CH$_3$—⬡—NH$_2$
乙胺(脂肪胺)　　　对甲苯胺(芳香胺)

胺分子中,如果含有两个以上的氨基,则根据氨基的多少称为二元胺、三元胺。

2. 命名

简单的胺的命名,可以用它所含的烃基命名。即先写出连在氮原子上的烃基的名称,再以胺作词尾。例如:

CH_3NH_2 甲胺

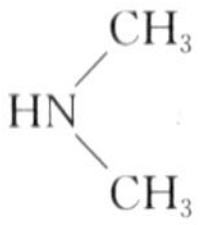

二甲胺

$CH_3NHCH_2CH_3$ 甲基乙基胺

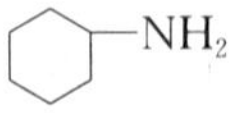

环己胺

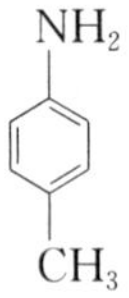

对甲苯胺 $NH_2CH_2CH_2NH_2$ 乙二胺   1,2,3-苯三胺

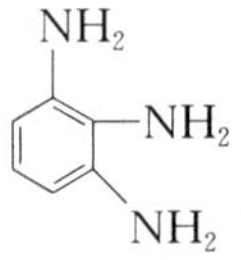

对于芳香仲胺或叔胺,则在取代基前冠以"N-"字,以表示这个基团是连接在氮上,而不是连接在芳环上。例如:

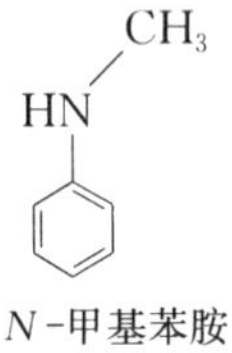

N-甲基苯胺  N,N-二甲基苯胺 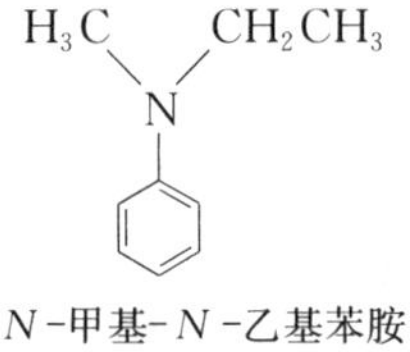 N-甲基-N-乙基苯胺

对于结构比较复杂的胺,将氨基看作取代基,再按系统命名法命名。例如:

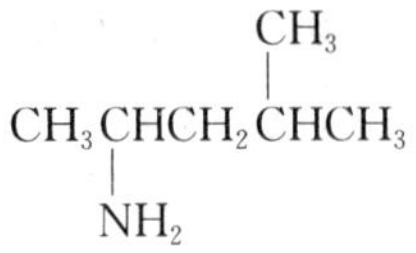

$$CH_3CHCH_2CHCH_3$$

4-甲基-2-氨基戊烷 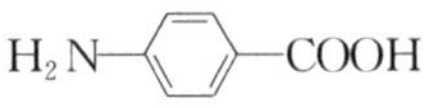   对氨基苯甲酸

季铵化合物可以看作是铵的衍生物来命名,例如:

$$(C_2H_5)_4N^+I^- \qquad (CH_3)_3NC_2H_5\overset{-}{O}H$$

碘化四乙铵   三甲基乙基氢氧化铵

3. 结构

胺分子中 N 原子是不等性 sp^3 杂化态。其中三个 sp^3 杂化轨道与其他原子形成 σ 键,第四个 sp^3 杂化轨道含有一对孤电子。胺分子具有棱锥形结构,孤电子对在棱锥形的顶点。

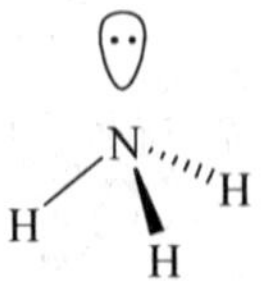

氨 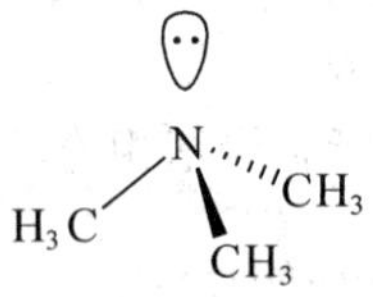   三甲胺

三甲胺中，$\angle CNC=108°$。

若氮原子上连有三个不同的基团,分子没有对称因素,它应是手性的,存在一对对映体。但是,对于简单的胺来说,由于两种锥形排列之间的能垒相当低,可以迅速相互转化,因此,这些胺是无旋光性的。

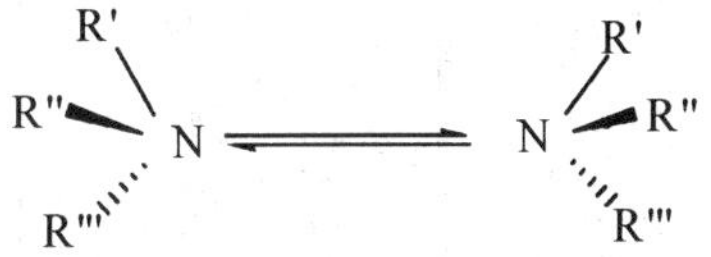

季铵盐是四面体结构,当 N 原子上连有 4 个不同的基团时,存在着对映体,它们可以分离出来。例如:

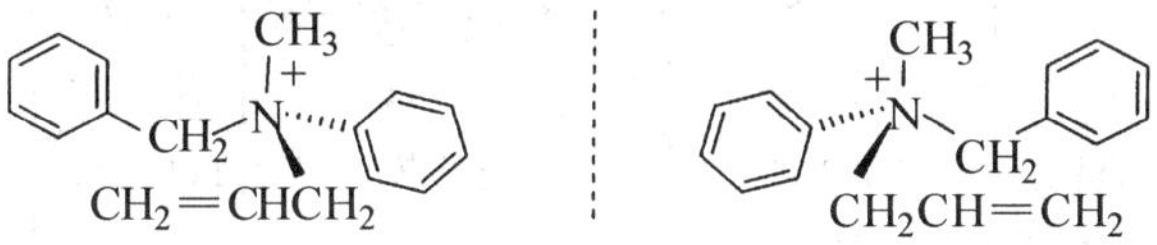

13.2.2　胺的物理性质

伯胺和仲胺与醇相似,能形成分子间氢键。因此,沸点比较高。但第三胺的 N 原子上没有氢,不能形成分子间氢键,沸点较低。

胺都能与水形成氢键,即 ,因此低级胺能溶于水。但随着相对分子质量的增加,烃基的比例加大,其溶解度迅速降低。

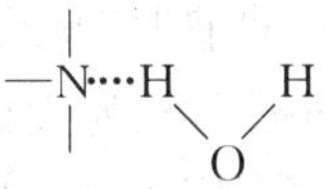

气味往往也是鉴别物质的标志之一。胺有难闻的臭味,特别是低级脂肪胺,有臭鱼一样的气味。腌鱼的臭味就是由某些脂肪胺引起的。肉腐烂时能产生极臭而剧毒的 1,4-丁二胺及 1,5-戊二胺。

$$NH_2CH_2CH_2CH_2CH_2NH_2 \qquad NH_2CH_2CH_2CH_2CH_2CH_2NH_2$$
　　　　1,4-丁二胺　　　　　　　　　　1,5-戊二胺

芳胺也具有特殊的气味,毒性较大而且容易渗入皮肤。无论吸入它们的蒸气,或皮肤与之接触都能引起严重中毒。某些芳香胺有致癌作用,如连苯胺等。因此,应该注意避免芳胺接触皮肤或吸入体内而中毒。

脂肪胺的偶极矩比相应的醇小。因为电负性大小次序为:$O>N>C$。

$$CH_3CH_2NH_2 \qquad\qquad CH_3CH_2OH$$
$$\mu=1.2D \qquad\qquad\qquad \mu=1.7D$$

芳香胺分子,由于有 p-π 共轭作用,它们的偶极矩方向与脂肪胺的方向相反,大小相近。

$$\mu=1.3D \qquad\qquad\qquad \mu=2.9D$$

表 13-1　一些简单胺的物理常数

名称	熔点/℃	沸点/℃	溶解度/(g/100 g 水)	名称	熔点/℃	沸点/℃	溶解度/(g/100 g 水)
甲胺	−93.5	−6.3	易溶	环己胺	−18	134	微溶
二甲胺	−92.2	6.9	易溶	乙二胺	11	117	混溶
三甲胺	−117	2.9	91	己二胺	42	205	混溶
乙胺	−81	16.6	混溶	苄胺	10	185	混溶
二乙胺	−50	55.5	易溶	苯胺	−6	185	3.7
三乙胺	−114.7	88.8	14	N-甲基苯胺	−57	196	微溶
正丁胺	−50	77	易溶	N,N-二甲基苯胺	2.5	194.2	1.4
异丁胺	−86.6	68	混溶	α-萘胺	48~50	301	微溶
仲丁胺	−104	63	混溶	β-萘胺	111~113	36	微溶
叔丁胺	−66	44	混溶				

13.2.3　胺的光谱性质

红外光谱图中,胺的 N—H 振动吸收峰很特征。伯胺在 $3\,400 \sim 3\,300\ cm^{-1}$ 和 $3\,300 \sim 3\,200\ cm^{-1}$ 出现 N—H 不对称伸缩振动和对称伸缩振动较为尖锐的中等强度吸收峰。仲胺在 $3\,500 \sim 3\,300\ cm^{-1}$ 出现一个 N—H 伸缩振动较为尖锐的中等强度吸收峰。叔胺在此区域无吸收峰。伯胺在 $1\,650 \sim 1\,590\ cm^{-1}$ 出现 N—H 弯曲振动较强吸收峰,在 $900 \sim 650\ cm^{-1}$ 出现 N—H 非平面摇摆振动吸收峰。仲胺的 N—H 弯曲振动吸收峰很弱,但在 $750 \sim 700\ cm^{-1}$ 出现 N—H 非平面摇摆振动强吸收峰。而胺的 C—N 吸收峰($1\,360 \sim 1\,020\ cm^{-1}$)无特征,无多大鉴别价值。

表 13-2　胺的红外特征吸收

频率/cm^{-1}	强度	振动形式	胺的类别
3 500~3 400(双峰)	弱	N—H 伸缩	伯胺
3 350~3 310	弱	N—H 伸缩	仲胺
1 650~1 580	中、强	N—H 伸缩	伯胺
1 250~1 020	弱、中	C—N 伸缩	脂肪胺
1 370~1 250	弱、中	C—N 伸缩	芳香胺

图 13-3 和图 13-4 给出了脂肪胺和芳香胺的两个代表 IR 谱图。

^{1}H NMR 谱图中,由于 N 的电负性较大,α-H 化学位移值为 $2 \sim 3$,β-H 的化学位移值为 $1.1 \sim 1.7$。脂肪族伯、仲胺的 N 上 H 化学位移值为 $0.5 \sim 4.0$。芳香胺的 N 上 H 化学位移值为 $2.5 \sim 5.0$。N 上 H 化学位移具体位置与溶剂的性质、溶液浓度和温度等因素有关。这些因素均影响分子间氢键的形成。

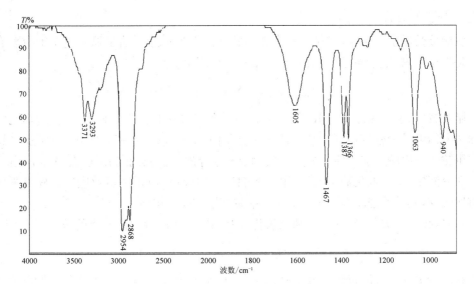

图 13‐3　异丁胺的红外谱图

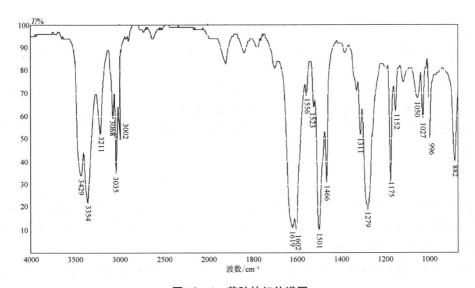

图 13‐4　苯胺的红外谱图

13.2.4　胺的化学性质

胺的结构类似于含氧化合物中的醇、酚、醚。由于 N 原子的电负性小于 O 原子,故伯胺和仲胺中 N—H 键的极性小于醇中 O—H 键。因此,伯(仲)胺的酸性小于醇。胺的 N 原子上有一孤对电子,故具有碱性和亲核性,且碱性和亲核性比醇、醚强。类似于酚,芳香胺中存在 N 原子的 p 轨道与芳环的 π 轨道的给电子 p‐π 共轭作用,使芳环电荷密度增大,容易进行亲电取代反应。此外,胺中 N 原子的氧化态在含氮有机化合物中最低,故胺能发生氧化反应。

1. 碱性和成盐

胺能接受质子显碱性,它是一种布朗斯特碱。但当氮原子给出孤对电子形成配合物时又是 Lewis 碱(电子给予体)。胺与大多数酸作用生成盐。

$$RNH_2 + HCl \longrightarrow R\overset{+}{N}H_3Cl^- \quad (晶体)$$

脂肪胺中,随着氮原子上 R 的增加,碱性增强。这是由于烷基 R 是供电子基,它增加氮原子上的电子云密度,可增加它对质子的吸引力。在气相中,其碱性顺序为:氨<甲胺<二甲胺<三甲胺。应该注意的是在气相或其他介质中,各类胺的碱性次序是不同的。

在溶液中,受溶剂化的影响,三甲胺溶剂化作用极弱(由于位阻效应),其碱性强弱顺序有所改变,其碱性强弱顺序为:氨<三甲胺<甲胺<二甲胺。

总之,胺是一类弱碱,它的盐和氢氧化钠等强碱作用时会放出游离的胺。

$$R\overset{+}{N}H_3Cl^- + NaOH \longrightarrow RNH_2 + NaCl + H_2O$$

利用以上性质可以将胺与其他有机化合物分离。因为不溶于水的胺与盐酸反应形成铵盐而溶于稀盐酸,分离有机相与水相后再用强碱处理将胺置换出来。

$$RNH_2 + HCl \longrightarrow R\overset{+}{N}H_3Cl^- \xrightarrow{OH^-} RNH_2 + Cl^- + H_2O$$

季铵盐的氮原子上没有质子,与氢氧化物反应不能释放出胺,而是形成季铵碱。

$$R_4\overset{+}{N}I^- + AgOH \longrightarrow R_4\overset{+}{N}OH^- + AgI$$

季铵碱的碱性与 NaOH 相当。它的某些其他性质也与 NaOH 相似。例如,它有很强的吸湿性,能吸收空气中的水和 CO_2,其浓溶液对玻璃有腐蚀性。季铵碱与酸中和生成季铵盐:

$$R_4\overset{+}{N}OH^- + HCl \longrightarrow R_4\overset{+}{N}Cl^- + H_2O$$

芳胺的碱性比脂肪胺弱得多,这主要是氮原子上未共用电子对可以离域到苯环上。结果使氮原子上的电子云向苯环方向移动,氮原子上的电子云密度减少,接受质子的能力也随着减小,因此,碱性减弱。

在芳胺中,以芳伯胺的碱性较强,芳仲胺次之,芳叔胺最弱,接近于中性。例如:

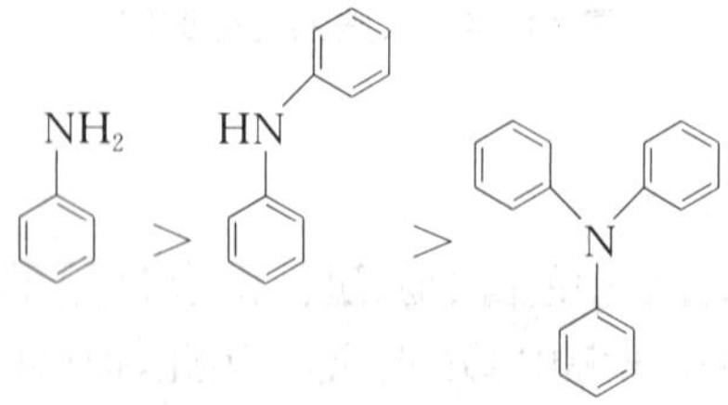

如果在苯环上有吸电子基,碱性降低;苯环上有供电子基,碱性增强。胺与氨的碱性强弱次序为:脂肪胺>氨>芳香胺。

2. 烃基化

胺作为亲核试剂与卤代烃发生反应,结果生成二级胺、三级胺和季铵盐。胺的烃基化反应,往往得到一级、二级、三级胺和季铵盐的混合物,实验室合成意义不大。但此法用于工业上生产胺类：

$$CH_3NH_2 + RBr \longrightarrow CH_3\overset{+}{N}H_2RBr^- \xrightarrow{NH_3} CH_3NHR + NH_4Br$$

$$CH_3NHR + RBr \longrightarrow CH_3\overset{+}{N}HR_2Br^- \xrightarrow{NH_3} CH_3NR_2 + NH_4Br$$

$$CH_3NR_2 + RBr \longrightarrow CH_3\overset{+}{N}R_3Br^-$$

3. 酰基化

胺与酰氯、酸酐、酯作用，结果使氨基上的氢被酰基取代，这叫胺的酰化反应。三级胺的氮原子上没有氢原子，故不发生酰化反应。

$$\left. \begin{array}{l} R\overset{O}{\underset{}{C}}-Cl \\[4pt] R\overset{O}{\underset{}{C}}-O-\overset{O}{\underset{}{C}}-R \\[4pt] R\overset{O}{\underset{}{C}}-O-R' \end{array} \right\} + R''NH_2 \longrightarrow R\overset{O}{\underset{}{C}}-NHR'' + \left\{ \begin{array}{l} HCl \\[4pt] RCOOH \\[4pt] R'OH \end{array} \right.$$

苯胺也能与酰氯、酸酐、酯作用生产酰胺。酰胺在强酸性或强碱性的水溶液中加热很容易水解生成胺。因此，在有机合成上，往往把芳胺酰化变成酰胺，把氨基保护起来，再进行其他反应，然后使酰胺水解再变成胺。

4. 磺酰化

与酰基化反应相类似，伯胺或仲胺氮原子上的氢可以被磺酰基（R—SO₂—）取代，生成磺酰胺。例如，苯磺酰氯与胺生成的苯磺酰胺都为固体。但胺的类型不同，形成的苯磺酰胺性质也不一样。

一级胺与苯磺酰氯生成的苯磺酰胺，因氨基上的氢原子受磺酰基的影响而呈弱酸性，产物能溶于碱而成盐：

$$\underset{\text{(NH}_2\text{)}}{\bigcirc} + \underset{\text{(SO}_2\text{Cl)}}{\bigcirc} \longrightarrow \bigcirc-SO_2NH-\bigcirc \xrightarrow{NaOH} \left[\bigcirc-SO_2\overset{-}{N}-\bigcirc \right]Na^+ + H_2O$$

二级胺与苯磺酰氯生成的苯磺酰胺，因氨基上没有氢原子，不能与 NaOH 成盐，产物不溶于碱。

$$\underset{\text{(NHR)}}{\bigcirc} + \underset{\text{(SO}_2\text{Cl)}}{\bigcirc} \longrightarrow \bigcirc-SO_2\overset{R}{\underset{}{N}}-\bigcirc \xrightarrow{OH^-} \text{不溶固体}$$

三级胺的氮原子上没有氢原子，不能与苯磺酰氯反应。所以，常利用苯磺酰氯或对甲苯磺酰氯（TsCl）来鉴别伯、仲、叔胺，称作兴斯堡（Hinsberg）试验。

对于伯胺、仲胺和叔胺的混合物也可以用上面的反应进行分离：先将混合物与苯磺酰氯作用，不与苯磺酰氯反应的叔胺，通过蒸馏的方法分离出来，滤得的晶体加 NaOH 溶液后过滤，使不溶于碱性溶液的仲胺的苯磺酰胺滤出。溶液经酸化后沉淀出伯胺的苯磺酰胺，将它们分别与强酸共沸水解后分离，就可达到把三种胺分离开来的目的。

5. 与亚硝酸的反应

伯、仲、叔胺对于亚硝酸的作用是各不相同的。亚硝酸不稳定，通常是将亚硝酸盐与强酸在反应体系中混合得到。

对于脂肪族胺，与 HNO_2 反应的情况为：

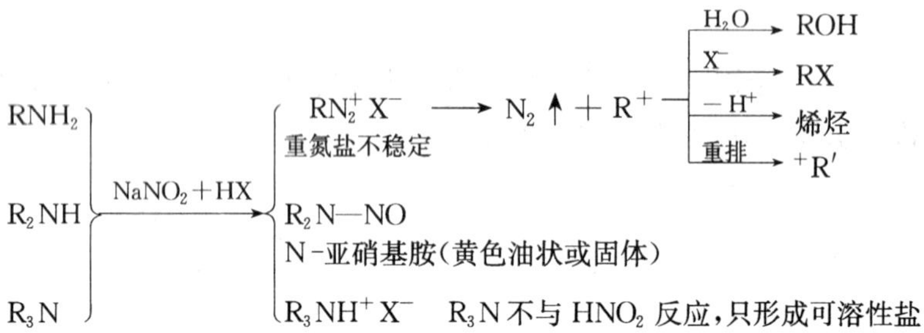

伯胺放出气体，仲胺出现黄色油状物或固体、若加酸则油状物消失，叔胺发生成盐反应、无特殊现象，根据上述不同的反应现象可以区分伯、仲、叔脂肪胺。

芳香伯胺反应生成的芳香重氮盐只能在低温(5℃以下)存在、高于此温度会分解放出氮气，芳香仲胺出现黄色油状物，芳香叔胺出现绿色晶体，根据上述不同的反应现象可以区分伯、仲、叔芳香胺。

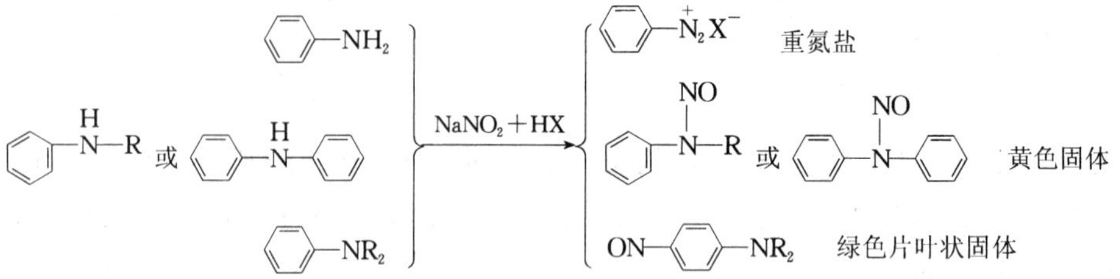

伯胺与 HNO_2 反应生成重氮盐的反应称为重氮化反应。脂肪族伯胺与 HNO_2 反应，总是迅速放出 N_2，芳香族伯胺与 HNO_2 在 5℃以下反应形成稳定的芳香重氮盐，可发生许多在合成上很有价值的反应(见 13.3)。

6. 氧化

胺类化合物很容易被氧化，通常久置的胺类化合物被氧化成深色的混合物，组成很复杂，没有多大实用价值。

叔胺被过氧化物氧化的产物用途较广，许多环状叔胺(尤其是含氮杂环化合物)的氧化物是重要的医药品和自由基捕捉剂。

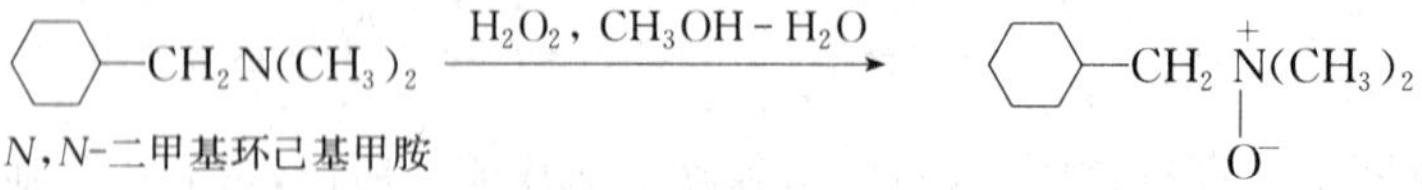

N,*N*-二甲基环己基甲胺

N,*N*-二甲基环己基甲胺-*N*-氧化物

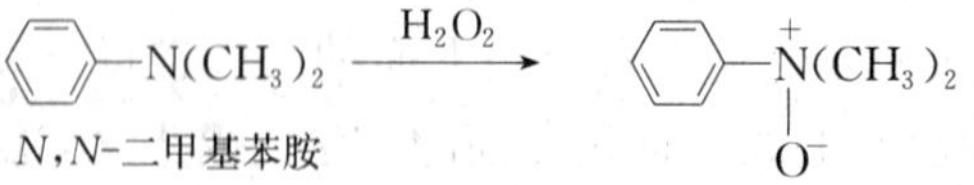

N,*N*-二甲基苯胺

N,*N*-二甲基苯胺-*N*-氧化物

具有 β-氢的叔胺氧化物在温和条件下通过科普(Cope)消除反应生成烯烃。

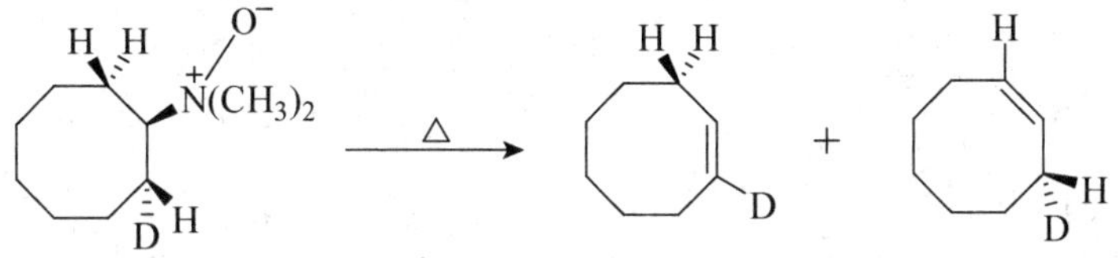

N,N-二甲基环辛胺-N-氧化物　　环辛烯-1-d　　环辛烯-3-d

该反应的历程是经过了一个环状中间体：

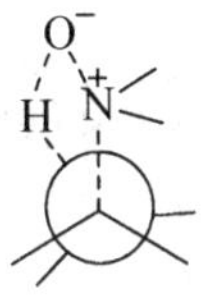

产物是立体专一性的顺式消除产物(霍夫曼产物)，产率较高。将叔胺氧化和 Cope 消除反应结合起来，可以用叔胺来制备烯烃。

7. 芳胺的特性

(1) 氧化反应

芳胺很容易被氧化，在储藏中就逐渐被空气中的氧所氧化，致使颜色变深。例如，新的苯胺是无颜色的，但暴露在空气中，很快就变成黄色，然后变成红色。用氧化剂处理苯胺时，生成复杂的混合物。苯胺用 MnO_2/H_2SO_4 氧化时，主要产物是苯醌。

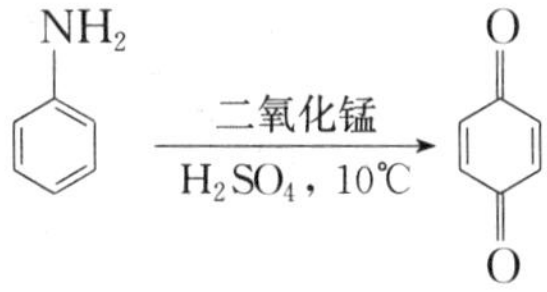

三级芳胺及其铵盐对氧化剂不太敏感，因此，可将芳胺先变成铵盐后再贮藏。

(2) 卤代反应

苯胺与溴反应难以停留在一取代阶段，甚至在水溶液中就能与溴迅速反应生成 2,4,6-三溴苯胺白色沉淀，这个反应可用于苯胺的定性及定量分析。

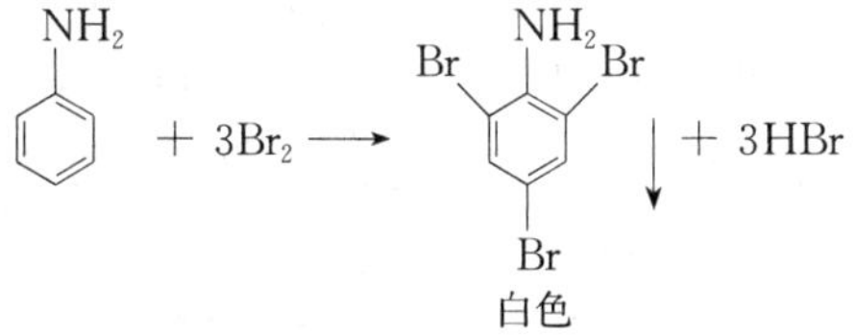

如要制取一溴苯胺，则应先降低苯胺的活性，再进行溴代，其方法有两种：

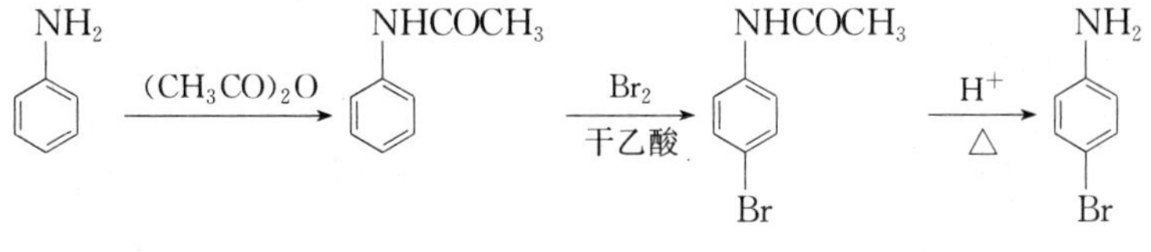

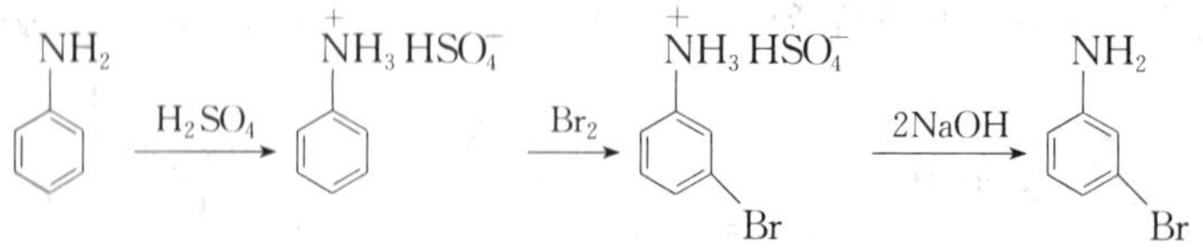

（3）磺化反应

苯胺与发烟硫酸反应生成苯胺硫酸盐,若将此盐在 180～190℃烘焙,得到对氨基苯磺酸。若将此盐进行磺化反应,然后与碱作用,则得到间氨基苯磺酸。因为—$\overset{+}{N}H_3$ 是间位定位基。

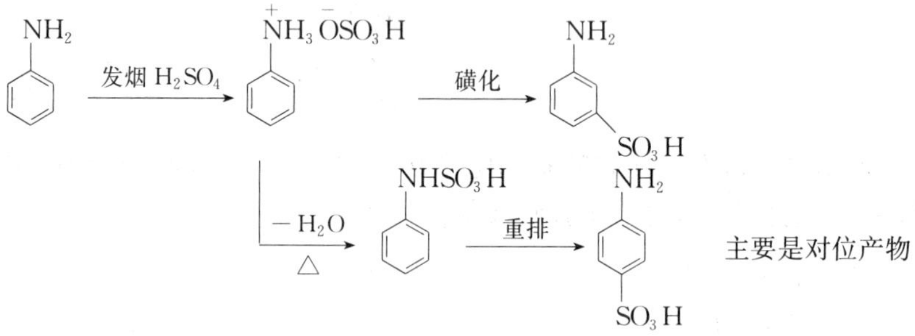

（4）硝化反应

硝酸具有强氧化性,故苯胺不能直接硝化。若要得到邻、对位硝基苯胺,必须先把氨基保护起来(乙酰化或成盐),然后硝化,最后水解。

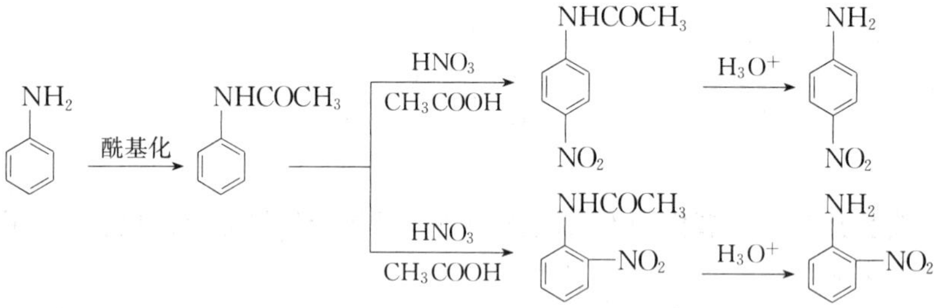

若要得到间硝基苯胺,先将苯胺溶于浓硫酸形成盐,然后硝化,最后与碱作用。

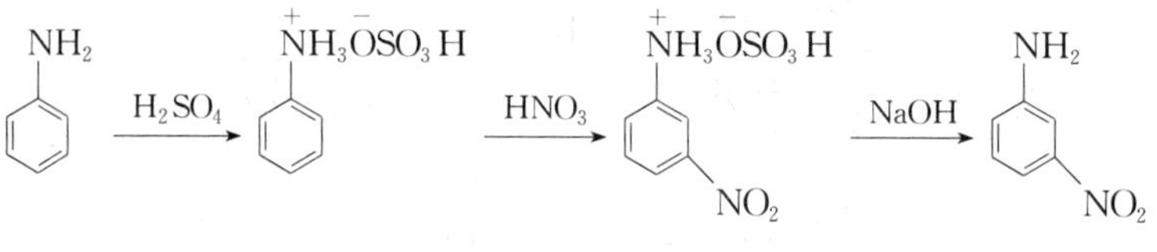

三级胺可直接硝化:

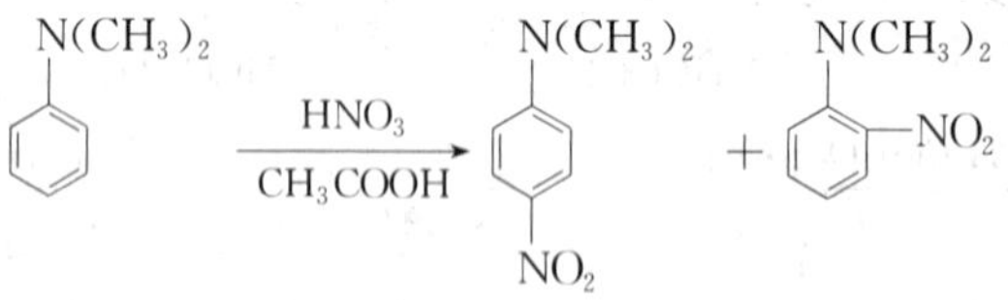

13.2.5 季铵碱的热消除反应

叔胺与卤代烷反应得到季铵盐,季铵盐和碱作用不能释放游离胺,但与湿的 Ag_2O 作用,可转变为季铵碱。

$$R_3N + R'Cl \longrightarrow R_3\overset{+}{N}R'Cl^- \xrightarrow{Ag_2O} R_3\overset{+}{N}R'OH^- + AgCl\downarrow$$

季胺盐　　　　　季胺碱

季铵碱跟 KOH 一样是强碱,它加热到 100～150℃会分解。

$$(CH_3)_4N^+OH^- \xrightarrow{\triangle} (CH_3)_3N + CH_3OH$$

如果烃基中含有大于或等于两个碳的链时,季铵碱加热分解得到烯烃。

$$(CH_3CH_2)_4N^+OH^- \xrightarrow{\triangle} (CH_3CH_2)_3N + H_2C=CH_2$$

这种反应称为霍夫曼消除反应,反应特点如下:

(1) 季铵碱的热分解反应中,产物烯烃主要是在不饱和碳原子上连有烷基最少的烯烃,这称为霍夫曼规则,这一规则与查依采夫(Saytzeff)规则正好相反。

$$CH_3CH_2\overset{\overset{\displaystyle N^+(CH_3)_3OH^-}{|}}{C}HCH_3 \xrightarrow{\triangle} (CH_3)_3N + \underset{95\%}{CH_3CH_2CH=CH_2} + \underset{5\%}{CH_3CH=CHCH_3}$$

当 β-碳原子上有芳基时,则主要生成能与苯环共轭的烯烃。

$$\text{⟨苯环⟩}-CH_2CH_2\overset{\overset{\displaystyle CH_3}{|}}{\underset{\underset{\displaystyle CH_3}{|}}{N}}{}^+CH_2CH_3^-OH \xrightarrow{\triangle} \text{⟨苯环⟩}-\underset{94\%}{CH=CH_2} + \underset{6\%}{H_2C=CH_2}$$

(2) 当季铵碱的 N 原子上连有两个以上可生成烯烃的基团时,主要生成相对分子质量较小的烯烃:

$$CH_3CH_2CH_2\overset{\overset{\displaystyle CH_3}{|}}{\underset{\underset{\displaystyle CH_3}{|}}{N}}{}^+CH_2CH_3^-OH \xrightarrow{\triangle} CH_3CH_2CH_2N(CH_3)_2 + H_2C=CH_2$$

下面的反应进一步证实以上两个特点:

$$CH_3CH_2CH_2CH_2\overset{\overset{\displaystyle CH_3\ \ CH_3}{|\ \ \ |}}{\underset{\underset{\displaystyle OH}{\overset{+}{|}\ \overset{-}{}}}{N}}CH_2CH(CH_3)_2 \xrightarrow{\triangle} \underset{64\%}{CH_3CH_2CH=CH_2} + H_2C=\overset{\overset{\displaystyle CH_3}{|}}{\underset{\underset{\displaystyle CH_3}{|}}{C}}$$

36%

(3) 霍夫曼消除反应的立体化学是共平面的反式消除过程(与氧化叔胺的热消除不同),只有在反式消除不可能时,才能进行顺式共平面的消除。

顺式　　　　　　　　　反式

消除反应速度:顺式＞反式

(4) 季铵碱的霍夫曼消除产物与反应的反式共平面消除机理一致。例如:

$$\underset{\underset{\displaystyle CH_3}{|}}{CH_3CH_2CH}\overset{+}{N}(CH_3)_3\ \overline{}OH \xrightarrow{\triangle} CH_3CH=CHCH_3 + H_2C=CHCH_2CH_3$$
$$\text{(主要)}$$

被消除的含氮基团与 β-H 在同一平面的反式 Newman 投影式有下列三种：

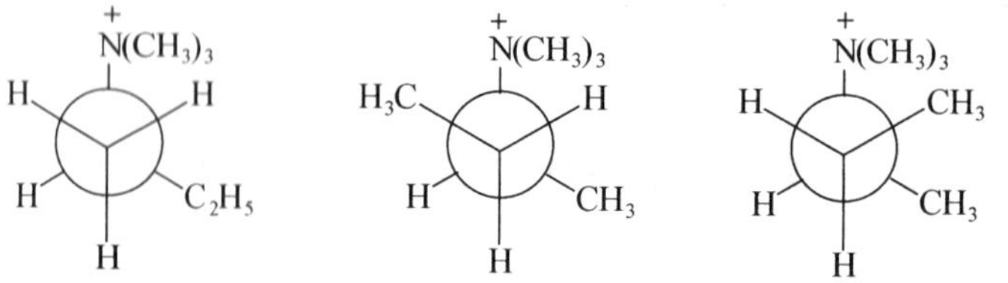

以上三种构象都符合反式共平面的要求,但后两种构象中 CH_3 与 $\overset{+}{N}(CH_3)_3$ 之间的排斥作用较大,因此,主要是由前一种构象消除形成烯烃,得到霍夫曼产物。

13.2.6　季铵盐和相转移催化

在合成反应中,常遇上两相之间的反应,由于相间接触面积有限,这类反应存在速度慢,反应不完全,效率低等问题。传统上解决这一问题是通过使用适当的溶剂,使其在均相中进行。但此类溶剂不仅价格昂贵,而且难以回收。后来发现在体系中加入季铵盐或其类似的试剂大大改善了反应效果。反应体系中加入的少量季铵盐能溶于两相介质,充当了一个运载体的作用,使反应基团能够跨越到另一相中进行反应。

相转移催化是指一种催化剂能加速,或者能使分别处于两种互不相溶的溶剂中的物质发生反应,反应时,催化剂把一种实际参加反应的实体,从一相转移到另一相中,以便使它与底物相遇而发生反应。这种现象和过程叫相转移催化(作用),这种催化剂叫相转移催化剂。季铵盐是最常用的相转移催化剂。与冠醚相比,其显著特点是无毒和价格便宜。一般含 16 个碳的季铵盐可产生较好的催化效果。如氯化四正丁基铵、氯化三乙基苄基铵等,季铵盐的用量仅为作用物的 $0.05\ mol$ 以下,因为季铵盐在有机相和水相中都有一定的溶解性,它可使某一负离子从一相(如水相)转移到另一相(如有机相)中促使反应发生。例如：

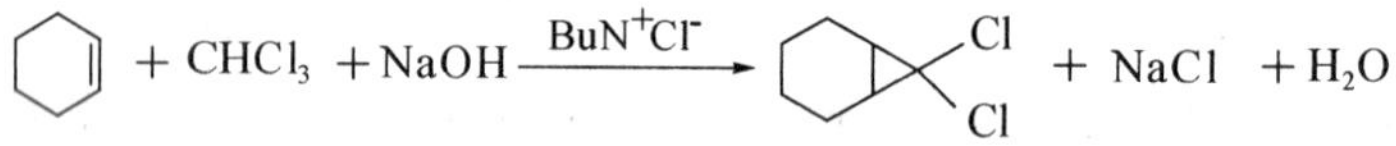

$$\bigcirc + CHCl_3 + NaOH \xrightarrow{BuN^+Cl^-} \text{（产物）} + NaCl + H_2O$$

此反应的收率可达到 65% 以上,不用相转移催化剂,收率 $<5\%$。

13.2.7　胺的制备

1. 硝基化合物还原

硝基化合物经催化加氢或在酸性条件下用金属还原剂(铁、锡、锌等)或用 $LiAlH_4$ 还原,最后产物为胺。

$$CH_3-NO_2 \xrightarrow[\triangle]{H_2/Pt} CH_3-NH_2$$

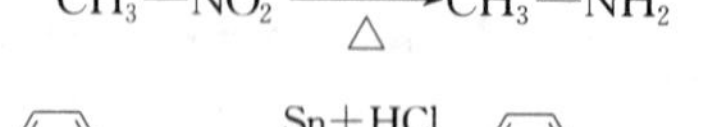

$$\bigcirc-NO_2 \xrightarrow{Sn+HCl} \bigcirc-NH_2$$

$$OH-\langle\ \rangle-NO_2 \xrightarrow{\text{LiAlH}_4} OH-\langle\ \rangle-NH_2$$

2. 氨的烷基化

(1) 直接烷基化

卤代烃与氨或胺可发生亲核取代反应,产物是伯、仲、叔胺及铵盐的混合物,合成意义不大。

卤代芳烃的卤素很难被 NH_3 或胺取代,只有当芳环上卤素的邻对位连有很强的吸电子基时,才能发生芳环上的亲核取代反应:

$$O_2N-\langle\ \rangle-Cl \ +NH_3 \longrightarrow O_2N-\langle\ \rangle-NH_2 \ +HCl$$
(带 NO_2 取代基)

普通的卤代芳烃与强碱 $NaNH_2$ 可以发生如下亲核取代反应:

$$\langle\ \rangle\!\!\overset{*}{-}Cl \xrightarrow{NH_2^-} [\ \langle\ \rangle\!\!-\!| \ ] \longrightarrow \langle\ \rangle\!\!\overset{*}{-}NH_2 \ + \ \langle\ \rangle\!\!-\!\overset{*}{}NH_2$$
$$50\% \qquad\qquad 50\%$$

该反应是消去-加成历程,中间体是苯炔。

芳香一级胺与卤代烃的反应也比脂肪胺与卤代烃的反应慢,芳香二级胺反应更慢,因此,反应可停留在二级胺阶段:

$$\langle\ \rangle\!\!-\!NH_2 \ + \ \langle\ \rangle\!\!-\!CH_2Cl \xrightarrow[90\sim95℃,\ 4\ h]{NaHCO_3,\ H_2O} \langle\ \rangle\!\!-\!NHCH_2\!\!-\!\langle\ \rangle$$

(2) 间接烷基化

叠氮离子(N_3^-)是一种优良的亲核试剂,可以从无阻碍的伯卤代烷和仲卤代烷以及甲苯磺酰酯上取代离去基团,产物是烷基叠氮(RN_3),它没有进一步反应的趋向。叠氮化物用 $LiAlH_4$ 或催化氢化都容易转变为伯胺。

$$\underset{\substack{\text{伯或仲卤代烃}\\\text{或对甲苯磺酸酯}}}{R-X} \ + \ \underset{\text{叠氮化钠}}{Na^+\ N_3^-} \longrightarrow \underset{\text{烷基叠氮}}{R-N_3} \xrightarrow[\text{或 }H_2/Pd]{\text{LiAlH}_4} \underset{\text{伯胺}}{R-NH_2}$$

氰根离子(CN^-)也是一种好的亲核试剂,产物为腈($R-CN$)。腈可被氢化铝锂或催化氢化转变为伯胺。生成的胺增加了一个碳原子。

$$\underset{\substack{\text{伯或仲卤代烃}\\\text{或对甲苯磺酸酯}}}{R-X} \ + \ NaCN \longrightarrow \underset{\text{腈}}{R-CN} \xrightarrow[\text{或 }H_2/\text{催化剂}]{\text{LiAlH}_4} \underset{\substack{\text{胺}\\\text{(加入一个碳)}}}{R-CH_2-NH_2}$$

3. 酰胺的还原

如前所述,酰胺可被催化氢化或用 $LiAlH_4$ 还原为相应的胺。

$$CH_3(CH_2)_{10}\overset{\overset{\displaystyle O}{\|}}{C}NHCH_3 \xrightarrow{\text{LiAlH}_4} CH_3(CH_2)_{10}CH_2NHCH_3$$

4. 醛和酮的还原胺化

将醛或酮与氨或胺作用后再进行催化氢化生成胺的反应称为醛和酮的还原胺化。还原剂通常用氰基硼氢化钠($NaBH_3CN$),催化氢化的催化剂可用镍。许多脂肪族和芳香族醛酮都可以发生还原胺化反应。

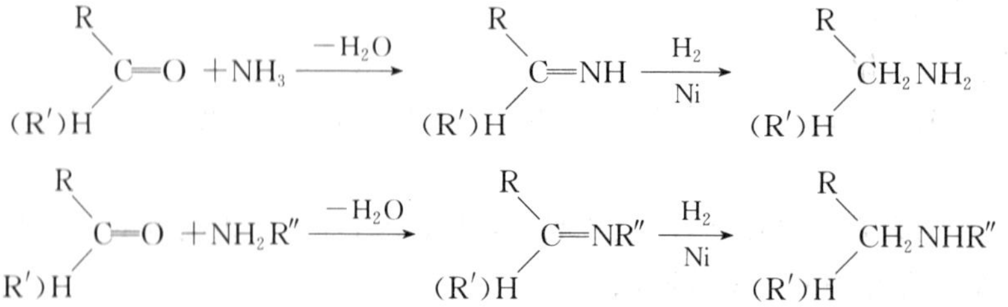

5. 酰胺的降解反应

在碱性溶液中,氮原子上未取代的酰胺与溴或氯作用,先生成异氰酸酯,再水解生成一级胺,称为霍夫曼(Hofmann)降解或霍夫曼重排。重排中有活性中间体酰基氮烯的生成。霍夫曼重排是从酰胺制备比它少一个碳原子的伯胺的方法。

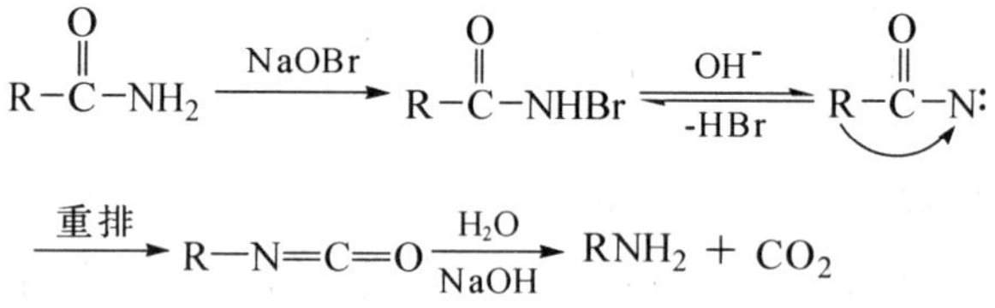

例如:

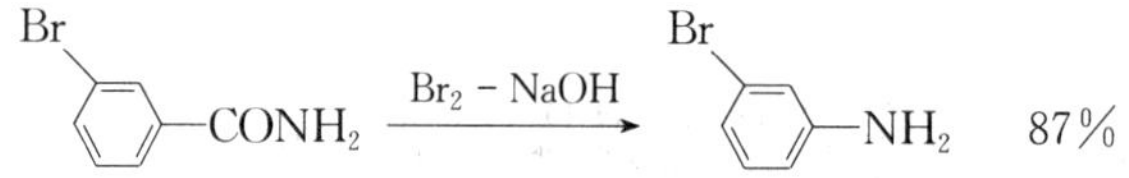

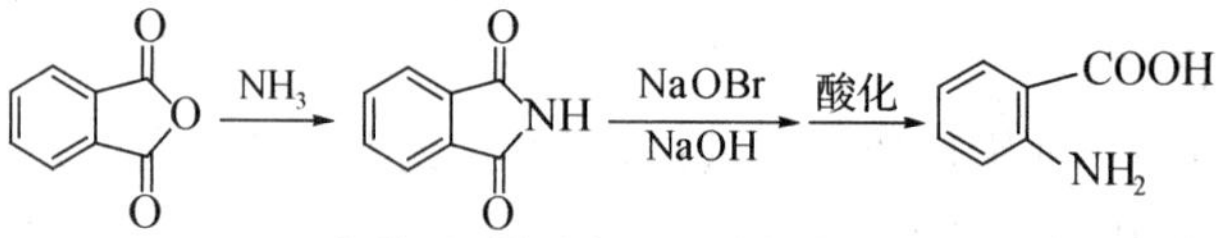

邻苯二甲酰亚胺

Hofmann 重排中,如果迁移基团为光学活性的,迁移前后基团的构型不变。例如:

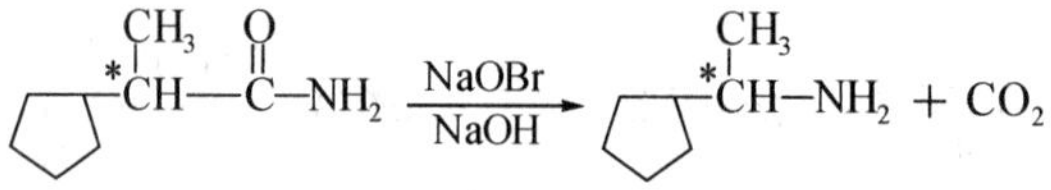

6. 盖布瑞尔合成法

盖布瑞尔(Gabriel)合成法是制取纯净的一级胺的好方法。

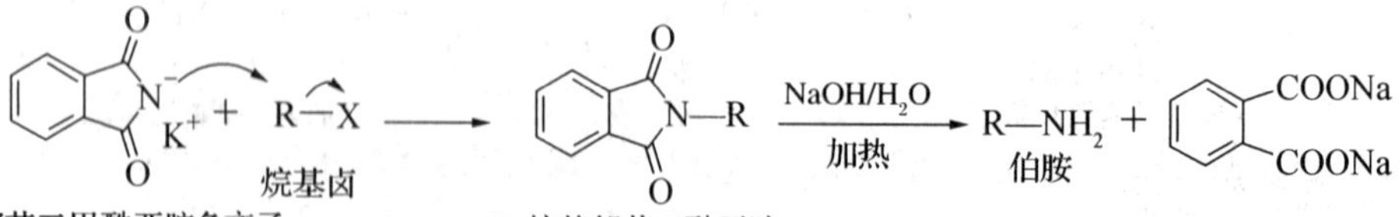

邻苯二甲酰亚胺负离子　　*N*-烷基邻苯二酰亚胺

邻苯二甲酰亚胺中两个吸电子的酰基与氮原子成键,氮原子上的氢有酸性在碱作用下较易离去,有利于与卤代烃发生亲核取代反应。同时,邻苯二甲酰亚胺中氮原子上只留下一个可供烃基取代的氢,这样可避免多烃基化。

13.2.8 烯胺

氨基直接与双键相连的一类不饱和化合物称为烯胺,其结构为 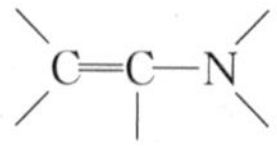 。

常用的制备烯胺的方法是醛或酮与仲胺缩合。仲胺常为环状的四氢吡咯、吗啉和六氢吡啶,它们的反应性从左至右递减。为了加速反应的进行,可以加苯、甲苯或二甲苯把生成的水带走,并加入对甲苯磺酸等为催化剂。

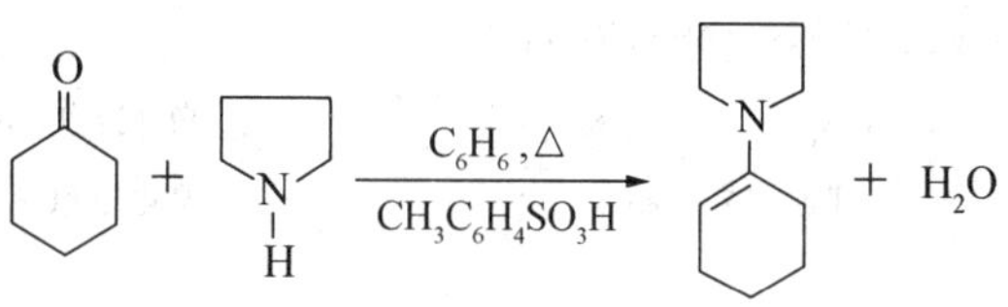

烯胺的 β-碳原子具有亲核性:

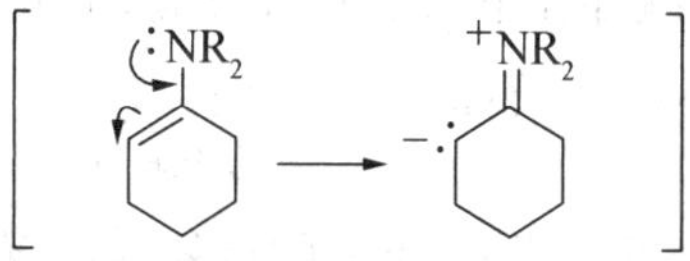

烯胺可作为合成时有用的中间体。发生亲核取代反应后,产物经水解可恢复原有醛酮的结构。与卤代烃反应可在原有酮的 α-位导入一烃基;与酰卤反应则得到 β-二酮;与 α-卤代酮反应可以得到 1,4-二羰基化合物;与 α,β-不饱和羰基化合物作用,则起迈克尔加成反应,得到 1,5-二羰基化合物。

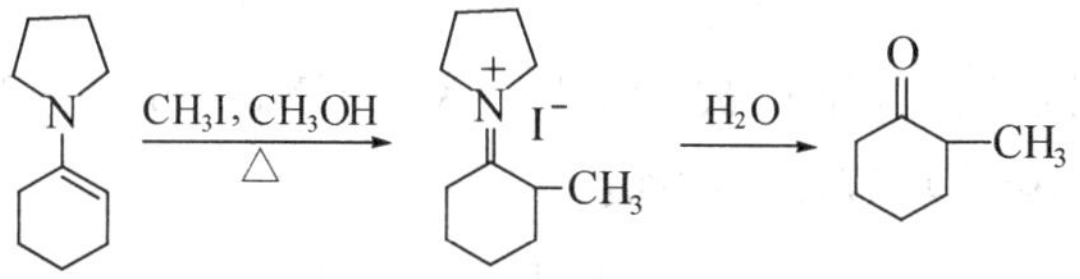

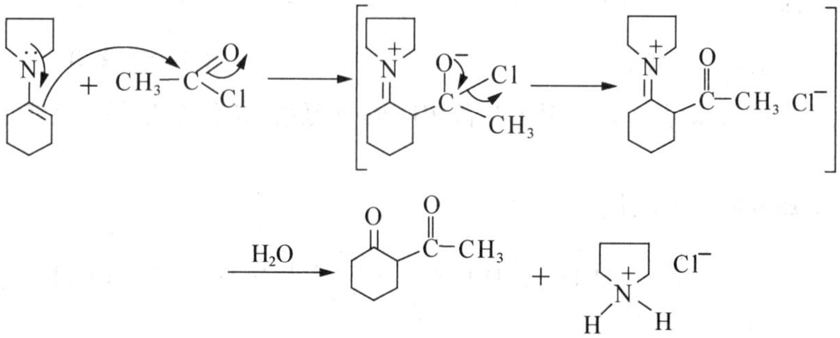

利用烯胺可以在酮的 α-位进行烷基化和酰基化,尤其是烷基化具有很大的合成价值。用酮直接进行烷基化,常有羟醛缩合反应及多烷基化等副反应发生,如利用烯胺进行烷基化,可以避免这些缺点。

§13.3 重氮化合物和偶氮化合物

重氮化合物和偶氮化合物分子中都含—N_2—官能团。—N≡N—官能团的一端与碳原子,而另一端和非碳原子直接相连的化合物称为重氮化合物。如果两端都与碳原子直接相连,则称为偶氮化合物。

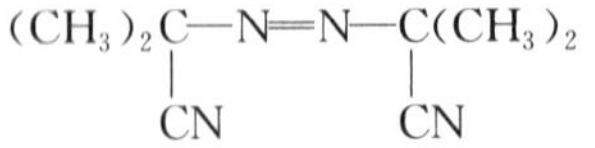

$$(CH_3)_2C—N=N—C(CH_3)_2$$

$$\underset{CN}{|} \qquad \underset{CN}{|}$$

偶氮二异丁腈

$$C_6H_5N≡\overset{+}{N}Br^-$$

溴化重氮苯

13.3.1 重氮盐的制备

在 0～5℃下,芳伯胺在强酸存在下与亚硝酸反应,生成重氮盐,称为重氮化反应。

$$C_6H_5NH_2 + NaNO_2 + 2HCl \longrightarrow C_6H_5\overset{+}{N_2}Cl^- + 2H_2O + NaCl$$

氯化重氮苯

重氮化合物一般在溶液中不经分离(干燥的重氮盐易爆炸)直接进行后续反应。

13.3.2 重氮盐的反应

芳香重氮盐的结构中,氮氮重键与芳环的共轭作用,使其稳定性增强。通常在冰浴条件下制备芳香重氮盐并进行反应。芳香重氮盐可以作为中间体来合成多类有机化合物。

1. 失去氮的反应

芳香重氮盐在不同的条件下可被—OH、—X、—CN、—H 和—NO_2 取代生成相应的酚、芳基卤、芳腈、芳烃和硝基芳烃。例如:

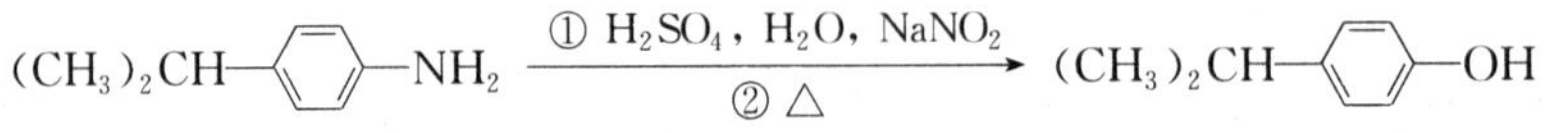

$$(CH_3)_2CH—\!\!\!\bigcirc\!\!\!—NH_2 \xrightarrow[②\triangle]{① H_2SO_4, H_2O, NaNO_2} (CH_3)_2CH—\!\!\!\bigcirc\!\!\!—OH$$

对异丙基苯胺   对异丙基苯酚

上述反应式中反应条件①是用于制备相应的重氮盐、条件②是用于将重氮盐分解成取代产物。

(1)重氮基被氢原子取代

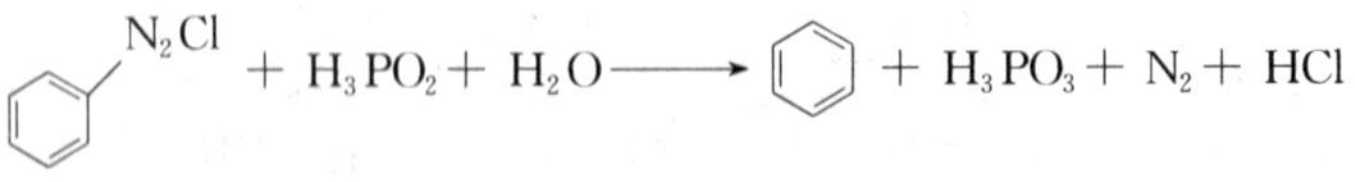

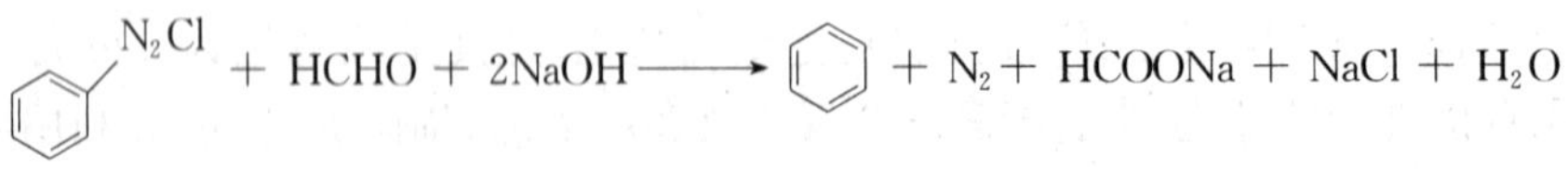

$$\bigcirc\!\!\!-\!\!N_2Cl + H_3PO_2 + H_2O \longrightarrow \bigcirc + H_3PO_3 + N_2 + HCl$$

$$\bigcirc\!\!\!-\!\!N_2Cl + HCHO + 2NaOH \longrightarrow \bigcirc + N_2 + HCOONa + NaCl + H_2O$$

上述重氮基被氢原子取代的反应,提供了一种从芳环上去除—NH_2 或—NO_2 的方法,可用来制备一般不能用直接方法来制取的化合物。

(2)重氮基被羟基取代

当重氮盐和酸液共热时发生水解生成酚并放出氮气。

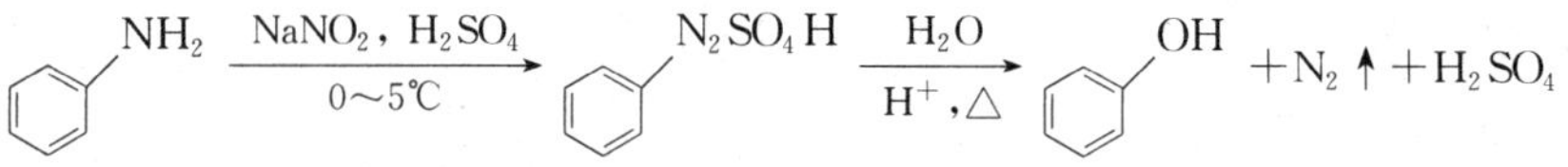

重氮盐水解成酚时只能用硫酸盐,不用盐酸盐,因盐酸盐水解易发生副反应。

(3) 重氮基被卤素和氰基取代

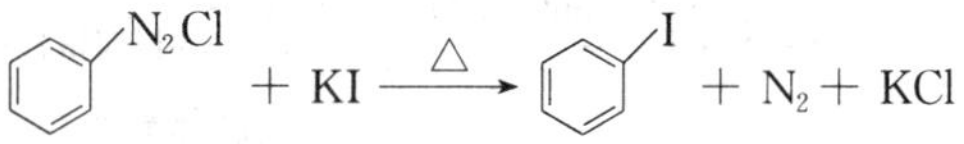

此反应是将碘原子引进苯环的好方法,但利用这个方法很难使其他卤素如氟、氯、溴导入苯环。但用氯化亚铜的浓盐酸或溴化亚铜的浓氢溴酸作催化剂,将它们慢慢地加入冷却的重氮盐溶液中,然后加热到发生取代反应生成氯苯或溴苯。

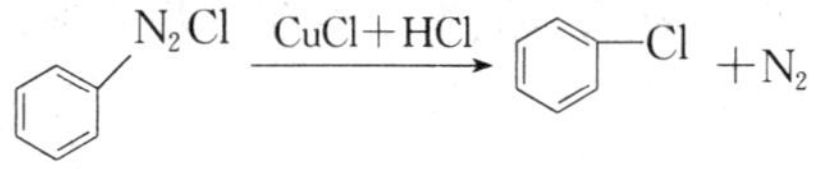

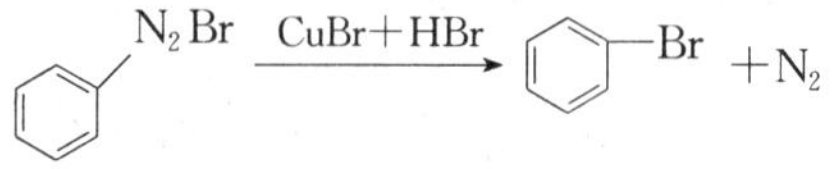

采用氰化亚铜与氰化钾溶液,则重氮基被氰基取代生成苯腈:

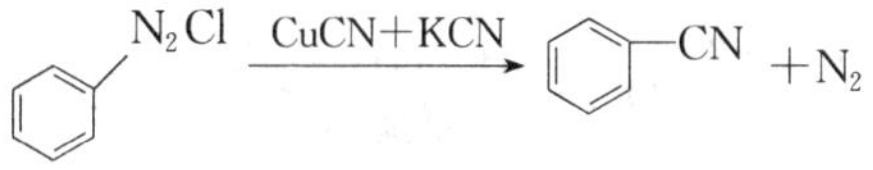

此三个反应称为桑德迈尔(Sandmeyer)反应。

芳香氟化物,可通过氟硼酸重氮盐制备。

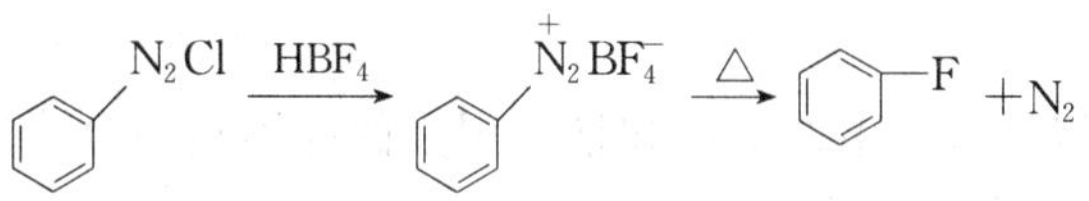

上述重氮基被其他基团取代的反应,可用来制备一般不能用直接方法来制取的化合物。

【例 13.1】　由硝基苯制备 2,6-二溴苯甲酸。

答:

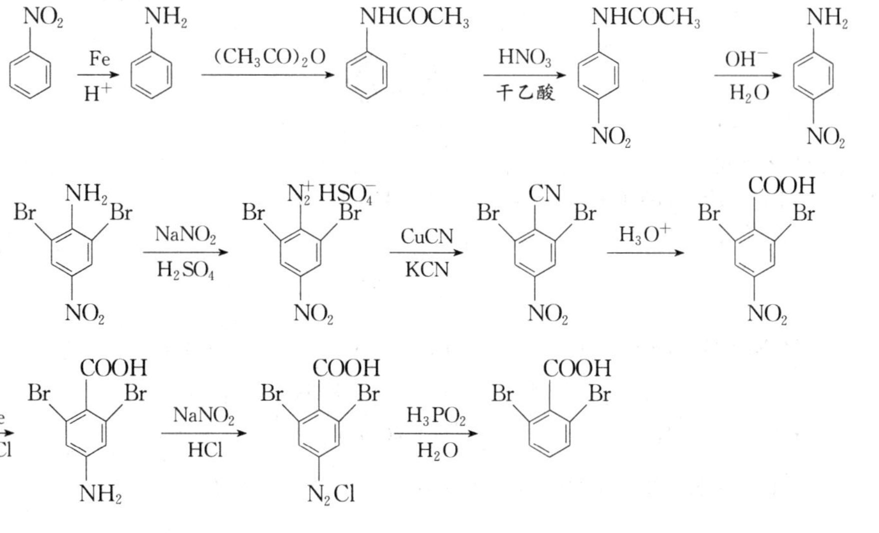

2. 保留氮的反应

(1) 还原反应

重氮盐可被氯化亚锡、锡和盐酸、锌和乙酸、亚硫酸钠、亚硫酸氢钠等还原成苯肼。例如：

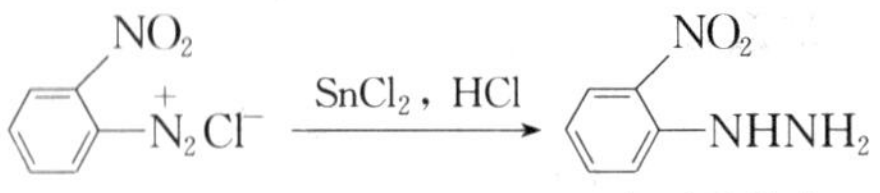

邻硝基苯肼

(2) 偶联反应

重氮盐与芳胺或酚类化合物作用，生成颜色鲜艳的偶氮化合物的反应称为偶联反应。

偶联反应是亲电取代反应，是重氮阳离子（弱的亲电试剂）进攻苯环上电子云较大的碳原子而发生的反应。偶联反应总是优先发生在氨基或酚羟基的对位，若对位被占，则在邻位上反应，间位不能发生偶联反应。

重氮盐与芳胺的偶联反应要在中性或弱酸性溶液中进行。

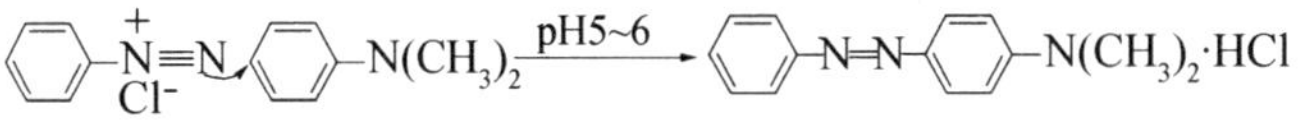

重氮盐与酚的偶联反应要在弱碱性条件下进行。

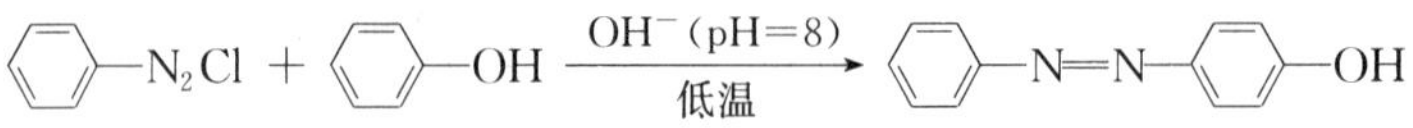

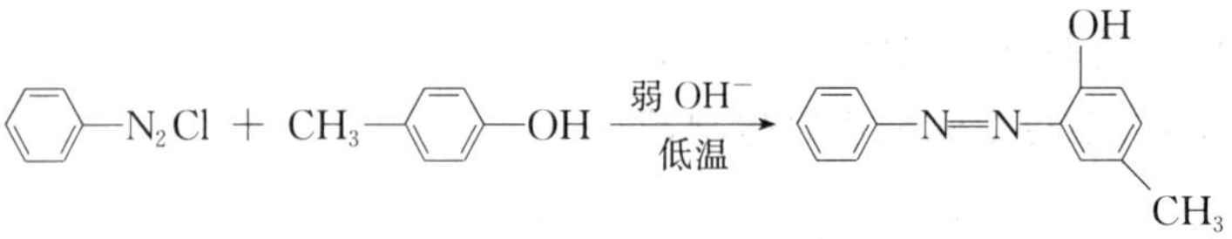

偶氮化合物都有颜色，常用作染料和指示剂。偶氮染料占合成染料的一半以上，偶联反应是合成偶氮染料的重要反应。例如：

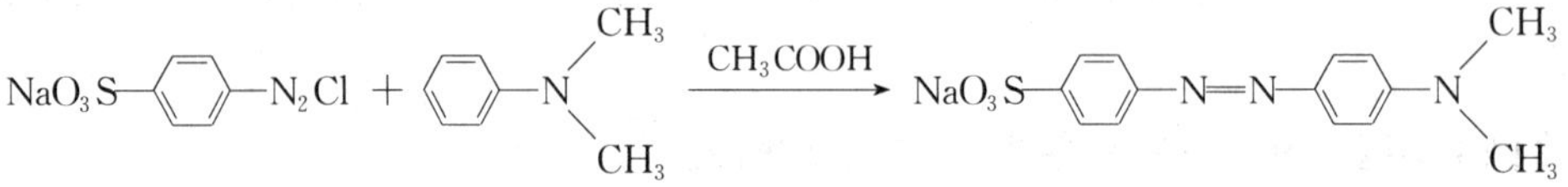

甲基橙

习 题

1. 命名下列化合物。

(1) $CH_3CH_2CHCH(CH_3)_2$
$\quad\quad\quad\quad |$
$\quad\quad\quad NO_2$

(2) $CH_3CH_2CH_2NH_2$

(3) $CH_3NHCH(CH_3)_2$

(4)

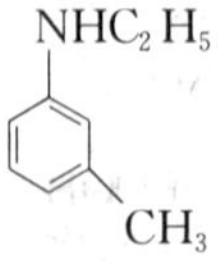

(5) 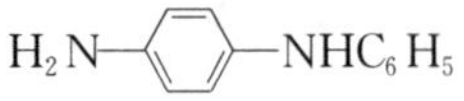 H_2N—⟨⟩—NHC_6H_5

(6) $(CH_3)_2N$—⟨⟩—NO

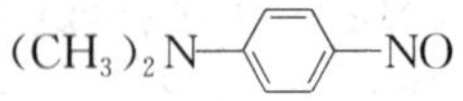

(7) $(CH_3)_2CHN^+(CH_3)_3OH^-$

(8) 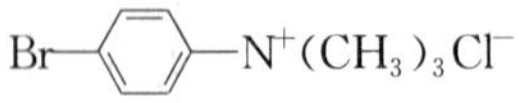 Br—⟨⟩—$N^+(CH_3)_3Cl^-$

(9) 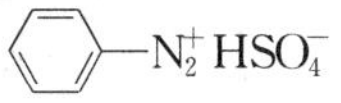 　　　　(10) 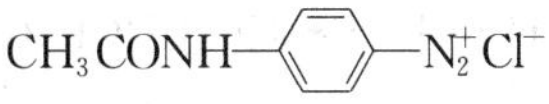 CH_3CONH—

(11) 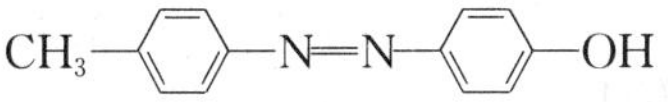 CH_3—

(12) 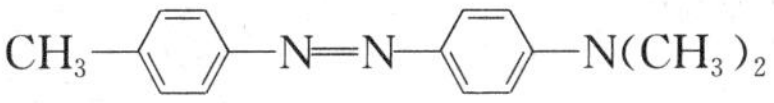 CH_3—

2. 写出下列化合物的构造式。

(1) 间硝基乙酰苯胺　　　　(2) 甲胺硫酸盐　　　　(3) N-甲基-N-乙基苯胺

(4) 对甲苄胺　　　　　　　(5) 1,6-己二胺　　　　(6) β-萘胺

(7) 对硝基氯化苄　　　　　(8) 苦味酸　　　　　　(9) 对苯二胺

(10) 氯化苄基三乙基铵　　　(11) 1,4,6-三硝基萘　　(12) 二苯胺

(13) 偶氮二异丁腈　　　　　(14) 间硝基异丙苯

3. 用化学方法区别环己烷和苯胺。

4. 试用化学方法分离提纯苯酚、苯胺和对氨基苯甲酸组成的混合物。

5. 比较下列各组化合物的碱性,试按碱性强弱排列。

(1) CH_3CONH_2、CH_3NH_2、NH_3 和苯胺

(2) 对甲苯胺、苄胺、2,4-二硝基苯胺和对硝基苯胺

(3) 苯胺、甲胺、三苯胺和 N-甲基苯胺

(4)

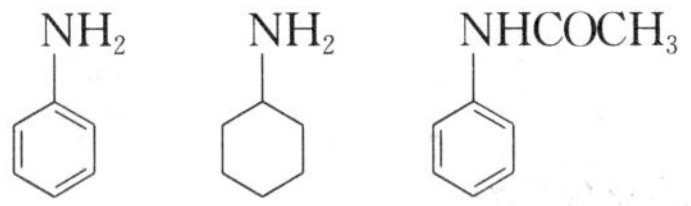

6. 完成下列各反应式。

(1) $CH_3CH_2CN \xrightarrow{H_2O,\ H^+} ? \xrightarrow{SOCl_2} ? \xrightarrow{(CH_3CH_2CH_2)_2NH} ? \xrightarrow[H_2O]{LiAlH_4} ?$

(2) 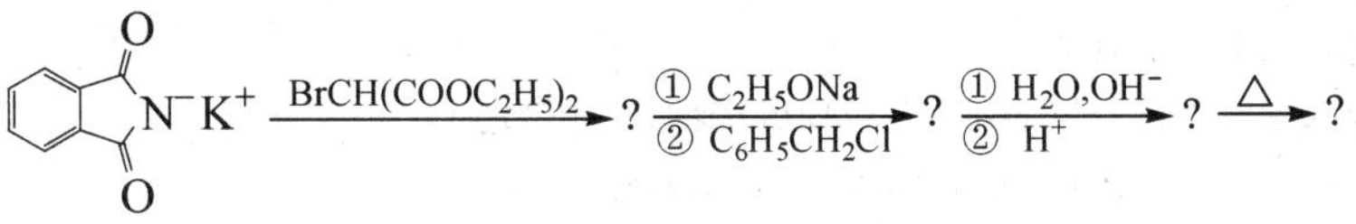 $\xrightarrow{BrCH(COOC_2H_5)_2} ? \xrightarrow[\textcircled{2}\ C_6H_5CH_2Cl]{\textcircled{1}\ C_2H_5ONa} ? \xrightarrow[\textcircled{2}\ H^+]{\textcircled{1}\ H_2O,OH^-} ? \xrightarrow{\triangle} ?$

(3) $+$ $\xrightarrow[H_2O]{NaOH} ?$

(4) CH_3— $+$ $\xrightarrow[H_2O]{NaOH} ?$

(5) $^+Na^-O_3S$— $+$ $\xrightarrow[H_2O]{NaOH} ?$

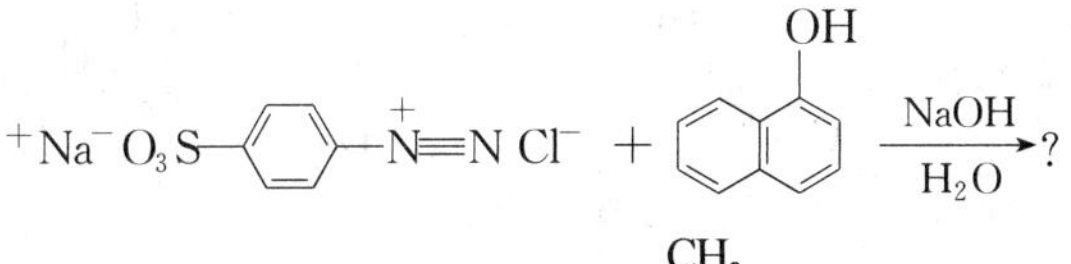

(6) 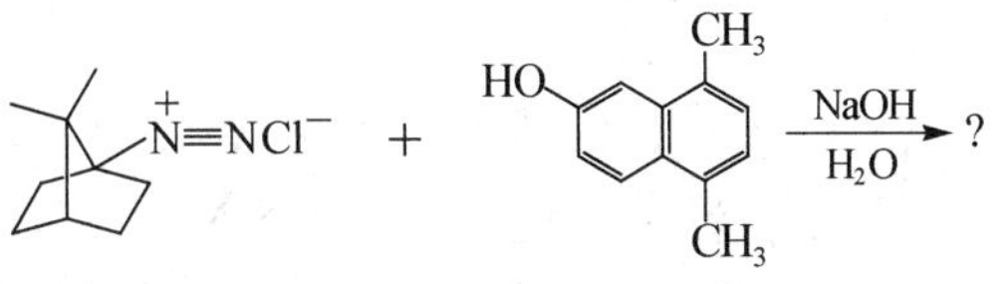 $+$ $\xrightarrow[H_2O]{NaOH} ?$

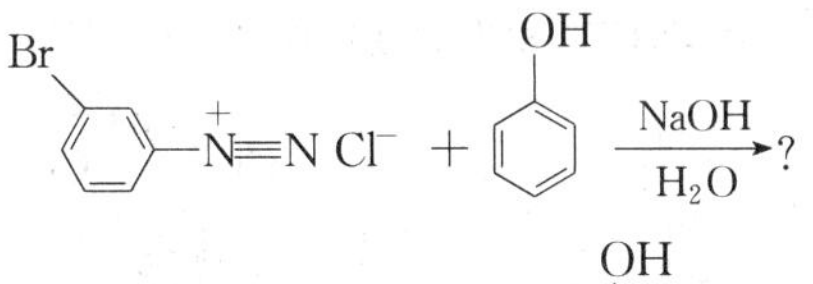

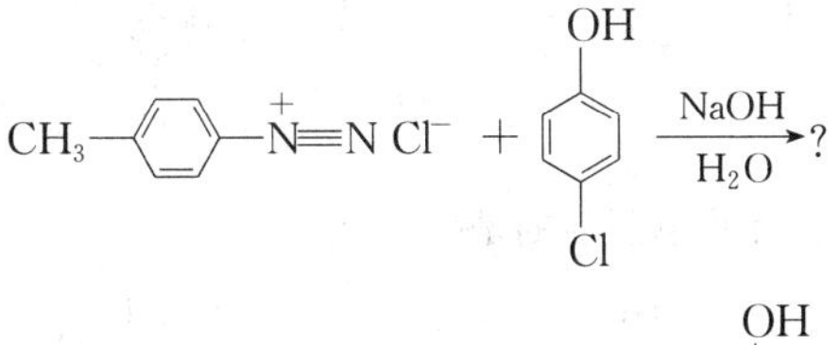

7. 完成下列转化。

(1)

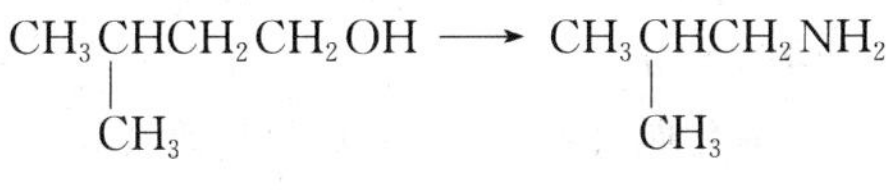

(2) $CH_3CHCH_2CH_2OH \longrightarrow CH_3CHCH_2CH_2NH_2$
　　　　$|$　　　　　　　　　　$|$
　　　CH_3　　　　　　　　CH_3

(3) $CH_3CHCH_2CH_2OH \longrightarrow CH_3CHCH_2CH_2CH_2NH_2$
　　　　$|$　　　　　　　　　　　$|$
　　　CH_3　　　　　　　　　CH_3

(4) $CH_2{=}CH_2 \longrightarrow NH_2CH_2CH_2CH_2CH_2NH_2$

(5) $CH_2{=}CH_2 \longrightarrow CH_3CH_2CN$

(6) $CH_3CH{=}CH_2 \longrightarrow CH_3CH{-}COOH$
　　　　　　　　　　　　　　　　$|$
　　　　　　　　　　　　　　CH_2COOH

8. 以甲苯、苯及三个碳以下的有机化合物为原料,合成下列化合物。

(1)　COOH苯环,对位NH₂

(2)　NH₂苯环,间位NO₂

(3)　NH₂,邻位NH₂苯环

(4)　NH₂苯环,对位,两个邻位O₂N和NO₂,中间CH₃

(5)　OCH₃苯环,对位CH₂CH₂NH₂

9. 由对氯甲苯合成对氯间氨基苯甲酸有下列三种可能的合成路线。

(1) 先硝化,再还原,然后氧化

(2) 先硝化,再氧化,然后还原

(3) 先氧化,再硝化,然后还原。

其中哪种合成路线最好? 为什么?

10. 写出对甲苯基重氮正离子与下列试剂反应的产物,并命名之。

(1) I^-　(2) $CuBr$　(3) H_3PO_2　(4) N,N-二乙基苯胺

11. (1) 下列化合物在弱酸性条件下,能与苯环-$\overset{+}{N}{\equiv}NCl^-$ 发生偶联反应的是(　　　)

A. 苯环-NHC(=O)CH₃　B. 苯环-NH₂　C. 苯环-OH　D. 苯环,两个邻位Cl,对位Cl,顶OH

(2) 在弱碱性条件下,能与苯环-$\overset{+}{N}{=}NCl^-$ 发生偶联反应的是(　　　)

A. 苯环-NHC(=O)CH₃　B. 苯环-NH₂　C. 苯环-OH　D. 苯环,两个邻位Cl,对位Cl,顶OH

12. 制取碘苯应选用的方案为(　　　)

A. 苯环-OH $+HI$　B. 苯环-Cl $+NaI$　C. 苯环 $+I_2$　D. 苯环-$\overset{+}{N_2}X^-$ $+KI$

13. 硝基苯在 $Zn+NaOH$ 的条件下还原,还原产物主要是(　　　)

A. 苯胺　　　B. 偶氮苯　　　C. 氧化偶氮苯　　　D. 氢化偶氮苯

14. 解释下列反应。

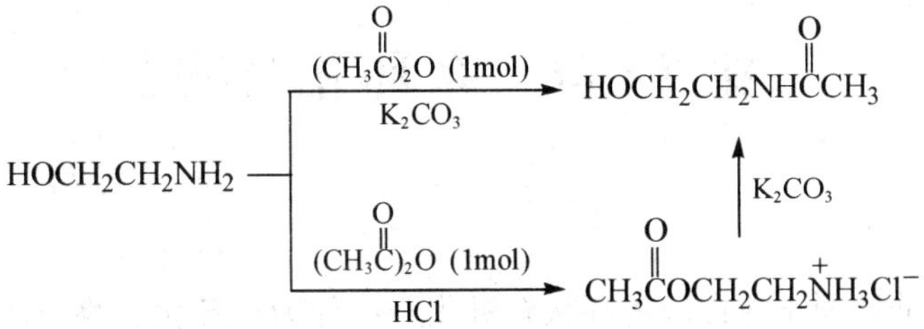

$$HOCH_2CH_2NH_2 \quad \begin{cases} \xrightarrow[K_2CO_3]{(CH_3C)_2O \ (1mol)} HOCH_2CH_2NHCCH_3 \\ \\ \xrightarrow[HCl]{(CH_3C)_2O \ (1mol)} CH_3COCH_2CH_2\overset{+}{N}H_3Cl^- \end{cases}$$

(1) 为何在 K_2CO_3 存在下,用 1 mol $(CH_3CO)_2O$,氨基被酰化?

(2) 为何在 HCl 存在下,用 1 mol $(CH_3CO)_2O$ 羟基被酰化?

(3) $CH_3COCH_2CH_2\overset{+}{N}H_3Cl^-$ 如用 K_2CO_3 处理,则形成 $HOCH_2CH_2NHCCH_3$,请写出合理的反应机理。

15. 写出下列反应的反应机理:

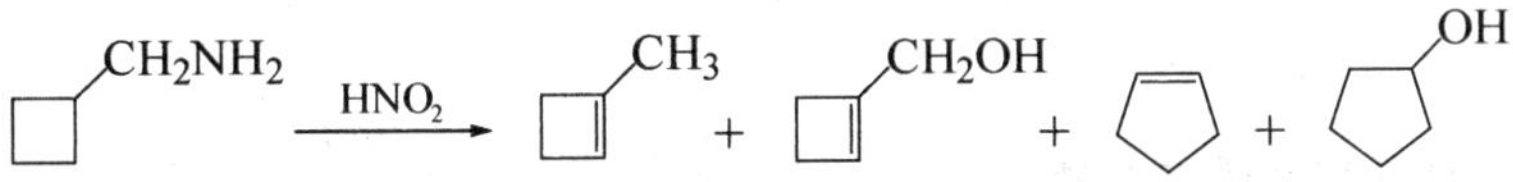

$$\text{（环丁基）}CH_2NH_2 \xrightarrow{HNO_2} \text{（环丁基）}CH_3 + \text{（环丁基）}CH_2OH + \text{（环戊烯）} + \text{（环戊醇）}OH$$

16. 某碱性化合物 $A(C_4H_9N)$ 经臭氧化再水解,得到的产物中有一种是甲醛。A 经催化加氢得 $B(C_4H_{11}N)$。B 也可由戊酰胺和溴的氢氧化钠溶液反应得到。A 和过量的碘甲烷作用,能生成盐 $C(C_7H_{16}IN)$。该盐和湿的氧化银反应并加热分解得到 $D(C_4H_6)$。D 和丁炔二酸二甲酯加热反应得 $E(C_{10}H_{12}O_4)$。E 在钯存在下脱氢生成邻苯二甲酸二甲酯。试推测 A、B、C、D、E 的结构,并写出各步反应式。

第 14 章　杂环化合物

由碳原子和非碳原子所构成的环状有机化合物称为杂环化合物,环中非碳原子称为杂原子,最常见杂原子有氧、硫、氮等。通常将环系比较稳定,具有一定芳香性,且符合 Hückel 规则的杂环化合物称为芳杂环。

杂环化合物是一大类有机物,在自然界分布很广、功用很多。例如,中草药的有效成分生物碱;动植物体内起重要生理作用的血红素、叶绿素、核酸的碱基;部分维生素、抗菌素,一些植物色素、植物染料、合成染料、酶和辅酶中催化生化反应的活性部位等。

§14.1　杂环化合物的分类和命名

14.1.1　杂环化合物的分类

杂环化合物简单分为芳香性杂环和非芳香性杂环两大类,本章主要介绍芳香性杂环。芳杂环又可根据环的数目将杂环化合物分为单杂环和稠杂环。

1. 单杂环

单杂环可根据环的大小分为三元、四元、五元、六元和七元环等类型。最常见的杂环化合物是五元和六元杂环化合物, 如呋喃、噻吩,吡啶,嘧啶等。

呋喃　　　噻吩　　　噻唑　　　吡啶　　　嘧啶

2. 稠杂环

稠杂环指苯环与杂环稠合或杂环与杂环稠合在一起的化合物,如喹啉、吲哚、嘌呤等。

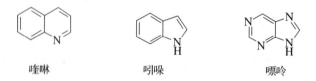

喹啉　　　　　吲哚　　　　　嘌呤

14.1.2　杂环化合物的命名

杂环化合物命名较复杂,目前我国常用"译音法",即按英文读音,用同音汉字加上"口"字旁命名。常见杂环化合物的译音法名称及编号如下:

1. 五元杂环

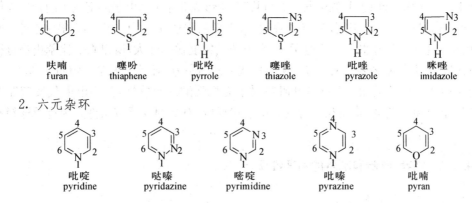

呋喃	噻吩	吡咯	噻唑	吡唑	咪唑
furan	thiaphene	pyrrole	thiazole	pyrazole	imidazole

2. 六元杂环

吡啶	哒嗪	嘧啶	吡嗪	吡喃
pyridine	pyridazine	pyrimidine	pyrazine	pyran

3. 稠杂环

喹啉	吲哚
quinoline	indole

如杂环上有取代基时,取代基位次一般从杂原子算起,用 1,2,3,4…或将杂原子旁碳原子依次编为 α,β,γ,δ…来编号。如有多个杂原子,按 O、S、NH、N 顺序编号。其名称以杂环为母体,并注明取代基位置、数目和名称。

3-甲基吡啶
（β-甲基吡啶）　　　　　　2,4-二羟基嘧啶

§14.2　五元杂环化合物

14.2.1　呋喃、噻吩和吡咯的结构与芳香性

实验数据表明：杂原子上的未成键电子对是离域的。

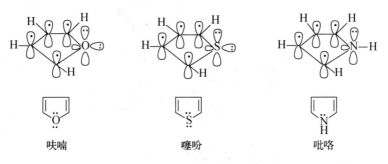

呋喃　　　　　　　　　噻吩　　　　　　　　　吡咯

图 14-1　呋喃、噻吩和吡咯的结构

吡喃、噻吩和吡咯在结构上具有共同点,即构成环的五个原子都为 sp² 杂化,故成环五个原子处于同一平面,杂原子上孤对电子参与共轭,均形成五原子六电子的富电子闭合共轭体系,符合 Hückel 的 $4n+2$ 规则,具有芳香性(芳香性的强弱次序为:苯>噻吩>吡咯>呋喃)。由于环上五个原子共用六个电子,环上电子云密度比苯环大,所以它们比苯更易进行亲电取代反应,取代基主要进入 α-位,亲电取代活性顺序为:吡咯>呋喃>噻吩>苯。

也正由于高度活泼性以及呋喃和吡咯对于无机强酸的敏感性,其亲电取代反应需要的条件较苯温和。吡咯、呋喃和噻吩的亲电取代反应,对试剂及反应条件必须有所选择和控制。

14.2.2 呋喃、噻吩和吡咯的物理性质

1. 呋喃、噻吩和吡咯的检验方法

吡咯、呋喃和噻吩存在于焦油中,纯品均为无色液体,沸点:吡咯>噻吩>呋喃。其检验方法如下:

(1) 呋喃遇盐酸浸湿的松木片呈绿色;

(2) 吡咯蒸气遇盐酸浸湿的松木片呈红色;

(3) 噻吩和吲哚醌在硫酸作用下发生蓝色反应。

2. 吡咯、呋喃和噻吩的光谱性质

(1) 红外光谱性质:C—H 伸缩振动:$3100 \sim 3000 \ cm^{-1}$,N—H 伸缩振动:$3500 \sim 3200 \ cm^{-1}$,环伸缩振动:$1600 \sim 1300 \ cm^{-1}$。

(2) ¹H NMR 的性质:吡咯的 N—H 化学位移在 8 左右,其余 C—H 化学位移在 7~6 之间,α-H 的化学位移大于 β-H 的化学位移。

14.2.3 化学性质

1. 亲电取代反应

(1) 卤化

不需要催化剂,在较低温度下进行。

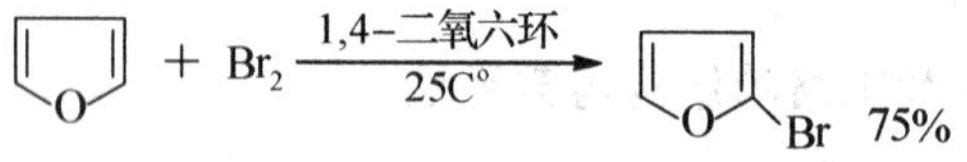

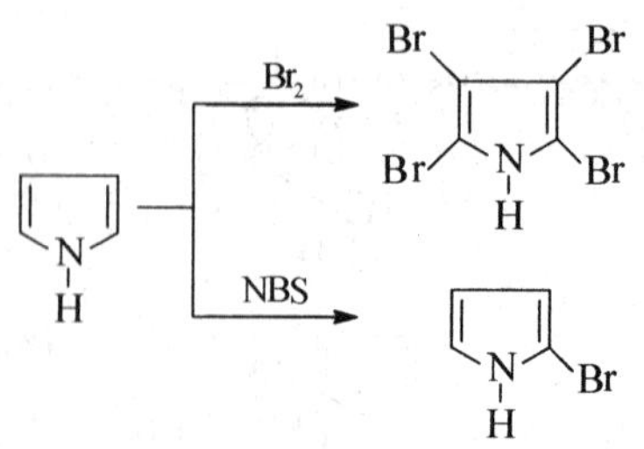

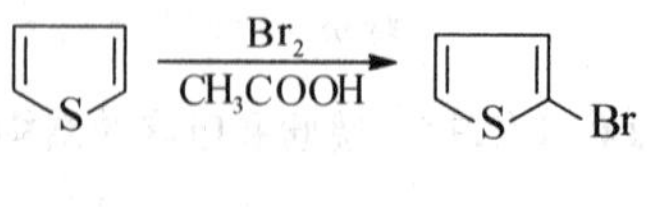

呋喃、噻吩和吡咯亲电取代反应之所以主要发生在 2 位,是由于 2 位活性较高,所得中间体更稳定。

(2) 硝化

五元杂环通常不能用混酸直接硝化,一般用乙酰基硝酸酯(CH_3COONO_2)作硝化试剂,在低温下进行。

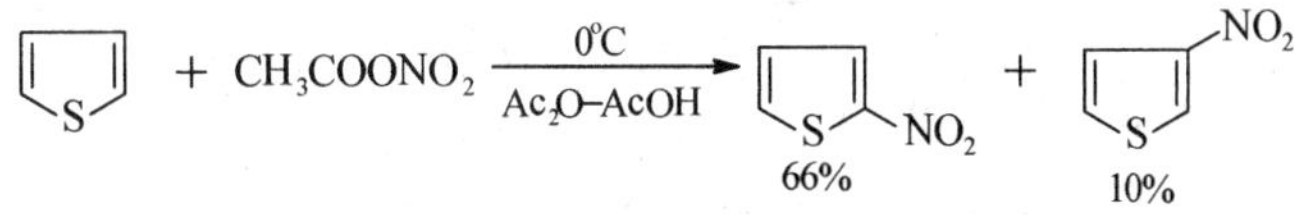

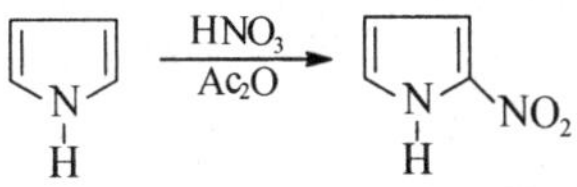

$$66\% \qquad 10\%$$

2-硝基吡咯

(3) 磺化

呋喃、吡咯不能用浓硫酸磺化,要用特殊磺化试剂——吡啶三氧化硫的配合物,噻吩可直接用浓硫酸磺化。

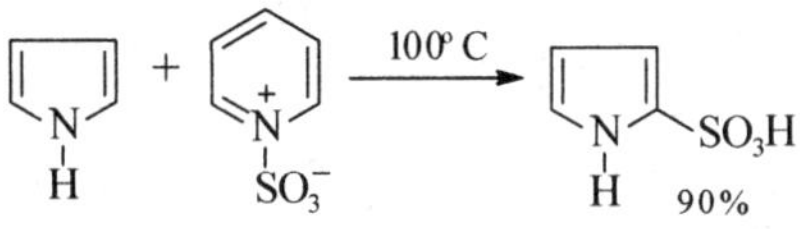

吡咯-2-磺酸

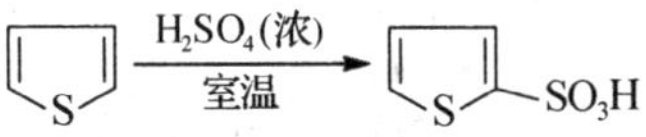

(4) 酰化

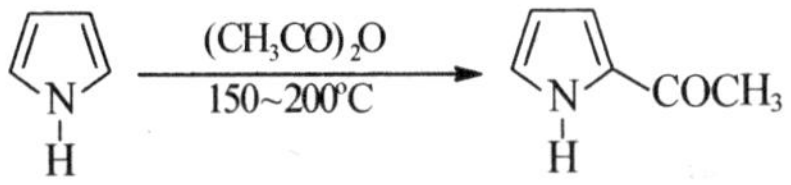

2-乙酰基吡咯

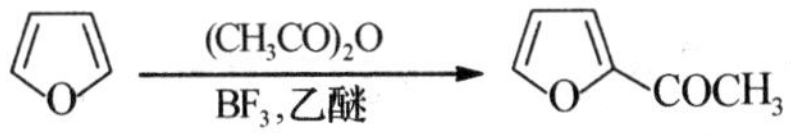

2. 加成反应

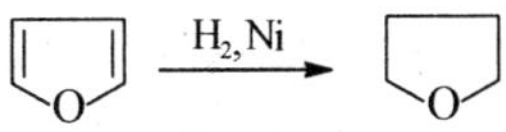

四氢呋喃(THF)

3. 吡咯的弱酸性

吡咯弱酸性介于醇和酚之间,比酚弱,比醇强,$pK_a = 16.5$,可与强碱($NaNH_2$、KNH_2、RMgX)或金属等作用。

（1）与固体 KOH 反应生成钾盐

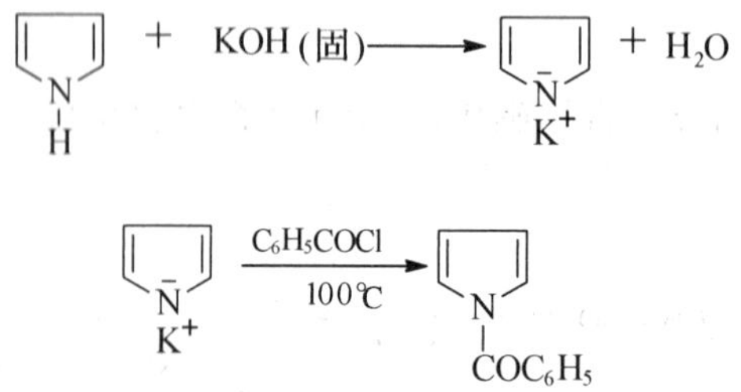

（2）与格氏试剂反应

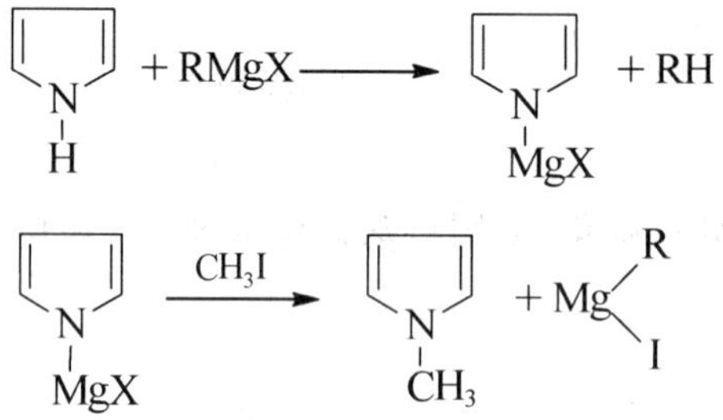

（3）Diels-Alder 反应

吡咯和呋喃还能发生双烯合成反应。

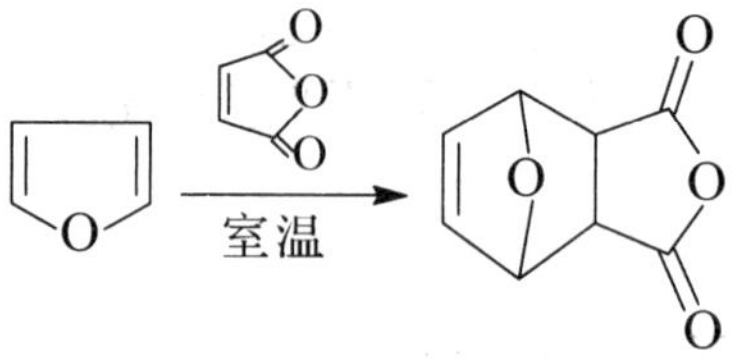

14.2.4 糠醛（α-呋喃甲醛）

1. 糠醛的制法

由农副产品加工下脚料如甘蔗渣、花生壳、高粱杆、棉子壳等用稀酸加热蒸煮制取。纯糠醛为无色液体，沸点 161.7℃，能溶于醇、醚等有机溶剂中。

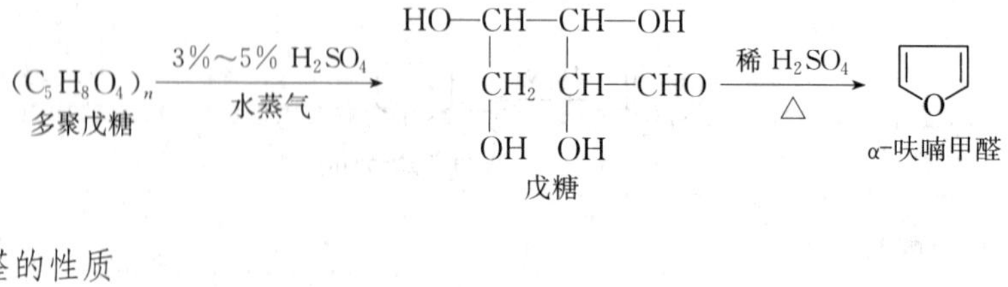

2. 糠醛的性质

糠醛具有无 α-H 醛的一般性质。

（1）氧化还原反应

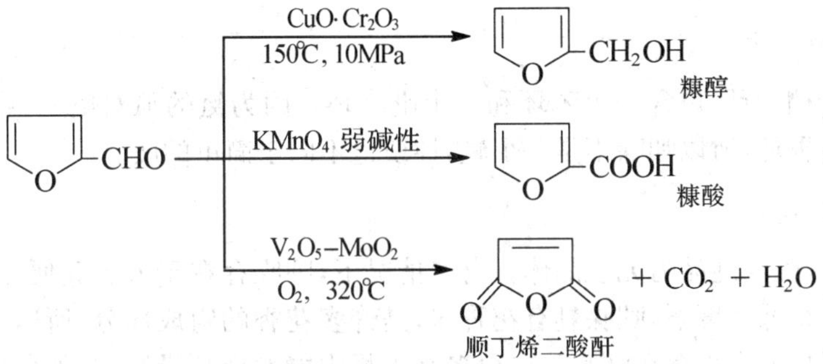

（2）歧化反应

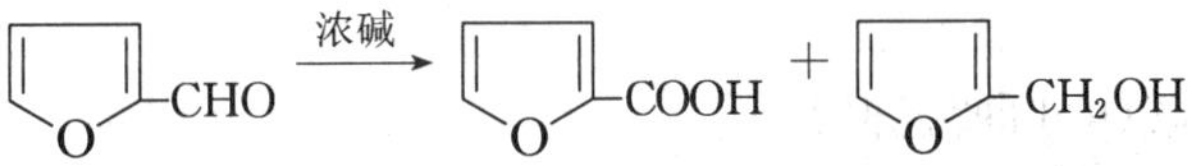

3. 糠醛的用途

糠醛是良好溶剂，常用作精炼石油的溶剂，以溶解含硫物质及环烷烃等。可用于精制松香，脱除色素，溶解硝酸纤维素等。糠醛还广泛用于油漆及树脂工业。

14.2.5 噻唑和咪唑

1. 噻唑和咪唑的结构

噻唑是一类含氮、硫的五元杂环化合物，具有芳香性。唑字由外文字尾 azole 译音而来，意为含氮的五元杂环，除吡咯外都称为某唑。硫和氮占 1，3 两位的称为噻唑。咪唑即 1，3-二氮唑。

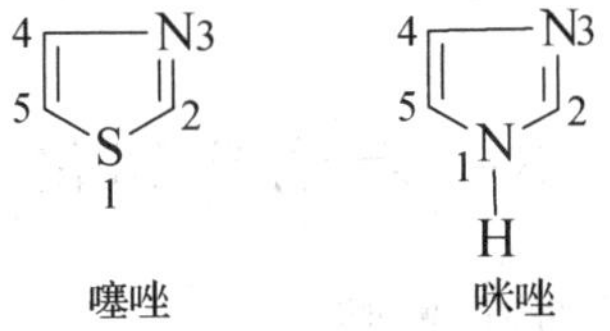

噻唑   咪唑

2. 噻唑和咪唑的衍生物

噻唑是维生素 B_1 和埃博霉素的一个至关重要的部分。其他比较重要的噻唑化合物包括苯并噻唑，存在于萤火虫的化学荧光素里。噻唑的多种衍生物是重要药物或生理活性物质。青霉素分子中含有一个四氢噻唑的环系。维生素 B_1 分子中的噻唑部分是一个四级铵盐的衍生物。许多噻唑衍生物是合成氨基酸、嘌呤等的试剂。

许多重要生物分子中含咪唑结构。最常见的是含咪唑侧链的组氨酸。咪唑是许多药品的重要组成部分。许多杀菌剂和抗真菌、抗原虫和抗高血压药物中含有咪唑结构。如抗真菌药双氯苯咪唑、益康唑、酮康唑、克霉唑的生产中，咪唑是主要原料之一。

14.2.6 吲哚

1. 吲哚的结构

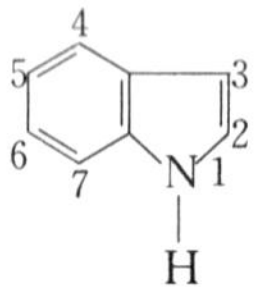

吲哚属于稠杂环,包含一个苯环和一个吡咯环。因为氮的孤对电子参与形成芳香环,所以吲哚不是一个碱,性质也不同于简单的胺。

2. 吲哚的性质

在室温下,吲哚纯品为无色晶体。自然情况下,吲哚存在于人类粪便之中,并有强烈粪臭味。但在很低浓度下,吲哚具有花香味,是许多花香的组成部分,所以吲哚也被用来制造香水。煤焦油中也存在吲哚。在很多有机物中能发现吲哚结构,如色氨酸及含色氨酸的蛋白质包含有吲哚结构。吲哚能发生亲电取代反应,且多发生在 3 位。

3. 吲哚衍生物

(1) 3-吲哚乙酸(β-吲哚乙酸)

用作植物生长刺激素及分析试剂,不仅能促进植物生长,而且具有抑制生长和器官建成的作用。

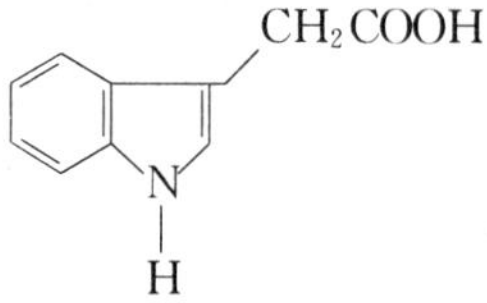

3-吲哚乙酸 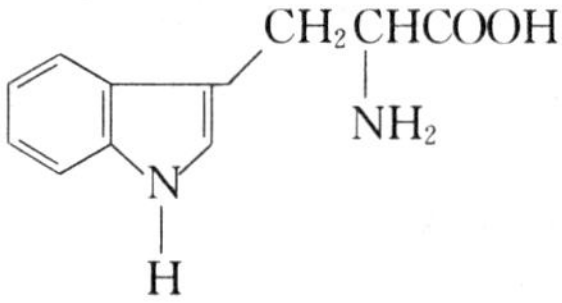   色氨酸

(2) 色氨酸

色氨酸(Tryptophan,Trp),即 2-氨基-3-(β-吲哚基)丙酸,为一种含芳香族杂环的 α-氨基酸。L-色氨酸是哺乳动物的必需氨基酸和生糖氨基酸,是人体不能合成的氨基酸,因此必须从食物中汲取。它是血清素 5-羟色胺的前体。

§14.3 六元杂环化合物

六元杂环化合物中重要的有吡啶、嘧啶等。

14.3.1 吡啶的结构和性质

吡啶具有和苯相似的骨架结构和 π 电子结构,为六原子六电子的闭合共轭体系,符合 Hückel 的 $4n+2$ 规则,具有芳香性。由于吡啶环的 N 上在环外有一孤对电子,故吡啶环上电荷分布不均。吡啶为一弱碱,既可发生亲电取代反应,又可发生亲核取代反应。由于氮电负性比碳大,故吡啶环上电子云密度比苯低,其亲电取代反应比苯难,反应活性与硝基苯相似,吡啶环比苯环更难氧化。

吡啶是典型六元芳香杂环化合物,其氮原子上未共用电子对不参与 π 体系,这对电子可与质子结合,因此吡啶($pK_b=8.8$)碱性较吡咯($pK_b=13.6$)强,也比苯胺($pK_b=9.4$)略强。由于氮原子吸电子诱导效应,吡啶环上电子云密度较低,不发生傅-克烷基化和酰基化反应,其亲电取代反应活性与硝基苯类似,一般需强烈条件,且主要发生在 β-位。

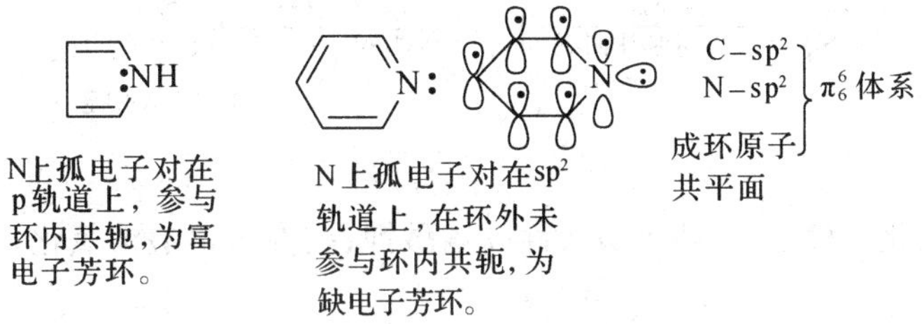
NH
N上孤电子对在p轨道上，参与环内共轭，为富电子芳环。
N:
N上孤电子对在sp²轨道上，在环外未参与环内共轭，为缺电子芳环。
C－sp²
N－sp²
π₆⁶体系
成环原子共平面

图 14－2 吡咯和吡啶结构的比较

吡啶存在于煤焦油及页岩油中，多从煤焦油中制取，还可从糠醛制备。它是很好的溶剂，由于能与氯化钙络合，常用氢氧化钾干燥。

1. 碱性

吡啶环外有一对孤对电子，具有碱性，易接受亲电试剂而成盐。吡啶碱性介于氨和苯胺之间，但比脂肪胺弱得多。

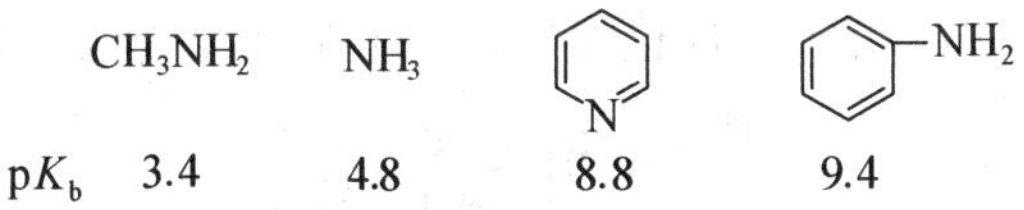
CH₃NH₂
NH₃
N
NH₂
pKb 3.4
4.8
8.8
9.4

吡啶与盐酸生成吡啶盐酸盐。与三氧化硫生成 *N*－磺酸吡啶，是常用的缓和磺化剂。与酰氯生成盐，是良好的酰化剂。与卤烷生成相当于季铵盐的产物，受热分子重排生成吡啶同系物。

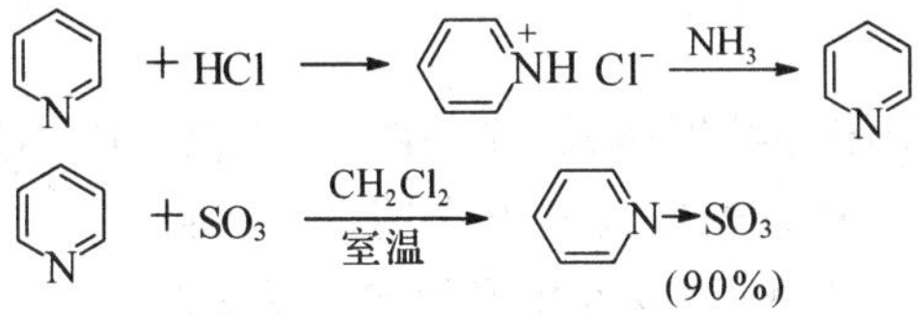
N
＋HCl
NH Cl⁻
NH₃
N
N
＋SO₃
CH₂Cl₂
室温
N→SO₃
(90%)

上述反应常用于在反应中吸收生成的气态酸。

2. 亲电取代反应

(1) 磺化

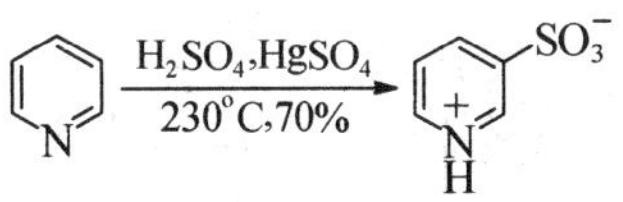
N
H₂SO₄,HgSO₄
230°C,70%
SO₃⁻
N
H

(2) 硝化

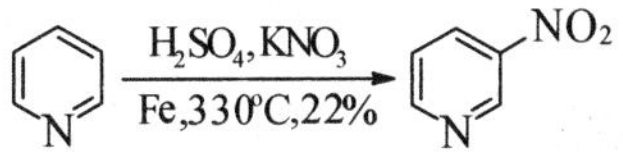
N
H₂SO₄,KNO₃
Fe,330°C,22%
NO₂
N

(3) 卤化

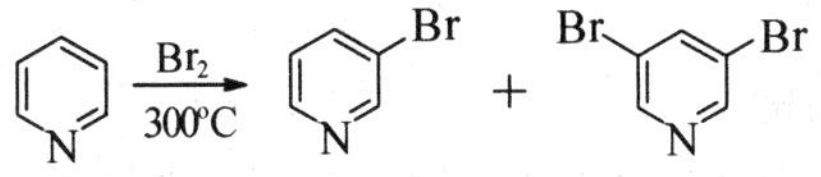
N
Br₂
300°C
Br
N
+
Br
Br
N

3. 亲核取代反应

由于吡啶环上电荷密度降低，且分布不均，故可发生亲核取代反应。

$$\text{(吡啶)} \xrightarrow[\text{二甲苯胺中回流}]{NaNH_2} \text{(吡啶-NHNa)} \xrightarrow{H_2O} \text{(吡啶-NH_2)}$$

α-氨基吡啶

4. 氧化反应

吡啶环对氧化剂稳定，一般不被酸性高锰酸钾、酸性重铬酸钾氧化，通常是侧链烃基被氧化成羧酸。

$$\text{(3-甲基吡啶)} \xrightarrow[\triangle]{kMnO_4/H^+} \text{(3-羧基吡啶)}$$

β-吡啶甲酸（烟酸）

$$\text{(2-苯基吡啶)} \xrightarrow[\triangle]{HNO_3} \text{(2-羧基吡啶)}$$

α-吡啶甲酸

5. 催化加氢

吡啶比苯易还原，用钠加乙醇、催化加氢均使吡啶还原为六氢吡啶（即胡椒啶）。

$$\text{(吡啶)} + 3H_2 \xrightarrow[180^{\circ}C]{Ni} \text{(哌啶)}$$

14.3.2 嘧啶

1. 嘧啶的结构与性质

嘧啶为六原子六电子闭合共轭体系，显弱碱性，但其碱性比吡啶弱。由于两个氮原子强吸电子作用，使嘧啶难以发生亲电取代反应，难氧化，而易发生亲核取代反应。

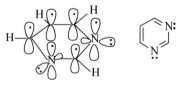

图 14-3　嘧啶的结构

2. 嘧啶的衍生物

形成 DNA 和 RNA 的五种碱基中，有三种是嘧啶衍生物：胞嘧啶（Cytosine）、胸腺嘧啶（Thymine）、尿嘧啶（Uracil）。

| 嘧啶 | 尿嘧啶 | 胸腺嘧啶 | 胞嘧啶 |

14.3.3 稠杂环的结构和性质

1. 喹啉和异喹啉

（1）喹啉和异喹啉的结构

喹啉可看成吡啶环与苯环稠合的化合物，为平面型分子，含有 10 个电子的芳香大 π 键，其结构和化学性质类似于萘。喹啉和异喹啉都有弱碱性（喹啉 pK_b＝9.2，异喹啉 pK_b＝8.9）。由于喹啉环上有一个电负性强的氮原子，环上电子云密度比萘环低，亲电取代反

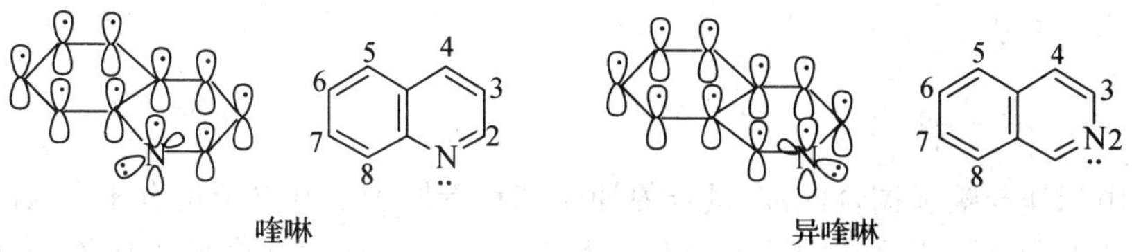

图 14-4 喹啉和异喹啉的结构

应比萘难，但比吡啶容易。它也能发生亲核取代反应，反应发生在吡啶环上，比吡啶容易。喹啉中苯环较易氧化，而吡啶环较易被还原。

（2）喹啉的性质

喹啉存在于煤焦油中，为无色油状液体，放置时逐渐变成黄色，沸点 238.1℃，有恶臭味，难溶于水。能与大多数有机溶剂混溶，是一种高沸点溶剂。

由于喹啉中吡啶环的电子云密度低于并联的苯环，所以喹啉亲电取代反应发生在电子云密度较大的苯环上，取代基主要进入 5 或 8 位。而亲核取代则主要发生在吡啶环 2 或 4 位。

① 取代反应

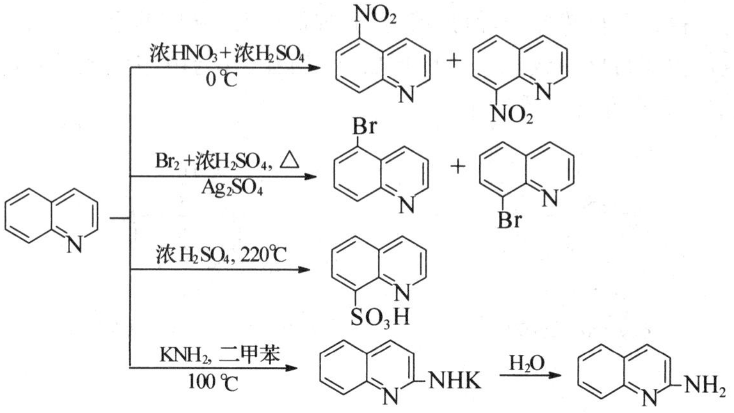

② 氧化还原反应

喹啉用高锰酸钾氧化时，苯环发生破裂，用钠和乙醇还原则是其吡啶环被还原，说明在喹啉分子中吡啶环比苯环难氧化，易还原。

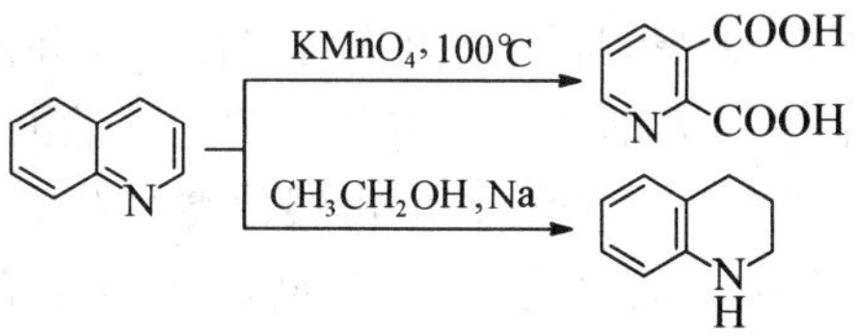

③ 异喹啉的化学性质

异喹啉同喹啉相似，只是其亲电取代反应发生在 5-位，而亲核取代反应发生在吡啶环 1-位上。

14.3.4 嘌呤

1. 嘌呤的结构和性质

嘌呤由咪唑与嘧啶稠合而成,其环氮原子和环碳原子上 p 电子也有相当大的离域性,是芳香性的稠杂环。嘌呤环中咪唑部分可发生三原子体系的互变异构现象,有两种互变异构体,其结构式如下:

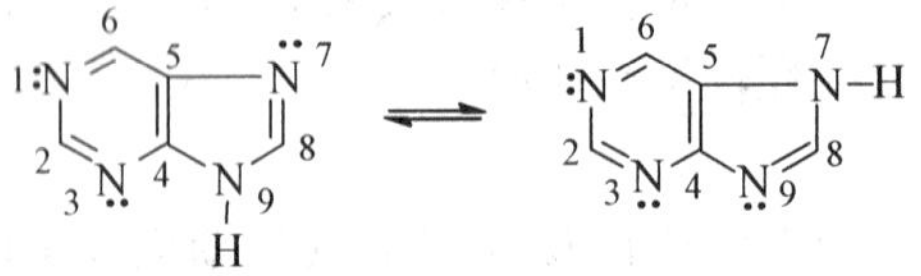

9H-嘌呤   7H-嘌呤

嘌呤主要以 $9H$-嘌呤的形式存在。由于嘌呤环中含有四个电负性大的氮原子,使环碳原子很难与亲电试剂发生反应。同时,由于氮原子的吸电子诱导作用,使咪唑环上 9-位 N 上的 H 易解离,故嘌呤酸性比咪唑强,碱性比咪唑弱,但比嘧啶强。

2. 嘌呤的衍生物

嘌呤本身不存在于自然界中,但其衍生物,如腺嘌呤、鸟嘌呤和次黄嘌呤在生物体中大量存在。它们主要与核糖或脱氧核糖形成 9-糖苷,并与磷酸生成核苷酸而存在于机体,在生命现象中具有非常重要的作用。

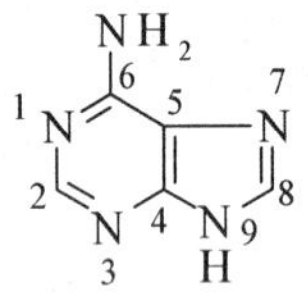

腺嘌呤(6-氨基嘌呤) 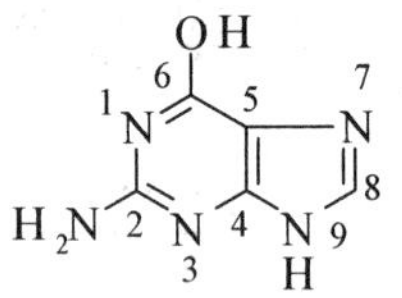   鸟嘌呤(2-氨基-6-羟基嘌呤)

§14.4　生物碱

生物碱(alkaloid)是存在于自然界(主要为植物,但也有存在于动物)中一类含氮碱性有机化合物。它们大多有复杂环状结构,氮原子大多包含在环内,有显著生物活性,是中草药中重要有效成分,一般具有光学活性。有些来源于天然的含氮有机物,如某些维生素、氨基酸、肽类,习惯上不属于“生物碱”。生物碱种类约在 10 000 种左右,有些结构式还未完全确定。根据其基本结构可分为 60 种类型,主要为:有机胺类、吡啶类、异喹啉类、吲哚类、莨菪烷类、咪唑类、喹唑酮类、嘌呤类、甾体类、二萜类等。由于生物碱种类很多,各具不同结构式,因此彼此间性质会有所差异。生物碱是次级代谢物之一,对生物机体有毒性或强烈的生理作用。

习 题

1. 选择题。

(1) 下列各组化合物没有芳香性的有哪些?

① A. 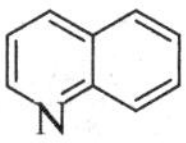 [喹啉结构] B. 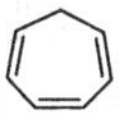 [七元环结构] C.  [噻唑结构] D. 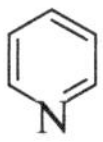 [吡啶结构]　　　　　( )

② A.  [环戊二烯负离子结构] B. 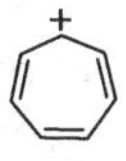 [环庚三烯正离子结构] C.  [环戊二烯结构] D.  [噻吩结构]　　　　　( )

③ A.  [呋喃结构] B. 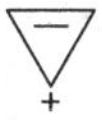 [环丙烯正离子结构] C. 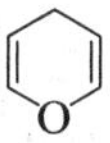 [吡喃结构] D.  [吡咯 N-H 结构]　　　　　( )

④ A. 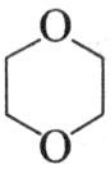 [1,4-二氧六环结构] B.  [嘧啶结构] C. 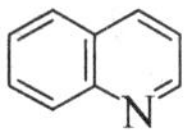 [喹啉结构] D. 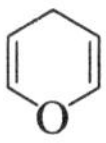 [吡喃结构]　　　　　( )

(2) 下列各组化合物碱性最强的是?

① A. 苯胺　　　　B. 苄胺　　　　C. 吡咯　　　　D. 吡啶　　　　( )

② A. 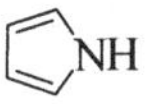 [吡咯 NH 结构]　　B. 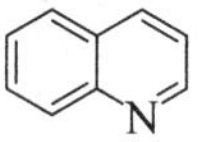 [喹啉结构]　　C. $(C_2H_5)_2NH$　　D. NH_3　　　　( )

③ A.  [吡咯烷 H 结构]　　B.  [吡咯 H 结构]　　C. 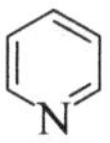 [吡啶结构]　　　　　　　　( )

④ A. 六氢吡啶　　B. 吡啶　　　　C. 吡咯　　　　D. 甲胺　　　　( )

⑤ A. 吡咯　　　　B. 二甲胺　　　C. 甲胺　　　　D. 吡啶　　　　( )

(3) 吡啶碱性强于吡咯的原因是( )。

A. 吡啶是六元杂环而吡咯是五元杂环

B. 吡啶的氮原子上 sp^2 杂化轨道中有一未共用的电子对未参与环上的 $p-\pi$ 共轭

C. 吡啶的亲电取代反应活性比吡咯小得多

D. 吡啶是富电子芳杂环

(4) 下列化合物不能发生傅-克酰基化反应的有( )。

A. 噻吩　　　　　B. 9,10-蒽醌　　　　C. 硝基苯　　　　　D. 吡咯

(5) 下列化合物硝化反应活性大小排列顺序正确的是( )。

A. 吡咯＞呋喃＞噻吩＞吡啶＞苯　　　　　　B. 吡咯＞呋喃＞噻吩＞苯＞吡啶

C. 呋喃＞吡咯＞噻吩＞吡啶＞苯　　　　　　D. 呋喃＞吡咯＞噻吩＞苯＞吡啶

(6) 下列化合物不能发生坎尼扎罗反应的是( )。

A. 糠醛　　　　　B. 甲醛　　　　　C. 乙醛　　　　　D. 苯甲醛

(7) 将下列化合物按照酸性从强到弱次序物排列:( )＞( )＞( )＞( )

A. 吡咯　　　　　B. 环己醇　　　　C. 苯酚　　　　　D. 乙酸

(8) pK_a 由大到小的次序( )＞( )＞( )＞( )

A.  [吡咯烷 H 结构]　　B. 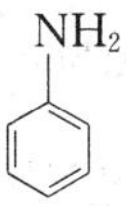 [苯胺 NH_2 结构]　　C. 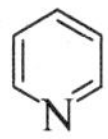 [吡啶结构]　　D.  [吡咯 H 结构]

2. 命名下列化合物。

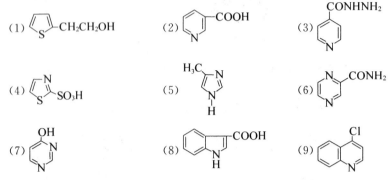

3. 写出下列各化合物的结构式。

(1) 四氢呋喃　　(2) 糠醛　　(3) 3-吲哚丙酸　　(4) 8-溴异喹啉

(5) β-吡咯甲酰胺　　(6) 溴化 N,N-二甲基吡咯　　(7) α-甲基-5-乙烯基吡啶

4. 简答题。

(1) 吡啶卤代反应,一般不使用 FeX_3 等 Lewis 酸催化剂,原因何在?

(2) 为什么吡咯比苯容易进行亲电取代反应?

(3) 为什么 2-甲基吡啶的碱性大于吡啶,而吡啶的碱性又大于 3-硝基吡啶?

(4) 为什么喹啉的碱性比吡啶小?

(5) 为什么在吡啶分子中引入羟基后,溶解度减小?

(6) 为什么吡啶的碱性比六氢吡啶更弱?

5. 完成下列反应式。

(1)
- $\dfrac{Br_2,EtOH}{0℃}$
- $\dfrac{Ac_2O}{150\sim200℃}$
- ① 吡啶·$N^+SO_3^-$,100℃　② HCl
- $\dfrac{CH_3COONO_2,NaOH}{Ac_2O,5℃}$

(2)
- $\dfrac{Br_2,HOAc}{室温}$
- $\dfrac{95\%H_2SO_4}{室温}$
- Ac_2O
- $\dfrac{CH_3COONO_2}{Ac_2O,-10℃}$

(3)
- ① 吡啶·$N+SO_3^-$,CH_2ClCH_2Cl　② 室温,HCl
- Ac_2O,Et_2O,BF_3
- 二噁烷　Br_2,0℃
- $\dfrac{CH_3COONO_2}{-5\sim30℃}$

(4)
- $\dfrac{浓NaOH}{室温}$
- $\dfrac{Ac_2O/AcONa}{\triangle}$
- $H_2NNHCONH_2$

6. 写出下列各反应的主产物结构和名称。

(1) 吡啶$+H_2 \xrightarrow[加压]{Pt}$

(2) 吡啶$+SO_3\cdot H_2SO_4 \longrightarrow$

(3) 呋喃$+(CH_3CO)_2O \xrightarrow{BF_3}$

(4) β-乙基吡啶$\xrightarrow[OH^-]{KMnO_4}$

(5) 喹啉$\xrightarrow{HNO_3,H_2SO_4}$

(6) 糠醛$\xrightarrow{Ag(NH_3)_2^+}$

(7) 吡啶 $\xrightarrow[300℃]{Br_2}$

7. 完成下列转化。

(1) 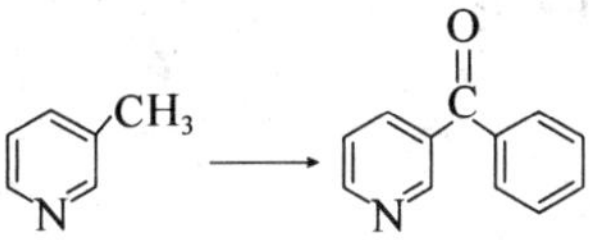 ⟶   (2) 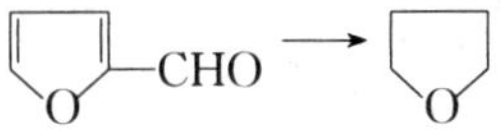 ⟶

(3) 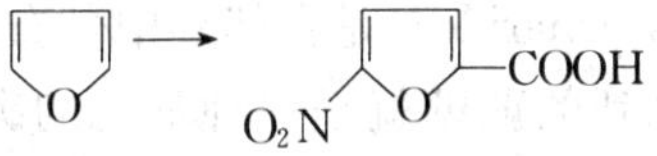 ⟶

8. 某化合物 A($C_8H_{15}ON$)不溶于氢氧化钠水溶液,但溶于 HCl。能与苯肼作用生成相应的苯腙,但不能与苯磺酰氯反应。它能发生碘仿反应,生成一分子羧酸 B($C_7H_{13}O_2N$)和一分子 CHI_3。B 用三氧化铬氧化生成 N-甲基-2-吡咯烷甲酸。试写出 A 和 B 的结构式。

第15章　碳水化合物

碳水化合物(carbohydrate)又称为糖类化合物(saccharide),是自然界中分布最广、数量最多的一类有机化合物,比如日常生活中经常接触到的蔗糖就是一种常见的碳水化合物。除了蔗糖外,与人类关系最密切的葡萄糖、果糖、淀粉、纤维素等也都是碳水化合物。

早期研究发现,碳水化合物都由 C、H、O 三种元素组成,分子式可用 $C_n(H_2O)_m$ 表示,其中 H 和 O 的比例恰好相当于水分子的 H 和 O 比例,这也是称之为碳水化合物的原因。后来发现有些化合物从其结构和性质来看应属于碳水化合物,可是它们的元素组成并不符合通式 $C_n(H_2O)_m$,如鼠李糖($C_6H_{12}O_5$)、脱氧核糖($C_5H_{10}O_4$)等。另一方面,乙酸($C_2H_4O_2$)、乳酸($C_3H_6O_3$)等化合物,其组成虽符合 $C_n(H_2O)_m$ 通式,但结构和性质却与碳水化合物完全不同。所以,从化合物的本质来看,碳水化合物这个名词并不确切,但由于历史的原因仍沿用至今。现在把多羟基醛、酮或水解后能生成多羟基醛、酮的糖类化合物都归为碳水化合物。

§15.1　碳水化合物的分类

碳水化合物可根据其能否水解及水解产物的情况而分为单糖、低聚糖和多糖。

1. 单糖

单糖(monosaccharides)是最简单的糖,具有多羟基醛或多羟基酮结构,如葡萄糖、果糖等。它不能再被水解成更小的分子。

2. 低聚糖

低聚糖(oligosaccharides)又称为寡糖,是由 2～9 个单糖分子脱水缩聚而成的低聚物。根据它水解后所生成单糖的数目,可进一步分为双糖、三糖、四糖等。

3. 多糖

多糖(polysaccharides)是由 10 个以上单糖分子脱水缩合而成的聚合物。淀粉、纤维素等都属于多糖。

在通常情况下,单糖和低聚糖可溶于水并且具有甜味,而多糖绝大多数不溶于水,也无甜味。

§15.2　单　糖

单糖根据结构特征可分为醛糖或酮糖。按分子中所含碳原子数目,可分为含三个碳原子的丙糖(C_3),含四个碳原子的丁糖(C_4),含五个碳原子的戊糖(C_5),含六个碳原子的己糖(C_6)。自然界中以含 4、5 和 6 个碳原子的单糖最为常见,其中与生命活动关系最密切的主要有葡萄糖、果糖、核糖及脱氧核糖等。

15.2.1 单糖的开链结构及构型

最简单的单糖是甘油醛(醛糖)和二羟基丙酮(酮糖),含 3 个及以上碳原子的醛糖都有手性碳原子,它们的构型可用 D/L 构型表示法表示。甘油醛含有一个手性碳,在费歇尔投影式中,与手性碳原子相连的羟基在右侧的异构体为 D 型,左侧的异构体为 L 型。

D-甘油醛　　　　L-甘油醛

葡萄糖是一种重要的单糖,分子式为 $C_6H_{12}O_6$,具有开链五羟基己醛的基本结构,其中 C - 2、C - 3、C - 4、C - 5 是手性碳原子,每个碳上的原子和原子团都可有不同的空间排布。含有多个手性碳的醛糖或酮糖,不论其化学结构中含有几个手性碳原子,距醛基或酮基最远手性碳(即与羟甲基相连的碳)上的羟基在右侧者为 D 型,在左侧者则为 L 型,值得注意的是 D 型或 L 型与旋光方向无关。自然界存在的葡萄糖为 D 型,四个手性碳原子上所连接的羟基的空间排布情况可用费歇尔投影式表示,这种结构表示方式称为葡萄糖的开链式。

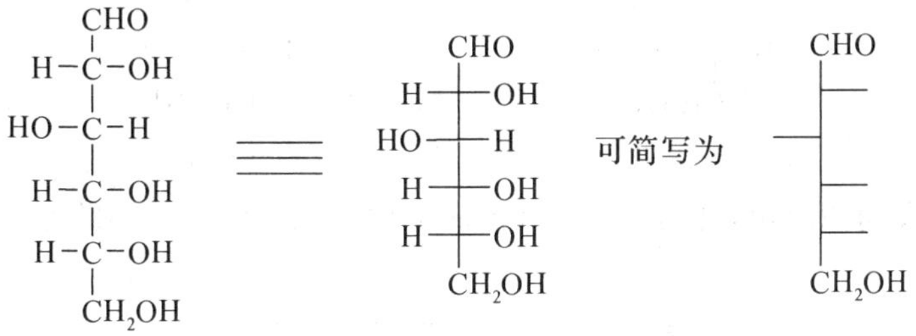

D-葡萄糖

15.2.2 单糖的环状结构及构象

葡萄糖从其链状结构看是多羟基醛结构,具有醛基和羟基的性质,可发生酰化、醚化、氧化、还原及酯化反应等。但单糖还具有以下反应和现象,无法用链状结构说明:① 葡萄糖化学结构中存在醛基,但却不与亚硫酸氢钠发生加成反应;② 葡萄糖与乙醇缩合时,仅与 1 mol 乙醇而不是 2 mol 乙醇生成缩醛;③ 葡萄糖红外光谱不出现羰基伸缩振动,并且核磁共振氢谱中也不出现醛基的质子峰;④ 葡萄糖存在变旋光现象,常温下从乙醇水溶液结晶得到葡萄糖晶体(m. p. 146℃),其水溶液的比旋光度最初为 +112°,放置后比旋光度逐渐降低,最后稳定在 +53°。但从吡啶中得到的葡萄糖晶体(m. p. 150℃),其水溶液的比旋光度最初为 +19°,放置后比旋光度逐渐上升并稳定在 +53°。这种比旋光度不断改变的现象在糖化学上称为变旋光现象(mutarotation)。

葡萄糖的这些性质用链状结构难以解释,但上述实验现象可由葡萄糖的环状结构加以解释。醛和醇可生成半缩醛或缩醛,同时含有 C - 1 醛基和 C - 5 羟基的葡萄糖也可在分子内生成半缩醛的环状结构,其中包括由五个碳和一个氧组成类似于吡喃结构的六元环。

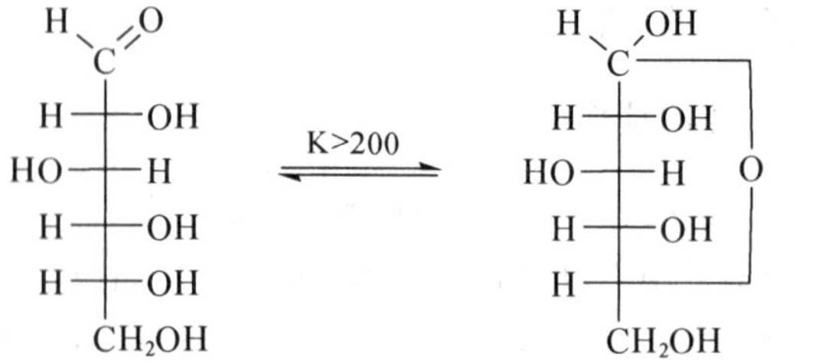

D-葡萄糖开链结构   D-葡萄糖环状半缩醛

D-葡萄糖环状半缩醛结构使醛基的碳原子成为手性碳,它所连的羟基叫半缩醛羟基。因此醛基的碳原子就有两种不同的构型,半缩醛羟基与糖分子中手性碳(C-5)上的羟基在同侧者为 α 型,在异侧者为 β 型。环状结构的 D-葡萄糖具有两种构型,即 α-D-葡萄糖和 β-D-葡萄糖。这就是上面所说的熔点和比旋光度不同的两种 D-葡萄糖,α-D-葡萄糖熔点为 146℃,比旋度为 +112°,而 β-D-葡萄糖熔点为 150℃,比旋度为 +19°。

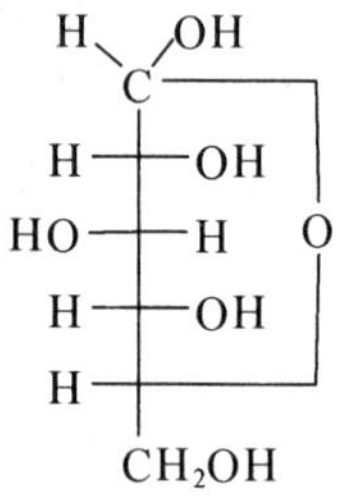

α-D-葡萄糖 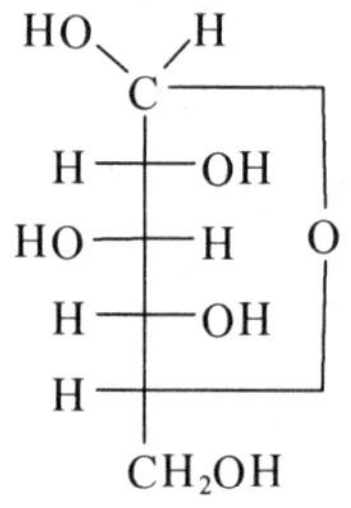 β-D-葡萄糖

从上述现象可以看出,凡是分子内能形成半缩醛或半缩酮结构的糖都会产生变旋光现象,比如:

表 15-1 不同单糖的变旋光现象

单糖	$[\alpha]_D$		
	α 型	β 型	平衡值
D-果糖	−21	−113	−92
D-半乳糖	+151	+53	+80
D-甘露糖	+30	−17	+14

在 α 与 β 两种 D-葡萄糖异构体中除 C-1 外,其他手性碳的构型完全相同,因此 α-D-葡萄糖与 β-D-葡萄糖是非对映异构体的差向异构体,它们的区别仅是 C-1 的立体构型,因而又称端基异构体(或称为异头物,anomer)。

葡萄糖的环状结构可以解释开链结构所不能解释的变旋光现象,α-D-葡萄糖及 β-D-葡萄糖在水溶液中通过开链结构互变,形成一个互变平衡体系。在此平衡体系中,α 型约占 36%,β 型约占 64%,开链结构仅占 0.024%,虽然开链结构所占的比例极少,但 α 型与 β 型之间的互变必须通过它才能实现。

葡萄糖的环状结构还可解释其他一些实验现象,葡萄糖本身即为半缩醛,因而只能再与 1 mol 乙醇缩合。另外,葡萄糖的环状-链状结构的平衡体系中,开链结构占的比例非常小,因此与饱和 $NaHSO_3$ 溶液不发生反应。固体葡萄糖主要以环状结构存在,因此在红外光谱中不出现羰基的伸缩振动,在核磁共振氢谱中也不显示醛基的质子峰。

葡萄糖的环状结构主要形成的是类似吡喃环的氧杂环己烷结构,称为吡喃糖;此外还能形成类似呋喃环的氧杂环戊烷结构,称为呋喃糖。呋喃环形式的葡萄糖仅以结合状态存在于少数天然化合物中。例如:

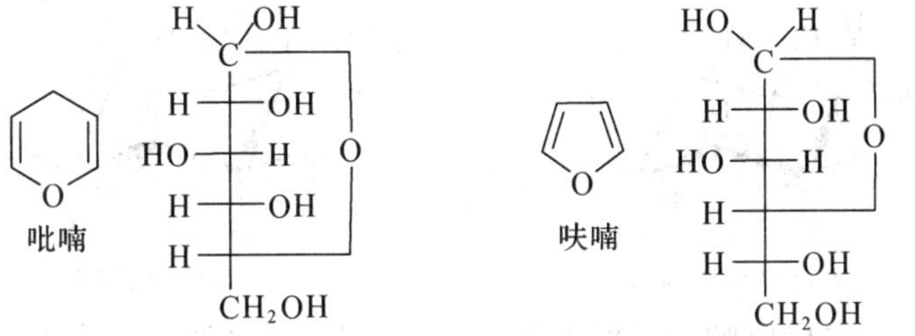

$\alpha\text{-}D\text{-}$吡喃葡萄糖　　　　　　$\beta\text{-}D\text{-}$呋喃葡萄糖

用费歇尔投影式表示的葡萄糖环状结构,不能反映出原子和基团在空间的相互关系,哈沃斯(Haworth)提出把直立的环状结构改写成平面的环状结构来表示。以 D-葡萄糖为例,图 15-1 清楚描述了将费歇尔投影式转换成哈沃斯透视式的步骤,首先根据葡萄糖费歇尔投影式(Ⅰ)的各键在空间的位置,将式(Ⅰ)写成式(Ⅱ)。因为式(Ⅲ)C-5 的羟基要形成半缩醛时,必须围绕 C(4)—C(5)键轴旋转 120°成式(Ⅲ)。如果 C-5 羟基中的氧按箭头 A 所指,由此平面的上方与羰基连接成环,则 C-1 上新形成的羟基便在环面的下方,即为 α 型(Ⅳ)。反之,如按箭头 B 所指由羰基平面的下方与羰基碳原子相连,则新形成的羟基便在环面的上方,为 β 型(Ⅴ)。在哈沃斯式中,粗线表示在纸平面的前方,细线表示在纸平面的后方,各原子或基团写在平面上下。

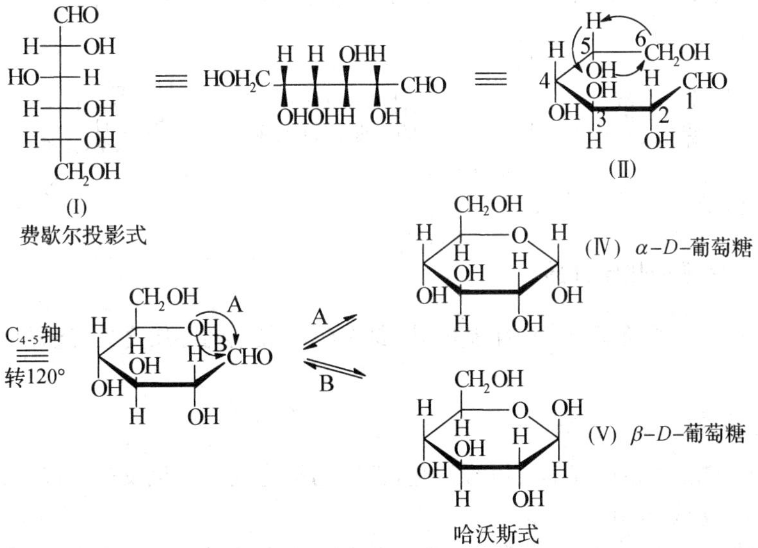

图 15-1　投影式转换成哈沃斯式的步骤

除了葡萄糖外,其他的戊糖和己糖也可以用哈沃斯式表示,例如果糖是己酮糖,C_5 上的羟基可与 C_2 上的酮基形成半缩酮的五元环状结构,类似五元杂环呋喃,称为 D-呋喃果糖。

成环结构后原来的酮基碳原子成为手性碳原子,此时半缩酮羟基也有 α 型和 β 型两种不同的空间排列,在自然界中结合状态的果糖主要是以 β-D-吡喃果糖的形式存在。

哈沃斯式中把环当作平面,原子和原子团垂直分布在环的上下方仍然不能很好地反映葡萄糖的立体结构,更符合实际情况的是吡喃环的椅型构象。在这种构象中,除成环各原子外,其他原子和原子团连接在椅型构象的 a 键或 e 键上,例如 α- 和 β-D-葡萄糖的构象式:

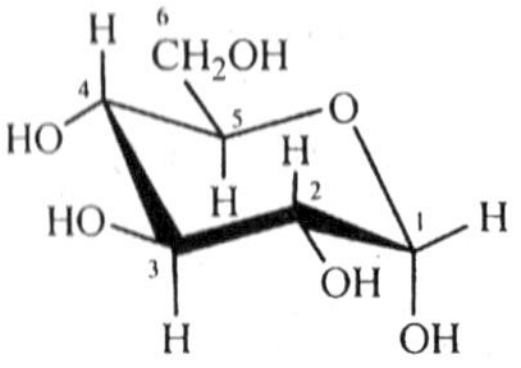

α-D-吡喃葡萄糖 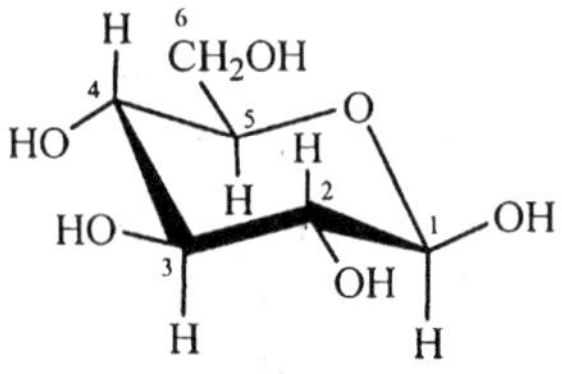　　　　　　β-D-吡喃葡萄糖

在构象式中,α-D-吡喃葡萄糖中除 C-1 上的羟基是连在 a 键上,其他羟基和羟甲基等较大的原子团都连在 e 键上;β-D-吡喃葡萄糖中则所有较大的原子团包括 C-1 上的羟基都连在 e 键上,相互距离较远,空间排斥力较小,因而 β 型的构象比较稳定。

【例 15.1】 分析下列单糖是何种构型,并写出其吡喃型哈沃斯式。

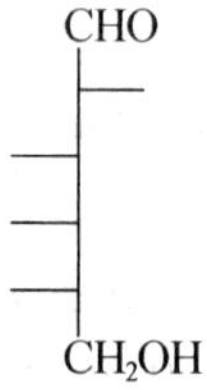

答:图中糖 C_5 的羟基在左侧,因此构型为 L-构型;哈沃斯式中原费歇尔式中右侧基团处于环的下方,左侧基团处于环的上方,吡喃型哈沃斯式结构如下:

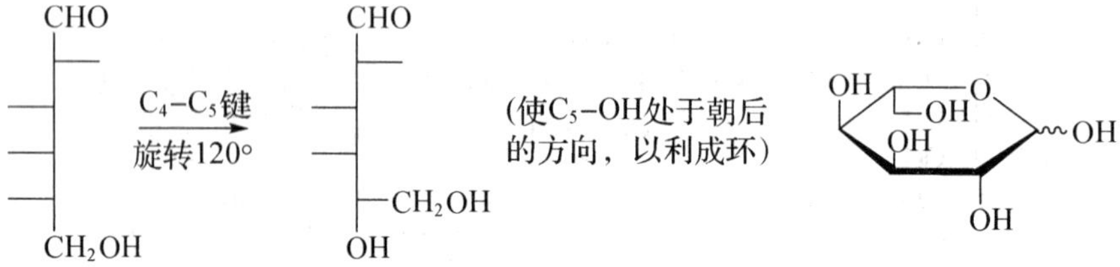

15.2.3　单糖的化学性质

单糖分子中有醇羟基和醛或酮基团,除具有醇和醛酮的性质之外,还显示出一些特殊的化学性质。

1. 氧化反应

糖分子中的醛基和羟基都可以被氧化,常用的氧化剂及氧化反应有以下几种。

(1) Fehling 或 Tollens 试剂

许多单糖与醛或 α-羟基酮类似,能与 Fehling 或 Tollens 试剂反应。D-葡萄糖和 D-果糖都可还原 Fehling 试剂溶液成砖红色的氧化亚铜沉淀,而 Tollens 试剂则被还原成银,出现银镜现象。单糖用稀碱水溶液处理时,会发生异构化反应,例如 D-葡萄糖用稀碱处理后,部分转变成 D-甘露糖和 D-果糖,这可能是通过"烯二醇"的结构而互相转变,最后形成各种异构糖的平衡混合物。因此,含有 α-羟基结构的酮糖也能被 Fehling 或 Tollens 试剂氧化,所以不能用此反应区别醛糖和酮糖。凡能还原上述试剂的糖称为还原糖,它们的分子结构特征含有半缩醛或酮羟基结构。

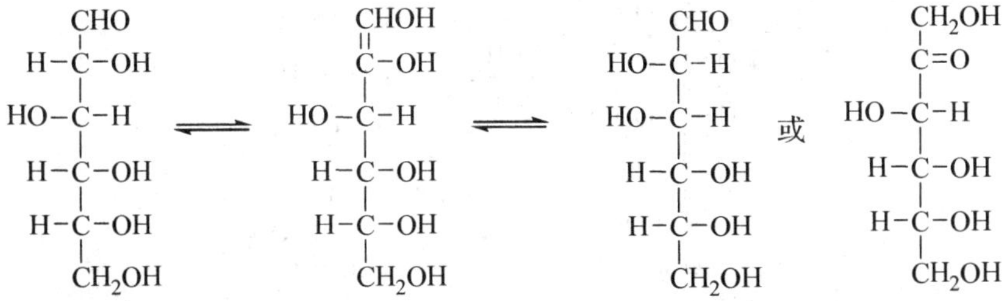

$$D-葡萄糖 \rightleftharpoons 烯二醇 \rightleftharpoons D-甘露糖 \text{ 或 } D-果糖$$

（2）溴水

溴水是弱氧化剂,可将醛糖中的醛基选择性地氧化成羧基,生成相应的醛糖酸,酮糖不能发生此反应,因此可以利用溴水是否褪色来鉴别醛糖和酮糖。

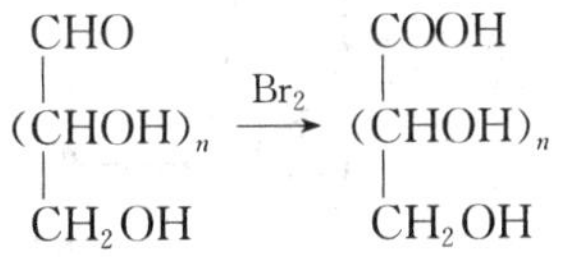

$$\begin{array}{c} CHO \\ | \\ (CHOH)_n \\ | \\ CH_2OH \end{array} \xrightarrow{Br_2} \begin{array}{c} COOH \\ | \\ (CHOH)_n \\ | \\ CH_2OH \end{array}$$

醛糖　　　　醛糖酸

（3）稀硝酸

稀硝酸是比溴水更强的氧化剂,能将糖分子中的醛基与伯醇基都氧化成羧基,例如 D-葡萄糖可被稀硝酸氧化成葡萄糖二酸。

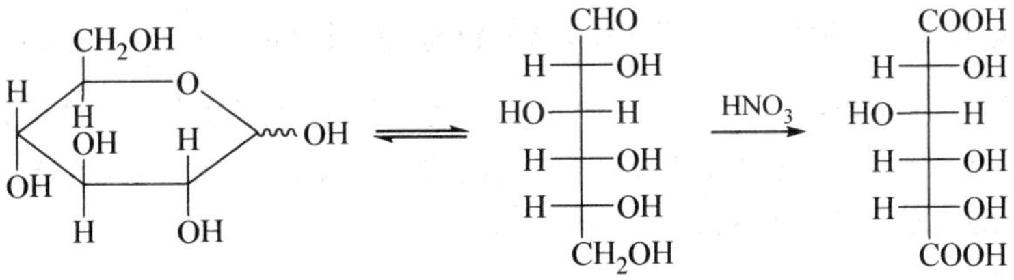

$$D-葡萄糖 \rightleftharpoons 开链式 \xrightarrow{HNO_3} 葡萄糖二酸$$

果糖不能被溴水氧化,但可被硝酸氧化,经碳链断裂生成含碳数目较少的二元酸。

2. 还原反应

醛糖和酮糖分子中的羰基均可被还原成羟基,生成相应的多元醇,葡萄糖用 $NaBH_4$ 还原或经催化氢化,可生成 D-葡萄糖醇。D-葡萄糖醇又称山梨醇,是生产维生素 C 的原料。

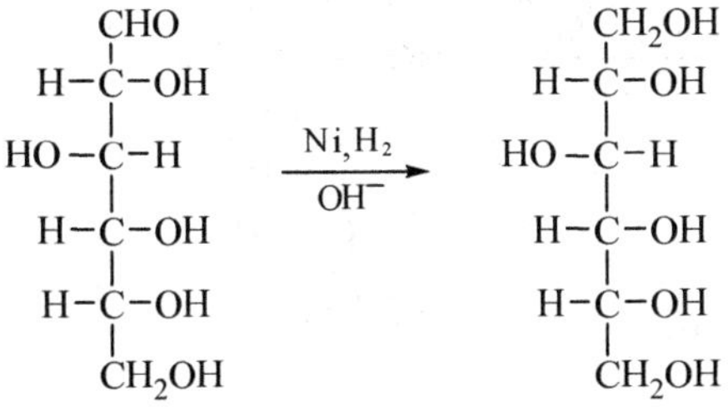

$$葡萄糖 \xrightarrow[OH^-]{Ni,H_2} 山梨醇$$

果糖经催化氢化后主要生成甘露醇,制成高渗灭菌溶液注射后可以降低颅内压和眼内压。此外,甘露醇还被用作许多药物制剂中的重要辅料。

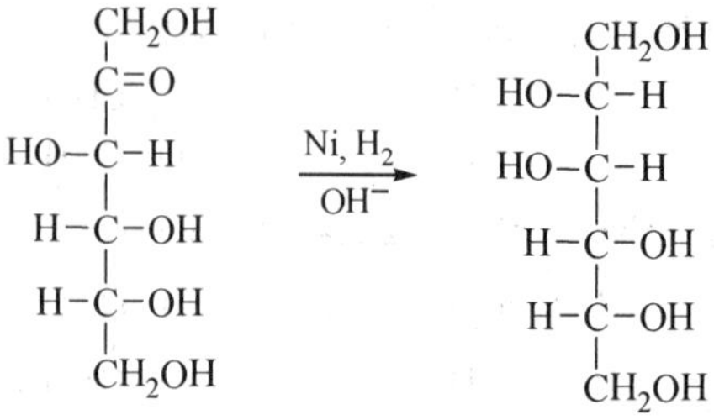

$$\text{果糖} \xrightarrow[\text{OH}^-]{\text{Ni, H}_2} \text{甘露醇}$$

3. 成苷反应

单糖的环状结构中含有半缩醛羟基,在酸催化下半缩醛羟基化合物与醇或酚的羟基脱水生成缩醛化合物,称为苷(glycoside,或称为甙)。例如:

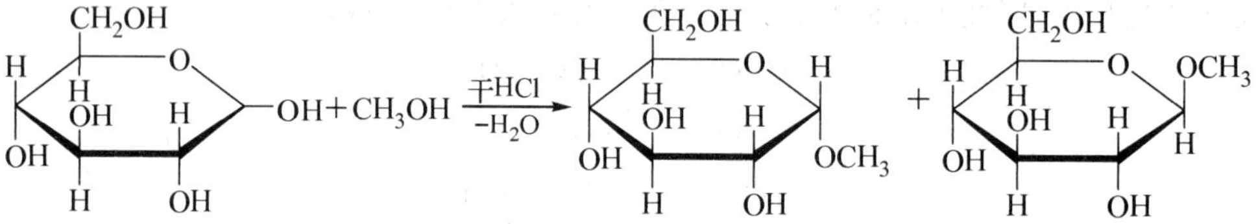

$$\xrightarrow[-\text{H}_2\text{O}]{\text{干 HCl}} \quad \text{α-D-吡喃葡萄糖甲苷} \quad + \quad \text{β-D-吡喃葡萄糖甲苷}$$

单糖的环状结构有 α- 和 β- 两种,所以单糖与醇或酚反应时也可生成 α- 和 β- 两种构型不同的糖苷。苷由糖和非糖部分组成,非糖部分称为糖苷配基(aglycone),糖的部分可以是单糖或低聚糖。糖苷配基可以是简单的羟基化合物,也可以是硫醇或单糖等。糖和糖苷配基脱水后一般通过"氧桥"连接,这种键称为苷键(glycosidic Bond)。

【例 15.2】 请解释糖苷在酸性溶液中长时间放置或加热后存在变旋光的现象。

答:糖苷键在酸性溶液中加热或长时间放置后,会发生水解反应,水解成原来的糖及非糖配基,因此存在变旋光现象。

4. 成脎反应

单糖与过量的苯肼一起加热可生成难溶于水的黄色结晶,称为糖脎(osazone)。D-葡萄糖首先与苯肼作用生成 D-葡萄糖苯腙,然后 D-葡萄糖苯腙中原来与羰基相邻碳(醛糖的 C-2、酮糖的 C-1)上的羟基被苯肼氧化为新的羰基,再与 D-葡萄糖苯肼作用生成二苯腙,即糖脎。

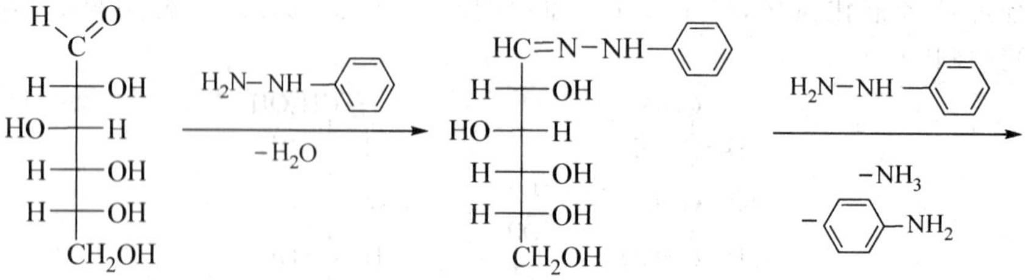

$$D\text{-葡萄糖} \xrightarrow[-\text{H}_2\text{O}]{\text{H}_2\text{N}-\text{NH}-\bigcirc} D\text{-葡萄糖苯腙} \xrightarrow[-\text{NH}_3, -\bigcirc-\text{NH}_2]{\text{H}_2\text{N}-\text{NH}-\bigcirc}$$

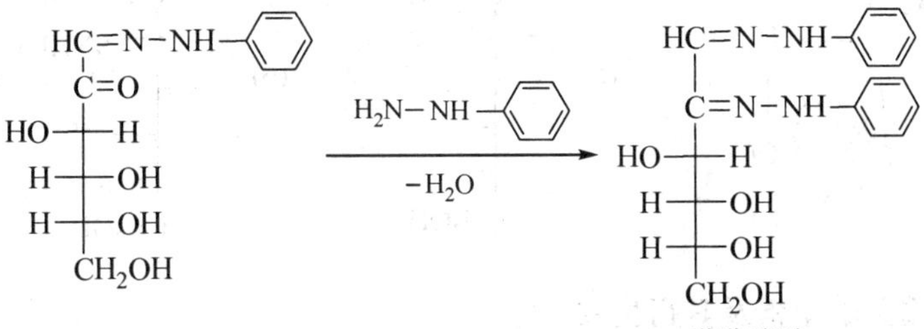

D-葡萄糖脎

凡是碳原子数相同的单糖,如果除 C-1、C-2 外其余手性碳原子构型完全相同时,发生成脎反应时都生成相同的糖脎。因此尽管 D-葡萄糖、D-甘露糖和 D-果糖生成不同的苯腙,但却能生成相同的糖脎。

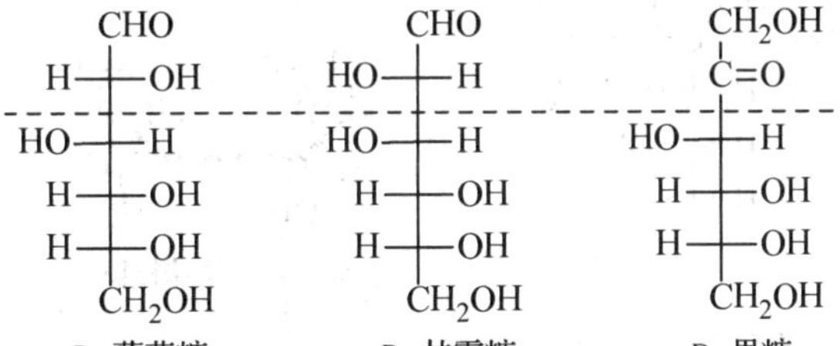

D-葡萄糖   D-甘露糖   D-果糖

不同的糖生成糖脎所需的时间不同,通常单糖快些,二糖慢些。糖脎是难溶于水的黄色结晶,不同的糖脎具有不同的晶形和熔点,因此常用糖脎来鉴别不同的糖。

5. 酯化反应

单糖的环状结构中所有的羟基都可以发生酯化反应,葡萄糖在氯化锌存在下,与乙酸酐作用生成五乙酸酐葡萄糖。五乙酸酐葡萄糖无半缩醛羟基,因此也无还原性。

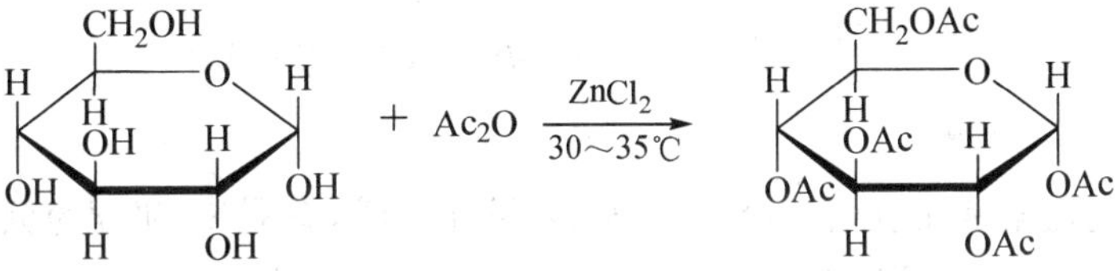

$$+ \ Ac_2O \ \xrightarrow[30\sim35℃]{ZnCl_2}$$

1,2,3,4,6-五乙酰基-α-D-甲基吡喃葡萄糖

【例 15.3】 请写出 D-甘露糖与下列试剂的反应产物。

(1) HNO_3　(2) Br_2/H_2O　(3) $CH_3OH+HCl$(干燥)　(4) CH_3OH/HCl(干燥);Ac_2O/吡啶　(5) $NaBH_4$　(6) 苯肼(过量)

答:

(1) 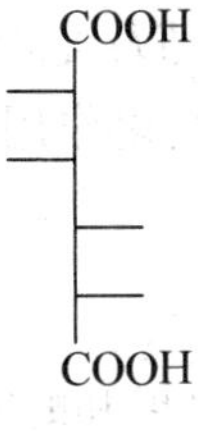 COOH ⋯ COOH

(2) 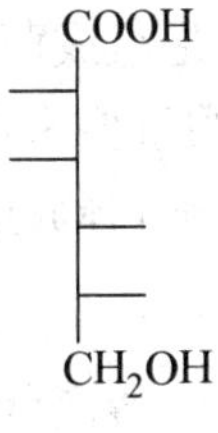 COOH ⋯ CH₂OH

(3) 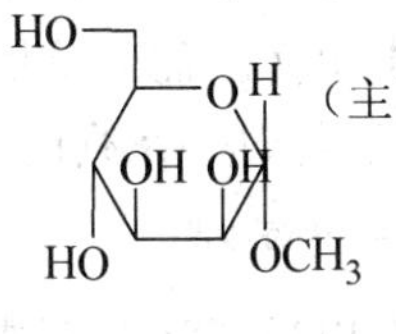 (主)

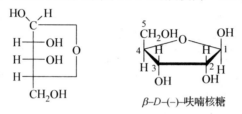

15.2.4 重要的单糖及其衍生物

1. D-(一)-核糖

D-(一)-核糖是一种呋喃戊醛糖,与嘌呤生物碱或嘧啶生物碱结合成核苷,是核酸的重要组成部分。D-(一)-核糖为晶体,熔点 95℃,比旋度为－21.5°。

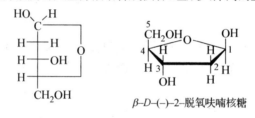

β–D–(–)–呋喃核糖

2. D-(一)-2-脱氧核糖

D-(一)-2-脱氧核糖也是一种人体内常见的呋喃戊醛糖,其比旋度为－60°,与 D-(一)-核糖一样都可与嘌呤生物碱或嘧啶生物碱结合成核苷,组成人体内的重要的化学物质核酸。

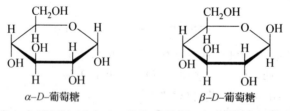

β–D–(–)–2–脱氧呋喃核糖

3. D-(＋)-葡萄糖

D-(＋)-葡萄糖是无色结晶,易溶于水,难溶于乙醇,有甜味,甜度为蔗糖的 60%。

α–D–葡萄糖　　　　β–D–葡萄糖

D-(＋)-葡萄糖在自然界广泛存在,是组成蔗糖、麦芽糖等二糖及淀粉、糖原、纤维素等多糖的基本单元。葡萄糖是人体能量的重要来源,首先通过磷酸化作用将葡萄糖转变为磷酸酯,然后经过一系列的变化逐步分解,释放能量。

4. D-(一)-果糖

果糖可以以游离状态或结合状态存在,游离状态大多存在于水果和蜂蜜中,而结合状态的果糖常见于蔗糖中。果糖为无色结晶,熔点为 105℃,易溶于水,可溶于乙醇。果糖比葡萄糖甜,蜂蜜甜度高的主要原因是蜂蜜存在大量的果糖。α-及 β-D-(一)-果糖在水溶液中达到平衡时比旋度为 $-92°$。

5. 氨基糖

单糖分子中的醇式羟基如被氨基取代后成为氨基糖(aminosugar)，发生取代的通常是羰基 α-C 上的羟基。氨基糖常以结合状态存在于体内的黏多糖中，β-D-氨基葡萄糖和 β-D-氨基半乳糖是两个典型的氨基糖。

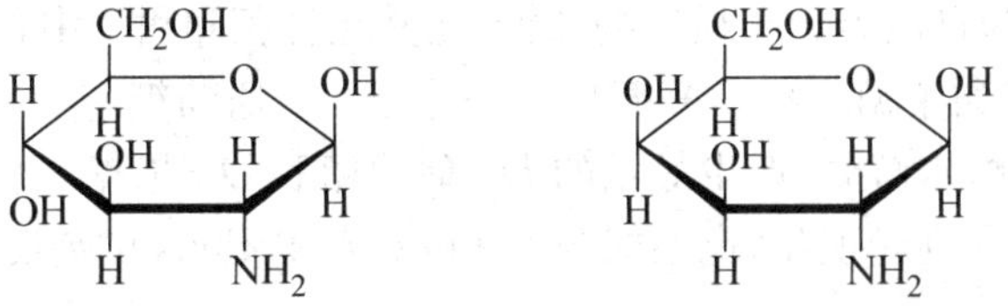

β-D-氨基葡萄糖　　　β-D-氨基半乳糖

6. D-(＋)-半乳糖

D-(＋)-半乳糖与葡萄糖结合成乳糖而存在于哺乳动物的乳汁中，另外脑髓中部分结构复杂的磷脂中也含有半乳糖。半乳糖为无色结晶，熔点为 $165\sim166℃$，易溶于水及乙醇。半乳糖同样存在环状结构，C-1 上有 α 和 β 两种构型。半乳糖具有还原性，水溶液也存在变旋现象，达到平衡时比旋光度为 $+83.3°$。

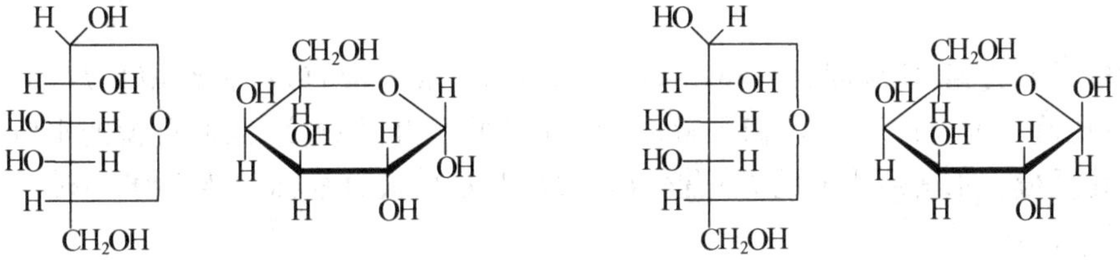

α-D-吡喃半乳糖　　　β-D-吡喃半乳糖

§15.3　二　糖

15.3.1　二糖的结构

从结构上来看，构成二糖的两个单糖可以相同，也可以不同。连接二糖的苷键可以通过一个单糖的苷羟基与另一个单糖的醇羟基脱水生成；也可以通过两个单糖的苷羟基脱水而成。在前一种情况下双糖分子中还保留着一个半缩醛羟基，这类二糖称为还原性二糖。在后一种情况下二糖分子中已没有半缩醛羟基，这类二糖称为非还原性二糖。

15.3.2　二糖的化学性质

还原性二糖分子中含有一个半缩醛羟基，在溶液中可以通过互变生成醛基，因此能表现出一般单糖的性质，如具有还原性、变旋光现象以及能发生成脎反应等。非还原性二糖分子中没有半缩醛羟基，在溶液中不能通过互变生成醛基，因此无还原性、不存在变旋光现象及不能发生成脎反应。这两种糖苷键都可以被酸水解，不同的苷键还能分别被某种有特异性的酶水解。例如，麦芽糖酶能水解 α-D-葡萄糖苷键，而不能水解 β-D-葡萄糖苷键；苦杏仁酶则相反,能水解 β-D-葡萄糖苷键而不能水解 α-D-葡萄糖苷键;转化酶则可水解 β-D-果糖苷键。

15.3.3 重要的二糖

1. 蔗糖

蔗糖(sucrose)为自然界分布最广的二糖,尤其在甘蔗和甜菜中含量可分别达到 26% 和 20%,故有蔗糖或甜菜糖之称。蔗糖是由一分子 D-葡萄糖与一分子 D-果糖缩合而成,因此当蔗糖被稀酸水解时,产生等量的 D-葡萄糖和 D-果糖。蔗糖分子中不存在游离的半缩醛羟基,无变旋光现象,也不能与 Fehling 或 Tollens 试剂反应,因此蔗糖为非还原性糖。

经 X-射线及蔗糖全合成研究,证明蔗糖为 α-D-吡喃葡萄糖基-β-D-呋喃果糖苷,也可称为 β-D-呋喃果糖基 α-D-吡喃葡萄糖苷,其结构式如下:

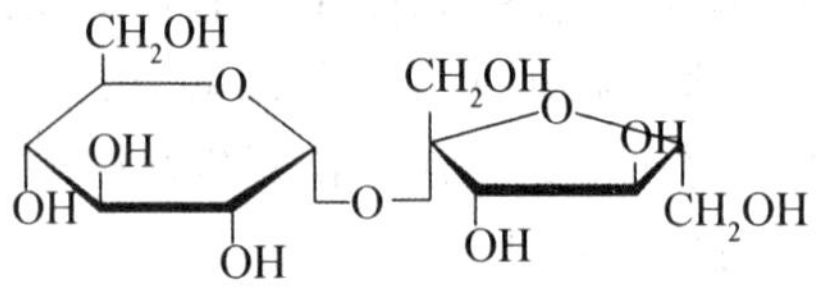

蔗糖

蔗糖是右旋糖,比旋度为 $+66.5°$,蔗糖水解后生成等量的 D-葡萄糖和 D-果糖的混合物,其比旋度为 $-19.7°$。蔗糖水解前后旋光方向发生了改变,因此蔗糖的水解反应被称为转化反应。水解后生成的 D-葡萄糖和 D-果糖的混合物称为转化糖(invert sugar)。

2. 麦芽糖

淀粉在稀酸中能部分水解时,生成麦芽糖(maltose),另外,淀粉发酵生成乙醇的过程中也会生成麦芽糖。麦芽糖结晶含一分子结晶水,熔点为 103℃(分解),易溶于水。

麦芽糖是具有变旋光现象的二糖,比旋光度为 $+136°$,麦芽糖苷键是由一分子 D-葡萄糖的苷羟基与另一分子 D-葡萄糖的醇羟基缩合而成。麦芽糖分子内存在游离的半缩醛羟基,为还原糖,既能与 Fehling 或 Tollens 试剂反应,也能与苯肼成脎。结晶状态的麦芽糖分子中,半缩醛羟基是 β 构型。但在水溶液中,变旋产生 α 和 β 体的混合物,故 C-1 构型可不标出。麦芽糖的结构如下:

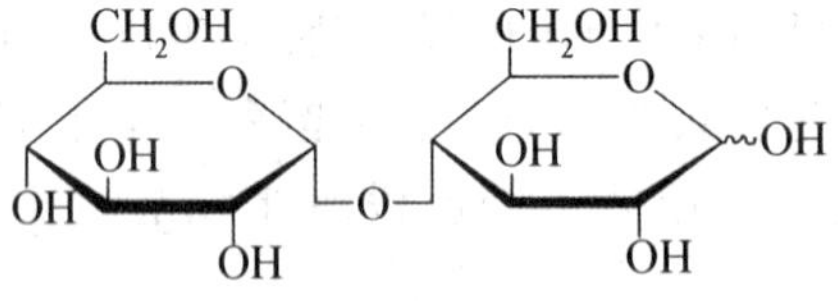

麦芽糖

3. 乳糖

乳糖(lactose)存在于哺乳动物的乳汁中,约占人乳的 7%~8%,牛奶的 4%~5%,工业上可从制取奶酪的副产物乳清中获得乳糖。

乳糖也是还原糖,具有变旋光现象,当用苦杏仁酶水解时可得等量的 D-葡萄糖和 D-半乳糖。水解乳糖脎生成 D-半乳糖和 D-葡萄糖脎,而水解乳糖酸则生成 D-葡萄糖酸和 D-半乳糖,因此乳糖的还原糖单元是 D-葡萄糖,其结构为:

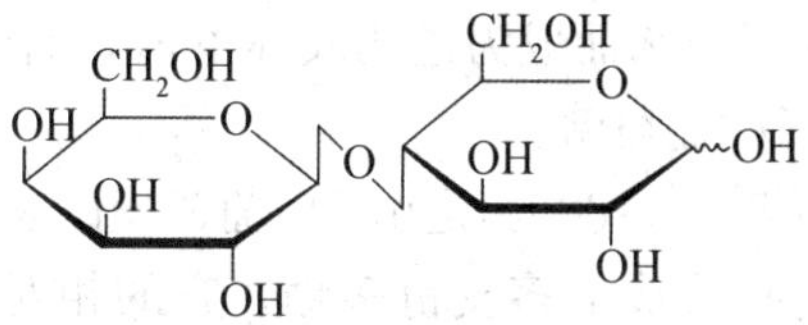

乳糖

§15.4 多 糖

15.4.1 多糖的结构

多糖通常是由单糖通过羟基间脱水形成苷键缩合而成的高分子化合物,其基本结构单位是单糖,其相对分子质量通常较大,一般是几万至几百万。各基本结构单位之间以苷键相结合,常见的有 α-1,4、α-1,6、β-1,3 和 β-1,4-苷键等。自然界中存在的多糖,比较重要的有淀粉、肝糖及纤维素,它们都是由 D-葡萄糖通过 1→4 苷键和 1→6 苷键连接而成的大分子化合物。

多糖大都能被酸或酶催化水解成为小分子碳水化合物,水解的最后产物为单糖。淀粉的体内消化过程就是依靠各种酶的催化,最后水解为葡萄糖而被人体吸收利用。多糖的理化性质与单糖、二糖有较大差别,无还原性。

15.4.2 重要的多糖

1. 淀粉

淀粉(starch)广泛分布于自然界中,是人类获取糖类的主要来源。淀粉是植物贮存的养料,多存在于植物的根和种子中。此外,在红薯、芋头中淀粉的含量也很丰富。但不同食物中的淀粉,不仅含量不同,而且淀粉形态也不一样。淀粉为白色无定形粒状物质,无臭无味,难溶于水和醇、醚等有机溶剂,其水溶液的比旋光度为+19.5°。

淀粉是由许多 α-D-葡萄糖分子间脱水通过 α-1,4-苷键及 α-1,6-苷键连接而成的多糖。根据缩合的葡萄糖数目、苷键的形式和成链形状的差别,淀粉又可分为直链淀粉(amylose)和支链淀粉(amylopectin),通常所说的淀粉是指这两种淀粉的混合物。直链淀粉和支链淀粉在结构及性质上有一定的区别,它们在淀粉中所占的比例随植物的品种而异。

直链淀粉相对分子质量一般为 3 万~5 万,在淀粉中约占 20%~30%。它的分子结构是以 D-葡萄糖为结构单位,通过 α-1,4-苷键相连接的长链。直链淀粉遇碘显蓝色,是因为碘分子嵌入直链淀粉的螺旋空隙中,依靠分子间范德华力使碘分子与淀粉形成蓝

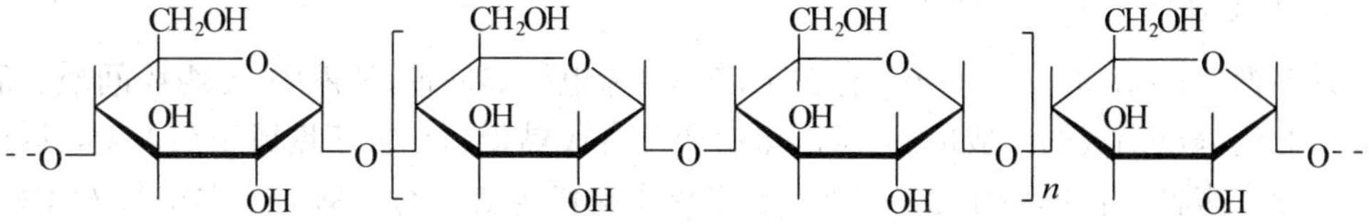

直链淀粉

色的络合物。直链淀粉能溶于热水而成为透明胶体溶液，如在直链淀粉水溶液中加入稀酸，则会水解生成麦芽糖和 D-葡萄糖。

支链淀粉在淀粉中约占 $70\%\sim80\%$，是由 D-葡萄糖以 α-1,4-苷键连接成短链，这些短链又以 α-1,6-苷键连接形成的多支链多糖。它的相对分子质量比直链淀粉大得多，可高达 100 万～600 万。

支链淀粉不溶于冷水，在热水中膨胀而成糊状，遇碘呈红色。在酸催化下不完全水解时，产物中除 D-葡萄糖和麦芽糖外，还有异麦芽糖。

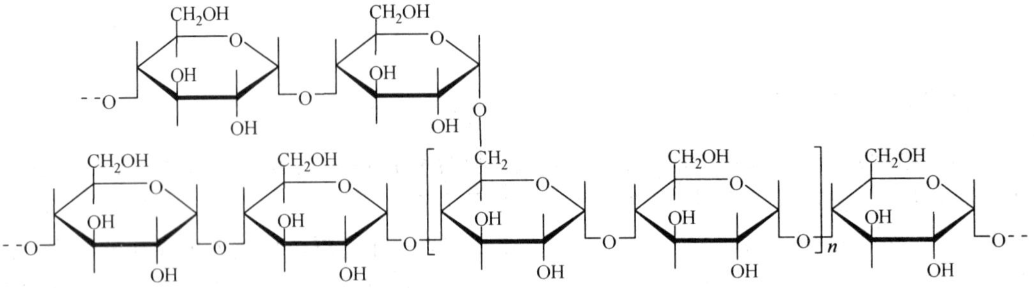

支链淀粉

2. 纤维素

纤维素（cellulose）是分布最广的一种多糖，在许多植物中含量较高，其中木材中含纤维素 $50\%\sim60\%$，棉花中含 $92\%\sim95\%$。

纤维素为白色固体，具有强的韧性，不溶于水、稀酸或稀碱，但能溶于浓硫酸。能溶于二硫化碳和氢氧化钠的溶液中，成为黏液，将之通过细孔喷到酸中即得人造丝。

纤维素的基本结构单位也是 D-葡萄糖，相对分子质量可高达 200 万。纤维素的长链与长链之间绞成索状，分子中各结构单位之间以 β-1,4-苷键结合而成长链。

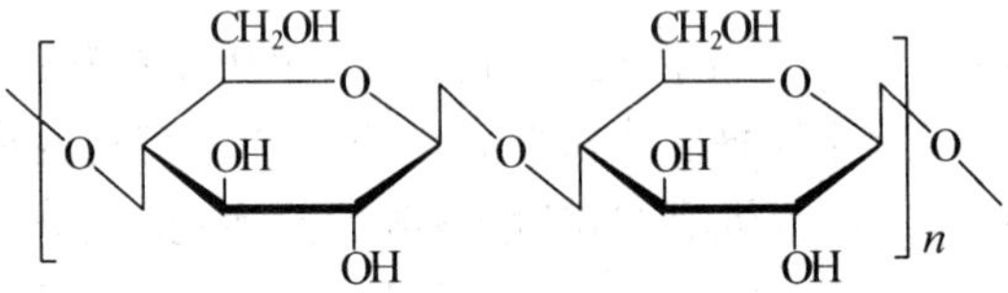

纤维素

纤维素较难水解，在条件苛刻时如浓酸或高温、高压下才能被水解，水解的最终产物是 D-葡萄糖。食草动物如牛、羊等的消化道内微生物中含有使 β-1,4-葡萄糖苷键断裂的酶，因此含有大量纤维素的草可以作为牛、羊等的饲料。

纤维素与氯乙酸钠反应可生成羧甲基纤维素钠（sodium carboxymethyl cellalose 简称 CMC）。羧甲基纤维素钠为白色、吸湿性粉末，溶于水成为黏稠溶液，医药上除用作轻泻剂外，还可用作乳化剂、黏合剂等的辅料。

3. 黏多糖

黏多糖（mucopolysaccharide）存在于许多结缔组织如韧带、滑液中，是组织间质、细胞间质及腺体分泌黏液的组成成分，常与蛋白质结合成黏蛋白。黏多糖属于杂多糖，其结构单元一般有多种结构单糖如氨基己糖、己醛糖酸及其他结构的己糖等。常见与人体相关的黏多糖有透明质酸、硫酸软骨质、肝素等。

(1) 透明质酸

透明质酸(hyaluronic acid)在人体内存在于一切结缔组织中,以与蛋白质相结合的方式存在于关节液、眼球玻璃体、角膜中。透明质酸与水可形成黏稠凝胶,具有润滑保护细胞的作用。细菌、恶性肿瘤及蛇毒中含有透明质酸酶,能使人体的透明质酸分解,黏度变小,病原体或病毒得以侵入和扩散。

透明质酸是由等分子的 N-乙酰基-D-氨基葡萄糖和 D-葡萄糖醛酸所组成的复杂的大分子化合物,其结合键可以是 β-1,4-及 β-1,3-两种苷键。

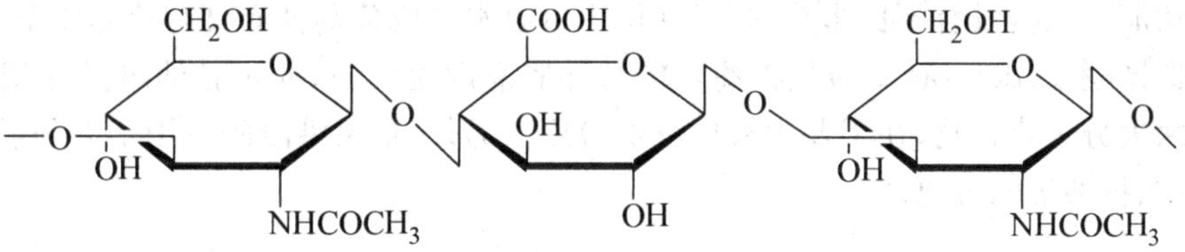

透明质酸

(2) 硫酸软骨质

硫酸软骨质(chondroitin sulfate)存在于骨、软骨、角膜、皮肤血管、脐带、韧带等结缔组织之中。硫酸软骨质有 A、B、C 三种,硫酸软骨质 A 的结构单元是 D-葡萄糖醛酸和 N-乙酰基-D-氨基半乳糖-4-硫酸酯,其结合键可以是 β-1,3 及 β-1,4-苷键。硫酸软骨质的钠盐是治疗偏头痛、神经痛和各种类型肝炎的药物,对大骨节病也有疗效。

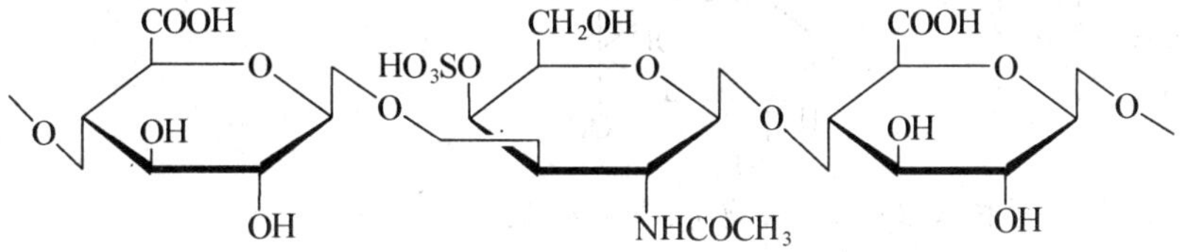

硫酸软骨质 A

(3) 肝素

肝素(heparin)广泛存在于组织中,以肝脏中含量最多,在体内以与蛋白质结合的形式存在。肝素是动物体内的一种天然抗凝血物质,对凝血过程的各个环节均有影响。相对分子质量约为 17 000,基本结构单元是 D-葡萄糖醛酸-2-硫酸酯和 N-磺基-D-氨基葡萄糖-6-硫酸酯。

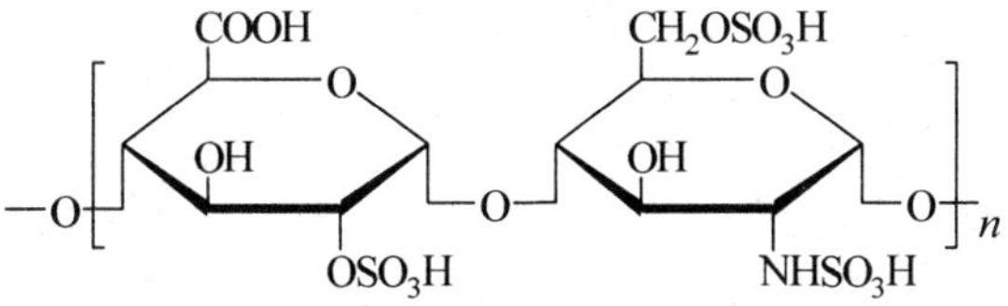

肝素

4. 葡聚糖

葡聚糖(dextran)是一种以蔗糖为原料人工合成的葡萄糖聚合物,在蔗糖水溶液中加入特殊的菌种,蔗糖可水解为葡萄糖和果糖,然后葡萄糖分子间通过 α-1,6-苷键结合为葡聚糖。

葡聚糖

葡聚糖可溶于水,形成具有一定黏度的胶体溶液,能提高血浆胶体渗透压,增加血容量,维持血压,在临床上可作为血浆的代用品,供出血及外伤休克时急救之用。葡聚糖对细胞的功能和结构没有不良影响,并且在体内可以水解成葡萄糖而具有营养作用。

葡聚糖凝胶(dextran gel)是将葡聚糖与环氧氯丙烷反应,通过甘油醚键互相交联而成的网状大分子化合物,在工业中有广泛的应用。另外,葡聚糖凝胶可用于大分子化合物如蛋白质、核酸等的分离。

习 题

1. 名词解释

（1）变旋光现象　　　（2）差向异构体　　　（3）差向异构化

（4）端基异构体　　　（5）还原糖及非还原糖　（6）端基效应

2. 命名下列结构的单糖。

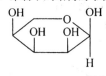 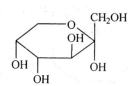

3. 写出 β-D-呋喃核糖和 β-D-呋喃葡萄糖的结构式。

4. 用化学方法鉴别以下各组化合物。

（1）D-葡萄糖、D-葡萄糖甲苷　　　（2）D-半乳糖、D-果糖

（3）麦芽糖、蔗糖、淀粉

5. 写出分别以 β-1,4 和 β-1,6 连接的 D-葡萄糖残基组成的多糖经高碘酸氧化、$NaBH_4$ 还原和稀酸水解后的产物。

6. 写出下列糖的吡喃环式及链式异构体的互变平衡体系。

（1）甘露糖　　　　（2）半乳糖

第16章 氨基酸、蛋白质和核酸

蛋白质(protein)是与人类生命活动密切相关的基础物质之一,凡有生命的地方都有蛋白质存在,生命是蛋白质存在的一种形式。生物体内一切基本的生命活动过程都与蛋白质有关,例如酶、某些激素、核蛋白、抗体以及病毒等都是蛋白质。

蛋白质是由氨基酸(amino acids)通过酰胺键组成的高聚物,通常将相对分子质量在 10 000 以下的聚酰胺称为多肽;相对分子质量在 10 000 以上的称为蛋白质。多肽不仅可构成相对分子质量更高的蛋白质,很多多肽本身也具有重要的生理功能。

核酸(nucleic acid)是生物细胞中的重要组成成分,是一类含磷的高分子化合物。细胞内核酸大部分与蛋白质结合成核蛋白,只有少量以游离状态存在。

§16.1 氨基酸

16.1.1 氨基酸的结构及命名

氨基酸是一类含有氨基和羧基的双官能团化合物,是组成蛋白质的基本成分。表 16-1 列出了一些常见氨基酸的中英文名称、缩写及结构。氨基酸的名称常根据其来源或某些特性而命名,如甘氨酸,因其具甜味而得名,而天冬氨酸来源于天门冬植物。除甘氨酸外,所有 α-氨基酸的 α 碳原子都是手性碳,具有旋光性,并且大都为 L 构型。

$$\begin{array}{c} \text{COOH} \\ \text{H}_2\text{N} - | - \text{H} \\ \text{R} \end{array}$$

L-α-氨基酸

表 16-1 氨基酸名称及化学结构

氨基酸名称	英文名 (缩写,代号)	结构式
甘氨酸	Glycine (Gly,G)	$\begin{array}{c} \text{NH}_2 \\ \text{H}-\text{C}-\text{COOH} \\ \text{H} \end{array}$
丙氨酸	Alanine (Ala,A)	$\begin{array}{c} \text{NH}_2 \\ \text{CH}_3-\text{C}-\text{COOH} \\ \text{H} \end{array}$
缬氨酸 *	Valine (Val,V)	$\begin{array}{c} \text{CH}_3 \quad \text{NH}_2 \\ \text{CH}-\text{C}-\text{COOH} \\ \text{CH}_3 \quad \text{H} \end{array}$

氨基酸名称	英文名 （缩写，代号）	结构式
亮氨酸 *	Leucine （Leu，L）	$\begin{array}{c} CH_3 \\ \quad\ \ CH-CH_2-\overset{\displaystyle NH_2}{\underset{\displaystyle H}{C}}-COOH \\ CH_3 \end{array}$
异亮氨酸 *	Isoleucine （Ile，I）	$\begin{array}{c} CH_3-CH_2 \\ \qquad\ CH-\overset{\displaystyle NH_2}{\underset{\displaystyle H}{C}}-COOH \\ \quad\ \ CH_3 \end{array}$
脯氨酸	Proline （Pro，P）	
苯丙氨酸 *	Phenylalanine （Phe，F）	$CH_2-\overset{\displaystyle NH_2}{\underset{\displaystyle H}{C}}-COOH$
色氨酸 *	Tryptophan （Trp，W）	$CH_2-\overset{\displaystyle NH_2}{\underset{\displaystyle H}{C}}-COOH$
蛋氨酸 *	Methionine （Met，M）	$CH_3-S-CH_2-CH_2-\overset{\displaystyle NH_2}{\underset{\displaystyle H}{C}}-COOH$
丝氨酸	Serine （Ser，S）	$HO-CH_2-\overset{\displaystyle NH_2}{\underset{\displaystyle H}{C}}-COOH$
苏氨酸 *	Threonine （Thr，T）	$CH_3-\underset{\displaystyle OH}{CH}-\overset{\displaystyle NH_2}{\underset{\displaystyle H}{C}}-COOH$
半胱氨酸	Cysteine （Cys，C）	$HS-CH_2-\overset{\displaystyle NH_2}{\underset{\displaystyle H}{C}}-COOH$
酪氨酸	Tyrosine （Tye，Y）	$HO-\bigcirc-CH_2-\overset{\displaystyle NH_2}{\underset{\displaystyle H}{C}}-COOH$
天门冬酰胺	Asparagine （Asn，N）	$H_2N-\overset{\displaystyle O}{C}-CH_2-\overset{\displaystyle NH_2}{\underset{\displaystyle H}{C}}-COOH$

续表

氨基酸名称	英文名 (缩写,代号)	结构式
谷氨酰胺	Glutamine (Gln, Q)	$H_2N-\overset{\overset{\displaystyle O}{\|\|}}{C}-CH_2-CH_2-\overset{\overset{\displaystyle NH_2}{\|}}{\underset{\underset{\displaystyle H}{\|}}{C}}-COOH$
天门冬氨酸	Aspartic acid (Asp, D)	$HOOC-CH_2-\overset{\overset{\displaystyle NH_2}{\|}}{\underset{\underset{\displaystyle H}{\|}}{C}}-COOH$
谷氨酸	Gluamic acid (Glu, E)	$HOOC-CH_2-CH_2-\overset{\overset{\displaystyle NH_2}{\|}}{\underset{\underset{\displaystyle H}{\|}}{C}}-COOH$
赖氨酸 *	Lysine (Lys, K)	$H_2N-CH_2-CH_2-CH_2-CH_2-\overset{\overset{\displaystyle NH_2}{\|}}{\underset{\underset{\displaystyle H}{\|}}{C}}-COOH$
组氨酸	Histidine (His, H)	咪唑环$-CH_2-\overset{\overset{\displaystyle NH_2}{\|}}{\underset{\underset{\displaystyle H}{\|}}{C}}-COOH$
精氨酸	Arginine (Arg, R)	$H_2N-\overset{\overset{\displaystyle NH}{\|\|}}{C}-HN-CH_2-CH_2-CH_2-\overset{\overset{\displaystyle NH_2}{\|}}{\underset{\underset{\displaystyle H}{\|}}{C}}-COOH$

在表 16-1 的 20 种氨基酸中,标有 * 号的 8 种氨基酸是人体内不能合成而又是营养所必不可少的,必须依靠食物补充,称为必需氨基酸。

16.1.2　氨基酸的分类

根据氨基酸结构中羧基与氨基的相对数目,氨基酸可分为酸性、碱性和中性氨基酸。天门冬氨酸和谷氨酸分子中各含两个羧基和一个氨基,所以是酸性氨基酸。赖氨酸含两个氨基和一个羧基,精氨酸除了含一个氨基和一个羧基外,还有一个碱性很强的胍基,组氨酸的咪唑环也具有弱碱性,这三个氨基酸都是碱性氨基酸。除此之外,其余的氨基酸为中性氨基酸,由于羧基的离解能力大于氨基,中性氨基酸的水溶液呈弱酸性。

16.1.3　氨基酸的性质

1. 两性及等电点

氨基酸分子中同时存在着酸性基团羧基和碱性基团氨基,因而兼具酸和碱的双重性质,称为两性性质。

碱性氨基酸中含有氨基、胍基和咪唑基等可与质子结合的碱性基团,碱性氨基酸有赖氨酸、精氨酸和组氨酸。赖氨酸中的 $\varepsilon-NH_2$ 离 $\alpha-COOH$ 较远,因而碱性比 $\alpha-NH_2$ 的强。精氨酸中的 R 基含有强碱性的胍基基团,胍基的 pK_a 值为 12.48,能形成氢键作用。

组氨酸中咪唑环的 pK_a 为 6.00,比 $\alpha-NH_2$ 的碱性弱,既可作为质子供体又可作为质子受体,因而可为弱酸或弱碱。

酸性氨基酸是指含两个羧基的一类氨基酸,包括天门冬氨酸和谷氨酸,其结构也可写作以下偶极离子形式。

$$HOOCCH_2\underset{\underset{NH_3^+}{|}}{C}HCOO^- \qquad HOOCCH_2CH_2\underset{\underset{NH_3^+}{|}}{C}HCOO^-$$

天门冬氨酸 谷氨酸

天门冬氨酸的 $\beta-COOH$ 和谷氨酸的 $\gamma-COOH$ 的酸性比 $\alpha-COOH$ 弱,偶极离子中是 $\alpha-COOH$ 成负离子。天门冬氨酸 β-羧基的 pK_a 为 3.86,比谷氨酸 γ-羧基的酸性强(pK_a 为 4.25)。

除了碱性氨基酸和酸性氨基酸,还有一类中性氨基酸,其 R 基团包括含有烃基、芳基等的非极性基团或含有羟基、硫基等的极性基团。

氨基酸在水溶液中所处的状态除与本身结构有关外,还与溶液的 pH 有关,随着加入碱或酸,会产生相应阴离子或阳离子。

$$\underset{\underset{\text{阴离子}}{}}{\underset{\underset{R}{|}}{H_2}NCHRCOO^-} \underset{OH^-}{\overset{H^+}{\rightleftharpoons}} \underset{\underset{\text{偶极离子}}{}}{\underset{\underset{R}{|}}{H_3^+}NCHRCOO^-} \underset{OH^-}{\overset{H^+}{\rightleftharpoons}} \underset{\underset{\text{阳离子}}{}}{\underset{\underset{R}{|}}{H_3^+}NCHRCOOH}$$

碱性溶液中若阴离子的量超过阳离子,氨基酸会向电场的阳极泳动,酸性溶液中若阳离子的量超过阴离子,氨基酸向阴极泳动。当溶液为某一 pH 时,阳离子和阴离子浓度相等,溶液中的净电荷为零,在电场中氨基酸既不向阳极泳动,也不向阴极泳动,此时溶液的pH 称为该氨基酸的等电点(isoelectric point,pI)。等电点时,两性离子的浓度最大,氨基酸在水中的溶解度最小,易结晶析出。不同的氨基酸具有不同的等电点,其中赖氨酸、精氨酸和组氨酸三个碱性氨基酸具有较高的等电点,分别为 9.74、10.76、7.59。酸性氨基酸天门冬氨酸和谷氨酸的等电点较低,分别为 2.77 和 3.22。利用氨基酸在等电点时水中溶解度最小的性质,通过调节溶液的酸碱度可实现氨基酸混合物的初步分离和纯化。

【例 16.1】 中性氨基酸在碱性溶液中 α-碳原子上含有两个碱性基团:—NH_2 和—COO^-,请比较两个基团碱性强弱。

答:中性氨基酸中的 $\alpha-COOH$ 的 pK_a 为 2.34,$\alpha-NH_3^+$ 的 pK_a 为 9.6,表明 $\alpha-COOH$ 的酸性大于 $\alpha-NH_3^+$,因此相应共轭碱的碱性应是—COO^- 小于—NH_2。

2. 脱羧反应

氨基酸在加热、加入氢氧化钡或体内酶的作用下可发生脱羧反应,生成胺类化合物。脱羧反应也是人体内氨基酸代谢的主要形式之一,组氨酸脱羧生成组胺。

$$\underset{\underset{\underset{\underset{H}{|}}{C}}{\underset{N\quad NH}{\diagup\diagdown}}}{HC=C}-CH_2-\underset{\underset{NH_2}{|}}{C}H-COOH \xrightarrow{-CO_2} \underset{\underset{\underset{\underset{H}{|}}{C}}{\underset{N\quad NH}{\diagup\diagdown}}}{HC=C}-CH_2-CH_2NH_2$$

组氨酸 组胺

3. 放氮反应

20 种氨基酸中除脯氨酸含亚氨基无放氮反应外，其余氨基酸都能与亚硝酸发生反应放出氮气。

$$R-\underset{\underset{NH_2}{|}}{CH}-COOH + HNO_2 \longrightarrow R-\underset{\underset{OH}{|}}{CH}-COOH + N_2\uparrow + H_2O$$

利用此反应，可由放出氮气的体积计算混合氨基酸的总含量或蛋白质分子中氨基的含量。称为范斯莱克(van Slyke)氨基测定法。

4. 成肽反应

氨基酸分子中的 α-羧基和另一分子氨基酸的 α-氨基脱水生成的酰胺化合物称为肽(peptide)，所产生的酰胺键又称为肽键(peptide bond)。

$$H-\underset{\underset{H}{|}}{N}-\underset{\underset{R}{|}}{CH}-\underset{\underset{O}{\|}}{C}-OH + H-\underset{\underset{H}{|}}{N}-\underset{\underset{R'}{|}}{CH}-\underset{\underset{O}{\|}}{C}-OH \xrightarrow{-H_2O} H-\underset{\underset{H}{|}}{N}-\underset{\underset{R}{|}}{CH}-\underset{\underset{O}{\|}}{C}-\underset{\underset{H}{|}}{N}-\underset{\underset{R'}{|}}{CH}-\underset{\underset{O}{\|}}{C}-OH$$

5. 显色反应

氨基酸与茚三酮水合物在水溶液中共热时能生成蓝紫色的化合物，同时释放出的 CO_2 量与氨基酸的量成正比。因此，此反应既可作为氨基酸的显色反应，也可作为氨基酸的定量分析方法。

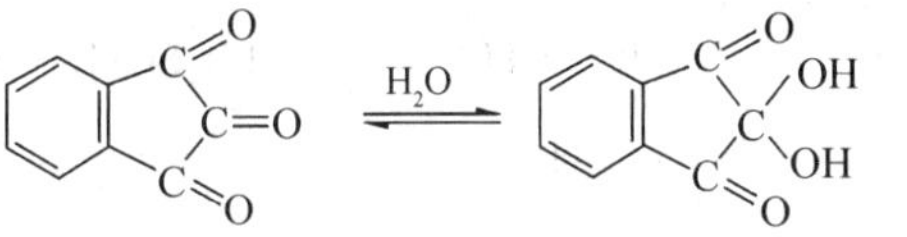

茚三酮　　　　　水合茚三酮

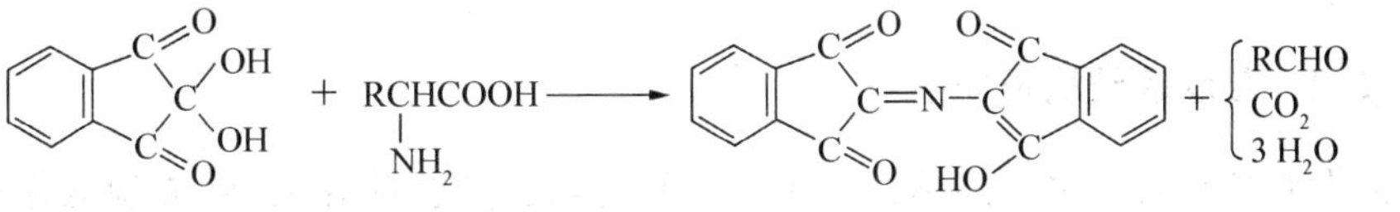

蓝紫色

§16.2 多 肽

通常认为 10 个以内的氨基酸相连而成的肽称为寡肽(oligopeptides)；10 个以上氨基酸构成的肽称为多肽(polypeptides)。在肽链中，由于部分基团参与肽键的形成，剩余的结构部分被称为氨基酸残基(residue)。多肽链有两端，有自由氨基的一端称为氨基末端或 N 端，有游离羧基的一端称为羧基末端或 C 端。多肽链就是由多个氨基酸构成的肽链主链和变化多端的侧链两部分组成，主链常被称为骨架。

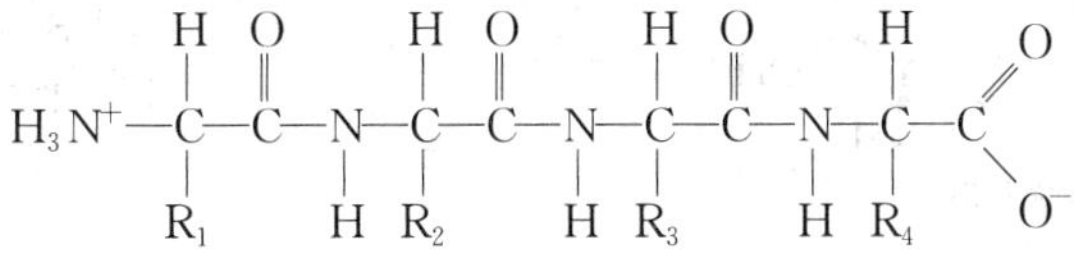

N 端　　　　　　四肽　　　　　　C 端

16.2.1　多肽的分类及命名

肽多数是开链肽,也有分支开链肽,还有极少数是环状肽。多肽的命名是以含有羧基C端的氨基酸为母体,将其余的氨基酸残基作为酰基,依次排列在母体名称之前,例如谷胱甘肽可命名为 γ-谷氨酰半胱氨酰甘氨酸。

$$
\begin{array}{c}
\text{N端}\\
\text{H}_2\text{N—CH—COOH} \quad \text{SH}\\
|\qquad\qquad\quad |\\
\text{CH}_2 \qquad\qquad \text{CH}_2\\
|\qquad\qquad\quad |\\
\text{H}_2\text{C—C—NH—CH—C—NH—CH}_2\text{—COOH}\\
\quad\| \qquad\qquad \| \qquad\qquad \text{C端}\\
\quad\text{O} \qquad\qquad \text{O}
\end{array}
$$

谷氨酸部分　　半胱氨酸部分　　　甘氨酸部分

谷胱甘肽

书写肽的结构时,也可用表 16-1 中氨基酸的英文三字符号或中文词头表示,氨基酸之间用"短直线"隔开,例如上述三肽可缩写为 Glu-Cys-Gly。

很多多肽都采用俗名,如催产素、胰岛素等。

【例 16.2】　请写出寡肽 Glu-Ile-Met-Asn-Phe 的结构式和中文名称。

$$
\begin{array}{l}
\qquad\qquad\quad \text{O}\qquad\qquad\text{O}\qquad\qquad\text{O}\qquad\qquad\text{O}\\
\qquad\qquad\quad\|\qquad\qquad\|\qquad\qquad\|\qquad\qquad\|\\
\text{答：HOOC(CH}_2)_2\text{CH—C—NH—CH—C—NH—CH—C—NH—CH—C—NH—CH—COOH}\\
\qquad\qquad\quad|\qquad\qquad\quad|\qquad\qquad\quad|\qquad\qquad\quad|\qquad\qquad\quad|\\
\qquad\qquad\text{NH}_2\qquad\quad\text{HC—CH}_3\quad\ (\text{CH}_2)_2\text{SCH}_3\quad\text{CH}_2\text{COOH}\qquad\text{CH}_2\\
\qquad\qquad\qquad\qquad\quad|\\
\qquad\qquad\qquad\quad\text{C}_2\text{H}_5
\end{array}
$$

中文名称为：谷氨酰异亮氨酰蛋氨酰天冬酰胺酰苯丙氨酸

16.2.2　多肽的结构及功能

肽链中氨基酸残基之间的结合键主要是肽键,较稳定,除在酸、碱或酶的作用下水解外,一般不易被破坏。

肽链中的半胱氨酸残基侧链上含有的巯基易发生氧化还原反应。例如谷胱甘肽结构中含有巯基,称还原型谷胱甘肽。在氧化反应中,巯基被氧化成二硫键,肽变成了氧化型谷胱甘肽。谷胱甘肽还原型和氧化型的转变是可逆的,在生物体内氧化过程中起着氢的传递作用,能促进不饱和脂肪酸的氧化。

氧化型谷胱甘肽　　　　　　　　　　还原型谷胱甘肽

肽链内部的两个巯基也可以互相结合成二巯基,使肽链成部分环状,如催产素。

§16.3　蛋白质

蛋白质是生命的基础物质,机体内的每一个细胞和所有重要组成部分都有蛋白质的参与。蛋白质是具有三维结构的复杂分子,其结构决定了蛋白质的功能。蛋白质的结构包括:一级结构,指多肽链中氨基酸的顺序,通过共价键维持多肽链的连接,不涉及其空间排列。二级结构,指多肽链骨架的局部空间结构,不考虑侧链的构象及整个肽链的空间排列。三级结构,指整个肽链的折叠情况,包括侧链的排列,即蛋白质分子的空间结构或三维结构。此外,有些蛋白质具有更复杂的结构,由相同或不相同的亚基通过非共价键结合在一起,这种结构称为四级结构。

16.3.1　蛋白质的元素组成及分类

蛋白质结构非常复杂,组成元素主要是 C、H、O、N 四种,另外,S 元素在蛋白质中也较常见,少数蛋白质含有 P、Fe、Cu、Mn、Zn,个别蛋白质还含有 I。大多数蛋白质的含氮量相当接近,平均为 16%,意味着任何生物样品中每克氮可看作含有相当于 6.25 g 的蛋白质,因此可通过测定生物样品中的含氮量推算蛋白质含量。

人体内的蛋白质约有几百万种,按蛋白质化学组成的复杂程度可分为简单蛋白质与结合蛋白质两大类。简单蛋白质是由多肽组成,水解终产物都是 α-氨基酸。结合蛋白质则是由简单蛋白质与非蛋白质部分结合而成,其中的非蛋白质部分称为辅基。按辅基的不同又可分为核蛋白、色蛋白、磷蛋白、糖蛋白及脂蛋白。

根据蛋白质的性状可分为纤维状蛋白质和球状蛋白质两大类,纤维状蛋白质分子像一条长线,分子间接触面积大,作用力强,不易被水溶解。球状蛋白质的分子因聚成紧凑的单元近似于球形而得名。分子折叠、卷曲时,疏水的部分向内聚集在一起而远离水,亲水的部分则趋向于分布在表面与水接近,其分子间接触面积小,作用力较弱,易被水或酸、碱、盐的水溶液所溶解。这些蛋白质在体内执行着各种生理功能,又称之为功能蛋白质。

16.3.2　蛋白质的结构及功能

蛋白质从化学结构来看是由一条或几条多肽链组成的,蛋白质分子内氨基酸残基间的结合方式有两种类型。在一条多肽链中,主链的氨基酸残基间主要以肽键相互结合;在两条肽链之间或一条肽链的不同部位之间相互结合时,存在着其他类型的化学键如氢键、二硫键、盐键及酯键等。

此外,维持蛋白质特定结构起着重要作用的还有一种结合力叫疏水键,蛋白质分子中存在的疏水基如苯环、大的脂肪烃基等互相接近时,可以像油滴那样由于水分子的排斥而相互联合,可使肽链或同一条肽链的不同部位结合。疏水键实质上是范德华力,它对蛋白质分子的结构与功能具有非常重要的作用。蛋白质虽然是多肽,但与简单的多肽不同,它是各具独特、专一立体结构的高分子化合物,易沉淀、变性,具有复杂的生物学功能。蛋白质中氨基酸的组成、排列顺序以及立体结构对蛋白质的生物活性产生均具有重大影响。

1. 一级结构

通常是指蛋白质肽链的氨基酸残基排列顺序。对由多个亚基组成的蛋白质而言,它们的一级结构应包括各个亚基肽链的一级结构。蛋白质的一级结构决定了蛋白质的高级结构,并可由一级结构获得有关蛋白质高级结构的信息。

2. 二级结构

蛋白质的二级结构是指肽链中局部肽段的构象,是蛋白质复杂空间构象的基础,主要有 α-螺旋、β-折叠、β-转角,其中 α-螺旋和 β-折叠最常见。蛋白质二级结构的形成几乎全是由于肽链骨架中的羰基上的氧原子与亚胺基上的氢原子之间的氢键所维持,其他作用力如范德华力也有一定作用。某一肽段或某些肽段间的氢键越多,它们形成的二级结构越稳定。

(1) α-螺旋

α-螺旋(α-helix)是个棒状结构,多肽链的链围绕中心轴呈有规律的螺旋式上升,螺旋的走向为顺时针方向,即右手螺旋,所有肽键都是反式,氨基酸的侧链伸向螺旋外侧,每 3.6 个氨基酸残基螺旋上升一圈,螺距为 0.54 nm,在 α-螺旋中氢键起着重要的作用。

(2) β-折叠

β-折叠(β-pleated sheet)是蛋白质二级结构中又一种普遍存在的规则构象单元,是由鲍林等在 α-螺旋之后阐明的第二个结构。β-折叠是片状物,而非棒状物,在 β-折叠中多肽链几乎是完全伸展,相连的肽链或一条肽链中的若干肽段平行排列,多肽链间或肽段间以 NH 与羰基间形成的氢键维持构象的稳定。此外,每个肽单元以 Cα 为旋转点,依次折叠成锯齿状结构,氨基酸残基侧链交替地位于锯齿状结构的上、下方,以避免邻近侧链 R 基团之间的空间障碍,并能形成更多的氢键。

3. 三级结构

三级结构是蛋白质分子在二级结构基础上进一步盘曲折叠形成的三维结构,主要是依赖于氨基酸侧链之间的疏水相互作用、氢键、范德华力、配位键、静电作用、二硫键等维持。三级结构的形成使肽链中所有原子在空间结构的重新排列。

4. 四级结构

四级结构是指具有一些特定三级结构的肽链,通过非共价键而形成大分子体系时的组合方式,只有多于一条肽链的蛋白质才具有四级结构。组成蛋白质四级结构的肽链称为亚基,单独的亚基不具有生物功能,只有完整的四级结构寡聚体才具有生物功能。

16.3.3 蛋白质的性质

1. 两性及等电点

蛋白质的肽链不管有多长,两端均具有游离的氨基与羧基存在,肽链的侧链中含有许多极性基团如赖氨酸的氨基、谷氨酸及天门冬氨酸的羧基、半胱氨酸的巯基、酪氨酸的酚式羟基、丝氨酸及苏氨酸的羟基、精氨酸的胍基、组氨酸的咪唑基等。氨基、胍基、咪唑基是碱性基团,羧基、酚羟基、巯基是酸性基团,这些基团在溶液中都能发生碱式解离或酸式解离。因此蛋白质也具有两性解离的性质及等电点,其解离平衡移动的情况和离子性质与溶液的 pH 和蛋白质极性基团的性质及数目有关。

不同种类的蛋白质具有不同的等电点(表 16-2)。

表 16-2　蛋白质的等电点

蛋白质	pI	蛋白质	pI
细胞色素 C	10.6	核糖核酸酶	7.8
生长激素(人)	6.9	胃蛋白酶	<1.0
人血清蛋白	4.8	血纤维蛋白元	5.5
脲酶	5.1	甲状腺球蛋白	4.6

2. 胶体性质及盐析

(1) 蛋白质的胶体性质

蛋白质是高分子化合物,分子颗粒直径在 $0.1 \sim 0.001 \, \mu m$ 胶体范围内,具有不易通过半透膜等胶体性质。实验中常选用不同孔径的半透膜分离提纯蛋白质,这种方法称为透析。

由于蛋白质分子表面含有许多亲水性极性基团如氨基、羧基、羟基、羰基、亚氨基等,在水溶液中能发生水合作用,形成水化膜,防止分子彼此聚集。另一方面由于蛋白质分子在一定的 pH 溶液中带有同种电荷而互相排斥,使得蛋白质分散于水可形成稳定的高分子溶液。

(2) 蛋白质的沉淀

蛋白质与水所形成的亲水胶体,也和其他胶体一样,可以在各种不同的条件作用下析出沉淀,分散在溶液中的蛋白质分子发生凝聚并从溶液中析出的现象称为蛋白质的沉淀。沉淀蛋白质的方法包括盐析、酸析、有机溶剂脱水析出等方法。

(3) 蛋白质的变性

蛋白质变性(denaturation)是指蛋白质在某些物理或化学因素作用下其特定的空间构象被改变,从而导致其理化性质的改变和生物活性的丧失,这种现象称为蛋白质变性。能使蛋白质变性的化学方法有加强酸、强碱、重金属盐、尿素、丙酮等;能使蛋白质变性的物理方法有加热、紫外线及 X 射线照射、超声波、剧烈振荡或搅拌等。除明胶外,几乎所有的蛋白质对热都很敏感。在中性溶液中,蛋白质受热后会降低溶解度,发生沉淀。有活性的蛋白质如激素、酶或抗体还会失去它们的活性。

3. 显色反应

(1) 缩二脲反应

蛋白质碱性溶液与稀硫酸铜溶液可发生缩二脲反应,呈现出紫色或紫红色,生成的颜色与蛋白质的种类有关。

(2) 茚三酮反应

将蛋白质的近中性溶液与 1∶400 的茚三酮水溶液 1~2 滴混合并加热煮沸 1 分钟,放冷后产生蓝紫色反应。蛋白质、肽类、氨基酸及其他伯胺类化合物等具有自由氨基的化合物对茚三酮均呈阳性反应,此反应也可用于蛋白质的定性与定量分析。

(3) 其他显色反应

蛋白质、氨基酸等还与某些特殊试剂发生显色反应,见表 16-3。这些反应常用于氨基酸的鉴别。

表 16-3　蛋白质及氨基酸的显色反应

反应名称	试　剂	显　色	阳性反应物
茚三酮反应	茚三酮	蓝紫	所有氨基酸、肽、蛋白质
2,4-二硝基氟苯	桑格试剂	黄	氨基酸、肽、蛋白质的 N-端氨基
蛋白黄反应	浓硝酸	黄	苯丙氨酸、酪氨酸、色氨酸
硝普盐反应	亚硝酰铁氰化钠	红	半胱氨酸
Millon 反应	汞、硝酸	红	酪氨酸
坂口反应	α-萘酚、次氯酸钠	红	精氨酸

§16.4　核　酸

根据核酸中所含戊糖的种类,核酸可分为脱氧核糖核酸(deoxyribonucleic acid,DNA)和核糖核酸(ribonucleic acid,RNA)两类。而根据 RNA 在蛋白质合成中所起的作用,RNA 又可分为三类。

(1) 核糖体 RNA(ribosomal RNA,rRNA),是核蛋白体的组成成分。核蛋白体是蛋白质合成时的场所,参与蛋白质合成的各种成分都必须在核蛋白体上将氨基酸按特定顺序装配。

(2) 信使 RNA(messenger RNA,mRNA),其功能是把细胞核内 DNA 的遗传信息,抄录并转送至细胞质中,并翻译成蛋白质中氨基酸的排列顺序,是蛋白质合成的直接模板。

(3) 转运 RNA(transfer RNA,tRNA),其功能是在蛋白质合成中作为氨基酸的载体,并将氨基酸转交给 mRNA。

16.4.1　核酸的组成

核酸是由许多单核苷酸(mononucleotide)组成,具有一定空间结构的高分子化合物。核苷酸经水解可释放出等物质的量的含氮碱基、戊糖和磷酸。

1. 戊糖

尽管 DNA 和 RNA 结构中均包括戊糖,但组成 DNA 和 RNA 的戊糖具有不同的结构,DNA 结构中的戊糖是 2-脱氧核糖,RNA 结构中是核糖,核酸就是按其所含戊糖的种类而命名。

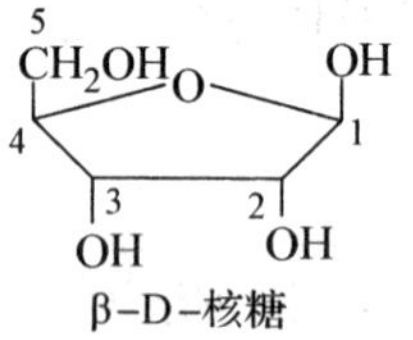

β-D-核糖 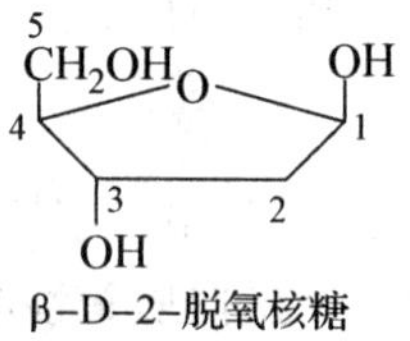　　　　β-D-2-脱氧核糖

2. 碱基

构成核苷酸的含氮碱基主要有五种,包括嘌呤和嘧啶两类杂环。嘌呤类的碱基有腺嘌呤(Adenine,A)和鸟嘌呤(Guanine,G),它们在 DNA 和 RNA 中均存在;嘧啶类的碱基有胞嘧啶(Cytosine,C)、胸腺嘧啶(Thymine,T)和尿嘧啶(Uracil,U)。胞嘧啶在 DNA 和 RNA 中均存在,但胸腺嘧啶仅存在于 DNA 中,尿嘧啶仅存在于 RNA 中。上述五种碱基结构中可存在酮式-烯醇式或氨基-亚氨基的互变异构,但体内中性和酸性介质中存在的形式如下:

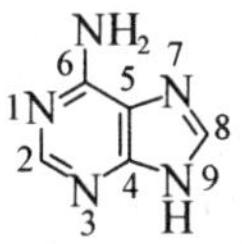

腺嘌呤(A) 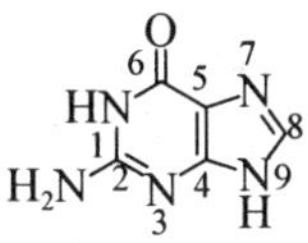　　　鸟嘌呤(G) 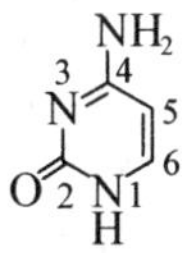　　　胞嘧啶(C) 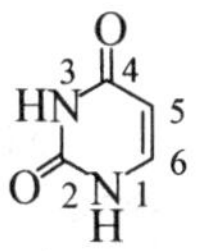　　　尿嘧啶(U) 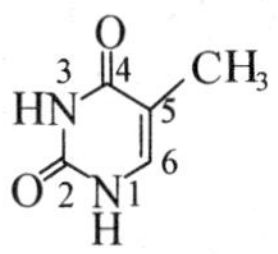　　　胸腺嘧啶(T)

【例 16.3】 茶是我国的常见饮品之一,具有提神、解毒等功效,其中咖啡因和可可碱是茶中含有的两种活性物质,化学结构如下:

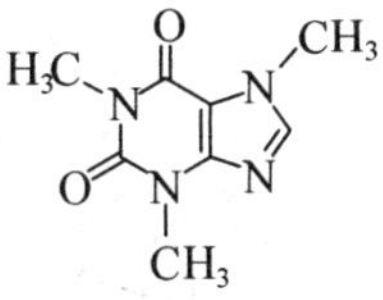

咖啡因 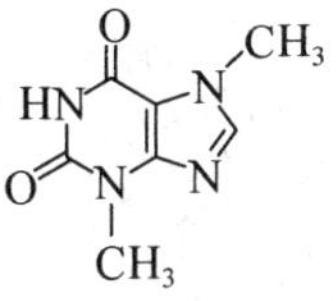　　　　　　可可碱

请分析这两种结构属于嘌呤还是嘧啶类,是否都可以变成羰基异构成烯醇式。

答:(1) 它们属于嘌呤类。

(2) 咖啡因中因 N_1 和 N_3 上已无氢,不能异构成烯醇式。可可碱中由于 N_1 上含有氢,可异构成以下两种形式:

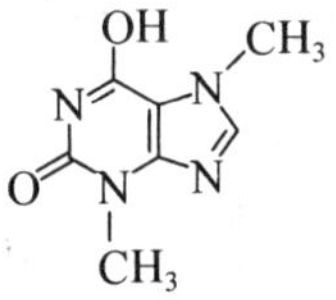

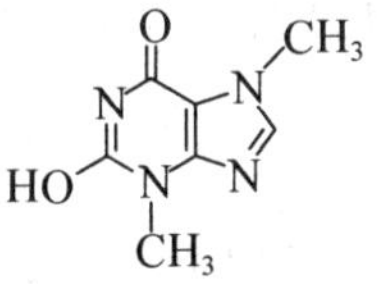

3. 核苷

核苷(nucleoside)是指由核糖或 2-脱氧核糖 C_1 位的 β-半缩醛羟基与嘌呤类碱基的 N_9 或嘧啶类碱基的 N_1 上的氢原子脱水而成的氮苷。核苷中包括腺嘌呤核苷(adenosine)、鸟嘌呤核苷(guanosine)、胞嘧啶核苷(cytidine)和尿嘧啶核苷(uridine)。脱氧核苷包括腺嘌呤脱氧核苷(deoxyadenosine)、鸟嘌呤脱氧核苷(deoxyguanosine)、胞嘧啶脱氧核苷(deoxycytidine)和胸腺嘧啶脱氧核苷(thymidine)。

RNA 中的核苷如下:

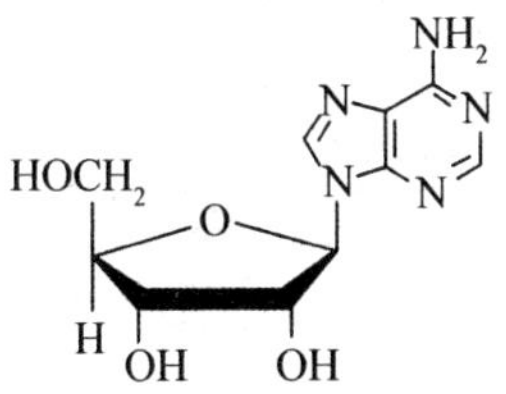

腺苷(A) 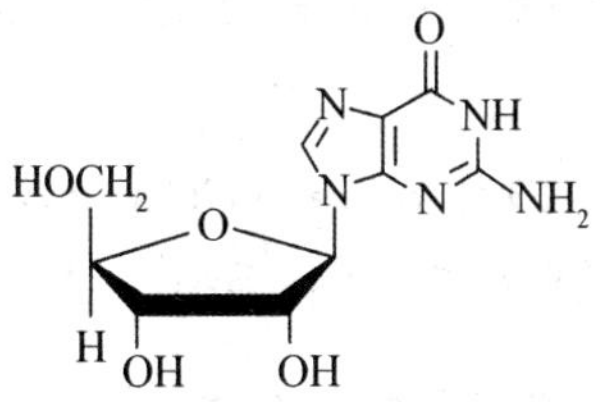　　　　　　　　鸟苷(G)

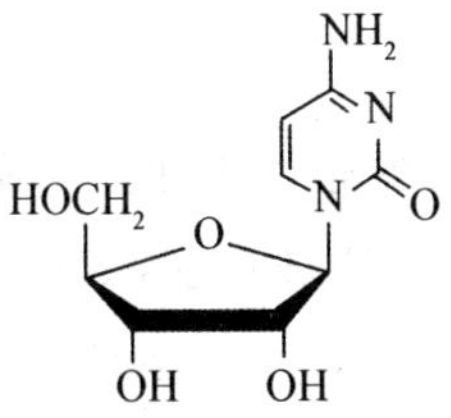

胞苷(C) 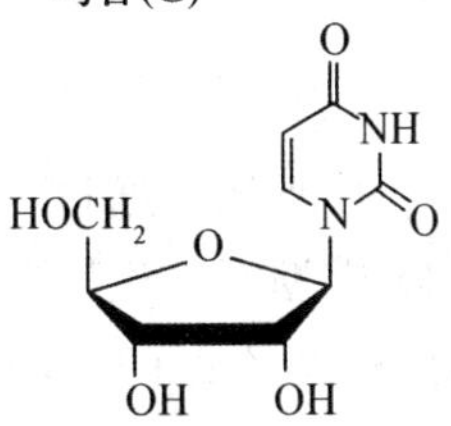　　　　　　　　尿苷(U)

DNA 中的核苷如下：

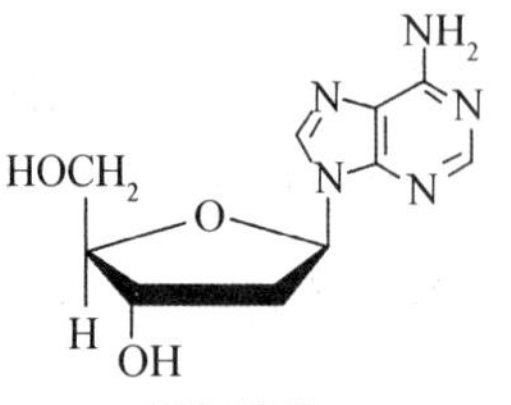

2-脱氧腺苷(dA)

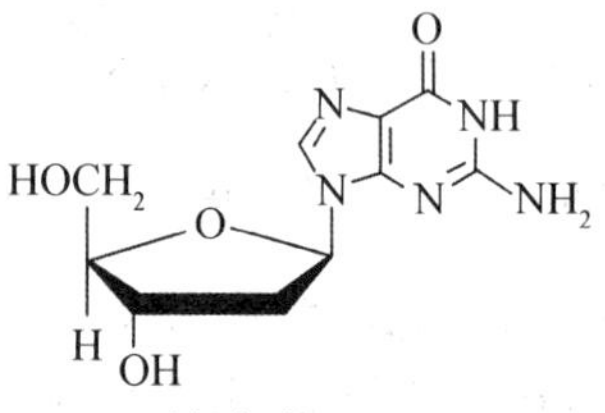

2-脱氧鸟苷(dG)

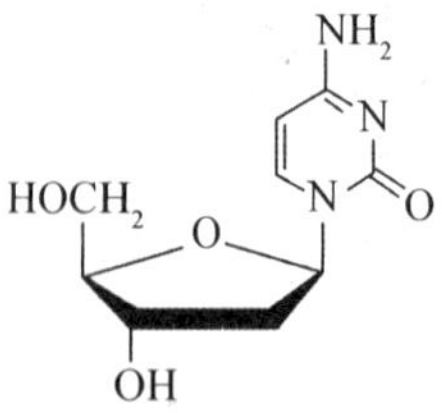

2-脱氧胞苷(dC)

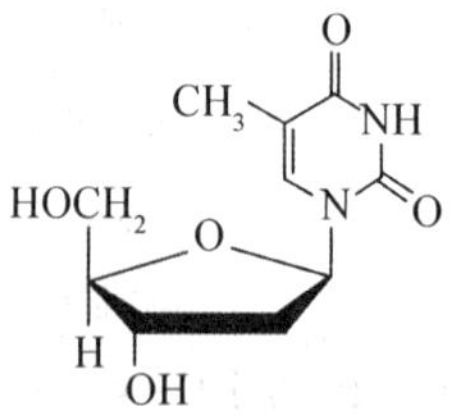

2-脱氧胸腺苷(dT)

4. 核苷酸

核苷中戊糖结构中 C_5 上的羟基经磷酸化可形成核苷酸。由核糖核苷磷酸化生成的核苷酸称为核糖核苷酸，由脱氧核糖核苷生成的则称为脱氧核糖核苷酸。它们分别是构

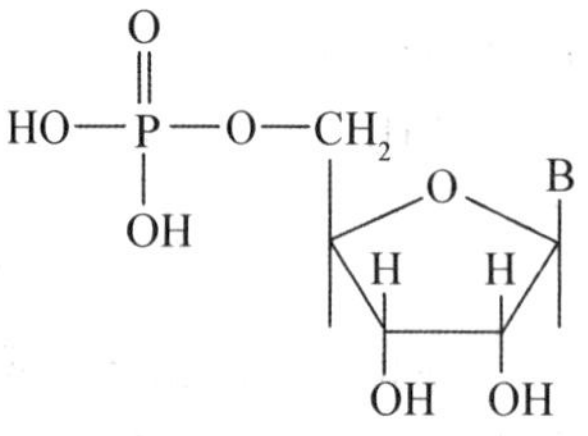

RNA中的核苷酸单体

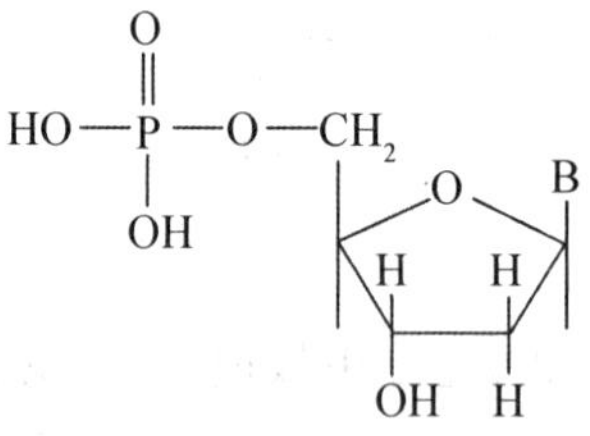

DNA中的核苷酸单体

成 RNA 和 DNA 的基本单位，又称为单核苷酸，而把核酸称为多核苷酸。在核苷和核苷酸分子中，碱基环平面与戊糖呋喃核糖平面约成 $90°$。B代表碱基。核糖核苷酸和脱氧核糖核苷酸除用于组成 RNA 和 DNA 外，在细胞内还有相当数量以游离状态或进一步磷酸化的产物存在，各种三磷酸核苷是合成 RNA 的原料，而三磷酸脱氧核苷则是合成 DNA 的原料。

【例 16.4】 核苷酸由哪些组分构成？
答：核苷酸由碱基、戊糖和磷酸组成。

16.4.2 核酸的结构及功能

1. 一级结构

组成核酸的各个核苷酸是通过 $3', 5'$-磷酸二酯键彼此相连，即一个核苷酸戊糖 C-$5'$ 上磷酸与另一核苷酸戊糖 C-$3'$ 上的羟基脱水缩合，以酯键相连，如此反复，单核苷酸即缩合成多核苷酸链，核酸就是由一条或两条多核苷酸组成。

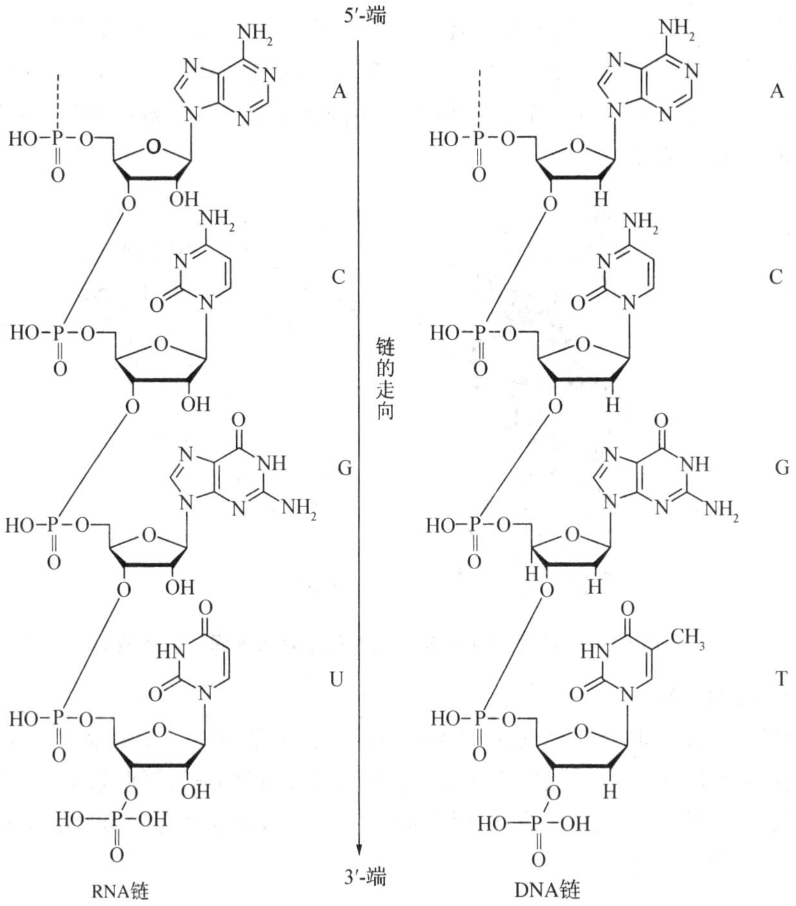

核酸分子的主链是由磷酸与戊糖的残基交替结合组成,核苷酸上的嘌呤碱和嘧啶碱不参与主链结构,但却构成具有特色的核酸侧链。核酸两端中一端核苷酸的 C-5′连接的磷酸只有一个酯基,称为链的 5′磷酸末端或 5′端。另一端核苷酸的 C-3′上含有游离羟基,称为 3′羟基末端或 3′端。核酸的类别、性质和功能依赖于分子中嘌呤碱和嘧啶碱的排列顺序,核酸中核苷酸的排列顺序(即碱基的排列顺序)称为核酸的一级结构。

2. 二级结构

(1) DNA 的二级结构

DNA 分子尽管在核苷酸的数量和顺序上有明显的差异,但碱基都有一些共同规律。总嘌呤碱与总嘧啶碱的物质的量相等,即$(A+G)/(T+C)$为 1。并且,腺嘌呤与胸腺嘧啶的物质的量相等(A/T为 1),鸟嘌呤与胞嘧啶的物质的量相等(G/C为 1)。

1953 年,沃森和克里克提出著名的 DNA 双螺旋结构模型,构造出一个右手性的双螺旋结构,是在核酸一级结构基础上形成的更为复杂的高级结构,是 DNA 的二级结构。DNA 双螺旋结构中主链有两条,似"麻花状"绕一共轴心以右手方向盘旋,相互平行而走向相反形成双螺旋构型。其中碱基位于双螺旋内侧,磷酸与糖基在外侧,碱基以垂直于螺旋轴的取向通过糖苷键与主链糖基以磷酸二酯键相连形成核酸的骨架(图 16-1)。碱基平面与中心轴垂直,糖环平面则与轴平行,双螺旋的两条链皆为右手螺旋。每对螺旋由

10 对碱基组成,配对碱基总是 A 与 T、G 与 C,以氢键作用维持,A 与 T 间形成两个氢键,G 与 C 间形成三个氢键。双螺旋的直径为 2 nm,螺距为 3.4 nm,相邻碱基对平面的间距为 0.34 nm,两核苷酸之间的夹角是 36°。双螺旋表面有两条宽窄深浅不一的大沟和小沟,分别指双螺旋表面凹下去的较大沟槽和较小沟槽。小沟位于双螺旋的互补链之间,而大沟位于相毗邻的双股之间。

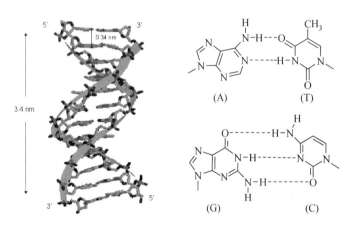

图 16 - 1　DNA 双螺旋结构示意图和配对碱基间氢键示意图

(2) RNA 的二级结构

X-射线衍射及一些理化性质证明多数 RNA 分子是单键。但在磷酸二酯键连接的线型多核苷酸链上,有一些区域能发生自身回折盘绕,使部分碱基间接形成 A/U、G/C 配对,形成短的不规则的双螺旋。有些区域的碱基未配对,但这些非螺旋区的核苷酸使链成为小环,从螺旋区中突出。

3. 三级结构

DNA 的三级结构是在双螺旋结构基础上进一步折叠、扭曲及压缩而成为更紧密之结构。螺旋变紧的称为正超螺旋,盘绕方向与 DNA 双螺旋方向相同。变松的称为负超螺旋,盘绕方向与 DNA 双螺旋方向相反。超螺旋 DNA 比松弛型 DNA 更紧密,使 DNA 分子体积变得更小,对其在细胞的包装过程更为有利,DNA 拓扑异构体的相互转化由拓扑异构酶Ⅰ型和Ⅱ型催化完成。

tRNA 的三级结构大多呈现倒 L 型,倒 L 形结构中反密码环和氨基酸臂分别位于倒 L 的两端。

1. 指出在用碱滴定时,酪氨酸的盐酸盐质子解离的先后顺序。

2. 写出下列五个氨基酸的偶极离子的形式结构。
酪氨酸、赖氨酸、组氨酸、谷氨酸、精氨酸

3. 写出天门冬氨酸与下列试剂的反应产物。
(1) NaOH　(2) HCl　(3) H^+/CH_3OH　(4) Ac_2O/Et_3N　(5) $NaNO_2 + HCl$

4. 写出下列氨基酸加热时所得产物的结构。
(1) α-氨基酸(甘氨酸)$\longrightarrow C_4H_6O_2N_2$(二酮哌嗪)

(2) β-氨基酸 $CH_3CH(NH_2)CH_2COOH \longrightarrow C_4H_6O_2$

(3) γ-氨基酸 $CH_3CH(NH_2)CH_2CH_2COOH \longrightarrow C_5H_9ON$(内酰胺)

(4) δ-氨基酸 $H_2NCH_2CH_2CH_2CH_2COOH \longrightarrow C_5H_6ON$(内酰胺)

5. 写出碱基 A、G、C、T 的结构,指出两两配对时形成的氢键。

6. 写出 5-氟尿嘧啶结构式。

7. 阿糖胞苷是临床上广泛运用的一种抗肿瘤药物,它是利用代谢拮抗的原理将 D-核糖替换成 D-阿拉伯糖,写出阿糖胞苷的结构式。

8. 写出下列化合物的结构式。

(1) 腺苷　　　　　　(2) 2'-脱氧鸟苷　　　　(3) 胞苷-3'-磷酸

(4) 胸苷-5'-磷酸　　(5) 碱基序列为腺-胞-鸟的三聚核苷酸

参考答案

第1章 绪 论

1. 按照碳骨架分类和按照官能团分类。

2. 种类多、熔沸点较低、水溶性较差、多数易燃。

3. 键能是指当 A 和 B 两个原子(气态)结合生成 A—B 分子(气态)时放出的能量,键的解离能是指 1 mol A—B 双原子分子(气态)共价键解离为原子(气态)时所需要的能量。对于双原子分子,键的解离能就是键能;对于多原子分子,键能指的是同一类共价键的解离能的平均值。

4. 无机物中很多都是离子型化合物,正负离子的静电吸引作用很强,离子排列也比较整齐,要断裂离子键需要的能量较多,因此无机化合物的熔点、沸点较高,而有机物大多是共价键型的化合物,分子之间的作用力为范德华力,与正负离子的静电吸引作用相比,作用力较弱,因此破坏分子间结合所需要的能量也就较少,有机物的熔点、沸点较低,一般情况下<400℃。

5. (1) 腈 (2) 磺酸 (3) 醛 (4) 烷烃 (5) 偶氮化合物、胺 (6) 酚 (7) 酯 (8) 卤代烃 (9) 胺 (10) 硫醇

6. (1) H:C:H (2) H:C:C:H (3) H:C⋮C:H (4) H:C:O: (5) H:C:C:Cl: (6) H:C:N::O:

7. (1) $CH_3—CH_2—CH—CH_3$ 带 OH
(2) $CH_3—C(CH_3)_2—CH_2—CH_2—Br$
(3) $CH_3—CH=CH—C(=O)—CH_2—C≡CH$
(4) $CH_3—CH_2—CH_2—S—CH_2—CH_2—CH_2$

8. (1) sp^3 (2) sp^2 (3) sp^3, sp (4) sp^3 和 sp^2 (5) sp^3 (6) sp^3

9. (1) (2) (3) (4)

10. (1) $\overset{\delta^+}{C}H_3—\overset{\delta^-}{N}H_2$ (2) $\overset{\delta^+}{C}H_3—\overset{\delta^-}{O}H$ (3) 非极性共价键,不用 δ^+ 和 δ^- 表示

(4) $\overset{\delta^-}{C}H_3—\overset{\delta^+}{M}gBr$

11. $C_2H_4O_2$

第2章 烷 烃

1. (1) 2,2-二甲基丙烷 (2) 3-甲基戊烷 (3) 3-乙基己烷 (4) 2,2-二甲基-3,3-二乙基戊烷 (5) 2,5-二甲基-3,4-二乙基己烷 (6) 2,6-二甲基-3,6-二乙基辛烷 (7) 2,5-二甲基庚烷

（8）2,6-二甲基-3-乙基庚烷

2. （1） 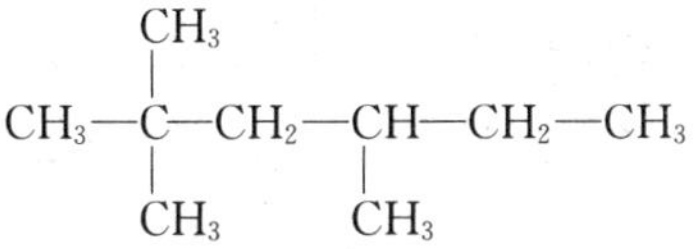
$$CH_3-\underset{\underset{CH_3}{|}}{\overset{\overset{CH_3}{|}}{C}}-CH_2-\underset{\underset{CH_3}{|}}{CH}-CH_2-CH_3$$
（2）
$$CH_3-CH-\underset{\underset{CH_3}{|}}{\overset{\overset{C_2H_5}{|}}{CH}}-CH_2-CH_2-CH_3$$

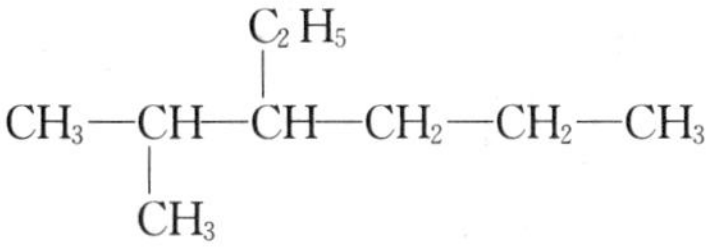

（3）
$$CH_3-\underset{\underset{CH_3}{|}}{\overset{\overset{CH_3}{|}}{C}}-\underset{\underset{CH_3}{|}}{\overset{\overset{CH_3}{|}}{C}}-CH_2-CH_2-CH_2-CH_3$$

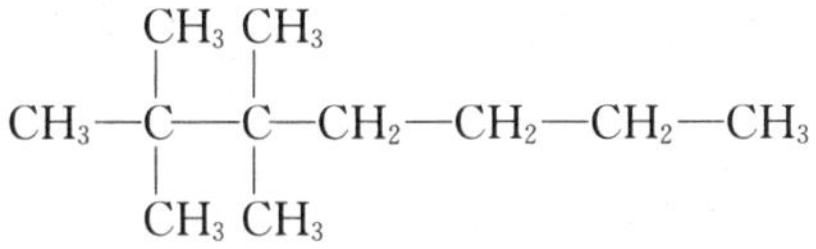

（4） 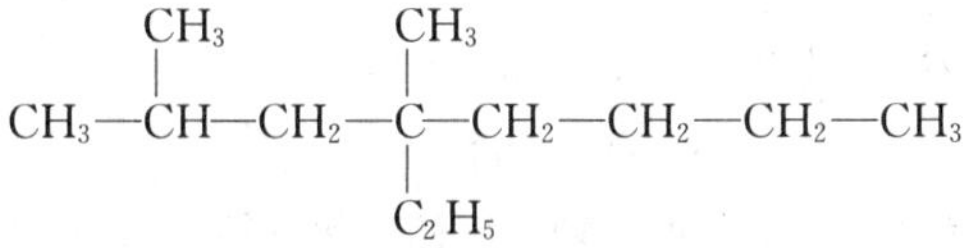
$$CH_3-\underset{\underset{}{|}}{\overset{\overset{CH_3}{|}}{CH}}-CH_2-\underset{\underset{C_2H_5}{|}}{\overset{\overset{CH_3}{|}}{C}}-CH_2-CH_2-CH_2-CH_3$$

3. （1）错,主链选择和取代基位次标出错误,改:3-甲基戊烷
（2）错,主链选择和取代基位次标出错误,改:2,2-二甲基戊烷
（3）错,主链选择和取代基位次、名称错误,改:2,3-二甲基己烷
（4）错,相同取代基位次表示方法错误,改:3,3-二甲基戊烷
（5）错,取代基位次标错,改:2,2,4-三甲基己烷
（6）错,主链选择和取代基名称错误,改:4-异丙基辛烷

4. （1） 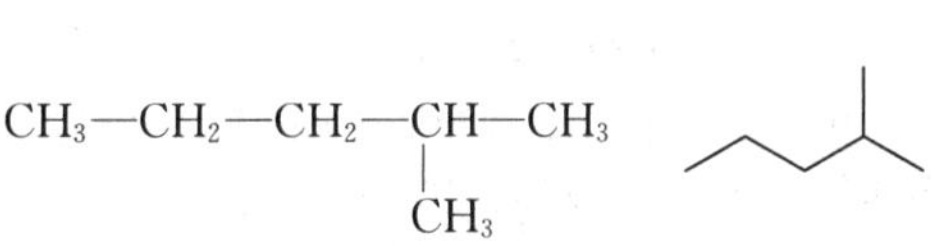
$$CH_3-CH_2-CH_2-\underset{\underset{CH_3}{|}}{CH}-CH_3$$
（2）
$$CH_3-\underset{\underset{CH_3}{|}}{\overset{\overset{CH_3}{|}}{C}}-CH_3$$

（3）
$$CH_3-\underset{\underset{CH_3}{|}}{\overset{\overset{CH_3}{|}}{C}}-\underset{\underset{CH_3}{|}}{\overset{\overset{CH_3}{|}}{C}}-CH_3$$ 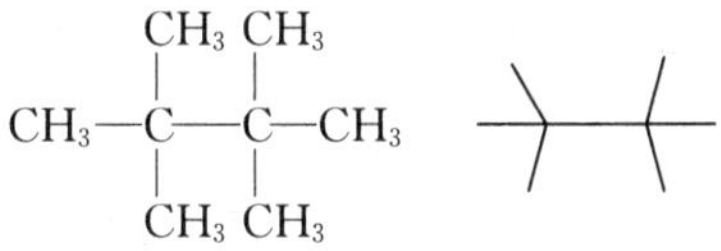
（4） 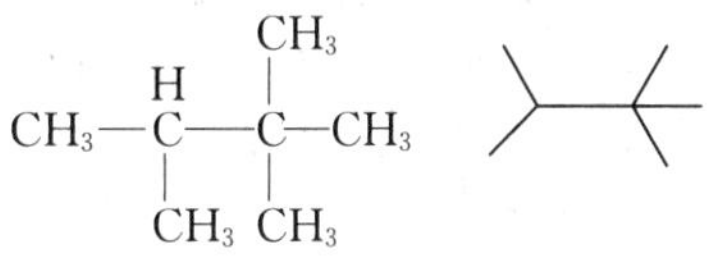
$$CH_3-\underset{\underset{CH_3}{|}}{\overset{\overset{H}{|}}{CH}}-\underset{\underset{CH_3}{|}}{\overset{\overset{CH_3}{|}}{C}}-CH_3$$

5. 有9种。

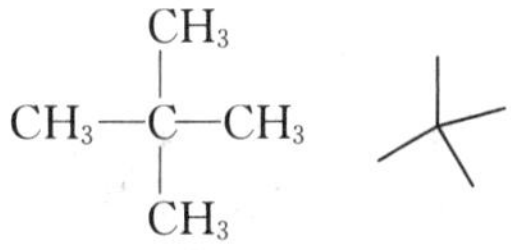

6. 最稳定构象透视式: 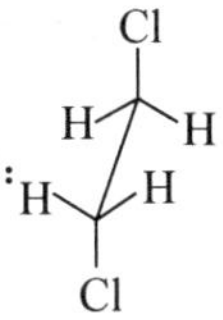 ;最稳定构象纽曼投影式:

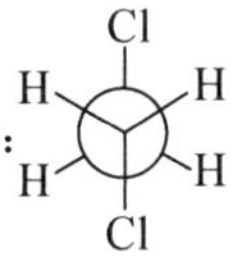

7. 沸点由高到低排列:(4)＞(3)＞(1)＞(2)。

8. 丙烷的一氯代物2种,结构式为: $CH_3-CH_2-CH_2Cl$; $CH_3-\underset{\underset{Cl}{|}}{CH}-CH_3$

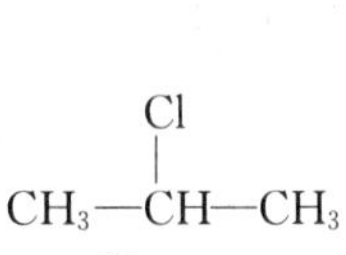

异丁烷的一氯代物2种,结构式为: $CH_3-\underset{\underset{CH_3}{|}}{CH}-CH_2Cl$; $CH_3-\underset{\underset{CH_3}{|}}{\overset{\overset{Cl}{|}}{C}}-CH_3$

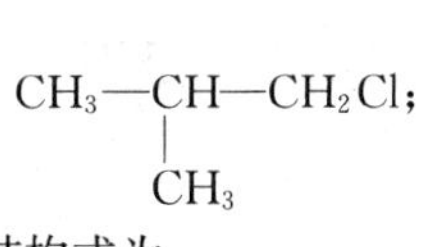

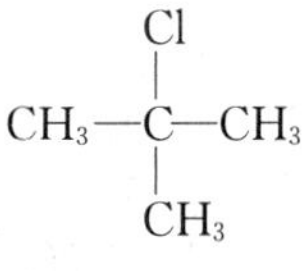

2,2-二甲基戊烷的一氯代物4种,结构式为:

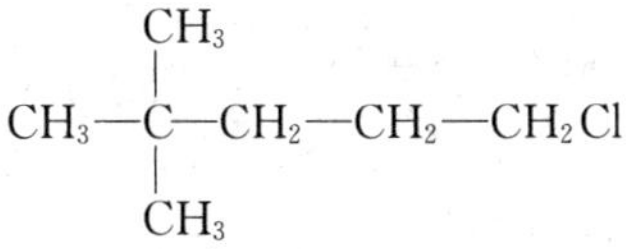

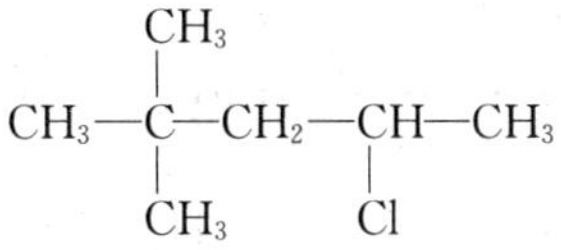

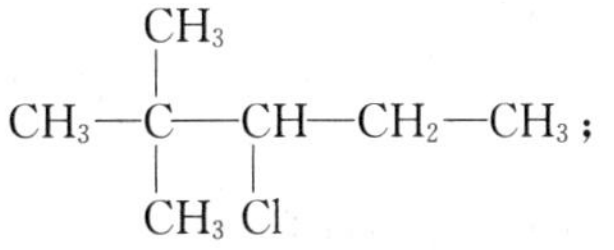

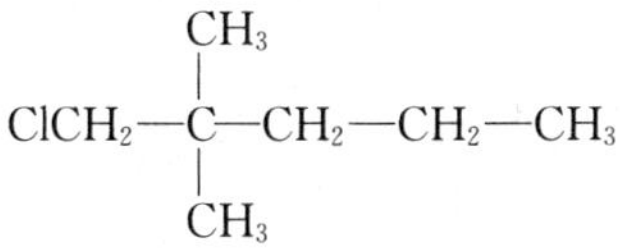

$CH_3-\underset{\underset{CH_3}{|}}{\overset{\overset{CH_3}{|}}{C}}-CH_2-CH_2-CH_2Cl$; $CH_3-\underset{\underset{CH_3}{|}}{\overset{\overset{CH_3}{|}}{C}}-CH_2-\underset{\underset{Cl}{|}}{CH}-CH_3$; $CH_3-\underset{\underset{CH_3}{|}}{\overset{\overset{CH_3}{|}}{C}}-\underset{\underset{Cl}{|}}{CH}-CH_2-CH_3$;

$ClCH_2-\underset{\underset{CH_3}{|}}{\overset{\overset{CH_3}{|}}{C}}-CH_2-CH_2-CH_3$

9. (1) $CH_3-\overset{\overset{\displaystyle CH_3}{|}}{\underset{\underset{\displaystyle CH_3}{|}}{C}}-CH_3$ (2) $CH_3-CH_2-CH_2-CH_2-CH_3$ (3) $CH_3-\overset{\overset{\displaystyle }{|}}{\underset{\underset{\displaystyle CH_3}{|}}{CH}}-CH_2-CH_3$

(4) $CH_3-\overset{\overset{\displaystyle CH_3}{|}}{\underset{\underset{\displaystyle CH_3}{|}}{C}}-CH_3$

10. 根据烷烃的对称性，该烷烃的结构式为：$CH_3-\overset{\overset{\displaystyle CH_3}{|}}{\underset{\underset{\displaystyle CH_3}{|}}{C}}-\overset{\overset{\displaystyle CH_3}{|}}{\underset{\underset{\displaystyle CH_3}{|}}{C}}-\overset{\overset{\displaystyle CH_3}{|}}{\underset{\underset{\displaystyle CH_3}{|}}{C}}-CH_3$

11. 根据烷烃通式，得到此烷烃的分子式为 C_7H_{16}；根据三种一氯代产物，说明烷烃有 3 种不同环境的氢，$CH_3\overset{\overset{\displaystyle CH_3}{|}}{CH}CH_2\overset{\overset{\displaystyle CH_3}{|}}{CH}CH_3$

第3章 烯 烃

1. (1) 2-乙基-1-丁烯 (2) 2,5-二甲基-3-丁基-2-庚烯
(3) 2,4-二甲基-2-己烯 (4) 1,6-二甲基环己烯

2. 1-戊烯；(E)-2-戊烯；(Z)-2-戊烯；2-甲基-1-丁烯；3-甲基-1-丁烯；2-甲基-2-丁烯

3. 乙烯基:1-戊烯、3-甲基-1-丁烯 丙烯基:(E)-2-戊烯、(Z)-2-戊烯
烯丙基:1-戊烯 异丙烯基:2-甲基-1-丁烯

4. (1) E (2) Z (3) E (4) Z

5. 3-乙基-3-己烯 σ sp^3-sp^3 C_1-C_2 $C_{1'}-C_{2'}$ C_5-C_6
sp^2-sp^3 C_2-C_3 $C_3-C_{1'}$ C_4-C_5

6. (1) $(CH_3)_2CHCH_3$ (2) $(CH_3)_2CBrCH_2Br$ (3) $(CH_3)_2CClCH_3$
(4) $(CH_3)_2COHCH_3$ (5) $(CH_3)_2COHCH_2Br$ (6) $(CH_3)_2CHCH_2OH$
(7) CH_3COCH_3+HCHO (8) $(CH_3)_2COHCH_2OH$

7. (1) C>B>A (2) B>A>D>C

8. (1) $CH_3CH_2\overset{\overset{\displaystyle OSO_3H}{|}}{CH}CH_3$ (2) $(CH_3)_2CBrCH_3$ (3) [环己烷基带 OH]

(4) $CH_2ClCH_2CCl_3$ (5) $CH_3CHBrCH=CH_2$ (6) [环戊烯带 Br]

(7) [十氢萘二酮结构] (8) $(CH_3)_2CHCOCH_3$，CH_3COOH

9. 溴的四氯化碳溶液或碱性高锰酸钾

10.

11. A. $CH_3CH=CHCH_2CH_2CH_3$ B. $(CH_3)_2C=C(CH_3)CH_2CH_3$
C. $CH_3CH=C(CH_2CH_3)_2$

12. A 2,3-二甲基-2,6-辛二烯 $CH_3\overset{\overset{\displaystyle }{}}{C}=\overset{\overset{\displaystyle }{}}{C}CH_2CH_2CH=CHCH_3$ (带两个 CH_3)

第4章 炔烃和二烯烃

1. (1) C (2) A (3) A (4) B (5) B (6) C (7) C (8) B (9) A (10) D

2. (1) 3-甲基-1-丁炔 (2) 3-乙基-4-己烯-1-炔 (3) 2-甲基-2,3-戊二烯

(4) 2,7-二甲基-2,6-壬二烯 (5) 2,4-二甲基-1,3,5-己三烯

(6) 4-甲基-1,3-戊二烯 (7) 5-甲基-1,3-环己二烯 (8) (Z,Z)-2,4-庚二烯

3.

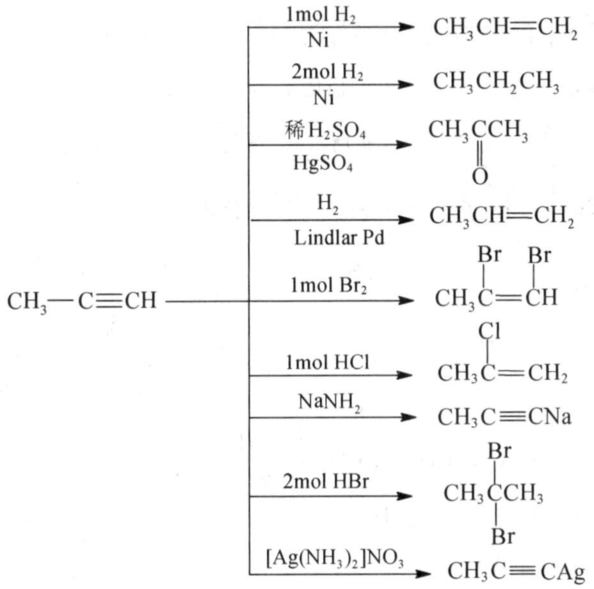

4. (1) $CH_3CH_2\underset{\displaystyle Br}{C}=CHBr$ (2) $CH_3CH_2CH_2COOH+CO_2$ (3)

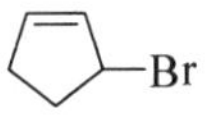

(4) 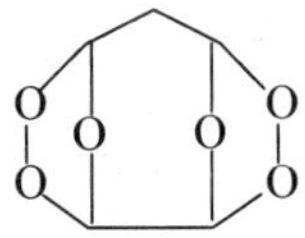 $OHCCH_2CHO+OHC{-}CHO$ (5) $NaC{\equiv}CNa$ $CH_3CH_2C{\equiv}CCH_2CH_3$

(6) $CH_3\underset{\displaystyle CH_3}{C}=CHCH_2Cl$ (7) $2HOOCCH_2COOH$

(8) $CuC{\equiv}CCH_2CH_2CH_3$ $HC{\equiv}CCH_2CH_2CH_3$

(9) $CH_3CH_2C{\equiv}CNa$ $CH_3CH_2C{\equiv}CCH_2CH_3$ $CH_3CH_2\overset{\displaystyle O}{\overset{\displaystyle \|}{C}}CHCH_2CH_3$

(10) $CH_3CH{-}CH{-}CH=CHCH_3$
$\underset{\displaystyle Br}{|}\ \underset{\displaystyle Br}{|}$

（低温时以1,2加成为主）

(11) 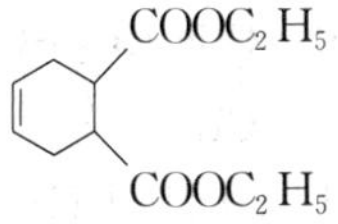 (12)  (13)

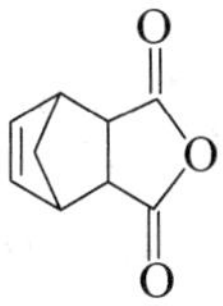

(14) $2CH_3CHO$, $CH_3\overset{\displaystyle O}{\overset{\displaystyle \|}{C}}{-}CHO$ （每断裂一个 $\diagup C=C \diagdown$,就会产生两个 $\diagup C=O$ ）

5. (1) 中双键、叁键为隔离体系,亲电加成结果主要与双键、叁键各自的加成活性有关。因亲电加成反应中双键比叁键活泼,所以 HCl 的加成反应主要发生在双键上。

(2) 中若 HCl 加在双键上,生成 $CH_3CHClC{\equiv}CH$;而加在叁键上生成的是一个共轭二烯烃。后者比前者稳定,所以加成反应在叁键上进行,此结果是由产物的稳定性决定的。

6. (1)

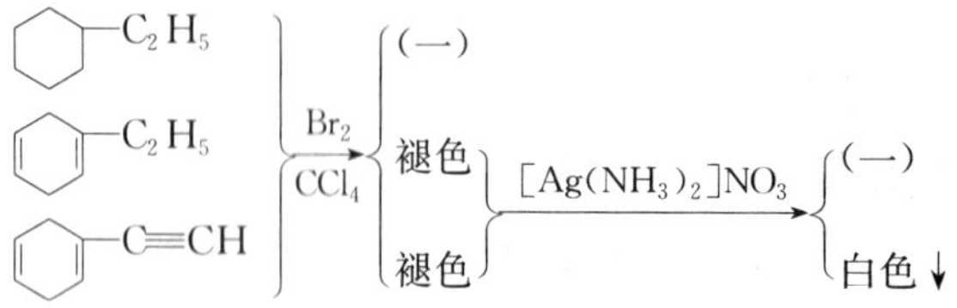

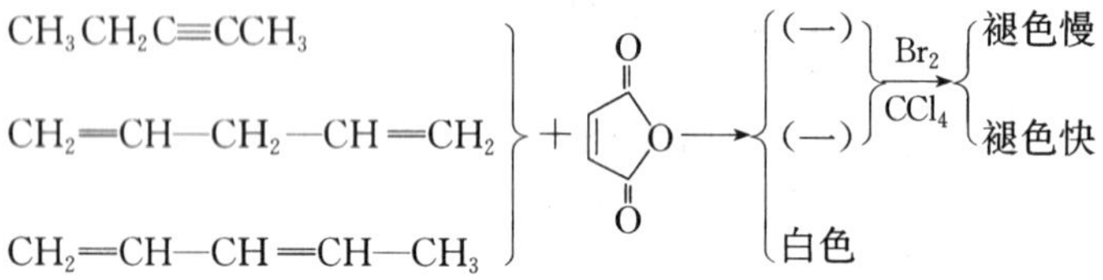

7. (1) $CH{\equiv}CH \xrightarrow[\text{液氨}]{2NaNH_2} NaC{\equiv}CNa \xrightarrow{2CH_3I} CH_3C{\equiv}CCH_3 \xrightarrow{H_2 \atop BaSO_4/Pd,\text{喹啉}}$

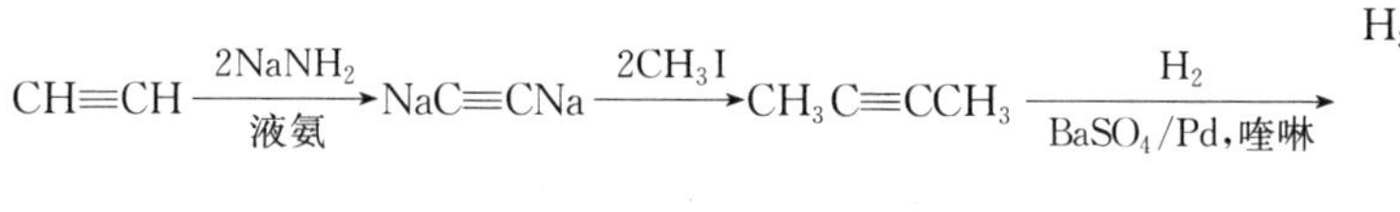

(2) $HC{\equiv}CH \xrightarrow[\text{液氨}]{NaNH_2} \xrightarrow{CH_3CH_2CH_2Br} HC{\equiv}CCH_2CH_2CH_3 \xrightarrow[HgSO_4/H_2SO_4]{H_2O}$

$[CH_2{=}CCH_2CH_2CH_3] \atop \qquad\ \ OH \quad \Longleftrightarrow \quad CH_3CCH_2CH_2CH_3 \atop \qquad\qquad\qquad O$

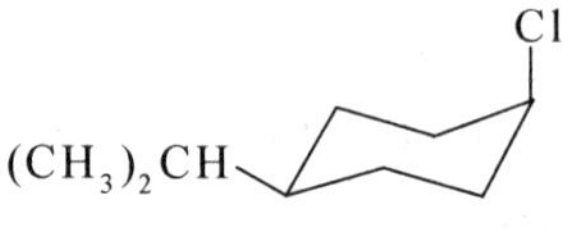

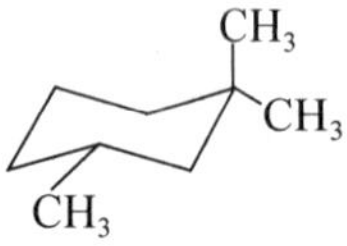

第 5 章　脂环烃

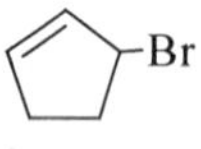

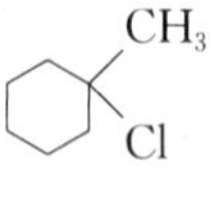

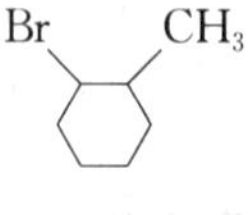

1. (1) 1-氯-3,4-二甲基双环[4.4.0]-3-癸烯　　(2) 1,7-二甲基螺[4.5]癸烷
(3) 椅式-顺-1,2-二甲基环己烷　　(4) 3-甲基环己烯
(5) 双环[2.2.2]辛烷

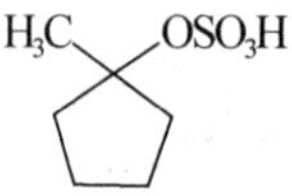

2. (1)

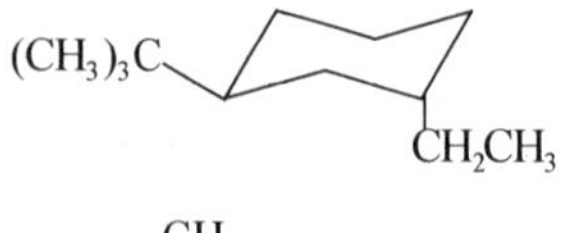

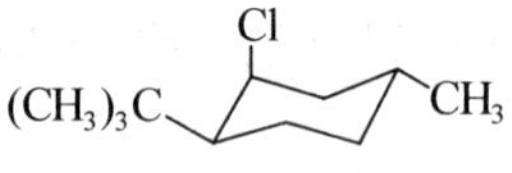

3. (1)

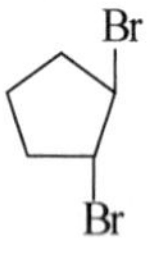

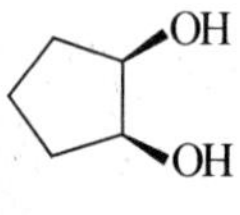

(6) $HOOC(CH_2)_3COOH$　(7)

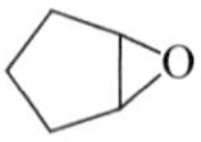

(10)

4. (1) 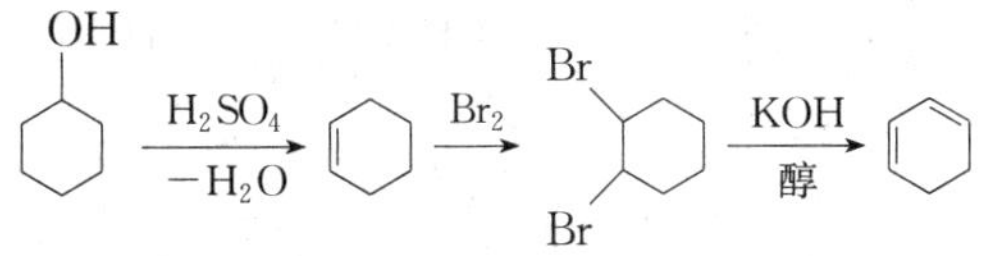

(2) 由(1)中 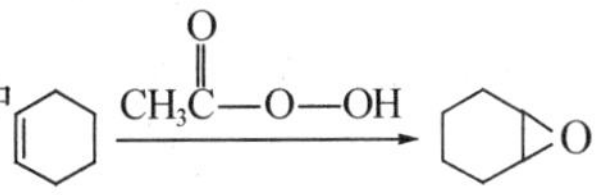

(3) 由(1)中 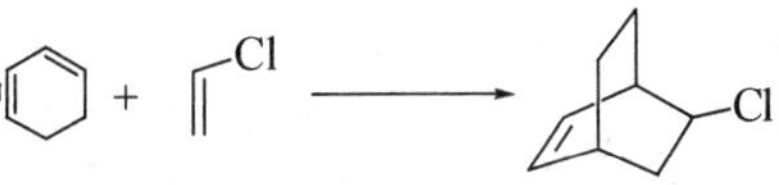

(4) 由(1)中 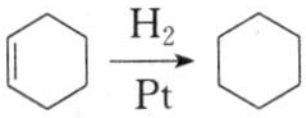

第6章　芳香烃

1. (1) 2-硝基-3,5-二溴甲苯　(2) 2,6-二硝基-3-甲氧基甲苯　(3) 2-硝基对甲苯磺酸　(4) 三苯甲烷　(5) 反二苯基乙烯　(6) 环己基苯　(7) 3-苯基戊烷　(8) 间溴苯乙烯　(9) 对溴苯胺　(10) 对氨基苯甲酸　(11) 8-氯萘甲酸　(12) (*E*)-1-苯基-2-丁烯

2. (1) 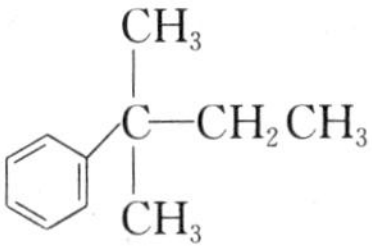　(2) 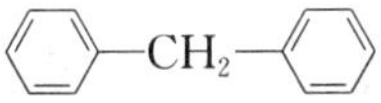　(3) 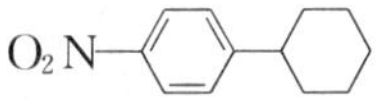

(4) (A) 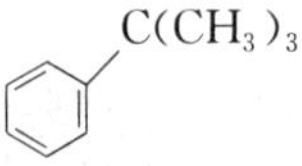　(B) 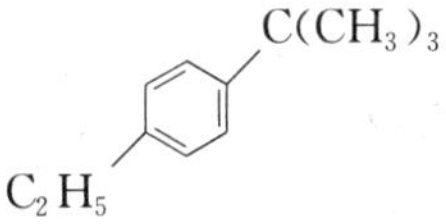　(C) 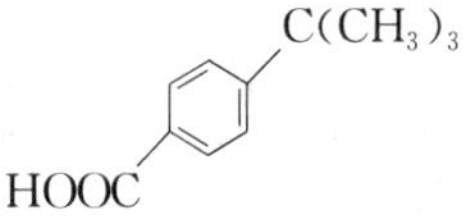

(5) 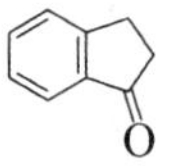　(6) (A) 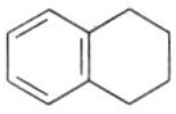　(B) 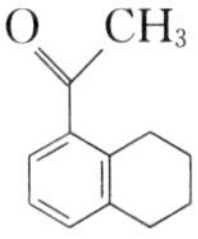　(7) 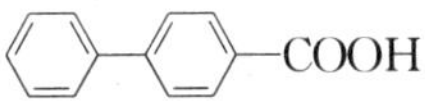

(8) 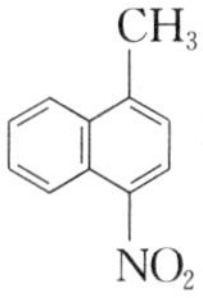

3. (1) 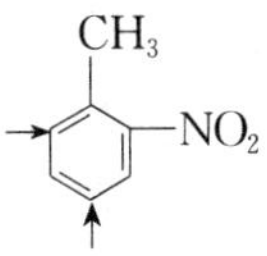　(2) 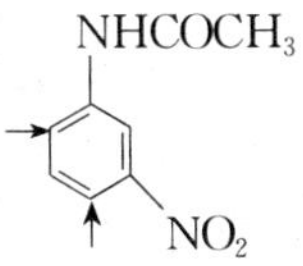　(3) 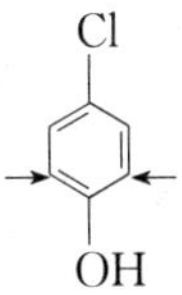　(4) 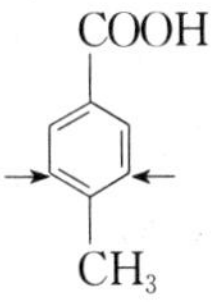　(5) 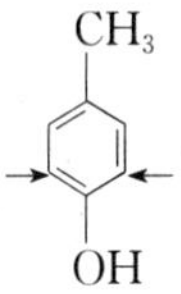

(6) 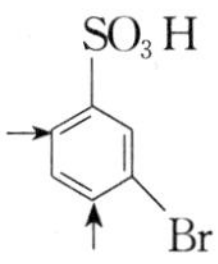　(7) 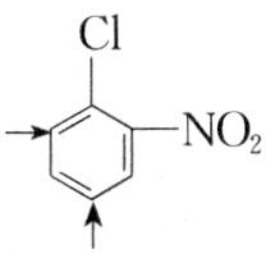　(8) 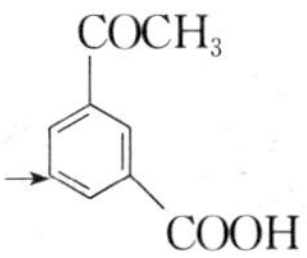　(9) 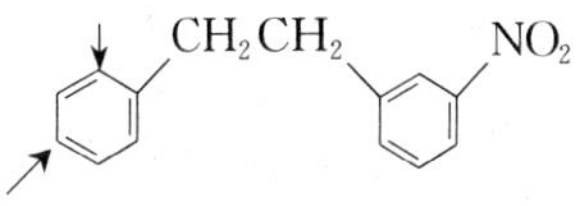

(10) 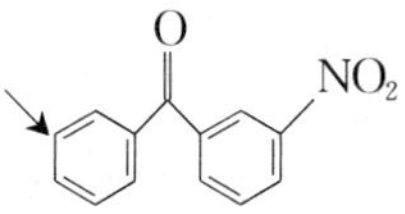

4. (1) 1,2,3-三甲苯>间二甲苯>甲苯>苯　　(2) 甲苯>苯>硝基苯

(3) CH_3苯 > CH_3/COOH > COOH/COOH > COOH/COOH

(4) CH_2CH_3 > CH_2NO_2 > NO_2

5. (1) 苯(CH_3) $\xrightarrow[H_2SO_4]{HNO_3}$ (CH_3, NO_2) $\xrightarrow{KMnO_4}$ (COOH, NO_2)

(2) (CH_3) $\xrightarrow{H_2SO_4}$ (CH_3, SO_3H) $\xrightarrow[H_2SO_4]{HNO_3}$ (CH_3, NO_2, SO_3H) $\xrightarrow[180℃]{H_2O/H^+}$ (CH_3, NO_2) $\xrightarrow{KMnO_4}$ (COOH, NO_2)

(3) ($\bigcirc$) $\xrightarrow[\triangle]{Cl_2,\ Fe}$ (Cl) $\xrightarrow[H_2SO_4]{HNO_3}$ (Cl, NO_2)

(4) (CH_3) $\xrightarrow[H_2SO_4]{HNO_3}$ (CH_3, NO_2) $\xrightarrow[\triangle]{Br_2,\ Fe}$ (Br, CH_3, Br, NO_2)

(5) 2($\bigcirc$) $\xrightarrow[铁管]{700℃}$ (联苯) $\xrightarrow[AlCl_3]{O=\bigcirc=O}$ (···O, COOH) $\xrightarrow[HCl]{Zn-Hg}$ (···COOH)

(6) ($\bigcirc$) $\xrightarrow[AlCl_3]{CH_2=CHCH_2Cl}$ ($CH_2CH=CH_2$) $\xrightarrow{HCl}$ (CH_2CHCH_3, Cl) $\xrightarrow[C_2H_5OH]{NaOH}$

($\bigcirc$—CH=CHCH_3)

(7) (萘) $\xrightarrow[H_2SO_4]{HNO_3}$ (NO_2) $\xrightarrow[160℃]{H_2SO_4}$ (SO_3H, NO_2)

(8) (CH_3) $\xrightarrow{H_2SO_4}$ (CH_3, SO_3H) $\xrightarrow[Fe]{Br_2}$ (Br, CH_3, Br, SO_3H) $\xrightarrow[\triangle]{混酸}$ (Br, CH_3, NO_2, SO_3H)

$\xrightarrow[180℃]{H_2O/H^+}$ (Br, CH_3, NO_2) $\xrightarrow{KMnO_4}$ (Br, COOH, NO_2)

(9) (萘) $\xrightarrow[V_2O_5,\Delta]{O_2}$ (邻苯二甲酸酐) $\xrightarrow[AlCl_3]{\bigcirc}$ (···CO_2H) $\xrightarrow{H_2SO_4}$ (蒽醌)

(10) ($\bigcirc$—CH_3) $\xrightarrow{KMnO_4}$ ($\bigcirc$—COOH) $\xrightarrow{SOCl_2}$ ($\bigcirc$—C—Cl, O) $\xrightarrow[AlCl_3]{CH_3}$ ($\bigcirc$—CO—$\bigcirc$—CH_3)

6.

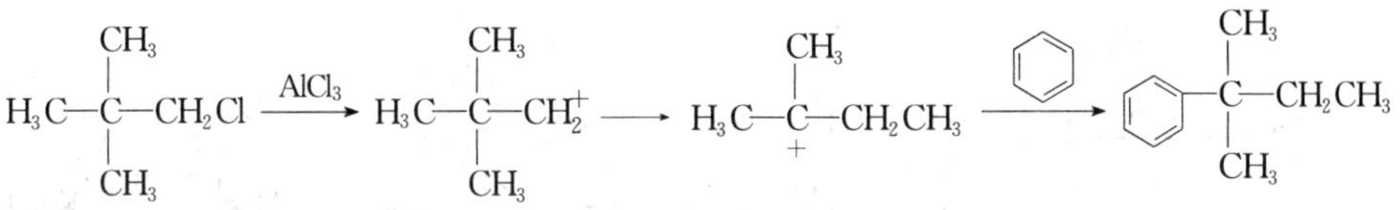

$$H_3C-\overset{\overset{\displaystyle CH_3}{|}}{\underset{\underset{\displaystyle CH_3}{|}}{C}}-CH_2Cl \xrightarrow{AlCl_3} H_3C-\overset{\overset{\displaystyle CH_3}{|}}{\underset{\underset{\displaystyle CH_3}{|}}{C}}-CH_2^+ \longrightarrow H_3C-\overset{\overset{\displaystyle CH_3}{|}}{\underset{+}{C}}-CH_2CH_3 \longrightarrow$$

碳正离子稳定性:三级碳正离子＞一级碳正离子

第7章 对映异构体

1. (略)

2. (1) $C_2H_5CH=CH-CH(CH_3)CH=CHC_2H_5$ 非手性分子

(2) $CH_3\overset{*}{C}HD\overset{*}{C}H(CH_3)CH_2CH_3$ 手性分子

(3) 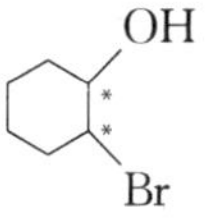 手性分子 (4) 1,3-二氯丙二烯 手性分子,无手性碳原子

(5) 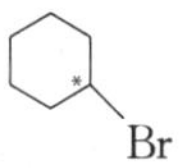 手性分子 (6) 2-甲基庚烷 非手性分子

(7) 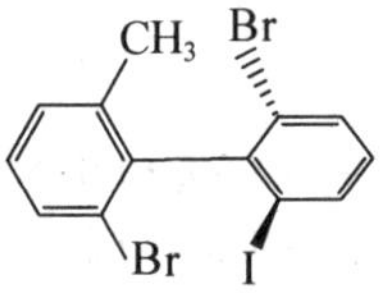 手性分子,无手性碳原子

(8) 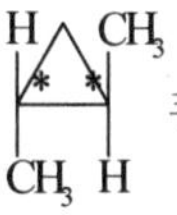 手性分子

(9) 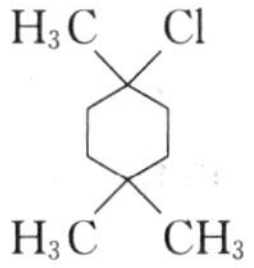 非手性分子

3.

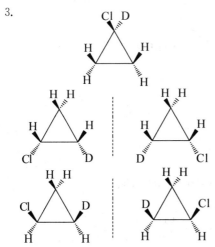

4. (1) (S)-2-溴丁烷 (2) (R)-3-溴-1-戊烯 (3) (R)-2-甲基-3-丁炔醛
(4) (2S,3S)-2-氯-3-溴戊烷 (5) (S)-2-氯丙酸 (6) (R)-氯代碘代甲磺酸

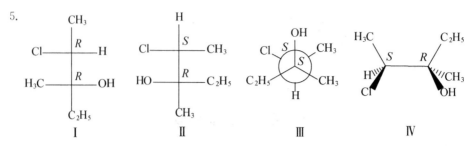

5.

Ⅰ和Ⅲ互为对映体；Ⅰ和Ⅱ，Ⅰ和Ⅳ，Ⅱ和Ⅲ，Ⅲ和Ⅳ，均为非对映体；Ⅱ和Ⅳ相同。

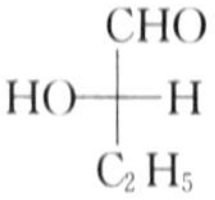

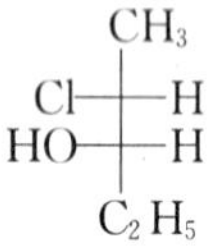

6.

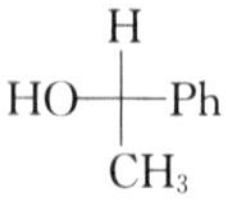

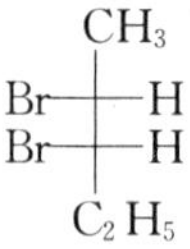

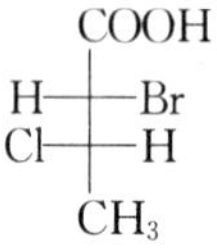

7. Ⅰ有对称面，是非手性分子；Ⅱ有对称面，是非手性分子；Ⅲ无对称面，无对称中心，是手性分子；Ⅳ有对称面，是非手性分子；Ⅴ无对称面，无对称中心，是手性分子。

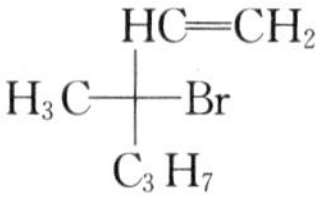

8. 手性分子：Ⅰ，Ⅲ，Ⅵ；非手性分子：Ⅱ，Ⅳ，Ⅴ

9. 通过$[\alpha]_\lambda^t = \alpha / (l \times c)$可以计算出该溶液的浓度为$(-2.5)/(-50) = 0.05 \text{ g} \cdot \text{mL}^{-1}$，由于溶液为 20 mL，肾上腺素的质量正好为$0.05 \text{ g} \cdot \text{mL}^{-1} \times 20 \text{ mL} = 1 \text{ g}$。该样品只有左旋体，药用是安全的。

10.

第 8 章 卤代烃

1. (1) 1,2,2-三溴丙烷　(2) 3,3,5-三甲基-2-氯己烷　(3) 3,6-二甲基-5-氯-1,5-庚二烯　(4) (S)-3-氯-1-戊烯　(5) 异丁基溴化镁　(6) 5-溴-1,3-环己二烯　(7) 4-甲基-5-氯-2-戊炔　(8) (3R,4R)-3-氯-4-溴-1-戊烯　(9) 5-甲基-1-溴环戊烯　(10)

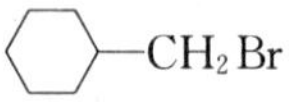

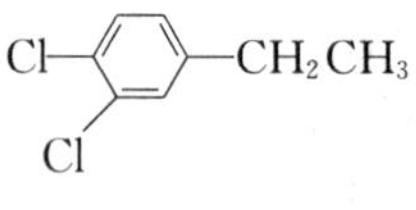

2. (1) B＞A＞C　(2) C＞D＞A＞B

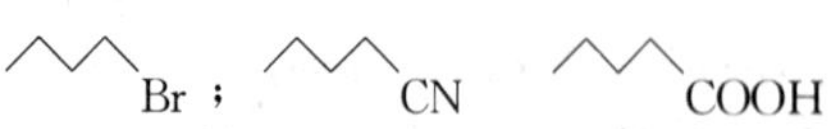

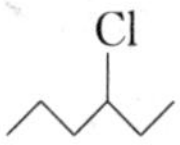

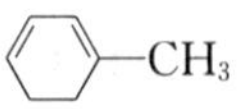

3. (1)

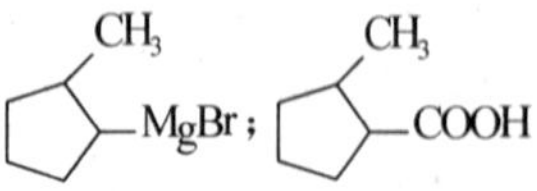

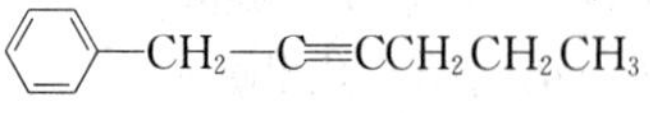

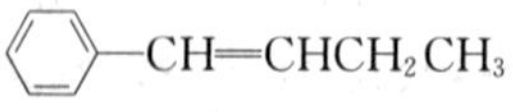

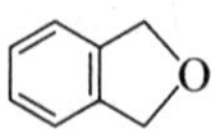

4. (1) （drawn structure: 2-hexanol）$\xrightarrow{SOCl_2}$ （2-chlorohexane）$\xrightarrow[Et_2O]{Mg}$ （hexyl-MgCl）$\xrightarrow[②\ H_2O/H^+]{①\ CO_2}$ （carboxylic acid COOH）

(2) （toluene C$_6$H$_5$—CH$_3$）$\xrightarrow[Fe]{Cl_2}$ Cl—C$_6$H$_4$—CH$_3$ $\xrightarrow[h\nu]{Cl_2}$ Cl—C$_6$H$_4$—CH$_2$Cl

(3) $2HC\equiv CH \xrightarrow[NH_4Cl]{Cu_2Cl_2} CH_2=CH-C\equiv CH \xrightarrow[\text{Lindlar cat.}]{H_2}$ （1,3-butadiene） $\xrightarrow{}$ （cyclohexene with two CH$_2$Br groups）

（with CH$_2$Br, CH$_2$Br substituents）

$\downarrow Br_2$ （on butadiene-dibromide） → （1,4-dibromo-2-butene: CH$_2$Br / CH$_2$Br）

$\downarrow Br_2$ → （tetrasubstituted cyclohexane: Br, CH$_2$Br, Br, CH$_2$Br）

(4) $CH_3CH_2CH_2Cl \xrightarrow[\triangle]{KOH-C_2H_5OH} CH_3CH=CH_2 \xrightarrow[h\nu]{Cl_2} CH_2CH=CH_2$ (with Cl) $\xrightarrow{Cl_2} CH_2-CH-CH_2$ (with Cl, Cl, Cl)

(5) （bromobenzene C$_6$H$_5$—Br）$\xrightarrow[Et_2O]{Mg}$ （C$_6$H$_5$—MgBr）$\xrightarrow[②\ H_2O/H^+]{①\ \text{（ethylene oxide）}}$ （C$_6$H$_5$—CH$_2$CH$_2$OH）

5. A. $CH_3CH_2CH_2Cl$ B. $CH_3CH=CH_2$ C. CH_3CH-CH_3 (with Cl)

$CH_3CH_2CH_2Cl \xrightarrow[\triangle]{KOH-C_2H_5OH} CH_3CH=CH_2 \xrightarrow{HCl} CH_3CH-CH_3$ (with Cl)

6. A. （1,1-dimethylcyclopropane: CH$_3$, CH$_3$） B. （CH$_3$, CH$_3$, CH$_3$, Br on carbon） C. （CH$_3$, CH$_3$, CH$_3$ alkene）

（1,1-dimethylcyclopropane）$\xrightarrow{HBr}$ （CH$_3$, CH$_3$, CH$_3$, Br）$\xrightarrow[\triangle]{KOH-C_2H_5OH}$ （CH$_3$, CH$_3$, CH$_3$ alkene）$\xrightarrow[H^+]{KMnO_4}$ （CH$_3$CH$_3$C=O (丙酮) $+CH_3COOH$）

7. A. CH_3—C$_6$H$_4$—CH_3 B. CH_3—C$_6$H$_3$(Br)—CH_3 C. CH_3—C$_6$H$_3$(Br)—CH_2Cl D. $ClCH_2$—C$_6$H$_3$(Br)—CH_3

CH_3—C$_6$H$_4$—$CH_3 \xrightarrow[Fe]{Br_2} CH_3$—C$_6H_3$(Br)—$CH_3 \xrightarrow[h\nu]{Cl_2} CH_3$—C$_6H_3$(Br)—$CH_2Cl + ClCH_2$—C$_6H_3$(Br)—$CH_3$

8. A. $Cl-CH_2CH_2CHCH_3$ (with CH$_3$) B. $CH_2=CHCHCH_3$ (with CH$_3$)

$Cl-CH_2CH_2CHCH_3$ (with CH$_3$) $\xrightarrow[\triangle]{KOH-C_2H_5OH} CH_2=CHCHCH_3$ (with CH$_3$) $\xrightarrow[②\ H_2O/Zn]{①\ O_3} CH_2=O + O=CHCHCH_3$ (with CH$_3$)

甲醛   异丁醛

9. A. $CH_3CH-CH=CH_2$ (with Br) B. $CH_3CHCHCH_2$ (with Br, Br, Br) C. $CH_2=CH-CH=CH_2$

10. A. 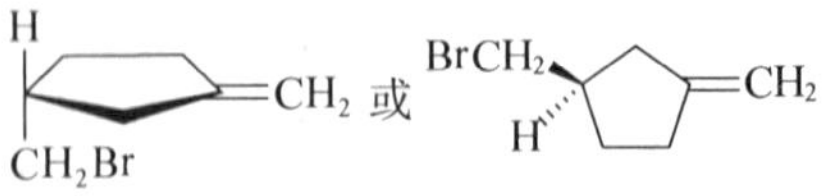 或   B. 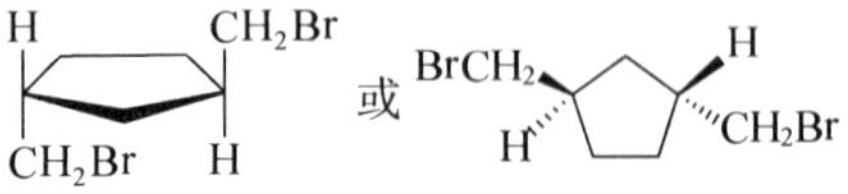 或

C. 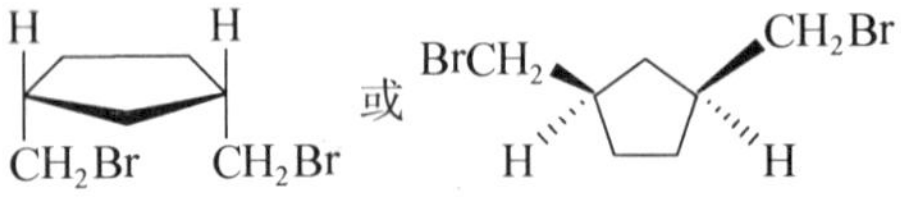 或   D.

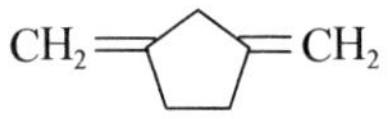

第 9 章　有机化合物的波谱分析

1. (1) 4 组　(2) 2 组　(3) 2 组　(4) 3 组　(5) 1 组　(6) 4 组　(7) 3 组　(8) 1 组　(9) 1 组
(10) 1 组　(11) 4 组　(12) 4 组

2. (1) 2,2,3,3-四甲基丁烷　(2) 环戊烷　(3) 1,3,5,7-环辛四烯　(4) 叔丁基溴　(5) 1,2-二氯乙烷　(6) 1,1,1-三氯乙烷　(7) 四(氯甲基)甲烷

3. D

4. C＝C 对应 3 号吸收峰，C＝C—H 对应 1,6 吸收峰，CH_3 C—H 对应 2,4,5 吸收峰

5. (1) 2-甲基-1-氯丙烷　(2) 1-氯丁烷　(3) 2-氯丁烷

6. 1,3-二溴丁烷

7. (1) 对二乙苯　(2) A 2,3-二甲基-2-丁烯　B 2,3-二甲基-1-丁烯　(3) 1,1,2,2-四氯乙烷
(4) 对硝基溴苯

8. 3-苯基-1-丙烯　^{1}H NMR δ:3.1 (d, 2H, CH_2), 4.8 (m, 1H, ＝CH_2), 5.1 (m, 1H, ＝CH_2), 5.8 (m, 1H, ＝CH), 7.5 (m, 5H, Ph-)

9. 2,4,4-三甲基-1-戊烯

10. 丙酮

第 10 章　醇、酚、醚

1. (1) C　(2) A　(3) B　(4) C

2. (1) 2-对氯苯基乙醇　(2) 4-甲基-2-氟-3-氯-1-戊醇　(3) 2,5-环己二烯-1-醇
(4) 4-苯基-1,6-庚二烯-4-醇　(5) 2,2-二甲基-3-戊炔-1-醇　(6) 5-硝基-3-氯-1,2-苯二酚
(7) 2-甲基-1-甲氧基丙烷　(8) 2-甲基-4-甲氧基-2-丁醇　(9) 1,2,3-三甲氧基丙烷　(10) 1,2-环氧丁烷

3. (1) $CH_3CH＝CHCH_2OH$　(2) 　(3)

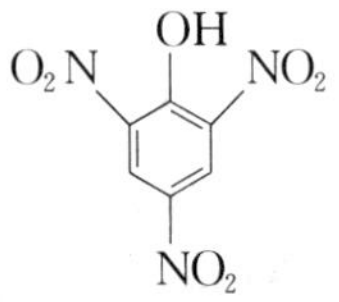

(4) $CH_2＝CH—CH_2—O—CH_2CH_2CH_3$　(5) $CH_3CH_2OCH_2CH_2OH$

(6)

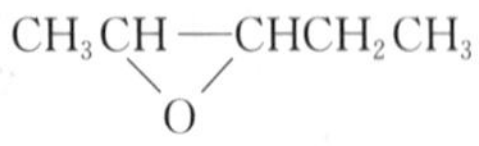

4. (1)

(2)

(3) $\underset{\overset{\displaystyle OH}{|}}{CH_3CHCH_3}$ $\xrightarrow[>160℃]{浓\ H_2SO_4}$ $CH_3CH\!=\!CH_2$

(4) $\underset{\overset{\displaystyle OH}{|}}{CH_3CHCH_3}$ $\xrightarrow[<140℃]{浓\ H_2SO_4}$ $(CH_3)_2CHOCH(CH_3)_2$

(5) $\underset{\overset{\displaystyle OH}{|}}{CH_3CHCH_3}$ $\xrightarrow{NaBr+H_2SO_4}$ $\underset{\overset{\displaystyle Br}{|}}{CH_3CHCH_3}$ (6) $\underset{\overset{\displaystyle OH}{|}}{CH_3CHCH_3}$ $\xrightarrow{I_2+P}$ $\underset{\overset{\displaystyle I}{|}}{CH_3CHCH_3}$

5. (1) $\underset{\overset{\displaystyle CH_2ONO_2}{|}}{CH_2ONO_2}$ (2) $(CH_3)_2CHI+CH_3I$ (3)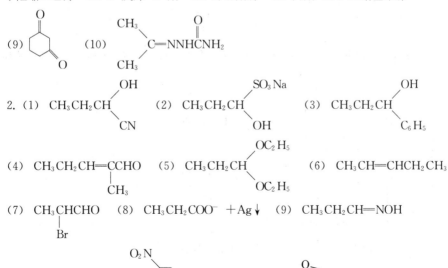

(4) $\underset{\underset{\displaystyle Br\quad OH}{|\qquad|}}{CH_3CH_2\!-\!CH\!-\!CH_2}$ (5) 苯基-$CH_2CH_2CH_2OH$

6. (1) 向混合物中加入少量无水氯化钙生成结晶醇,再过滤掉结晶醇。

(2) 向混合物中加入少量氢氧化钠水溶液,苯酚生成苯酚钠盐而溶于水,将下层含盐水溶液分去即得脱除苯酚的环己醇。

7. A. (环己烯-OH) B. (环己醇-OH) C. (环己酮=O) D. (环己烯)

8. A. $\underset{\overset{\displaystyle CH_3\ CH_3}{|\quad|}}{CH_3\!-\!\overset{|}{\underset{|}{C}}\!-\!\overset{|}{\underset{|}{CH}}\!-\!CH_3}$ B. $\underset{\overset{\displaystyle CH_3\ CH_3}{|\quad|}}{CH_3\!-\!C\!=\!C\!-\!CH_3}$ C. $\underset{\overset{\displaystyle CH_3\ CH_3}{|\quad|}}{CH_3\!-\!\overset{\displaystyle OH\ OH}{\overset{|\quad|}{C\!-\!C}}\!-\!CH_3}$

第11章 醛、酮和醌

1. (1) 3-甲基戊醛   (2) 2-甲基-3-戊酮   (3) 3-甲氧基苯甲醛   (4) 二苯甲酮
(5) 丁醛缩二乙醇   (6) 1-戊烯-3-酮   (7) 环己酮肟   (8) 丙酮-2,4-二硝基苯腙

(9) (环己烷-1,3-二酮)   (10) $\underset{\overset{\displaystyle CH_3}{|}}{\underset{\overset{\displaystyle |}{CH_3}}{C}}\!=\!\overset{\overset{\displaystyle O}{\|}}{NNHCNH_2}$

2. (1) $\underset{\overset{\displaystyle OH}{|}}{\underset{\overset{\displaystyle |}{CN}}{CH_3CH_2CH}}$ (2) $\underset{\overset{\displaystyle SO_3Na}{|}}{\underset{\overset{\displaystyle |}{OH}}{CH_3CH_2C}}$ (3) $\underset{\overset{\displaystyle OH}{|}}{\underset{\overset{\displaystyle |}{C_6H_5}}{CH_3CH_2C}}$

(4) $\underset{\overset{\displaystyle CH_3}{|}}{CH_3CH_2CH\!=\!CCHO}$ (5) $\underset{\overset{\displaystyle OC_2H_5}{|}}{\underset{\overset{\displaystyle |}{OC_2H_5}}{CH_3CH_2CH}}$ (6) $CH_3CH\!=\!CHCH_2CH_3$

(7) $\underset{\overset{\displaystyle Br}{|}}{CH_3CHCHO}$ (8) $CH_3CH_2COO^-+Ag\!\downarrow$ (9) $CH_3CH_2CH\!=\!NOH$

(10) $\underset{\overset{\displaystyle H}{|}}{CH_3CH_2\!-\!C\!=\!NNH\text{-}(2,4\text{-二硝基苯基})}$ (11) $\underset{\overset{\displaystyle O}{\diagdown}}{\overset{\displaystyle O}{\diagup}}CH_3CH_2CH$ (12) $CH_3CH_2CH_2OH$

3. (1) $C_6H_5COCHO \xrightarrow{HCN} C_6H_5-\overset{\overset{O}{\|}}{C}-\overset{\overset{OH}{|}}{C}H-CN$

(2) $C_6H_5CHO + CH_3CH_2CH_2CHO \xrightarrow{稀OH^-} C_6H_5\underset{\underset{OH}{|}}{C}H-\underset{\underset{CHO}{|}}{C}HCH_2CH_3 \xrightarrow{\triangle} C_6H_5CH=\underset{\underset{CHO}{|}}{C}CH_2CH_3$

(3) $(CH_3)_3CCHO \xrightarrow{NaOH} (CH_3)_3CCOONa + (CH_3)_3CCH_2OH$

(4) $\xrightarrow{I_2, NaOH}$ $+ CHI_3 \downarrow$

(5) $+$ $\longrightarrow$

(6) $CH_3CH_2OH +$ $\cdots\cdots\cdots\rightarrow$

(7) $HOCH_2CH_2CH_2CH_2CHO \xrightarrow{干 HCl}$

(8) $+$ $\cdots\cdots\rightarrow$

(9) $+HBr \longrightarrow$ 　　(10) $\xrightarrow[H_3O^+]{CH_3MgI}$ 　　(11) $\xrightarrow{LiAlH_4}$

(12) $CH_3CH_2CH_2CHO \xrightarrow[\triangle]{稀OH^-} CH_3CH_2CH_2CH=\underset{\underset{CH_2CH_3}{|}}{\overset{\overset{CHO}{|}}{C}} \xrightarrow{LiAlH_4} CH_3CH_2CH_2CH=\underset{\underset{CH_2CH_3}{|}}{\overset{\overset{CH_2OH}{|}}{C}}$

(13) $\xrightarrow[\text{② } H_3O^+,\triangle]{\text{① } CH_3MgBr_2,干醚}$ $\xrightarrow[\substack{\text{② } B_2H_6 \\ \text{③ } H_2O_2,OH^-,H_2O}]{\text{① } H^+,\triangle}$

4. 能发生碘仿反应的物质有:(1)(3)(5)(6)(8);能和饱和 NaHSO₃溶液发生加成反应的物质有:
(1)(2)(6)(7)(9)。

5. (1) $\left\} \xrightarrow{I_2+NaOH} \right.$ $\begin{cases} CHI_3 \downarrow (黄) \\ \\ (-) \end{cases}$

(2) $\left\} \xrightarrow{Na} \right.$ $\begin{cases} H_2 \uparrow \\ (-) \\ (-) \end{cases}$ $\xrightarrow{I_2+NaOH}$ $\begin{cases} CHI_3 \downarrow (黄) \\ \\ (-) \end{cases}$

(3)

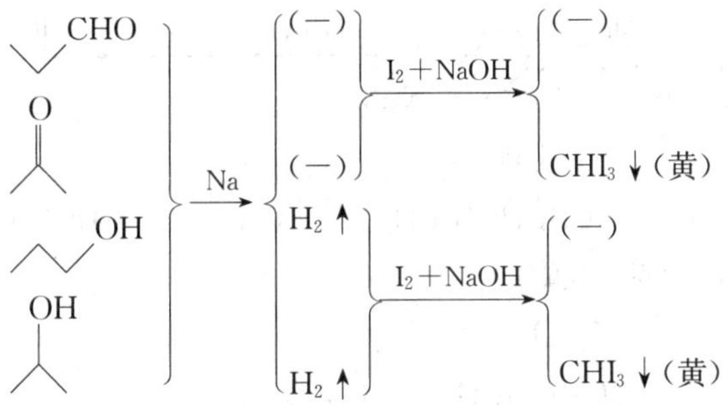

(4)

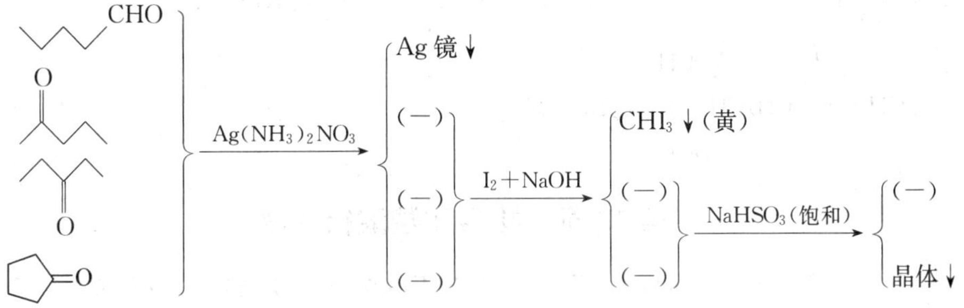

6. (1)

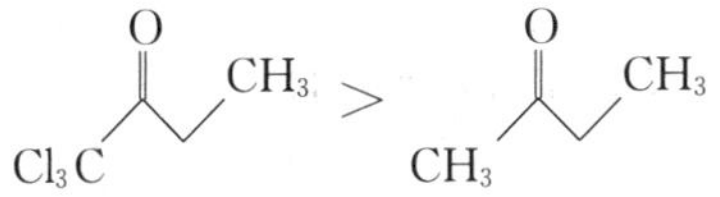

(2)

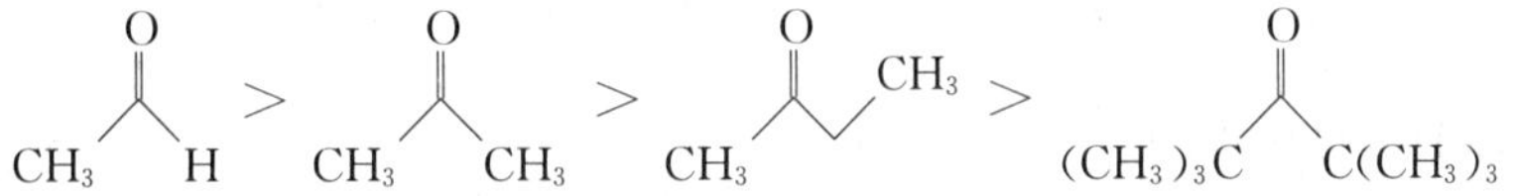

7. (1) $CH_3CH=CH_2 \xrightarrow[\text{过氧化物}]{HBr} CH_3CH_2CH_2Br$

$HC\equiv CH \xrightarrow{2NaNH_2} NaC\equiv CNa \xrightarrow{CH_3CH_2CH_2Br} CH_3CH_2CH_2C\equiv CCH_2CH_2CH_3 \xrightarrow{H_2O,Hg^{2+}}$

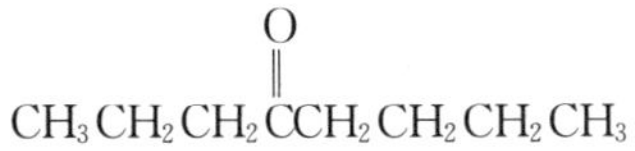

$CH_3CH_2CH_2CCH_2CH_2CH_3$

(2) $CH_2=CH_2 \xrightarrow[H^+]{H_2O} CH_3CH_2OH \xrightarrow{[O]} CH_3CHO$

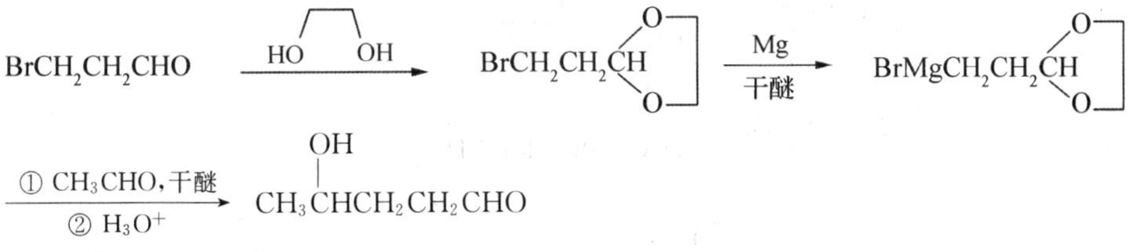

$BrCH_2CH_2CHO \xrightarrow{HO\quad OH} $ $\xrightarrow[\text{干醚}]{Mg}$

$\xrightarrow[\text{② } H_3O^+]{\text{① } CH_3CHO,\text{干醚}}$

(3) $\xrightarrow[HCl+CO]{AlCl_3-CuCl_2}$ $\xrightarrow[\text{稀 } OH^-,\triangle]{CH_3CHO}$

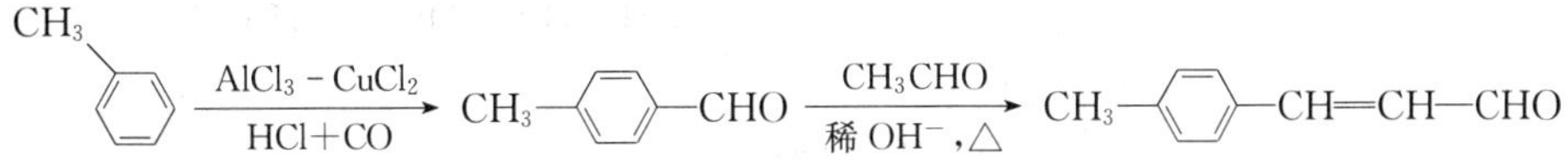

(4) $CH_3CH_2CH=CH_2 \xrightarrow[\text{过氧化物}]{HBr} CH_3CH_2CH_2CH_2Br \xrightarrow[\text{干醚}]{Mg} CH_3CH_2CH_2CH_2MgBr\ (A)$

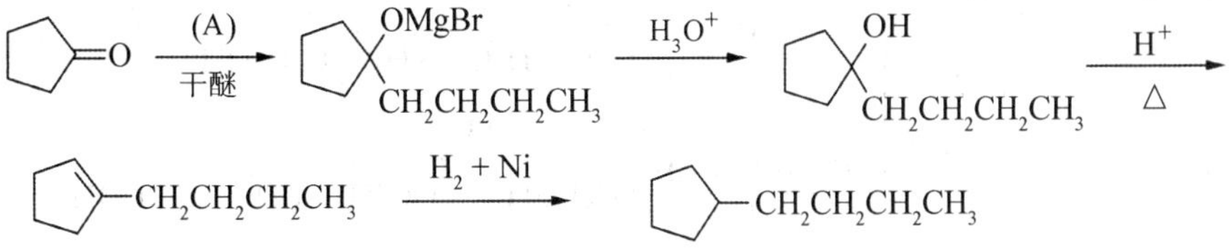

(5)

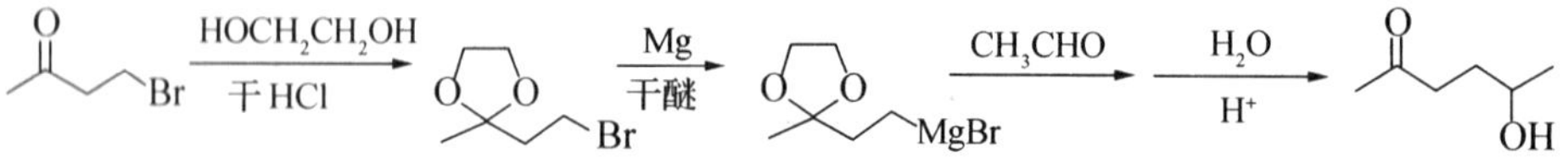

8. A. $(CH_3)_2CHCOCH_2CH_3$　B. $(CH_3)_2CHCHOHCH_2CH_3$　C. $(CH_3)_2C\!=\!CHCH_2CH_3$

D. CH_3CH_2CHO　E. $(CH_3)_2C\!=\!O$　（反应式略）

9. A. 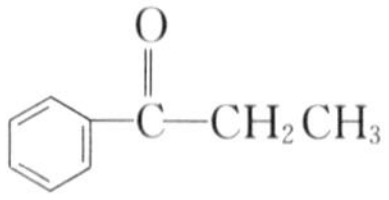 　B. 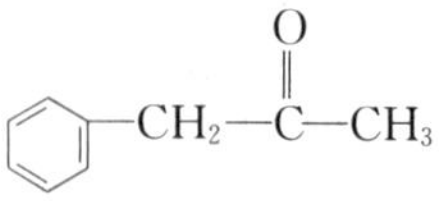 （反应式略）

10. 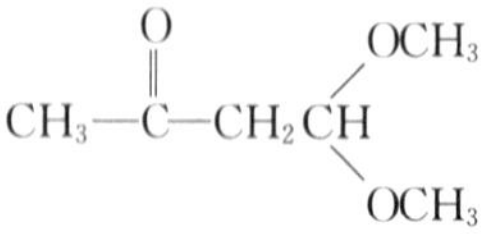 （反应式略）

第 12 章　羧酸和羧酸衍生物

1. (1) 2-甲基丙酸　(2) 邻羟基苯甲酸　(3) 2-丁烯酸　(4) 丁酰氯　(5) 丁酸酐　(6) 丙酸乙酯　(7) 3-溴丁酸　(8) 苯甲酰胺　(9) 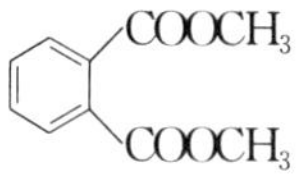 　(10) $HCOOCH(CH_3)_2$

(11) $CH_3CH_2CONHCH_3$　(12)

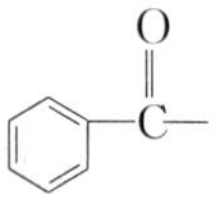

2. (1) D　(2) B　(3) A　(4) C　(5) C　(6) B

3.

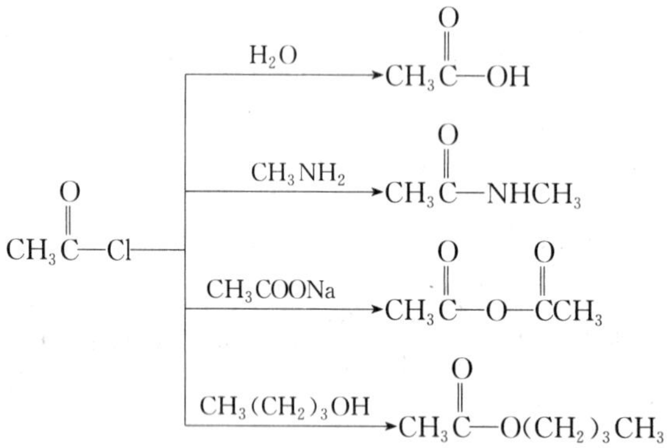

4.

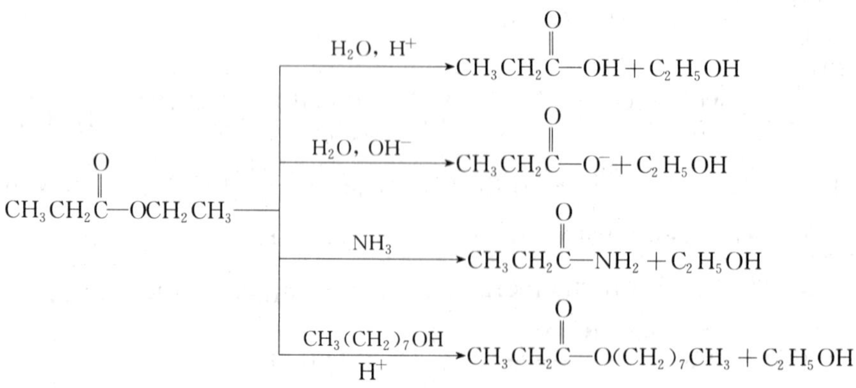

5. (1) $CH_3-\overset{O}{\overset{\|}{C}}-{}^{18}OC_2H_5 \xrightarrow{H_2O,\ H^+} CH_3\overset{O}{\overset{\|}{C}}-OH + C_2H_5{}^{18}OH$

(2) $CH_3-\overset{O}{\overset{\|}{C}}-{}^{18}OC_2H_5 \xrightarrow{H_2O,\ OH^-} CH_3\overset{O}{\overset{\|}{C}}-O^- + C_2H_5{}^{18}OH$

6. (1)

(2)

(3) $CH_3CH_2COCHCOOC_2H_5$ (with CH_3 branch)

(4)

(5) $HOCH_2CH_2CH_2OH$ (6) $HOOCCH_2CH_2COOH$

7. (1) H_2, $Pd-BaSO_4$ (2) ① $LiAlH_4$, Et_2O ② H_2O (3) Na, C_2H_5OH
(4) ① $LiAlH_4$, Et_2O ② H_2O

8. (1)

(2) $CH_3CH_2CH_2Br \xrightarrow{CN^-} CH_3CH_2CH_2CN \xrightarrow[H_2O]{H^+} CH_3CH_2CH_2COOH$

(3) $(CH_3)_2C{=}CH_2 \xrightarrow{HBr} (CH_3)_3CBr \xrightarrow[Et_2O]{Mg} (CH_3)_3CMgBr \xrightarrow[② H^+/H_2O]{① CO_2} (CH_3)_3CCOOH$

(4)

9. (1)

(2) $CH_3CH_2CH_2COOH \xrightarrow{LiAlH_4} CH_3CH_2CH_2CH_2OH \xrightarrow[\triangle]{H_2SO_4} CH_3CH_2CH{=}CH_2 \xrightarrow{KMnO_4,H^+}$
CH_3CH_2COOH

10. A.

B.

C.

D.

E.

11. A. $\begin{matrix}CH_2COOH\\CH_2COOH\end{matrix}$ B.

  C. $\begin{matrix}CH_2-COOCH_3\\CH_2-COOCH_3\end{matrix}$ D. $\begin{matrix}CH_2CH_2OH\\CH_2CH_2OH\end{matrix}$

12. A.

  B.

第13章 含氮有机化合物

1. (1) 2-甲基-3-硝基戊烷 (2) 丙胺 (3) 甲异丙胺 (4) N-乙基间甲苯胺 (5) 对氨基二苯胺 (6) 对亚硝基-N,N-二甲基苯胺 (7) 氢氧化三甲基异丙铵 (8) 氯化三甲基对溴苯铵 (9) 重氮苯硫酸盐 (10) 对乙酰基重氮苯盐酸盐 (11) 4-甲基-4′-羟基偶氮苯 (12) 4-(N,N-二甲氨基)-4′-甲基偶氮苯

2. (1) [结构式：NHCOCH₃, NO₂] (2) $CH_3NH_2 \cdot H_2SO_4$ (3) [结构式：苯环-N(CH₃)(C₂H₅)] (4) [结构式：对甲基苄胺]

(5) $H_2N(CH_2)_6NH_2$ (6) [萘-NH₂] (7) $ClCH_2$—[苯]—NH_2 (8) [三硝基苯酚]

(9) [对苯二胺] (10) $[(CH_3CH_2)_3NCH_2C_6H_5]^+Cl^-$ (11) [二硝基萘]

(12) [苯-NH-苯] (13) $H_3C-\underset{CN}{\underset{|}{\overset{CH_3}{\overset{|}{C}}}}-N=N-\underset{CN}{\underset{|}{\overset{CH_3}{\overset{|}{C}}}}-CH_3$ (14) [间硝基异丙苯]

3. Br_2/H_2O(或用漂白粉溶液,苯胺显紫色)

4.

H_2N—[苯]—COOH, [苯]—OH, [苯]—NH_2 $\xrightarrow[H_2O]{NaOH}$ √溶于水 / √溶于水 / ×油 →过量HCl→ 溶于水 / 不溶于水 $\xrightarrow{HO^-}$ H_2N—[苯]—COOH / [苯]—OH

5. (1) 甲胺＞氨＞苯胺＞乙酰胺

(2) 苄胺＞对甲苯胺＞对硝基苯胺＞2,4-二硝基苯胺

(3) 甲胺＞N-甲基苯胺＞苯胺＞三苯胺

(4) [环己胺NH₂] ＞ [苯胺NH₂] ＞ [乙酰苯胺NHCOCH₃]

6. (1) CH_3CH_2COOH；CH_3CH_2COCl；$CH_3CH_2CON(CH_2CH_2CH_3)_2$；$(CH_3CH_2CH_2)_3N$

(2) [邻苯二甲酰亚胺-CH(COOC₂H₅)₂]；[邻苯二甲酰亚胺-N-C(CH₂C₆H₅)(COOC₂H₅)₂]；$H_2N-C(CH_2C_6H_5)(COOC_2H_5)_2$；$H_2N-CHCOOC$ [CH₂C₆H₅]

(3) [间溴苯-N=N-对羟基苯] (4) H_3C—[苯]—$N=N$—[羟基氯苯]

(5) 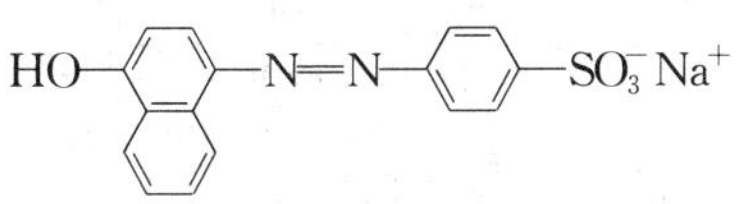 $HO-\underset{}{\text{naphthalene}}-N=N-\underset{}{\text{}}-SO_3^-\ Na^+$ (6) 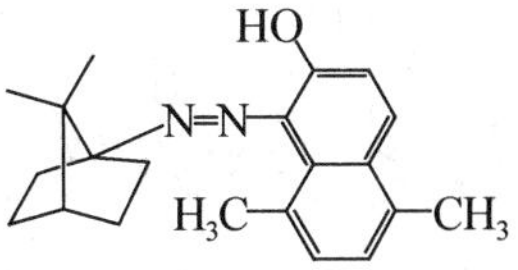 见图

7. (1) $(CH_3)_2CHCH_2CH_2OH \xrightarrow{[O]} (CH_3)_2CHCH_2COOH \xrightarrow[② NH_3]{① SOCl_2}$

$(CH_3)_2CHCH_2CONH_2 \xrightarrow[NaOH]{Br_2} (CH_3)_2CHCH_2NH_2$

(2) $(CH_3)_2CHCH_2CH_2OH \xrightarrow{PCl_3} (CH_3)_2CHCH_2CH_2Cl \xrightarrow{NH_3} (CH_3)_2CHCH_2CH_2NH_2$

(3) $(CH_3)_2CHCH_2CH_2OH \xrightarrow{PCl_3} (CH_3)_2CHCH_2CH_2Cl \xrightarrow{NaCN} (CH_3)_2CHCH_2CH_2CN \xrightarrow{H_2,\ Ni}$
$(CH_3)_2CHCH_2CH_2CH_2NH_2$

(4) $CH_2{=}CH_2 \xrightarrow{Br_2} BrCH_2CH_2Br \xrightarrow{2NaCN} \xrightarrow{H_2,\ Ni} H_2NCH_2CH_2CH_2CH_2NH_2$

(5) $CH_2{=}CH_2 \xrightarrow{HBr} CH_3CH_2Br \xrightarrow{NaCN} CH_3CH_2CN$

(6) $CH_3CH{=}CH_2 \xrightarrow{Br_2} \xrightarrow[\triangle]{2NaCN} \xrightarrow{H_3O^+} HOOCCH_2CH(CH_3)COOH$

8. (1)–(4) 见图

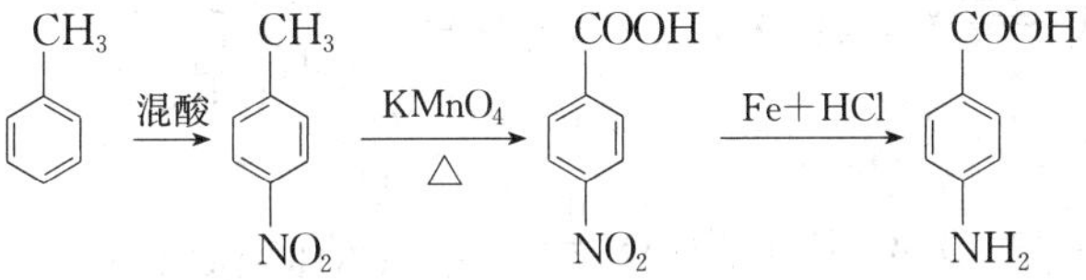

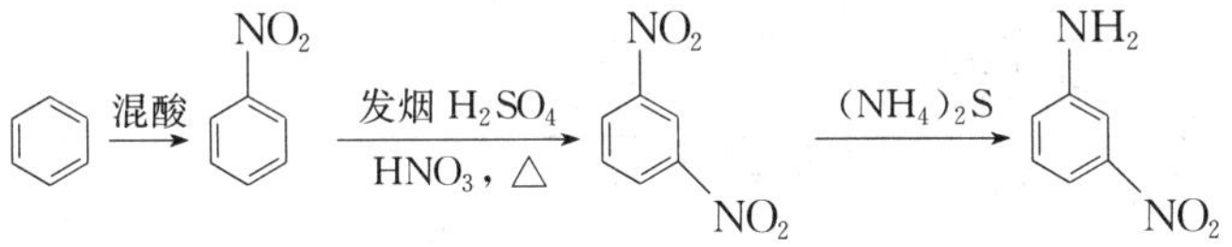

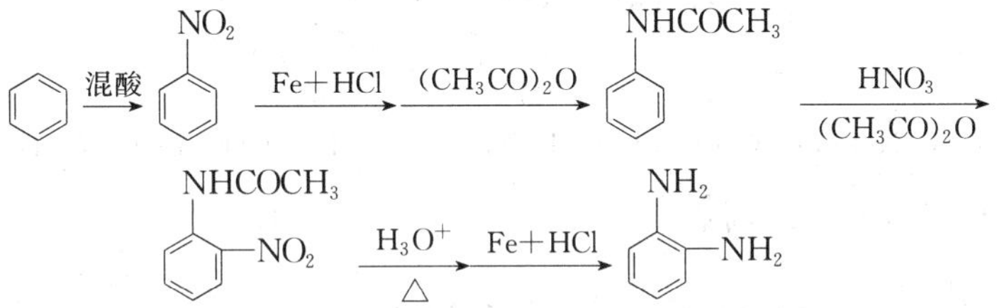

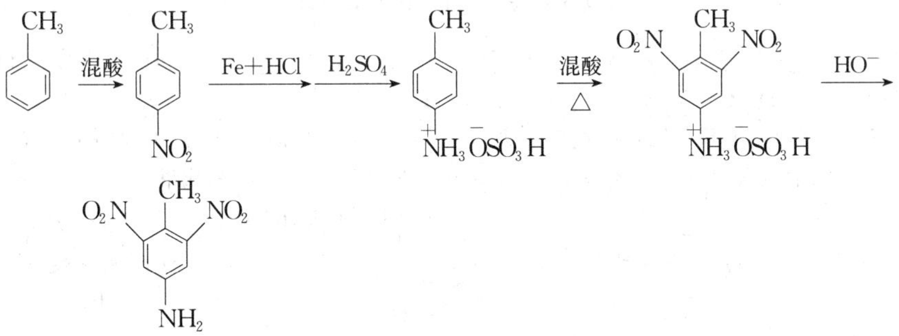

(5)

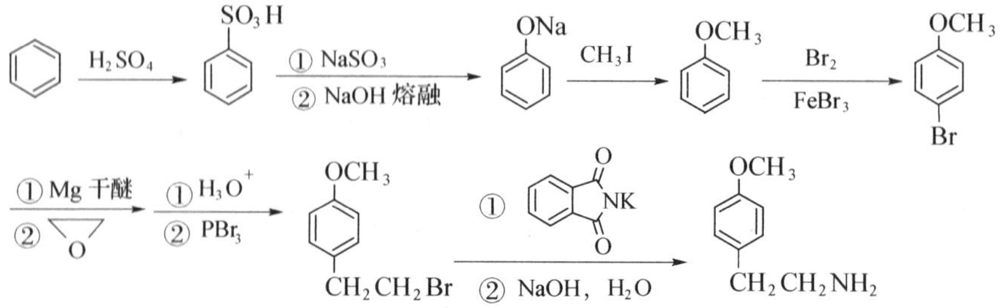

9. （3）的合成路线最合理。

10. （1）

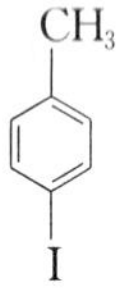

（2）

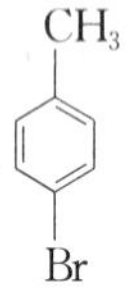

（3）

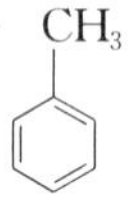

（4）$(C_2H_5)_2N$——N=N——CH_3

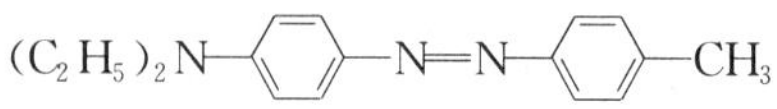

11. （1）B　（2）C　　12. D　　13. D

14. （1）在碱性条件下，氨基亲核性强，氨基被酰化。

（2）在酸性条件下，氨基形成—$\overset{+}{N}H_3Cl^-$，此时羟基亲核性强，羟基被酰化。

（3）

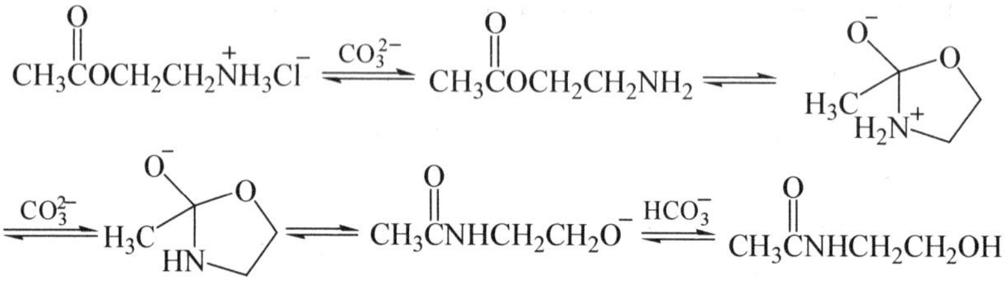

15.

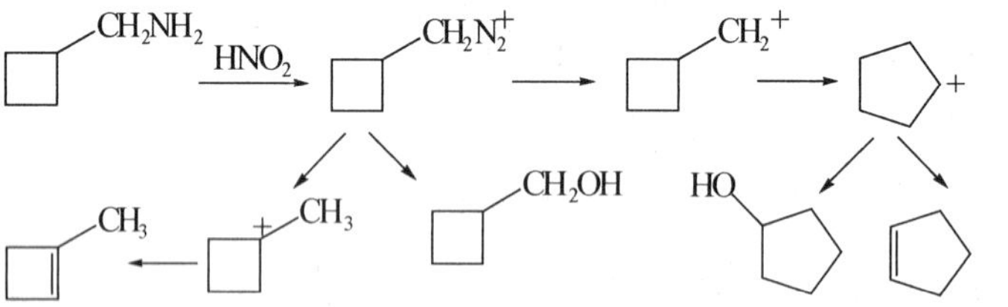

16. A. CH_2=$CHCH_2CH_2NH_2$　B. $CH_3CH_2CH_2CH_2NH_2$　C. $[CH_2$=$CHCH_2CH_2N(CH_3)_3]^+I^-$

D. CH_2=CH—CH=CH_2　E.

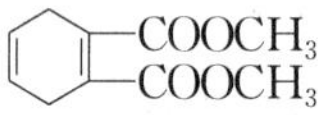

第14章　杂环化合物

1. （1）①B　②C　③C　④A,D　（2）①B　②C　③A　④A　⑤B　（3）B　（4）B　C
（5）B　（6）C　（7）D＞C＞A＞B　（8）A＞C＞B＞D

2. （1）2-（α-噻吩）乙醇　（2）3-吡啶甲酸　（3）4-吡啶甲酰肼　（4）2-噻唑磺酸　（5）4-甲基
咪唑　（6）2-吡嗪甲酰胺　（7）4-羟基嘧啶　（8）3-吲哚甲酸　（9）4-氯喹啉

3. （1）

（2）

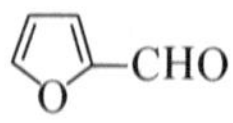

（3）

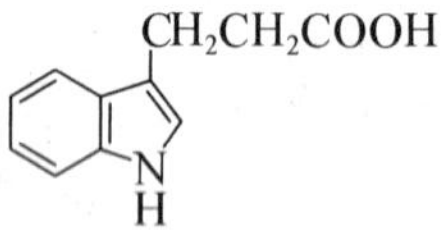

（4）

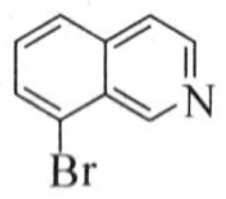

（5）

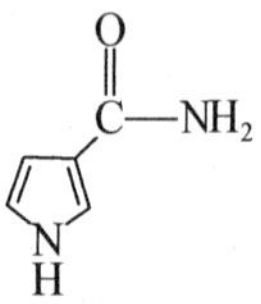

（6）

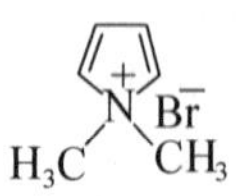

（7）

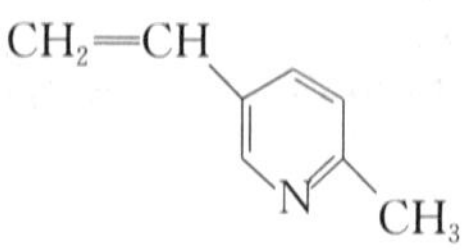

4.(1)吡啶分子中的氮原子上有一对未共用电子对,能与缺电子分子 FeX_3 等 Lewis 酸催化剂反应,使催化剂失去活性;同时也使氮原子带上正电荷,使环上亲电取代更难进行。

(2)吡咯的分子中,五个原子共享六个 π 电子,环上电子云密度比苯高,故亲电取代反应比苯容易进行。

(3)甲基供电子效应使吡啶环上氮原子碱性增大,硝基吸电子诱导效应使吡啶环上氮原子碱性减小。

(4)在喹啉分子中氮原子直接与苯环相连,氮上未共用电子可分散到苯环上,因此喹啉碱性比吡啶小。

(5)在吡啶中引入羟基后,羟基与吡啶分子之间可产生缔合现象,阻碍羟基吡啶与水分子之间缔合,因此溶解度减小。

(6)六氢吡啶是仲胺,N 原子是 sp^3 杂化,而吡啶 N 为 sp^2 杂化,未共用电子占据的杂化轨道 s 成分不同,所以碱性不同。N 原子杂化轨道 s 成分越少碱性越强。

5.(1) 吡咯
 - $\xrightarrow[0℃]{Br_2,EtOH}$ 2,3,4,5-四溴吡咯
 - $\xrightarrow[150\sim200℃]{Ac_2O}$ 2-乙酰基吡咯 $COCH_3$ + 2,5-二乙酰基吡咯
 - $\xrightarrow[② HCl]{① \text{吡啶}-N^+SO_3^-,100℃}$ 吡咯-2-磺酸 SO_3H
 - $\xrightarrow[Ac_2O,5℃]{CH_3COONO_2,NaOH}$ 2-硝基吡咯 NO_2

(2) 噻吩
 - $\xrightarrow[室温]{Br_2, HOAc}$ 2-溴噻吩 Br
 - $\xrightarrow[室温]{H_2SO_4(浓)}$ 噻吩-2-磺酸 SO_3H
 - $\xrightarrow{Ac_2O}$ 2-乙酰基噻吩 $COCH_3$
 - $\xrightarrow[Ac_2O,-10℃]{CH_3COONO_2}$ 2-硝基噻吩 NO_2

(3) 呋喃
 - $\xrightarrow[室温，② HCl]{① N^+SO_3^-,CH_2ClCH_2Cl}$ 呋喃-2-磺酸 SO_3H
 - $\xrightarrow{Ac_2O,Et_2O,BF_3}$ 2-乙酰基呋喃 $COCH_3$
 - $\xrightarrow[0℃]{Br_2, \text{二氧六环}}$ 2-溴呋喃 Br
 - $\xrightarrow[-5\sim30℃]{CH_3COONO_2}$ 2-硝基呋喃 NO_2

(4) 糠醛 CHO
 - $\xrightarrow[室温]{浓NaOH}$ CH_2OH + COO^- (Cannizzaro反应)
 - $\xrightarrow[\triangle]{Ac_2O/NaOAc}$ $CH=CHCOOH$ (Perkin反应)
 - $\xrightarrow{H_2NNHCONH_2}$ $CH=NNHCONH_2$

6.(1) 哌啶（N—H）
(2) 吡啶-3-磺酸 SO_3H
(3) 2-乙酰基呋喃 $COCH_3$
(4) 吡啶-3-甲酸 $COOH$
(5) 5-硝基喹啉 NO_2 和 8-硝基喹啉 NO_2
(6) 呋喃-2-甲酸 $COOH$
(7) 3-溴吡啶 Br

7. (1) 反应式：3-甲基吡啶 $\xrightarrow{KMnO_4/H^+}$ 吡啶-3-甲酸(COOH) $\xrightarrow{SOCl_2}$ 吡啶-3-甲酰氯(COCl) $\xrightarrow[AlCl_3]{\text{苯}}$ 3-苯甲酰吡啶

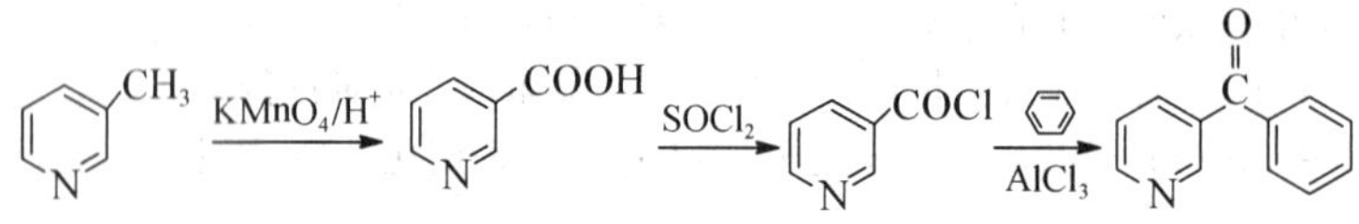

(2) 糠醛(CHO) $\xrightarrow{KMnO_4/H^+}$ 呋喃-2-甲酸(COOH) $\xrightarrow[\triangle]{-CO_2}$ 呋喃 $\xrightarrow[\triangle]{H_2, Ni}$ 四氢呋喃

(3) 呋喃 $\xrightarrow[BF_3]{Ac_2O}$ 2-乙酰基呋喃(COCH$_3$) $\xrightarrow{HNO_3}$ 5-硝基呋喃-2-甲酸(O_2N—呋喃—COOH)

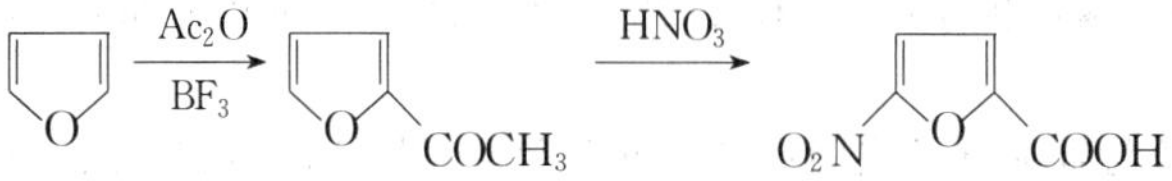

8. A. 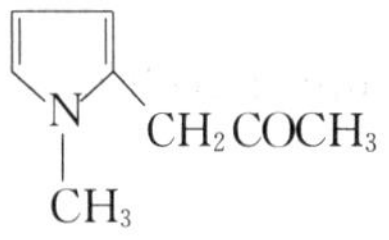 N-甲基吡咯-2-基-CH_2COCH_3（CH_3 在 N 上）
   B. 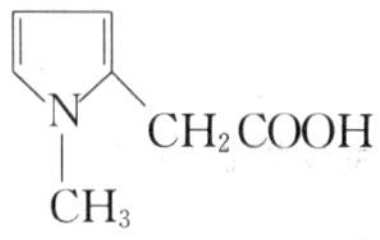 N-甲基吡咯-2-基-CH_2COOH（CH_3 在 N 上）

第 15 章　碳水化合物

1. (略)

2. α-D-吡喃核糖　　α-L-吡喃葡萄糖

3. 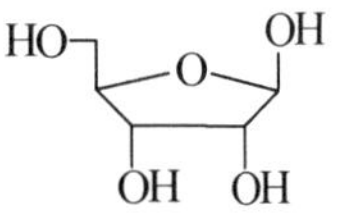 β-D-呋喃核糖 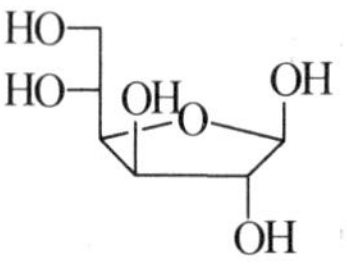　　β-D-呋喃葡萄糖

4. (1) 银镜等氧化反应：D-葡萄糖能发生反应，D-葡萄糖甲苷不能反应；

(2) 溴水：D-果糖不能反应，D-半乳糖能发生反应；

(3) a. 先与碘试剂反应：淀粉能发生反应，其他不能反应；b. 银镜反应：蔗糖不能反应，麦芽糖能发生反应。

5. 1,4 连接：产物为赤藓醇和乙醇醛。

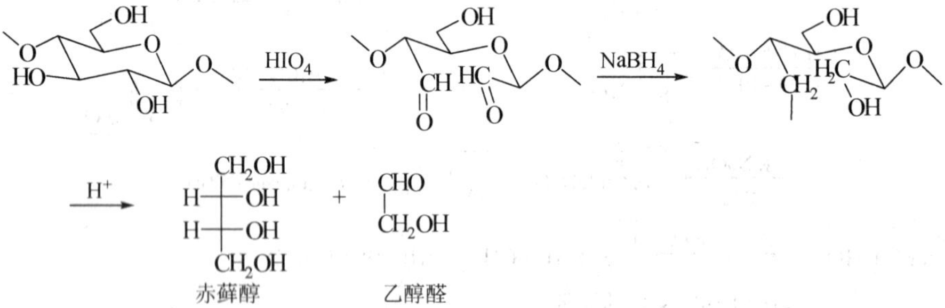

反应式 $\xrightarrow{HIO_4}$ 中间体 $\xrightarrow{NaBH_4}$ 中间体

$\xrightarrow{H^+}$ 赤藓醇（CH_2OH—H—OH—H—OH—CH_2OH）+ 乙醇醛（CHO—CH_2OH）

赤藓醇　　　乙醇醛

1,6 连接：产物为甲酸、甘油和乙醇醛。

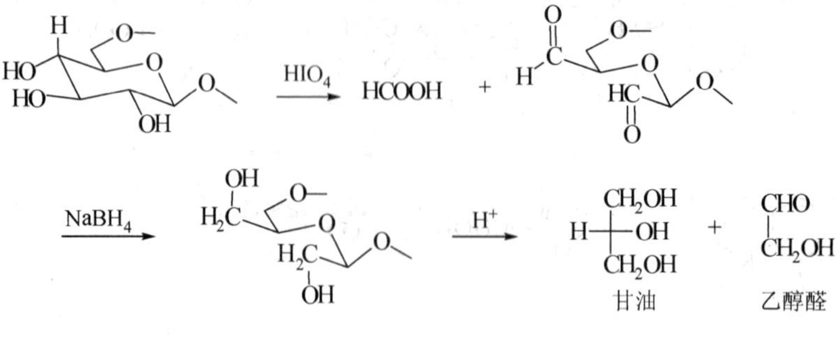

反应式 $\xrightarrow{HIO_4}$ $HCOOH$ + 中间体

$\xrightarrow{NaBH_4}$ 中间体 $\xrightarrow{H^+}$ 甘油（CH_2OH—H—OH—CH_2OH）+ 乙醇醛（CHO—CH_2OH）

甘油　　　乙醇醛

6.

(1)

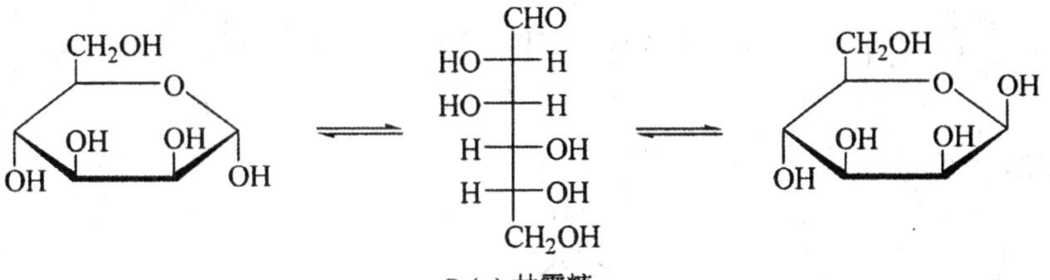

D-(+)-甘露糖

(2)

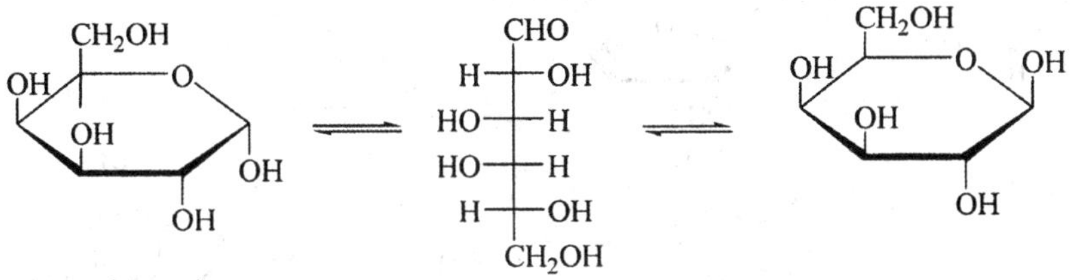

D-(+)-半乳糖

第 16 章　氨基酸、蛋白质和核酸

1. 酪氨酸盐酸盐为三元酸。在用碱滴定时,质子解离的先后顺序为:—COOH,—$\overset{+}{N}H_3$,—OH。因为—COOH 的 pK_a 为 2.20,—$\overset{+}{N}H_3$ 的 pK_a 为 9.11,—OH 的 pK_a 为 10.07。pK_a 越小,碱性越强,越容易解离。

2. (1) 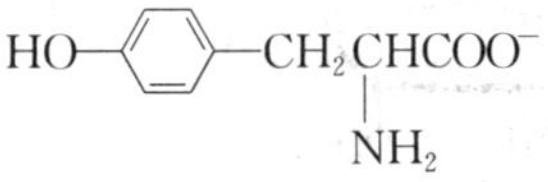 $HO-\text{C}_6\text{H}_4-CH_2\underset{NH_2}{CH}COO^-$

(2) $H_3\overset{+}{N}CH_2CH_2CH_2CH_2\underset{NH_2}{CH}COO^-$

(3)

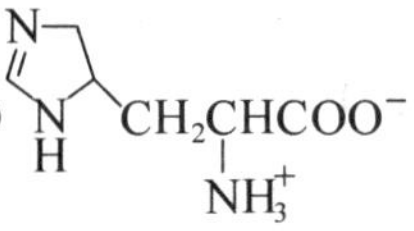

(4) $HOOCCH_2CH_2\underset{NH_3^+}{CH}COO^-$

(5) $H_2N-\overset{+NH}{\overset{\|}{C}}-NH(CH_2)_3\underset{NH_3^+}{CH}COO^-$

3. (1) $HOOCCH_2\underset{NH_3^+}{CH}COO^- + NaOH \longrightarrow {}^-OOCCH_2\underset{NH_3^+}{CH}COO^-$

(2) $HOOCCH_2\underset{NH_3^+}{CH}COO^- + HCl \longrightarrow HOOCCH_2\underset{NH_3^+}{CH}COOH$

(3) $HOOCCH_2\underset{NH_3^+}{CH}COO^- + HCl \xrightarrow{CH_3OH} HOOCCH_2\underset{NH_3^+}{CH}COOCH_3$

(4) $HOOCCH_2\underset{NH_3^+}{CH}COO^- \xrightarrow{Ac_2O/Et_3N} {}^-OOCCH_2\underset{NHCH_2OCH_3}{CH}COO^-$

(5) $HOOCCH_2\underset{NH_3^+}{CH}COO^- + HCl \xrightarrow{NaNO_2} HOOCCH_2\underset{OH}{CH}COOH$

4.（1）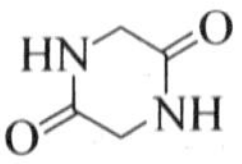　（2）$CH_3CH=CHCOOH$　（3）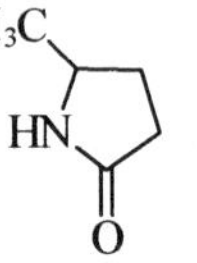　（4）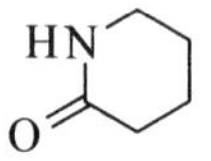

5.（略）

6. 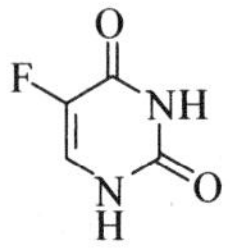　7. 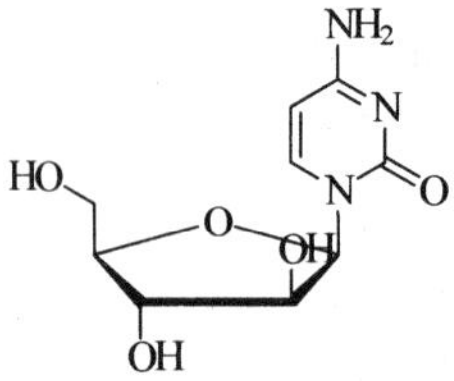

8.

(1) 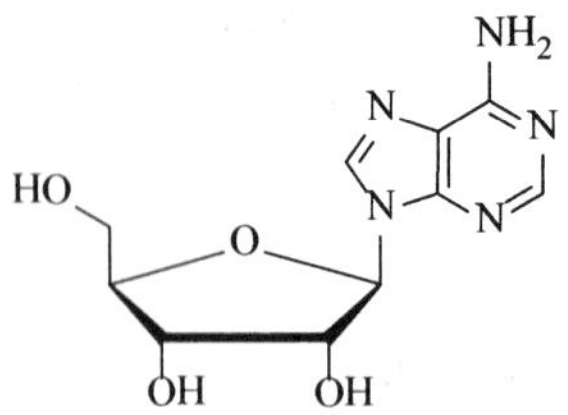　(2) 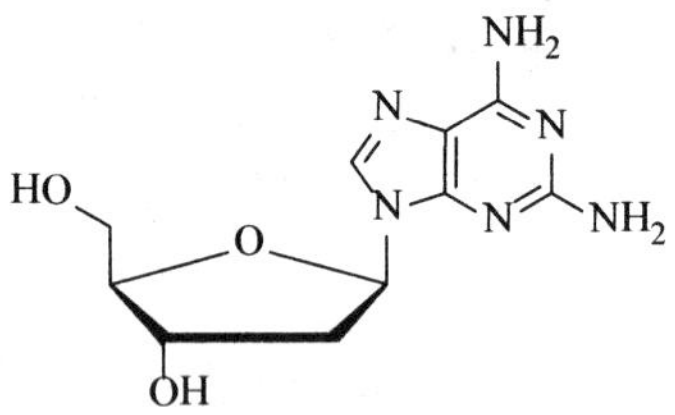

(3) 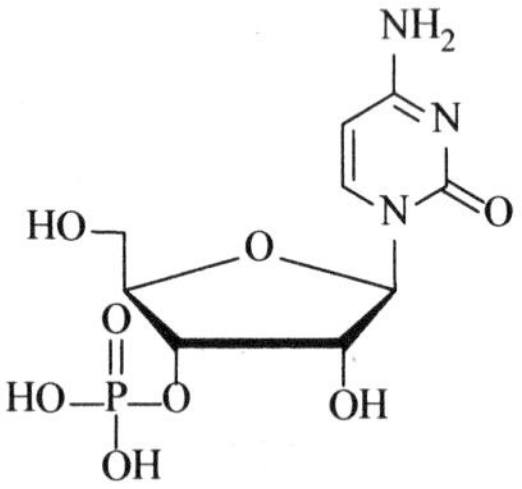　(4) 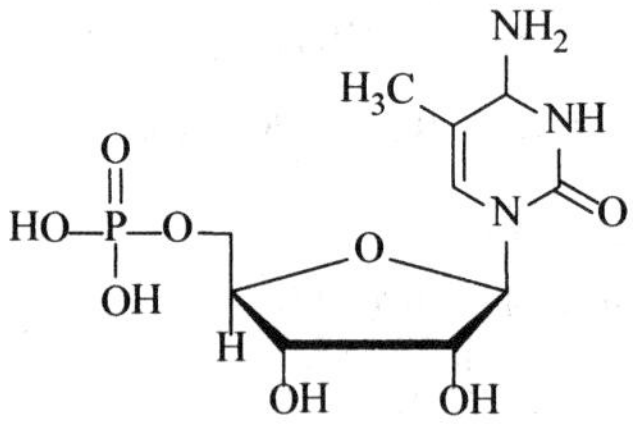

(5) 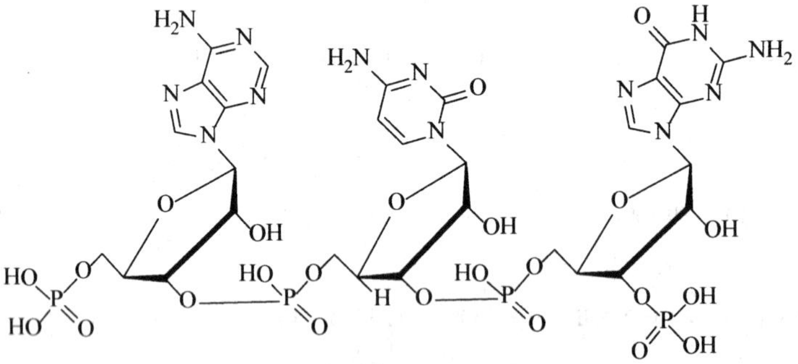

参考文献

1. 李景宁主编. 有机化学. 第 5 版. 高等教育出版社,2011.

2. 陆涛主编. 有机化学. 第 7 版. 人民卫生出版社,2012.

3. 张生勇主编. 有机化学(医学版). 第 2 版. 科学出版社,2006.

4. 徐建明主编. 有机化学. 第二军医大学出版社,2006.

4. 裴伟伟编. 有机化学核心教程. 科学出版社,2008.

5. 李艳梅,赵圣印,王兰英主编. 有机化学. 科学出版社,2011.

6. 冯骏材编. 有机化学. 科学出版社,2012.

7. 胡宏纹主编. 有机化学. 第 4 版. 高等教育出版社,2013.

8. 钱旭红主编. 有机化学. 第 2 版. 化学工业出版社,2012.

9. 邢其毅,裴伟伟,徐瑞秋,裴坚编. 基础有机化学. 第 3 版. 高等教育出版社,2005.

图书在版编目(CIP)数据

有机化学简明教程 / 王杰，赵鑫主编. — 2 版. —
南京：南京大学出版社，2019.1(2024.1 重印)
ISBN 978 - 7 - 305 - 21454 - 7

Ⅰ. ①有… Ⅱ. ①王… ②赵… Ⅲ. ①有机化学—高
等学校—教材 Ⅳ. ①O62

中国版本图书馆 CIP 数据核字(2019)第 011176 号

出版发行　南京大学出版社
社　　址　南京市汉口路 22 号　　邮　编　210093
丛 书 名　高等院校化学化工教学改革规划教材
书　　名　有机化学简明教程
　　　　　YOUJI HUAXUE JIANMING JIAOCHENG
主　　编　王　杰　赵　鑫
责任编辑　刘　飞　蔡文彬　　编辑热线　025 - 83592146
照　　排　南京开卷文化传媒有限公司
印　　刷　南京鸿图印务有限公司
开　　本　787 mm×1092 mm　1/16　印张 21.75　字数 530 千
版　　次　2024 年 1 月第 2 版第 4 次印刷
ISBN　978 - 7 - 305 - 21454 - 7
定　　价　54.00 元

网　　址：http://www.njupco.com
官方微博：http://weibo.com/njupco
官方微信号：njupress
销售咨询热线：(025)83594756